Inhalt

Titel der Farbabbildungen

I

Der erste Anhalter Bahnhof um 1873. Farbstiftzeichnung von E. Müller von Sondermühlen, in der Deutschen Staatsbibliothek Berlin Unter den Linden

II

Das Anhalter Thor um 1840, Blick stadtauswärts auf den ersten Anhalter Bahnhof, links das (Accise-)Steuergebäude.
Postkarte nach einem Gemälde von Carl Daniel Freydank, Original ehemals im Märkischen Museum Berlin

III

Anhalter Bahnhof, Vorentwurf 2 von Franz Schwechten, datiert 1. Februar 1872, perspektivische Ansicht vom Askanischen Platz, im Geheimen Staatsarchiv Berlin-Dahlem

IV

Vorentwurf 4 von Franz Schwechten, datiert 18.12.1872. Hauptfassade zum Askanischen Platz, im Geheimen Staatsarchiv Berlin-Dahlem

V

Vorentwurf 5 von Franz Schwechten 1873. Perspektivische Ansicht vom Askanischen Platz, im Geheimen Staatsarchiv Berlin-Dahlem

VI

Generelles Projekt vom 16.7.1873, perspektivische Ansicht vom Askanischen Platz, Repro von Landesbildstelle Berlin (West)

VII

Spezielles Projekt vom 18.12.1874. Grundriß zu ebener Erde, Copie für den Bauantrag, signiert: Schwechten Baumeister 19. März 1875, in der Bauakte Rathaus Kreuzberg von Berlin

VIII

Spezielles Projekt vom 18.12.1874. Grundriß des Hauptgeschosses, Copie für den Bauantrag, signiert: Schwechten Baumeister 19. März 1875, in der Bauakte Rathaus Kreuzberg von Berlin

IX

Verwaltungsgebäude des Anhalter Güterbahnhofs. Ansicht vom Tempelhofer Ufer, signiert: Schwechten Baumeister 1. August 1874, im Geheimen Staatsarchiv Berlin-Dahlem. (Im zuerst fertiggestellten linken Kopfbau befand sich ab Februar 1878 die Central-Neubau-Verwaltung)

X

Die vier Ebenen am Landwehrkanal. Die 1902 eröffnete Hochbahn kreuzt die 1880 fertiggestellte, von Schwechten entworfene Eisenbahnbrücke, Zeichnung aus Paul Wittig »Die Architektur der Hoch- und Untergrundbahn«

XI

Anhalter Bahnhof, »Halle am Treppenhaus«, sog. Korridor. Entwurf zur Ausmalung, signiert: Schwechten 1881, im Geheimen Staatsarchiv Berlin-Dahlem

XII

Detail der Unterfahrt, Bogenfeld über den Türen zum Vestibül. Aufnahme W. Holzwarth 1983

XIII

Bogenfeld im Vestibül über den Türen zur Unterfahrt, letzte Farbreste der Ausmalung. Aufnahme W. Holzwarth 1983

XIV

Mettlacher Mosaik-Platten von Villeroy & Boch, Berliner Haupt-Agentur Th. Holzhüter Leipziger Str. 126, Beilage der Deutschen Bauzeitung 1870 (Ausschnitt)

XV

Detail der Unterfahrt, Fries über den Türen zum Vestibül, Terrakotten der Greppiner Werke, Modelle unter Mitarbeit des Bildhauers F. Thomas. Aufnahme W. Holzwarth 1983

XVI

Detail der Unterfahrt, Schlußstein in Terrakotta, vgl. XV

XVII

Detail der Unterfahrt, Kapitäl in Terrakotta, vgl. XV

XVIII

Detail der Unterfahrt, Bogenzwickel innen, vgl. XV

XIX

Detail der Unterfahrt, Gewölbe-Untersicht, vgl. XV

XX

Detail der Unterfahrt, Gurtbogen und -Pfeiler, vgl. XV

XXI

Anschluß der Unterfahrt am Vestibül, vgl. XV

XXII

Detail der Unterfahrt, Bogenzwickel außen, vgl. XV

XXIII

Unterfahrt und Vestibül, Flächen und Terrakotten in sog. Greppiner Gelb, sparsamer Farbwechsel an der konchenartigen Rückwand der Nische, vgl. XV

XXIV

Anhalter Bahnhof von Südwesten. Gemälde von Peter Koch 1909, Privatbesitz

XXV

Das Südportal des Anhalter Bahnhofs vom Landwehrkanal aus. Aquarell von Anton Kerschbaumer 1924, Privatbesitz

XXVI

Postverladung im Anhalter Bahnhof. Gemälde von Otto Antoine um 1910, im Bundespostmuseum Frankfurt/Main

XXVII

Kriegsende am Anhalter Bahnhof, Aufnahme US Air Force 1945

XXVIII

Die Perronhalle nach dem Ausbau der Gleise. Aufnahme H.-G. Köbler 1957

XXIX

Anhalter Bahnhof von Norden. Aufnahme H.-G. Köbler 1957

XXX

Anhalter Bahnhof von Süden. Aufnahme H.-G. Köbler 1957

XXXI

Sprengung des Südportals. Aufnahme Böstfleisch 26.8.1960

XXXII

Teilsprengung der östlichen Längswand. Aufnahme Böstfleisch 25.8.1960

XXXIII

Die gesprengte Längswand gibt die nördliche zweischalige Hallenstirn frei. Aufnahme Böstfleisch Ende 1960

XXXIV

Die östliche Längswand an der Möckern-Straße vor der Sprengung. Aufnahme Böstfleisch 1960

I

II

III

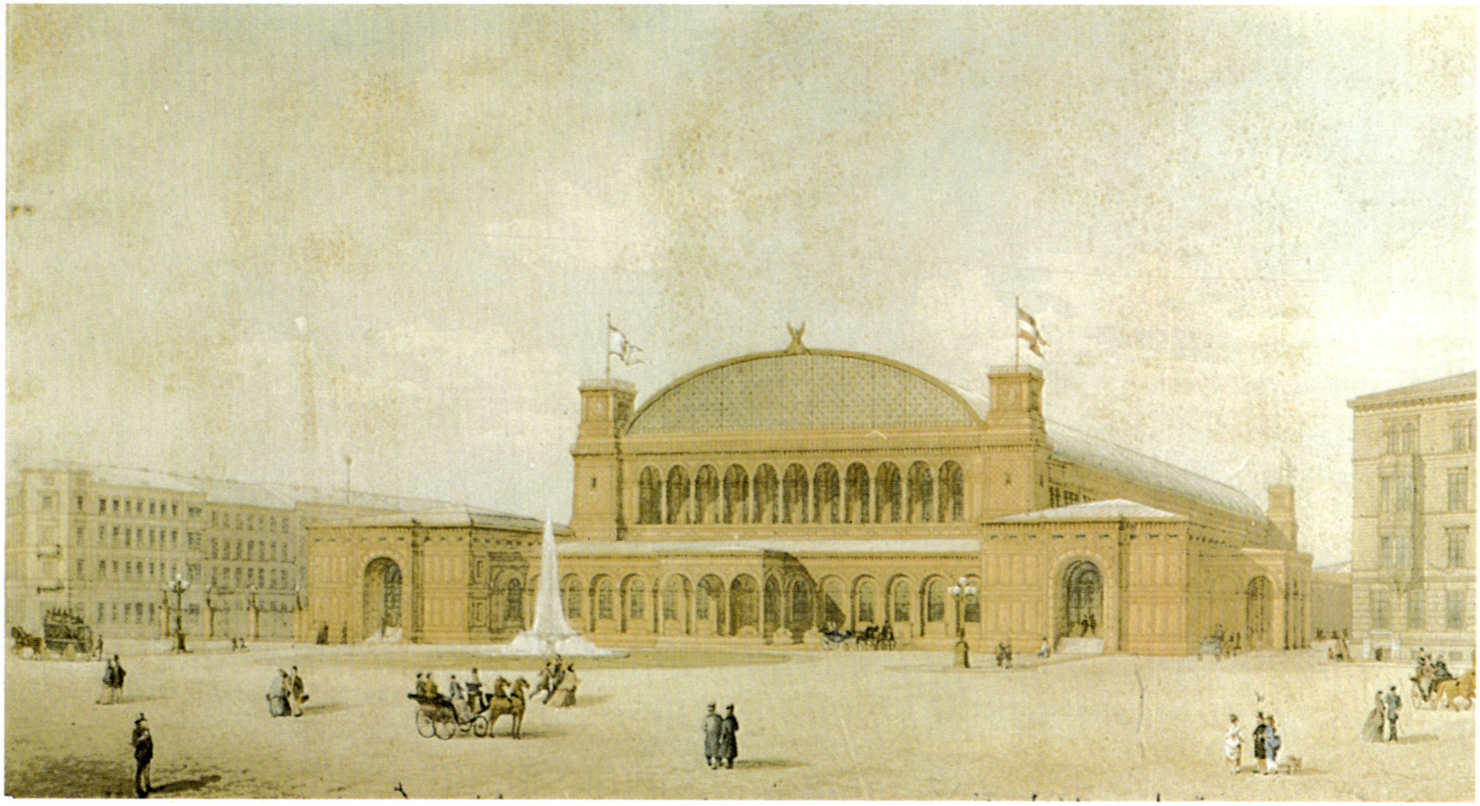

IV

VI

V

VII

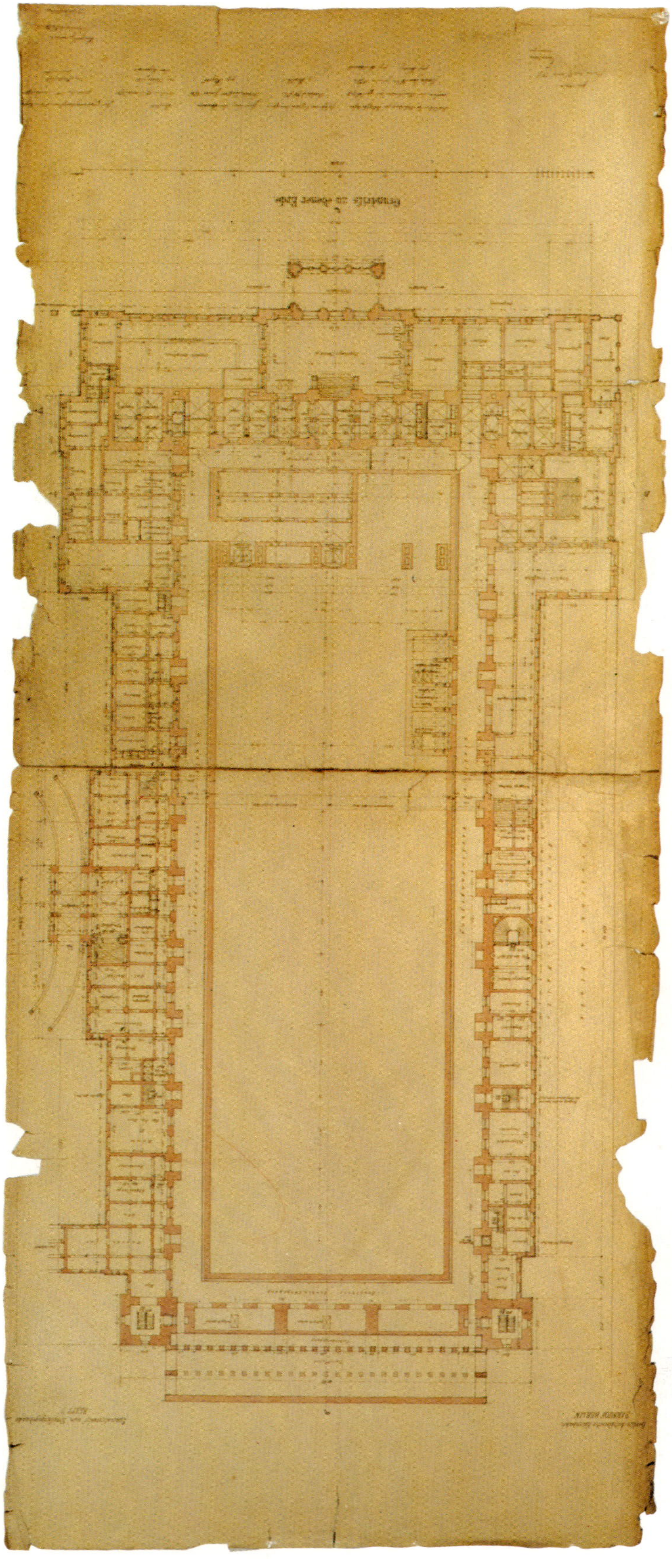

VIII

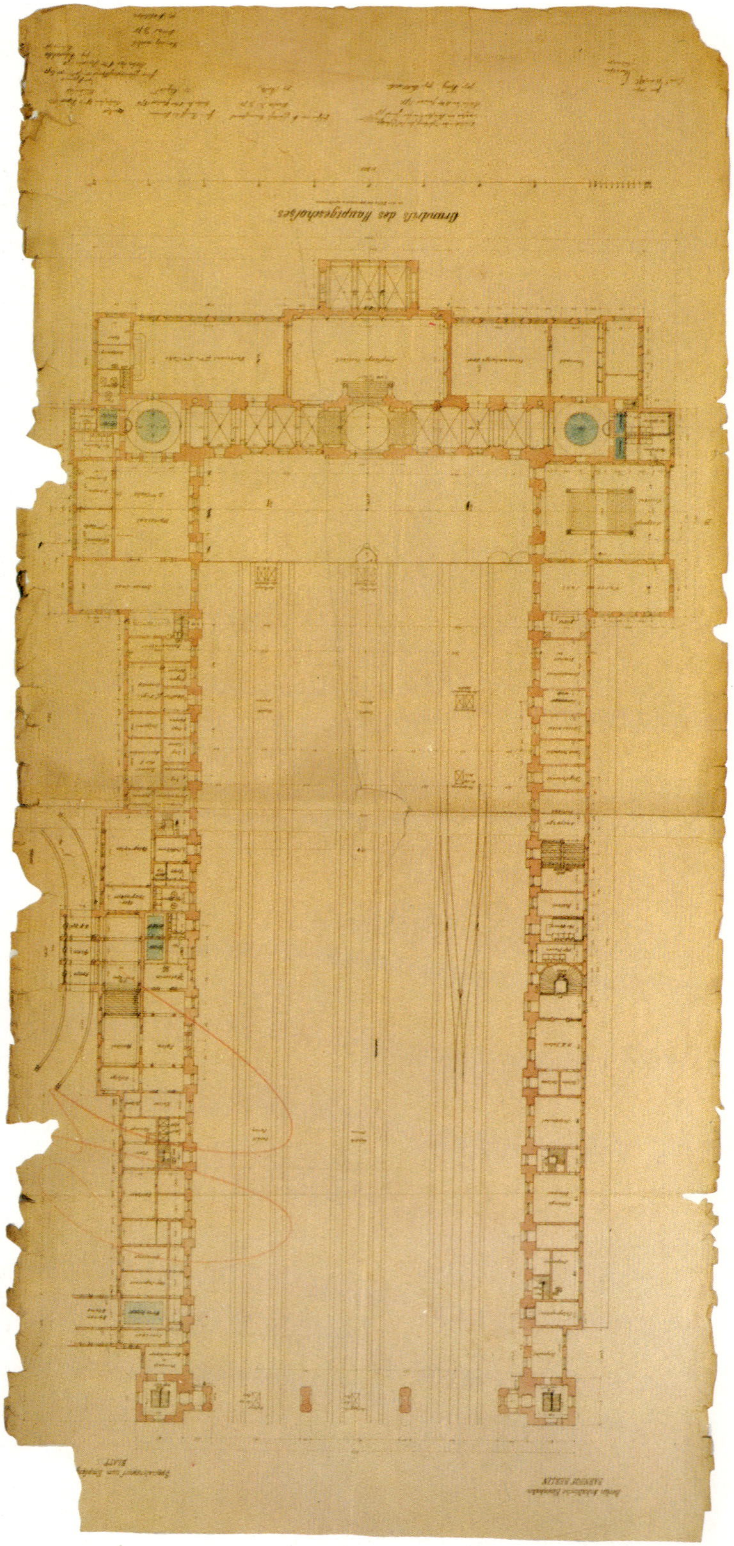

XI

X

XII
XI

XIII

XIV

XV

XVI

XVII

XVIII

XIX

XX

XXI

XXII

XXIII

XXIV

XXV

XXVII

XXVIII

XXIX

XXX

XXXI

XXXII

XXXIII

XXXIV

Einleitung

Der Verfasser erlebte Berlin Ende der 1950er Jahre in einer doppelten Bautätigkeit: quantitativ große Aufbauleistungen wurden vollbracht und gleichzeitig ging der Abbau zwar kriegsbeschädigter, aber einst Maßstab setzender Monumente des 19. Jahrhunderts eifrig voran. Manches davon konnte er mit der Kamera festhalten; die Bilder wirkten noch lange nach. . . (B 1-3).

Durch die spätere Berufstätigkeit als Architekt — in der Berührung mit der Berliner Backsteintradition, in der Auseinandersetzung mit einer schwerfälligen Behördenstruktur, konfrontiert mit einer sich nur langsam entwickelnden Bautechnik — verstärkte sich das Erkenntnisinteresse für die Baupraxis unserer Vorgänger.

An einem naheliegenden (A 1) und aussagekräftigen Exempel sollte die Realität des Bauens erfahrbar werden, das vielschichtige Bedingungsgeflecht sollte an einem Bau herausgearbeitet werden, der »*so reichhaltig* (ist), *dass es sich wohl verlohnte, denselben zum Gegenstande einer erschöpfenden Monographie zu machen*« (A 2).

Zuerst war nach den *Menschen* zu fragen die »bauten«, und da ist schon die ganze hierarchische Liste der Beteiligten zu erahnen:

— Zunächst galt es, den *Bauherrn* kennenzulernen: hier mußte die Gründung der privaten Eisenbahn-Aktien-Gesellschaft genauso betrachtet werden wie ihre städtebaulichen Leistungen Ende der 1830er Jahre, die das Fundament bilden für den Bahnhof der zweiten Generation. Die bauliche und ökonomische Entwicklung der Eisenbahn-Gesellschaft mußte aber auch in ihrem Verhältnis zum preußischen Staat gesehen werden und speziell zu dessen Staatsbahnkonkurrenz: lag hier einer der Gründe für die Größe des projektierten bzw. ausgeführten Gebäudes?

— Sodann richtete sich das Interesse auf die planenden *Architekten und Ingenieure*: würde sich von den wichtigsten Personen ein Teil ihrer Lebensgeschichte aufspüren lassen? Welches war die Bureau-Struktur, welches der Bureau-Alltag?

— Ferner: welche *Behörden* waren beteiligt, wie sah der damalige Genehmigungsweg aus?

— Da Baugeschichte auch Geschichte des Bauens sein muß, so waren nicht zuletzt die ausführenden *Firmen* zu ermitteln, welche das zweidimensionale Werk der Planer materiell in die dritte Dimension überführten. Wenn möglich, sollte auch herausgefunden werden, wie es zur Beauftragung kam, aufgrund welcher Leistungsfähigkeit oder anderer Kriterien. Zu diesen in den Firmen versammelten *Mannschaften* kamen die einzeln arbeitenden *Künstler* hinzu, die zur Ausschmückung herangezogen wurden.

Die zweite Hauptfrage betrifft den *Ort* im weiteren Sinn, wo gebaut wurde: seit der Heranführung der Eisenbahnlinien bis vor die alte Stadtmauer (B 4) ergab sich ein — folgenreicher, bis heute währender — Gegensatz zwischen den Interessen der Eisenbahn-Gesellschaften und den Absichten der Stadtplanung. Am Schnittpunkt der Bahn mit dem sog. »Generalszug« (A 3) kulminierte der Widerstreit dieser Interessen: hier sollten die Kräfte und Bedingungen verständlich werden, die uns das bekannte, amputierte Resultat hinterlassen haben (B 5).

Der dritte Fragenkomplex konzentriert sich dann auf das *Werk* des Empfangsgebäudes:

— Wie sah das Umfeld der Berliner *Bahnhofsarchitektur* der 1860/70er Jahre aus und welche anderen europäischen Beispiele wirkten hierher?

— Welche Bedingungen wirkten auf den *Entwurfsprozeß* und führten zu der spezifischen Lösung und zwar hinsichtlich der Erschließungsproblematik, der Gesamtgestalt und der architektonischen Gestaltung im einzelnen?

— Welche Stellung nimmt die *Hallenkonstruktion* innerhalb der Berliner und auswärtigen Vorgänger ein?

— Besondere Neugier richtete sich auf die gesamte *Ausführung*, also den Bauablauf, den Baubetrieb, die Bautechnik, wobei

— die *Backstein- und Terrakotta-Tradition* Berlins ebenfalls besondere Berücksichtigung finden mußte.

— Wenn irgend möglich, sollte der *Innenausbau*, wenigstens einzelner Räume, dokumentierbar werden einschließlich der haus- und betriebstechnischen Ausstattung; ebenso die bauplastische Ausschmückung innen und außen.

Nach einem Blick auf ausgewählte Momente im *Leben* des Anhalter Bahnhofs mußte auch der letzten — heute noch aufwühlenden — Frage nachgegangen werden: wie konnte es zur *Zerstörung*, zum Abriß durch die hiesigen Behörden kommen?
Zu der umfangreichen Berlin- und Eisenbahnliteratur (A 4) also noch ein weiteres Buch in die Regale? Obwohl nicht alle entstandenen Fragen so zu klären waren (A 5), wie es wünschenswert wäre, so glaubt sich der Verfasser doch berechtigt zur Vorlage des mühsam erschlossenen Materials, da es zu einer Vertiefung unserer Kenntnisse des Orts und des Baus beitragen kann. Dieses erweiterte Verständnis für die Entstehungsgeschichte verstärkt auch unsere Fähigkeit zum Genuß des fertigen Werks.
Die Quellensituation wird im Anhang näher beschrieben; es bedarf kaum großer Erläuterungen, daß sie hundert Jahre nach Umwandlung der Privat- in eine Staatsbahn, nach den verheerenden Zerstörungen des Zweiten Weltkriegs und durch die sich anschließende West-Wanderung vieler Firmen und Augenzeugen nicht so ergiebig war wie erhofft.
Umso dankbarer muß die Unterstützung vermerkt werden, welche in den folgenden Sammlungen gefunden wurde:
ADN-Zentralbild Berlin (DDR), Amerika-Gedenkbibliothek Berlin (West), Archiv der Preuß. Akademie der Künste Berlin (West), Berlinische Galerie, Bezirksamt Kreuzberg von Berlin (Plankammer und Kunstamt), Bildarchiv Preuß. Kulturbesitz Berlin (West), Bundesarchiv Koblenz, Department of the Air Force Arlington (USA), Deutsche Bundesbahn, Deutsche Fotothek Dresden, Deutsches Literaturarchiv/Schiller-Nationalmuseum Marbach, Deutsche Reichsbahn, Deutsche Staatsbibliothek (1) Berlin (DDR), Geheimes Staatsarchiv Berlin-Dahlem, Kunstbibliothek Preuß. Kulturbesitz Berlin (West), Landesarchiv Berlin (West), Landesbildstelle Berlin (West), Märkisches Museum Berlin (DDR), National Archives Washington (USA), Plankammer der Staatl. Schlösser und Gärten Berlin (West), Staatsarchiv Magdeburg, Staatsarchiv Potsdam, Staatsbibliothek (1a) Preuß. Kulturbesitz Berlin

1

3

2

(West), Ullstein Bilderdienst, Universitätsbibliothek mit Plansammlung der Technischen Universität Berlin, Zentrales Staatsarchiv Merseburg, Zentrales Staatsarchiv Potsdam.
Zahlreiche (auch ungenannte) Privatpersonen, Fachleute und Fotografen haben dankenswerterweise zusätzliches Bildmaterial beigesteuert:
Antoine, Bars, Böstfleisch, Herbert Hoffmann †, Hoeffke, Köbler, Korth, Lommatzsch, Ludowici, Pierson, Pragher, Römer †, Schreiber, Thiel, Thormann, Waidmann †, Wolters †.
Für kritische Hinweise danke ich auch Prof. Dr. Dr. Reuther und Prof. Dr. Rürup.
Nach endlich erfolgter Fertigstellung gilt auch herzlicher Dank meinen Kollegen in der Architektengemeinschaft sowie — nicht zuletzt, sondern vor allen — meiner Familie für die ausdauernde Toleranz, da die Arbeit zum größten Teil in der sogenannten Freizeit entstanden ist.

B 1 Bauakademie Berlin 1959, Aufn.: Verf.
B 2 Anhalter Bahnhof 1959, Aufn.: Verf.
B 3 Görlitzer Bahnhof 1959, Aufn.: Verf.

A 1 Verf. hat seit 10 Jahren Büro und Wohnung neben dem Rest des Anhalter Bahnhofs
A 2 K.E.O. Fritsch, Redakteur der »Deutschen Bauzeitung«, in seinem Bericht über die Eröffnung des Anhalter Bahnhofs (DBZ 11.12.1880)
A 3 Heute: Yorck-, Horn-, Bülow-Straße
A 4 Die benutzte Literatur ist im Anhang zusammengestellt. In einem Überblick über die Forschungslage wird angegeben, wem der Verf. wesentliche Kenntnisse verdankt.
A 5 Empfindliche Lücken bleiben in folgenden Bereichen:
— Planungen von Lenné von 1857-59 konnten nicht gefunden (nur rekonstruiert) werden.
— Die Bureau-Struktur bleibt teilweise im Dunkeln.
— Über den Bau-Betrieb gibt es keine ausreichenden Berichte und von den verschiedenen Bauphasen sind überhaupt keine Aufnahmen aufgetaucht.
— Die Baukosten konnten trotz größtem Interesse nicht komplett ermittelt werden.
Für Hinweise auf mögliche zusätzliche Quellen, für Korrekturen aller Art ist der Verfasser sehr dankbar.
Mit Baedecker läßt sich sagen: »*Buchstäbliche Genauigkeit ist in keinem Reisebuch zu erreichen. Der Herausgeber wiederholt daher die Bitte, ihn möglichst bestimmt und sachlich auf alle etwaigen Irrtümer und Auslassungen aufmerksam machen zu wollen. Jede neue Auflage wird den besten Beweis liefern, welchen Wert er auf solche Berichtigungen legt.*«

4

5

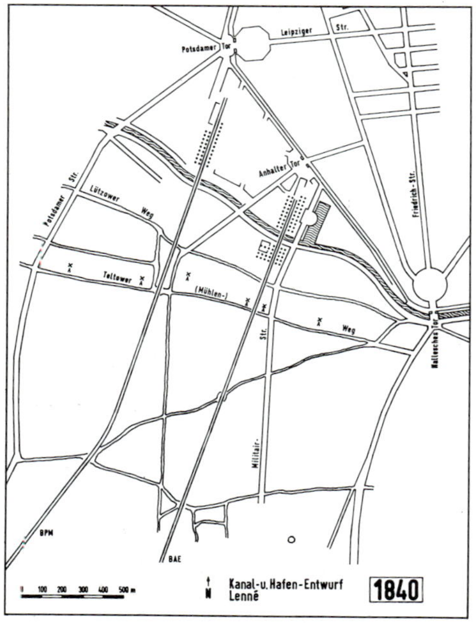

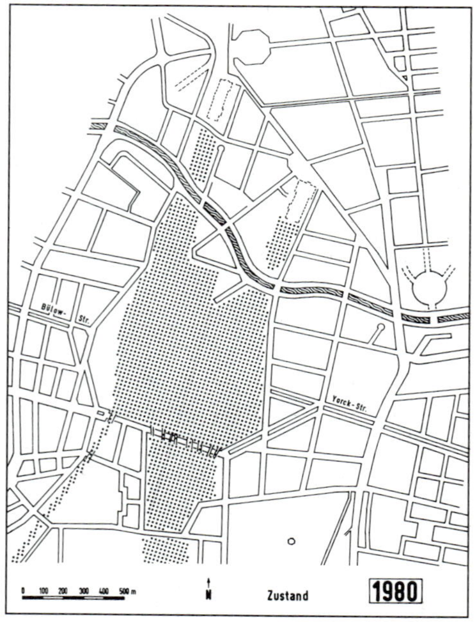

Abschließend noch einige *Hinweise zum Lesen.*

— Das Abgleiten von der Vergangenheit in die Gegenwart bei der Beschreibung von Sachverhalten längst vergangener Zeiten sollte nicht als grammatischer Fehler, denn als die Absicht des Verfassers gewertet werden, den Leser glauben zu machen, er lese die Berichterstattung jener Zeit. Da sich dadurch keine Beeinträchtigung des Verständnisses ergibt, lediglich der Vorteil eines besseren Zeit»empfindens«, erscheint dieser rhetorische Kunstgriff legitim.

— Im allgemeinen ist die historische Schreibweise verwendet worden (Beispiel: im 19.Jh.: York-Straße, im 20.Jh.: Yorck-Straße). Zitate wurden ebenfalls »korrekt«, d.h. also auch einschließlich eventueller Schreib- oder anderer Fehler wiedergegeben.

— Auf eine weitere Freiheit, die sich der Verfasser herausgenommen hat, muß der Ordnung halber hingewiesen werden. Obwohl die heutigen Regeln der deutschen Rechtschreibung nicht zulassen, zusammengesetzte Wörter mit einem Bindestrich zu schreiben, wird oft in dieser Arbeit so verfahren. Dem Verfasser geht es dabei um Leseerleichterungen von sogenannten Bandwurmwörtern, die nicht selten wegen ihrer Länge zweimaliges Lesen erfordern. Außerdem wird nicht nur das Zusammen-Setzen der Begriffe, sondern auch das Akzentuieren von Bedeutungen visualisiert (Beispiel: K.K.Hof-Räume/Hofräume hinterm Haus).

— Ein letzter Hinweis zum Umgang mit den in dieser Arbeit dokumentierten Bau- bzw. Lageplänen: Sie sind stets so wiedergegeben, daß Norden annähernd oben ist und dadurch dem Betrachter die Orientierung erleichtert wird.

B 4 Vor dem Potsdamer und Halleschen Tor 1840, Zeichnung v. Verf.

B 5 Gebiet von Abb. 4 1980, Zeichnung v. Verf.

I. Der Bauherr

1. Die Gründung als »Berlin-Sächsische Eisenbahn-Gesellschaft«

Seit 1825 existierte als erste Eisenbahn der Welt die 40 km lange Verbindung von Stockton nach Darlington südlich von Newcastle-upon-Tyne, wo 1829 die erfolgreiche »Rocket« in der Fabrik von George Stephenson gebaut wurde (A 6).

Die eisernen Bahnen folgten schnell den vorhandenen Strömen von Waren und Geld und stimulierten selbst deren Vermehrung und Zirkulation: es war kein Zufall, daß diese Entwicklung in jenem Lande begann, in dem sich das Bürgertum am frühesten Freiheiten und Rechte gegen Adel und Monarchie erkämpfen konnte aufgrund seiner Stellung in der industriellen Entwicklung und zwecks deren weiterer Entfaltung.

So wird verständlich, daß sich die gleichen Kreise in dem noch zerrissenen — vormärzlichen — Deutschland für die Eisenbahnen interessierten, und zwar nicht nur aus Gründen der Kapital-Anlage und Spekulation auf hohe Zinsen, sondern auch aus weiterreichenden politischen Absichten. Es ist also auch hier kein Zufall, daß die erste deutsche, 1834-35 ausgeführte Eisenbahn von der Nürnberger Kaufmannschaft finanziert wurde, nachdem die ersten Fernbahn-Projekte Leipzig-Magdeburg bereits ab 1829 und Leipzig-Dresden ab 1833 von der Handelsbourgeoisie der Messestadt entwickelt worden waren (A 7).

1835 bildete sich dann in Berlin eine Aktien-Gesellschaft zum Bau einer Eisenbahn von Berlin nach Potsdam, die hauptsächlich dem Personen-Verkehr dienen sollte (»Hofbahn«) und am 30. Oktober 1838 (A 8) mit 26 km Länge — als erste in Preußen — in Betrieb genommen wurde.

Nachdem am 1. März 1836 (A 9) der erste Spatenstich an der Bahn von Leipzig nach Dresden getan war, trat im April (A 10) jenes Jahres in Berlin ein Comité zusammen, das eine Eisenbahn-Verbindung von Potsdam zur sächsischen Bahn bei Riesa — also auf halbem Wege von Leipzig nach Dresden — schaffen wollte (B 6). Das Comité zur Gründung einer Aktien-Gesellschaft mit der Firma »Berlin-Sächsische Eisenbahn-Gesellschaft« (B.S.E.) bestand aus folgenden Mitgliedern:

Beer, Wilhelm, Banquier
Bloch, August, Kgl. Agent der Staatsschulden-Verwaltung
Bode, Karl Heinrich, Kgl. Justiz-Rath
Carl, Heinrich Konrad, Kgl. Kommerzienrath
Meyer, Alexis, Banquier
Reichenbach, Director der Hauptbank
Schultze, Carl W. J., Banquier

Diese Herren verfügten offenbar über gute Kenntnisse des Personen- und insbesondere des Warenverkehrs zwischen Berlin und Sachsen, außerdem über die nötigen Einblicke in den hiesigen Kapital-Besitz, um den Bedarf an Transport-Leistungen und den erforderlichen Kapital-Aufwand richtig einschätzen und dieses Kalkül zur Grundlage einer gewinnversprechenden Unternehmens-Gründung machen zu können.

Am 21. Mai 1836 (A 11) wurde die Bildung der Aktien-Gesellschaft behördlich genehmigt und bereits Ende Juni des gleichen Jahres war das veranschlagte Aktienkapital von 2 1/2 Millionen Thaler voll gezeichnet. Im September wurde mit der Leipzig-Dresdner Eisenbahn-Gesellschaft ein Anschluß-Vertrag abgeschlossen, und die beiden Bau-Conducteure Petersen und Rosenbaum, die bereits im Auftrag der Gesellschaft in England und Belgien Eisenbahn-Ausführungen bereist hatten, begannen mit den planerischen Vorarbeiten für die Strecke nach Riesa. Die Verhandlungen mit der Berlin-Potsdamer Eisenbahn-Gesellschaft wegen des Ausgangspunktes Potsdam führten jedoch zu keiner Einigung (A 12), so daß die Gesellschaft gezwungen war, am 17. Januar 1837 die Verwandlung der bisherigen Genehmigung in eine solche mit dem Ausgangspunkt Berlin zu beantragen. Am 6. März d.J. wurde durch ACO, d.h. »Allerhöchste Cabinets-Ordre«, die Strecke Berlin-Riesa vorläufig genehmigt, und die Gesellschaft begann mit dem Grunderwerb und bestellte Schienen und Betriebsmaterial in England, da es in Deutschland dafür überhaupt noch keine Hersteller gab (A 13) und dort gerade eine Baisse herrschte. Am 22. April d.J. wur-

6

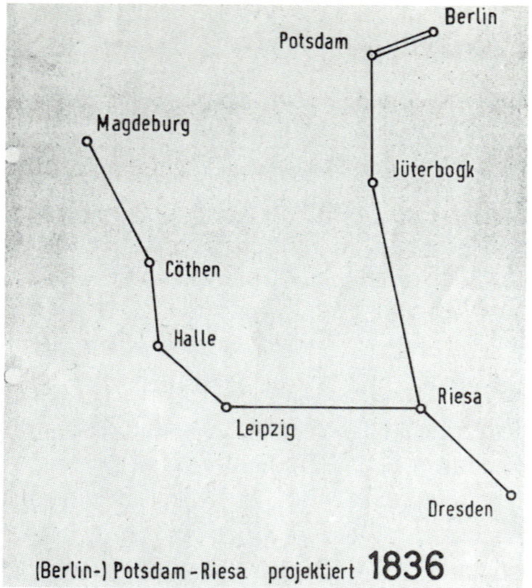

7

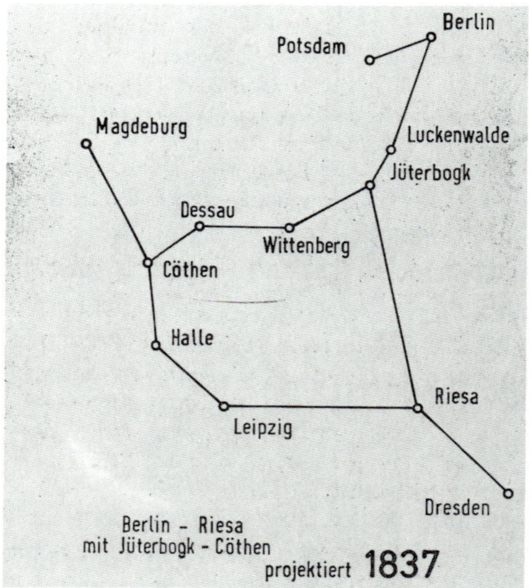

den dem Finanzministerium, dem die Verwaltung der Eisenbahn-Angelegenheiten noch oblag, zwecks Genehmigung das Gesellschafts-Statut, die Karten und Pläne sowie der Kostenanschlag für die gesamte Bahn eingereicht, so daß im Mai 1837 Baubeginn sein sollte. Dieser verzögerte sich jedoch von Monat zu Monat, da die Genehmigungen nicht nur ausblieben, sondern auch Bedenken der einzelnen Ressorts gegen die Linienführung laut wurden.

Der Kriegsminister wollte eine Bahn über Torgau, und der Generalpostmeister wies besonders auf den teuren Transit durch Sachsen hin, den er auf über 100.000 Thaler (A 14) jährlich veranschlagte. Starke Bedenken gegen die Richtung auf die beiden größten Städte des Königreichs Sachsen wurden von den Handelsherren aus Halle erhoben, die seit 1815 zur preußischen Provinz Sachsen gehörten und nun von Berlin gegen ihre Leipziger Konkurrenz Unterstützung erwarteten (A 15). Außerdem teilte die Regierung die Befürchtungen der »Berlin-Potsdamer«, daß eine Verlängerung nach Magdeburg neben einer Linie nach Riesa wirtschaftlich nicht durchführbar sei, so daß nach zehnmonatigem Abwägen dem Projekt Berlin-Riesa am 1. März 1838 die endgültige Genehmigung versagt wurde.

Um die damit bedrohlich werdende Gesellschafts-Auflösung abzuwenden, hatte sich das Comité schon 1837 entschlossen, der Regierung eine Zweigbahn von Luckenwalde über Dessau nach Cöthen an der Magdeburg-Leipziger Eisenbahn vorzuschlagen, wodurch die Wünsche der Regierung berücksichtigt und die Interessen der Aktien-Gesellschaft — Verwertung der bereits erworbenen Grundstücke bis Luckenwalde, Einsatz des bestellten Materials, Anschluß an eine bedeutende Linie mit bald zu erwartenden Fortsetzungen nach Westen — gewahrt wurden (B 7). Diese Linienführung über Dessau fand sofort den Beifall des eisenbahn-begeisterten Herzogs Leopold von Anhalt-Dessau, welcher der Gesellschaft sogleich die verschiedensten Unterstützungen zusagte (kostenloses Bahngelände und Baumaterial; Mitbenutzung der Elbe-Brücke bei Roslau; Aktien-Zeichnung).

Nachdem sich die Gesellschaft entschlossen hatte, eine Führung auf Riesa ganz aufzugeben — wodurch die angenommene Zweigbahn über Dessau nach Cöthen nun zur Stammbahn wurde — erhielt sie am 4. Juni 1838 die Allerhöchste Genehmigung für diese Linie.

Generell bedeutete diese Konzessionierung die Anwendbarkeit der Enteignungs-Gesetze in Analogie zum staatlichen Chaussee-Bau nunmehr auf den privaten Eisenbahn-Bau, was wohl eine der stärksten Förderungsmaßnahmen des Staates für diese Bahn darstellte: die ihn auch gar nichts kostete . . .

Das Comité forderte nun am 14. Juni 1838 die Aktionäre auf, dem geänderten Gesellschafts-Zweck zuzustimmen mittels weiterer 5% einzuzahlenden Kapitals oder sich die bisherigen 10% Einzahlung im »Bureau der Gesellschaft« Behren-Straße 32 wieder abzuholen. Unerwartet viele, nämlich 7.861 Stück Aktien von 12.500, schieden aus, so daß das Comité auf die bereits vorhandene Absprache mit dem Kgl. Seehandlungs-Institut, der Preußischen Staatsbank, zurückkommen mußte, wonach diese Bank 1.000.000 Thaler Aktien zeichnet und falls nötig noch ein Darlehen (zu 4%) in Höhe von 400.000 Thaler hergibt (A 16).

Aufgrund der unzureichend erschlossenen Quellenlage läßt sich im Rahmen dieser Arbeit nicht näher untersuchen, ob diese Aktienzeichnung der Seehandlung eine ihrer *»anerkannten wohlwollenden Bestrebungen zur Förderung gemeinnütziger Unternehmungen«* (Rundschreiben an die Aktionäre vom 14. Juni 1838 (B 8)) darstellt, ob sie durch die verlockende Rentabilitäts-Prognose des Comités ausgelöst wurde, die auf 8,5% Verzinsung des Aktienkapitals lautete (eine unerhörte Sache, wenn man bedenkt, daß staatliche Anleihen mit 3 bis 4% verzinst wurden) oder ganz einfach auch zur Beeinflussung des Unternehmens durch die Position eines Großaktionärs erfolgte. Wahrscheinlich dürften mehrere der genannten Gründe zusammengekommen sein — das Institut übernahm als Steuerungsinstrument des Staates zahlreiche Beteiligungen an industriellen Unternehmungen, allerdings nur bis 1848, als es infolge

der bürgerlichen Revolution als Konkurrent ausgeschaltet wurde (Ende der sog. »Ära Rother«) und sich im wesentlichen auf Bankgeschäfte konzentrieren mußte.
Die Einflußnahme des Staates auf neue wirtschaftliche Aktivitäten des Bürgertums war durch Kapitalbeteiligung auch am einfachsten und am konkretesten zu erreichen; in unserem Falle muß daran erinnert werden, daß der Staat solchen riesenhaften privaten Unternehmungen noch völlig unvorbereitet gegenüberstand: Das »Gesetz über die Eisenbahn-Unternehmungen« entstand erst als eine Zusammenfassung der bis dahin gesammelten Erfahrungen und trat erst am 3. November 1838 in Kraft. Das »Gesetz über die Aktien-Gesellschaft« stammt sogar erst aus dem Jahre 1843. Deshalb hatte die Regierung die Trassen-Genehmigung Berlin-Cöthen vom 4. Juni 1838 an die Anerkennung des kommenden »Gesetzes über die Eisenbahn-Unternehmungen« durch das Comité geknüpft, so daß gewisse Fragen wie Besteuerung, Tarife, Besetzung der Direktion bis hin zu einer späteren Verstaatlichung bereits reglementiert waren.
Und warum baute der preußische Staat die ihm erforderlich scheinenden Eisenbahnen nicht gleich selbst? Hier wie bei vielen anderen Fragen ist Engels' Erkenntnis hilfreich: »*Der Absolutismus war arm, sehr arm!*« (A 17). Eisenbahnen hätten nicht aus laufenden Mitteln, sondern nur durch eine Erhöhung der Staatsschulden, also durch neue Staatsanleihen finanziert werden können. Der preußische Staat befand sich aber in einer konstitutionellen Patt-Situation, da der König 1820 versprochen hatte, neue Staatsschulden durch das Parlament beschließen zu lassen. Da also staatliche Eisenbahn-Anleihen mit der Verfassungsfrage verknüpft waren, unterblieben sie und so entstand ein zunächst spontanes, nur von Profit-Absichten initiiertes Eisenbahn-Netz, welches — wie wir sehen — durch staatspolitische und militärische Aspekte zurechtgebogen wurde. Je weniger der preußische Staat also in der Lage war, selbst Eisenbahn-Unternehmer zu werden, desto mehr mußte er reglementieren. Welches Hemmnis für die ökonomische Entwicklung daraus entstand, läßt sich allein schon an dem Zeit-Verlust ersehen, den die »Berlin-Sächsische Eisenbahn-Gesellschaft« erlitt. Die preußische Regierung war aber nicht in der Lage, die Rolle des Eisenbahnwesens bei der weiteren Industrialisierung richtig einzuschätzen, wie an unserem Beispiel aus der Ablehnung der zuerst beantragten Linie nach Riesa hervorgeht — das Argument war ja, daß eine solche Bahn eine weitere in Richtung Magdeburg verhindere; vier Jahre nach Betriebseröffnung nach Cöthen mußte sie diese Verbindung nach Dresden wegen des Transportbedarfs doch genehmigen. Die Eisenbahn-Unternehmer wurden also keineswegs als Wohltäter vom Staat behandelt, und dies hat von der Natur der Sache her tiefere Gründe.
Im rückständigen Preußen schöpfte die herrschende Klasse ihren Reichtum im wesentlichen noch aus der agrarischen Produktion; sie mußte das Zusammentreten vermögender Bürger in Kapital-Gesellschaften mit größtem Mißtrauen beobachten. Nicht nur, daß das hier zusammenkommende Kapital bei den Hypothekenbanken und bei Staatsanleihen, insbesondere den verschuldeten Junkerwirtschaften fehlte; nein: es werden riesenhafte, ökonomisch mächtige Unternehmen gegründet, die sich sogar auf fremde Staaten erstrecken (heute heißen sie: »Multis«) und die kaum kontrollierbar sind! Und dabei ist die spätere Überwachung der Reisenden und selbstverständlich des Personals noch nicht das größte Problem; weitaus gefährlicher schien, daß entlang der Linie mehrere tausend Mann arbeiteten — und wenn nicht, was dann? Außerdem »verdarben« diese Eisenbahn-Bauarbeiter den Gutsbesitzern die niedrigen Landarbeiter-Löhne! — Viel Arbeit für die Polizei . . . Und weiter: die ersten Eisenbahnen würden für lange Zeit starke und eigensinnige Monopole bleiben — schwer bezähmbar in jeder Beziehung.
Die gesamte Problematik faßte Friedrich Harkort (A 18) treffend in den Aphorismus: »*Die Junker haben von ihrem Standpunkt aus recht; sie fühlen instinktiv, daß die Lokomotive der Leichenwagen ist, auf welchem Absolutismus und Feudalismus zum Kirchhofe werden gefahren werden*« (A 19).

B 6 Projekt 1836 (Zeichnung v. Verf.)
B 7 Projekt 1837 (Zeichnung v. Verf.)

A 6 Stephenson

George	Vater	1781-1848
Robert	Sohn	1803-1859
George Robert	Neffe	1819-1905

A 7 Vgl. Peter Beyer: »Leipzig und die Anfänge des Deutschen Eisenbahnbaus«, Weimar 1978
A 8 Vgl. Wilhelm von Reden: »Die Eisenbahnen Deutschlands«, Berlin-Posen-Bromberg 1845, S. 320
A 9 Inschrift am Denkmal vor dem Hauptbahnhof Leipzig
A 10 Vgl. »Berlin und seine Eisenbahnen«, 1896, S. 160
A 11 W.v. Reden, a.a.O., S. 385
A 12 Resumée des »Crelle-Gutachtens« v. 5.10.1836 nach W.v. Reden, a.a.O.: 1. Benutzung durch zwei Bahn-Gesellschaften unmöglich. 2. Vorhandene eingleisige Bahn für Personenverkehr ist zu schwach für Güterverkehr. 3. Zweites Gleis durch B.S.E. zu errichten. 4. Andernfalls Umladen im Bahnhof Potsdam aus Platzgründen problematisch. 5. Topographie-Probleme: Potsdam im Kessel.
A 13 Vgl. Horst Wagenblaß: »Der Eisenbahnbau und Wachstum der Eisen- und Maschinenbauindustrie 1835 bis 1860«, Stuttgart 1973, S. 23
A 14 30.000 Thaler Transitporto und 80.000 Thaler Einnahmeausfall der preußischen Post an Personengeld
A 15 Stadtrat Wucherer aus Halle intervenierte im Dezember 1837 in Berlin gegen die B.S.E.: »*Preußen* (müsse) *eine Verbindung erhalten bleiben, die es stets besessen, die es der geographischen Lage nach und zur Förderung der inländischen Interessen besitzen muß, und die Sachsen sich nur auf künstlichem Wege zum höchsten Nachteil Preussens aneignen will.*« Zit. nach Gisevius: »Vorgeschichte des preußisch-sächsischen Eisenbahn-Krieges«, S. 98
A 16 Vgl. W.v. Reden, a.a.O., S. 388
A 17 Friedrich Engels: »Die preußische Militärfrage und die deutsche Arbeiterpartei«, 1865
A 18 Friedrich Harkort, Industrieller und Politiker, geb. 22.2.1793 in Harkorten, gest. 6.3.1880 in Hombruch bei Dortmund. Aus »Neue Deutsche Biographie«, Berlin 1966. Bruder von Johann Caspar Harkort: Eisenbahnunternehmer in Harkorten/Westf., und von Gustav Harkort: Kaufmann in Leipzig. »*Friedrich und Gustav (Harkort) gehörten neben Friedrich List mit zu den entschiedensten Vorkämpfern des deutschen Eisenbahnbaues.*« Aus H. Wagenblaß, a.a.O.. Siehe auch: C. Matschoss »Friedrich Harkort. Der große deutsche Industriebegründer und Volkserzieher«, BGTI, Bd. 10, Berlin 1920
A 19 Zit. nach Louis Konstanz Berger: »Der alte Harkort«, Leipzig 1890, S. 321; siehe auch: Dietrich Eichholtz: »Junker und Bourgeoisie vor 1848 in der preußischen Eisenbahngeschichte«, Berlin 1962, Kapitel II

9

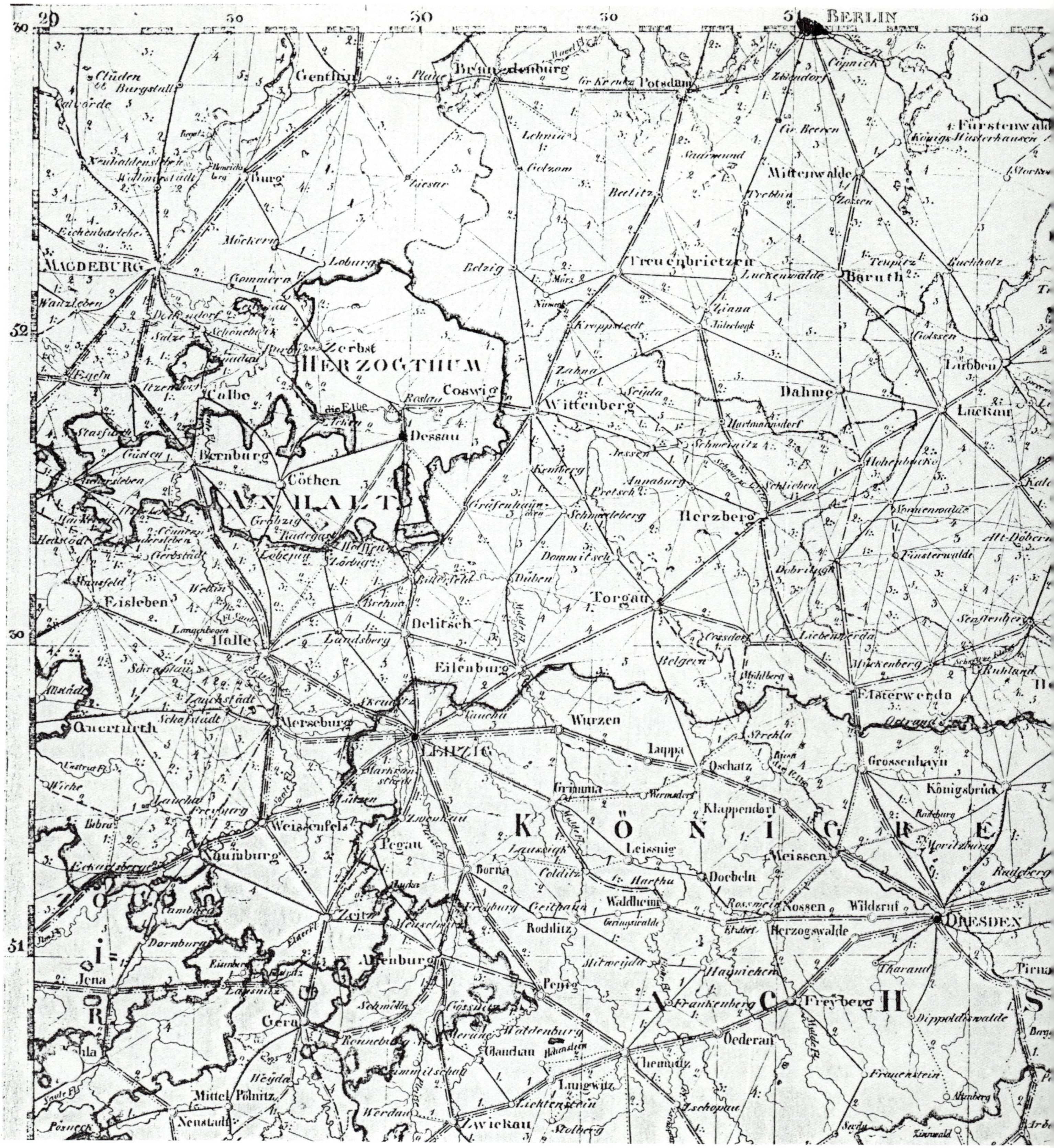
BERLIN
Potsdam
Brandenburg
Genthin
Burg
Magdeburg
Mittenwalde
Zossen
Baruth
Treuenbrietzen
Luckenwalde
Beelitz
Belzig
Loburg
Zerbst
HERZOGTHUM
Coswig
Wittenberg
Dessau
Dahme
Luckau
Lübben
Bernburg
Cöthen
ANHALT
Calbe
Herzberg
Torgau
Eisleben
Halle
Delitsch
Eilenburg
Wurzen
Merseburg
Querfurth
LEIPZIG
Oschatz
Grossenhayn
Königsbrück
Elsterwerda
Weissenfels
Naumburg
Pegau
Borna
Grimma
Leissnig
Doebeln
Meissen
Klappendorf
Zeitz
Altenburg
Penig
Rochlitz
Waldheim
Nossen
Wildsruf
DRESDEN
Herzogswalde
Freyberg
Oederan
Chemnitz
Gera
Jena
Zwickau
Lichtenstein
Glauchau
Neustadt
KÖNIGREICH
SACHSEN

2. Vorarbeiten

Je länger die Gesellschaft durch die staatliche Taktik hingehalten wurde, desto zielstrebiger und präziser bereitete sie die Ausführung vor. Dazu gehörten die schon erwähnten Bedarfsermittlungen, Trassen-Untersuchungen, Kosten-Voranschläge etc., die wir heute noch mit Bewunderung lesen, da sowohl die Planer als auch die Unternehmer zum ersten Mal in solchen Größenordnungen arbeiteten.

Die Analyse der Personen- und Waren-Transporte auf den Chausseen war ja nicht nur wegen der Einnahmen-Erwartungen erforderlich, sondern insbesondere auch wegen der Strecken- und Bahnhofs-Anlagen und der anzuschaffenden Art und Zahl von Wagen und Lokomotiven.

»Sorgfältige, ein ganzes Jahr hindurch ununterbrochen fortgesetzte Beobachtungen, Behufs Ermittelung der Frequenz zwischen Berlin, Leipzig und Dresden, wobei auch der mit Magdeburg stattfindende Verkehr nicht unbeachtet geblieben ist, haben uns so bedeutende Resultate geliefert, daß wir uns für vollkommen berechtigt halten anzunehmen: es finde von Berlin aus in keiner anderen Richtung hin, — auch nicht nach Hamburg oder Schlesien — ein kommerzieller und geselliger Verkehr gleich bedeutenden Umfanges statt, als in der Richtung nach Leipzig, Magdeburg und Halle.

Nach diesen Ermittelungen stellt sich gegenwärtig der Personenverkehr zwischen Berlin, Leipzig und Dresden auf etwa 70,000 Personen jährlich, wovon bei Weitem der größte Theil auf die Tour nach Leipzig kommt; zwischen Berlin und Magdeburg aber durchschnittlich auf etwa 45,000 Personen. . . . Von den erwähnten Reisenden haben sich in runden Zahlen

1. circa 20,000 der Extrapost,

2. circa 25,000 der Schnellpost,

3. circa 5,000 der Fahrpost,

4. circa 65,000 anderer Fuhrgelegenheiten bedient. . . . (B 9).

. . . die Erfahrung auf anderen Bahnen (hat) *bereits sattsam und unwiderleglich dargethan, daß die Anlage einer Eisenbahn-Verbindung den bisherigen Personen-Verkehr überall in überraschender Weise vermehrt, und in den meisten Fällen auf das drei- bis fünffache, in Belgien sogar auf das dreißigfache erhöht hat. . . . Wenn wir nun aber weit entfernt sind, solche zu erwartenden Vortheile sanguinischer Weise voraussetzen, . . . so können wir es doch nicht für ganz angemessen halten, mit unseren Rechnungen lediglich auf der bisher stattgefundenen Personen-Frequenz zu fußen. Mit voller Sicherheit glauben wir die Summe derselben, nach Herstellung unserer Eisenbahn, um die Hälfte höher als jetzt annehmen zu dürfen. Diese Annahme beruht, wie gewiß jeder Unbefangene leicht zugeben wird, auf den mäßigsten und solidesten Grundsätzen.«* (B 8)

Nicht minder interessant und wichtig war die Ermittlung des Güterverkehrs, der damals per Fuhrwerk auf den Chausseen zwischen Berlin und Leipzig = 750.000 Ztr. und Berlin und Magdeburg = 400.000 Ztr. abgewickelt wurde, und welchen die Gesellschaft ganz auf ihre Bahn zu lenken hoffte. Hingegen wurde der Zwischenverkehr, der sich durch solche Orte wie Luckenwalde, Wittenberg, Dessau u.a. ergab, *»nicht in unsern Calcül gezogen, und eben so wenig die bedeutenden Güter-Transporte berücksichtigt, welche zu Wasser auf großen Umwegen zwischen Sachsen und Berlin und zwischen Magdeburg und Berlin bisher befördert wurden«* (B 8). Eine Steigerung des Verkehrsaufkommens durch die bei Trebbin befindlichen Gipslager, durch Schlachtvieh und landwirtschaftliche Produkte sowie durch Zwickauer Steinkohlen wurde von der Gesellschaft ins Auge gefaßt, bei der vorsichtigen Kalkulation jedoch außer acht gelassen.

Bei der Preisgestaltung wurde von einer Ermäßigung von ca. 33 % ausgegangen, *»wobei wir hoffen, zugleich das Publikum zufrieden zu stellen und auch unsere Rechnung zu finden . . . Hierbei kommt der große, nicht genug zu schätzende Gewinn an Zeit noch gar nicht in Anschlag«.*

Die Ersparnis, die *»für das Publikum künftig jährlich 505.322 Thaler«* (B 8) ausmachen wird, ist nicht nur eine gewaltige, äußerst werbewirksame Summe, sondern verdeutlicht die Größenordnung der technischen Umwälzung. Um die 500.000 Thaler richtig ermessen zu können, sei im Vergleich angeführt, daß die preußische Regierung im Jahre 1842, *»nachdem eine bedeutende Summe der Staatsschulden getilgt«* war, einen Steuererlaß von 1.600.000 Thalern verhieß — jedoch ihrer gesamten Bevölkerung zwischen Königsberg und Saarbrücken . . . (A 20).

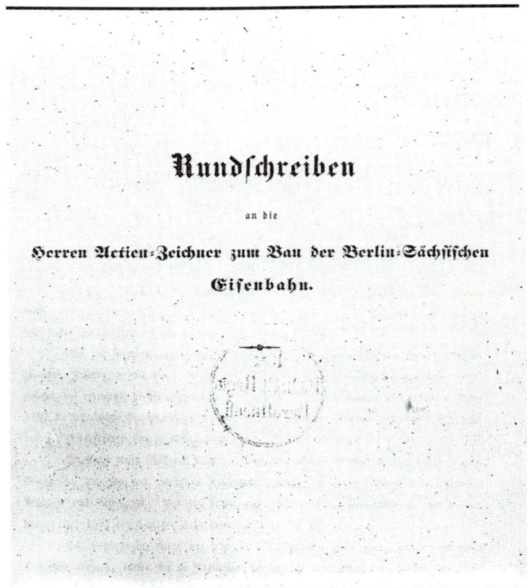
Rundschreiben
an die
Herren Actien-Zeichner zum Bau der Berlin-Sächsischen
Eisenbahn.

8

B 8 *»Rundschreiben an die Herren Actien-Zeichner zum Bau der Berlin-Sächsischen Eisenbahn.«* Berlin, 14.6.1838.

B 9 Preußische Post-Karte 1829

A 20 W.v.Reden, a.a.O., S. 303

10 3. Die Trasse

In dem bereits erwähnten »*Rundschreiben an die Herren Actien-Zeichner*« vom 14. Juni 1838 — also zehn Tage nach der Genehmigung der Linie nach Cöthen — sind folgende, von Petersen und Rosenbaum erarbeitete Anlagen enthalten:

»*A. die detaillirte Beschreibung der gewählten Bahnlinie,*
B. die Construction der Bahn,
C. die Berechnung der Transportkraft,
D. die Veranschlagung der Baukosten, und
E. die Berechnung der Unterhaltungs- und Betriebskosten«

Die Ermittlung der Bau- und Betriebskosten mußte nicht nur möglichst genau sein, sondern auch besonders darauf ausgerichtet werden, daß dieselben minimiert werden
11 können. Dazu gehörten beispielsweise solche Planungs-Parameter wie Vermeidung von Steigungen und Kurven (die normale Steigung sollte nur 1 : 800 und die maximale nur 1 : 300 sein), Vermeidung von Kunstbauten, großen Dämmen und Einschnitten wegen der größeren Bau- und Grunderwerbs-Kosten; Ausführung des Planums von vornherein für zwei Gleise, um nicht später teuer gewordene Grundstücke kaufen zu müssen. Einem Bericht der Ingenieure vom Juli 1838 an die Eisenbahn-Gesellschaft sind Trassen-Varianten zu entnehmen, für die mittels genauer Nivellements die Steigungen sowie die Erdmassen in Einschnitten und im Auftrag und Zahl und Größen der Brücken untersucht wurden (B 10).

Nachdem sich nämlich die »Berlin-Sächsische« aufgrund der gescheiterten Verhandlungen mit der »Berlin-Potsdamer« zu einem eigenen Bahnhof in Berlin entschlossen hatte, setzte in Potsdam — wo der »große« Verkehr nun vorbeirollen würde — auch eine öffentliche Kampagne gegen diese neue Linienführung ein. Der dortige Stadtbaumeister Ludwig und der Bauconducteur Achilles (A 21) wollten nachweisen, daß eine Eisenbahn von Potsdam direkt nach Roslau kürzer und billiger sei, was jedoch durch den präzisen Rosenbaum widerlegt wurde: zunächst sind von Berlin aus beide Strecken fast gleich lang; von

Potsdam aus wären aber ungleich mehr

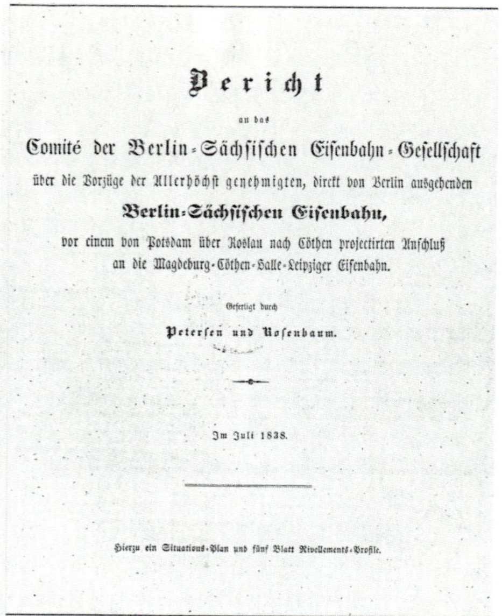
Bericht

an das

Comité der Berlin-Sächsischen Eisenbahn-Gesellschaft

über die Vorzüge der Allerhöchst genehmigten, direkt von Berlin ausgehenden

Berlin-Sächsischen Eisenbahn,

vor einem von Potsdam über Roslau nach Cöthen projectirten Anschluß
an die Magdeburg-Cöthen-Halle-Leipziger Eisenbahn.

Gefertigt durch

Petersen und Rosenbaum.

Im Juli 1838.

Hierzu ein Situations-Plan und fünf Blatt Nivellements-Profile.

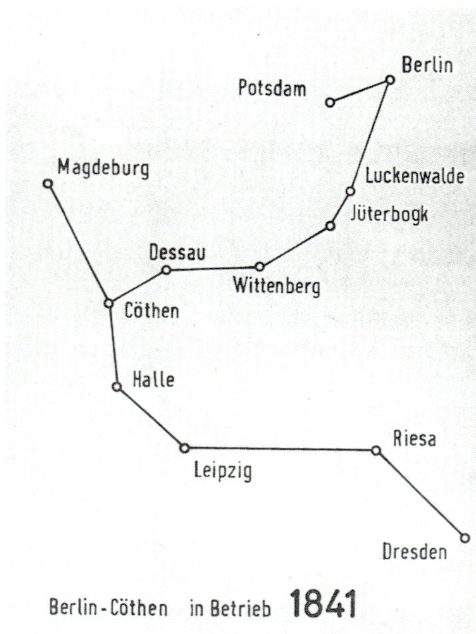

Erdarbeiten und Kunstbauten erforderlich; und das wichtigste Gegenargument besteht in dem viel geringeren Verkehrsaufkommen, da »*die Stadt Potsdam bis jetzt keine industrielle oder kommerzielle Bedeutsamkeit erlangt*« hat (B 10).

Für die von der B.S.E. als optimal angesehene Trasse (B 11) mußte nun der Grunderwerb weiterbetrieben werden, wobei sich herausstellte, daß die Gesellschaft tunlichst keine Enteignung anstreben sollte, da das Verfahren sehr zeitraubend war und meist mit den gleichen Preisen endete, wie sie der Verkäufer anfangs forderte (A 22).

4. Der Bahnhof in Berlin

Für die Anlage des Bahnhofs in bzw. bei Berlin ergaben sich eine Reihe von Schwierigkeiten, so daß im Juni 1838 der »*Anfangspunkt der Bahn bei Berlin . . . noch nicht definitiv bestimmt*« war, wie sich dem Aktionärs-Rundschreiben entnehmen läßt. Da ist zunächst einmal die städtebauliche und topographische Problematik zu betrachten. Eine von Süden auf Berlin zulaufende Bahn hat die Gelände-Kante zwischen dem Kreuzberg und Schöneberg in einer möglichst flachen Rampe zu durchschneiden, sodann den Schafgraben — der kanalisiert werden sollte — zu überbrücken und muß ihren Endpunkt (wohl) vor der Mauer in der Nähe eines der Tore finden, wenn dem Publikum Umwege erspart bleiben sollten. Wenn die Klärung dieser Punkte vielleicht nur von der Befriedigung privater Grundbesitzer, die auf einen möglichst hohen Preis spekulierten, abhing, so war die Grundstücks-Situation auf dem Tempelhofer Feld ungleich schwieriger. Zu jener Zeit reichte nämlich der Exerzierplatz der Berliner Garnison im Westen bis an die heutige Naumann-Straße, wobei sich in dessen westlichsten Bereich die Rennbahn des Vereins für Pferdezucht befand (B 12). Zunächst war von den Militärbehörden eine Durchschneidung des Exerzierplatzes für völlig indiskutabel erklärt worden; nach langen Verhandlungen wurde dies unter folgenden Bedingungen jedoch gestattet:

1. Beschaffung und Einebnung eines neuen, 28 Morgen großen Truppenaufstellplatzes am Kreuzberg,
2. Herstellung einer 33 m breiten Brücke im Zuge des Kolonnenweges für Truppen- und

B 10 »*Bericht an das Comité der Berlin-Sächsischen Eisenbahn-Gesellschaft über die Vorzüge der Allerhöchst genehmigten, direkt von Berlin ausgehenden Berlin-Sächsischen Eisenbahn, vor einem von Potsdam über Roslau nach Cöthen projectirten Anschluß an die Magdeburg Cöthen-Halle-Leipziger Eisenbahn. Gefertigt durch Petersen und Rosenbaum. Im Juli 1838.*« Berlin

B 11 Ausgeführte Strecke 1841 (Zeichnung v. Verf.)

B 12 Situation auf dem Tempelhofer Feld; Karte von Beussel 1834

A 21 Vgl. »Vossische Zeitung«, 1838, No. 151

A 22 Vgl. »Berliner Gewerbe-, Industrie- und Handelsblatt«, 1841, S. 149

12

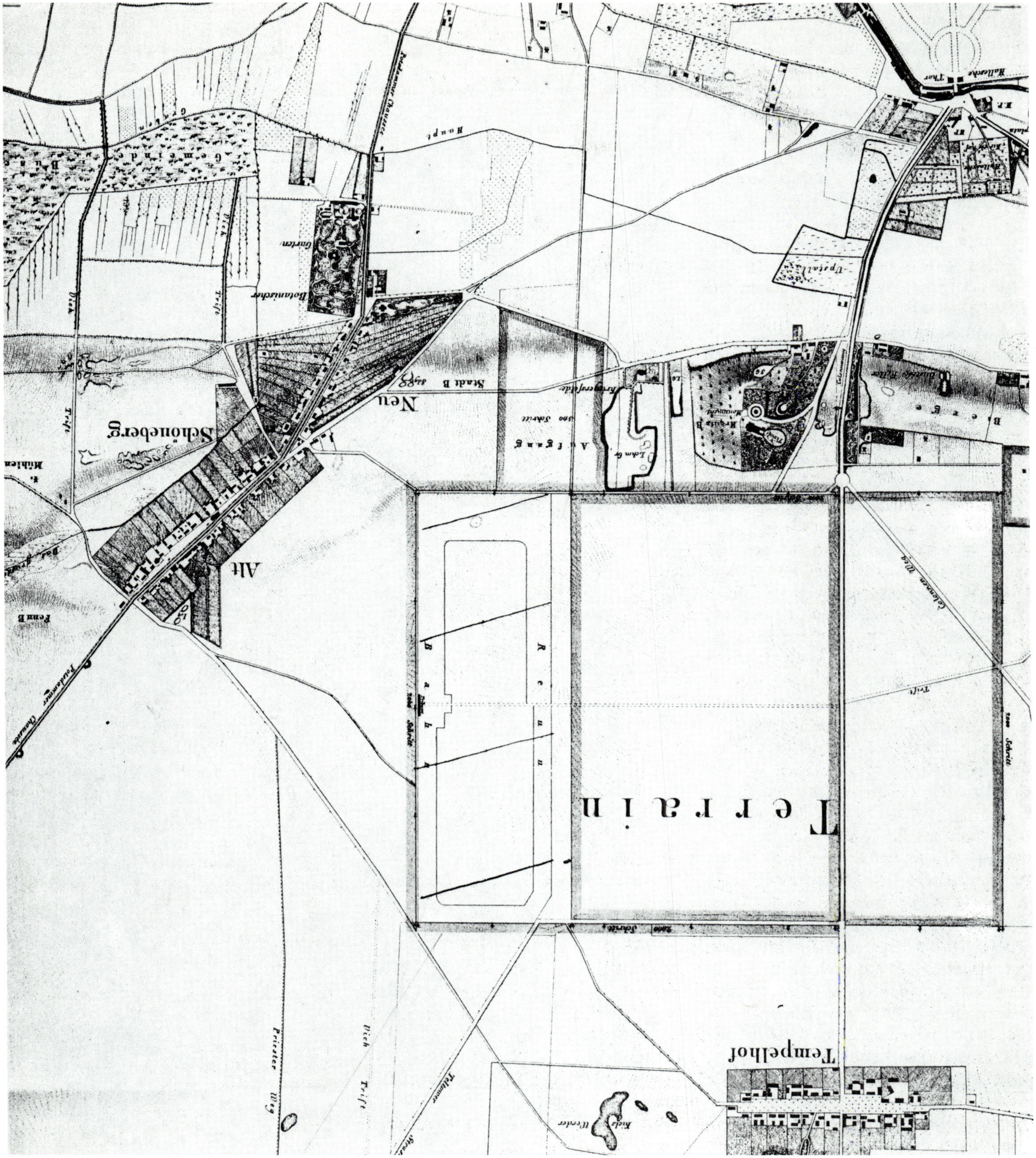
Terrain
Tempelhof
Schöneberg
Alt
Neu
Botanischer
Garten
Aufgang

13 Geschütz-Transporte (damalige Kolonnen-, heute Duden-Brücke),
3. Anlegung einer baumbepflanzten Straße zwischen Exerzierplatz und Bahnhof (die sog. Militair-, heutige Möckern-Straße) samt einer Brücke über den Schafgraben,
4. besondere Entschädigung von 15.000 Thaler an das Kriegsministerium,
5. Entschädigung der fiskalischen Pächter, besonders zur Verlegung der Rennbahn (A 23).

Die Eisenbahn-Gesellschaft befand sich in der Zwangslage, daß sie ihren Bahnhof Berlin nicht in die Nähe des Potsdamer Tores bringen konnte, da dort bereits der Potsdamer Bahnhof lag, und auch nicht näher an das Hallesche Tor, da dann noch mehr Gelände vom Exerzierplatz hätte abgeschnitten werden müssen. So waren die harten Bedingungen des Kriegsministeriums einerseits die Grenzmarke, bis zu der die Bahn nach Osten gelegt werden konnte; andererseits bildete der Abstand zur Potsdamer Bahn, welcher beiden Bahnen noch Erweiterungs-Möglichkeiten einräumte, das Limit im Westen: eine derart gefundene Linie stieß aber ungefähr in der Mitte zwischen dem Potsdamer und Halleschen Tor auf die Stadtmauer, in der es bis dahin keine Öffnung gab, geschweige denn ein Tor.

Die Eisenbahn-Gesellschaft, die unter Zeitdruck und unter Erfolgszwang stand, akzeptierte die kostspieligen Bedingungen am Exerzierplatz und erkannte schnell, daß die quasi »jungfräuliche« Situation an der Stadtmauer — außerhalb lag eine Wiese (von Töplitz) (B 13), innerhalb die Gärten der Häuser an der Wilhelm-Straße — insgesamt billiges Land für einen großen Bahnhof darbot. Die Gesamtanlage sollte gegenüber dem Potsdamer Bahnhof umfangreicher, repräsentativer und besser erschlossen werden. So wurde beschlossen, auf eigene Kosten in die Stadtmauer ein neues »Tor« zu bauen, dasselbe durch eine neue Straße mit der Wilhelm-Straße zu verbinden und zwischen Tor und Bahnhof einen großen Platz zu legen! Zu diesem Zweck wurden eiligst die beiden Grundstücke Wilhelm-Straße 108 und 109 (A 24) gekauft, damit diesem ehrgeizigen Projekt von Privaten nichts mehr in den Weg gelegt

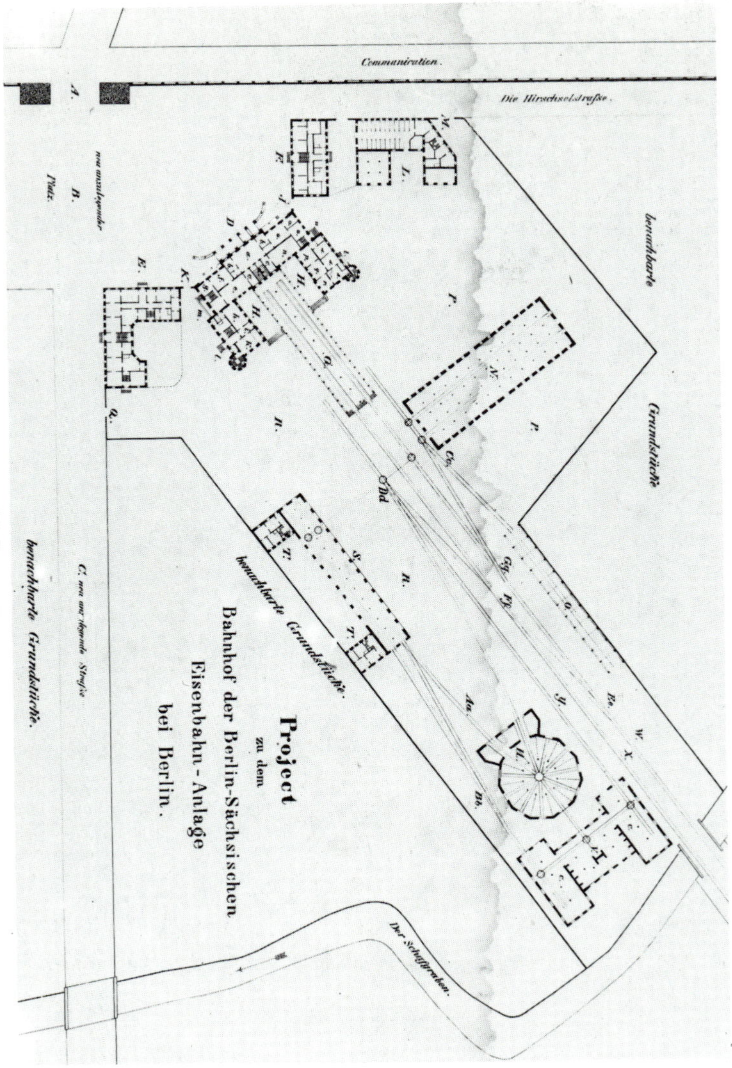

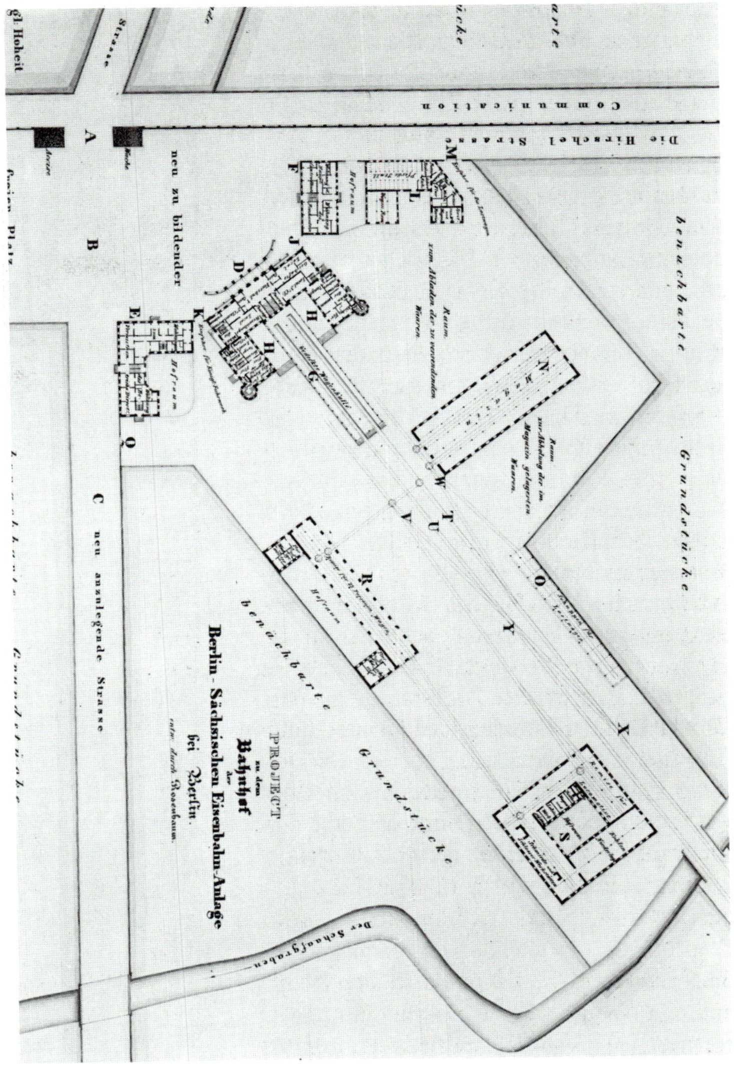

14

15

werden konnte. Im Erläuterungs-Bericht zu dem »*Projekt*« heißt es dazu: »*Unmittelbar an dem Park Sr. Königl. Hoheit des Prinzen Albrecht wird eine 60 Fuss breite Strasse angelegt, und bleibt auf der andern Seite noch ein 100 Fuss breites Grundstück, welches zu Baustellen parzellirt werden soll. Es kann diese Seite der Strasse mit schönen landhausähnlichen Gebäuden geziert werden, wodurch für die Umgebung des gedachten Parks viel gewonnen wird. Durch das neu anzulegende Thor A gelangt man auf einen Platz B, welcher 520 Fuss lang, 250 Fuss breit ist. Zwei Ecken desselben sind abgestumpft, so dass der ganze Raum die Hälfte eines ziemlich regelmäßigen Achtecks bildet. Von diesem Platze aus führt, dem Thore gegenüber, eine Strasse C gerade aus über den Schafgraben bis an die Straße am Carlsbade; falls sie in Zukunft noch verlängert werden sollte, so schneidet sie in der Gegend des botanischen Gartens in die Potsdamer Chaussée ein. Rechts und links jenes Platzes führt dagegen die bis auf 48 Fuss zu verbreitende Hirschel-Strasse nach dem Potsdamer und Halleschen Thore. Die um den Platz herumliegenden Gebäude sollen ein symmetrisches Ganzes bilden.*« (A 25)

Die hier abgebildeten Lageplan-Varianten (B 14-16) entwickeln sich wohl nach betrieblichen Überlegungen (z.B. Wegfall des polygonalen Lokschuppens, Drehung des Güterschuppens an der Militair-Straße); sie werden aber auch bestimmt durch die Verlängerung der Anlagen über den Schafgraben hinaus und dessen Begradigung. Der Plan B 16 wurde von Rosenbaum 1843 veröffentlicht, der den ungefähren Zustand bei Eröffnung der Bahn 1841 zeigt.

B 13 Situation vor dem Potsdamer und Halleschen Tor 1829, Karte von Schwartzkopff
B 14 Lageplan aus Projekt 1838 (siehe A 25)
B 15 Lageplan aus Plankammer Schloß Charlottenburg

A 23 Vgl. »Berlin und seine Eisenbahnen«, 1896, S. 163
A 24 Nach Nr. 109 wurde sogleich das Technische Bureau der B.S.E. verlegt.
A 25 »Projekt zu dem Bahnhofe der Berlin-Sächsischen Eisenbahn-Anlage bei Berlin«, Berlin 1838

Auch der Entwurf für das Empfangs-Gebäude ist überarbeitet worden, und zwar ebenfalls aus Gründen des Betriebes bzw. des Publikumverkehrs: das erste »*Projekt zu dem Bahnhofe*« (B 17-19) zeigt eine in Grundriß und Aufriß auf die Bahn-Achse bezogene Anlage, bei der bahnseitig zwei von Türmen flankierte Flügel die überdachten Bahnsteige (»Estraden«!) umfassen, und stadtseitig öffnet sich das Gebäude dem Publikum mittels Unterfahrt und Rampe, die vor dem dominierenden fünfachsigen Mittelrisalit liegen. Geradezu prototypisch wird hier »die Kopf-Station« vorgestellt mit all ihrer dysfunktionalen »Klarheit« (der Publikumsverkehr bei Ankunft und Abreise ist eben grundverschieden). Dieser Problematik wurde bei der Überarbeitung Rechnung getragen: nur auf der Abfahrtseite entsteht ein Seitenflügel für das abreisende Publikum, welches nun die unpassierbar gewordene Platz-Fassade zu umgehen hat; bei der Ankunft steigt man vom gedeckten Bahnsteig aus und verläßt mit oder ohne Droschke den »Hof«. Der hohe symbolische Gehalt des ersten Entwurfs ist verschwunden, ohne daß eine der (historischen!) Aufgabe gerecht werdende Lösung gefunden wurde (B 21-23).

Der Entwurf darf wohl Rosenbaum zugeschrieben werden, denn die in der Plankammer des Schlosses Charlottenburg aufbewahrten Tusche-Zeichnungen (B 17 + 19) sind bezeichnet mit »*entworfen durch Rosenbaum und Holtzmann*«. Letzterer muß ebenfalls in den Diensten der Gesellschaft gestanden haben, denn seine Unterschrift taucht bei Kaufverträgen (A 26) auf zwischen der B.S.E. und privaten Käufern von Baustellen an der »Verbindungs-Straße« zwischen Tor und Wilhelm-Straße.
Rosenbaum ging von der B.A.E. (wahrscheinlich nach Eröffnung des Berliner

16

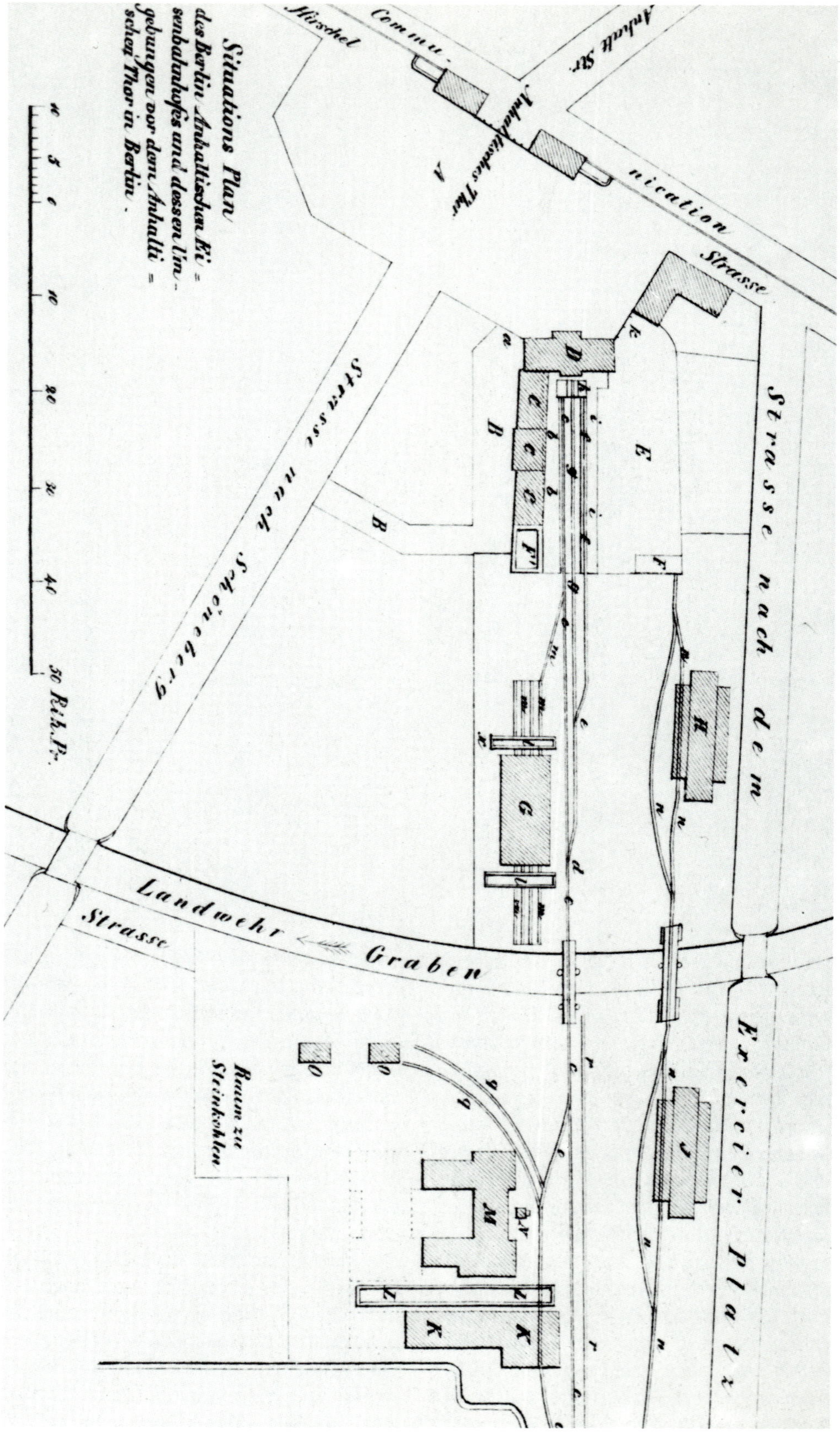

B 16 Lageplan aus »Notiz-Blatt des Architekten-Vereins zu Berlin« 1843, Nr. 21
B 17 Anhalter Bahnhof Platzfassade (Ausschnitt), Entwurf 1838, aus Plankammer Schloß Charlottenburg
B 19 Anhalter Bahnhof Entwurf 1838, Bahn-Seite (Ausschnitt), aus Plankammer Schloß Charlottenburg

A 26 Vgl. »Anhalt-Str. Generalia« im Landes-Archiv Berlin-West

17

19

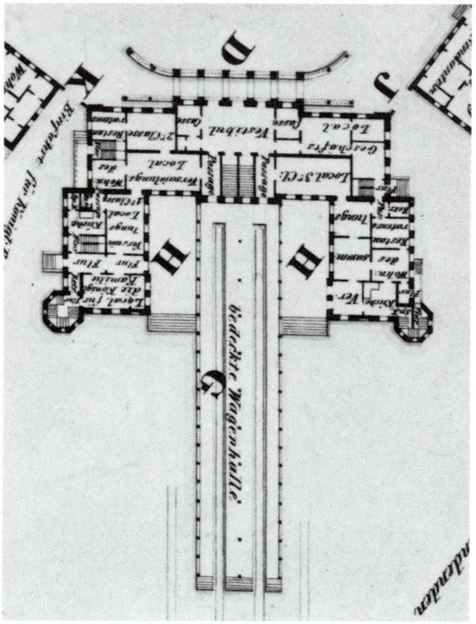

18

20

23

Bahnhofs am 10. September 1841) nach Breslau zum Bau der Oberschlesischen Eisenbahn, deren technische Leitung er bis zu seinem Tode 1857 innehatte. Von ihm stammt auch der Entwurf des Oberschlesischen Bahnhofs in Breslau, eingeweiht am 24. Mai 1842 (B 20 und A 27).

Originalpläne der Ausführungs-Version sind bis jetzt nirgends aufgetaucht und, was noch erstaunlicher ist, auch keine photographischen Aufnahmen. So sind die beiden Ansichten, die Rosenbaum im »*Berliner Gewerbe-, Industrie- und Handelsblatt*« 1841 veröffentlicht (B 21 und 22), die Farbstift-Zeichnung um 1873 von E. Müller von Sondermühlen in der Staatsbibliothek Unter den Linden und eine Ansicht (B 23), die in »*Berlins Aufstieg zur Weltstadt*« (1929) enthalten ist, die einzigen einigermaßen detailgetreuen Darstellungen des Hauptgebäudes, wie es bis zu seinem Abbruch 1875 bestanden hat.

B 18 Anhalter Bahnhof, Entwurf 1838, aus B 15

B 20 Oberschlesischer Bahnhof Breslau, Entwurf v. Rosenbaum, Litho 1842, siehe A 27

B 21 Anhalter Bahnhof 1841, Fassade zum Askanischen Platz, aus »Berliner Gewerbe-, Industrie- und Handelsblatt« 1841

B 22 Anhalter Bahnhof 1841, Fassade Bahn-Seite, aus »Berliner Gewerbe-, Industrie- und Handelsblatt« 1841

B 23 Anhalter Bahnhof vor 1875. Aus »Berlins Aufstieg zur Weltstadt«, Berlin 1929

A 27 E. Obst und H. Freymark: »Die Grundlagen der Verkehrsentwicklung Schlesiens und die Entstehung des Schlesischen Eisenbahnnetzes«, Breslau 1942

21

Bahnhofgebäude der Berlin-Anhaltischen Bahn in Berlin.

Fig. 1 Vorder-Ansicht des Hauptgebäudes.

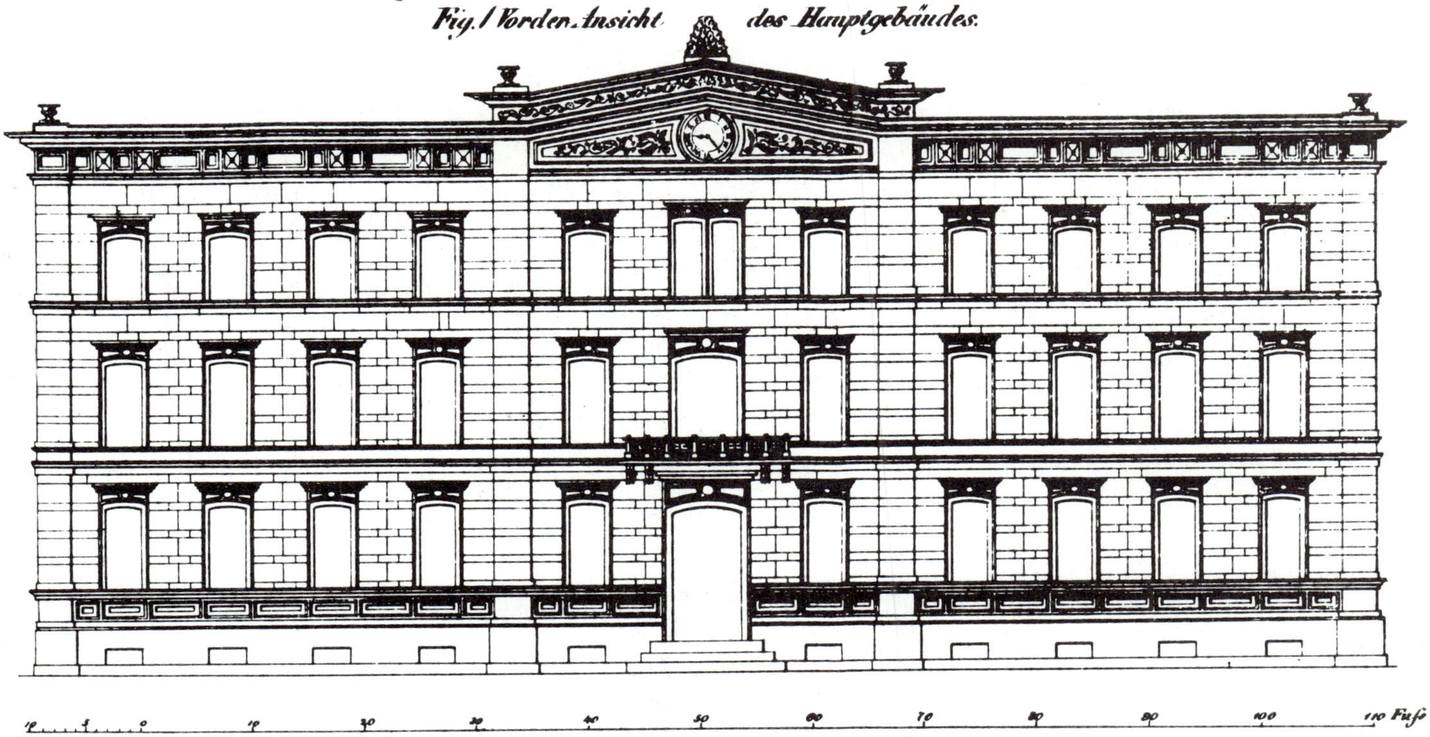

22

Fig. 2 Hinter-Ansicht des Hauptgebäudes.

5. Straßen, Platz, Tor und Kanal

5.1. Straßen

Obwohl im Rahmen dieser Arbeit die Aktivitäten der Eisenbahn-Gesellschaft in ihrer Gründungs-Phase nicht im einzelnen untersucht und dargestellt werden können, sollen hier aber noch einige Einzelheiten zu ihrem »Eingriff« in die bestehende Stadtstruktur ergänzt werden. Denn es erscheint doch überraschend, in welch' hohem Maß die von dieser Gesellschaft (privat) geplanten und finanzierten — natürlich Allerhöchst genehmigten — Maßnahmen die weitere Stadt- und Landschafts-Planung beeinflußten.

Wir haben bereits gesehen, wie die »Verbindungs-Straße«, die uns heute so willkürlich zwischen Wilhelm- und Stresemann-Straße gelegt erscheint, entstanden ist. Grundstücke (B 24) und Bebauung haben ihren Verlauf bedingt — Palais und Garten des Prinzen Albrecht ließen keine Alternative zu. Auf ihrer Nordseite hatte die B.S.E. eine neue Gartenmauer für über 4000 Thaler zu errichten (B 25); die Südseite sollte von *»schönen landhausähnlichen Gebäuden geziert werden«*; daß aber aus dieser Idee nichts wurde, lag gewiß auch an den hohen Preisen, die sie wieder verlangte und welche die Bauherren zu dichter, profitabler Bebauung zwangen. Als eines dieser Beispiele sei hier der bekannte, Stüler zugeschriebene Entwurf für ein viergeschossiges Wohnhaus mit Seitenflügeln in der No. 7 (B 26) angeführt (der Bauantrag vom 20. März 1840 trägt keine Unterschrift Stülers . . .). Die Straße erhielt am 16. August 1840 ihren noch heute gültigen Namen Anhalt-Straße, nicht: Anhalter Straße!

Über die in dem Plan (B 15) mit C bezeichnete Straße haben wir bereits über Richtung und Verlängerungs-Möglichkeit das Wichtigste erfahren; durch ACO vom März 1843 erhielt sie den Namen Schöneberger Straße. Das angrenzende Wiesengelände wurde parzelliert und von der Gesellschaft nach und nach veräußert. — Für das Gelände (B 27) zwischen besagter Straße und dem Potsdamer Bahnhof einerseits, der Stadtmauer und dem Landwehrgraben andererseits, fertigte im Auftrag der dortigen Grundstücksbesitzer der Baumeister Knoblauch 1841/42 eine Art »Bebauungsplan«, der durch ACO am 16. September 1842 genehmigt wurde. Er enthielt die drei Straßen, denen durch ACO am 20. November 1843 die Namen Dessauer, Köthener und Bernburger Straße beigelegt wurden. Gegen die Einführung der letzteren in den Torplatz hatte die Gesellschaft vergeblich Widerspruch erhoben, weil *»dadurch die strenge Gleichmäßigkeit der Umgebung des Anhaltschen Thorplatzes gestört werde«*! Sie hatte beim Verkauf der Grundstücke am Platz die Bedingung in die Kaufverträge hineingenommen, daß in den abgeschrägten Ecken Einfahrten in die

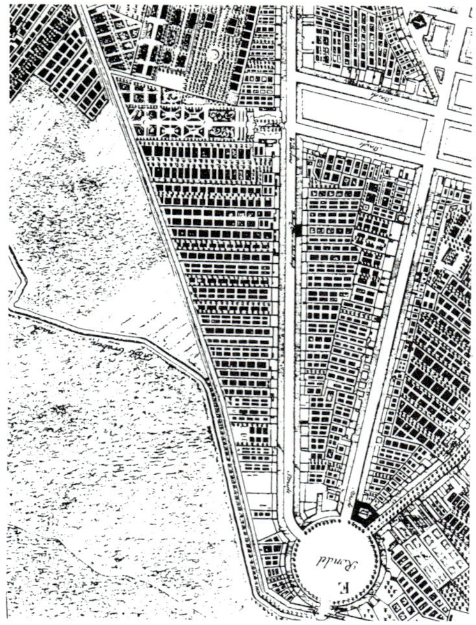

24

26

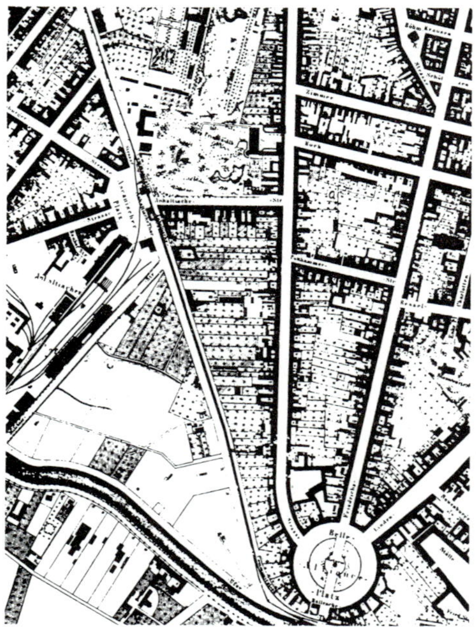

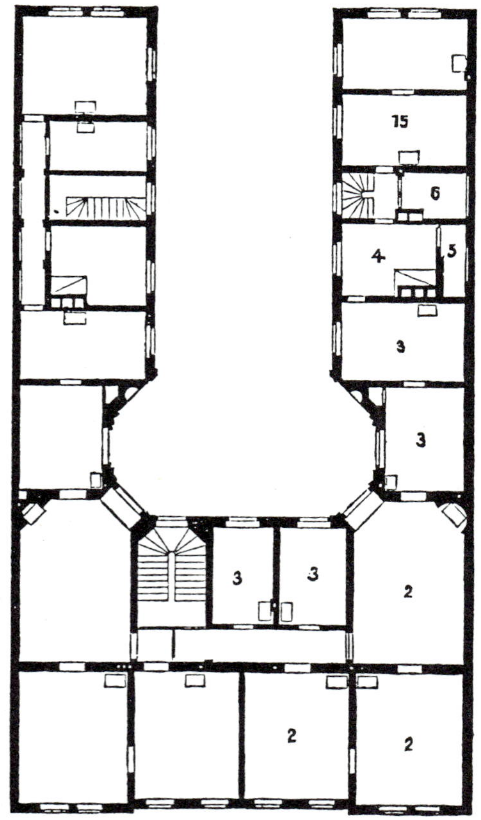

25

B 24 Plan von Schmettau 1748

B 25 Plan von Sieneck 1856

B 26 Anhalt-Straße, Haus-Nr. 7, 1840. Hofansicht und Grundriß Obergeschoß, aus »Berlin und seine Bauten« Berlin 1877

B 27 Bebauungsplan-Skizze nach Knoblauch 1841/42

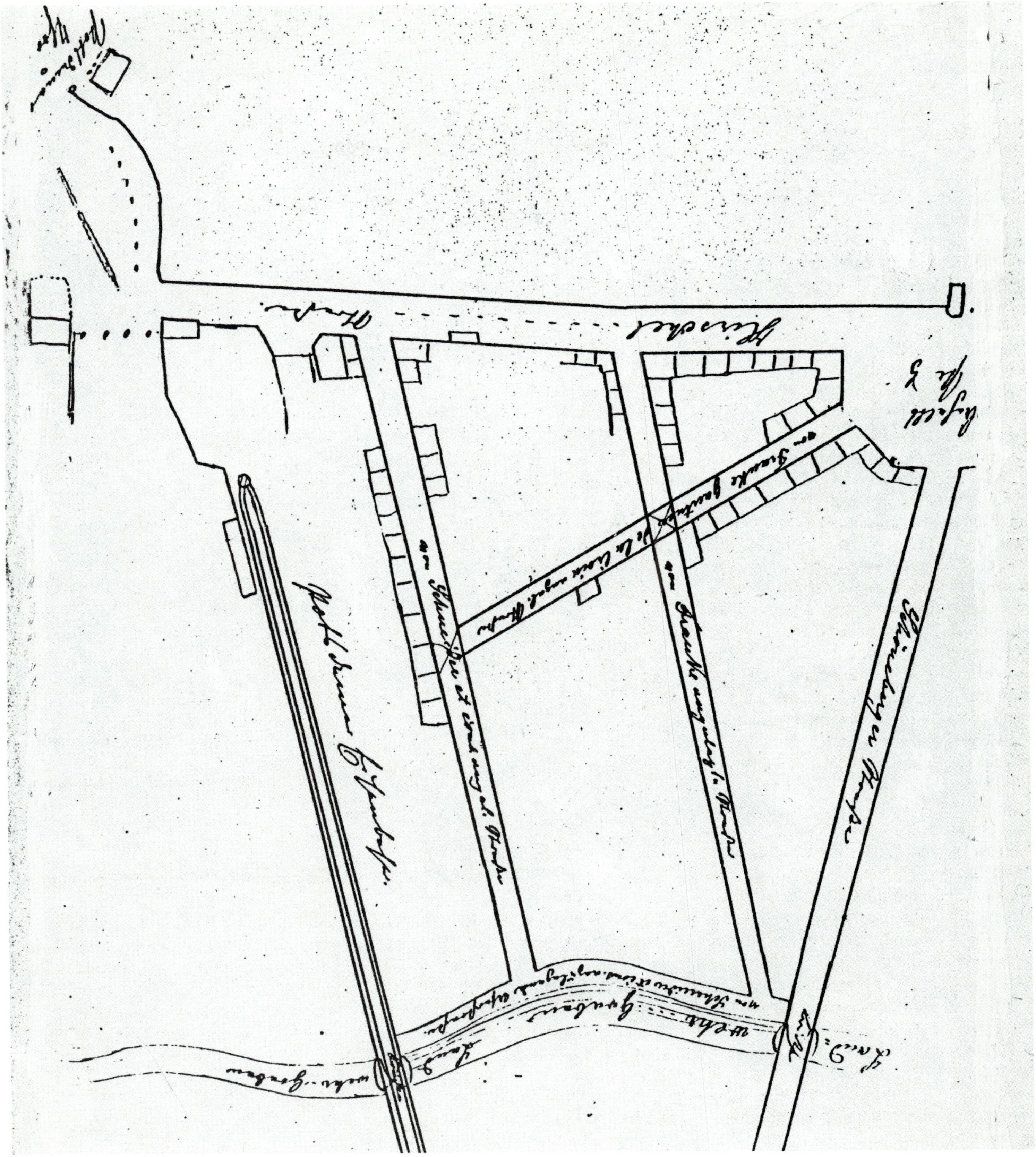

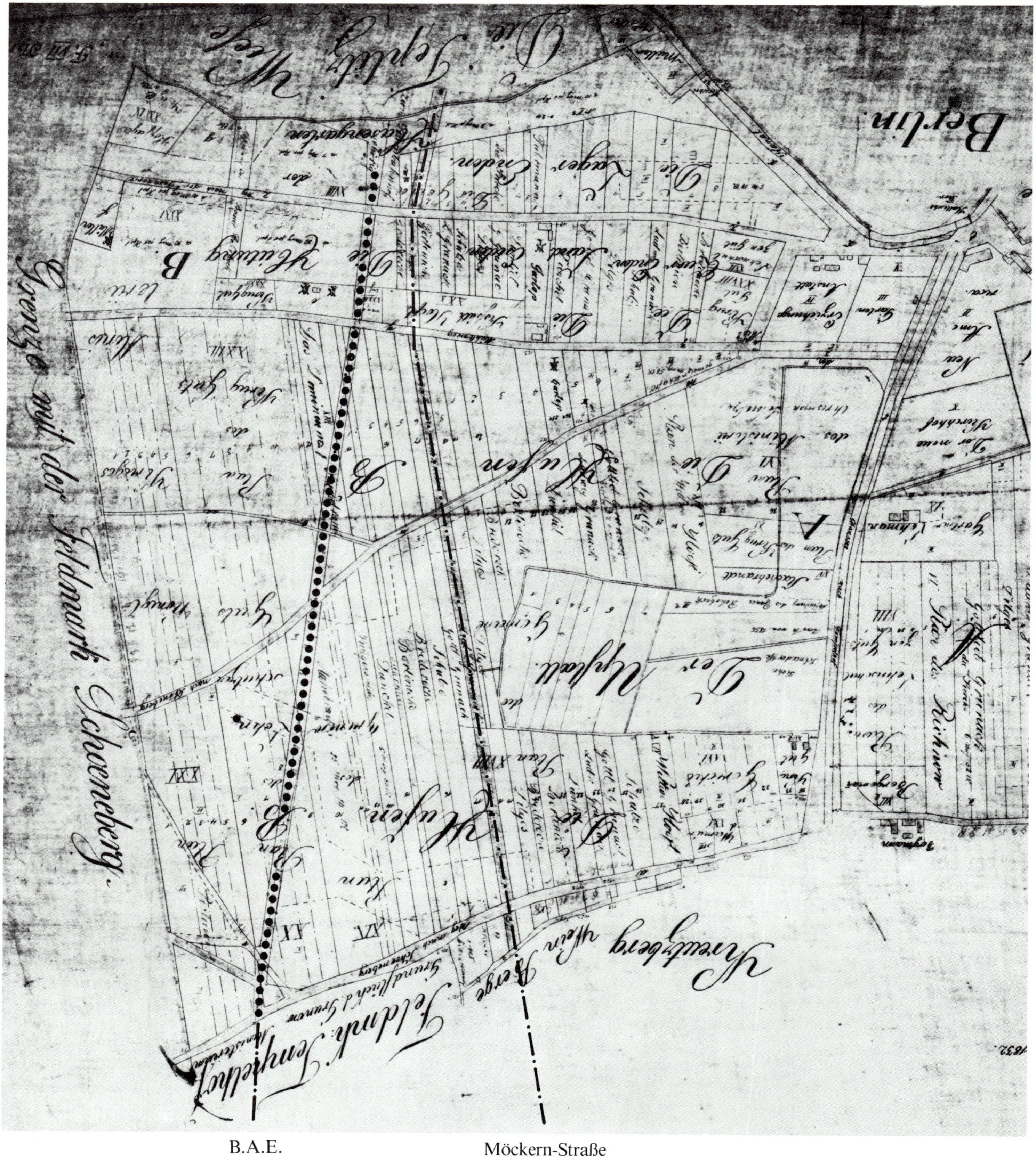
Berlin.
Grenze mit der Feldmark Schoeneberg.
B.A.E.
Möckern-Straße

36

Grundstücke analog zu denjenigen am Empfangsgebäude angelegt werden müßten . . .
Bei der dritten, von der Gesellschaft angelegten Straße (B 28) — der Militair-Straße zum Exerzierplatz — ist anzumerken, daß ihre Richtung genau in den Grundstücks-Grenzen einer Wiese des Ludwig Grunack verläuft, wobei wir vermuten dürfen, daß die Gesellschaft zu beiden Seiten ebenfalls Grundstücke erworben hat, damit ihre Erschließungs-Investition nicht anderen zugute kommt. — Die Umbenennung erfolgte am 31. Oktober 1864, als der Lennésche Boulevard zum Generals-Zug wurde und an die Schlacht von Möckern — bei Leipzig — erinnert werden mußte.

Es mag nun noch kurz von Interesse sein, welches finanzielle Ergebnis der Grunderwerb, die Straßen-Anlegung und -Abtretung und die anschließenden Grundstücks-Verkäufe für die Gesellschaft hatten. Hierzu eine Aufstellung der Direktion im »*Berliner Gewerbe-, Industrie- und Handelsblatt*« vom April 1842:

	Thaler
Der gesamte Grunderwerb in und bei Berlin kostete	151.461
An Herstellungs-Kosten entstanden bis Ende 1841 für Erdarbeiten sowohl im Bahnhof als auch für Straßen	50.213
Pflasterungsarbeiten	20.953
Gasbeleuchtung	2.569
Baumbepflanzung am Platz und an den Straßen	342
Mauer-Abbruch und provisorischer Durchlaß	944
Toranlage mit Wacht- und Steuergebäude	21.714
2 Brücken über den Kanal (Militair- und Schöneberger Straße)	11.000
Summe Erwerbs- und Herstellungskosten	259.196
Grundstücks-Verkäufe erbrachten bis Ende 1841	-122.405
Wert der noch verkäuflichen Grundstücke (geschätzt)	-146.000
Verbleibt ein *Überschuß* von	9.209

Diese Rechnung belegt also nicht nur, daß der Eisenbahn-Gesellschaft der Grunderwerb für ihren Bahnhof nichts kostete, sondern daß auch der Königl. Fiskus ohne Kostenbeteiligung die Anhalt-, Militair- und Schöneberger Straße samt Torplatz von der Gesellschaft übereignet bekam und zwar einschließlich Pflasterung, Entwässerung, teilweiser Bepflanzung und Beleuchtung, dazu zwei Brücken und — wichtig und teuer — je ein Wacht- und Steuergebäude!
Dies war also das »preußische System«, nach welchem sich der Staat seine Straßen erbauen ließ, auf denen er — schon 1848 — seine Truppen nach Berlin marschieren lassen konnte!

5.2. Platz- und Toranlage

Da die von der Gesellschaft errichtete Tor-Anlage selten dargestellt wird, mögen hier kurz die wenigen vorliegenden Abbildungen wiedergegeben werden. Die perspektivische Ansicht des Empfangsgebäudes aus dem »*Projekt zu dem Bahnhofe* . . .« wird gefaßt durch zwei »Tempelchen« (B 29), die trotz ionischer Säulen an Schinkels Potsdamer Torhäuser erinnern. Die freie Passage zwischen ihnen widerspricht aber ihrer Zweckbestimmung: die Wache hatte Personen und Waren zu kontrollieren und, falls nötig, dem Accise-Beamten zuzuführen. Deshalb ist die Darstellung von Carl Daniel Freydank von 1840 im Märkischen Museum insofern realistischer, da er die Gitter und Flügeltore zeigt, die hier an die Stelle der Stadtmauer getreten sind; wir dürfen daher auch annehmen, daß die Torgebäude korrekt wiedergegeben sind: es sind nun zweigeschossige Antentempel mit zwei eingestellten Pfeilern und korinthisierten Kapitälen (B 30 und Bild II).
Am 1. Oktober 1840 »*wurde das Thor der Anhaltschen Straße dem Publikum eröffnet, während es bisher nur für den Gebrauch der Eisenbahn-Arbeiten benutzt*

29

30

B 28 Tempelhofer Unterland, Flurkarte vor 1848
B 29 Anhalter Bahnhof Entwurf 1838. Ausschnitt: Torhäuser siehe A 25. Aus Projekt zu dem Bahnhof
B 30 Anhalter Tor. Ausschnitt aus einem Gemälde von C. Freydank 1840. Eröffnung am 1.10.1840 zu den Huldigungs- und Geburtstags-Feierlichkeiten für König Friedrich Wilhelm IV. am 15.10.1840

32

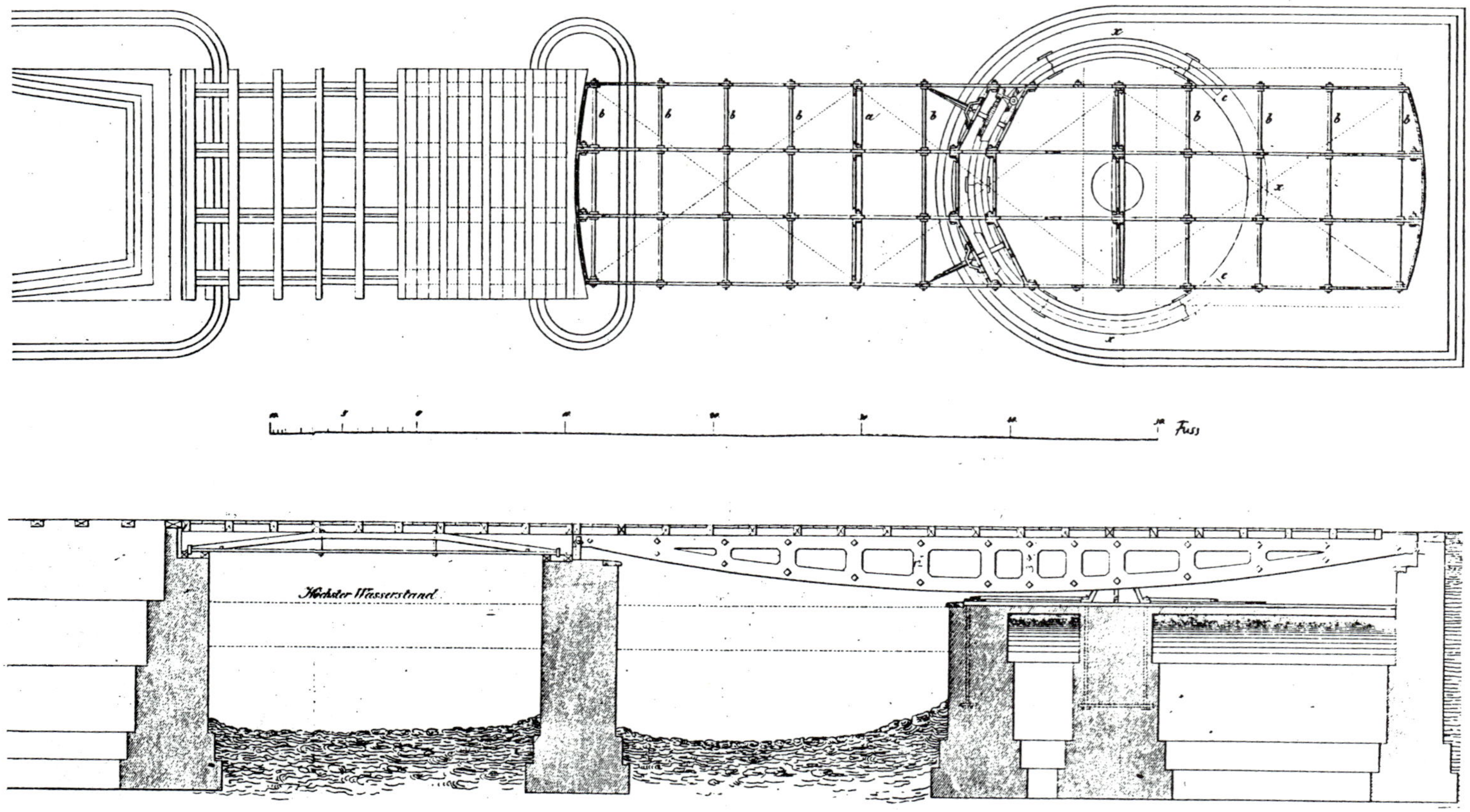

31 **Askanien,** auch **Ascharien,** alte Grafschaft im Schwabengau, nach der Burg A. bei Aschersleben am Einefluß. Der Name ist eine Latinisierung von Aschersleben, angeknüpft an Ascanius, den Sohn des Äneas.

Askanier, deutsches Grafen- und Fürstengeschlecht, benannt nach der Grafschaft Aschersleben (→Askanien). Ältester bekannter Angehöriger ist im 11. Jahrh. Esiko von Ballenstedt, Erbe des Markgrafen Hodo von der Ostmark. Sein Sohn Adalbert, ein Gegner Heinrichs IV., heiratete Adelheid von Orlamünde. Von Adalberts Söhnen folgte Otto der Reiche als Graf im Schwabengau, während Siegfried als Nachfolger seines Stiefvaters Pfalzgraf bei Rhein wurde. Ottos Erhebung zum Herzog von Sachsen 1112 blieb Episode. Auch sein Sohn →Albrecht der Bär konnte sich als Herzog gegen die Welfen nicht behaupten und verzichtete 1142. Er stand aber als Gründer der Mark Brandenburg seinem großen Gegenspieler Heinrich dem Löwen an Ruhm wenig nach. 1170 bei der Teilung seiner Herrschaft unter seine Söhne erhielt Otto Brandenburg, Hermann Orlamünde, Albrecht Ballenstedt, Dietrich Werben und Bernhard Aschersleben. Bernhard wurde 1180 Herzog von Sachsen, sein Sohn Heinrich I. gründete die Linie Anhalt, die bis 1918 herrschte.

B. Schwineköper u. W. Hoppe in: NDB, 1 (1953; mit Lit.); H. K. Schulze: Adels- und Landesherrschaft (1963).

Askanios, Askanius, *griech.-röm. Mythologie:* →Ascanius.

wurde«, wie der »*Vossischen Zeitung*« zu entnehmen ist. Das südliche Torhaus war das Steuergebäude und war mit Anhaltische Straße 1 bezeichnet, das nördliche war das Wachtgebäude und hatte die Nr. 18 derselben Straße.

Der »Platz vor dem Anhalter Thor« erhielt im Jahre 1844 den geschichtsträchtigen Namen »Askanischer Platz«: es ist durchaus lehrreich zu lesen (B 31), was Brandenburg den Askaniern verdankt! Als 1867 der Mauer-Abbruch im Gange war, meldet das »*Wochenblatt*« des Architekten-Vereins (Jg. 1867, S. 202): »*Ganz zwecklos und hinderlich dagegen erscheinen die Gebäude am Anhalter Thore, die deshalb auch bald dem bereits vielfach ausgesprochenen Verlangen nach ihrer Beseitigung weichen dürften*« . . . wie's denn auch mit fast allen Berliner Stadttoren geschehen ist.

5.3. Kanal-Brücken

Den Lageplänen konnten wir entnehmen, daß sich bereits bei der Eröffnung die Bahnhofs-Anlage südlich über den (begradigten) Schafgraben hinaus erstreckt. Zwecks Kanalisierbarkeit war eine zu öffnende Brücke gefordert worden, und Rosenbaum ließ bei Borsig für die beiden Gleise je eine Dreh-Brücke bauen. Der Kanal wird in zwei Öffnungen von je 22 Fuß = ca. 6,50 m Weite überbrückt und zwar die eine mit einem feststehenden hölzernen Sprengwerk bis zum Mittelpfeiler und die andere mittels einer drehbaren eisernen Konstruktion, die auf einem Uferpfeiler ruht. Die vier Hauptträger dieses Brückenteils mit einer Länge von ca. 17 m wurden je aus einem Stück gegossen und untereinander verschraubt (B 32). Sämtliche Eisenteile für beide Brücken kosteten 7.177 Thaler; die übrigen Arbeiten 11.460 Thaler; zum Vergleich: Borsigs Lokomotive für die B.A.E. kostete 12.000 Thaler (B 39).

Als Ende der vierziger Jahre die Kanalisierungs-Arbeiten von Osten her das Hallesche Tor erreichten und eine begradigte Trasse bis zur Potsdamer Bahn feststand, mußte die Eisenbahn-Gesellschaft eine neue Brücke über den Kanal bauen: die beiden kaum 10 Jahre alten Drehbrücken von Borsig waren überflüssig geworden.

33

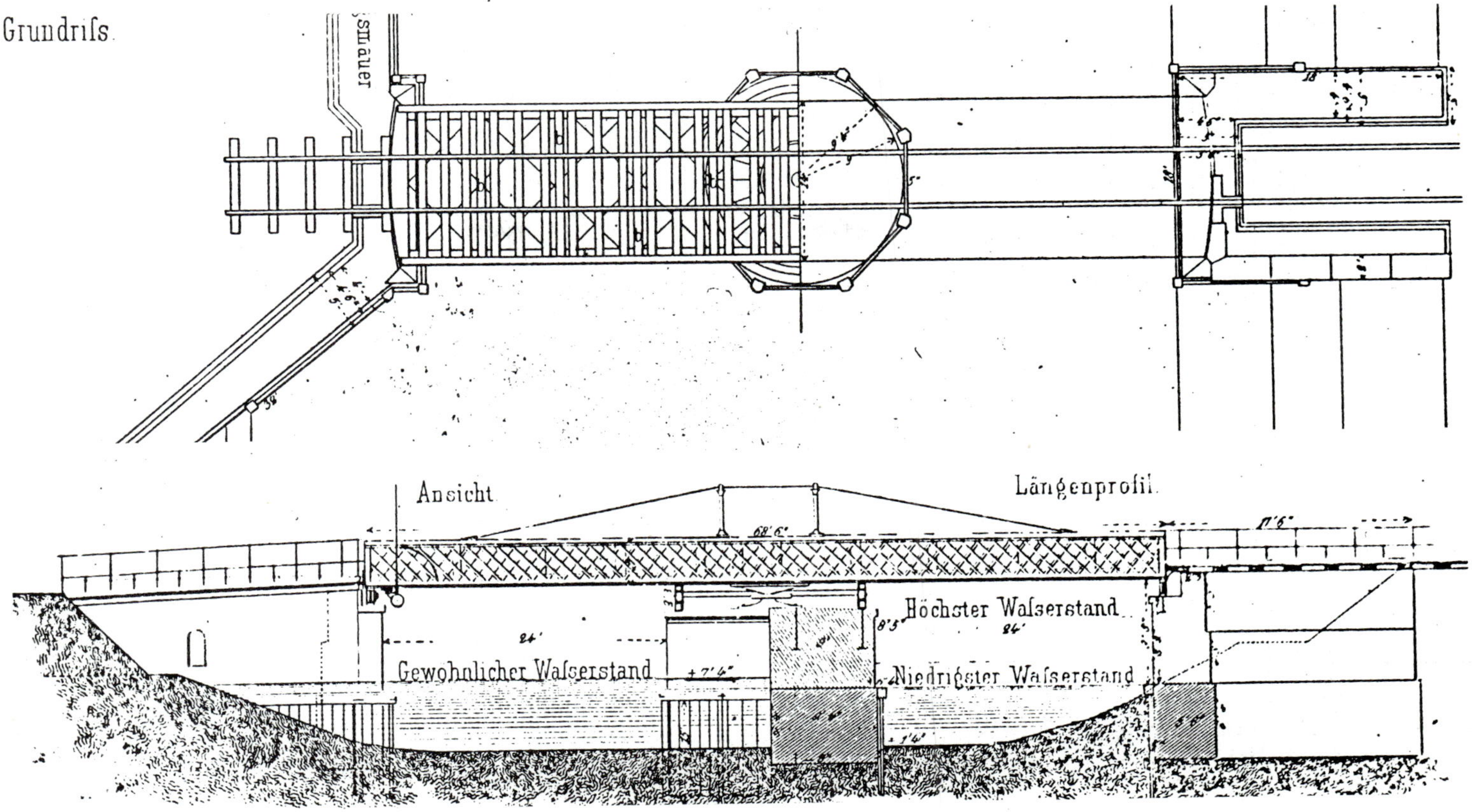

Die Gesellschaft konnte dies verschmerzen, zumal nun eine unzerschnittene Gleisentwicklung möglich war.
Diese zweite Brücke bestand nun aus zwei genieteten Gitterträgern, die drehbar auf dem Mittelpfeiler im Kanal ruhten. Auf diese Weise wurden bei Drehung — selbstverständlich von Hand! — gleich zwei Durchfahrten von 24 Fuß = ca. 7,20 m Weite geöffnet (B 33). Die Gleise führten über die beiden Uferstraßen ebenso wie über das gesamte übrige Gelände im Niveau hinweg, wovon später noch die Rede sein wird.
Leider sind von dieser Brücke Hersteller und Kosten nicht bekannt geworden; auch sind keine photographischen Aufnahmen aufgetaucht, obwohl sie drei Jahrzehnte in Betrieb war.

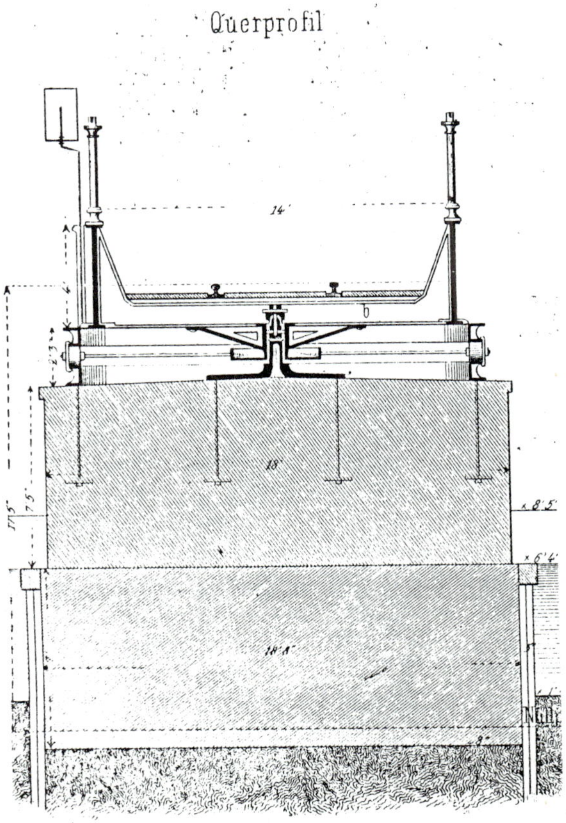

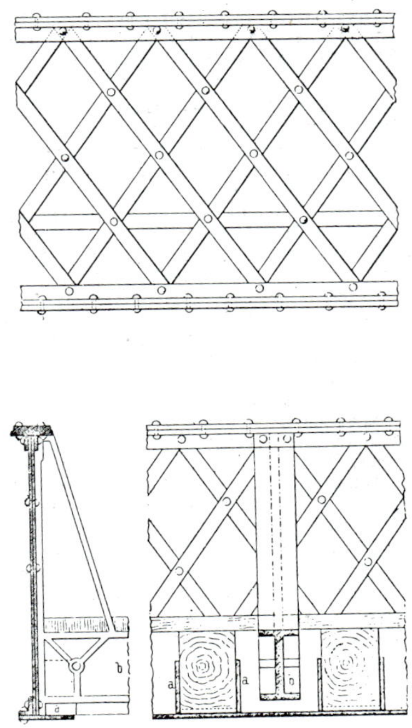

B 31 Brockhaus 1973
B 32 Drehbrücke von Borsig über den Schafgraben ca. 1840, Grundriß und Schnitt. Aus »Notiz-Blatt des Architekten-Vereins zu Berlin« 1841, Bl. 61
B 33 Drehbrücke über den Landwehrkanal nach 1848. Aus: »Notiz-Blatt des Architekten-Vereins zu Berlin«, 1850, No. 8 Bl. 1

34 **Anhalt, 1)** ehem. Land des Deutschen Reichs, 2326 km², mit (1939) 432300 Einw. A. erstreckte sich, in mehrere Teile aufgelöst, in NO-SW-Richtung vom Fläming über das fruchtbare Tiefland an der mittleren Elbe, unteren Mulde und Saale bis auf den Unterharz. Hauptstadt war Dessau.

Die *evangel. Landeskirche* umfaßt das Gebiet des ehemaligen Herzogtums und späteren Freistaats A. Der Amtssitz des Landeskirchenamtes ist Dessau. Die Kirche umfaßt in 5 Kirchenkreisen 110 Kirchengemeinden. Anzahl der Gläubigen 1963: 360000 (1954: 423000). Die Landeskirche von A. gehört zur EKD und zur Ostkirchenkonferenz.

Wappen: Während der Monarchie das askanische (gespalten von ½ Brandenburg und Sachsen), seit 1924 das leicht abgeänderte Bernburger Wappen: in Silber ein auf einer roten Mauer schreitender schwarzer Bär. *Landesfarben:* Rot-Grün-Weiß.

Geschichte. Das Gebiet des späteren A. gehörte zum Herrschaftsbereich der →Askanier, der sich im 11. Jahrh. von der Grafschaft Aschersleben im Harzvorland über die Saale nach O bis zum Fläming erstreckte. Albrecht der Bär führte hier die planmäßige deutsche Siedlung durch. Sein Sohn Bernhard wurde Herzog von Sachsen; nach seinem Tode 1212 fielen die Stammgüter an den ältesten Sohn Heinrich I., der sich nach der Burg A. als erster ›Graf von A.‹ nannte. Als einziger Graf gehörte er dem neugebildeten Reichsfürstenstand an. Die Söhne gründeten 1252 die Linien Aschersleben (bis 1315), Bernburg (bis 1468), Köthen (als Linie Dessau bis 1918). Die Linie Köthen beerbte die übrigen, doch war Aschersleben schon vor 1348 an Halberstadt verlorengegangen. 1307 wurde Zerbst gewonnen. Nach abermaligen Teilungen vereinigte Joachim Ernst, der Stammvater des jüngeren Fürstenhauses, 1570 alle Landesteile, doch wurde 1603 wieder geteilt (Linie Dessau bis 1918, Bernburg bis 1863, Köthen bis 1665, Zerbst bis 1797, Plötzkau bis 1818/47).

Die Fürsten von A. standen vielfach in fremden Diensten, da das Land klein und wirtschaftlich schwach war. Leopold I. von Dessau (1693–1747) wurde bekannt als preuß. Feldmarschall (›der alte Dessauer‹). In Köthen war J.S.Bach 1717–23 Hofkapellmeister. Dessau war unter Leopold Friedrich Franz (1751–1817) eine Heimstätte klassizistischer und neugotischer Kunst. Er legte den Park in Wörlitz an.

36 **Vermischte Nachrichten.**

Oeffentliche Blätter enthalten folgende Gesammt-Uebersicht des Personen-Verkehrs auf der Magdeburg-Cöthen-Halle-Leipziger Eisenbahn im Jahre 1840. Vom 1. Januar bis zum 18. Juni fuhren auf der Bahnstrecke von Magdeburg bis zur Saale 100,240 Personen. Vom 19. Juni, als dem Eröffnungs-Tage der Bahn bis Cöthen, bis zum 22. Juli benutzten die Bahn 36,933 Personen. Vom 23. Juli bis zum 17. August betrug die Frequenz auf der Strecke von Magdeburg bis Halle 44,578 Personen. Vom 18. August, dem Eröffnungs-Tage der ganzen Bahn bis Leipzig, wurde dieselbe von 171,450 Personen befahren, so daß die Gesammt-Frequenz 353,201 Personen beträgt. Die größte Anzahl der in einer Woche beförderten Personen ist 14,861, und der an einem Tage beförderten 6061. Von Gütern wurden seit Eröffnung des Fracht-Verkehrs zusammen 98,150 Ctr. transportirt. Der stärkste Transport an einem Tage beträgt 2477½ Ctr. Die Einnahme aus dem Betriebe im Jahre 1840 beträgt zusammen etwa 176,1000 Thlr., von welcher Summa 129,800 Thlr. auf die Zeit vom 18. August, seit Eröffuung der ganzen Bahn bis Leipzig, zu rechnen sind.

6. Eröffnung der Berlin-Anhaltischen Eisenbahn

Nachdem die beabsichtigte Linie nach Riesa (Leipzig-Dresden) aufgegeben worden war, bestand kein Grund mehr, im Firmennamen eine Verbindung nach Sachsen anzukündigen. Deshalb war es konsequent, aus der Linien-Änderung nach Dessau und Cöthen den Namen des Fürstentums Anhalt (B 34) in die Firmierung aufzunehmen. Ob dies »*auf Wunsch der Herzoglich Anhaltischen Regierungen*« geschah, wie es in »*Berlin und seine Eisenbahnen*« (1896) heißt, ließ sich nicht bestätigen; die Gesellschaft hatte allen Grund, die umfangreiche Förderung des Herzogs Leopold von Anhalt zu honorieren. Vielleicht kam aber noch ein historisierender Aspekt hinzu, der uns hier und heute nicht mehr so geläufig ist: immerhin erfolgte in Berlin »*die erste* (deutsche) *Ansiedelung unter dem Schutze der siegreichen Waffen der Anhaltinischen Fürsten*« (A 28). Auf der General-Versammlung der Aktionäre am 16. März 1840 wurde daher die neue Firma »*Berlin-Anhaltische Eisenbahn-Gesellschaft*« (B.A.E.) angenommen (A 29).

Wie unpassend und unzutreffend der alte Firmenname geworden war, ergibt sich auch besonders aus der Fertigstellung der ersten Teilstrecke: bereits ein Jahr nach Baubeginn konnte am 1. September 1840 die Strecke Dessau-Cöthen (B 35) betrieben werden! Bis der Bahnbau Berlin erreicht hatte, sollte es noch über ein weiteres Jahr dauern. In der Zwischenzeit konnte die Gesellschaft aber zwischen Dessau und Cöthen die ersten eigenen Erfahrungen sammeln, die englischen Lokomotiven testen und die Verbindung zur Magdeburg-Leipziger Eisenbahn (B 36) erproben: interessant ist nämlich, daß mit dieser Gesellschaft eine Anzahl Güterwagen gemeinsam beschafft wurde, um sie auf der jeweils anderen Linie weiterlaufen zu lassen und so das Umladen der Fracht zu vermeiden (heute nennt sich so etwas: »Pool«) (A 30). Nach der Fertigstellung der Teilstrecke Jüterbog-Berlin am 1. Juli 1841 konnte dann am 10. September 1841 die ganze Strecke Berlin-Cöthen befahren werden (B 37-38).

Darüber lesen wir in den »*Berlinischen Nachrichten von Staats- und gelehrten Sachen*« am 11. September 1841: »*Die Berlin-Anhaltische Eisenbahn ist nunmehr, nachdem sie bereits seit dem 1. Juli d.J. auf der Strecke bis Jüterbog (8 1/2 Meile) benutzt wurde, in ihrer ganzen Ausdehnung eröffnet worden. Gestern Morgen um 7 1/2 Uhr fand die erste Fahrt für das Publikum statt, welches, die Eröffnung erst gegen Ende dieses Monats erwartend, durch die öffentliche Anzeige freudig überrascht, seine Theilnahme an dem neuen Institute durch eine bedeutende Frequenz bezeigte. In Abwesenheit Sr. Maj. des Königs hat die Direction auf die feierliche Einweihung der Bahn, welche früher beabsichtigt wurde, Verzicht geleistet, die Eröffnung derselben aber, wegen der nahe bevorstehenden Leipziger Messe, im Interesse des gewerbetreibenden Publikums, nicht weiter aussetzen können. I.K. Hoh. die Prinzessin Carl, in Begleitung Höchst ihrer Tochter, der Prinzessin Louise, geruhten, die Bahn zu ihrer Reise nach Weimar zu benutzen. Die bedeutenden Vortheile, welche für den Verkehr des nördlichen Deutschlands aus der Verbindung unserer Residenz mit den Städten Magdeburg und Leipzig, durch die Eisenbahn erwachsen, werden mit der Vollendung der itzt noch im Bau begriffenen Bahnen, welche sich der eben eröffneten bei den genannten Städten anschließen sollen, immer glänzender hervortreten, während man schon itzt, will man die Dampfschifffahrt auf der Elbe zu Hülfe nehmen, auf dem schnellsten und billigsten Wege*

B 34 Brockhaus 1973

B 35 Bahnhof Cöthen; links B.A.E.-Bahnhof; rechts M.C.H.L.-Bahnhof. Aus »Eisenbahn-Zeitung« 1843

B 36 Eröffnung der Linie Magdeburg-Leipzig. Aus »Berlinische Nachrichten« 8.1.1841

B 38 »Fahrten Plan der combinirten Hannover'schen, Braunschweigischen, Preussischen und Sächsischen Eisenbahnen«, Hendschel 1846

A 28 Fr. Adler: »Die Baugeschichte von Berlin«, Berlin 1861, S. 5

A 29 Vgl. Julius Michaelis: »Deutschlands Eisenbahnen«, Leipzig 1854

A 30 63 Güter- und 14 Gepäck-Wagen lt. »Berliner Gewerbe-, Industrie- und Handelsblatt«, 1842, S. 245

35

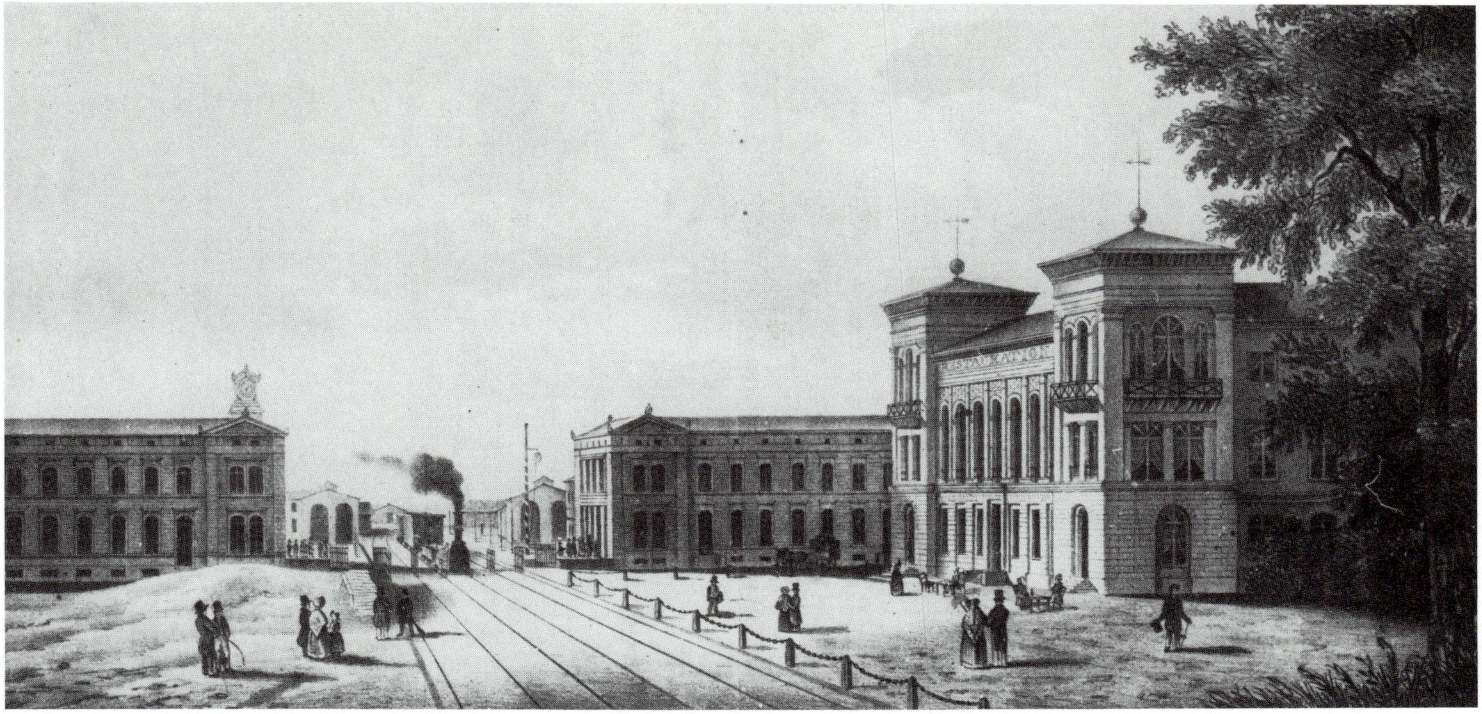

38

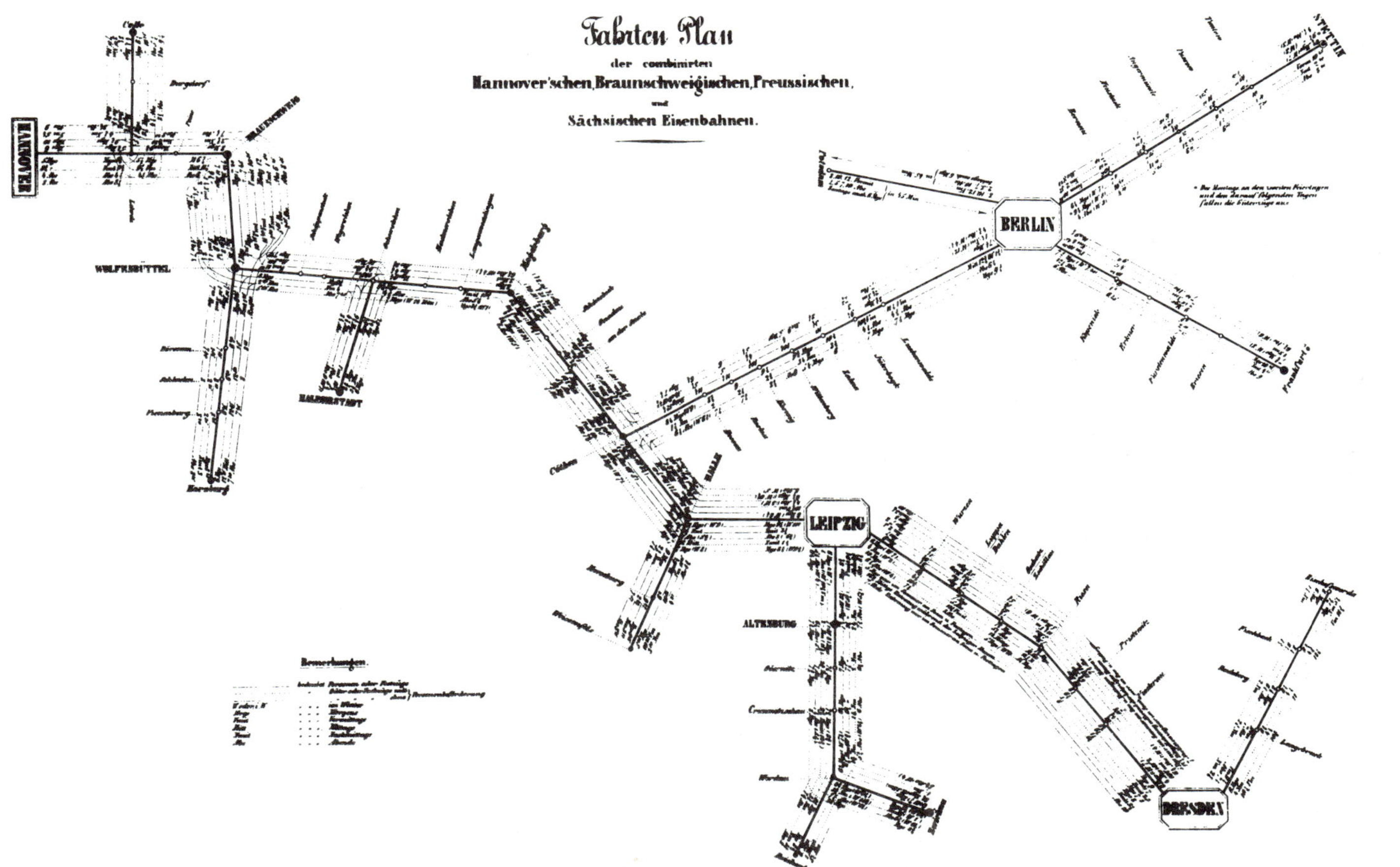
Fahrten Plan
der combinirten
Hannover'schen, Braunschweigischen, Preussischen,
und
Sächsischen Eisenbahnen.
HANNOVER
BRAUNSCHWEIG
WOLFENBÜTTEL
HALBERSTADT
BERLIN
STETTIN
HALLE
LEIPZIG
ALTENBURG
DRESDEN
Bemerkungen.
Verlag von Julius Springer in Berlin

39

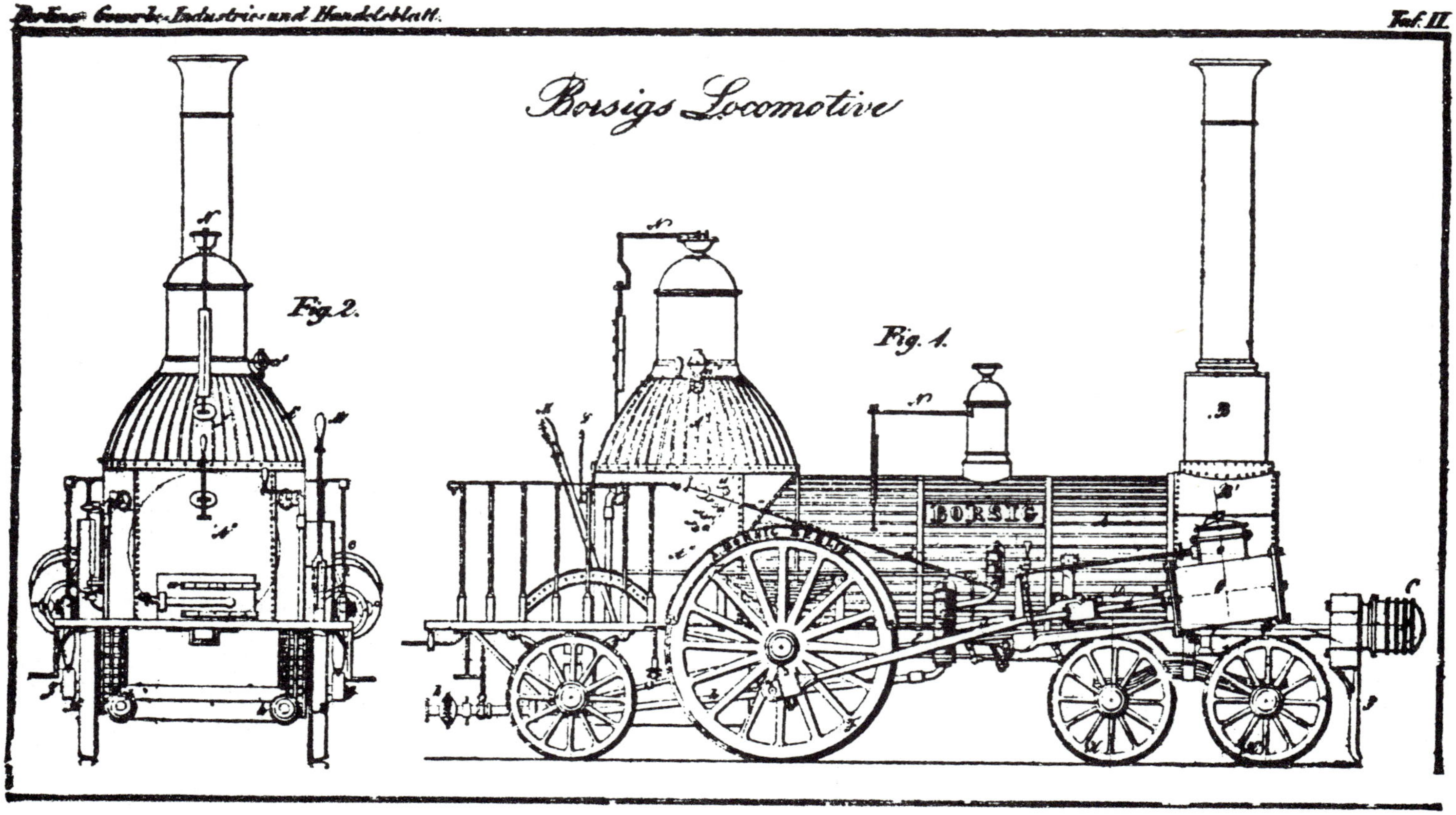

40

№	Strecke	Eröffnungs-Jahr.
1	Berlin-Dessau-Köthen	1842
2	Jüterbog-Röderau	1848
3	Dessau-Bitterfeld	1857
4	Bitterfeld-Halle	bis
5	Bitterfeld-Leipzig	
6	Wittenberg-Bitterfeld	1859
7	Wittenberg-Falkenberg	1875
8	Oberlausitzer Bahn	1876

von Magdeburg nach Hamburg, und von Leipzig über Dresden nach Prag gelangen kann. Welch eine Menge von Genüssen dürfen Vergnügungslustige bei dem zu erwartenden schönen Herbstwetter aus der Dampffahrt-Verbindung von sechs so bedeutenden Städten noch in diesem Jahre sich versprechen! — Pünktlich zu der im Fahrplan angegebenen Stunde setzte sich der erste Zug, aus sieben Personen- und mehreren Güter-Wagen bestehend, geführt von der Locomotive Courier, und bald darauf ein zweiter, aus fünfzehn Wagen bestehend, geführt von der Locomotive Borsig, in Bewegung. Beide Züge langten beinahe zu gleicher Zeit, jedoch erst um 2 Uhr, in Cöthen an, indem der aus Cöthen gestern früh abgegangene Zug durch den starken Thau, der die Schienen schlüpfrig machte, aufgehalten worden war, und eine Stunde später in Zahna, wo die Züge sich kreuzen, eintraf. Dies war auch die Ursache, daß der gestern Mittag von hier abgehende Zug eine Stunde später abgefertigt werden konnte, wodurch sich auch die Ankunft des sich damit kreuzenden zweiten Zuges von Cöthen um eine Stunde verzögerte, so daß dieser erst Abends gegen 7 Uhr, geführt von den beiden Locomotiven Courier und Borsig und aus zwölf Wagen bestehend, hier in Berlin eintraf.« (B 39)

Im ersten Monat des vollen Betriebes, also ab 10. September 1841, wurden bereits über 25.000 Personen befördert; bis zum Ende jenes Jahres waren es insgesamt über 94.000 Personen! Im Jahre 1842 wares es dann 318.659 und 1843 schon 341.974 Personen (A 31).
Es ist klar, daß der Güterverkehr sich erst langsam im Zuge der Industrialisierung entwickelte: im ersten vollen Jahr 1842 wurden 429.009 Zentner und im Jahr darauf schon das Doppelte, nämlich 887.240 Zentner befördert. Die Einnahmen aus dem Güterverkehr übertrafen diejenigen aus dem Personen-Verkehr (wegen dessen Stagnieren erstmalig 1847) stetig ab 1851; diese Tendenz zeigt sich in Preußen und ganz Deutschland (A 32). Das Betriebsergebnis der beiden ersten Jahre sieht wie folgt aus:

	1843 (Thaler)	1842 (Thaler)
Einnahmen aus		
Personen-Verkehr	422.973	378.453
Güter-Verkehr	235.907	127.816
anderen Transporten	25.102	23.462
Mieten Pachten etc.	10.621	14.908
Summe der Einnahmen	694.603	544.639
Ausgaben	-389.718	-374.696
Reinerträgnis	304.885	169.943
*Dividenden-*Verteilung	6% -180.000	4 % -135.000
An den Reservefonds	124.885	34.943

Hieraus ist zu ersehen, daß die Gesellschaft im ersten Jahr die verheißene Verzinsung von 8 % nicht verdient hat, jedoch im zweiten Jahr schon weit mehr, denn die 304.885 Thaler bedeuteten auf das Eigenkapital von 3.000.000 Thaler bereits 10 %! Da jedoch an die Aktionäre weniger ausgeschüttet wurde, mußte die Direktion in ihrem Bericht über das Geschäftsjahr 1843 an deren Verständnis appellieren: »*Abgesehen davon, daß die Erfahrung uns täglich lehrt, wie ein starker Reservefonds zur soliden Stellung eines Eisenbahn-Unternehmens unerläßlich ist, so befinden wir uns auch in der besondern Lage, daß wir einerseits eine bedeutende schwebende Schuld haben, die aus dem unzureichenden Bau-Kapital entspringt, und uns zweitens von Eröffnung des Verkehrs an ein Betriebs-Kapital gänzlich gefehlt hat. Außerdem beruht der Wert unserer Grundstücke nur auf einer, nach den ersten Verkäufen angemessenen, also nicht zu garantirenden Schätzung, und wir sind von der Konkurrenz der Potsdam-Magdeburger Bahn bedroht. Allen diesen Umständen tritt nur die gewissenhafte Konsolidirung eines Reservefonds entgegen, bis auf andere Weise, am besten wohl bei dem in Aussicht stehenden Baue nach Riesa, das finanzielle Gleichgewicht für die Gesellschaft vollständig hergestellt ist.*« (A 33).

Leider konnte die Zahl und Zusammensetzung der Aktionäre nicht ermittelt werden, da keine einschlägigen Unterlagen dazu aufzutreiben waren. Obwohl eine Aktien-Gesellschaft eine ›Société Anonyme‹ ist und die Aktionäre häufig anonym bleiben wollen, so wäre es doch von Interesse gewesen, diese Herren (!) (A 34) kennenzulernen, da sie ja nicht nur im Stillen »hinter« der Gesellschaft, sondern auch (zum Teil) in der Öffentlichkeit standen und für ihre Interessen wirkten. Über den Großaktionär Seehandlung sind wir bereits informiert, auch über die Aktien-Zeichnung durch den Herzog von Anhalt-Dessau; v. Reden berichtet 1844 (A 35) noch von einem »*Privatmann*« und hebt hervor: »*Bei dieser Bahn zeigt sich die Eigenthümlichkeit, daß 3 Aktionäre etwa die Hälfte der Stimmen haben*«. Ob dieser dritte Mann der später mehrfach auftauchende Bankier S. Bleichröder ist?

Die erfolgreiche Geschäftspolitik der B.A.E., die auf Ausweitung des eigenen monopolartigen Eisenbahn-Netzes ausgerichtet war, läßt sich äußerlich an der Dividenden-Entwicklung ablesen: in den vierziger Jahren betrug die Durchschnitts-Dividende etwas über 6 % (A 36), in den fünfziger Jahren um 8 %, und im folgenden Jahrzehnt kletterte die Dividende wegen der zahlreichen Kriegs-Transporte bis auf über 13 % im Jahre 1869!

Doch die Dividende ist ja eigentlich nur die Spitze des Eisbergs! Viel gewaltiger sind die Neuanschaffungen von Gleisen, Wagen und Lokomotiven, die Vermehrung von Gebäuden, Brücken und Kunstbauten aller Art, und nicht zuletzt die kontinuierliche Erweiterung des Grundbesitzes für die Erfordernisse der Zukunft (B 40).

B 37 Erster Fahrplan Berlin-Cöthen ab 10.9.1841
B 39 Borsigs erste Lokomotive: für die B.A.E.
B 40 Streckenerweiterungen bis 1878, aus Zs. AIV Hannover 1884

A 31 W.v. Reden, a.a.O., S. 429
A 32 Vgl. R. Fremdling: »Eisenbahnen und deutsches Wirtschaftswachstum 1840-1879«, Dortmund 1979, S. 161
A 33 W.v. Reden, a.a.O., S. 411
A 34 Lt. Statut der B.A.E. § 29 sind in den Generalversammlungen »*Frauen von dem persönlichen Erscheinen ausgeschlossen*«...
A 35 W.v. Reden, a.a.O., S. 398
A 36 Vgl. J. Michaelis, a.a.O.

37

Berlin-Anhaltische Eisenbahn.
Winter-Fahrplan
für die täglichen Dampf-Wagenzüge
vom 16. October 1841 an
zwischen
Berlin und Cöthen
und resp. nach
Magdeburg und Leipzig.

A. Personen-Züge.

Von Berlin nach Cöthen.	Von Cöthen nach Berlin.
Abfahrt von	Abfahrt von
Berlin . . . . 10 Vormittags.	Cöthen . . . . 9 Morgens.
Trebbin . . . 11 Vormittags.	Dessau . . . . 9½ Vormittags
Luckenwalde . 11½ Vormittags.	Roßlau . . . . 9¾ Vormittags.
Jüterbog . . . 12 Mittags.	Koswig . . . . 10½ Vormittags.
Zahna . . . . 12¾ Nachmittags.	Wittenberg . . 10¾ Vormittags.
Wittenberg . . 1½ Nachmittags.	Zahna . . . . 11¼ Vormittags.
Koswig . . . . 2 Nachmittags.	Jüterbog . . . 12 Mittags.
Roßlau . . . . 2½ Nachmittags.	Luckenwalde . 12½ Nachmittags.
Dessau . . . . 2¾ Nachmittags.	Trebbin . . . 1 Nachmittags.
Ankunft in	Ankunft in
Cöthen . . . . 3½ Nachmittags.	Berlin . . . . 2½ Nachmittags.

Weiterfahrt auf der Magdeburg-Leipziger Bahn:
Abfahrt von Cöthen 4½ Nachm., Ankunft in Magdeburg 6, Leipzig 6¾ Abends.

Abfahrten von	Ankunft in
Leipzig . 6½ Morgens.	Cöthen . 8½ Morgens.
" . 2 Nachmittags.	" . 4 Nachmittags.
Magdeburg 7 Morgens.	" . 8½ Morgens.
" . 2½ Nachmittags.	" . 4 Nachmittags.

Abfahrt von Cöthen nach Berlin 9 Morgens.

B. Güter-Züge,
womit auch Personen in II. u. III. Wagenklasse befördert werden.

Von Berlin nach Cöthen.	Von Cöthen nach Berlin.
Abfahrt von	Abfahrt von
Berlin . . . . 3 Nachmittags.	Cöthen . . . . 4 Nachmittags.
Großbeeren . 3½ Nachmittags.	Dessau . . . . 4¾ Nachmittags.
Ludwigsfelde . 3¾ Nachmittags.	Roßlau . . . . 5 Nachmittags.
Trebbin . . . 4¼ Nachmittags.	Koswig . . . . 5¾ Nachmittags.
Luckenwalde . 5 Nachmittags.	Ankunft in
Jüterbog . . . 5½ Nachmittags.	Wittenberg . . 6¼ Abends.
Zahna . . . . 6¼ Abends.	Abfahrt von
Ankunft in	Wittenberg . . 6 Morgens.
Wittenberg . . 6¾ Abends.	Zahna . . . . 6½ Morgens.
Abfahrt von	Jüterbog . . . 7¼ Morgens.
Wittenberg . . 6 Morgens.	Luckenwalde . 7½ Morgens.
Koswig . . . . 6½ Morgens.	Trebbin . . . 8¼ Morgens.
Roßlau . . . . 7 Morgens.	Ludwigsfelde . 8½ Morgens.
Dessau . . . . 7½ Morgens.	Großbeeren . 8¾ Morgens.
Ankunft in	Ankunft in
Cöthen . . . . 8¼ Morgens.	Berlin . . . . 9¼ Vormittags.

Weiterfahrt auf der Magdeburg-Leipziger Bahn:
Abfahrt von Cöthen 4¾ Nachm., Ankunft in Magdeburg 6½, Leipzig 7¼ Abends.

Abfahrt von Magdeburg 7½ Morg. / " " Leipzig . . 6¾ Morg. } Ankunft in Cöthen gegen Mittag.
Die mit den Güter-Zügen Morgens 8¼ in Cöthen ankommenden Reisenden können hiernach auch mit den um 9 Uhr von dort abgehenden Personen-Zügen nach Magdeburg und Leipzig weiter gehen.

Station Berlin.
Tarif für Personengeld und Ueberfracht beim Gepäck.

Nach:	Personengeld in Silbergrosch. Wagenklasse I.	II.	III.	Ueberfracht in Silbergrosch. 41 bis 100 Pfd.	101 bis 150 Pfd.	151 bis 200 Pfd.	Equipagen-Transport. Einspännige	Zweispännige	Schwere
							Thl.	Thl.	Thl.
Großbeeren	—	10	6	1½	2½	4			
Ludwigsfelde	—	13	8	2	3½	5			
Trebbin .	30	20	12	2½	4½	7	—	—	—
Luckenwalde	40	27	17	3½	6½	10	—	—	—
Jüterbog .	55	35	22	4½	8½	12½	6	7½	9
Zahna . .	70	45	28	5½	11	16½	—	—	—
Wittenberg	80	52	32	6½	13	19½	8½	10½	12½
Koswig .	90	60	36	7½	14½	21½	—	—	—
Roßlau . .	100	68	42	8½	16½	25	—	—	—
Dessau . .	105	70	44	9	17½	26	10½	13½	16½

II. Das Gelände

1. Die Interessenlage

Bei ihrer Errichtung lagen alle Berliner Bahnhöfe — mit Ausnahme des Frankfurter — auf dem flachen Lande vor den Toren der Stadt: der Potsdamer Bahnhof vor dem Potsdamer Tor, der Anhalter Bahnhof vor dem Anhalter Tor. Mit dem Wachstum der Stadt stiegen Wagen-, Eisenbahn- und Schiffs-Verkehr gewaltig an und behinderten sich gegenseitig an den Niveau-Kreuzungen in solchem Maße, daß alle beteiligten Stellen interessiert waren, hierfür Abhilfe zu schaffen. Seit Ende der fünfziger Jahre stritten sich die verschiedenen Behörden zum Teil untereinander und mit den Grundstückseigentümern, da sie alle vollkommen gegensätzliche Interessen verfochten; und was nach einem Vierteljahrhundert dabei herauskam, war eine die städtische Entwicklung schwer belastende Hypothek (B 41).

Da die beiden Bahnanlagen der Berlin-Potsdamer und Berlin-Anhaltischen Eisenbahn-Gesellschaften bis auf den heutigen Tag »unverdaut« im Körper dieser Stadt liegen, so erscheint es angemessen, etwas näher darauf einzugehen, wie sich dieses Problem entwickelt hat. Damals wie heute waren der kommunalen Selbstverwaltung enge Grenzen gezogen. Berlin wurde gemeinsam von der Ministerial-Militär-und Baukommission und dem Kgl. Polizeipräsidium regiert. Der Polizeipräsident war dem Oberpräsidenten der Provinz Brandenburg, also der Regierung in Potsdam, unterstellt und ». . . *zuständig für die Sicherheits-und Ordnungspolizei, die politische Polizei, Presse und Theater, innere Angelegenheiten und Hoheitssachen, Gesundheitswesen und Sozialwesen, Gewerbeaufsicht, Bau-und Feuerpolizei, Straßen- und Verkehrswesen, Wasserbau und Schiffahrt*» (A 37). Stadtplanung war also am allerwenigsten eine Angelegenheit der Stadt. Die Interessengegensätze lassen sich kurz wie folgt skizzieren:

1.

Der *preußische Staat* läßt seit den dreißiger Jahren des 19. Jahrhunderts die für erforderlich gehaltenen Straßenerweiterungen — teils innerhalb, teils außerhalb der Mauer — entwerfen. Anders jedoch als bei den staatlich subventionierten Privatbauten in der Friedrichstadt, sollten jetzt die Baulustigen — also jene, die als erste ein Interesse daran hatten — die Straßen auf eigene Kosten herstellen, entwässern und beleuchten. Was bei den geplanten »Schmuckzügen« und Plätzen über 26 m Breite hinaus aufzuwenden war, sollte der Magistrat finanzieren: die Straßenherstellung würde den Staat also nichts kosten. So war ein langwieriger Konflikt vorprogrammiert.

2.

Der *Magistrat der Stadt Berlin* widersetzt sich, solange ihm keine relevanten (Gewerbe-) Steueraufkommen zur Verfügung stehen, den breiteren Straßen-, Platz- und insbesondere Brücken-Projekten, da ihm der Gelände-Erwerb, der Bau und die Unterhaltung zur Last fallen.

3.

Die *Grundstücksbesitzer*, die das Straßenland ohne Entschädigung abtreten müssen, sind noch weniger an Straßen interessiert; so wenig wie gerade nötig zur Erschließung ihrer Baustellen und so schmal wie irgend möglich. Mit dem Magistrat teilen sie die Abneigung gegen Platz-Anlagen aller Art, wobei sie insbesondere auch Diagonalen zu vermeiden suchen, da sie dreieckige, schlecht bebaubare Grundstücke ergeben.

4.

Die *Eisenbahn-Gesellschaften* verhalten sich zunächst genauso wie alle übrigen Grundbesitzer, nur ist ihre Renitenz gegen Straßen aller Art (also auch Wasserstraßen) wegen der ihnen zufallenden Brückenbaulast noch viel größer. Da sie als Privatgesellschaften unter dem allgegenwärtigen Zwang der Kapital-Verwertung und -Vermehrung stehen, so ist ihre Grundstücks-Vorrats-Politik darauf gerichtet, stadtferne billige Grundstücke aufzukaufen und stadtnahe möglichst teuer zu veräußern oder zu vermieten. Von daher haben sie die Tendenz, ihre auf äußerst wertvoll gewordenem Boden stehenden Innenbahnhöfe aufzugeben und die gesamten Anlagen weiter vor die Stadt zu legen.

5.

Damit stoßen sie aber auf Widerspruch — bei den verschiedensten *Eisenbahn-Nutzern*, die alle an kurzen Wegen interessiert sind, um Zeit und Fuhrgeld einzusparen.

41

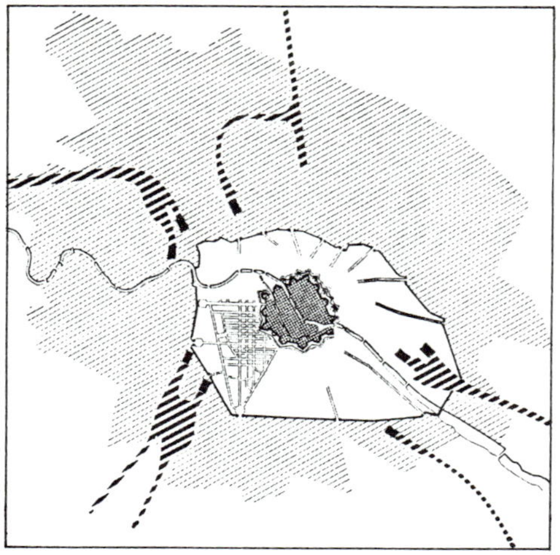

2. Die Bebauungspläne bis 1880

Dieser Interessen-Kampf macht verständlich, daß es in dem uns interessierenden Gebiet um die Gleisanlagen der B.P.M. und B.A.E. eine Vielzahl von stadt- und landschaftsplanerischen Entwürfen gegeben hat, die zum Teil auch die Gesetzeskraft von Bebauungsplänen erlangten. Die folgende Aufzählung beansprucht weder vollständig zu sein noch die Herkunft der Ideen klären zu können — dies muß speziellen Forschungen vorbehalten sein, es soll aber der Einfluß der jeweiligen Interessen und ihre Langzeitwirkung auf die Stadtentwicklung verdeutlicht werden.

Wahrscheinlich hat auch hier der Geheime Oberbaurat Schmid als erster — um 1832 — einen Bebauungsplan aufgestellt, der sich im wesentlichen an die bestehenden Feldwege hielt, worüber aber gezeichnete Unterlagen in den hiesigen Archiven nicht verfügbar sind.

Wie aus den Plänen (B 13 + 16) ersichtlich, durchschnitt der Landwehrgraben in seiner ursprünglichen Lage den Bahnhof der B.A.E. »*höchst lästig in zwei Theile*« (A 38), welche durch zwei Drehbrücken miteinander verbunden werden mußten. Lenné schlug in seinem großen Plan von 1840 »*Schmuck- und Grenzzüge der Residenz Berlin*« (B 42) eine Schiffbarmachung dieses Grabens vor sowie die Anlage eines Hafens an der Militair-Straße, der »*so sehr im Interesse der betreffenden Gesellschaft liegt, daß sie ohne Zweifel sofort zur Ausführung desselben schreiten wird, sobald die Kanalisation des Landwehrgrabens die Allerhöchste Genehmigung erhalten hat*« (A 39).

Die betreffende Gesellschaft, die B.A.E., hatte aber andere Verwertungsinteressen für die ihr jenseits der Militair-Straße gehörenden Grundstücke von rund zwei Morgen Größe: sie verkaufte sie als Baustellen! In dem folgenden Projekt (B 43), das (nach Hinz) um 1844 von Lenné vorgelegt wird, ist die Trasse des Landwehrkanals vom Halleschen Tor an von der Stadtmauer weg in südwestliche Richtung gerückt, so daß die B.A.E. nunmehr eine Ausdehnung für ihren Bahnhof zwischen Askanischem Platz und Landwehrkanal von ca. 480 m erhält, und der Hafen wird nun — viel besser — zwischen beide Eisenbahnlinien gelegt, so wie er bis zum Jahre 1850 auch ausgeführt wird und über 100 Jahre bestanden hat. Lenné schwebte an diesem Hafen ein richtiger »Marktplatz« vor, der — etwas weniger schwärmerisch — als Hafenplatz auch ausgeführt und für Massengüter-Umschlag mit Kränen, Gleisanschlüssen etc. ausgestattet wurde und einen stets regen Betrieb aufwies (B 44).

Sodann enthält dieser Plan (die wohl erste) Fixierung des Prachtstraßenzuges (Gneisenau-, York-, Horn- und Bülow-Straße) mit der Folge von Plätzen, die uns noch längere Zeit begegnen werden. Die beiden Eisenbahnstrecken der B.A.E. und B.P.M. kreuzen die Uferstraßen und die York-Straße allem Anschein nach im Niveau, was aus der Darstellung und der Anlage eines zu Eisenbahnzwecken ausgesonderten Terrains beidseitig der B.P.M. hervorgeht.

Zum Problem der Niveaukreuzungen muß man bedenken, daß »*der Verkehr in den betreffenden städtischen Außengebieten theilweise noch ganz mangelte, theilweise kaum in die ersten Stufen seiner Entfaltung getreten war, so hatte man bei den Projektierungsarbeiten für die neuen Straßenanlagen kein Bedenken getragen, überall, wo es das zeitige oder zukünftige Bedürfniß zu erfordern schien, die Straßen über die Bahn und zwar in gleicher Höhe mit deren Geleisen hinüberzuführen.*« (A 40)

In den auf diesen Entwurf folgenden zehn Jahren wurde an der Idee und den Elementen nichts wesentlich geändert, so daß er am 7. Mai 1856 als Bebauungsplan (A 41) »Allerhöchst« genehmigt wurde.

Der »Kreuzungs«-Konflikt zwischen Straßen-, Schiffs- und Eisenbahnverkehr mußte sich von Jahr zu Jahr verschärfen, da die B.A.E. ab 1857 auch südlich des Kanals Reservegleise anlegte und alle Rangierbewegungen die Uferstraßen und den Kanal sperrten. Nach einem Polizei-Regulativ sollte außerhalb des fahrplanmäßigen Betriebes die Sperrung in der Regel nicht öfter als viermal in der Stunde und jeweils nicht länger als sieben Minuten (ab 1867 nur noch vier Minuten!) stattfinden: hieraus ergibt sich, daß die Hälfte des Tages Kanal und Uferstraßen — nur zum Zwecke des

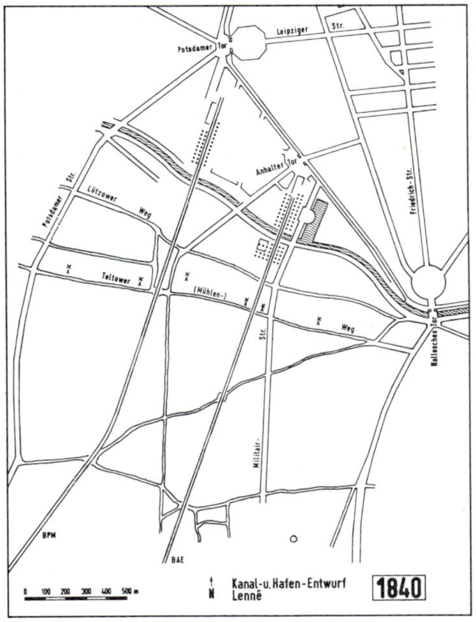

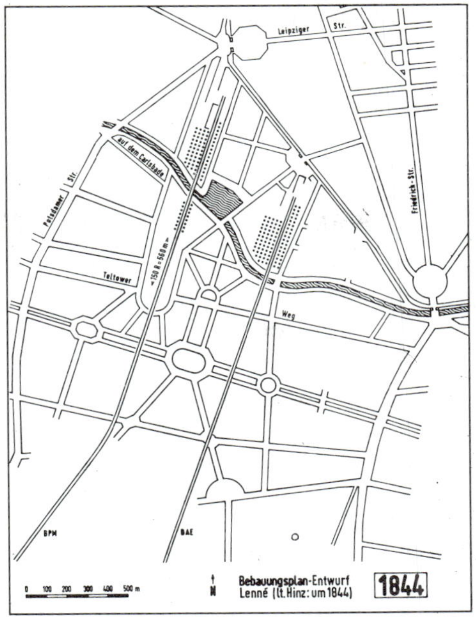

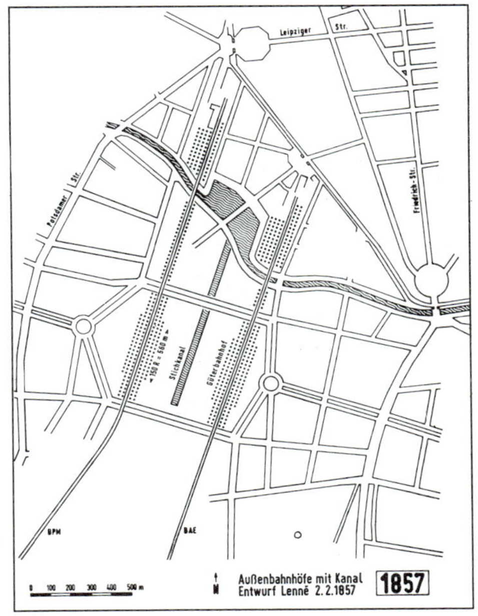

42

43

45

Rangierens — blockiert waren. Waren nun diese Kreuzungen auch für die beiden Bahnen hinderlich, so sollten diese Probleme durch den Bebauungsplan mit mehreren Querstraßen (Teltower Weg Straße, York-Straße, Hagelsberger Straße) noch verschärft werden. Es ist daher völlig verständlich, daß die beiden Bahn-Gesellschaften gegen diese Planungsabsichten opponierten; wobei in diesem Zusammenhang die so oft gestellte Frage (A 42), seit wann die Bahn-Gesellschaften die Grundstücke besaßen, d.h. vor oder nach dem Bebauungsplan-Beschluß, unerheblich ist, da Lenné diese Belange des Eisenbahnbetriebes außer acht ließ. Wir können daher auch das Bedauern von G. Hinz nicht akzeptieren, *»daß Lenné selbst die Hand zur Zerstörung seines großen Planes . . . bieten mußte«* (A 43), denn an diesem Punkte konnte der Plan die Wirklichkeit nicht meistern.

Im zuständigen Ministerium (A 44) wurden die Erweiterungsabsichten der beiden Bahnen anerkannt und eine Abänderung des Bebauungsplanes angeordnet: bereits am 2. Februar 1857 schlug Lenné in einer Besprechung mit den Verwaltungsvorständen der B.P.M. und B.A.E. und dem Eisenbahn-Kommissariat in einer Skizze vor (B 45), daß zum *»Ersatz für diesen fortfallenden Theil der genannten Straße . . . und Plätze* südlich und nördlich . . . *zur Verbindung beider unterbrochenen Theile der großen Allee in* schräger *Richtung* 13 Ruthen *breite Straßen geführt werden. Es war ferner angenommen neben dem bereits am rechten Ufer des Schiffahrtkanals vorhandenen Hafen einen zweiten von gleicher Größe und zwischen beiden Bahnhöfen auf deren ganzer Länge von dem Schiffahrtskanale aus einen Stichkanal anzulegen. Wenngleich bei diesem Entwurf zu bedauern blieb, daß die große Hauptstraße No 1 welche eine Zierde jener Stadtgegend zu werden versprach in so störender Weise unterbrochen werden sollte, so wurde demselben dennoch die Zustimmung ertheilt«* (Hervorhebungen: Verf.) (A 45).

Offenbar waren die beiden Bahngesellschaften mit diesem Entwurf doch nicht zufrieden, denn anstatt der gewünschten 200 R = 750 m langen Bahnhöfe waren sie nur 150 R = ca. 560 m lang und außerdem verhinderte der Stichkanal die Verbindung zwischen denselben oder machte sie durch Brücken unnötig teuer.

Nach einer Konferenz am 11. April 1857, in der *»die Länge im allgemeinen Einverständniß auf 180 Ruthen* (= 675 m) *festgestellt«* wurde, gab Lenné diesen Stichkanal zugunsten einer ebenfalls 13 R breiten Straße auf, *»worüber eine Vereinbarung nicht getroffen werden konnte. Denn wenn dieser Plan auch den Hauptbedürfnissen beider Bahnhöfe genügt und es sogar zu erwarten steht, daß seine Ausführung für die Eisenbahn-Gesellschaften lucrativ werden*

B 41 Bahnanlagen und Stadtentwicklung Berlins, aus R. Wolters: »Stadtmitte Berlin«, Tübingen 1979, S. 145

B 42 Kanal- und Hafen-Entwurf von Lenné 1840. Umzeichnung v. Verf.

B 43 Bebauungsplan-Entwurf von Lenné (nach Hinz) um 1844. Umzeichnung v. Verf.

B 45 Außenbahnhöfe mit Stichkanal, Entwurf von Lenné vom 2.2.1857. Rekonstruktionsversuch v. Verf.

A 37 »Übersicht über die Bestände des Brandenburgischen Landeshauptarchivs Potsdam«, (Staatsarchiv Potsdam) Teil II, Weimar 1967, S. 393

A 38 Rosenbaum im »Notizblatt des Architektenvereins zu Berlin« 1843, S. 85

A 39 Aus dem Erläuterungsbericht von Lenné, zit. nach G. Hinz: »Peter Josef Lenné«, Berlin 1937, S. 180

A 40 »Bericht über die Gemeinde-Verwaltung der Stadt Berlin in den Jahren 1861 bis 1876«, Berlin 1880, S. 34

A 41 Erläuterungsbericht zum Bebauungsplan vom Magistrat 19.6.1869 in »Communalblatt«, 1869, S. 430

A 42 Vgl. E. Heinrich mit H. Juckel: »Der 'Hobrechtplan'«. Aus »Jahrbuch für brandenburgische Landesgeschichte«, Berlin 1962

A 43 G. Hinz, a.a.O., S. 190

A 44 Vgl. den Abschnitt »Vorschriften und Behörden«

A 45 Erläuterungsbericht aus Staatsarchiv Potsdam Pol.Praes. Bln C, Rep. 30, Bd. 624, S. 91-93

44

48

wird, wenn ihnen die Befugnis ertheilt werden sollte, das ganze von den abgeänderten Straßen berührte Terrain im Wege der Expropriation zu erwerben und von selbigem als Baustelle zu verkaufen, was zur Anlage der Bahnhöfe entbehrlich ist, so läßt sich andrerseits aber auch nicht verkennen, daß zwei Hauptbedürfnisse bei diesem Plane unberücksichtigt geblieben sind. Es wird durch die Ausführung desselben weder die als nöthig erachtete unmittelbare Verbindung der beiden Bahnhöfe erreicht — vielmehr sollen dieselben durch eine Straße und zwei Häuserreihen von einenander getrennt werden — noch werden die neuen Güterbahnhöfe mit schiffbarem Wasser in Berührung gebracht. Außerdem scheint dieser Plan für den anderweitigen Verkehr, und die Interessen der dortigen Grundeigenthümer nicht günstig. Die zur Ansicht tretenden Hinterhäuser der Straße werden einen unschönen Anblick gewähren und die Durchführung der großen Allee nach dem früheren Plan wird auch bei etwaiger künftiger Verlegung der Bahnhöfe *undurchführbar werden.*« (A 45) (Hervorhebungen: Verf.)

Dieser »*Erläuterungsbericht betreffend mehrere Abänderungen des Bebauungsplans*«, am 30. August 1857 von dem Geh. Reg.- u. Baurath Rothe im Kgl. Polizeipräsidium in Berlin verfaßt, scheint unter anderem deshalb bemerkenswert, weil er die Kritik gegen die ungestalteten Brandmauern entlang aller (Berliner) Eisenbahnstrecken vorwegnimmt und weil er Folge-Zustände nach Wegfall bestimmter Planungs-Komponenten bedenkt, die über ein Jahrhundert eisernen Bestand hatten — aber auch nur so lange . . .

Für das Lennésche Polygon gibt es in den hiesigen, allgemein bekannten Archiven keine gezeichneten Unterlagen, obwohl als sicher gelten muß, daß der Entwurf von 1857 die Grundlage bildete für den am 7. März 1859 durch ACO genehmigten Bebauungsplan. Der Verfasser stützt seinen Rekonstruktionsversuch (B 46) auf die folgenden Belege:

»*Der durch Kabinetsordre vom 7. März 1859 festgestellte Bebauungsplan änderte die Lage dieser Strasse* (Gürtel-Straße: Verf.) *dahin, dass sie ungefähr auf die Mitte der Längenachsen der neu in Aussicht genommenen Güterbahnhöfe der Potsdamer und der Anhalter Bahn stiess und, um für diese reichlichen Platz freizuhalten, zwischen den Schnittpunkten mit der verlängerten Schöneberger- und der Militär*-(heutigen Möckern-)*Strasse in* zwei polygonartig *gebrochenen Strassenzügen* nördlich und südlich *um die Bahnhöfe* herumführte. *In der Mitte zwischen beiden Bahnhöfen sollte, parallel ihren Längenachsen, eine besondere Straße in nordsüdlicher Richtung von der linksseitigen Kanaluferstrasse bis zu der vom Kreuzberg nach der Schöneberger Höhe vorgesehenen Straße* (der heutigen Monumentenstraße) *durchgeführt werden.*

Man hatte gehofft, auf diese Weise einen Rahmen *für die alsbaldige Erweiterung beider Güterbahnhöfe schaffen zu können. Die Gesellschaften aber zögerten mit dem Geländeerwerb, die Bebauung der sonstigen Grundstücke liess sich nicht mehr zurückhalten, und so wurde durch Kabinetsordre vom 18. Mai 1861 der ursprüngliche* (Lennésche) *Bebauungsplan mit der ungebrochen durchgeführten Gürtelstrasse wieder hergestellt.*« (Hervorhebungen: Verf.) (A 46).

Die zweite Quelle befindet sich im Erläuterungsbericht zur Änderung des Bebauungsplanes im Jahre 1869:

»*Der in diesem Sinne* (ausgedehnter, zusammenhängender Bahnhöfe: Verf.) *damals durch den General-Garten-Director Lenné bearbeitete Bebauungs-Plan der Abtheilung III wurde unter dem 7. März 1859 Allerhöchst genehmigt, bereits nach 2 Jahren jedoch, als die Ausführung desselben wegen mangelnder Bereitwilligkeit der betreffenden beiden Eisenbahn-Gesellschaften in Frage gestellt war, durch Allerhöchste Cabinets-Ordre vom 18. Mai 1861 wieder aufgehoben und durch diese der noch jetzt gültige Bebauungsplan der Abtheilung III vom Jahre 1856 im Wesentlichen wiederhergestellt.*« (A 47)

Das ganze Verfahren war also ziemlich »verfahren«: der auf die Interessen der beiden Bahnen abgestimmte Plan von 1857 wird von diesen aber nicht ernst genommen, denn erstens wollen sie längere

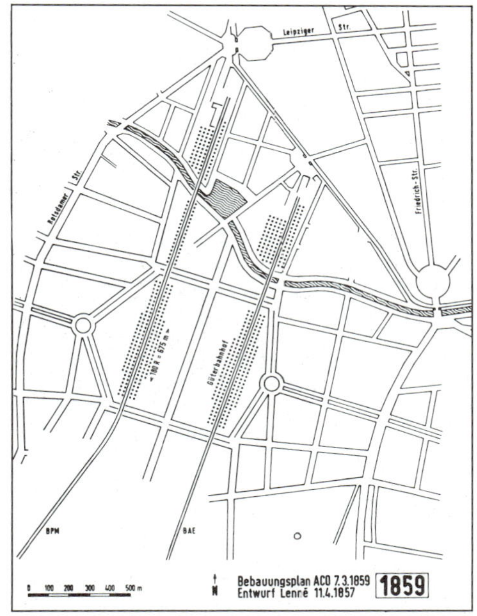

46

Außenbahnhöfe und zweitens wollen sie nicht so viele Straßen (schon gar nicht so breite, die sie auf eigene Kosten herstellen müssen und an denen — zum Teil zwischen zwei stark befahrenen Eisenbahnen — schlecht verkäufliche Parzellen liegen).

Eigenartigerweise versucht in dieser Phase der Verhärtung der im Polizeipräsidium seit 1858 am Bebauungsplan arbeitende »junge Mann«, James Hobrecht (B 47), die offenbar auch von ihm als richtig erachtete ursprüngliche Lennésche Konzeption für die gerade Führung der 60 m breiten Gürtel-Straße planerisch durchzusetzen.

Wir wollen hier kurz prüfen, wieso Hobrecht annehmen konnte, Aussicht auf Erfolg zu haben: da ist zunächst die alte Verbindungsbahn entlang der Stadtmauer zu erwähnen, die schon Lenné vorgeschlagen hatte vor das Weichbild zu verlegen: an den neuen Schnittpunkten mit den nach Berlin einmündenden Eisenbahnen wurden ja später auch zahlreiche Güter-, Rangier- und Werkstätten-Bahnhöfe errichtet. Im Polizeipräsidium wurden solche Alternati-

B 44 Hafenplatz um 1920, aus Labi
B 46 Bebauungsplan, Entwurf von Lenné vom 11.4.1857, durch ACO genehmigt am 7.3.1859. Rekonstruktionsversuch v. Verf.

A 46 »Berlin und seine Eisenbahnen«, 1896, S. 152
A 47 »Communalblatt der Haupt- und Residenz-Stadt Berlin«, 1869, S. 430 f.

47

49 Hobrecht, James Friedrich Ludolf

50 James Friedrich Ludolf Hobrecht wurde am 31. 12. 1825 in Memel/Ostpreußen geboren. Er starb am 8. 9. 1902 im Alter von 76 Jahren in Berlin.

Hobrechts Vater war in der Landwirtschaft tätig. Im Jahre 1827 übernahm er das Gut Polkendorf und zog 1834 mit der Familie als kgl. preuß. Oekonomiekommissar nach Königsberg/Preußen. Hobrechts Mutter, geb. Johnson, stammte aus einer englischen Familie, die sich Ende des 18. Jahrhunderts in Memel niedergelassen hatte. Hobrechts älterer Bruder Arthur Hobrecht (1824—1912) war der spätere Oberbürgermeister von Breslau (seit 1863) und Berlin (seit 1872) und Finanzminister unter Bismarck (1878/79). Ein jüngerer Bruder ist als Novellendichter bekannt geworden.

Zunächst besuchte Hobrecht das Collegium Fridericianum in Königsberg. Sein Interesse an der ihm von zu Hause her vertrauten Landwirtschaft veranlaßte ihn, Ostern 1841 den Unterricht abzubrechen und eine landwirtschaftliche Lehre zu beginnen. Um diese zu ergänzen, trat er 1842 bei einem Feldmesser in Preußisch-Holland als Eleve ein. Hier wurde Hobrechts Interesse an diesem Fachgebiet so stark gefördert, daß er im Sommer 1843 nach Königsberg zurückkehrte, um am 3. 1. 1844 die Reifeprüfung am Altstädtischen Gymnasium nachzuholen und im Januar 1845 die Feldmesserprüfung bei der Regierung in Königsberg abzulegen. Als Feldmesser war er mit Umlegungs- und Flurbereinigungsarbeiten in Ostpreußen und bei der Köln-Mindener Eisenbahn in Duisburg beschäftigt. Von 1847 bis 1849 war er an der Bauakademie in Berlin eingeschrieben, wo er am 10. 7. 1849 die Bauführerprüfung ablegte. Nach Ableistung der Militärpflicht erwarb er seine Bauführerpraxis beim Packhofbau in Königsberg in den Jahren 1851/52, um sich dann noch einmal in der Landwirtschaft zu versuchen. 1853 heiratete er. Im Herbst desselben Jahres bezog er wieder die Bauakademie in Berlin und legte am 6. 4. 1856 die erste und am 5. 6. 1858, inzwischen 32 Jahre alt, die zweite Prüfung als Baumeister für den Wasser-, Wege- und Eisenbahnbau ab. In der Zwischenzeit war er als Abteilungsbaumeister am Bau der Eisenbahnlinie Frankfurt/O.—Küstrin in Frankfurt/O.

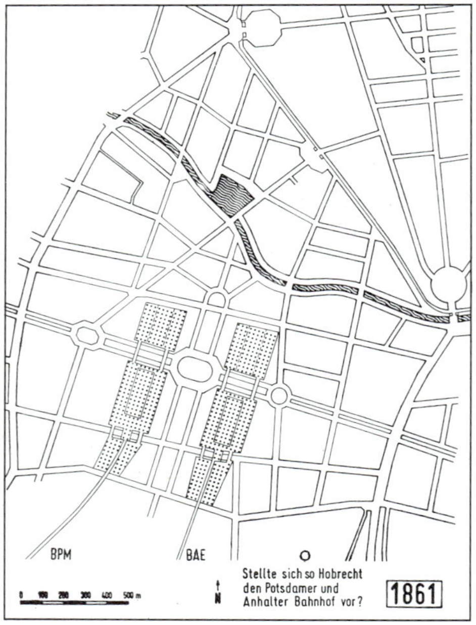

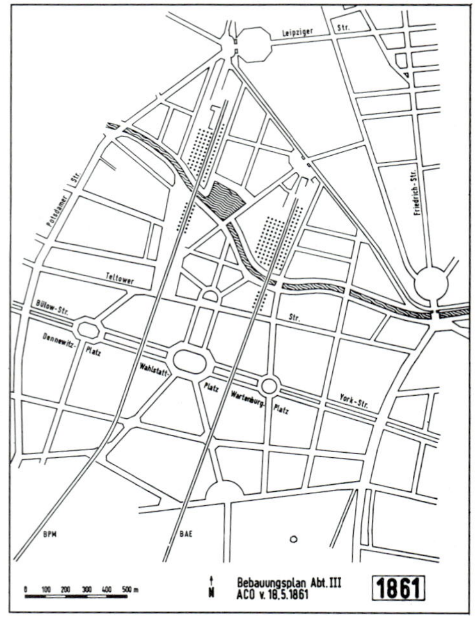

ven diskutiert, wie aus dem zitierten Erläuterungsbericht von 1857 hervorgeht. In der Tat hatte die B.A.E. in den sechziger Jahren den Wunsch, »*womöglich die ganze Anlage, mindestens aber den Güterbahnhof, ganz nach Süden bis an den Höhenzug des Schöneberger und Tempelhofer Feldes hinaus zu verlegen, dem sich die Spediteure . . . widersetzten; die Staatsregierung wünschte eine Höherlegung der gesammten Bauten, die wieder für die Gesellschaft zu kostspielig war*« (A 48). Allmählich war sogar der Magistrat »*für die Hinauslegung der Güterbahnhöfe überhaupt*«, wie sich aus einer Debatte in der Stadtverordneten-Versammlung am 16. November 1865 ergibt.
Die Hinauslegung der Bahn-Anlagen war also nur die eine Möglichkeit, genauso realistisch die Höherlegung: auf Dammschüttung oder gemauerten Substruktionen, wie sie Hobrecht bereits in England gesehen hatte. Den Verkehr in der zweiten Ebene hatte schon 1844 J.W. Schmitz in einer genialen Kombination beim Polizeipräsidium in Berlin angeregt: Eisenbahnen auf wasserführenden Viaducs! (A 49). Für die Verlängerung der alten Verbindungsbahn vom Stettiner Bahnhof zum Bahnhof der Niederschlesisch-Märkischen Eisenbahn hatte letztere Direktion am 21. April 1859 einen Entwurf vorgelegt, der ebenfalls jede Niveau-Kreuzung vermied (A 50). Scabells Projekt von 1856 für einen Zentralbahnhof an der Spree (B 48) zeigt dann prototypisch die Verknüpfung dreier Ebenen: Wasser, Straße, Schiene!
Wenn man sich solche Realisierungsmöglichkeiten in der alten Lennéschen und jetzt Hobrechtschen Konzeption skizzenhaft vorstellt (B 49), so gelangt man unschwer zu der Überzeugung, daß sowohl der städtischen Entwicklung als auch den beiden Eisenbahnen günstige Perspektiven eröffnet werden sollten.
In der zeitgenössischen und späteren Kritik wird dieser Plan teilweise so vehement abgetan — »*todtgeborenes Kind*« oder »*haltloser Plan*« (A 51) — daß die damalige Ausgangssituation nicht ausreichend erforscht und gewürdigt zu sein scheint. Heute schaut uns aus dem Plan der »Technokrat« Hobrecht an, der den Bebauungsplan als Herrschafts-Instrument auffaßte und den Machtmitteln entsprechende Entfaltungsmöglichkeiten verschaffte (man beachte die Verteilung der Wohngebiete und Exerzierplätze sowie deren Verbindungen zu den Eisenbahn-Verladeanlagen); es scheint, als wolle er nicht nur mit Technik herrschen, sondern auch die (Eisenbahn-)Technik beherrschen, zumal sie sich in unserem Falle noch im Besitz von privaten Gesellschaften befand.

48

Der Polizeipräsident leitet dem Magistrat den Entwurf des Bebauungsplans der Abt. III zur Stellungnahme zu, der sodann in einer Deputation aus Stadtverordneten vorberaten wird, worauf sich die Stadtverordneten-Versammlung am 22. November 1860 »*mit diesem Entwurfe überall einverstanden*« erklärt. Das B.A.E.-Direktionsmitglied Dr. Esse war in jenem Jahr Stadtverordneten-Vorsteher, so daß man aus dem Abstimmungsergebnis entweder schließen kann, daß die B.A.E. gegen die Planung ebenfalls nichts einzuwenden hatte oder nicht zu diesem Zeitpunkt und nicht in diesem Gremium, das sich über seine Rechte zu Einsprüchen selbst unsicher war. Um diesen Bebauungsplan auch formell zu einem von Berlin zu machen, hatte bereits die Regierung in Potsdam am 27. März 1860 bestimmt, daß ab 1. Januar 1861 »*nachfolgende Grundstücke mit dem Stadtbezirke von Berlin vereinigt werden:*
I. auf dem linken Spreeufer
1) die zu Alt-Schöneberg gehörigen Grundstücke vor dem Potsdamer Thore bis zum botanischen Garten, einschließlich des letzteren,
2) die zu Tempelhof gehörigen Grundstücke vor dem Halleschen Thore, einschließlich des Kreuzbergs, . . .«
Nunmehr wird der Bebauungsplan Abt. III am 18. Mai 1861 durch Allerhöchste Cabinets-Ordre genehmigt und damit in Kraft gesetzt (B 50).
In den folgenden fünf Jahren werden dann in diesem Gebiet von den beiden Bahngesellschaften die Fakten geschaffen, die sich zwar einzeln zum größten Teil in den Plan einfügen, deren Gesamtheit aber seine Durchführung unmöglich machten. Für die B.P.M. ist im Bebauungsplan südlich des Kanals beidseitig der Strecke bis zum damals von Windmühlen gesäumten Teltower Weg (Mühlenweg) ein Areal als »*zum Potsdamer Bahnhof gehörig*« ausgewiesen, das sie zu einem sog. Außenbahnhof für Güterverkehr und andere Betriebszwecke auszubauen beginnt. Dabei geht die erste durchgehend vorgesehene Ost-West-Verbindung, die Lützower Weg-Straße, verloren: die Stadt verlangt aber, wenigstens einen Fußgängerweg zu belassen — wohl direkt über die Gleise, denn sie verlangt ausdrücklich keinen Tunnel.

Die B.A.E. vermehrte ebenfalls ihre Gleise südlich des Kanals und hat ihre Pläne von einem 200 Ruthen = 750 m langen Außenbahnhof stets weiter verfolgt. Daneben hat sie eine — bis jetzt unveröffentlicht gebliebene — Planung für die Zurückverlegung des gesamten Bahnhofs südlich vom Landwehrkanal anfertigen lassen, die wohl 1867 beim zuständigen Ministerium für Handel pp. und dem Eisenbahn-Kommissariat vorgelegt wurde, dort aber offenbar wenig Zustimmung gefunden hat. Immerhin hatten diese Bemühungen den Teilerfolg für die Eisenbahnen, daß ihnen in einem Ministerial-Erlaß am 6. Januar 1868 in Aussicht gestellt wurde, daß die Teltower Straße geschlossen werden und somit Bahngelände werden bzw. bleiben könne. Die im einzelnen nicht dokumentierbaren Verhandlungen in diesem Jahr haben aber das Ministerium offenbar davon überzeugen können, daß der B.A.E. ein zusammenhängender, also von Straßen nicht durchschnittener Außenbahnhof von 200

B 47 Hobrecht-Biographie
Akademie für Raumforschung und Landesplanung (Hrsg.): »Handwörterbuch der Raumforschung und Raumordnung«, Hannover 1970, Bd. 1, Sp. 1212 f.
B 48 Projekt eines Zentralbahnhofes an der Spree von Scabell 1865, aus Labi
B 49 Stellte sich Hobrecht vielleicht so die Hinaus- und Höherlegung der beiden Bahnen vor?
Skizze v. Verf.
B 50 Bebauungsplan Abt. III, durch ACO genehmigt am 18.5.1861. Umzeichnung v. Verf.

A 48 »Berlin und seine Eisenbahnen«, 1869, S. 170
A 49 J.W. Schmitz: »Berlins Bewässerung und Verbindung der Eisenbahnen durch wasserführende Viaducs«, Köln 1844
A 50 »Berlin und seine Eisenbahnen«, 1896, S. 252
A 51 E. Bruch: »Berlins bauliche Zukunft...« aus DBZ 1870. Und W. Hegemann: »Das steinerne Berlin« Berlin 1930, S. 322

Ruthen Länge zugestanden werden muß (der sich dann vom Landwehrkanal bis zur Hagelsberger Straße erstrecken würde, während dieselbe Länge bei der B.P.M. nur bis zur ursprünglichen York-Bülow-Straße reicht), um welchen die Gürtel- oder Pracht-Straße herumgeführt werden sollte, um die Zahl der Brücken (Niveau-Kreuzungen waren nicht mehr möglich) und die Entwässerungsprobleme der Straßenunterführung zu verringern. Das Resumée der Verhandlungen im Handelsministerium wird dann 1868 in einer Allerhöchsten Cabinets-Ordre gezogen:

»*Auf Ihren Bericht vom 10. October d.J. will Ich genehmigen, daß mit den Umbauten des Berliner Bahnhofes der Berlin-Potsdam-Magdeburger Eisenbahn-Gesellschaft unter Einziehung des vorhandenen Bahnüberganges in Stations-Nummer 0,14-0,15 der Berlin-Potsdam-Magdeburger Eisenbahn, beziehungsweise unter Schliessung sowohl der vorhandenen, wie der im Bebauungs-Plane projectirten Teltowerstraße nunmehr vorgegangen, und daß, vorbehaltlich der Genehmigung des vorzulegenden speciellen Entwurfes, der Bebauungs-Plan der Abtheilung III von den Umgebungen Berlins dahin abgeändert werde, daß die Yorkstraße zwischen dem in der Großbeerenstraße zurückzulegenden Wartenburg-Platze und dem Dennewitz-Platze in südlicher Richtung, jedoch höchstens bis zur Hagelsbergerstraße verlegt wird. Zugleich bestimme Ich, daß bei den beabsichtigten Umbauten des Berliner Bahnhofes der Berlin-Anhaltischen Eisenbahn die Anlagen für den Personen-Verkehr auf dem bestehenden Bahnhofe zwischen dem Askanischen Platze und dem Schifffahrtskanale zu belassen, beziehungsweise neu zu errichten sind.*

Baden-Baden, den 16. October 1868,
gez. Wilhelm
gez. Graf von Itzenplitz«
(s. A 47)

Erst an diesem Tag wurde der geradeaus projektierte »Generalszug« endgültig aufgegeben — über 20 Jahre schien das Lennésche Konzept die Gegend zu beherrschen — schließlich jedoch gaben die Argumente der Bahngesellschaften den Ausschlag. Aber wie immer konnten die dort angesiedelten Interessen allein diese Wendung nicht herbeiführen: wenn nicht auch die Stadtgemeinde ein Interesse am Fortfall von überbreiten Straßen und den vielen Plätzen gehabt hätte, so wäre es vielleicht nicht zu der halben Lösung gekommen, mit der der nun abzuändernde Bebauungsplan den Problemen auszuweichen versucht. Die zahlreichen und langen Brücken im geraden Verlauf der York-Straße wurden von den Eisenbahnen als finanziell untragbar dargestellt. Die Stadt hätte ohne Einengung der Bauflucht das über 26 m Straßenbreite hinausgehende Straßenland erwerben und pflastern und auch die um 34 m längeren Brückenkonstruktionen bezahlen müssen. Diese finanziellen Opfer hätte die Stadt aber niemals bringen können. Außerdem äußerte sie gegen einen geraden, aber nur 26 m breiten Verlauf der York-Straße unter den zahlreichen Brücken die Befürchtung, daß ein tunnelartiger Eindruck entstehe und wohl auch tagsüber Beleuchtung (auf ihre Kosten!) erforderlich sei, was wiederum Argumente gegen die ursprüngliche Führung der York-Straße waren. Auf die Grundwasser-Problematik wird bei der Betrachtung der Höhenlage der Neubauten (Personen- und Güter-Bahnhof, Brücken) noch einzugehen sein.

Wenn wir an dieser Stelle ein kurzes Fazit ziehen wollen, so drängt sich die Einsicht auf, daß als Stadtplanung vom Polizeipräsidium später das realisiert wird, was die Verhinderungs-Argumente der beiden »Parteien« übriggelassen hatten: die reichen Privatbahnen einerseits, die zahlen könnten, wenn sie wollten; und die arme Stadt Berlin andererseits, die zahlen würde, wenn sie könnte.

Am 28. März 1869 ist die Überarbeitung des Bebauungsplans Abt. III durch den Landbaumeister und (späteren) Bauinspector Meienreis beendet und zwar in zwei Varianten, deren eine er wie folgt beschreibt:

»*York-Straße.*
Specieller wurde die neue Lage dieser Straße in dem Ministerial-Erlaß vom 6. Januar 1868 II. 18570/180/68 dadurch festgesetzt, daß dieselbe und ihre Kreuzung mit der Potsdamer Eisenbahn etwa in die Mitte zwischen der bisher projectirten Gürtelstraße und der Hagelsbergerstraße zu liegen kommen, für den Außenbahnhof der Anhaltischen Bahn aber eine Länge von mindestens 200 Ruthen freigelassen werden sollte, wozu in der Folge des Immediat-Berichts vom 10. October v.J. noch die durch die Allerhöchste Cabinets-Ordre vom 16. October v.J. getroffene Festsetzung trat, daß die Yorkstraße zwischen dem in die Großbeerenstraße zurückzulegenden Wartenburg-Platz und dem Dennewitzplatz in südlicher Richtung höchstens bis zur Hagelsbergerstraße verlegt werden dürfte unter Beibehaltung ihrer bisherigen Breite von 16 Ruthen. Bei Berücksichtigung aller dieser Bestimmungen ergiebt sich nun die Lage der Yorkstraße zweckmäßig derartig, wie in den anliegenden Entwürfen Blatt II B II C angenommen ist . . . « (A 47).

Über die zweite Variante II D liegt folgende Beschreibung durch den Magistrat vor, die er den Stadtverordneten mit den Änderungen des Bebauungsplans am 19. Juni 1869 zuleitet:

»*Obgleich dieser Entwurf (II B II C) nach den bisher gültigen Andeutungen des Herrn Handelsministers und den sonstigen Festsetzungen speciell ausgearbeitet und erläutert ist, hat das Königliche Polizei-Präsidium doch geglaubt für die Verlegung der Yorkstraße in südlicher Richtung noch eine andere in dem beigefügten Coupon dargestellte Lösung in Vorschlag bringen zu sollen, welche sich dem früheren Lenné'schen Entwurfe durch ein regelmäßigeres Alignement für die Yorkstraße und eine regelmäßige Gestaltung des Wahlstatt-Platzes anschließt und ebenso den Bestimmungen für die möglichst kürzeste Verbindung des westlichen mit dem östlichen Theile dieses Bebauungsplans nicht erheblich entgegenstehen möchte. Es ergiebt sich nach dieser Scizze eine rechtwinklige Unterführung der Yorkstraße auch unter der Potsdamer Bahn und eine für diese Straße selbst dem Bahnhof entfernten günstigern Lage, während die in Blatt II B und II C erforderliche dritte Unterführung ganz fortfällt.*«

Die Straßendurchlegungs-Deputation hat beide Varianten vorberaten und »*hält* . . .

den Abänderungs-Vorschlag . . . II D . . . nicht für empfehlenswerth, wenngleich eine Unterführung weniger herzustellen ist. Sie ist der Ansicht, daß die Vortheile der kürzeren Verbindung . . . und der Erlangung besserer Baufluchten nach dem älteren Plan — II B II C — überwiegend sind und hat demgemäß angerathen, diesem letzteren Plan zuzustimmen.«

Die Stadtverordneten-Versammlung am 22. Juli 1869 beschäftigt sich nun mit diesen Varianten und »*erklärt sich mit der Abänderung des Bebauungsplans der Abtheilung III einverstanden, jedoch nicht, wie der Magistrat beantragt, nach den Zeichnungen Blatt II B und II C, sondern nach Blatt II D . . .*« (A 47)

Nachdem sich die Stadtgemeinde dergestalt äußern durfte — der Handelsminister spricht von einer »Vernehmung« — werden diese Änderungen des Bebauungsplans durch ACO am 18. Juni 1870 in Kraft gesetzt (B 51), wobei folgende Punkte besonders auffallen:

1.
Durch die abgeknickte Führung der York-Straße wurde der Außenbahnhof der B.A.E. ca. 200 Ruthen = 750 m lang, derjenige der B.P.M. indessen fast 1000 m!

2.
Die York-Straße im Bereich der Straßenunterführungen ist mit 16 Ruthen = 60 m Breite eingetragen; der B.P.M. war aber nur eine Brückenlänge von 7 Ruthen = ca. 26 m auferlegt worden . . .

3.
Wartenburg- und Dennewitz-Platz sind als Platzraum verschwunden, zu überdimensionalen Straßengabelungen verkommen.

4.
Der Wahlstatt-Platz wurde nach Süden verschoben und hatte wegen der Topographie und Einengung durch die Bahnkörper kaum Chancen, realisiert zu werden.

5.
Die Fortsetzung der York-Straße westlich der Abknickung, ab 8. August 1873 Horn-Straße benannt, hat nur eine Breite von 7 R = 26 m; an eine Weiterführung des ursprünglichen Konzepts hat man also nicht mehr geglaubt. (Diese Straße wird uns aber noch beschäftigen.)

6.
Westlich der B.P.M. ist in Verlängerung der Link-Straße ein Straßenzug über Flottwell- und Dennewitz-Straße bis zur Einmündung in die Potsdamer Straße am alten Botanischen Garten (heute Kleist-Park) eingetragen, der »*ungemein dazu beitragen wird, letztere von einem großen Theil des sie belastenden Verkehrs zu befreien*«, wie es im Erläuterungsbericht dazu heißt!

Der Bebauungsplan war nun zwar abgeändert, aber die zuvor neun Jahre lang gültige Version hatte inzwischen auch eine Menge von Änderungen in den Parzellierungen, im Grundbesitz und bei den Bauabsichten der Eigentümer veranlaßt, die einigen neuen Festsetzungen zuwiderliefen. Die Verlegung des Wartenburg-Platzes machte z.B. an der bisherigen Kreuzung der York- und Großbeerenstraße einige Grundstücke unbebaubar, weshalb diese von der Stadt hätten angekauft werden müssen. Die betroffenen Grundstückseigentümer, insbesondere der rührige Pianofortefabrikant Stoecker, beschwerten sich beim Magistrat, dem dies jedenfalls willkommen war, da auch er kein Geld für die Anlegung von Plätzen hatte. Was aber nun niemand erwartet hätte, dieser Stoecker protestierte auch gegen die Verschmälerung der »Horn«-Straße, da er bereits vor seinen Grundstücken das Straßenland abgetreten und sich vertraglich verpflichtet hatte — auf seine Kosten!, dasselbe pflastern und entwässern zu lassen. Und nun vertrat er die Auffassung vertrat, daß seine »*an die verengte Yorkstraße stoßenden Grundstücke einen bedeutenden Werthverlust erleiden müßten*« (A 52).

Magistrat und Stadtverordneten-Versammlung stimmten zu und beantragten beim Polizeipräsidium, es hier beim ursprünglichen Bebauungsplan zu belassen. Da dort dieser Antrag abgelehnt wurde, wandte sich der Magistrat, »*Beschwerde führend, an das Kgl. Handels-Ministerium, das sich anfänglich gleichfalls der Sache abgeneigt zeigte, nach mehrfachen Vorstellungen . . .* (31. Mai, 19. Oktober, 24. Dezember 1871

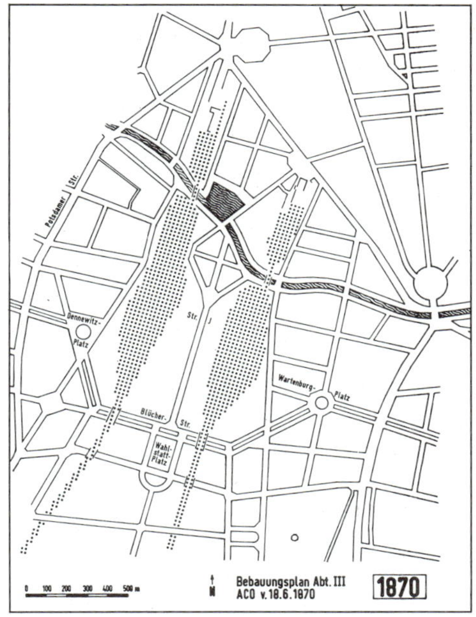

51

B 51 Bebauungsplan Abt. III, durch ACO genehmigt am 18.6.1870. Umzeichnung v. Verf.

A 52 »Communalblatt«, 1871 und 1872

53

54

und 16. Januar 1872) . . . *definitive Entscheidungen getroffen hat.*« Das Ministerium stellte für seine Befürwortung zwei Bedingungen: Erstens dürfe die schräge Führung der York-Straße von der Stadt nicht in Frage gestellt werden und zweitens müsse sie sicherstellen, daß sie die »Horn«-Straße auch anlege, wenn sich einige Adjacenten (Anlieger) gegen die freiwillige und unentgeltliche Abtretung des Straßenlandes wehren sollten. Zu solchen Befürchtungen war bereits konkreter Anlaß gegeben, was nicht verwundert, wenn man sich vorstellt, daß es nun Grundstücke gab, die an zwei »Generalszügen« lagen! Die Stadtverordneten-Versammlung hat denn auch am 14. März 1872 diese Bedingungen anerkannt und die Entschädigung von 7000 Thalern an solche Grundstücksbesitzer bewilligt, denen z.B. »*nur eine kleine Parzelle verbleibt, die zur selbständigen Bebauung ungeeignet erscheint.*« Dies wiederum hat die Stadt nur getan, weil »*die Kosten der Erwerbung des Terrains zu dem projectirten Wartenburg-Platz . . . wenigstens sechsfach höher sind und mit der Beseitigung des Platzes wegfallen*« (A 52).

Wir dürfen nun aber nicht denken, daß die York-Straße nach und nach ins Werk gesetzt wird — nein: sechs Jahre später, als der Magistrat bzw. die Stadtverordneten wieder einmal dabei sind, eine Reihe teurer Plätze und Straßen wegfallen zu lassen (Wahlstatt-Platz, ehem. Blücher-Straße = Straße J, u.a.), so beantragten sie auch, »*daß gleichzeitig der zwischen Großbeeren- und Katzbachstraße projectirte Theil der Yorkstraße in Wegfall kommt*« (Stadtverordneten-Versammlung 27. Juni 1878) (B 52).

Ein Blick auf den Plan macht sofort deutlich, daß und warum das Polizeipräsidium einem solchen Ansinnen nicht zustimmen konnte, und bei der öffentlichen Auslegung vom 22.9. bis 22.10.1879 dieser Bebauungsplan-Änderung ist die York-Straße auch wieder in der 1870 genehmigten Trapez-Form enthalten.

Als eine letzte Reduzier-Maßnahme sanktionierte die ACO vom 29. Januar 1883, die Überführungen über die Blücher-Straße (die heutigen sog. Yorck-Brücken) in nur 26,4 m Länge auszuführen.

3. Einige weitere Planungen bis 1980

Das von uns betrachtete Gelände zwischen Kanal, Möckern- und Dennewitz-Straße und den projektierten Unterführungen mit einer Gesamtgröße von ca. 62 Hektar war, nachdem noch die »Berliner-Dresdner« zwischen B.A.E. und B.P.M. dazugekommen war, nun fest im Besitz von drei Eisenbahngesellschaften und vollständig genutzt für einen bisher nicht gekannten Personen- und Güterverkehr samt dem dafür notwendigen Rangierbetrieb. Stadtplanung konnte hier nicht mehr stattfinden; sie hatte allenfalls Ausreden auf die zahlreichen Petitionen zu erfinden und natürlich die Eisenbahngesellschaften an die Erfüllung ihrer »Brücken«-Verpflichtung zu erinnern. Am Kanal sah die Situation ungefähr so aus, daß 1879 die Tempelhofer Ufer-Straße unter der B.A.E. durchgeführt war, die Hallesche Ufer-Straße jedoch auch nach Fertigstellung des Anhalter Personenbahnhofes im Juni 1880 weder von der B.A.E. frei- und angelegt noch selbst vor dem städtischen Pumpwerk hergestellt war; diese »*Straßenstrecke ist nur für Reiter passierbar, beladene Fuhrwerke können den Weg gar nicht passieren, besonders im Winter*« (A 53). Die alte Drehbrücke der B.A.E. über den Kanal, über die der Baumaterial-Transport noch für den Neubau rollte, wurde beseitigt; bei der B.P.M. hat aber deren alte Drehbrücke wegen des Lokomotiv-Schuppens und wegen des Hafengleises noch bis 1888 (B 53) bestanden, so daß erst ab 1889 die Kanaluferstraßen kreuzungsfrei waren.

Zur Herstellung der Unterführungen in der damaligen Blücher-Straße ließen sich die privaten Bahnen gar nicht mehr herbei; mit diesen wurde erst nach der Eisenbahn-Verstaatlichung begonnen: »*Der Königl. Eisenbahn-Direction, Betriebsamt Berlin-Magdeburg, ist vom Ministerium der öffentlichen Arbeiten die Genehmigung zur Herstellung der Blücherstrasse unter der Berlin-Potsdamer-Eisenbahn ertheilt worden. Die Genehmigung zur Unterführung der Blücherstrasse unter die Anhalter und Berlin-Dresdner Eisenbahn dürfte hiernach ebenfalls in Kurzem zu erwarten sein. Es*

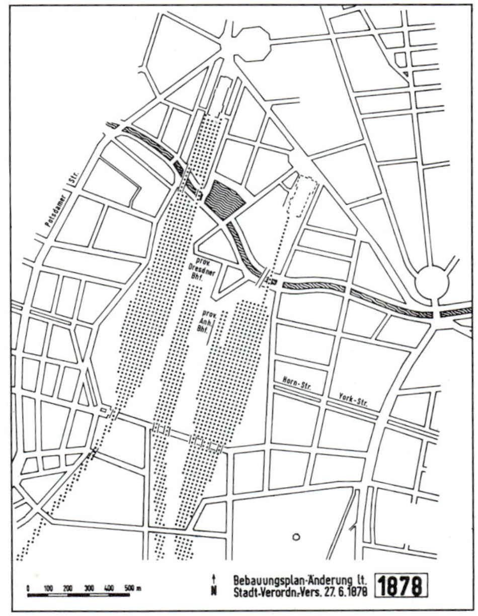

52

würde hiermit endlich *die wichtige Ringstrassenverbindung zwischen dem Westen und Süden Berlins hergestellt und die Erweiterung des Pferdebahnnetzes innerhalb dieser bisher vollständig getrennten Stadtgebiete ermöglicht werden*« (A 54).

Die um oder nach 1886 fertiggestellten Brücken erleichterten nun die Ost-West-Verbindung im (damaligen) Süden Berlins; doch die Bewohner nördlich der York- und Bülow-Straße haben sich immer noch nicht mit der Kassierung der Teltower Straße abgefunden. Auf einen diesbezüglichen Antrag antwortet der Magistrat am 8. November 1889, daß die Stadtgemeinde die Straßenverbindung im Widerspruchswege bei allen Instanzen nicht habe durchsetzen können, was einfach unwahr ist. Die Wahrheit wäre gewesen, daß in dem vorliegenden Falle die B.P.M. ein Projekt für einen Tunnel unter der Teltower Straße erarbeiten ließ, welcher 875.000 Mark gekostet

B 52 Bebauungsplan-Änderung: Wegfall von Wartenburg-Platz und York-Straße, gewünscht von der Stadtverordneten-Versammlung am 27.6.1878. Umzeichnung v. Verf.

B 53 Drehbrücke der B.P.M. über Landwehrkanal: Blick von Süden auf Wasserturm und Lokschuppen. Aus »Architektonisches Skizzenbuch« 1856 Heft 1

A 53 Leserbrief an BGZ 12.9.1880
A 54 WAI 13.6.1884

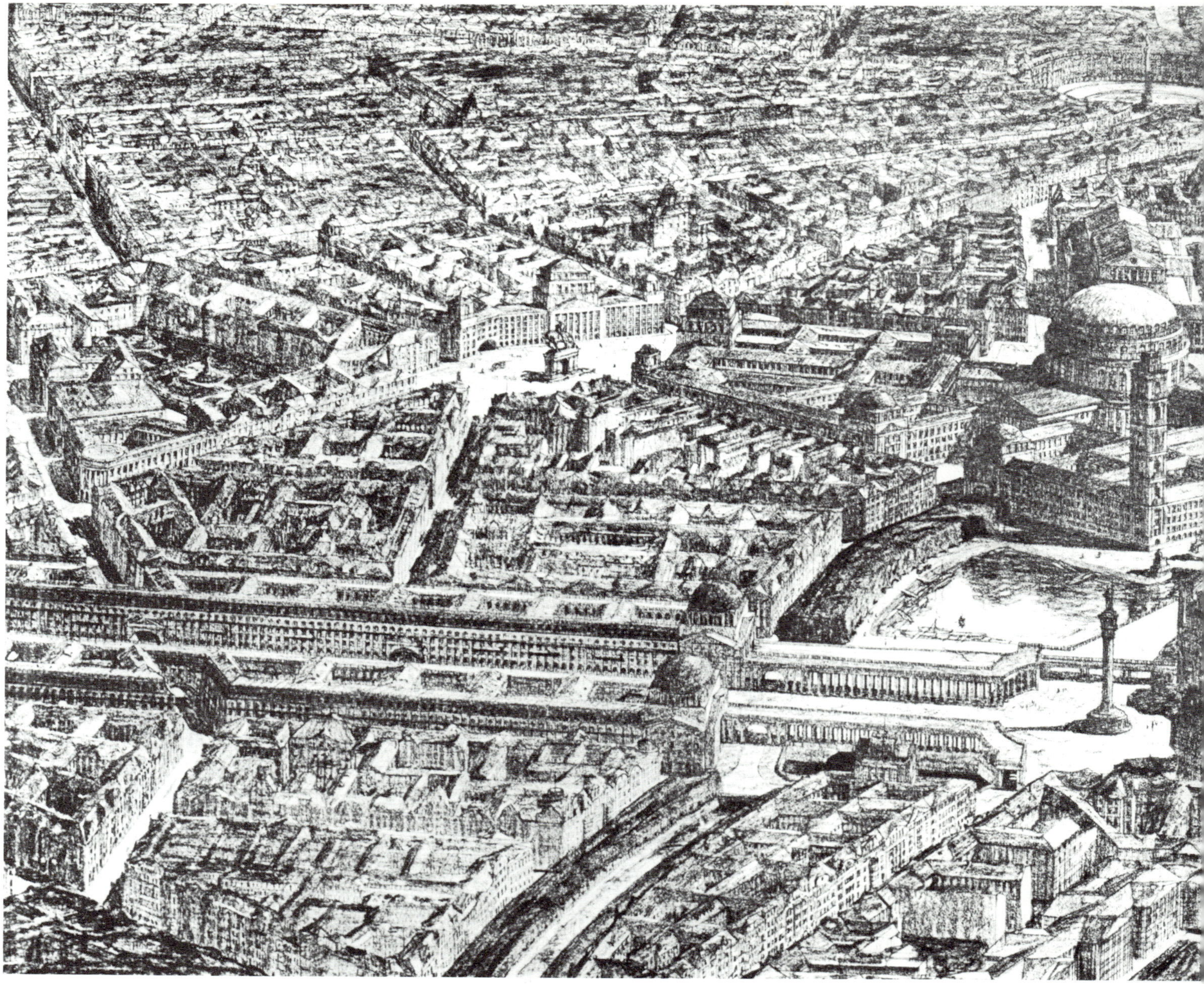

hätte, die aber weder bei dieser Bahn noch bei der Stadt verfügbar waren.
Der Geh. O'Baurat O. Blum veröffentlicht in der DBZ 1896 (B 54) den Nachweis, daß eine solche Straßenverbindung — Verlängerung der Kurfürstenstraße bis zur Trebbiner- und/oder Schöneberger Straße — bei einer Hebung der Geleise um ca. 70 cm und Senkung dieses Tunnels bis ca. 50 cm über Grundwasser (+ 31,00) technisch möglich wäre. Der Magistrat bestreitet die Durchführbarkeit; korrigiert sich aber auf eine Eingabe des Verkehrsausschusses (A 55) 1901 dahingehend, daß die Verbindung der Kurfürsten- mit der Schöneberger Straße »*zur Zeit wegen der hohen Kosten nicht möglich*« und mit der Trebbiner Straße »*nach den örtlichen Verhältnissen überhaupt ausgeschlossen*« sei.

Dieser Verkehrsausschuß läßt sich aber damit nicht beruhigen und schlägt in einer Eingabe am 10. November 1904 an den Pr. Minister für öffentliche Arbeiten (16 S.) einen Neubau eines »*Centralbahnhofes*« für die Potsdamer und Anhalter Bahn südlich der Teltower Straße vor: damit wird der Reigen einer Vielzahl von Radikal-Vorschlägen in diesem Jahrhundert eröffnet, von denen wir kurz noch einige betrachten wollen.
Soweit ersichtlich, wird das Bahngelände anläßlich des 1909 von den Stadtgemeinden und Landkreisen Groß-Berlins ausgeschriebenen Wettbewerbes zur Erlangung eines »*Grundplanes für die Bebauung von Groß-*

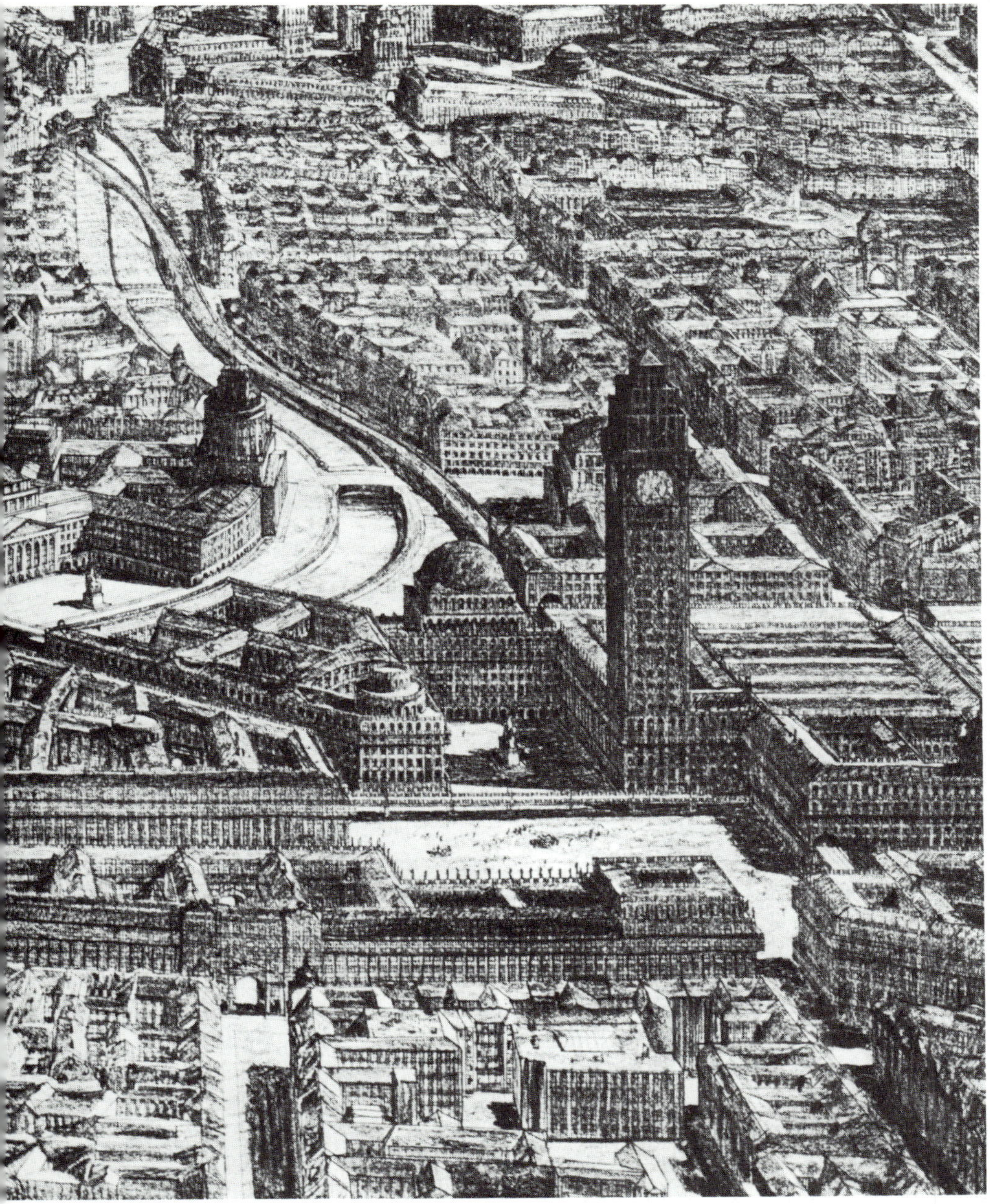

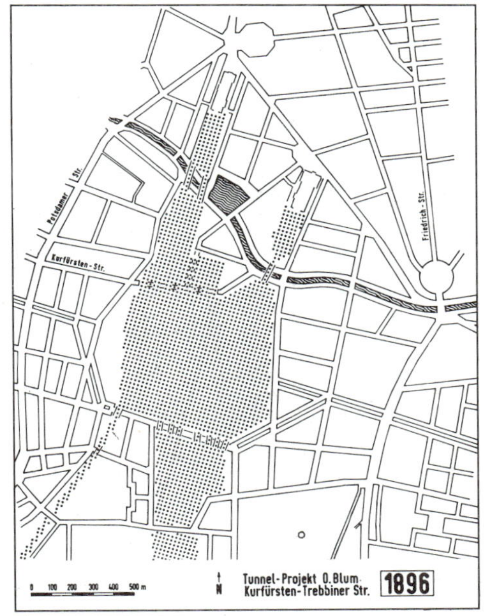

54

Berlin« zum ersten Mal wieder in einem umfassenden städtebaulichen Zusammenhang bearbeitet. Als herausragend ist hier der mit dem IV. Preis ausgezeichnete Entwurf der Gruppe Havestadt & Contag, Bruno Schmitz und Otto Blum zu nennen. Ausgehend von einer detaillierten Analyse des nicht mehr als leistungsfähig angesehenen Zustandes des Fern-, Güter-, Vorort- und innerstädtischen Verkehrs im Bereich des Potsdamer und Anhalter Bahnhofs schlagen sie folgendes vor: (B 55)

B 54 Tunnel-Projekt von Blum 1896 zur Verbindung der Kurfürsten-Straße mit der Schöneberger und Trebbiner Straße. Aus DBZ 17.10.1896. Umzeichnung v. Verf.

B 56 Wettbewerb Groß-Berlin, Entwurf von Schmitz, Blum, Havestadt & Contag, 1910

A 55 Der Verkehrsausschuß besteht aus 1. Grundbesitzer-Verein Südwest und Süd e.V., 2. Freisinnigen-Verein der Halleschen Torbezirke, 3. Deutscher Bürgerverein Stadtbezirke 56-58, 4. Fortschrittlicher Verein vor dem Halleschen Tore, 5. Deutscher Bürger-Verein »Kreuzberg«, 6. Deutscher Bürger-Verein »Blücher«, 7. Verkehrs-Verein »Belle Alliance«

55

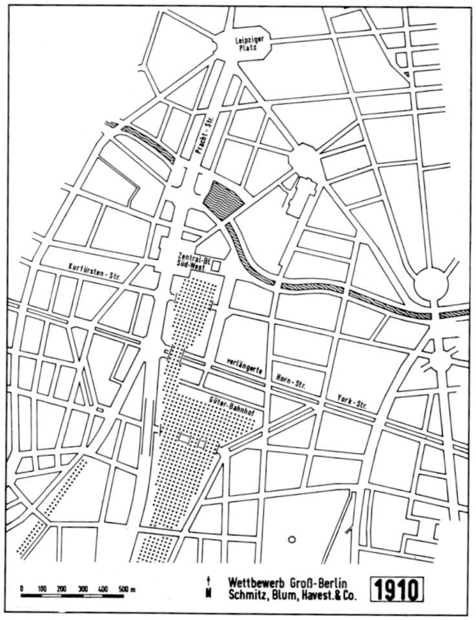

57

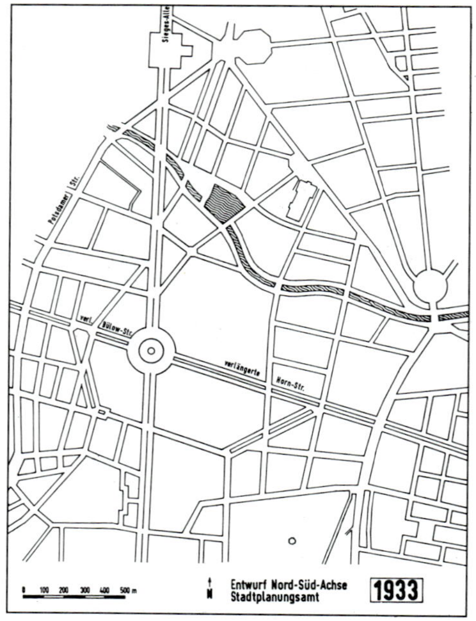

58

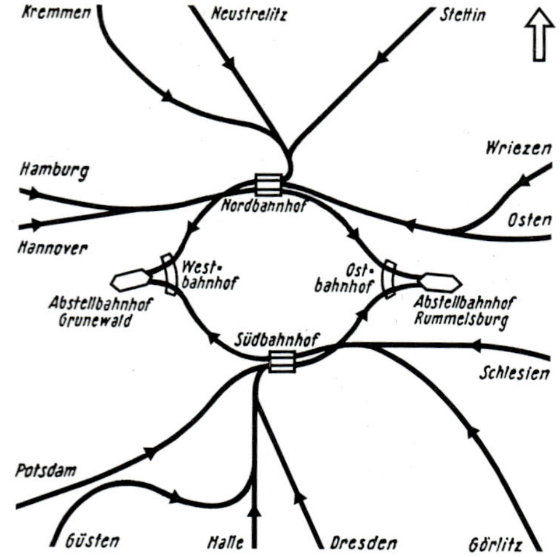

1.
Zusammenfassung beider Bahnhöfe zwecks Konzentration des Platzbedarfs

2.
Neuerrichtung eines Centralbahnhofs südlich des Landwehrkanals als Kopfbahnhof, dazu

3.
durchgehender Fern- und Vorort-Verkehr von und nach dem Stettiner Bahnhof zwecks Reduzierung der Abstellanlagen und besserer Verkehrsbedienung

4.
Verknüpfung aller Verkehrsarten in mehreren Ebenen (Elektrifizierung)

5.
Güterbahnhof (+ Post) an der Horn-Straße mit rationalisierten Be- und Entlade-Anlagen

6.
Monumentale Bebauung der freiwerdenden Flächen an Plätzen und Prachtstraßen (B 56)

7.
Integration der Verkehrsanlagen im Sinne eines »Gesamtkunstwerks Reichshauptstadt«

Diese Ideen werden nun ständig weiterentwickelt — in zahlreichen Varianten bis auf den heutigen Tag: 1917 legt Martin Mächler einen Plan für einen großen »Nord-Süd-Durchbruch« vor, der ungefähr von der Yorckstraße über die Sieges-Allee bis zum Lehrter Bahnhof (samt unterirdischen Bahnverbindungen, »*Friedrich-List-Bahnhof*«) führen sollte, womit er eine neue städtebauliche Achse für Berlin gebären sollte, die ein Vierteljahrhundert von den unterschiedlichsten Architekten und Stadtplanern favorisiert wird (z.B. Hugo Häring 1927). Auf Verlangen Hitlers wird 1933 (B 57) diese Nord-Süd-Achse im Amt für Stadtplanung der Stadt Berlin planerisch untersucht und die dort für möglich gehaltenen Längen- und Maßstabs-Dimensionen, Kreuzungen und Platzbildungen entworfen. Die Achse erstreckt sich nun bereits bis zum Nordring und weist im Süden schon über den Teltow-Kanal hinaus; ihre Länge wird durch die Anlage neuer Plätze am Humboldt-Hafen, am Reichstag, am Potsdamer Platz, an der Bülow- und an der Kolonnen-Straße sowie im Bereich Bahnhof Papestraße gegliedert und mit dem vorhandenen Straßennetz verknüpft. Auch wenn man diesen Achsen-Projekten ablehnend gegenüberstehen mag, so sollten wir doch — gerade im Vergleich zu dem nun folgenden — festhalten, daß der schwierige Versuch einer Einfügung und Einordnung in die vorgegebene Stadtstruktur als überwiegend geglückt oder zumindest möglich erscheint. Offenbar ist es dieses Merkmal gewesen, was den Initiator an diesem Projekt nicht befriedigte: als Sinnbild der Machtergreifung und der Machtverhältnisse war dieser Entwurf nicht tauglich...

Erst Speer, mit den Vorstellungen Hitlers vertraut und ab 1937 mit den Planungskompetenzen des »Generalbauinspektors für die Reichshauptstadt« versehen, konnte eine Planung entwickeln, in welcher die Unterwerfung von Stadt und Land (unter das »Führerprinzip«) ihren adäquaten baulichen Ausdruck fand. Die Große Achse spannt sich nun in den Autobahnring, an deren Kreuzungen zwei neue Flughäfen errichtet werden sollten; im Schnittpunkt mit dem S-Bahnring sollten zwei neue (Durchgangs-) Fernbahnhöfe entstehen (B 58); zwischen einem Triumphbogen (H = 117 m) und der Großen Halle (H = 220 m) waren Reichskanzlei, Führerbau, Reichsmarschallamt, Wehrmachts-Oberkommando, Ministerien, Opern, Kinos und Konzernverwaltungen (scheinbar friedlich) ne-

B 55 Wettbewerb Groß-Berlin, Entwurf von Schmitz, Blum, Havestadt & Contag, 1910. Umzeichnung v. Verf.

B 57 Nord-Süd-Achse, Entwurf des Stadtplanungs amts Berlin 1933. Umzeichnung v. Verf.

B 58 Nur Durchgangs-Fernbahnhöfe auf dem Ring, Schema 1940

B 60 Nord-Süd-Achse, Stand 1940: Die Projekte und ihre Architekten.

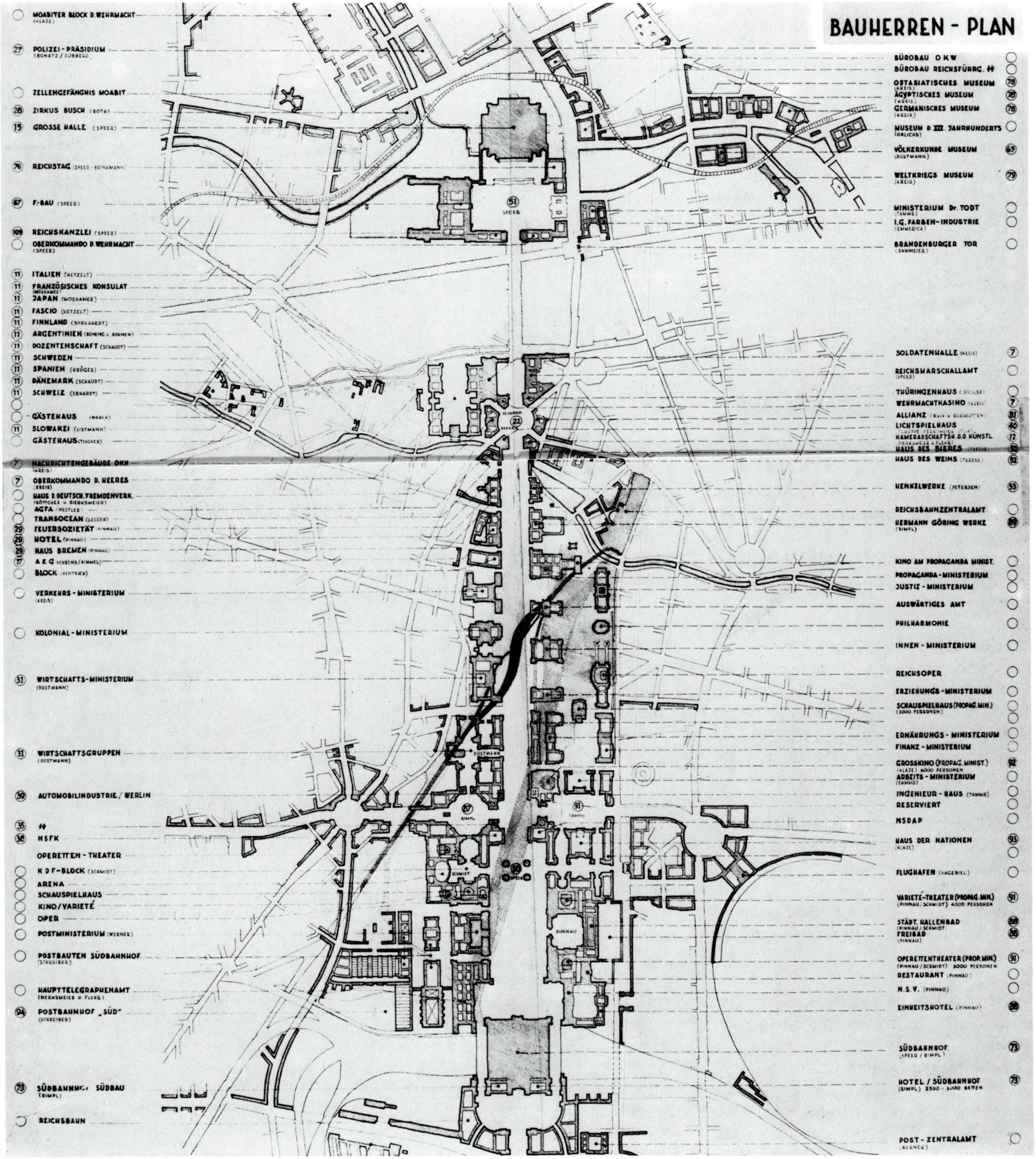
BAUHERREN - PLAN
MOABITER BLOCK D. WEHRMACHT
POLIZEI - PRÄSIDIUM
ZELLENGEFÄNGNIS MOABIT
ZIRKUS BUSCH
GROSSE HALLE (SPEER)
REICHSTAG
F-BAU (SPEER)
REICHSKANZLEI (SPEER)
OBERKOMMANDO D. WEHRMACHT (SPEER)
ITALIEN
FRANZÖSISCHES KONSULAT
JAPAN
FASCIO
FINNLAND
ARGENTINIEN
DOZENTENSCHAFT
SCHWEDEN
SPANIEN
DÄNEMARK
SCHWEIZ
GÄSTEHAUS
SLOWAKEI
GÄSTEHAUS
NACHRICHTENGEBÄUDE OKH
OBERKOMMANDO D. HEERES (KREIS)
HAUS D. DEUTSCH. FREMDENVERK.
AGFA
TRANSOCEAN
FEUERSOZIETÄT
HOTEL
HAUS BREMEN
A E G
BLOCK
VERKEHRS - MINISTERIUM (KREIS)
KOLONIAL - MINISTERIUM
WIRTSCHAFTS - MINISTERIUM (DUSTMANN)
WIRTSCHAFTSGRUPPEN (DUSTMANN)
AUTOMOBILINDUSTRIE / WERLIN
NSFK
OPERETTEN - THEATER
KDF - BLOCK
ARENA
SCHAUSPIELHAUS
KINO / VARIETÉ
OPER
POSTMINISTERIUM
POSTBAUTEN SÜDBAHNHOF
HAUPTTELEGRAPHENAMT
POSTBAHNHOF „SÜD"
SÜDBAHNHOF SÜDBAU (RIMPL)
REICHSBAHN
BÜROBAU OKW
BÜROBAU REICHSFÜHRG. SS
OSTASIATISCHES MUSEUM (KREIS)
ÄGYPTISCHES MUSEUM (KREIS)
GERMANISCHES MUSEUM (KREIS)
MUSEUM D. XIX. JAHRHUNDERTS (ULRICHS)
VÖLKERKUNDE MUSEUM (DUSTMANN)
WELTKRIEGS MUSEUM (KREIS)
MINISTERIUM Dr. TODT (TAMMS)
I.G. FARBEN - INDUSTRIE
BRANDENBURGER TOR
SOLDATENHALLE (KREIS)
REICHSMARSCHALLAMT (SPEER)
THÜRINGENHAUS
WEHRMACHTKASINO
ALLIANZ
LICHTSPIELHAUS
KAMERADSCHAFTSH. D.D. KÜNSTL.
HAUS DES BIERES
HAUS DES WEINS
HENKELWERKE
REICHSBAHNZENTRALAMT
HERMANN GÖRING WERKE (RIMPL)
KINO AM PROPAGANDA MINIST.
PROPAGANDA - MINISTERIUM
JUSTIZ - MINISTERIUM
AUSWÄRTIGES AMT
PHILHARMONIE
INNEN - MINISTERIUM
REICHSOPER
ERZIEHUNGS - MINISTERIUM
SCHAUSPIELHAUS (PROPAG. MIN.) (3000 PERSONEN)
ERNÄHRUNGS - MINISTERIUM
FINANZ - MINISTERIUM
GROSSKINO (PROPAG. MINIST.)
ARBEITS - MINISTERIUM (TAMMS)
INGENIEUR - HAUS
RESERVIERT
NSDAP
HAUS DER NATIONEN
FLUGHAFEN
VARIETÉ - THEATER (PROPAG. MIN.) (PINNAU, SCHMIDT) 4000 PERSONEN
STÄDT. HALLENBAD
FREIBAD
OPERETTENTHEATER (PROP. MIN.) (PINNAU / SCHMIDT) 3000 PERSONEN
RESTAURANT
N.S.V.
EINHEITSHOTEL
SÜDBAHNHOF (SPEER / RIMPL)
HOTEL / SÜDBAHNHOF (RIMPL) 2500 - 3000 BETTEN
POST - ZENTRALAMT
SPEER
DUSTMANN
RIMPL
SCHMIDT
PINNAU

59
61
62

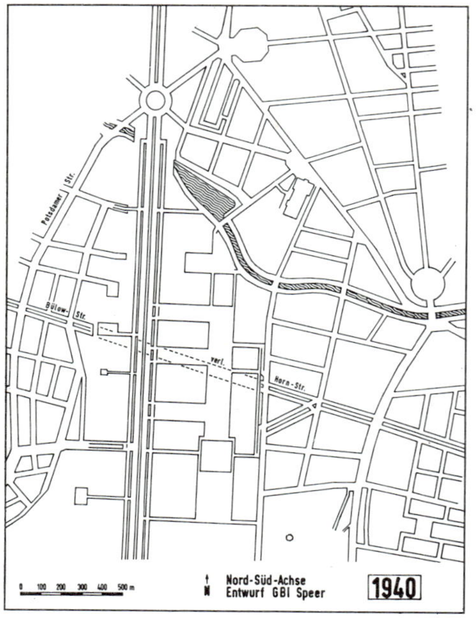

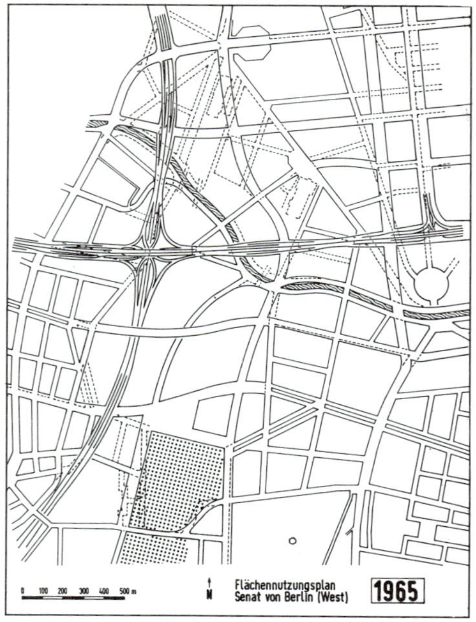

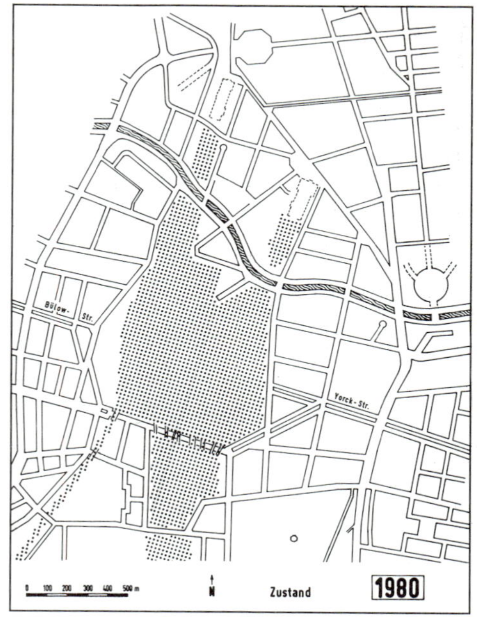

beneinander aufgereiht. Die Straße war Symbol und zugleich Instrument. Abgehoben, auf dem Plateau der ehemaligen Bahnanlagen, auch Abschirmung bedeutend, nicht nur die umgebende Stadt beherrschend, sondern auch Europa (»*und morgen die ganze Welt*«) (B 59), zeugt sie vom Größenwahn der — damals — Mächtigen: Die Automobil-Industrie neben dem Wirtschafts-Ministerium, die AEG neben dem Verkehrs-Ministerium, andere »Wirtschaftsgruppen« neben einem erforderlich erscheinenden Kolonial-Ministerium zeigen uns an, wer mit wem Tür an Tür arbeitete... (B 60).

Die Große Achse sollte 1950 fertiggestellt sein — die Konzerne mußten allerdings nach 1945 für ihre Hauptverwaltungen neue Standorte suchen, in Frankfurt/M., München, Köln und Düsseldorf.

Während wir aus Speers Plan das Kommando »Stillgestanden« zu vernehmen meinen, haben wir bei dem folgenden Plan die Empfindung »alles fließt«: der vom Senat von Berlin (West) erarbeitete Flächennutzungsplan (B 61) scheint von einer vollkommen zerstörten Innenstadt auszugehen, deren eventuelle Reste baulicher Art im Stadt-Grundriß negiert werden können. Je zwei hochliegende Stadtautobahnen überfahren in Nord-Süd und Ost-West-Richtung das Stadtgebiet innerhalb des Rings; da sie anbaufrei sein sollen, werden zusätzlich zahlreiche neue Straßen erforderlich, die die verbleibende Fläche weiter verteilen und zerstückeln. Meist erhalten diese Straßen leichte Verschwenkungen und Kurven, die einen an hohe Geschwindigkeiten denken lassen (als wäre man auf einem amerikanischen Highway). Es gelingt nicht, sich selbst als Fußgänger auf solch einer Straße vorzustellen, vielleicht beim Einkaufen, beim Bummel, mit einem Kinderwagen — überall kommt es einem nach Fernverkehr vor . . . immer nur wegkommen, nur nirgends hin. Es gibt keine Orte, weil es keine Ordnung gibt; die Summe der Teile ergibt keinen Zusammenhang, keine Gestalt. Und Stadt-Gestalt hieße in Europa auch, Stadt-Geschichte zu verarbeiten; auch Drittes Reich und Zerstörung müssen erkennbar sein, da sie doch durch Abrisse nicht ungeschehen zu machen sind.

Zum Schluß soll angemerkt werden, daß dieser Flächennutzungsplan an der südlichen Yorckstraße den Standort für einen Bahnhof ausweist, der als reine Kopfstation für eine Hauptstadt sowohl betriebstechnisch, als auch flächen- und kostenmäßig unvertretbar erscheint, wenn man an die von Leibbrand in der Reichsbahn-Direktion erarbeitete Lösung für den Speerschen Plan zurückdenkt, der nur Durchgangs-Bahnhöfe aufwies.

4. Die Höhenlage von Kanal, Straßen und Bahn

Wenn wir nun noch im Zusammenhang der Einordnung der Bahnanlagen in das Stadtgefüge auch die dritte Dimension etwas genauer betrachten wollen, so stoßen wir auch hier wieder auf grundlegende Planungs-Entscheidungen von Lenné: Die Höhenlage der B.A.E. (und B.P.M.) wird durch eine Kausalkette verschiedenster Abhängigkeiten bestimmt, die ihren Ausgang im Tiergarten nimmt. Die Lage des Terrains mit den von Lenné vorgesehenen Gräben und kleinen Seen, die vom kanalisierten Landwehrgraben aus gespeist werden, mit dem Grundwasser in Verbindung stehen und in die Unterspree entwässern, bilden den Ausgangspunkt. Dazu wurde der »gewöhnliche Wasserstand« des Kanals (zwischen dessen Ober- und Unterschleuse) auf 7'4'' über dem Damm-Mühlen-Pegel angesetzt, was einer Höhe von ca. 32,34 m ü. NN entspricht (der Damm-Mühlen-Pegel erhielt im Jahre 1879 die Ordinate + 29,941 m ü. 0,000 = Amsterdamer Pegel). Die Uferstraßen am Kanal, die von den Eisenbahnen überbrückt werden sollten, stehen wiederum durch die sie verbindenden Brücken in direkter Abhängigkeit von diesem Wasser-Niveau. Als in der Anfangszeit des Kanals diese Brücken als Klappbrücken aus Holz mit geringerer Spannweite konstruiert waren, lagen auch die Uferstraßen nicht so hoch wie nach der Verbreiterung des Kanals und der Errichtung massiver Brücken mit hoher Durchfahrtsöffnung. Hier muß die der B.A.E. zunächst liegende Möckern-Brücke als weiterer Fixpunkt mit Zahlen belegt werden: ihr Scheitel liegt heute (etwas höher als 1879) auf ca. + 36,00 m ü. NN, zu welcher Höhe die Möckern-Straße und die beiden Uferstraßen ansteigen. Im Längenprofil der zuerst hergestellten Tempelhofer Ufer-Straße sollten aber keine größeren Steigungen als 2,5 % enthalten sein, wohl mit Rücksicht auf die zahlreichen schwer beladenen Pferdefuhrwerke. Somit war die Straßenkrone unter der B.A.E.-Überführung mit ca. + 33,70 m ü. NN festgelegt. Eine lichte Durchfahrtshöhe wurde mit 4,39 m verlangt (entspricht heutigem Doppeldeckerbus!), so daß die Unterkante einer gleichwie gearteten Brückenkonstruktion auf ca. + 38,10 m ü. NN liegen mußte. Durch dieses Maß war also die Höhenlage des gesamten Bahnhofes und des Empfangsgebäudes am Askanischen Platz (ca. + 34,60 m ü. NN) bedingt. Jeder Zentimeter Konstruktionshöhe dieser Brücke erhöhte nunmehr das aufzuschüttende Planum, die hochzulegenden Geschosse, die Treppenlängen, die verlorenen Steigungen, die Kosten . . . So setzten die Verwaltung der B.A.E. und ihre Ingenieure alles daran, die überhaupt niedrigstmögliche Eisenbahnbrücke über diese Uferstraße zu bauen: es gelang ihnen, die Schienenoberkante nur 53 cm höher als die Trägerunterkante anzuordnen und dies bei einer Spannweite von 14,50 m! Damit liegt der Bahnsteig des Empfangsgebäudes auf + 39,20 m ü. NN, also 4,60 m über dem Niveau des Askanischen Platzes (B 63).

63

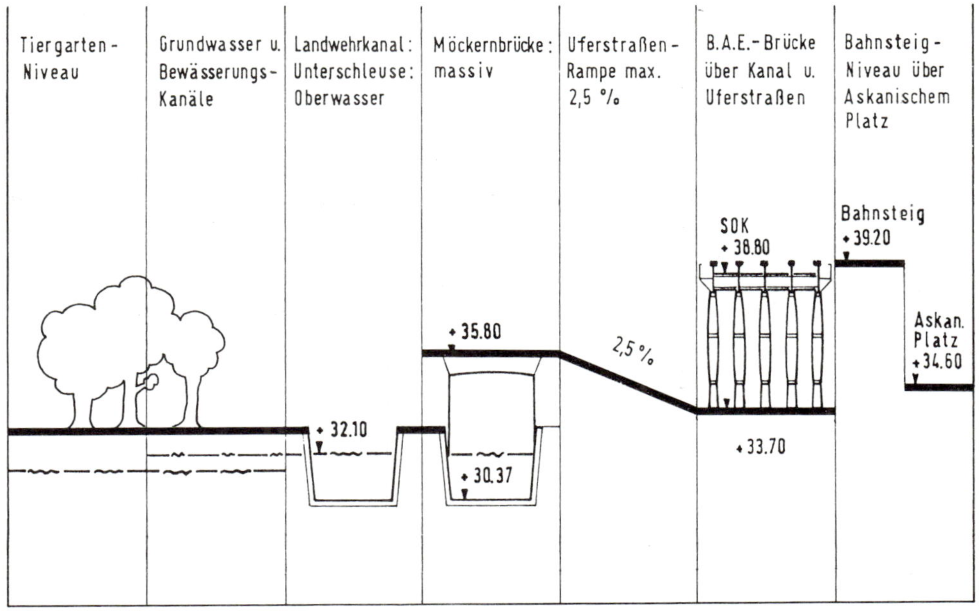

B 59 Nord-Süd-Achse, Entwurf Generalbauinspektor Speer 1940. Umzeichnung v. Verf.

B 61 Flächennutzungsplan, Senat von Berlin (West) 1965. Umzeichnung v. Verf.

B 62 Heutiger Zustand, Umzeichnung v. Verf.

B 63 Kausalkette für die Höhenlage des Anhalter Bahnhofs

III. Die Planer

1. Die B.A.E.-Verwaltungsspitze

Als in der Allerhöchsten Cabinets-Ordre vom 16. Oktober 1868 bestimmt wurde, daß ein neuer Personen-Bahnhof wiederum am Askanischen Platz zu errichten sei, war der Direktion der B.A.E. klar: »*Die Zeiten des Betriebsmittelsparens auf Kosten der Reisenden und zugunsten der Aktionäre, die schönen Zeiten der faulen Schwellen und der gealterten Schienen, der caput gefahrenen Schaffner und der überarbeiteten Weichensteller sind vorüber*« (A 56). »*Der Berliner Spott fiel mit seiner ganzen ätzenden Schärfe über die Betriebsstockungen, vor Allem aber über die klägliche Räumlichkeit des Empfangsgebäudes her*« (A 56).

Auch das Jahr 1868 war wieder glänzend verlaufen: Gesamteinnahmen in Höhe von 3.420.223 Thalern standen Betriebsausgaben von nur 1.230.817 Thalern (= 36 %!) gegenüber! Der Überschuß von 2.189.406 Thalern wurde für Steuern, Zinsen für Fremdkapital und zur Ausschüttung einer Dividende von 13 7/12 % verwendet.

Eine solchermaßen wirtschaftende Direktion konnte also getrost an die Neuordnung ihres Hauptbahnhofes gehen, zumal die politischen und wirtschaftlichen Aussichten dafür günstig waren. Seit dem Bau des Bahnhofes von 1839 hatte sich die Einwohnerzahl Berlins verdoppelt, und Handel und Industrie verlangten von Monat zu Monat mehr Transporte (Tab. S. 64 — A 57). Außerdem kam hinzu, daß sich nach dem Krieg von 1866 gegen Österreich der preußische Generalstab auf einen Konflikt mit Frankreich (und evtl. Rußland) einstellte und durch seine Eisenbahnsection die Leistungsfähigkeit der ungefähr 50 Eisenbahnverwaltungen prüfen und koordinieren ließ (A 58). Durch die »*Aufstellung der Fahrpläne, welche für den als unvermeidlich vorausgesehenen Feldzug mit Frankreich bereits im Jahre 1868 erfolgte*« (A 59), hatte die Direktion bereits Kenntnis davon, daß dereinst eine »Emser Depesche« über den Telegraphen kommen und wiederum gewaltige (profitable) Transportleistungen verlangen würde . . .

Wie war nun die Verwaltung der Eisenbahn-Gesellschaft aufgebaut und mit welchen Herren (von denen ja einige Staatsgeheimnisse mit sich herumtrugen) war sie besetzt?

Zunächst ist da der *Verwaltungs-Rat* (entspricht heute dem Aufsichtsrat) als Organ der Aktionäre, der die Direktion wählt, deren Geschäftsführung kontrolliert und — wohl als Wichtigstes — die Höhe der Dividende festsetzt. Für das Jahr 1868 hatte er folgende Zusammensetzung:

Vorsitzender:
Dr. Riedel, Prof., Geh. Archiv-Rath, Klosterstraße 76
Stellvertreter:
Ebeling, Banquier, Jägerstraße 55
Mitglieder:
Heinrich Wolff, Banquier, Unter den Linden 27; Gelpcke sen., Geh. Kommerzien-Rath, Jägerstraße 32; Schüttler, Stadtrath, Französischestraße 33; Dr. Hagen, Geh. Ober-Baurath, Schönebergerstraße 2; Wilhelm Wolff, Banquier, Burgstraße 13; Otto Mühlberg, Kaufmann, Kronenstraße 40; Viktor v. Magnus, Banquier, Behrenstraße 46; A. Heckmann, Fabrikbesitzer, Schlesischestraße 21/22; Geim, Geh. Ober Finanz-Rath, Leipzigerstraße 45; Anker, Rentier, Bellevuestraße 19a; G. Hollmann, Rentier, Am Zwirngraben 1/2; (A 60).

Die *Direktion* bestand im gleichen Jahr aus folgenden Herren:

Vorsitzender:
Fournier, Geh. Regierungs-Rath, wohnhaft im Empfangsgebäude (B 64)
Stellvertreter:
Costenoble, Wirkl. Geh. Ober-Reg.-Rath, Eichhornstraße 5 (B 65)
Mitglieder:
E. Conrad, Geh. Kommerzien-Rath, Französischestraße 42; M. Meyer, Banquier und Stadtrath, Sommerstraße 3; J. Martini, Banquier, Hinter der Katholischen Kirche; Henoch, Geh. Kommissions-Rath, Friedrichstraße 180; Dr. Esse, Geh. Regierungs-Rath; Güterbock, Geh. Kommerzien-Rath, Burgstr. 24; v. Tempelhoff, Justiz-Rath, Syndikus, Dorotheenstraße 51; Riem, dgl., dgl., Am Kupfergraben 7; (A 60).

Auffallend ist, daß die Direktion im wesentlichen aus Juristen, Bank- und Kaufleuten besteht und keine Techniker oder Ingenieure enthält. Zur Charakterisierung des

64

65

Jahr	Personen	Fracht t
1848	172 522	42 000
1853	232 317	120 498
1857	269 033	207 592
1860	292 544	220 505
1863	377 023	266 734
1866	516 482	323 152
1868	468 288	341 106
1870	797 700	456 580
1872	852 089	443 613
1874	1 099 107	773 248

64

Vorsitzenden seien noch folgende Einzelheiten mitgeteilt:
»Friedrich Philipp Fournier wurde am 29. Mai 1801 in Prenzlow in der Uckermark geboren, woselbst sein Vater Regiments-Quartiermeister und Auditeur im Prinz Wilhelm von Braunschweigschen Infanterie-Regiment war. (Der Prinz blieb bei la belle alliance). Der Knabe kam bald nach Berlin, besuchte dort das collége francais, das Friedrich Wilhelms-Gymnasium und das Gymnasium zum grauen Kloster, von wo er Michaelis 1820 zur Universität abging und zuerst in Halle, dann in Berlin Jura studirte im August 1823 absolvirte er sein erstes juristisches Examen und wurde in Folge dessen als Auskultator beim Stadtgericht in Berlin beschäftigt. Im Mai 1826 machte er das zweite Examen und liess sich als Referendarius an das Oberlandesgericht in Frankfurt a/O. versetzen — schließlich im September 1829 das dritte Examen, in Folge dessen er als Assessor bei dem Land- und Stadtgericht in Frankfurt a/O. Anstellung erhielt. Familien-Verhältnisse, insbesondere der Wunsch seines Schwiegervaters, des Buchhändlers Nauck in Berlin, veranlassten Herrn Fournier, des letztern Verlags-Buchhandlung zu übernehmen (derselbe starb 1835) und zu diesem Zweck den Abschied aus dem Staatsdienst zu nehmen. Er mußte nun als Gewerbetreibender das Bürgerrecht Berlins gewinnen und ging auch zur Verwaltung städtischer Aemter über. Im Jahre 1840 wurde er zum Stadtverordneten gewählt, im Jahre 1843 zum Stellvertreter des Vorstehers und im Jahre 1844 zum Stadtverordneten-Vorsteher. Am 19. November 1847 präsidirte er der ersten öffentlichen Sitzung der Stadtverordneten-Versammlung in Berlin. Das bewegte Jahr 1848 veranlasste ihn und alle Stadtverordneten ihr Amt niederzulegen, unter der Verpflichtung: bis zur Constituirung der neuen Versammlung fort zu fungiren. Auch in der neu constituirten Versammlung wiederum zum Vorsteher gewählt, lehnte er die Annahme der Wahl ab, blieb aber noch bis zum Schluss des Jahres Mitglied der Stadtverordneten-Versammlung.
Schon im August 1843 war er zum Director der Niederschlesisch-Märkischen Eisenbahn-Gesellschaft gewählt worden, welche die Bahn von Frankfurt a/O. nach Breslau baute und ein Jahr später die Bahn Berlin-Frankfurt a/O. eigenthümlich erwarb. Die ganze Bahn wurde im Jahre 1846 vollendet und dem Betriebe übergeben. Herrn Fournier wurde besonders dadurch sehr günstige Gelegenheit, sich im Eisenbahnwesen zu unterrichten, als ihm das Baudezernat übertragen war und ihm hierbei der Bau-Director Henz, nachmaliger Vorsitzender der Königl. Direction der Westfälischen Eisenbahn und zuletzt Geh. Regierungsrath im Handels-Ministerio (seit mehreren Jahren schon verstorben) als vorzüglich kenntnissreicher Techniker zur Seite stand.
Im Jahre 1864 war der jetzige Präsident unseres Vereins, als Deputirter der Direction der Niederschlesisch-Märkischen Eisenbahn-Gesellschaft, einer der Mitbegründer des Vereins der Deutschen Eisenbahn-Verwaltungen, dessen 25jähriges Jubiläum wir in den nächsten Tagen feiern.
Im November 1848 wurde Herr Fournier durch die Wahl zum Vorsitzenden der Direction der Berlin-Anhaltischen Eisenbahn-Gesellschaft überrascht, welche Stelle ihm vom Verwaltungsrath der Gesellschaft vom 1. Januar 1849 ab übertragen wurde und in welcher er noch gegenwärtig fungirt.
Im Jahre 1854, in der General-Versammlung des Vereins der Deutschen Eisenbahn-Verwaltungen zu Baden-Baden, wurde die Direction der Berlin-Anhaltischen Eisenbahn-Gesellschaft zur geschäftsführenden Direction des Vereins gewählt und wirkt seitdem noch gegenwärtig als solche.
Seit jenem Jahr hat Herr Fournier in allen General-Versammlungen des Vereins den Vorsitz geführt, mit Ausnahme derjenigen in Mainz 1867, woran er durch Krankheit verhindert war.
Im December 1860 wurde er durch Cabinets-Ordre des damaligen Prinz-Regenten Königl. Hoheit zum Geheimen Regierungsrath ernannt.« (A 61)
Nach heutigen Maßstäben wäre der 67jährige bereits pensioniert, als 1868 die gewaltigen Umbau-Maßnahmen von der Direktion in die Wege geleitet wurden, bis zu deren Abschluß Fournier — eines *»glänzenden Zieles bewußt«* (A 62) — an der Spitze des Unternehmens blieb!

Außer einer Hauptkasse verfügte die Direktion über ein Direktions-, ein Betriebs- und ein *Technisches Bureau*, wobei wir uns nun dem letzteren zuwenden wollen. 1868 wurde es von folgenden Herren geleitet (über die Mitarbeiter sind keine Unterlagen aufgetaucht):

Carl Julius Königk, Baurath, Betriebs-Direktor und Ober-Ingenieur, wohnhaft im Empfangsgebäude.

Bieler, Eisenbahn-Baumeister, Ober-Betriebs-Inspektor und Stellvertreter des Betriebs-Direktors, wohnhaft im Empfangsgebäude.

Wilhelm Wiedenfeld, Eisenbahn-Baumeister, Betriebs-Ingenieur, Am Askanischen Platz 7.

Königk war seit 1845 bei der B.A.E.; er leitete den Bau der Zweigbahnen Jüterbog — Röderau (Riesa), Wittenberg — Bitterfeld — Halle und von Bitterfeld nach Dessau und Leipzig. Ab 1869 war er Mitglied der Direktion, so daß in ihrem Kreis nun auch ein Baufachmann saß.

Bieler war seit den fünfziger Jahren bei der B.A.E.: seine Unterschrift findet sich auf den Lageplänen kleinerer Stationen wie z.B. Großbeeren (1858) und Luckenwalde (1857). Nachdem Königk zur Direktion gewechselt hatte, war Bieler Leiter des Bureaus bis 1873 (seinem Ausscheiden aus der B.A.E.). Wiedenfelds Eintritt in die B.A.E. ist nicht zu ermitteln gewesen: 1868 wird er erstmals in der Leitung des »Technischen Bureaus« erwähnt, ab 1869 ist er Ober-Ingenieur und Stellvertreter von Bieler. Er wird bis zum Abschluß aller Bauarbeiten — und über die Verstaatlichung hinaus — bei der B.A.E. bleiben.

2. Die Bureau-Struktur

Unser Interesse gilt heute auch der Organisation und Hierarchie der »Bureau-Abtheilungen«, welche leider nicht vollständig aufzuklären waren. Aus den Lebensläufen einiger Mitarbeiter, aus Submissions- und anderen Annoncen der B.A.E., aus den Personal-Listen verschiedener Adreßbücher und Kalender sowie aus den bruchstückhaften Erwähnungen in den Fachzeitschriften (DBZ, BGZ, ZVE, u.a.) ergibt sich der folgende Aufbau (B 66).

Es kann davon ausgegangen werden, daß bis 1870 alle Neubau-Projekte im Technischen Bureau der B.A.E. in Berlin bearbeitet wurden. Durch die dann einsetzende Vermehrung und Differenzierung der Bauaufgaben mußten zusätzlich Planungs- und Bauleitungs-Kapazitäten aufgebaut bzw. herangezogen werden. Das Schema ist am aussagefähigsten in einer Zeit, als die meisten Projekte und Bauten auszuführen waren: in der Mitte der siebziger Jahre.

In der *Direktion* folgte auf den 1871 ausgeschiedenen Königk ab 1873 der Geh. Ober-Baurath a.D. Franz Siegert (A 63), der ab 1875 auch Stellvertreter des Vorsitzenden wurde. Vom Fach her war er *»oberster technischer Chef . . . , unter dessen Oberleitung und ständiger Mitwirkung die Projekte für den Bahnhofsumbau aufgestellt wurden«* (A 64).

Die *Neubau-Verwaltung* gliedert sich um 1875 in folgende Abteilungen:

Das »*Technische Central-Bureau*« bearbeitet weiterhin sowohl die generellen Eisenbahn-Projekte als auch deren Realisierung einschließlich aller konstruktiven und statischen Probleme der geplanten Hochbauten (A 65). 1874 war der bei der B.A.E. neu eingetretene Regierungs- und Bau-Rath a.D. Adolph Jaedicke als Betriebs-Direktor verantwortlich für dieses Bureau. Wiedenfeld (A 66) als sein Stellvertreter wird dann ab 1875 Vorsteher; seine Stellung in der Hierarchie wird daran deutlich, daß er ab 1872 die B.A.E.-Direktoren zu den Verhandlungen mit dem Handels-Ministerium, Polizeipräsidium und Magistrat begleitete, als es um den Umbau des Berliner Bahnhofs, insbesondere um die Höhenlage und die Brücken ging (A 67). Wiedenfeld wurde im Sinne technisch-geschäftlicher Oberleitung »*für die Ausführung sämmtlicher Neubauten der Verwaltung* (d.h. gegenüber der Direktion: d.Verf.) *verantwortlich*« (A 68 und 69). Neben Fournier verkörpert er die bei der Planung und Realisierung so wichtige Kontinuität der Leitung.

Wiedenfelds Stellvertreter ist ab 1875 der Baumeister Friedrich Lantzendörffer, der 1880 Vorsteher des Bureaus wird.

Einer der bekanntesten Mitarbeiter dieses Bureaus war Heinrich Seidel, dessen Ingenieur-Laufbahn noch gesondert betrachtet werden soll.

Die »*Hochbau-Abtheilung*«, in der die Entwürfe der wichtigsten Neubauten zu be-

B 64 Fournier 1801-1883. Repro aus (s. B 65) »Festschrift...«

B 65 Costenoble. 1849 Direktor der Kgl. Direktion der Niederschl.-Märk. Eisenbahn, ab ca. 1859 stellvertretender Direktor der B.A.E., gest. 25.5.1868 Repro aus »Festschrift des Vereins Deutscher Eisenbahn-Verwaltungen«, Berlin 1896

A 56 »Der Bär«, 1880, S. 279 und »Die Gartenlaube«, 1880, S. 296

A 57 »*Entwicklung des Verkehrs auf der Berlin-Anhalter Eisenbahn*« aus Zs. AIV Hann. 1884, S. 22

A 58 Vgl. H.L.W. (anonym): »Die Kriegsführung unter Benutzung der Eisenbahnen...«, Leipzig 1882, S. 54

A 59 WAI 30.4.1880

A 60 »Handbuch über den Kgl. Preuß. Hof und Staat für das Jahr 1868«, Berlin S. 469-70

A 61 ZVE 1871, S. 648

A 62 Grußadresse der B.A.E.-Beamten zur Goldenen Hochzeit am 9. Januar 1880

A 63 Franz Siegert, 1825 geb. in Falkenberg, 1846 Aufnahme im Architekten-Verein zu Berlin, 1866 Baurath, 1868 Geh. Baurath im Ministerium f. Handel pp. in Berlin

A 64 ZVE 1880, S. 874

A 65 Zur Vielseitigkeit vergleiche man Heinrich Seidels Zeugnis von der B.A.E., siehe S. 92

A 66 Wilhelm Wiedenfeld, geb. um 1834 in Aachen, 1856 als Bauführer Aufnahme in den Architekten-Verein, vor 1868 Eintritt bei der B.A.E., 1869 Ober-Ingenieur bei der B.A.E., 1871 Geburt des Sohnes Kurt, 1879 Baurath, 1882 Beamter nach Verstaatlichung der B.A.E., 1883 Versetzung nach Erfurt.
(Der Sohn Kurt Wiedenfeld promoviert 1900 über »Die wirtschaftliche Bedeutung der Sibirischen Bahn«, 1904 Professor in Köln, ab 1923 in Leipzig)

A 67 Staatsarchiv Potsdam Rep. 2 A I Verkehr Anhalter Bahn Bd. 2149, Bl. 166

A 68 ZVE 1880, S. 874

A 69 DBZ 1.2.1879, S. 42

66
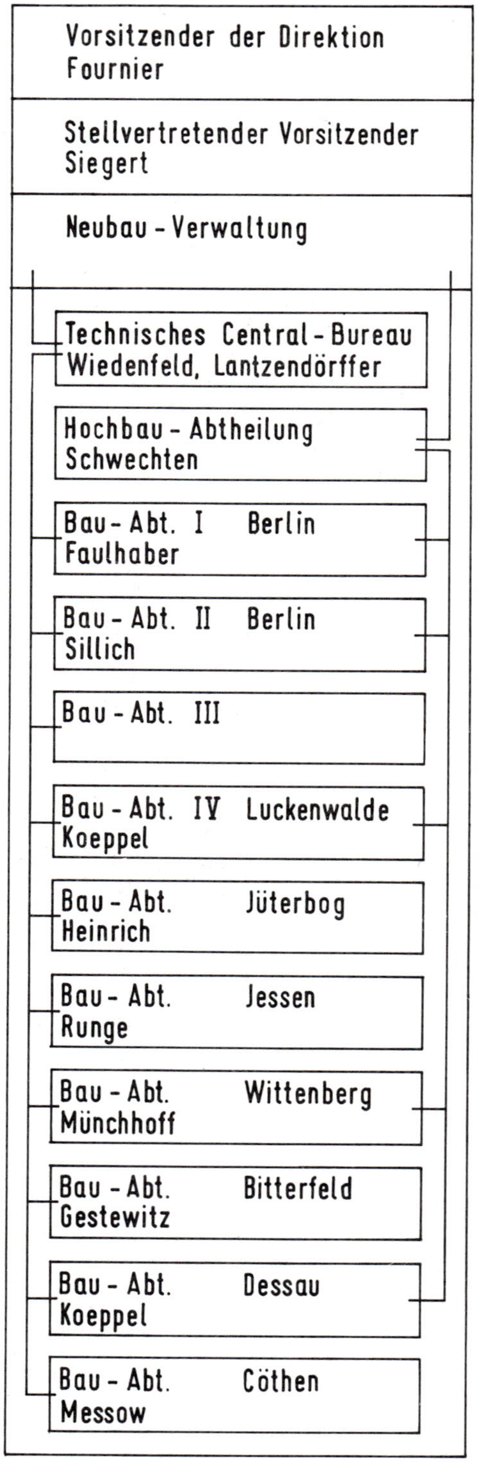

67

Berlin-Anhaltische Eisenbahn.

Für die Hochbau-Abtheilung des technischen Zentralbüreaus werden noch füchtige und erfahreno Architekten auf längere Zeit zu engagiren gesucht.

Berlin, den 10. April 1875. 1043

Schwechten
Baumeister
Berlin, Askanischer-Platz No. 7.

arbeiten waren, wurde wohl erst im Jahre 1871 aufgebaut. Die Leitung wurde dem jungen Regierungs-Baumeister Franz Schwechten anvertraut, der bisher erst durch den Schinkel-Preis des Jahres 1868 hervorgetreten war (und dessen Karriere hier noch ein separater Abschnitt gewidmet wird). Der Eintritt Schwechtens bei der B.A.E. muß in einem (noch ungeklärten) Zusammenhang mit dem Ausscheiden von Hermann Cuno im Mai 1870 gesehen werden (A 70).

Zur Bestimmung der Kompetenz-Verhältnisse gibt es zwei voneinander abweichende Indizien: Einerseits sucht Schwechten 1875 mittels Annonce (B 67) für die »*Hochbau-Abtheilung des technischen Zentralbüreaus noch tüchtige und erfahrene Architekten*«. In Schwechtens Lebenslauf von 1885 heißt es fast gleichlautend: »*Im Mai des Jahres 1871 bin ich dann als Vorsteher der Hochbauabtheilung des technischen Centralbüreaus von der Direktion der Berlin-Anhaltischen Eisenbahngesellschaft angestellt worden*« (A 71), woraus geschlossen werden könnte, daß »seine« Abteilung dem Central-Bureau unterstellt gewesen wäre. Andererseits wird diese Phase im Lebenslauf von 1917 wie folgt beschrieben: »*Juni 1871 übernahm ich die Leitung des Hochbauburo's bei der Direktion*« der B.A.E. (A 71), was die oben vermutete Unterordnung nicht bestätigen würde. Jedenfalls scheint die Annahme berechtigt, daß die Entwurfstätigkeit Schwechtens weder von der Direktion noch von der technischen »Zentrale« in künstlerischer Beziehung »gegängelt« wurde, sondern daß die Folge von Vorentwürfen und Entwürfen — wie später gezeigt wird — auf Veränderungen im Raumprogramm, in der Höhenlage und auch in der Finanzierbarkeit zurückgeht.

Von Schwechten stammt zunächst und vor allem der Entwurf für das Empfangsgebäude in Berlin, dessen Ausführungspläne ebenfalls in »seiner« Hochbau-Abteilung bearbeitet wurden. Weiterhin sind von seiner Hand die Entwürfe für das Güter-Verwaltungsgebäude Möckern-Straße Ecke Tempelhofer Ufer (A 72 und Bild IX) sowie das Verwaltungsgebäude des Werkstätten-Bahnhofs in Tempelhof (A 73 und B 68). Ihm oblag auch die architektonische Gestaltung der Brücken über den Landwehrkanal einschließlich der Uferstraßen sowie derjenigen über die York-Straße (A 74 und B 69). Schwechten hat ferner die Empfangsgebäude für Luckenwalde (A 75), Wittenberg (A 76 und B 70) und Dessau (A 77 und B 71) entworfen. Diese Bauten wurden auch unter seiner künstlerischen Leitung ausgeführt.

Ungeklärt ist bis heute, ob und wenn ja, in welchem Maße die Entwürfe für die anderen zahlreichen Nebengebäude in Berlin und die neuen Stationsgebäude an den B.A.E.-Strecken von Schwechten überwacht wurden. Die Verwandtschaft dieser Bauten untereinander geht auf den gemeinsamen Kodex vom Ziegelmaterial und der dazugehörigen Wölbungs- und Schmuck-Formen zurück — selbstverständlich ist die etwas spröde Steife und Strenge nicht nur der Art ihrer Entwerfer, sondern auch der verordneten Sparsamkeit bei der B.A.E. zuzuschreiben.

Die B.A.E.-Personal-Liste (S. 72) gibt leider auch nur unvollständig Auskunft über Schwechtens Mitarbeiter: zwischen A und Z klafft eine unerforschte Lücke, denn nur Oskar Appelius und Heinrich Zaar sind etwas bekannter. Ersterer war vor der B.A.E. bei Gropius, 1873 arbeitete er mit am Bahnhof Dessau, ab 1876 ging er zur

B 66 Bureau-Struktur der B.A.E.-Neubau-Verwaltung
B 67 Annonce aus DBZ, 1875
B 68 Werkstätten-Verwaltungsgebäude Tempelhof. Aus »Organ für die Fortschritte des Eisenbahnwesens« 1882
B 70 Wittenberg Empfangsgebäude Teilansicht. Aus Zs. »Musterconstructionen für den Eisenbahnbau« 1880

A 70 Aus Cunos Nekrolog: »*Nach Abschluß dieser Thätigkeit* (bei der Ostbahn ca. 1867: d. Verf.) *nahm er bei der Direction der Berlin-Anhaltischen Eisenbahngesellschaft Stellung, vornehmlich mit den Entwurfsbearbeitungen für den Neubau des Anhalter Bahnhofes in Berlin betraut.*« (ZBV 1896, S. 344) Außer dieser »Zufallsmeldung« sind bis jetzt keinerlei Arbeiten Cunos bei der B.A.E. aufgetaucht.
A 71 Archiv der Preuß. Akademie der Künste Berlin (West)
A 72 s. Bauakten Plankammer Kreuzberg
A 73 DBZ 1879, S. 445
A 74 WAI 1879, S. 283
A 75 WAI 1879, S. 151
A 76 Plan-Slg. TU: Wittenberg: s21835 Bl. 17-20
A 77 Plan-Slg. TU: Dessau: 20139-20141

68

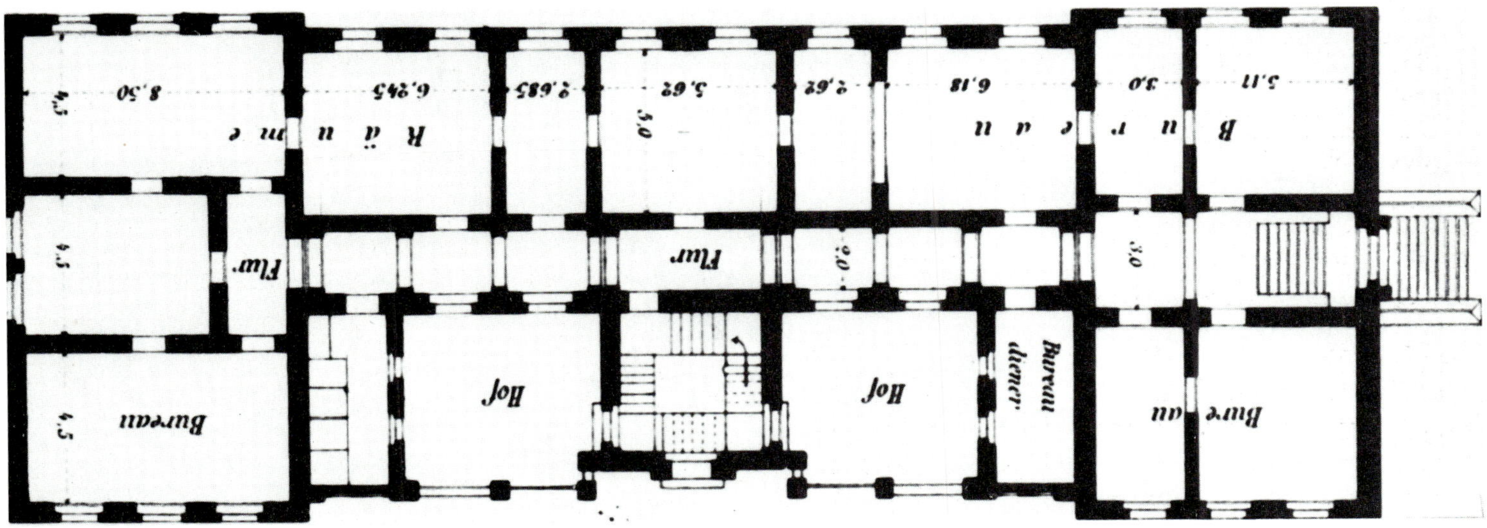

70

Fig. 1. Perron-Ansicht.

67

69

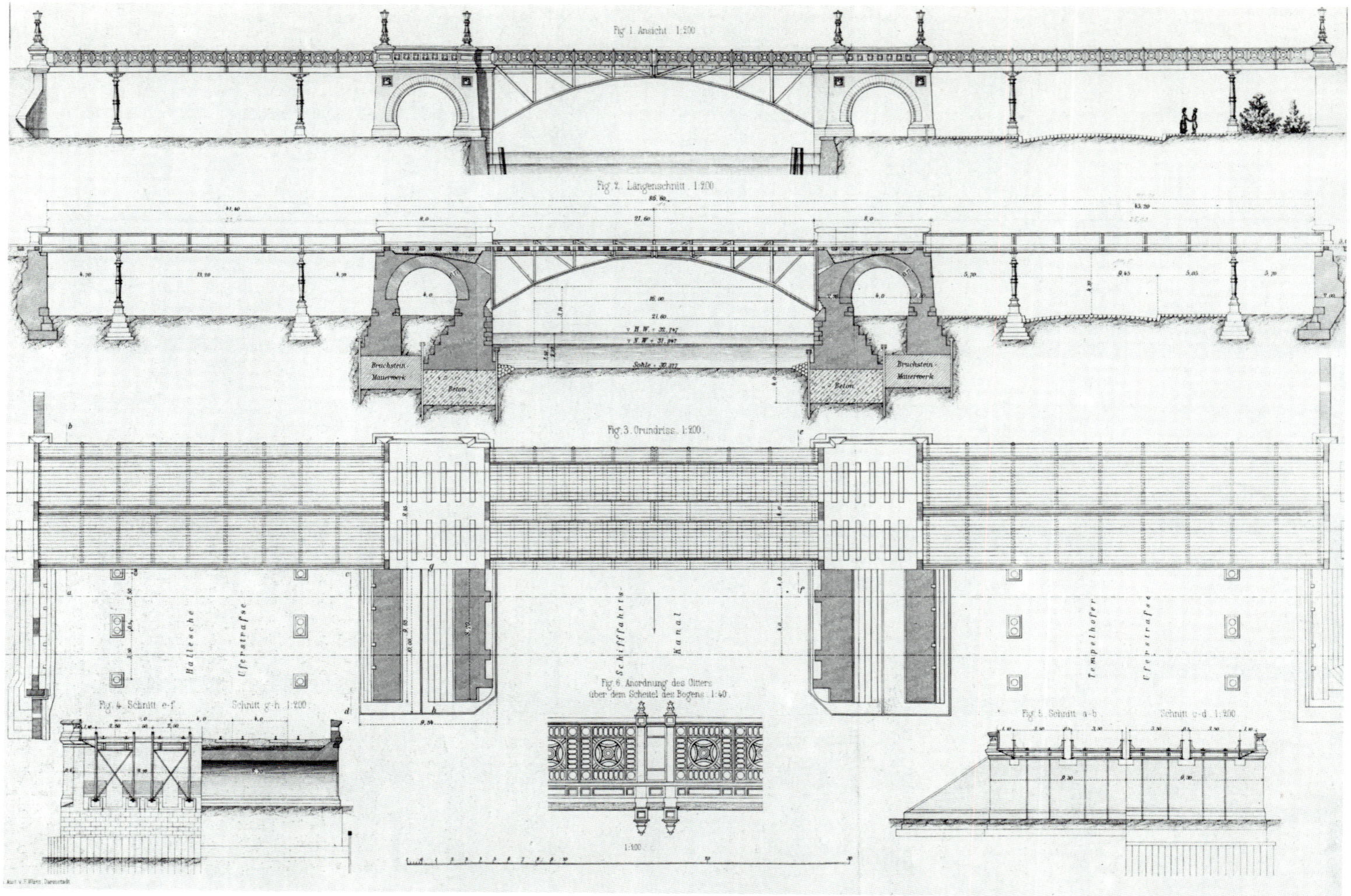

Fig. 1. Ansicht 1:200
Fig. 2. Längenschnitt 1:200
Bruchstein-Mauerwerk
Beton
Fig. 3. Grundriss 1:200
Hallesche Uferstrasse
Schifffahrts-Kanal
Tempelhofer Uferstrasse
Fig. 4. Schnitt e-f
Schnitt g-h 1:200
Fig. 6. Anordnung des Gitters über dem Scheitel des Bogens 1:40
Fig. 5. Schnitt a-b
Schnitt c-d 1:200

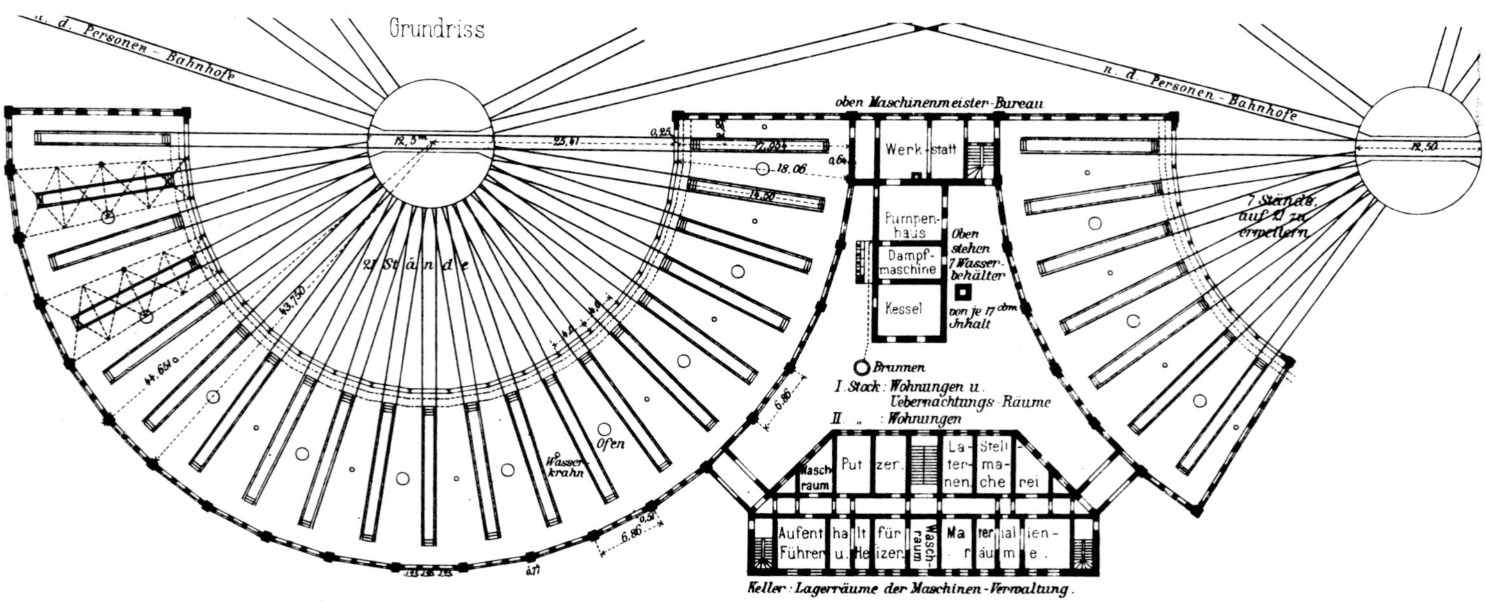

Grundriss
n. d. Personen-Bahnhofe
oben Maschinenmeister-Bureau
Werkstatt
Pumpenhaus
Dampfmaschine
Kessel
Oben stehen 7 Wasserbehälter von je 17 cbm Inhalt
Brunnen
I. Stock: Wohnungen u. Uebernachtungs-Räume
II. .. : Wohnungen
21 Stände
7 Stände auf 12 zu erweitern
Ofen
Wasserkrahn
Waschraum
Putzer
Aufenthalt für Führer u. Heizer
Materialienräume
Keller: Lagerräume der Maschinen-Verwaltung.

68

71

73

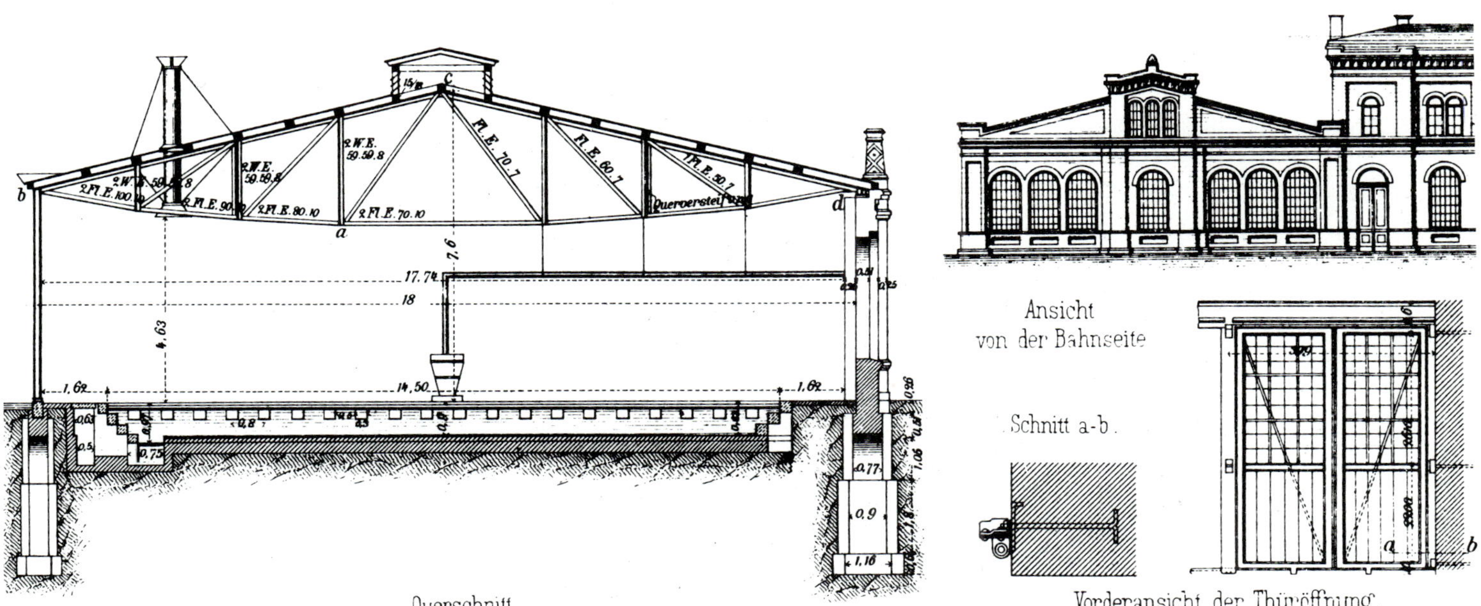
Querschnitt.
Ansicht von der Bahnseite
Schnitt a-b.
Vorderansicht der Thüröffnung.
Querversteifung

69

74 Militär-Bauverwaltung; letzterer kam von der B.P.M. (wie Sillich und Seidel) zur B.A.E., 1876 fertigte er die Reinzeichnungen für Schwechtens Aufmaß einer italienischen Renaissance-Kirche (A 78).

Zur Ausführung der Schwechtenschen Entwürfe sowie zur Verwirklichung anderer Bauvorhaben bestanden — je nach Planungs- und Bauzeit — einzelne Bau-Abteilungen, von denen folgendes bekannt ist: Die *Bau-Abteilung I Berlin* existierte mindestens seit 1873 und unterstand bis zur Verstaatlichung dem Abteilungs-Baumeister Paul Faulhaber. Unter dessen Leitung wurden für die folgenden Entwürfe Schwechtens die Ausführungspläne erstellt und die Bauausführung in technischer und geschäftlicher Hinsicht überwacht: Güter-Verwaltungsgebäude, Werkstätten-Verwaltungsgebäude, Kanal- und Uferstraßen-Brücken. Für die folgenden Bauten wurden von Faulhaber auch die Entwürfe angefertigt (A 79) — neben den anderen Leistungen seiner Abteilung bis zur Baufertigstellung: Lokschuppen 1 und 1a an der Trebbiner Straße (B 73), Güterzug-Lokschuppen an der Kolonnenbrücke (B 74), Dampfmaschinen-Gebäude und Güterwagen-Aufzug auf dem Innenbahnhof (B 75). Die *Bau-Abteilung II Berlin* bestand seit 1873 (A 80) und wurde vom Abteilungs-Baumeister Alexander Sillich geleitet. Ihre Aufgabe bestand — wohl ausschließlich — in der Leitung der Bauausführung des Empfangsgebäudes. Sillich hatte an Bahnhofsbauten der Werra-Bahn mitgewirkt und war später bei der B.P.M. am Potsdamer Bahnhof beteiligt — von dort hatte er seine Erfahrungen im Ziegelrohbau und

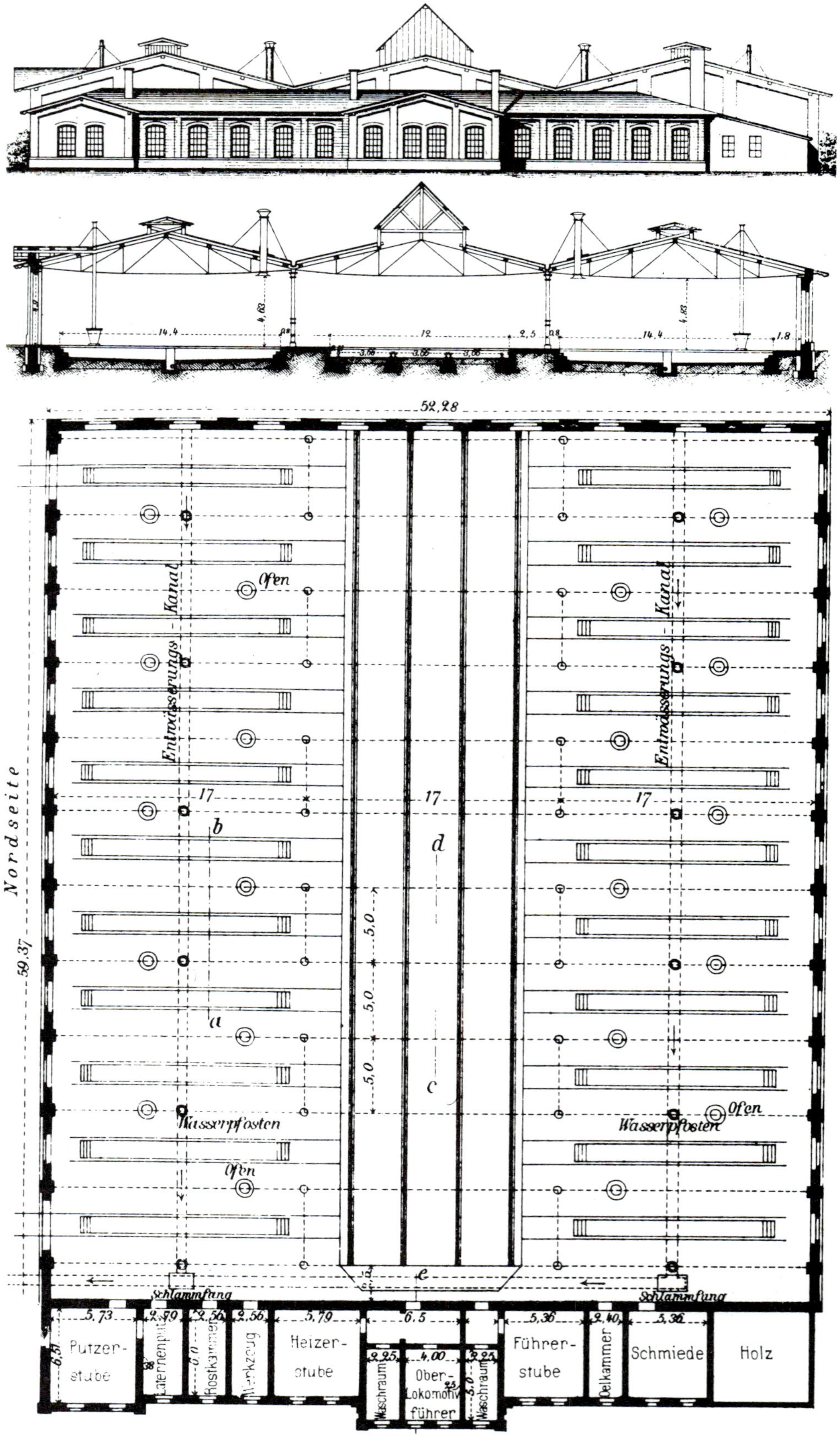

B 69 Kanal- und Uferstraßen-Brücke. Aus Zs. AIV Hannover 1884

B 71 Dessau Empfangsgebäude Aufnahme um 1880. Aus Geh. Staatsarchiv Berlin-Dahlem, Dep. Schwechten

B 73 Lokschuppen 1/1a. Aus Zs. AIV Hannover 1884

B 74 Güterzug-Lokschuppen Kolonnenbrücke. Aus Zs. AIV Hannover 1884

B 75 Güterwagen-Aufzug. Aus Zs. AIV Hannover 1884

A 78 S. Maria del Monte bei Cesena. In ZfB 1876, Bl. 43-44

A 79 s. Bauakten Plankammer Kreuzberg

A 80 Projekt für provisorischen Bahnhof Trebbiner Straße, gez. A. Sillich 3.9.1873

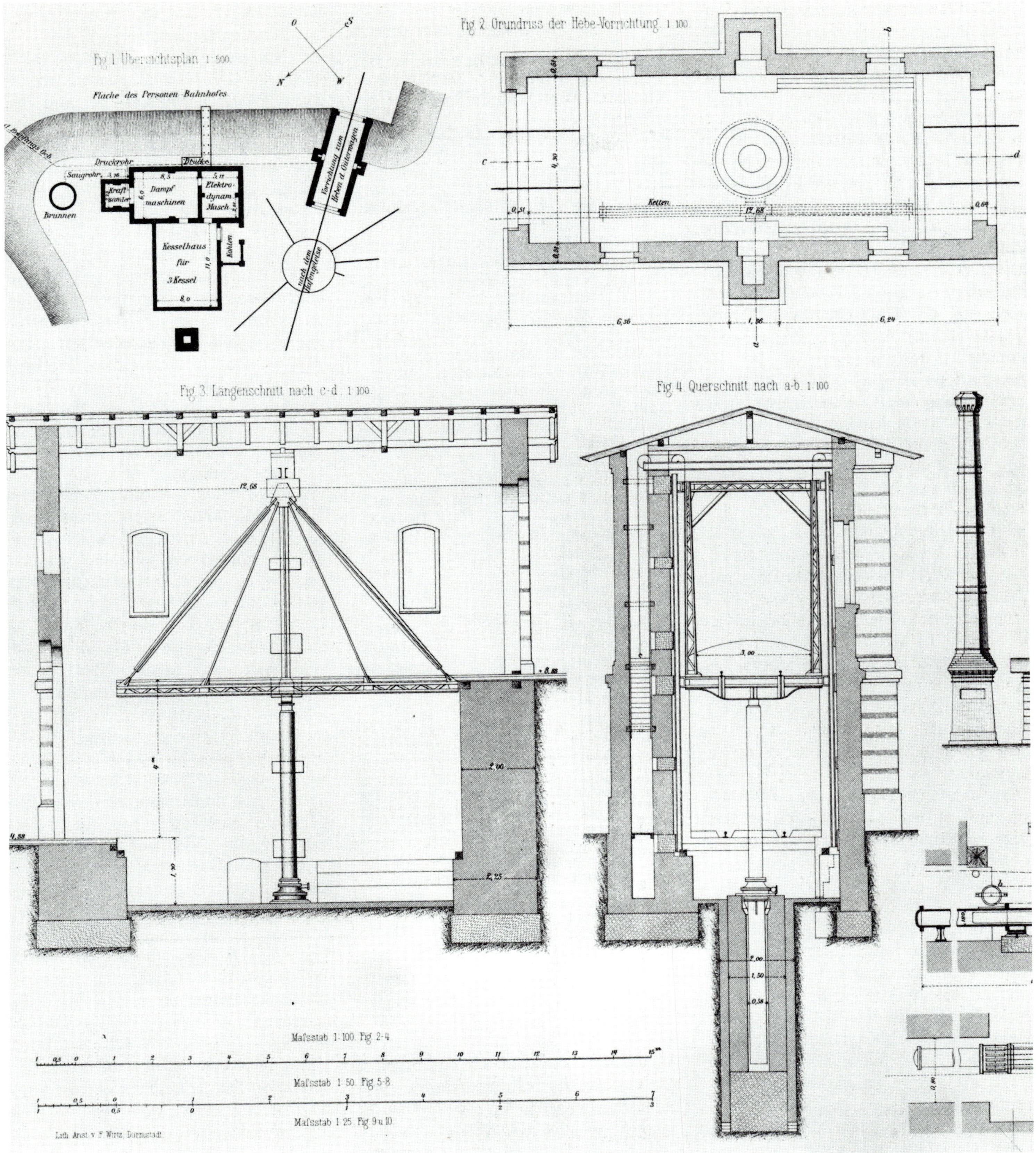
Fig 1 Übersichtsplan 1:500.
Fläche des Personen Bahnhofes
Druckrohr
Saugrohr
Brücke
Kraft-sammler
Dampf maschinen
Elektro-dynam. Masch.
Brunnen
Kesselhaus für 3 Kessel
Kohlen
Vorrichtung zum Heben d. Güterwagen
nach dem Hafengleise
Fig 2. Grundriss der Hebe-Vorrichtung. 1:100.
Ketten
Fig 3. Längenschnitt nach c-d. 1:100.
Fig 4. Querschnitt nach a-b. 1:100
Maſsstab 1:100. Fig. 2-4.
Maſsstab 1:50. Fig. 5-8.
Maſsstab 1:25. Fig. 9 u. 10.
Lith. Anst. v. F. Wirtz, Darmstadt.

72 mit Terrakotten (die aus Greppin stammten), und dürfte für das Gelingen des »Hauptwerks« einer der wichtigsten Kollegen von Schwechten gewesen sein. Von Sillichs Mitarbeitern kann nur ein Baumeister Küster benannt werden, da er auf dem Rohbau-Abnahmeprotokoll mit aufgeführt ist. Sillich und Küster blieben bis zur Verstaatlichung 1882 bei der B.A.E.; weiteres ist nicht bekannt.

Über die *Bau-Abteilung III* liegen keine Angaben vor.

Die *Bau-Abteilung IV* hat ihren Sitz und Aufgabenbereich in *Luckenwalde* und wird 1878 vom Abteilungs-Baumeister Koeppel geleitet, der für die B.A.E. bereits in Dessau war.

Sodann folgt die *Bau-Abteilung Jüterbog*, die 1872 dem Abteilungs-Baumeister Heinrich und 1874/75 dem Bauführer Schwamborn unterstand; ferner

die *Bau-Abteilung Jessen* unter dem Abteilungs-Baumeister Runge mit dem Bauführer Heuner (1875);

die *Bau-Abteilung Wittenberg*, in der ab 1876 die Abteilungs-Baumeister Münchhoff und Runge (zuvor in Jessen) arbeiten;

die *Bau-Abteilung Bitterfeld*, von 1872 bis 1875 unter dem Abteilungs-Baumeister Gestewitz;

die *Bau-Abteilung Dessau*, 1875 unter dem Abteilungs-Baumeister Koeppel; und

die *Bau-Abteilung Cöthen*, die 1872 dem Abteilungs-Baumeister Messow und 1874 dem aus Jüterbog kommenden Heinrich unterstand.

76 Die Standorte der Berliner Abteilungen sollen als Teil der »Lokal«-Geschichte hier noch angeführt werden: das »Technische Central-Bureau« sowie die Hochbau-Abteilung befanden sich im Verwaltungsgebäude Askanischer Platz 7/Ecke Möckern-Straße, wo also unter Schwechtens Leitung die Entwürfe entstanden, wo Seidel seine Konstuktionen berechnete und wo Wiedenfeld über die Kosten wachte. Als dieses Gebäude dem Neubau des Empfangsgebäudes weichen mußte, zogen diese Abteilungen im Februar 1878 in das neue (östliche) Güter-Verwaltungsgebäude Möckern-Straße 26, 2 Treppen hoch (B 76).

Die Bau-Abteilung I unter Faulhaber lag
72 ihrem Aufgabenbereich entsprechend auf

Berlin-Anhaltische Eisenbahn.

Jaedicke, Reg.- und Baurath a. D., Betriebs-Director, Berlin.
Messow, Baumeister, commiss. Ob.-Ingenieur, Berlin.
Gestewitz, Abtheilungs-Baumeister, Bitterfeld.
Heinrich, desgl., Cöthen.
Fischer, desgl., Berlin.
Schwamborn, Bauführer, commiss. Abth.-Baumeister, Jüterbog.
Hespe, Bauführer, Berlin.
Hennig, Ob.-Maschinenmstr., desgl.
Stösger, Vorst. des Maschinen- und techn. Bureaus, Berlin.
Martens, Maschinenmeister, desgl.
Richter, desgl., desgl.
Wiedenfeld, Ober-Ingenieur, desgl.
Lanzendörffer, Baumeister, desgl.
Schwechten, desgl., desgl.
Appelius, desgl., desgl.
Faulhaber, Bauführer und Abth.-Baumeister, Berlin.
Sillich, desgl., desgl.
Runge, Abth.-Baumeister, Jessen.
Koeppel, Bauführer und Abtheil.-Baumeister, Dessau.
Kiepenheuer, Bauführer, Berlin.
Haselow, desgl., desgl.
Katjen, desgl., desgl.
Annecke, desgl., desgl.
Breton, desgl., desgl.
Brück, desgl., desgl.
Böttger, desgl., desgl.
Zaar, desgl., desgl.
v. Kitgen, desgl., desgl.
Doebber, desgl., desgl.
Spohn, desgl., desgl.
Heuner, desgl., Jessen.

Am **16. Februar cr.** werden die Büreaux der Central-Neubau-Verwaltung aus dem Hause Askanischer Platz No. 7 nach dem **neuen Güter-Verwaltungs-Gebäude** in der **Moeckernstrasse,** Ecke des Tempelhofer Ufers, 2 Treppen hoch verlegt.

Berlin, den 13. Februar 1878.

Der Ober-Ingenieur der Berlin-Anhaltischen Eisenbahn.
Wiedenfeld.

dem sog. Außenbahnhof in der Trebbiner Straße 12, während Sillichs Bau-Abteilung II anfänglich auch im Eckhaus Askanischer Platz 7, seit 1877 aber in der Möckern-Straße 12 untergebracht war.

Nach der Betrachtung der Büro-Organisation noch ein Blick auf die dazugehörige Personal-Struktur. Privat-Industrie und Eisenbahn-Gesellschaften benötigten die staatlich vermittelten Qualifikationen; unschwer lockten sie *»vor allem mit höherer Bezahlung, aber auch mit den interessanteren Berufsmöglichkeiten«* (A 81 + 82). Um den Nachwuchs für die Staatsbaubeamten-Stellen zu sichern, mußten die in privaten Diensten stehenden Bauführer und Baumeister dem zuständigen Minister für Handel pp. über ihre Beschäftigung jährlich Bericht erstatten, damit bei entsprechendem Bedarf auf sie zurückgegriffen werden konnte (A 83 + 84).

Die speziellen Qualifikations-Anforderungen bei der B.A.E. ergeben sich aus der in Berlin einmaligen Aufgabenstellung: Auf einer Gesamtlänge von über 5 km auf größtenteils neu zu planierendem Terrain galt es, bei laufendem Betrieb (!) einen neuen Personen-, Abstell-, Güter-, Werkstätten- und Rangier-Bahnhof zu organisieren und unter Minimierung von Provisorien und Kosten in Etappen zu realisieren sowie dem Gesellschafts-Zweck — der Gewinn-Erzielung — eine langfristige sichere Basis und selbstbewußten Ausdruck zu verleihen. Dazu bedurfte es einer Vielzahl unterschiedlichster Erfahrungen und Talente, die in Abteilungen scheinbar getrennt, doch an der gemeinsamen Aufgabe planen und wirken.

Die in der Personal-Liste von 1875 (B 72) aufgeführten Angestellten sind fast alle Absolventen der hiesigen Bauakademie und besitzen daher ähnliche baukünstlerische und konstruktive Auffassungen, was die Zusammenarbeit gewiß erleichtert. Außerdem sind die meisten Mitglied im Architekten-Verein zu Berlin (Übersicht S. 73) und nehmen dort teil an den (Weiter-)Bildungs-Veranstaltungen wie Besichtigungen, Vorträgen, Wettbewerben etc.

Während also eine gemeinsame Ausbildungs-Herkunft charakteristisch ist, so sind doch die Erfahrungs-Horizonte ganz verschieden. Siegert kommt aus der Bureaukratie des Handels-, also des preußischen Bau-Ministeriums (über seine Rückkehr dorthin siehe Abschnitt »Verstaatlichung«); Jaedicke als Baurath a.D. hat ebenfalls den Staatsdienst quittiert; Sillich und Seidel hatten bereits an Planung und Bau des Potsdamer Bahnhofs mitgewirkt; Schwechten hatte mit seinem Schinkel-Preis-Erfolg auf sein Entwurfs-Talent aufmerksam gemacht. »Wahlverwandtschaften« sind

Beruf	Name	geb.	Geburtsort	AVB Aufnahme	Eintritt bei BAE	im Alter	Wohnung (1877)
Land-Baumeister	Oskar Appelius	1837	Berlin	1864	1873	36	Holzmarktstr. 53 I
Bauführer	Paul Böttger	1851	Heiligenstadt	1877			Köthener Str. 7
Bauführer	August Brêton		Stralsund	1874			Potsdamer Str. 89 ptr.
Abteilungs-Baumeister	Paul Faulhaber	1845	Breslau	1867	um 1873	um 28	Teltower Str. 46 III
Baumeister	Julius Fischer	1837	Pillau	1868			Tempelhofer Ufer 28 II
Baumeister	P. Hanke						Alexandrinenstr. 42 II
Bauführer	Hermann Haselow	1846	Neu-Ruppin	1874			Bernburger Str. 33 II
Bauführer	Emil Hespe		Ahbehausen/Old.	1874			Kesselstr. 19 I
Regierungs-Baurath a.D.	Adolph Jaedicke	1826			1874	48	Askanischer Platz 7
Bauführer	Friedrich Kiepenheuer		Heven/Westf.	1870			Gneisenaustr. 100 III
Baumeister	Friedrich Lantzendörffer	um 1843	Schwelm/Westf.	1865	um 1875	um 32	Tempelhofer Ufer 28 I
Baumeister	August Messow		Calbe a. S.	1855			Tempelhofer Ufer 28 ptr.
Baumeister	Franz Schwechten	1841	Köln/Rh.	1864	1871	30	Tempelhofer Ufer 12 II
Ingenieur	Heinrich Seidel	1842	Perlin		1872	30	Frobenstr. 36 ptr.
Geh. Ober-Baurath a. D.	Franz Siegert	1825	Falkenberg/Draubg.	1846	1873	48	Tempelhofer Ufer 28 I
Baumeister	Alexander Sillich	1839	Oranienburg b. St. Petersbg.	1860	1873	um 34	Dessauer Str. 31 III
Bauführer	Richard Spohn		Lassau/Greifswald	1877			Großbeerenstr. 20 III
Eisenbahn-Baumeister	Wilhelm Wiedenfeld	um 1834	Aachen	1856	1868	um 34	Tempelhofer Ufer 28 II
Bauführer	Heinrich Zaar		Coblenz	1872			Großbeerenstr. 12

denkbar wie in Friedrich Eggers' Schinkelrede 1866; die von ihm »*behandelte Theilung, welche eine Zusammenfassung von Kräften ist und keine Zersplitterung*«, scheint hier gelungen zu sein. — Die »*Zeitung des Vereins Deutscher Eisenbahn-Verwaltungen*« gibt 1880 nach Abschluß aller Arbeiten eine zutreffende Einschätzung: »*In dieser hier stricte durchgeführten sachgemässen Theilung der Arbeit zwischen künstlerischem Schaffen, ingenieusem Erfinden und reiner Geschäftsroutine glauben wir ein wesentliches Moment für die glückliche Durchführung des Baues zu erblicken und hoffen, dass sich dies Verfahren nach so günstigem Erfolge auch anderweitig nicht blos Anerkennung verschaffen, sondern auch Bahn brechen werde.*« (A 85).

B 72 Aus Eisenbahnbaukalender 1875
B 76 Ankündigung des Umzugs der Neubau-Verwaltung, DBZ 1878

A 81 J. Kocka: »Unternehmensverwaltung...«, S. 181
A 82 Zum Thema »Industrielle Angestellte und öffentliche Beamte« vgl. J. Kocka, a.a.O., S. 148 f.
A 83 Cirkular-Erlaß vom 21.1.1857: »*Es hat sich die Notwendigkeit herausgestellt, hinsichtlich der Beschäftigung und Anstellung der Bauführer und Baumeister nachfolgende Bestimmungen festzusetzen:*
1. Jeder Bauführer ist verpflichtet
a. eine Nachweisung seiner Beschäftigung... am Schlusse jedes Jahres bei dem Minister für Handel pp. einzureichen sowie
b. jeder Aufforderung des Ministers für Handel pp. zur Übernahme einer Beschäftigung... Folge zu leisten, und hat, falls er diesen Verpflichtungen nicht nachgekommen, die Zurückweisung von der Baumeister-Prüfung für den Staatsdienst zu gewärtigen.«
Aus Min.-Bl.i.Vw.

A 84 Wie Schwechten 1872 auf den Ruf in den Staatsdienst reagiert, zeigt seine Antwort an den Minister:
»*Berlin, den 5ten Dezember 1872*
Eurer Exzellenz
verfehle ich nicht, auf die hohe Verfügung vom 27ten Nov. gehorsamst anzuzeigen, daß die Erfüllung der gegenüber der Direktion der Berlin-Anhaltischen Eisenbahngesellschaft von mir eingegangenen Verpflichtungen mir zugleich eine vorzügliche, nicht leicht wieder darbietende Gelegenheit gewährt, in dem Fache, welchem ich mich gewidmet habe, mir eine weitere Ausbildung zu verschaffen. Auf diese Ausbildung kann und darf ich nicht verzichten, mag nun meine Thätigkeit später dem Staatsdienste oder dem Privatbau zugewendet sein.
Der Annahme eines Verzichtes auf meine Anstellung im Staatsdienste erlaube ich mir die bestimmte Erklärung entgegen zu setzen, daß eine solche Verzichtleistung mir durchaus fern liegt. Sollte aber, wie Eurer Exzellenz hohe Verfügung in Aussicht stellt, die Streichung meines Namens in den desfallsigen Listen angeordnet werden, so würde ich diese Maßregel in hohem Grade bedauern, aber ich würde sie müssen geschehen lassen, da ihre Abwendung nicht in meiner Macht steht.
Fr. Schwechten
Baumeister

An den
Königlichen Staatsminister und Minister für Handel, Gewerbe und öffentliche Arbeiten
Herrn Grafen von Itzenplitz
Excellenz«
aus Staatsbibliothek 1a Berlin (West) Slg. Darmst. D4 1875 F.S.
A 85 ZVE 1880, S. 874

3. Vorschriften und Behörden

Die bei der B.A.E. tätigen Architekten und Ingenieure hatten nicht nur die betrieblichen Planungsbedingungen, sondern auch eine Reihe anderer gesetzlicher und technischer Bestimmungen zur Planung und Genehmigung der Bauvorhaben zu beachten. Die folgende Aufzählung dürfte die wichtigsten Vorschriften umfassen:

1.
Im Preußischen »*Eisenbahn-Gesetz*« von 1838 sind die Genehmigungs-Bedürftigkeit aller Vorhaben und die Kompetenz-Verhältnisse geregelt. Dazu gab es

2.
»*Bestimmungen für die Aufstellung der technischen Vorarbeiten zu Eisenbahn-Anlagen in Preußen*«, die 1871 im zuständigen Ministerium für Handel, Gewerbe und öffentliche Arbeiten aufgestellt wurden. Darin sind die Modalitäten für die Genehmigung derart geregelt, daß für alle Neuanlagen und Umbauten »generelle« und »specielle« Projekte aufgestellt und vorgelegt werden müssen. Das generelle Projekt dient der allgemeinen Beurteilung der Bahnlinie und ihrer Konzessionierung; die speziellen Projekte betreffen die Einzel-Baumaßnahmen wie Gebäude, Brücken, Tunnels und andere Bauwerke. Während diese Bestimmungen hauptsächlich das Verfahren betreffen, gehen

3.
die »*Normen für die Aufstellung von Bahnhofsprojecten in Preußen*« (ca. 1873) auf konkrete, entwurfsbestimmende Einzelheiten ein wie z.B. Gleisabstände, Perron-Dimensionen, Säulen auf den Perrons, Trinkbrunnen u.a.
Diese Normen fußen

4.
auf den »*Grundzügen für die Gestaltung der Haupt-Eisenbahnen Deutschlands*«, auf die sich der Verein deutscher Eisenbahn-Verwaltungen bereits 1850/1858 festgelegt hatte und die zuletzt 1871 aktualisiert wurden. Darin sind für Empfangsgebäude folgende Forderungen enthalten: Vorhalle, Billetausgabe, Gepäckexpedition, mindestens zwei Wartesäle mit Restauration, Damen- und Toilette-Zimmer, Abtritte, Bahnhofs-Bureau, Telegraphen-Zimmer und schließlich eine separate Gepäck-Ausgabe.

5.
Außerdem war das »*Bahnpolizei-Reglement*« zu beachten, das für die B.A.E. bereits 1841 erlassen und 1848 ergänzt worden war: für die Grundriß- und Raum-Entwicklung war das (dem Chaussee-Verkehr entlehnte) Rechtsfahr-Gebot von entscheidender Bedeutung! (Ausnahmen waren die links fahrenden Pfälzer und Badischen Staatsbahnen, Leipzig-Dresden und Altona-Kiel). 1870 wurde das »*Bahnpolizei-Reglement für die Eisenbahnen im Norddeutschen Bund*«, 1875 »*für die Eisenbahnen Deutschlands*« eingeführt. Als der Bau des Empfangsgebäudes weit fortgeschritten war, wurden 1878 »*Normen für die Konstruktion und Ausrüstung der Eisenbahnen Deutschlands*« beschlossen, die hauptsächlich die Ausstattung der Bahnen und Bahnhöfe unter militärischen Gesichtspunkten regeln.

6.
Neben den genannten Vorschriften war für Entwurf und Ausführung des Gebäudes die »*Bau-Polizei-Ordnung für die Stadt Berlin*« von 1853 einzuhalten, insbesondere deren Bestimmungen über Fluchtlinien, Feuersicherheit, Treppenräume, massive Umfassungswände, Baustelle, Gerüst etc. Für Eisenkonstruktionen war eine gesonderte polizeiliche Genehmigung zu beantragen, wozu das Polizeipräsidium eine Probebelastung verlangen konnte! Für andere Gebiete gab es ebenfalls schon besondere polizeiliche Bestimmungen, wie z.B. über Anlegung und Betrieb von Dampfkesseln (nach der Gewerbeordnung von 1869).

Schließlich müssen die verschiedenen Behörden, welche die Planung der Erweiterung des Berliner Bahnhofs mit beeinflußten, hier ebenfalls noch genannt werden. Wie bereits erwähnt, waren durch das gewaltige Bauvorhaben vielerlei staatliche (militärische, ökonomische, städtebauliche und Verkehrs-) Interessen berührt, die in mehreren Konferenzen mit der B.A.E. abgestimmt oder teilweise gegen die B.A.E. durchgesetzt wurden. Anhand der Teilnehmer einer solchen Konferenz am 23. Mai 1871 (A 86) lassen sich die Kompetenz-Verhältnisse und die Verwaltungs-Struktur einigermaßen erkennen:
Das Bau- und Eisenbahnwesen unterstand damals dem Kgl. Preußischen Minister für Handel, Gewerbe und öffentliche Arbeiten. Mit den B.A.E.-Vorhaben war zuerst dessen Abteilung II (Verwaltung der Eisenbahn-Angelegenheiten) befaßt, sodann die Abteilung III (Verwaltung des Land-, Wasser- und Chaussee-Bauwesens) sowie das Eisenbahn-Kommissariat, das die Staatsaufsicht über die Privat-Eisenbahnen ausübte. Von diesem Ministerium ressortierte auch die »Ministerial-Bau-Commission der Residenz Berlin«, welche die Bauvorhaben in strategischer Hinsicht und in ihren Auswirkungen auf die Gewässer und Kanäle prüfte. Das Polizeipräsidium, und zwar seine Abteilung III (Baupolizei), überwacht die Einhaltung der baurechtlichen Vorschriften in den einzelnen Projekten und der späteren Bau-Ausführung. Dem Magistrat von Berlin, dem keinerlei stadtplanerische Kompetenz zugestanden war, wurde gestattet, eventuelle Bedenken (z.B. gegen Niveau-Übergänge) vorzubringen . . .

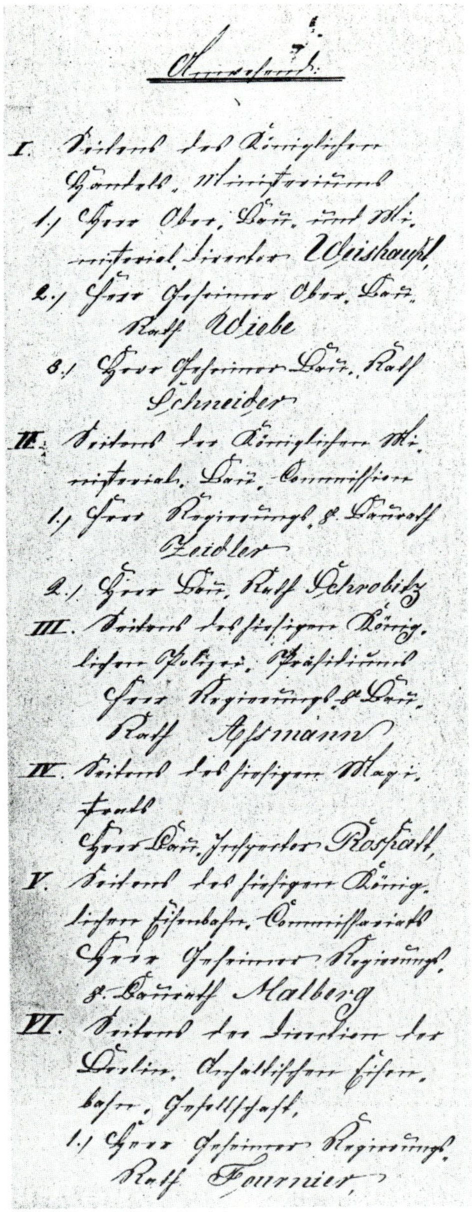

Anwesend:

I. Seitens des Königlichen Handels-Ministeriums
1./ Herr Ober-Bau- und Ministerial-Director Weishaupt
2./ Herr Geheimer Ober-Bau-Rath Wiebe
3./ Herr Geheimer Bau-Rath Schneider
II. Seitens der Königlichen Ministerial-Bau-Commission
1./ Herr Regierungs- & Baurath Zeidler
2./ Herr Bau-Rath Schrobitz
III. Seitens des hiesigen Königlichen Polizei-Präsidiums
Herr Regierungs- & Bau-Rath Aßmann
IV. Seitens des hiesigen Magistrats
Herr Bau-Inspector Rospatt
V. Seitens des hiesigen Königlichen Eisenbahn-Commissariats
Herr Geheimer Regierungs- & Baurath Malberg
VI. Seitens der Direction der Berlin-Anhaltischen Eisenbahn-Gesellschaft
1./ Herr Geheimer Regierungs-Rath Fournier

A 86

4. Franz Schwechten — der Chefarchitekt

Zum Verständnis eines Werkes gehört die Kenntnis des kulturellen Hintergrundes und der Menschen, die es hervorgebracht haben. Deshalb wird im folgenden versucht, die Lebensgeschichte zweier bedeutender Persönlichkeiten bis zu jenem Zeitpunkt zu verfolgen, als sie in die Dienste der B.A.E. traten.

Franz Heinrich Schwechten wurde am 12. August 1841 in Köln geboren als erster Sohn des Landgerichtrats Johann Heinrich Schwechten aus Stendal und dessen Frau Justine — eine gebürtige Herstatt aus einer Seitenlinie der Kölner Bankiersfamilie. Das bürgerliche Geschlecht der Schwechten — der Name kommt auch als Ortsname zweier Dörfer: Groß- und Klein-Schwechten unweit von Stendal in der Altmark vor — taucht zum ersten Mal in Urkunden der Stadt Stendal als Bürger-, Einwohner-und Ratsfamilie 1336 auf.
Der Vater starb sehr früh — Franz war gerade vier Jahre alt. Dennoch konnte er das Gymnasium in Köln besuchen, während er gleichzeitig noch Zeichenunterricht erhielt durch den Dombildhauer Stephan und den Lithographen und Zeichenlehrer E. Risse. Er beendete die Schulzeit 1860 mit dem Zeugnis der Reife und dem dort vermerkten Berufswunsch, *»das Baufach zu studieren«*.
Zur Vorbereitung auf sein Studium trat er im Herbst 1860 als Eleve in das Büro von Julius Raschdorff ein, der von 1854 an zweiter (von 1864 bis 1872 erster) Stadtbaumeister in Köln war. Nach Börsch-Supan (A 87) ist Raschdorff *»in seinem Frühwerk, auch in der Kölner Amtstätigkeit, der Berliner Schule zugehörig wie nicht viele Architekten der jüngeren Generation«*, so daß Schwechten bereits in der Praxis mit den künstlerischen Anschauungen bekannt wurde, welche ab Oktober 1861 seine Aus-

77

B 77 Annonce Adressbuch Berlin 1925

A 86 Teilnehmer-Liste einer Konferenz am 23. Mai 1871 betr. Genehmigung des Bahnhofsumbaus der B.A.E., aus Staatsarchiv Potsdam Pr. Br. Rep 2 A I Verkehr Bd. 2149, S. 156 f.

78

Prof. Dr. Friedrich Adler.

Adler, Friedrich, Prof. Dr., Wirkl. Geh. Oberbaurat a. D., geb. am 15. Okt. 1827 in Berlin, erhielt seine Fachausbildung auf der Fried. Werderschen Gewerbeschule und auf der Bauakademie in Berlin. Nach der Baumeisterprüfung (1854) unternahm er wiederholte Studienreisen durch Deutschland zum Zwecke analytischer Untersuchung der Denkmäler des Mittelalters, dann nach Frankreich, Italien, Griechenland, hier zu Ausgrabungen in Olympia mit Ernst Curtius und zum Baue des Museums in Olympia, ferner nach Konstantinopel und Palästina (Bau der Erlöserkirche in Jerusalem), nach Schweden, England und Dänemark.

bildung an der Bauakademie in Berlin prägen sollten.

Wir dürfen vermuten, daß der junge Student in Berlin bald Kontakt zu seinen hiesigen Verwandten suchte, zumal sie teilweise auch künstlerische Berufe hatten: da ist zunächst der Sohn des Kaufmanns Georg Christian Schwechten zu nennen, welcher der Pate seines Vaters war: Friedrich Wilhelm Schwechten, geboren 1795 in Berlin, Kupferstecher in der Tempelhofer Straße 3 (heute Mehringdamm), wo er auch ein Atelier für Glasmalerei besaß. Er war bekannt geworden durch 22 Radierungen des Doms zu Meißen (1824-1826) sowie durch perspektivische Ansichten antiker Baudenkmale in Athen und zweier Blätter über Schloß Babelsberg. 1864 war er auf Veranlassung seines Schwiegervaters nach Meißen gezogen, wo er 1879 starb.

Zum anderen waren da die drei Vettern zweiten Grades, die, aus Stolzenau gebürtig, seit den dreißiger Jahren nach Berlin gekommen waren und sich als Instrumentenbauer bereits einen Namen gemacht hatten: 1841 baute Heinrich Dietrich Schwechten seine ersten Tafelklaviere und um 1849 dessen jüngerer Bruder Chr. H. Georg Schwechten das erste aufrechte Pianino; 1853 wurden schon ungefähr 30 Arbeiter beschäftigt und 1861 das Haus Koch-Straße 61 zum Ausbau der Fabrikation erworben (wozu später noch die Nr. 60 und 62 hinzukamen) (B 77 und A 88).

Ein weiterer Vetter zweiten Grades war der in Arneburg 1812 geborene, 1827 nach Berlin gekommene und 1860 in der Alexandrinenstraße wohnende Silberwarenfabrikant Wilhelm C.R.J. Zacharias Schwechten.

Außerdem gab es noch den Bruder des Kupferstechers, Carl Wilhelm Schwechten, der 1860 als »Colonialwaarenhändler en gros« Mitinhaber der Firma Schwechten & Stümer in der Lindenstraße 30 war und später allein die Groß-Destillation C.W. Schwechten in der Wallstraße 25 gründete.

Mithin — eine stattliche und gesund durchwachsene Verwandschaft, die dem Neuankömmling in Berlin in manchem nützlich sein konnte.

Über seine Studien an der Bauakademie erfahren wir von Schwechten selbst nur sehr kurz, daß sie *»hauptsächlich unter der Lei-*

80

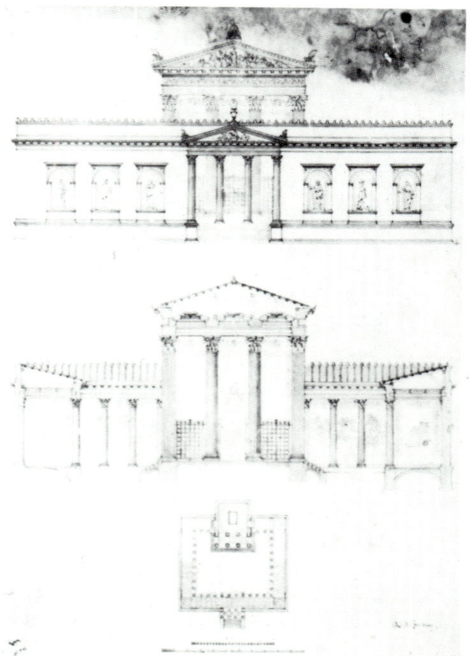

79

tung der Professoren K. Boetticher, H. Spielberg und Fr. Adler« (B 78) standen (wie er sich für einen Lebenslauf 1917 noch gut erinnert). Im Kern deutet dieser Hinweis auf die beiden Studien-Schwerpunkte »Antike« und »Mittelalter«, und in der Person Adlers ist zusätzlich noch der Erforscher der Backstein-Architektur angesprochen. Sein Studium fällt in jene Zeit, in der die »Berliner Schule«, die ihre künstlerischen Überzeugungen aus der griechischen Antike gewann, als Lehrmeinung (B 79 und A 89) an der Bauschule noch unerschüttert war, aber in der Berliner Bau-Wirklichkeit sich bereits die Einflüsse der Pariser Ecole des Beaux Arts zeigten, die der Renaissance (aller Zeiten) verpflichtet war. Schwechtens Entwicklung wird durch diese Stil-Diskussionen stark geprägt, wobei wir seine Vorprägung durch die Beispiele der Kölner Romanik und Gotik mit bedenken müssen. Außerdem ist anzunehmen, daß ihn auch bei Verwandten-Besuchen in Stendal und Umgebung die dortige Backstein-»Welt« tief beeindruckt hat (B 80). Aber der Backstein war ja kein »mittelalterliches« oder ein an andere Epochen gebundenes Material, wie auch die Berliner Baugeschichte und das damalige Baugeschehen in der Stadt überall vor Augen führten: aus alter Zeit sei hier nur die Klosterkirche (begonnen 1271) genannt, nach Fr. Adler »*der werthvollste und gediegenste Bau des Mittelalters in Berlin*«. Seit der Renaissance erhielten hier die Backsteinbauten einen Verputz und erst Schinkel erneuerte die Technik und Anwendung dieses »heimischen Materials«, und zwar sowohl in Verblend-Ziegeln als auch in Form-

81

82

B 78 Aus Spemann: »Goldenes Buch vom Eigenen Heim«, Berlin Stuttgart 1905
B 79 Studienarbeit »Antike Baukunst«, Fr. Schwechten 1862/63. Aus Geh. Staatsarchiv Dahlem, Dep. Schw. 437/1
B 80 Dom zu Stendal, Teilansicht
B 81 Nazareth-Kirche Berlin. Aufnahme Henschel 1983
B 82 Feilner-Haus Berlin

A 87 Vgl. E. Börsch-Supan: »Berliner Baukunst nach Schinkel«, München 1977
A 88 Kam hier Schwechten mit dem in diesem Hause verkehrenden Hans von Bülow zusammen und erhielt er so den Auftrag für den Umbau des Skating Rink in der Bernburger Straße für die Philharmonie?

83

84

stücken aus Terrakotta. Unter seinen Sakralbauten seien als erstes Beispiel die Friedrich-Werdersche Kirche (1824-28) genannt, dann folgen die Johannis-Kirche in Moabit (1832-35) und die kleineren Vorstadt-Kirchen wie die Nazareth-Kirche im Wedding u.a. (B 81). Von Schinkels Profanbauten vergegenwärtige man sich die sog. Lehrescadron Linden- Ecke Feilner-Straße (1825), das Haus des Ofenfabrikanten Feilner in der gleichnamigen Straße (1828) (B 82), den Packhof (1829) und die Bauakademie (1832-35) (B 83): welch' formale Vielfalt mit den simplen Steinen!
Dann kamen Bethanien (1845-47 von Th. Stein) und die Borsig'sche Fabrik am Oranienburger Tor (ab 1846 von Strack) und in jüngster Zeit die immer »reicheren« und monumentaleren Bauten wie die Synagoge in der Oranienburger Straße (1859 nach Knoblauchs Plänen begonnen) und das Berliner Rathaus (1860 nach Waesemanns Entwurf begonnen) (B 84): alle diese Beispiele zeigten dem Studenten Schwechten die Dialektik von innerer Struktur und äußerer Gestalt, von verarbeiteter Historie und bewußter Modernität, von märkischer Armut und partiellem Reichtum.

86

85

Im November 1863 hatte Franz Schwechten das Bauführer-Examen bestanden, womit der erste Teil seines Studiums abgeschlossen war.

Zur weiteren praktischen Ausbildung trat er im Januar des folgenden Jahres in das Atelier des Geheimen Oberbaurats August Stüler (B 85) ein, wo er allerdings nur bis Mai 1864 blieb. Stüler arbeitete an der Synagoge in der Oranienburger Straße, da Knoblauch die Bearbeitung wegen Krankheit hatte aufgeben müssen. Schwechten muß es beeindruckt haben, die Vollendung dieses Meisterwerkes (zweier Meister!) aus nächster Nähe verfolgen zu können (B 86). Später werden wir sehen, daß er sich von anderen Stülerschen Projekten noch weitere Details einprägte.

Anschließend arbeitete Schwechten von Juni bis Mai 1865 im Privatbüro des gerade aus dem Polizeipräsidium ausgeschiedenen

B 83 Bauakademie Berlin, Ansicht der Süd-West-Ecke

B 84 Rathaus Berlin, Ansicht von der Spandauer Straße, Ausschnitt

B 85 Friedrich August Stüler, Studie zum Krönungsbild von 1865 von A. Menzel

B 86 Synagoge Berlin, Oranienburger Straße. Ausschnitt Hauptfassade

87

89

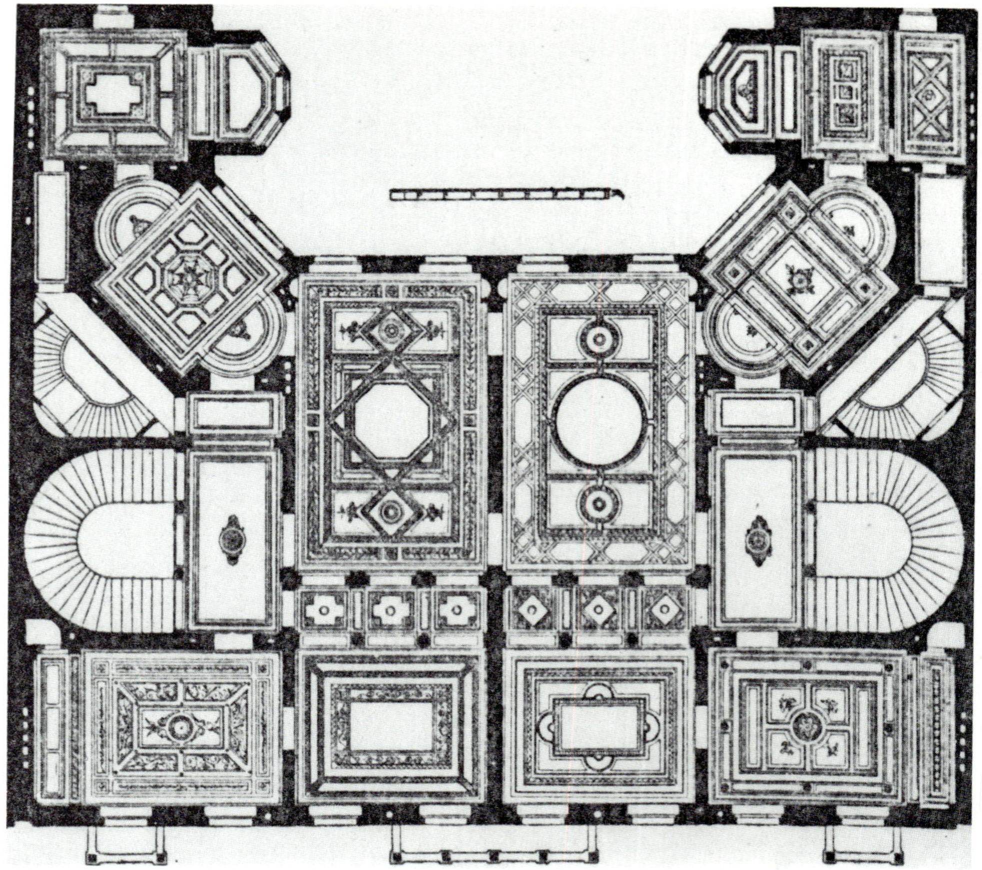

Landbaumeisters Martin Gropius (B 87), der in dieser Zeit die Irrenanstalt für Eberswalde projektierte — übrigens als Backstein-Rohbau mit Zement-Formstücken — und einige Wohnhäuser, von denen das für Paul Mendelssohn-Bartholdy hervorzuheben ist. Gropius — Schüler der Bauakademie und Assistent Boettichers — blieb der »Berliner Schule« verpflichtet und widmete sich intensiv der Weiterentwicklung des Backsteinbaus und dessen Veredelung durch Schmuckformen in Terrakotta. Für Schwechtens Reifeprozeß war dies also eine entscheidende Phase.
In das Jahr 1864 fällt auch seine Aufnahme in den Architekten-Verein zu Berlin. Hier lernte er nicht nur die führenden Köpfe der Berliner Architektenschaft kennen, gewiß zunächst aus der Distanz des Neulings, aber er sah und hörte sie in der Diskussion über aktuelle bauwissenschaftliche Fragen, er erlebte sie bei den zahlreichen Exkursionen innerhalb und außerhalb Berlins und dem sich manchmal anschließenden geselligen Ausklang sowie beim Schinkelfest am 13. März. Außerdem hatte er nun Zugang zu der interessanten Bibliothek des Vereins, die sich durch Erwerb und Schenkungen ständig vergrößerte. Nicht zuletzt stellten die Monats-Wettbewerbe — sowohl für den Teilnehmer als auch den Betrachter — eine geschätzte Weiterbildungsmöglichkeit dar, und erst recht die alljährlich durchgeführte Schinkel-Konkurrenz, an der Schwechten später teilnehmen sollte.

Nach seinem Jahr bei Gropius ging Schwechten zurück nach Köln — ob aus familiären Rücksichten (die Mutter lebte dort noch als Witwe) oder aus beruflichen Absichten: darüber gibt es leider keine Hinweise. Jedenfalls trat er am 1. Juni 1865 in das Büro des Landbaumeisters Hermann Pflaume ein, der den Entwurf für den Central-Personen-Bahnhof neben dem Dom geliefert hatte (eingeweiht 1859) (B 88). Der Bau zeigt noch Pflaumes Herkunft von der Berliner Bauakademie (Baumeister-Examen 1857), doch in der Folgezeit führte er »*die edlen Formen der italienischen Hoch-*

renaissance in moderner Umgestaltung in Köln ein« (A 90).
Schwechten wurde nun unmittelbar mit diesem »neuen« Thema konfrontiert, denn er wurde *»mit der Leitung verschiedener Bauausführungen in Cöln betraut, unter welchen die palastartigen Wohngebäude der Familien Deichmann und vom Rath sich befanden«*, wie aus seinem Lebenslauf von 1917 hervorgeht. Grundriß und Ansicht des Deichmannschen Wohnhauses (B 89) vermitteln den Eindruck eines »Palazzo Strozzi« zu Füßen des Kölner Doms... Bei dem kleinen »Berliner Zimmer« wird man noch an das Feilnerhaus erinnert; aber in der ganzen Haltung ist es eine andere Welt!
Im April 1867 verließ Schwechten das Büro von Pflaume, um den zweiten Teil seines Studiums an der Bauakademie in Berlin zu beginnen. Er beteiligte sich sogleich an der »Schinkel-Konkurrenz pro 1868«, die gerade ausgeschrieben wurde und bis zum Ende des Jahres zu bearbeiten war.
Die Aufgabe hatte, wie teilweise in früheren Fällen, einen aktuellen politischen Bezug und lautete: »Der Entwurf eines Parlamentshauses für Preußen in Berlin«. Durch den Sieg über Österreich (Schlacht von Königgrätz 1866) kamen aus den hinzugewonnenen Provinzen (z.B. Schleswig) neue Abgeordnete nach Berlin, worauf die bisherigen Bauten des Abgeordneten- und Herrenhauses in der Leipziger Straße zu klein wurden. Der Architekten-Verein formulierte hieraus ein geradezu fortschrittlich klingendes Wettbewerbs-Thema, wobei uns aber das Raumprogramm wieder deutlich an das Drei-Klassen-Wahlrecht denken läßt. Da die Teilnahme für Schwechten so weitreichende Folgen haben sollte, wollen wir uns die Aufgabe (B 90) und die Lösung etwas näher besehen.
Das Wettbewerbs-Programm ist quantitativ eines der größten, das bis dahin gestellt wurde: die Hauptnutzfläche beträgt ca. 15000 m², bei der anzusetzenden Großzügigkeit für die Nebenfläche kommt man leicht auf 30 - 40000 m² Geschoßfläche. Das Grundstück ist ca. 170 x 105 m = ca. 17000 m² groß. Zum Vergleich: das Berliner Stadtschloß ca. 200 x 100 m, der Reichstag ca. 135 x 95 m.
Schwechten realisiert das umfangreiche Programm mit seinen komplizierten Bindungen, Verknüpfungen und Trennungen in einem gewaltigen, dreigeschossigen Baukörper, der den ganzen Straßenblock einnimmt und der nach den Linden hin durch eine Kuppel (Herrenhaus) und zur Dorotheen-Straße durch ein Exedra (Abgeordnetenhaus) dominiert wird. Die Grundrisse zeigen eine schon beinahe routinierte Si-

B 87 Martin Gropius, Büste von R. Siemering
B 88 Central-Personen-Bahnhof Köln, Ausschnitt Platzfassade 1859, aus U. Krings: »Der Kölner Hauptbahnhof« Köln 1977 (Arbeitshefte LKS Rhld)
B 89 Deichmann'sches Haus Köln, Trankgasse 7a. Grundriß 1. Obergeschoß aus »Köln und seine Bauten« 1888

A 89 Nachtrag zum Bauführer-Lehrgang 1857: *»Die Entwürfe sind, insofern bei denselben Massivbau angenommen, nach einem in antiker Auffassung durchgebildeten Baustyl auszuarbeiten.«*
A 90 J.J. Merlo: »Kölnische Künstler in alter und neuer Zeit«, Düsseldorf 1895

90

Preis-Aufgaben zum Schinkelfest am 13. März 1868.

(Mit Zeichnungen auf Blatt V im Text.)

Des hochseligen Königs Friedrich Wilhelm IV. Majestät haben durch Allerhöchste Ordre vom 18. Februar 1856 zum Zwecke und unter Beding einer Kunst- resp. bauwissenschaftlichen Reise zwei Preise von je 100 Stück Friedrichsd'or für die besten Lösungen der von dem Architekten-Vereine seinen Mitgliedern zum Geburtstage Schinkel's zu stellenden zwei Preis-Aufgaben, die eine aus dem Gebiete des Land- und Schönbaues, die andere aus dem Gebiete des Wasser-, Eisenbahn- und Maschinenbaues zu bewilligen geruht. Denjenigen, welchen die Baumeister-Prüfung noch bevorsteht, wird die auf jene Reise verwendete Zeit als Studienzeit in Anrechnung gebracht.

In Folge dieser Allerhöchsten Ordre hat der Architekten-Verein für das Jahr 1868 folgende Aufgaben gestellt:

I. Aus dem Gebiete des Landbaues.

Der Entwurf eines Parlamentshauses für Preufsen in Berlin.

Das Gebäude soll die erforderlichen Sitzungs-, Geschäfts- und sonstigen Neben-Räumlichkeiten für die beiden Häuser des preufsischen Landtags, sowie die Dienstwohnungen der beiden Präsidenten und der Bureau-Dirigenten etc. enthalten.

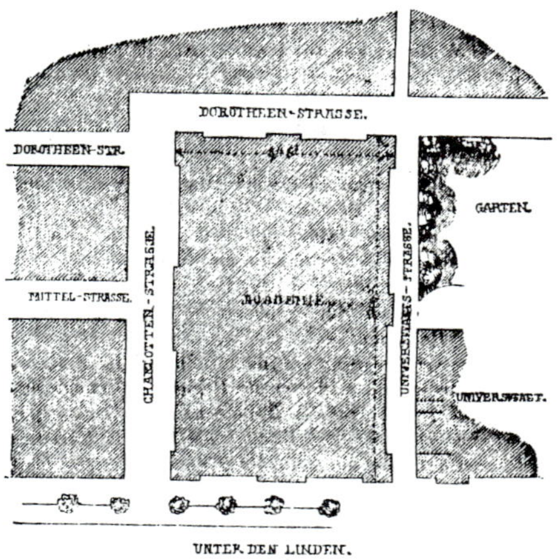

Als Bauplatz ist das Stadtviertel gewählt, in welchem das Gebäude der Akademie der Künste etc. sich befindet, und welches durch die Linden, die Charlotten-, Dorotheen- und Universitäts-Strafse begrenzt wird. Für diese Strafsen sind die derzeitigen Fluchtlinien als maafsgebend festzuhalten, welche ein Rechteck von 540 Fufs Länge und 345 Fufs Breite einschliefsen. Ueber die Fluchtlinien dieses Stadtviertels, dessen Umgebung auf der vorstehenden Situationszeichnung näher angedeutet ist, sind Vorsprünge der Hauptmassen des Gebäudes nicht gestattet, vielmehr erscheint eine Verbreiterung der Universitäts-Strafse wünschenswerth. Bei der Disposition des Entwurfs ist das Herrenhaus an der Strafse Unter den Linden und das Abgeordnetenhaus an der Dorotheen-Strafse anzuordnen. Aufserdem ist für bequeme Zugänge von jeder Seite her Sorge zu tragen.

cherheit in der Anordnung der verschiedenen Funktionen, der Ausformung charakteristischer Raumbildungen, der geschickten Einfügung einer Asymmetrie in den Längsfronten (die Mittel-Straße liegt nicht in der Mittel-Achse!), der Placierung von acht unterschiedlich großen Höfen — und dennoch behält die räumliche Organisation eine klare innere Struktur, die sich auch in den Fassaden abbildet. In diesen spürt man einen gewissen Anpassungszwang an die benachbarte Architektur von Universität und Oper: Erdgeschoß-Rustika, darüber anderthalb Geschoß korinthische Säulen- und Pilaster-Gliederungen, kräftiges Gesims mit Attika; die Haupteingänge (an den Schmalseiten) durch Mittel-Risalite mit Giebel-Portikus betont; alles in Naturstein... Die Arbeit besteht — unter dem suggestiv-loyalen Motto »Vaterland« — aus elf größtenteils farbig angelegten Zeichnungen: drei Grundrissen, vier Fassaden, zwei Schnitten (längs und quer), einer Detailansicht des Festsaals und einem Lageplan (B 91).

Für die Beurteilungs-Kommission des Architekten-Vereins gibt Herr Blankenstein (der spätere Stadtbaurat) am 7. März 1868 folgendes Votum ab: *»Der erste Preis... wird der Arbeit mit dem Motto 'Vaterland' ertheilt, welche sowohl in großartiger Grundrissdisposition, wie in schwungvoller Bearbeitung der inneren Architektur allen anderen voransteht.«*(A 91)

Schwechtens »Parlament« — sein erster großer Entwurf — wurde prämiiert, weil es gegenüber den anderen Teilnehmern auf zwei entscheidenden Ebenen eine höhere Qualität aufwies: zunächst ist da die inhaltliche-funktionale, die geschickte Beherrschung großer Baumassen (intelligenter Grundriß, in sich optimal erschlossen und gegliedert und nach außen mit starkem Symbolgehalt akzentuiert); zum andern zeigt die »Wahl des Stils« ein feines Gespür sowohl für die zeitgemäße Charakterisierung einer Bauaufgabe als auch für die Erwartungen der Jury. Schwechten ist zwar noch Schüler der »Berliner Schule«, aber sein Entwurf könnte auch in der Pariser Ecole des Beaux-Arts zum »Prix de Rome« hängen. Während er hier preiswürdig wurde, weil er die preußische Bescheidenheit aus der Zeit vor dem Sieg über Österreich hinter sich ließ, wäre er dort allerdings durch seine Zurückhaltung — negativ — aufgefallen...

Der Schinkel-Preis war nicht nur deshalb so begehrt, weil die Wettbewerbsarbeit des Gewinners als Zulassungsarbeit für die Baumeister-Prüfung anerkannt wurde, sondern weil dazu auch noch ein gut dotiertes Reisestipendium vergeben wurde. Außerdem wird ein Bekanntheitsgrad erlangt, und durch die Preisverleihung entstehen Kontakte, wie sie dem normalen Studenten unerreichbar sind. Dies scheint auch für Schwechten eine der bedeutsamen Vorbedingungen seiner späteren Karriere zu sein. *»Die Versammlung* (zum Schinkelfest am 13. März 1868) *war überaus zahlreich, und nicht nur die Spitzen unseres Faches, sondern auch die wichtigsten Vertreter aus allen künstlerischen Gebieten schmückten dieselbe. ... Seine Excellenz der Herr Handelsminister übergab hierauf mit freundlichen Glückwünschen die Schinkel-Medaillen...«* (A 92). Aus dem dann folgenden Festvortrag von Blankenstein eine bemerkenswerte Passage zu dem noch lange aktuellen Thema »Stein und Eisen«: *»Wenn es der Gotik gelang,* (den Strebebogen) *als ... Motiv für die Baukunst zu verwerthen, um wie viel eher muß es uns gelingen, Kunstformen zu finden für Bogenstrebe und Trageripppe, für den Anker und für das Zugband, und zwar in Metall, das so unendlich bildsamer ist, als der grobkörnige Stein? Auch die Sorge, daß so leichte Constructionen, wie das Eisen gestattet, zu gebrechlich und darum unmonumental erscheinen könnten, wird verschwinden, wenn wir aus Gewohnheit wissen, daß sie Dasselbe leisten, wie colossale Steinmassen«* (A 92).

B 90 Auszug aus dem Wettbewerbs-Programm, ZfB April 1867

B 91 Parlamentshaus für Preußen, Schinkel-Wettbewerb 1868, Entwurf von Franz Schwechten. Oben: Grundriß Hauptgeschoß, unten: Grundriß Erdgeschoß (Norden ist links, rechts: Unter den Linden) aus Plan-Slg. TU, P 10906 Bl. 1+2

A 91 Bericht v. Fritsch DBZ 1868, S. 101

A 92 ZfB 1868, Sp. 477 f.

91

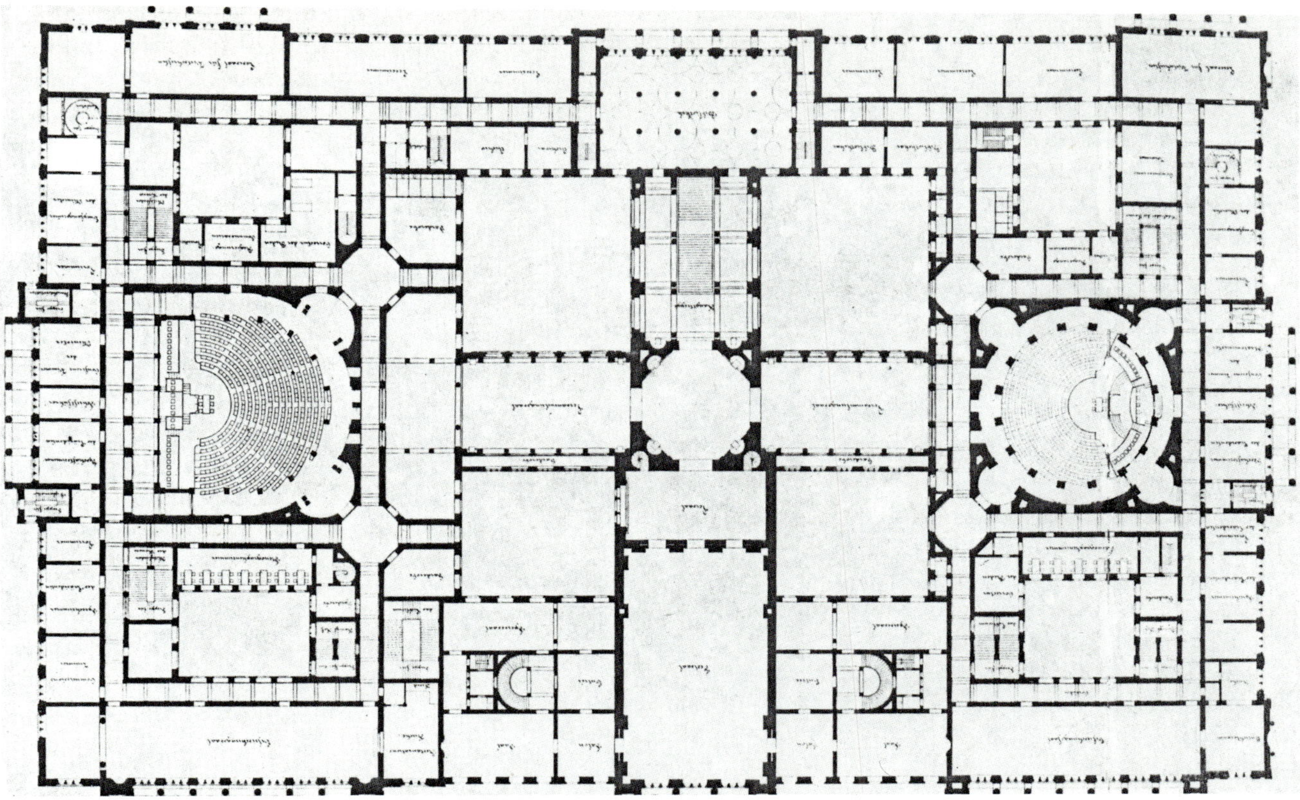

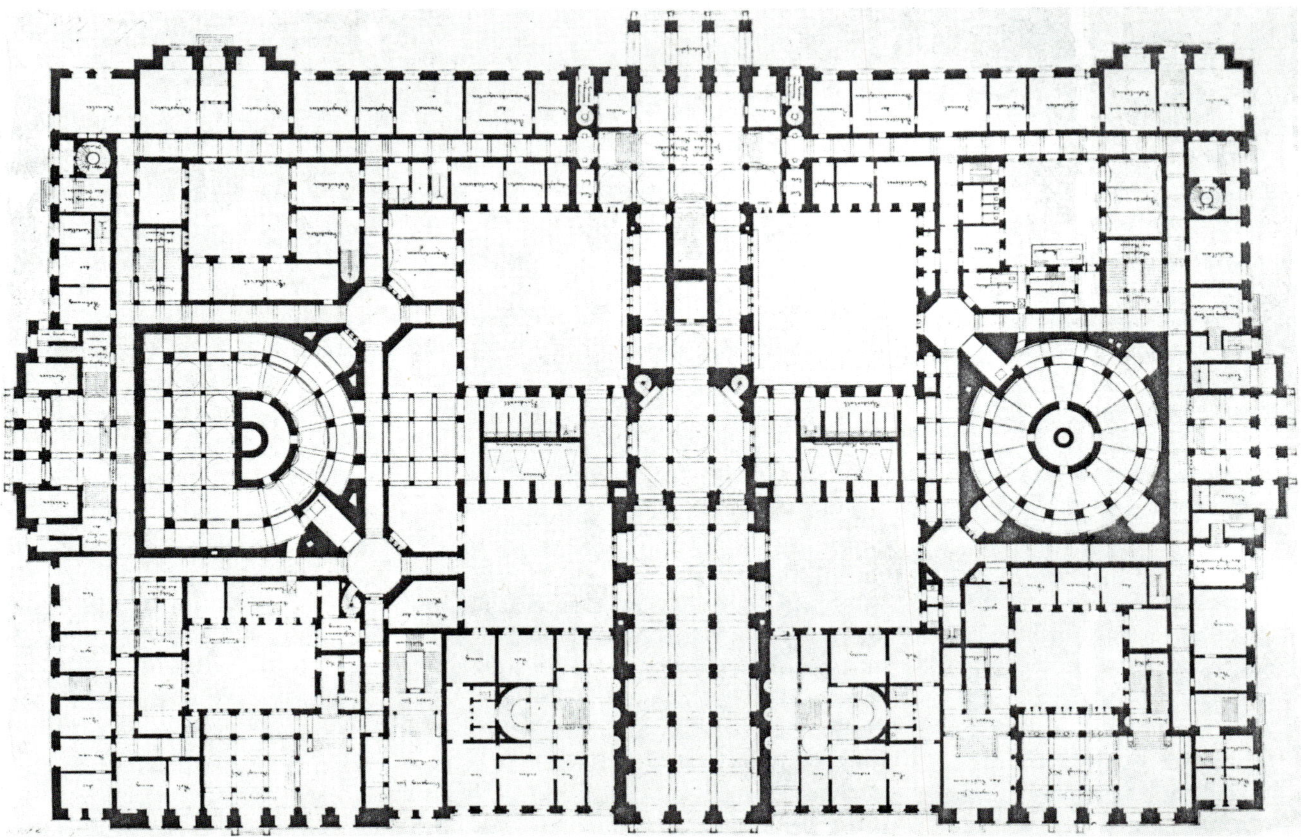

83

Schwechten hatte allerdings noch ein weiteres Jahr zu studieren, denn die neue Prüfungsordnung, welche den Vorlesungsbesuch nach dem Baumeister-Examen wegfallen ließ, trat erst am 1. Oktober 1868 in Kraft. Die Prüfung (A 93) fand dann im Juni 1869 statt und am 3. Juli 1869 erhielt er das Zeugnis als Regierungs-Baumeister.

In Ruhe und ohne materielle Sorgen konnte er sich nun der Planung seiner großen Reise widmen. Statutengemäß wird dem Stipendiaten der Preis auf Antrag des Architekten-Vereins überwiesen, sobald sich der Preisträger schriftlich zum Antritt der Reise verpflichtet hat. Die Preissumme beträgt — nach der Erhöhung (1856) auf 100 Friedrichsd'or — in heutigem Geld: 100 Friedrichsd'or à 6 g Feingold à 37,- DM/g = 22200,- DM (anders gerechnet: 100 Friedrichsd'or à 5 Thlr à 3 M x 15 (Index) = 22500,- DM) mithin eine stolze Summe für einen (alleine? reisenden) jungen Mann!

Bereits am 30. Juni hatte er an den Minister für Handel, Gewerbe und öffentliche Arbeiten, Graf von Itzenplitz, unter Bezug auf die bei der Preisverleihung erteilte Erlaubnis die gehorsamste Bitte gerichtet: *»Ew. Excellenz wollen mir Empfehlungsschreiben an die Königl. preussischen Gesandschaften in den von mir zu berührenden fremden Staaten, so wie an die Eisenbahn und sonstige Bauverwaltungen hochgeneigtest ertheilen, damit ich hierdurch in der Förderung meiner Studien um so wirksamer unterstützt werde. Wie Ew. Excellenz bereits durch den Vorstand des hiesigen Architekten-Vereins mitgetheilt ist, gedenke ich durch Süddeutschland nach Italien zu reisen, und die Rückreise durch Frankreich zu nehmen.«* (A 94)

Außer einer ungefähren Reise-Richtung erfährt man aus diesem Schreiben zum ersten Mal authentisch von einem (nicht spezifizierbaren) Eisenbahn-Interesse!
Leider ist der obligatorische Reisebericht in keinem Archiv aufzufinden gewesen, so daß die Route anhand der im Geh. Staatsarchiv Berlin-Dahlem aufbewahrten Zeichnungen rekonstruiert wird:

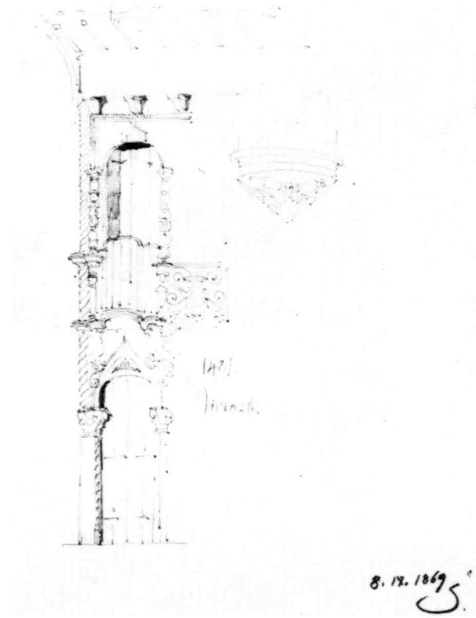

92

93

2.- 6.9.1869	Verona	(Brenner-Bahn, 1867 eröffnet)
8.9.1869	Vicenza	3 Skizzen von Früh-Renaissance-Fassaden (B 92)
25.-28.9.1869	Ferrara	Backstein + Terrakotta (B 93)
2.-8.10.1869	Bologna	Renaissance-Palazzi (B 94)
18.-19.10.1869	Rimini	Aufmaß von S. Francesco (Malatesta)
22.-23.10.1869	Cesena	Aufmaß von S. Maria del Monte (A 78)
Winter 1869	Florenz	nur je eine Zeichnung aus S. Maria Novella und Palazzo Vecchio
5.12.1869	Foligno	Vecchio Ospedale (B 95)
Winter 1869	Rom	Pantheon Innenansicht
Januar 1870	Rom	Cancelleria, Bramante-Bogenreihe
10.-11.7.1870	Siena	Renaissance-Details
14.7.1870	Prato	unbezeichnete Kirche
14.7.1870	Pistoia	Spedale d.S. Ceppo Fassaden-Details (B 96)

Aus dieser Übersicht erhellen sich sofort drei geographische Schwerpunkte der Reise: Emilia, Toskana mit Umbrien, Rom; und aus den Zeichnungen ergibt sich, daß der Renaissance das Hauptinteresse galt. Teilweise sind es flüchtige Bleistift-Skizzen, zum Teil mit Zirkel, Lineal und Maßstab konstruierte, auch in Tusche ausgeführte, schöne Blätter (meist in der Größe von ca. 30 x 40 cm).
Die Tabelle basiert auf der möglichen Zufälligkeit der erhaltenen Zeichnungen und gibt insofern zu einigen Fragen Anlaß: War Schwechten nicht in Venedig? Nicht in Pompeji und Paestum? Hat er in Vicenza Palladio nicht »gesehen« und gezeichnet? Wo war er im ersten Halbjahr 1870?
Daß Schwechten die zuerst geplante Rückreise durch Frankreich nicht durchführen konnte, liegt am Kriegsausbruch am 19. Juli 1870. — Unbekannt ist, ob er jetzt mit einer Einberufung rechnen mußte; jedenfalls enthält sein Lebenslauf auch für das zweite Halbjahr eine Lücke...
»Gegen Ende desselben Jahres (1870) *wurde ich von dem damaligen Landbauinspektor Spieker mit der Bearbeitung des Entwurfes für die hiesige Universitätsbibliothek beschäftigt.«* (A 71) Obwohl diese Büropraxis nur ein halbes Jahr dauerte, scheint sie für Schwechten eine sehr wichtige Station gewesen zu sein. Spieker kam 1868 aus Koblenz nach Berlin in die Abteilung für Bauwesen des Handels-Ministeriums und hatte dort wohl als erste Aufgabe das Strafgefängnis Plötzensee zu bearbeiten; an späteren Bauten wären zu nennen das sog. Metronomische Institut auf dem Grundstück der Sternwarte und die

94

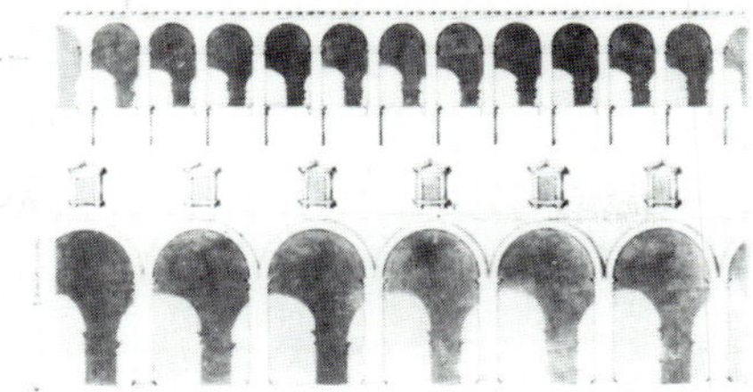

95

96

Institute für Physik und Physiologie Dorotheen- Ecke Neue Wilhelm-Straße. In diesen Projekten erweist er sich ganz als Mann der »Berliner Schule«: Backsteinbauten mit mehr oder weniger sparsamer Terrakotta-Dekoration.

An der Universitäts-Bibliothek in der Dorotheen-Straße 9 (B 97-98) dürfte Schwechten mehrerlei interessiert und befriedigt haben: Zunächst verdient angemerkt zu werden, daß die Fassade direkt in der Achse des gerade von ihm entworfenen Parlaments bzw. Abgeordnetenhauses liegt. Sodann gemahnt der sechsachsige (also geradzahlige) Rastergrundriß mit doppelten Gewölben an die Struktur der Bauakademie; auch ist die Verwandtschaft in der Ansicht der beiden unteren Geschosse deutlich, wenngleich die für die Bauakademie charakteristischen Pfeilervorlagen fehlen; übernommen sind die dreigeteilten Keller- und Segmentbogen-Fenster sowie die »Schichtung« durch andersfarbige Ziegel-Schichten. Der hohe Lesesaal (mit Galerie) erhält seinen kräftigen Ausdruck in der Rundbogen-Arkade im zweiten Obergeschoß — ein Motiv, das »eine Ecke weiter« von Blankenstein an der Dorotheenstädtischen Realschule kurz darauf verwendet werden sollte. Die dunkelgelben Backsteine stammen aus den Greppiner Werken (bei Bitterfeld), die eingelegten farbigen Friesstreifen, Bogenzwickel und Metopenfüllungen bestehen aus Mettlacher Platten. Das Treppenhaus, das später noch eine berühmte Ausmalung (»Vier Hauptepochen geistiger Kultur« von Knille) erhalten sollte, besitzt eine Treppe aus Eisenguß aus der Wilhelms-Hütte bei Seesen: allen genannten Firmen werden wir bald wiederbegegnen...

Im Laufe des Frühjahrs 1871 erhielt Schwechten die Chance (A 95), sich bei der Berlin-Anhaltischen Eisenbahn-Gesellschaft vorzustellen: für die Neubau-Vorhaben wurde dort eine eigene »Entwurfs-Abteilung« gebildet, die von einem befähigten Mann geleitet werden sollte. Nach Abwägung der sich ihm bietenden Möglichkeiten

B 92 Vicenza. Zeichnung: F.S.
B 93 Ferrara. Zeichnung: F.S.
B 94 Bologna. Zeichnung: F.S.
B 95 Foligno. Zeichnung: F.S.
B 96 Pistoia. Zeichnung: F.S.

A 93 Aus den Vorschriften zur Baumeister-Prüfung:
»*§ 15. Die Prüfung beginnt mit den unter Klausur zu fertigenden Probearbeiten:*
a) aus dem Gebiete des Land- und Schönbaues,
b) aus dem Gebiete des Wasser-, Wege-, Eisenbahn- und Maschinenbaues. Jede dieser Arbeiten ist im Laufe einer Woche anzufertigen....
§ 16. Die mündliche Prüfung, welche in der Regel 2 Tage dauert, erstreckt sich auf folgende Gegenstände:
A. Land- und Schönbau:
a) Geschichte der Baukunst nebst Kenntniß der Monumente und der Formenbildung,
b) Bauconstructionslehre in Anwendung auf ausgedehnte und schwierige Bau-Anlagen,
c) Schönbau in Anwendung auf alle Arten von Privat- und öffentlichen Gebäuden und von Städte-Anlagen,
d) Geschäftsführung, Verfahren und Hülfsmittel bei Ausführung der Bauten,
e) Ventilations-, Heizungs- und Erleuchtungs-Anlagen, Wasser-Zu- und Abführungen innerhalb der Gebäude.
B. Wasser-, Wege-, Eisenbahn- und Maschinenbau:
a) Angewandte Mathematik in Bezug auf praktische Bauausführungen,
b) Wasser-, Brücken- und Wegebaukunst in ihrem ganzen Umfange,
c) Eisenbahnbau im ganzen Umfange, einschließlich der Telegraphie,
d) Maschinenlehre und Maschinenbau in dem Umfange, in welchem dieselben im Bauwesen zur Anwendung kommen, daher Kenntniß der Maschinen-Details der Wasser- und anderweitigen Hebungs-Maschinen, der Dampfmaschinen, Mühlen, der Maschinen zum Verarbeiten der Baumaterialien ect.«
Die Prüfung kostete übrigens 10 Thaler (= 30 »Gold«-mark oder heute über 400,- DM).

A 94 Staatsbibliothek 1a Berlin (West) Slg. Darmstaedter 04 1875 Schwechten

A 95 Die Vermittlung Schwechtens erfolgte vielleicht durch seinen gleichaltrigen Kollegen Wilhelm Housselle, der ihn auch in den Architekten-Verein eingeführt hatte und der mindestens ab 1872 bei der B.A.E. nachgewiesen werden kann; s. auch DBZ 1874, S. 61 f.: »*Darauf hält Hr. Housselle den ... Vortrag über die von ihm projektierten Bahnhofsbauten auf den Bahnhöfen zu Dessau und Berlin...*«

97

98

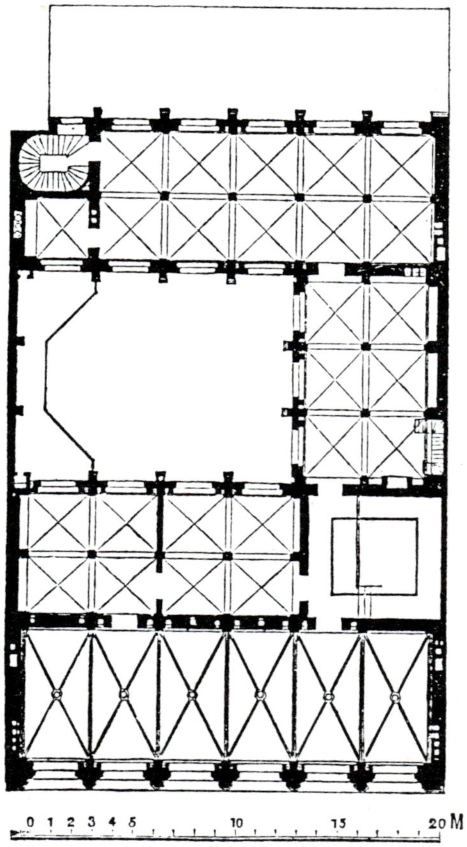

— die »Gründerzeit« hatte gerade begonnen und Zukunftsängste brauchte er wirklich nicht zu haben — faßte er den Entschluß, zur B.A.E. zu gehen. In seinem Lebenslauf von 1917 ist der aufregende Schritt von »damals« gelassen formuliert: *»Juni 1871 übernahm ich die Leitung des Hochbauburo's bei der Direktion der Berlin-Anhaltischen Eisenbahngesellschaft, welcher ich meine Tätigkeit als Chefarchitekt des Projektierburos ununterbrochen bis zum Februar 1882 gewidmet habe«.* Man kann leicht ahnen, wie sehr ihn die Größe der Aufgabe reizte; wie er Bauen in der Synthese von architektonischem und konstruktivem Gestalten begriff und wie er die Einordnung seiner Person und seines Wirkens in eine bestehende Büro-Struktur — nach befriedigender Regelung seiner Kompetenzen — als sachgemäß und produktiv empfand.

In der Anstellung bei der B.A.E. steckte aber noch eine viel weiter gehende »Karriere-Chance«: durch die zu projektierenden Bauten für die Eisenbahn, nicht nur in Berlin, sondern bis hinunter nach Anhalt und Sachsen, würde Schwechten mit den wichtigsten Männern des Faches, der Verwaltung und Regierung in Kontakt kommen, so daß er — fast zwangsläufig — zu einem Kreis prominenter Bauherren Verbindung erhält. Auf diese Weise entstanden schon während seiner Zeit bei der B.A.E. die Kreishäuser in Wittenberg und Cölleda; nach seinem Ausscheiden bei der B.A.E. zahlreiche andere kommunale und staatliche Bauten in jener Gegend wie z.B. das Ständehaus in Merseburg, ein Gymnasium in Wittenberg und das Mausoleum der Herzöge von Anhalt-Dessau.

Zum Schluß noch einige Anmerkungen, die zur Lebens- und Lokal-Geschichte dazugehören: Schwechtens Wohnungen während der Studienzeit konnten nicht ermittelt werden, jedoch zwei Wohnsitze für die Zeit bei der B.A.E.: 1875 wohnt er am Tempelhofer Ufer 12, einem schönen klassizistischen Mietshaus (B 99) an der Ecke Großbeeren-Straße, und ab 1878 ist er in der Lützow-Straße 68/III gemeldet. Dort ist laut Adreßbuch 1880 auch seine Mutter zugezogen, und in dieser Wohnung etabliert er auch sein Atelier, d.h. sein privates

9

Architektur-Büro; als sich dasselbe dann immer mehr ausdehnte, verlegte Schwechten (B 100) in den neunziger Jahren die Wohnung in ein benachbartes Haus: Lützow-Straße 65.

Von den in der Lützow-Straße entstandenen Werken seien die bekanntesten kurz aufgeführt:

1. Die Kaiser-Wilhelm-Gedächtniskirche mit den beiden Romanischen Häusern,
2. die Hohenzollern- und südliche Eisenbahn-Brücke über den Rhein in Köln,
3. das Schloß in Posen,
4. die Evangelische Kirche in Rom,
5. für die A.E.G. das Fabrikgebäude an der Acker- und das Tor an der Brunnen-Straße;
6. zahlreiche Kirchen in Berlin (Apostel-Paulus, St. Simeon) und auswärts (Schönefeld, Bad Homburg, Adenau);
7. das Haus »Vaterland« am Potsdamer Platz in Berlin.

B 97 Universitäts-Bibliothek Dorotheen-Str. 9. Straßen-Ansicht. Seit 1911 Teil des Museums für Meereskunde. Aus »Berlin und seine Bauten«, 1877

B 98 Grundriß zu B 97. Aus »Berlin und seine Bauten«, 1877

B 99 Tempelhofer Ufer 12 Ecke Großbeeren-Straße Aufn.: Verf. 1980

B 100 Franz Schwechten (um 1890). Aufn.: Reichard & Lindner, aus Archiv der preuß. Akademie der Künste

100

REICHARD & LINDNER
KÖNIGL. HOF-PHOTOGRAPHEN
BERLIN, N. W.
54/55 Unter den Linden 54/55

102

103

5. Heinrich Seidel — ein Ingenieur

Am Lebensweg von Heinrich Seidel läßt sich verfolgen, wie ambivalent das Verhältnis zur Welt der Technik sogar jener Menschen war, die selbst an der »Herrschaft der Dampfmaschine« mitgewirkt haben, und zwar nicht nur am Amboß, sondern auch in den Konstruktionsbüros.
Heinrich Seidel wurde am 25. Juni 1842 als erstes von fünf Kindern in Perlin in Mecklenburg geboren, wo der Vater Pastor war. In dieser dörflichen Idylle (B 101) wuchs der Knabe auf, bis der Vater 1851 als Garnisonsprediger nach Schwerin versetzt wurde. Dort besuchte er das Gymnasium bis Ostern 1859, um anschließend seinen Berufswunsch »Maschinenbau« zu verwirklichen. Die Naturverbundenheit des ersten Lebensjahrzehnts wird nun überdeckt von der Begeisterung für die Technik, die in Gestalt der Eisenbahn Einzug hielt in die kleine Residenz: Seidel beginnt eine einjährige Lehre in der Lokomotiv-Reparaturwerkstatt Schwerin.
Nach dieser ersten praktischen Ausbildung nahm er ein halbes Jahr Privatunterricht in Mathematik, um im Herbst 1860 auf dem Polytechnikum in Hannover angenommen zu werden. Die finanziellen Einschränkungen in der Familie durch den Tod des Vaters beendeten schon nach drei Semestern die »Burschenherrlichkeit« (B 102), die er in der »Obotritia«, der Verbindung der Mecklenburger, kennengelernt hatte (sogar ein Schmiß gehörte dazu von einem gewissen Otzen, der später in Berlin ein bekannter Baumeister werden sollte). Seidel mußte nun seinen Lebensunterhalt selbst verdienen und arbeitete von Ostern 1862 an zwei Jahre in einer kleinen Maschinenfabrik in Güstrow, welche hauptsächlich landwirtschaftliche Maschinen herstellte. Der Anfangslohn für den Lehrling betrug 50 Pfennig am Tag; zuletzt verdiente er 3 Thaler in der Woche; gelernt hat Seidel nach eigenen Angaben nicht viel: *»In der ganzen Fabrik gab es keine Zeichnung«*. (A 96)
Seidel (B 103) ging dann zu der zweiten, etwas größeren Güstrower Maschinenfabrik Ernst Brockelmann, welche ein umfangreicheres Fabrikationsprogramm besaß und deshalb auch ein Konstruktionsbüro. Er wollte als Zeichner in diesem Büro arbeiten und da er hierin nur wenig Erfahrung hatte, verdiente er am Anfang nur 10 Thaler im Monat; nach anderthalb Jahren brachte er es durch selbständiges Arbeiten bereits auf 30 Thaler Monatsgehalt. In dieser Firma kam er nun mit einer Fülle von interessanten Aufgaben in Berührung: Hier wurden Dampfmaschinen, Wasserhaltungsmaschinen, Werkzeugmaschinen, Mühlen, landwirtschaftliche Maschinen, eiserne Dächer und vieles andere mehr hergestellt. Nach über zwei Jahren waren seine Ausbildungspläne weitergediehen, und er trat am 1. Oktober 1866 in die Königliche Gewerbe-Akademie in Berlin ein, *»um sich als Mechaniker auszubilden«*.
In seinen Studien beschränkte er sich nicht auf die fachspezifischen Fächer wie Algebra, Geometrie, Analysis, Differential- und Integralrechnung, Mechanik, Statik, Hydraulik und Baukonstruktion, sondern nahm auch das erstaunlich vielseitige Lehrangebot an Kunst-, Kultur- und Literatur-Geschichte wahr. In seinem vierten, zugleich letzten Semester hatte er sogar zur Hälfte geistesgeschichtliche Fächer belegt, hauptsächlich bei Professor Eggers (B 104). Die von Seidel gewählte Fächerkombination gibt Auskunft über die Vorstellung, die er sich von seinem Beruf und seiner weiteren Persönlichkeitsentwicklung gemacht hat: Naturwissenschaften und Technik werden noch nicht verselbständigt — sie sind noch Teil einer »kulturellen Einheit«.

»Zuerst fühlte ich mich recht einsam in Berlin, doch dies besserte sich bereits nach dem ersten Vierteljahr, als ich mehr Bekannte gewonnen hatte. Im zweiten Jahr meines Aufenthaltes erhielt ich eine Empfehlung an meinen Landsmann, den Professor der Kunstgeschichte Friedrich Eggers, dessen Vorträge in der Gewerbeakademie mich aufs höchste anzogen. Ich besuchte ihn und ward dann nach kurzer Zeit von ihm zum Mittagessen eingeladen. Dort fand ich noch zwei andere Mecklenburger, den jetzigen Professor Gustav Flörke aus Rostock und Ernst Ziel, später bekanntlich Redakteur der Gartenlaube. Beide studierten damals an der Berliner Universität. Nach dem Essen führte uns Eggers in den

104

101

literarischen Sonntagsverein, genannt ‘Tunnel über der Spree’, und da gefiel es mir ungewöhnlich gut...
So manchem jungen Künstler (A 97) *hat er die Wege geebnet, und auch ich kann wohl sagen, daß er mein Leben in eine Bahn geleitet hat, die meine ganze Zukunft beeinflußte. Durch ihn wurde der obsküre Stu-*

105

B 101 Pfarrhaus in Perlin, aus »Die Weite Welt« Berlin 1902, S. 1440
B 102 V.l.n.r.: Hans Haßel, Carl Hohn (Leberecht-Vorbild), H. Seidel, in Hannover um 1861. Aus Dt. Literaturarchiv Marbach/N., Nr. 1691/59
B 103 Heinrich Seidel in Güstrow, Skizze von Tischbein. Aus Dt. Literaturarchiv Marbach/N.. (Hans Tischbein war Mitschüler von Seidel in Schwerin; s. »V.P.n.B.«, S. 357)
B 104 Friedrich Eggers, geb. 1819 in Rostock, gest. 1872 in Berlin, Kunstforscher, Prof. an der Kunstakademie, Gewerbeakademie und Bauakademie.
Ausschnitt einer Federzeichnung von A. Menzel 1855 auf einem Brief an das »Tunnel«-Mitglied Fontane in England; aus Th. Fontane: »Von Zwanzig bis Dreißig«, Berlin 1925
B 105 Haus Senator Dr. Karl Eggers, Auf dem Carlsbade No. 8, Straßenfassade, Entw. v. Gropius und Schmieden. Aus »Architektonisches Skizzenbuch« 1870

A 96 Vgl. Heinrich Seidel: »Von Perlin nach Berlin«, Bd. I des Gesamtwerkes, Cotta-Verlag, Stuttgart 1925, S. 386 f.
A 97 Zum Beispiel Ludwig Brunow, Bildhauer ab 1866, später für den Anhalter Bahnhof tätig!

106

dent der Gewerbeakademie und spätere Fabriktechniker in Kreise eingeführt, die ihm sonst wohl verschlossen gewesen wären, durch ihn lernte ich seinen in Berlin lebenden Bruder, den Rostocker Senator a.D. Dr. Karl Eggers kennen, der mir, dem gänzlich unbekannten Poeten, den Verlag meiner fünf ersten kleinen Bücher vermittelte, in dessen Familie (ich) *meine zukünftige Frau kennenlernte und in dessen freundlichem Hause auf dem Karlsbade* (B 105) *ich fünfzehn Jahre gewohnt habe«* (viel später: von 1880 bis 1895) (A 98).

Seidel (B 106) verließ die Gewerbeakademie Ende Juli 1868 und wollte sich wieder der Praxis zuwenden. Im Zentrum des Berliner Maschinenbaus vor dem Oranienburger Tor suchte er Arbeit; bei Borsig und Egells erhielt er eine Absage, aber Wöhlert stellte ihn am 1. September als Techniker ein, mit einem Anfangsgehalt von 25 Thalern. Er wohnte in der Nähe des technischen Büros (B 107), wo er siebzehn Monate lang seine Arbeit von 8 Uhr morgens bis 7 Uhr abends mit zwei Stunden Mittagspause verrichtete. Er arbeitete nun unter etwa zwanzig anderen Technikern, zumeist im Lokomotivenbau (obwohl er dafür am wenigsten Interesse hatte) und offenbar weniger im Entwurf als in der Werkstattaufsicht, wo ungefähr tausend Arbeiter zu betreuen waren. Die unbefriedigenden Arbeitsbedingungen hat Seidel in seinem autobiografischen Roman »Leberecht Hühnchen« geschildert: ein beredtes Zeugnis des Entwicklungsstandes dieser Firma und wohl der Branche in Berlin. Seidel sehnte sich nach eine besser organisierten Arbeit mit interessanteren Aufgaben und wandte sich Anfang des Jahres 1870 an die »Berlin-Potsdam-Magdeburger Eisenbahn-Gesellschaft«, die ihn sofort anzustellen versprach, worauf er bei Wöhlert zum 15. Februar kündigte.

Seidel meldete sich bereits am 14. Februar 1870 in dem Neubau-Büro in der Linkstraße 14 bei Herrn Baumeister zur Nieden, wo er mit Blick auf die Baustelle (B 108) des Potsdamer Bahnhofs sogleich in seine neuen Arbeitsgebiete eingeführt wurde: »*...bei der Potsdamer Bahn sollte ich mich nun außer mit der Anlage der hydraulischen Hebevorrichtungen ... auch mit Dach- und Brückenkonstruktionen beschäftigen, einem Fache, über das ich nie einen Vortrag gehört hatte und von dem ich auch nicht das Allergeringste verstand. Und doch wurde dies fortan meine Hauptbeschäftigung. Zu Anfang verzagte ich fast und war schon kurz davor, die Stelle wieder aufzugeben, da ich mich ihr nicht gewachsen fühlte, doch allmählich unter der angestrengtesten Arbeit und nach einigen schlaflosen Nächten fing ich an klarer zu sehen und arbeitete mich in das neue, mir ganz fremde Gebiet ein. Das Beste lernt man eben vor den Aufgaben, die einem gestellt werden.«* (A 99)

Ob Seidel nach dieser anfänglichen Unsicherheit mit der Konstruktion der Halle des Potsdamer Bahnhofes befaßt war, geht aus

B 106 Heinrich Seidel 1867 in Berlin, aus Dt. Literaturarchiv Marbach/N.
B 107 Annonce aus »Glaser's Annalen« 1878
B 108 Potsdamer Bahnhof im Bau 1870, aus Plan-Slg. TUB

A 98 H. Seidel, a.a.O., S. 399-409
A 99 H. Seidel, a.a.O., S. 411

107

108

der allgemein gehaltenen Formulierung seines Zeugnisses *(»Zeichnungen und Berechnungen zu eisernen Dächern und Brücken für unsere Neubauten«)* nicht eindeutig hervor. Jedoch war die anfänglich im Potsdamer Bahnhof vorhandene Lokomotiv-Schiebebühne, die hydraulisch angetrieben war, sein Werk, genauso wie die mit Wasserdruck betriebenen Aufzüge im Zentralbahnhof in Magdeburg: Hydraulik war nun ein Spezialgebiet für ihn geworden.
Über die Arbeitsverhältnisse bei der B.P.M. erfahren wir leider nichts von Seidel. Im Einstellungsschreiben war ein Gehalt von zwei Thalern pro Tag vereinbart: bei einer Sechs-Tage-Woche also 50 Thaler im Monat oder 600 Thaler im Jahr (A 100). Als die Eröffnung des Potsdamer Bahnhofs in Berlin bevorstand (30. August 1872) und auch die Arbeiten in Magdeburg ihrem Ende entgegengingen, kündigte Seidel zum 1. August 1872 und machte sich wieder auf die Suche nach ähnlich interessanten Aufgaben.

Seit seiner Hannoveraner und Güstrower Zeit hatte Seidel mehrere Erzählungen, Märchen und Gedichte geschrieben; im Juni 1865 erschien in den »*Jahreszeiten*« sein »Sommermärchen«, wofür er 1 7/8 Thaler »Ehrensold« erhielt, was ihm klar machte, daß die Berufsschriftstellerei eine ziemlich brotlose Sache sein kann ... Seit 1870 erschien dann *»ein kleines Büchlein nach dem andern, und ihre Zahl stieg auf sieben, ohne daß auch nur eins von ihnen Beachtung gefunden hätte.«* (A 101)
»In diesen und den folgenden Zeiten führte ich ein sonderbares Doppelleben, denn ich war ängstlich bemüht, meine praktische Berufstätigkeit und meine poetischen Liebhabereien scharf auseinanderzuhalten. Ich habe jahrelang mit Leuten auf einem Bureau zusammen gearbeitet, ohne daß diese eine Ahnung davon hatten, daß meine Mußezeit von ganz anderen Interessen ausgefüllt wurde. Ja, wenn es ihnen dann von anderer Seite mitgeteilt wurde und man ihnen die Beweise vorlegte, sträubten sie sich, es zu glauben und sagten: 'Das ist nicht möglich, Seidel ist doch so ein nüchterner Verstandsmensch und durch und durch Ingenieur'.« (A 102)

Seidel ging nun zur nächstliegenden Eisenbahn-Gesellschaft, die über erfahrene Leute natürlich erfreut war: Neben Sillich trat auch er in das »Technische Central-Bureau für Neubauten« bei der B.A.E. ein. Nun beginnt der letzte, jedoch längste Abschnitt seiner Ingenieur-Laufbahn (er sollte siebeneinhalb Jahre bei der B.A.E. bleiben), und eine Fülle von vielseitigsten Aufgaben fiel ihm hier zu: *»Später begünstigte mich das Glück noch mehr, und ich erhielt eine Aufgabe, die in dieser Ausdehnung auf dem ganzen Kontinente noch nicht vorgekommen war, nämlich die Konstruktion des eisernen Daches der mächtigen Ankunftshalle, das eine Spannweite von 62 1/2 Meter besitzt. Wem die Straße 'Unter den Linden' in Berlin bekannt ist, der kann sich davon eine Vorstellung machen, denn die Breite dieser Straße beträgt 60 1/3 Meter. Außer vielen anderen Dächern und Brücken entwarf ich dort auch die Anlage der hydraulischen Hebevorrichtungen für den Anhalter Bahnhof, darunter einen Aufzug, der bestimmt war, beladene Kohlenwagen vier Meter hoch zu heben oder zu senken...«* (A 102).

Da von Seidel keine weiteren Einzelbeschreibungen seiner Arbeiten vorhanden sind — und da wir uns seine Schilderung des »Bureaulebens« anschließend zu Gemüte führen wollen — sei hier wegen der genaueren Aufzählung sein Zeugnis vorweggenommen:
»Zeugniß.
Herr Ingenieur Seidel trat am 1sten November 1872 in die Dienste der Berlin-Anhaltischen Eisenbahn-Gesellschaft und ist seit dieser Zeit mit Bearbeitung von Projecten aus dem Gebiete des Ingenieurwesens auf dem technischen Central-Bureau für Neubauten sowie mit der Contrôle der Ausführung von Eisenkonstructionen und Maschinen-Anlagen beschäftigt gewesen.
Von den durch Herrn Seidel erledigten Arbeiten ist besonders hervorzuheben die Bearbeitung der Projecte zu der Eisenkonstruction für das IIte Geleise der Elbbrücke bei Wittenberg, der Unterführungen der York-Straße, des Schiffahrts-Canales, des Tempelhofer- und Halle'schen Ufers in Berlin und der Elsterbrücke bei Jessen; ferner der Projecte für die Perronhalle in Dessau, für die Ueberdachung der Perronhalle des neuen Empfangs-Gebäudes in Berlin, und für die großen eisernen Fenster derselben, sowie endlich: des Projectes für die hydraulischen Aufzüge auf dem Personenbahnhofe in Berlin.
Die Aufstellung der hydraulischen Aufzüge und der hierzu gehörigen Dampfpumpen und Kessel erfolgte unter specieller Leitung des Herrn Seidel.
Herr Seidel hat die ihm übertragenen Arbeiten stets sehr gewissenhaft und mit großer Sachkenntnis zur vollen Zufriedenheit seiner Vorgesetzten erledigt, was ihm hiermit gern bezeugt wird.
Er scheidet auf seinen Wunsch am 1. Mai cr. aus seiner bisherigen Stellung aus.
Einverstanden
Berlin, den 6. April 1880
Der Ober-Ingenieur
Wiedenfeld
Baurath

Berlin, den 2ten April 1880.
Lantzendörffer
Regierungs-Baumeister
Vorsteher des technischen Bureaux.

Gesehen Berlin, den 8. April 1880
Die Direction der Berlin-Anhaltischen Eisenbahn-Gesellschaft.
Fournier« (A 103)

Heute fällt uns an den aufgeführten Projekten besonders ihre Vielfalt auf: Sie zeigt uns einerseits den noch geringen Spezialisierungsgrad der Ingenieurwissenschaft, andererseits aber auch die Breite von Fähigkeiten, die sich Seidel angeeignet hatte. Man fände heute keinen Ingenieur mehr, der eine Brücke über die Elbe konstruiert und bemißt und gleichzeitig einen hydraulischen Gepäckaufzug samt Antriebsaggregat entwirft und detailliert. Neben der Vielseitigkeit ist bei seiner Tätigkeit auch das als sehr wichtig einzuschätzen, was hinter dem Wort »Contrôle« steckt. Um es mit einem modernen Begriff zu sagen, es ist der Praxisbezug: Er kontrolliert nicht nur, was andere aus seinen Zeichnungen gemacht haben, sondern auch gleichzeitig seine eigene Arbeit, seine Verbindung von Theorie

und Praxis. Diese Aufträge zur »Contrôle« führen ihn ebenso hinaus zur Abnahme von Lieferungen bei den Firmen wie auf die Baustellen und auf die Gerüste der großen Halle des Anhalter Bahnhofs. Von seinem Sohn erfahren wir, daß Seidel einen Photoapparat besaß; leider sind jedoch keine von ihm gemachten Aufnahmen aufzufinden, mit Ausnahme derjenigen, die über dem Bücherregal in seinem Arbeitszimmer hing und die Bogenbinder auf der Mauerkrone beim Verschub zeigte (B 109). 109

Auf einem seiner »Kontrollgänge« passierte dann ein Unglück, das uns Seidel selbst verschweigt, aber tiefenpsychologisch doch eine starke Wirkung gehabt haben dürfte. Der Sohn Heinrich Wolfgang berichtet darüber folgendes: *»Mein Vater war, als er auf dem Gerüst des Anhalter Bahnhofs die Arbeiter inspizierte, unbedacht zurückgetreten und abgestürzt, dann aber grade noch auf ein tieferes Gerüst niedergefallen, hart an der Kante, aber vor dem Abgrund gerettet. Er lag besinnungslos und war auch, als sein Denken zurückkehrte, so gelähmt, daß er die angstvollen Worte seines Kollegen 'Seidel, wachen Sie auf! Seidel, reden Sie doch ein Wort!' geraume Zeit nur mit einem abgrundtiefen Schweigen beantwortete. ... Daß er damals mit knapper Not dem Tode entronnen, ... habe ich erst viele Jahre danach erfahren.«* (A 104) Die unge-

B 109 Heinrich Seidel in seinem Arbeitszimmer im eigenen Haus in Lichterfelde, Booth-Straße 29, ca. 1902. Über dem Regal eine Aufnahme der im Bau befindlichen Halle des Anhalter Bahnhofs. Aus Dt. Literaturarchiv Marbach/N. Nr. 1963/55

A 100 Zum Verdienst vgl. J. Kocka: »Unternehmens-Verwaltung und Angestelltenschaft am Beispiel Siemens 1847-1914«, S. 137-141:
1867 ein Werkmeister 500 Thlr/Jahr
1868 ders. befördert zum »Ingenieur« 1200 Thlr/Jahr
1869 ein Mechaniker im Techn. Büro 400 Thlr/Jahr
1867 v. Hefner-Alteneck als Zeichner 300 Thlr/Jahr
1868 v. Hefner-Alteneck Chef-Konstrukteur 4800 Thlr/Jahr
A 101 H. Seidel, a.a.O., S. 395
A 102 H. Seidel, a.a.O., S. 411 f.
A 103 Aus Dt. Literaturarchiv Marbach/N., Nr. 69.6557
A 104 Heinrich Wolfg. Seidel: »Mein Elternhaus«, Manuskript, Dt. Literaturarchiv Marbach/N., Nr. 74.1207

110

fähre Zeit und Lage des Unfalls läßt sich wohl nur fogendermaßen rekonstruieren: Seidel hatte an der Halle mindestens drei genau benennbare Aufgabenbereiche: 1. Er fertigte die Statik der Mauerwerkspfeiler für die Hallenlängswände — diese waren bis zum Mai 1879 eingerüstet. 2. Er berechnete die gußeisernen Fensterpfosten, die wegen ihres Gewichts nur während des Rohbaus und dessen Gerüststellung eingebaut werden konnten. 3. Von ihm stammt die Berechnung der Fachwerkbogenbinder, die ab Oktober 1878 bis Februar 1879 auf einem Lehrgerüst über dem Südportal montiert und dann an ihren endgültigen Platz auf der Mauerkrone verschoben wurden. Wir dürfen also vermuten, daß sich der Unfall wohl in der ersten Hälfte des Jahres 1879 zugetragen hat und nicht ohne Einfluß auf die Entscheidung geblieben ist, die Seidel nach Fertigstellung der Neubauten zu fällen hatte: Weiterhin, einen kühnen, aber gefahrenreichen Beruf auszuüben? Bei der B.A.E. zu bleiben und sich im Zuge der anstehenden Verstaatlichung — wie viele andere Kollegen — verbeamten zu lassen? Oder sollte er als Privat-Ingenieur von selbständig bearbeiteten Projekten leben? Oder von den noch geringen Einkünften aus seiner Schriftstellerei? (B 110)

Er entschied sich für das letztere und da hier seine Tätigkeit als Ingenieur zu würdigen war, soll nicht näher auf sein literarisches Werk eingegangen werden. Ihm selbst sind über den Entschluß manchmal Zweifel gekommen, wie es scheint, aber weniger über die Qualität seiner Aussage als Dichter: »*Ich fange an, es schon manchmal zu bereuen, daß ich gerade in dem Augenblick, wo ich im Begriff war, ein berühmter Ingenieur zu werden, diesen schönen Beruf aufgab und mich gänzlich der undankbaren Göttin Poesie in die mageren Arme warf. Und dann, das sogenannte Dichten ist so furchtbar schwer und macht so wenig Vergnügen. Du glaubst nicht, wieviel amüsanter Konstruiren ist, eine dem Dichten übrigens sehr verwandte Thätigkeit. Ich kenne nicht die sogenannte 'Lust des Schaffens', die ich nebenbei gesagt für eine Erfindung der Dilettanten halte, sondern nur die Qual des Schaffens.*« (A 105)

Er, der als Ingenieur geschult und gewohnt war, alle sein Werk beeinflussenden Kräfte gründlich zu untersuchen und dann in Rechnung zu stellen, macht in seinem literarischen Oeuvre stets einen weiten Bogen um die Kräfte, welche die Gesellschaft seiner Zeit bewegen. Manchmal wird aus gewissen Bemerkungen aber auch deutlich, daß dieses Ausklammern der politischen Probleme nicht nur aus der kleinbürgerlichen Tugend der Verdrängung, sondern aus Ignoranz geschieht: Wie anders kann sonst der Satz interpretiert werden, der sich in einem Artikel für »*Daheim*« 1891 über die Berliner Mietskasernen findet »*...im Westen unseres Landes gibt es Industriegegenden, ... wo der Arbeiter in seinem Hause auf dem eigenen Besitz lebt, und die Sozialdemokratie ein unbekannte Sache ist.*«

Mit seinen Schilderungen scheinbar zeitloser Idyllen und dem Ausweichen vor den großen gesellschaftlichen Konflikten hat Seidel den geschichtslosen und geschichtszerstörerischen Kräften Vorschub geleistet, denen letztendlich auch seine Ingenieur-Werke zum Opfer fielen.

So blieb dann nur das Zimbelkraut, das er am Landwehrkanal einst säte...

B 110 Heinrich Seidel mit (Schwiegertochter bzw. Nichte) Ina Seidel 1906. Aus Dt. Literaturarchiv Marbach/N.

A 105 Brief H. Seidels an seinen Verleger Heinrich Hoffmann vom 1.10.1889, aus Dt. Literaturarchiv Marbach/N.

6. »Ein Tag aus dem Bureauleben«

Heinrich Seidels Erzählung ist um die Jahrhundertwende herum entstanden, also zwanzig Jahre nach den geschilderten kleinen Ereignissen; sie soll aber in Auszügen wiedergegeben werden, weil dadurch das Arbeitsmilieu des »Technischen Central-Bureau für Neubauten« besser vorstellbar wird.

Dieses Bureau war im B.A.E.-eigenen Eckhaus Askanischer Platz 7/Ecke Königgrätzer- und Möckern-Straße bis Februar 1878 untergebracht und wurde dann in das neue Güter-Verwaltungs-Gebäude am Tempelhofer Ufer/Ecke Möckern-Straße verlegt, da das alte Eckhaus für den Neubau abgerissen werden mußte.

Leider erfahren wir nichts über die »Hochbau-Abtheilung«, in der die Entwürfe für die Neubauten entstanden und welche von Schwechten geleitet wurde. Auch im Nachlaß Seidels im Literaturarchiv Marbach konnten keine Äußerungen gefunden werden über das Verhältnis der beiden Abteilungen zueinander und über das von Seidel und Schwechten. — Eine gegenseitige Sympathie dürfte herauszulesen sein aus der Teilnahme Schwechtens an der Vorbereitung einer Gedächtnis-Feier zu Ehren Seidels am 11. März 1907 in der Aula der TH Charlottenburg.

*

Seit dem 9. April 1895 wohne ich in Großlichterfelde, einem Orte, der wohl eine Gartenstadt genannt werden kann, 19 000 Einwohner hat und von Berlin 9,21 Kilometer südwärts gelegen ist. Ich will nicht behaupten, daß diese dem Äquator so viel näher gerückte Lage schon eine günstige Veränderung des Klimas hervorbringt; es steht aber fest, daß allerlei Sorten von Obst, Rosen und Erdbeeren und sonstigen edlen Gewächsen und Blumen dort herrlich gedeihen und von einer großen Anzahl beschaulicher Gartenbesitzer liebevoll gepflegt werden. Ja, ich weiß sogar, daß dort, allerdings in Glashäusern, überaus köstliche Weintrauben gezogen werden, die in berühmten Berliner Delikatessenhandlungen die französische Nationalität annehmen und dann von den Feinschmeckern mit Preisen bezahlt und mit einer Hochachtung verzehrt werden, die man einem simplen Lichterfelder Gewächs wohl niemals gewähren würde.

Nach einer Eisenbahnfahrt von 18 Minuten kann man nun aber aus dem Veilchen-, Flieder-, Rosen- oder Levkojenduft dieses Gartenidylls mitten in dem brausenden Berlin sein, und da ich sehr oft des Abends, wenn die Sonne sinkt, und „es dem Guten gegonnen" ist, diese Gelegenheit benutze, so gewährt es mir dabei ein besonderes Vergnügen, daß bei dieser Fahrt der Zug nur über Brükken geht, die von mir konstruiert worden sind, und daß, wenn ich in die mächtige Halle einfahre, alles Eisen, das man sieht, von dem riesigen Dache bis zu den nicht minder stattlichen Fenstern, sowie den unterirdischen Gepäckaufzügen einmal, sozusagen, durch meinen Kopf gegangen ist, und daß in dem ganzen Gewirr von Stangen, Platten und Sprossen und dergleichen kein Teilchen ist, dem nicht einst von mir der Platz angewiesen worden wäre. So ist denn jede solche Fahrt für mich eine Erinnerung an meinen vormaligen Ingenieurstand, und zugleich erfüllt mich immer wieder die Freude, etwas vorzeigen zu können, daran ich beweisen kann, daß ich nicht wegen verfehlten Berufes unter die Schriftsteller gegangen bin.

Ich bin sieben Jahre auf dem Neubaubureau der Anhaltischen Eisenbahn beschäftigt gewesen, und da ich durch die vorhin genannten Verhältnisse jetzt fast täglich an diese Zeit erinnert werde, so ist mir der Gedanke gekommen, einmal einen Tag aus dem Bureauleben zu schildern, wie ich so manchen erlebt habe. Man muß aber nicht denken, daß alle Tage in dieser ulkigen Weise verlaufen wären, nein, zuzeiten, wenn die Arbeit drängte, oder schwierige und interessante Aufgaben zu bewältigen waren, saßen selbst die größten Spaßmacher mit gekrausten Stirnen tagelang über ihrer Arbeit oder lagen über den Reißbrettern, und man hörte weiter nichts als das Rucken der Schienen, das Klappen der Dreiecke, das feine Geräusch der Bleistifte und Reißfedern und das leise Gemurmel der emsig Rechnenden. Aber nicht immer waren solche Zeiten, und dann konnte wohl ein Tag vorkommen, der also verlief, wie der, den ich nun zu schildern unternehmen will.

Das Baubureau, von dem ich erzählen möchte, war zusammengesetzt aus Bauführern des Ingenieurfaches, einigen Ingenieuren, die früher dem Maschinenbau angehört, sich aber später dem Dach- und Brückenbau zugewandt hatten, wie das in jenen Zeiten öfter geschah, und einigen Technikern und Zeichnern für die untergeordneteren Arbeiten mehr mechanischer Natur. Es stand unter einem Baumeister, der in einsamer Größe in einem besonderen Zimmer hauste, während sich das Bureau auf sechs andere verteilte, die in einem alten, zum Abbruch bestimmten Hause, in der ersten Etage gelegen waren. Zwei dieser Zimmer lagen nebeneinander mit der Aussicht auf einen großen freien Platz und sind der Schauplatz der nun folgenden, harmlosen Ereignisse.

Ein Baubureau ist keine Stätte des Luxus, und selbst die kühnsten Bauwerke und prächtigsten Paläste entstehen meist an Orten, die an nüchterner Unscheinbarkeit nichts zu wünschen übrig lassen. So war es auch hier. Das ganze Mobiliar bestand wie gewöhnlich aus einigen an die Fenster gerückten großen Tischen von ungestrichenem weichen Holz, bedeckt mit Reißbrettern und Papieren, ferner aus einigen Drehschemeln und Stühlen und einem niedrigen, aber umfangreichen Schrank für Zeichnungen, auf dem einige besonders riesige Papierrollen mit Erfolg dem Staubfang oblagen. Die Zierde der Wände war eine uralte, zum Teil abgeblätterte Tapete, auf die hier und da die Zeichnung irgendeines Normalprofils oder eine täglich gebrauchte Tabelle mit Heftzwecken aufgepinnt war. Über dem Ganzen schwebte jener unbestimmbare Bureauduft, gemischt aus Papier-, Staub- und Tabaksgeruch.

Es ist morgens neun Uhr, und der pünktliche Zeichner Herr Maier, der in Steglitz wohnt, trotzdem aber immer der erste ist, sitzt schon an seinem Platze und reibt mit sorgenvoller Miene Tusche an. Wir haben außerdem noch einen Mai und einen Mairing auf dem Bureau,...

...Doch plötzlich rührt es sich im Nebenzimmer, der Chef erscheint in der Tür, um seinen ersten Rundgang zu machen,...

...wendet sich an einen der anwesenden Herren zur Besprechung über dessen Arbeit. Nun hört man nur die gedämpfte Unterhaltung dieser beiden, das Kritzeln der Federn und das Geräusch fleißiger Zeichenarbeit...

Nach einer Weile hört man im Nebenzimmer wieder ein Geräusch, eine Tür wird geöffnet, und Schritte auf dem Korridor werden vernehmlich. „Wiburger, sehen Sie mal durch das Fernrohr!" sagt der Senior des Bureaus. Wiburger, der dem Schranke zunächst sitzt, begibt sich an eine der großen Papierrollen, die auf ihm liegen, und schaut hindurch. Durch diese Rolle kann man auf den Schreibtischplatz des Chefs sehen, der den Spitznamen „die Noos'!" (die Nase) führt nach einer Geschichte, die zu weitläufig zu erzählen ist. Das Fernrohr zeigt eine Leere: „Die Noos' ist nicht drin!" ruft der Beobachter. Sofort schaut das zunächst der Tür sitzende Bureaumitglied um die Ecke nach dem Kleiderriegel des Vorgesetzten: „Der Chef ist mit dem Hute fort!" klingt sein Alarmruf. Sofort beginnt in beiden Zimmern ein kunstvoller vierstimmiger Chorgesang auf folgenden Text:

„Der Chef ist mit dem Hute fort, ist mit dem Hute fort. Der Chef mit dem Hut, der Hut mit dem Chef — der Chef ist mit dem Hute fort. Er ist vielleicht mit Wiedenfeld * nach Bitterfeld, nach Bitterfeld mit Wiedenfeld. Der Chef ist mit dem Hute fort. Der Hut ist mit dem Chef, der Chef mit dem Hut — der Chef ist mit dem Hute fort."

Die Arbeit wird fast auf der ganzen Linie niedergelegt, man tritt zu heiterem Gespräch zusammen, und allerlei kleine Geschichten werden mitgeteilt, wobei sich besonders Herr Hennemann auszeichnet, der eine besondere Gabe besitzt, fast jeden Tag etwas Neues zu erleben...

Nach solchem Intermezzo gingen alle frisch gestärkt und erheitert an ihre Plätze, und bald herrschte wieder allgemeine Tätigkeit.

Nach einer Weile klappte im Heiligtum des Chefs wieder die Tür, und man vernahm das Gespräch zweier Stimmen. „Der Geheime," flüsterte der Torwächter. Dieser Mahnruf verkündete unsern obersten Vorgesetzten, den Geheimrat Siegert, der nun jedenfalls bald im Bureau zu erwarten war. Nun öffneten sich alle Bronnen der Tiefe, und aus verborgenen Schächten loderte das Feuer der Tätigkeit, so daß wahre Opferdünste des Fleißes von allen Tischen aufstiegen und sich oben zu einer Wolke kühler Sachlichkeit verdichteten, die über dem Ganzen schwebte. Als der Geheime mit dem Chef eintrat, fand er nur schwere Häupter wie Mohnknospen über die Tische geneigt und alle Denkfalten in sorgenvoller Spannung. Man arbeitete hier offenbar mit Aufbietung aller Kräfte und sichtlicher Reibung. An dem Tische des Seniors entspannen sich nun stundenlange Verhandlungen über einige größere Arbeiten, und während dieser ganzen Zeit verhielt sich das Bureau so überaus musterhaft, daß man es hätte ausstellen können. Dafür wurde es auch entschädigt dadurch, daß ein Attentat auf den Geheimen bei dessen Fortgehen glücklich gelang. Es war um die Zeit, da sich der türkische Sultan Abdul Aziz mit einer Schere ermordet hatte. Dessen hatte sich das Bureau sofort bemächtigt und aus einer abgängigen, alten Papierschere einen trefflichen Ausstellungsgegenstand hergestellt...

Als der Geheime das Zimmer durch diese Tür verließ, gelang es dem Bureausenior, der ihn begleitete, die Aufmerksamkeit des hohen Chefs auf diese Merkwürdigkeit zu lenken, dadurch, daß er selber mit scheinbarem Erstaunen seine Augen darauf richtete. Da unser Machthaber offenbar gut gelaunt war, so blieb er stehen und fragte mit Verwunderung: „Nun, was ist denn das?"

Lautloser Jubel brach im ganzen Bureau aus bei dieser

* Name des Oberingenieurs.

Frage, und der Senior verfehlte nicht, mit eiserner Stirn und dem nötigen Ernst die gewünschten Erklärungen zu geben. „Sie sehen hier, Herr Geheimrat, eine der größten historischen Merkwürdigkeiten, nämlich die Schere, mit der der unglückliche Sultan Abdul Aziz ermordet wurde. Ein Tröpfchen kostbaren Osmanenblutes hängt noch daran. Darüber in türkischen Schriftzügen ein Dokument, das die Echtheit bezeugt. Rechts unten bemerken Sie darauf den Abdruck eines blutigen Eunuchendaumens!"

Der Geheime hatte natürlich schnell genug eingesehen, daß er „hineingefallen" war, und verschwand lachend, indem er die rechte Hand wie abwehrend an seinem Ohr schwenkte. Im Bureau herrschte Wonne, die sich, da auch der Chef bald darauf mit dem Hute verschwand, in den gewohnten fröhlichen Gesängen Luft machte. Beim Schluß dieser musikalischen Unterhaltung trat ein kleiner Herr ein mit einer glatten, blonden Perücke, wasserblauen Augen und einem weißen, gestutzten Schnurrbart. Er hielt sich sehr stramm aufrecht, und als er uns begrüßte, schlug er die Hacken zusammen. „Guten Tag, meine Herren," sprach er mit schnarrender Stimme und mit einem R, das vom Gaumen aus durch die Nase kam, „ich bemerke, die Herren sind heute wieder recht musikalisch aufgelegt. Man hört das durch die Wand...

Das war der Major a. D. Puschel, der Major, der immer die Geschichten ohne Pointe erzählte, den ich in meinen Erzählungen von Leberecht Hühnchen so gründlich dargestellt habe, daß ich fast gar nichts mehr von ihm zu sagen weiß. Er verwaltete in einem benachbarten Zimmer die Plankammer, wo sämtliche wichtigen Zeichnungen aufbewahrt wurden, und hatte mit großer Mühe über diese ein sehr umständliches, aber auch sehr verworrenes Verzeichnis angefertigt, auf das er ungemein stolz war. Und nicht tiefer konnte man ihn kränken, als wenn man eine Zeichnung von ihm holen wollte, ohne daß das Verzeichnis dabei zu Rate gezogen wurde. Die meisten hatten die Gutmütigkeit, auf diese „Puschel" des Majors Puschel Rücksicht zu nehmen,...

...und nur der Oberingenieur, der ziemlich rücksichtslos mit ihm umging, vermochte die Ruhe seines Gemütes dauernd zu erschüttern. Man traf den alten Herrn dann oft sehr ärgerlich über sein Zeichenbrett gebeugt, wo er nebenher sehr sauber, aber auch unendlich langsam Kopien anfertigte, und seine tiefe Kränkung zeigte sich dann dadurch, daß er dem Oberingenieur niemals seinen Titel gab, sondern ihn stets nur den „Mann" nannte. „Der Mann war wieder hier. Der Mann hetzt mich. Ich begreife den Mann nicht. Man kann doch nicht mehr tun, als man kann, wozu hetzt mich der Mann? Das kann einen ja fast ärgerlich machen. Ich begreife den Mann nicht. Ja! —"

Wir aber standen uns fast alle gut mit ihm, suchten ihn bei guter Laune zu erhalten und veranlaßten ihn bei jeder Gelegenheit, uns seine schönen Geschichten ohne Pointe zu erzählen,...

So, unter solchen ähnlichen kleinen Erheiterungen, die nach mancher Stunde fleißiger Arbeit eine erfrischende Abwechslung boten, verging die Zeit bis zum Bureauschluß, der um 3 1/2 Uhr stattfand. War dann die Gelegenheit günstig, so traten die Sänger des Bureaus noch einmal zum Einläuten des Feierabends zusammen...

Danach trennten wir uns und wanderten heim, die einen, um sich nach einer Weile wieder in leidige Examensarbeiten zu vertiefen, die anderen, um nach dem Mittagessen den Tag möglichst vergnüglich zu beenden, und ich, um bis zum andern Morgen das Fach an den Nagel zu hängen und in einer andern Welt zu leben, die von den meisten für eine gehalten wird, die von der meiner Tagesstunden himmelweit getrennt ist. Das aber ist gar nicht der Fall und kann nur von denen angenommen werden, die von der schöpferischen und gestaltenden Tätigkeit eines Ingenieurs keine Vorstellung haben. Einem Gedanken, den ich damals, weil ich öfter danach gefragt wurde, häufig aussprach, habe ich kürzlich Ausdruck gegeben in einem Spruch, der für das Album der großen Berliner Gewerbeausstellung bestimmt war. Er lautet:

„Konstruieren ist Dichten!" hab' ich gesagt,
Als ich mich noch für die Werkstatt geplagt.
Heut führ' ich die Feder am Schreibtisch spazieren
Und sage: „Dichten ist Konstruieren!"

*

IV. Die Planung

1. Orientierungsphase

Nach dem Eintritt Schwechtens bei der B.A.E. im Juni 1871 wird es, bevor er sich ans Entwerfen machen konnte, eine Reihe von Gesprächen gegeben haben mit seinen Vorgesetzten, die ihm das Raumprogramm, die bisherige Konzeption und den Stand der Verhandlungen mit den Behörden erläuterten. Gewisse generelle Festlegungen wie die Plazierung von Personen-, Güter-, Werkstätten- und Rangier-Bahnhof bestanden bereits seit längerem (Teile davon waren schon im Bau); unentschieden war aber z.B. noch die Frage der Höhenlage der Bahn, was ja einen bestimmenden Einfluß auf den Entwurf haben mußte. Für dieses Problem gab es in Berlin noch keine (fertige) Lösung — der Potsdamer Bahnhof zeigte sie erst im folgenden Jahr. Die anderen hiesigen Bahnhofs-Neubauten boten aber sowohl für die funktionalen Dispositionen wie auch für die bauliche Organisation eine Fülle von positiven und negativen Beispielen, die mit dem »jungen Kollegen« gewiß einer kritischen Betrachtung unterzogen worden sind.

Das gleiche ist von auswärtigen bzw. ausländischen Vorläufern anzunehmen; in diesem Zusammenhang muß erwähnt werden, daß die B.A.E.-Direktion seit 1854 die Geschäftsführung des »Vereins Deutscher Eisenbahn-Verwaltungen« innehatte und dessen Zeitung herausgab: Schwechtens Vorgesetzte waren über die internationalen Entwicklungen im Bahnhofsbau gewiß bestens informiert (A 106).

Die bewußte Orientierung an geeigneten Vorbildern gehört genauso zum künstlerischen Schöpfertum wie das mehr unterbewußte »Hereinfallenlassen« von Einfällen, die auf früher aufgenommene Bilder (= Ideen) zurückgehen. Die zu betrachtenden Beispiele repräsentieren einen historisch-kulturellen Fundus einschließlich des dazugehörigen Entwicklungsstandes der Technik, aus welchem schöpfend — schöpferisch — Neues zu schaffen war. Die Liste dieser Beispiele kann niemals vollständig sein, denn es fehlen uns verbale Aussagen Schwechtens zum Verlauf des Entwurfsprozesses; wir können durch Vergleiche mit analogen Lösungen nur die Frage stellen: was empfand Schwechten daran als vorbildlich? Die Antwort auf diese Frage steckt in der »richtigen« Interpretation seiner Zeichnungen.

Zunächst also ein Überblick über die neuen Bahnhöfe in Berlin: von 1866 (Preußens Sieg über Österreich) bis 1871 (Schwechtens Eintritt bei der B.A.E.) waren als Neuanlage oder Bahnhof der zweiten Generation entstanden:

1. Bahnhof der Ostbahn, (Neuanlage) 1866-67
2. Görlitzer Bahnhof, (Neuanlage) 1866-68
3. Niederschlesisch-Märk. Bahnhof, (2. Generation) 1867-69
4. Lehrter Bahnhof, (Neuanlage) 1869-71
5. Potsdamer Bahnhof, (2. Generation) 1870-72
6. Stettiner Bahnhof, (2. Generation) noch im Entwurfsstadium

Die Zusammenschau der wichtigsten Entwurfs-Elemente dieser hiesigen Bahnhöfe (B 111) zeigt uns eine Reihe von Gemeinsamkeiten, die schon mit dem Hamburger Bahnhof beginnt und als lokale Tradition angesprochen werden kann. Bei allen handelt es sich um Kopfbahnhöfe, die an einer Schmalseite eine Hauptfassade erhalten, auch wenn dies mit funktionalen Aspekten wie z.B. der Publikumsführung oder der Grundstücks-Situation (siehe Niederschl.-Märk. Bahnhof) im Widerspruch steht. Für die Kopf-Fassaden werden die drei Motive Turm, Tor und Loggia in verschiedenen Kombinationen verwendet (eine Ausnahme bildet der Bahnhof der Ostbahn). Die Türme und Tore wecken die Assoziation »Stadt-Tor«, die Loggia »Ferne und Weite«, wie sie schon seit jenem Musterentwurf von Stüler und Strack von 1838 vorgebildet sind (B 112). Die Tore dienen beim Hamburger (B 113) und Niederschlesisch-Märkischen Bahnhof zwar der Durchfahrt der Lokomotiven zu einem Drehscheiben-Hof, beim Görlitzer und Potsdamer werden sie zu Portalen für das Publikum und beim Lehrter Bahnhof gar zu einem Triumpf-Bogen, hinter welchem — neu in Berlin — direkt die Bahnsteighalle zu sehen ist. Die Halle ist beim Görlitzer

111 Baujahr | Haupt-Fassade ca. 1 : 1000 | Hallen-Querschnitt | Innenansicht

Görlitzer Bahnhof
1866-68

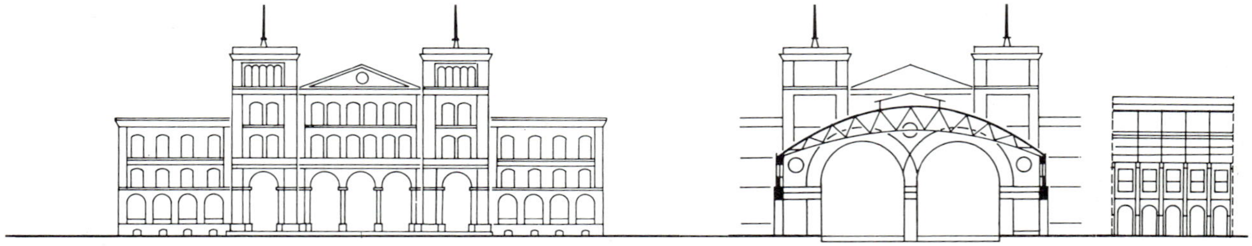

Niederschlesisch-Märkischer Bahnhof
1867-69

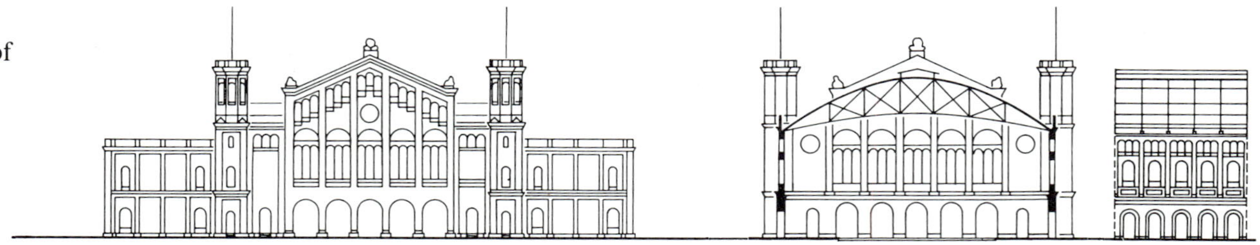

Potsdamer Bahnhof
1870-72

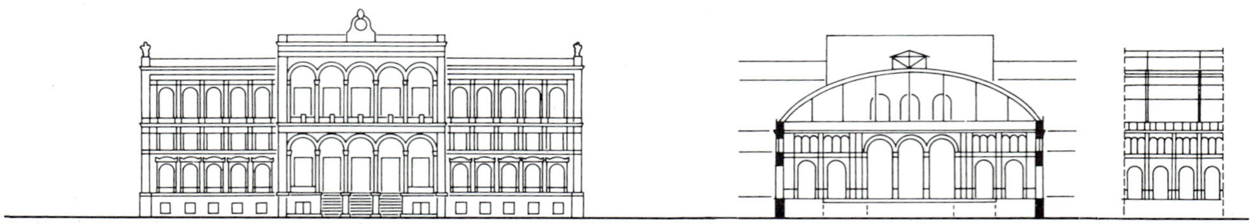

Stettiner Bahnhof
1874-76

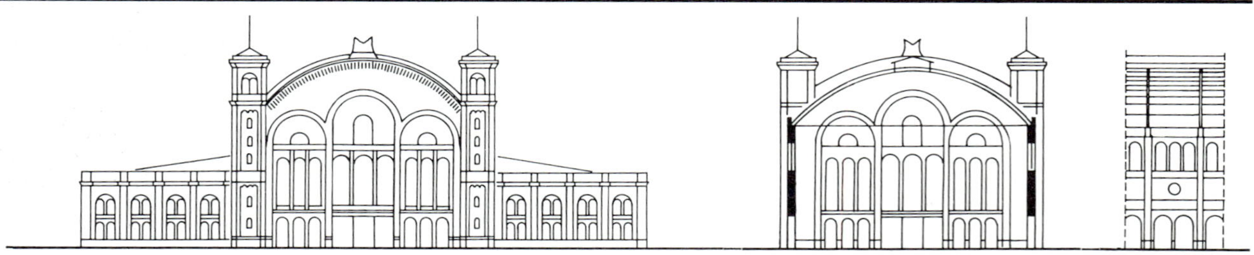

Bahnhof der Ostbahn
1866-67

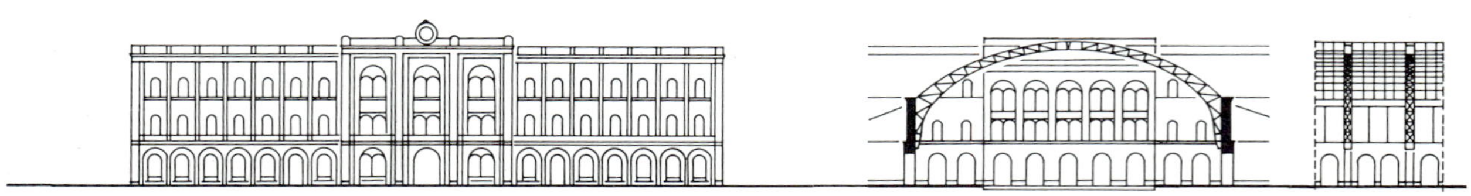

Lehrter Bahnhof
1869-71

und Potsdamer Bahnhof und beim Bahnhof der Ostbahn durch einen kopfseitigen Riegel aus der Hauptansicht verdrängt; beim Niederschlesisch-Märkischen Bahnhof verschwindet der parabelförmige Querschnitt der Dachkonstruktion hinter einem Dreiecksgiebel der zweischaligen (!) Stirnwand; beim Stettiner Bahnhof sollte dann erstmalig die Halle zum unmittelbaren Gestaltungsmotiv der Kopf-Fassade werden.
Bei den Hallen zeigt sich als Gemeinsamkeit, daß sie die annähernd gleiche Breite zwischen 36 und 38 m aufweisen, einschiffig sind und durch ihre seitlichen Flügelbauten einen basilikalen Querschnitt ergeben. Alle Beispiele sind mit tonnenförmigen Dächern gedeckt, die auf tragenden Längswänden aufliegen, welche wiederum im gleichmäßigen, engen Rhythmus der Hallenbinder durch Wandvorlagen gegliedert sind. Bei Hallenlängen zwischen ca. 130 und 208 m und so kleinen Binderabständen zwischen ca. 3,50 und 7,60 m ergibt sich auf diese Weise eine unvermeidliche Monotonie in den Längsansichten.
Bei der Ausbildung der Hallen-Binder sind drei unterschiedliche Konstruktionen festzustellen:

1.
Der *Sichelträger* in Fachwerk, auf der Mauerkrone aufgelagert: beim Görlitzer und Niederschlesisch-Märkischen Bahnhof.

2.
Der *Vollwand-Bogenbinder* mit zwei oder drei Gelenken, kastenförmigem Querschnitt und horizontalem Zugband, ebenfalls auf der Krone der Hallenwand aufgelagert: beim Potsdamer Bahnhof schon ausgeführt und später auch beim Stettiner Bahnhof.

3.
Der *Drei-Gelenk-Fachwerk-Bogenbinder* mit heruntergeführtem Kämpfer-Gelenk, ebenfalls kastenförmig gekuppelt, auf halber Höhe auf Wandkonsolen aufliegend und den Horizontalschub auf die Wand abgebend, daher ohne Zugband: beim Bahnhof der Ostbahn und beim Lehrter Bahnhof.

Wenn wir von der Ausnahme des Lehrter Bahnhofs absehen, so stehen die übrigen fünf Neubauten ganz in der Tradition der

112

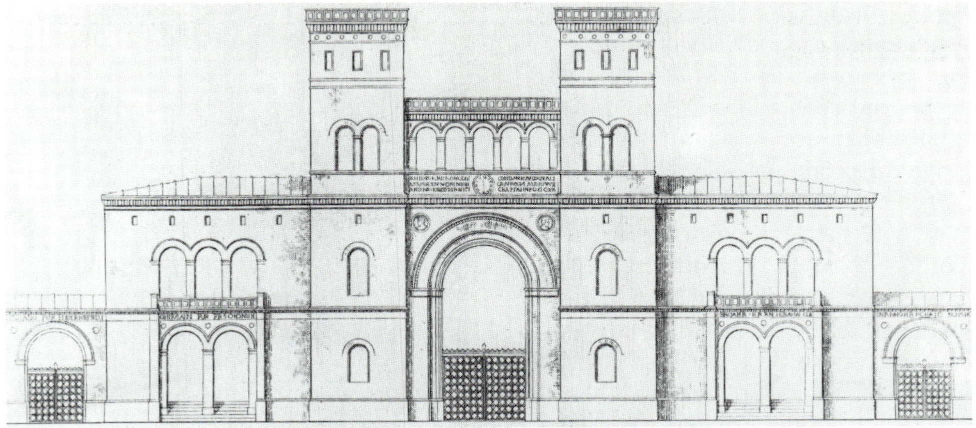

113

B 111 Zusammenschau der sechs Berliner »Kollegen« des Anhalter Bahnhofs. Umzeichnung v. Verf.
B 112 *»Entwurf zu einem Abfahrtsgebäude für Eisenbahnen oder einem Bahnhof.«* Von Stüler und Strack. In »Architektonisches Album« Potsdam 1838, 2. Heft.
»Die allgemeine Disposition des Planes... verdanken die Unterzeichneten (d. i. Stüler und Strack) *dem Herrn v. Gerstner zu St. Petersburg...«* a.a.O., S. 4. Der österreichische Ingenieur Franz Anton v. Gerstner plante 1835 ein russisches Eisenbahnnetz; der von ihm geleitete Bau der ersten Linie St. Petersburg - Zarskoje Selo wurde am 30.10.1837 (genau ein Jahr vor der ersten preußischen Eisenbahn Berlin - Potsdam) in Betrieb genommen.
Für das Empfangsgebäude in Pawlowsk (eröffnet 13.4.1838) wurde ein Wettbewerb veranstaltet, an welchem sich zwei deutsche Architekten beteiligten (vgl. M. Freiherr v. Ow: »Die erste russische Eisenbahn«, in »Jahrbuch für Eisenbahngeschichte« 1982, S. 39). Offenbar entstand der abgebildete Entwurf für diesen Wettbewerb, denn die Verfasser teilen noch mit, daß *»die Zeichnung vom Kaiserlichen Pavillon, welcher zum ersten Etablissement in Pawlowsk gehört, nicht mehr* (wieder) *gegeben werden«* konnte; a.a.O., S. 9.
B 113 Hamburger Bahnhof Berlin, Aufnahme vor 1874

A 106 Dem Bauantrag für den Anhalter Bahnhof vom 2.4.1875 ist ein Größenvergleich mit Berliner und ausländischen Bahnhöfen beigegeben

Berliner Backstein-Architektur; sie gehören — also auch materialbedingt — in die große Bauten-Familie des Rundbogenstils, auch wenn bereits Einzelbereiche wie z.B. der Kopfbau des Potsdamer Bahnhofs als Palazzo-Fassade im Stile der Renaissance ausgebildet werden.

Welche Elemente aus diesen einheimischen Vorbildern in die Vorentwürfe Schwechtens einfließen sollten, wird sich bei Betrachtung der jeweiligen Phasen erweisen. Nun gilt es, den Blick noch auf einige auswärtige Beispiele zu richten, welche die architektonische und konstruktive Entwicklung des Bahnhofbaus jener Zeit beeinflußten.

Schwechten wollte im Anschluß an seine Italien-Reise über Frankreich zurückkehren, wie aus seinem Gesuch (A 92) an den Minister hervorgeht, dieser wolle ihm »*Empfehlungsschreiben ... an die Eisenbahn ... -verwaltungen ... ertheilen*«; wir kennen also sein Interesse am Eisenbahnbau, aber nicht die geplante Reiseroute. Wäre er von Oberitalien direkt nach Frankreich gefahren, so hätte er Turin passiert und dort die 1868 fertiggestellte Stazione di Porta Nuova studieren können, wo die Stirnwand der 47 m weiten, tonnenförmigen Perronhalle das Hauptmotiv der stadtseitigen Fassade war (B 114).

Hätte er den Weg über die Schweiz genommen, so hätte er gewiß in Zürich verfolgen wollen, was aus dem Wettbewerbs-Projekt von Semper (1861) für den Bahnhof der Nordostbahn geworden war (B 115). Semper hatte eine Art Thermenanlage vorgeschlagen, denn »*wenn irgend eine Moderne Aufgabe der Baukunst den Baugrundsätzen der Römer entspricht, so ist es die vorliegende eines Bahnhofs*«, wie er im Erläuterungsbericht seine Entscheidung begründet, und hinzugefügt, daß es ihm »*nothwendig erschien, diese Halle als solche und nicht als bedeckten Hof zu behandeln, das heisst, sie nicht durch gläserne Dachziegel von oben, sondern vertikales Seitenlicht und zwar bestmöglich zu beleuchten*«. Die zu dieser Raum- und Stil-Konzeption gehörenden Kreuzgewölbe sollten als Scheingewölbe mit einem »*eisernen Dachgerüst ..., das ... keinerlei Seitenschübe*« (A 107) auf die Wände abgibt, hergestellt werden. Unterseitig sollte diese Konstruktion eine Holztäfelung erhalten, die Dachdeckung war mit gußeisernen Ziegeln angenommen (B 116). Diesen Vorstellungen war es — begreiflicherweise — nicht vergönnt, verwirklicht zu werden. Der Bau wurde dann 1865 bis 1871 nach Plänen des Stadtbaumeisters Wanner ausgeführt, der zuvor Architekt der Nordostbahn war. Er übernahm von Semper die funktionale und bauliche Organisation (problematische Publikumsführung!) und entwickelte dessen prinzipiell neue Gliederung der Hallenlängswände durch stark vergrößerte Joche weiter (B 117). Die 41,5 m breite und 165 m lange Halle wird durch zehn Binder-Systeme überspannt, die aus paarweise angeordneten Fachwerkträgern bestehen: der Achsabstand der Systeme untereinander beträgt demnach über 18 m. Zu ihrer Auflagerung treten kräftige Pfeilerpaare aus der Wand hervor, die ein schmales Rundbogenfenster umschließen; die Wandfelder zwischen den Pfeilervorlagen sind im Obergaden durch Halbkreisfenster mit einem Durchmesser von 10,8 m durchbrochen. — Es wird interessant werden festzustellen, wie Schwechten im Laufe einer ungefähr zweijährigen Entwurfstätigkeit ebenfalls zu diesen Gestaltungs-Prinzipien findet, die auf einen großen Rhythmus in der Wand- und Dekken-Gliederung abzielen.

Um noch einmal an die geplante Rückreise Schwechtens über Frankreich anzuknüp-

11

11.

16

17

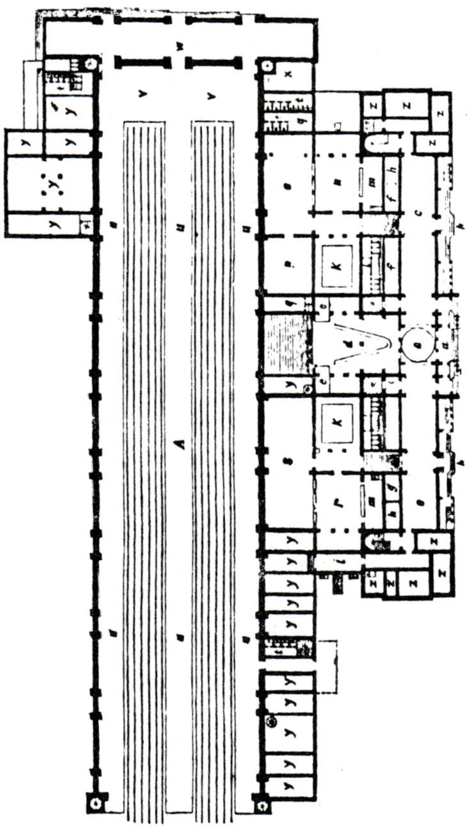

der 2. Generation, von Hittorf 1861 begonnen und 1865 fertiggestellt. Die Form der dreischiffigen Perronhalle mit einer in Berlin noch unbekannten Gesamtbreite von 70 m trat in der stadtseitigen Hauptfassade in Erscheinung, wenn auch hinter einer »*Dekorationswand*« (A 109), die in üppigster Weise Renaissance- und Neo-Grec-Elemente verwendete.

Die Hallenkonstruktion weist im Mittelschiff mit 35 m Weite die filigranen Polonceau-Binder auf (B 119), die auf gußeisernen Säulen aufliegen; die Seitenschiffe sind in Fortführung des Satteldachs über dem Mittelschiff mit I-Trägern überspannt. Höchst bemerkenswert ist die gestalterische Bewältigung einiger statisch-konstruktiver Erfordernisse wie die Reduzierung der Knicklänge (d.h. Höhe) der Säulen sowie der Spannweite der I-Träger mittels gußeiserner Kopfbänder auf den Säulen und gleichartiger Konsolen zur Einführung der Kräfte in die Wand. Hervorzuheben ist auch der Binder-Abstand in der Längsrichtung von 10,0 m; 18 Achsen ergeben so eine Hallenlänge von 180 m.

Der andere große Neubau war der 1871 fertiggestellte Bahnhof der Orléans-Bahn, heute Gare d'Austerlitz, mit einer (einschiffigen) Halle von 51,50 m Spannweite, ebenfalls mit Polonceau-Bindern im Abstand von 10 m überdeckt (B 119). Interes-

118

119

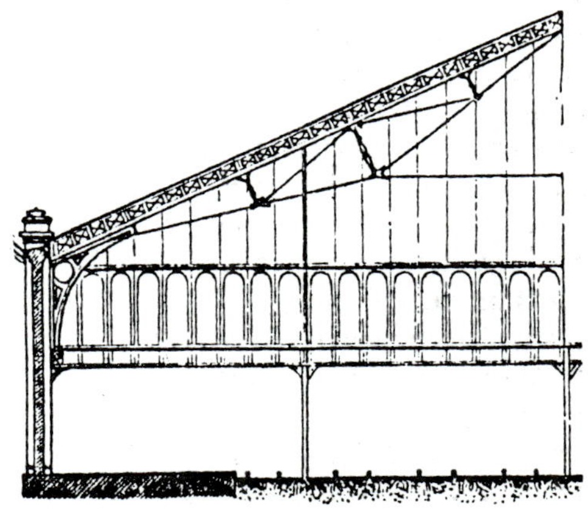

fen: Es ist mit Sicherheit anzunehmen, daß sie über Paris geführt hätte, denn schon an seinem 1868 prämiierten Entwurf für ein »Parlamentshaus« in Berlin war der mächtige Einfluß der Pariser Ecole des Beaux Arts abzulesen, dem sich die junge Architektengeneration — oder vielmehr ihre Auftraggeber — geöffnet hatten (A 108). Kriegsbedingt mußte diese Reise unterbleiben, aber die neueren Bahnhofsbauten in Paris waren auch durch Veröffentlichungen bekannt geworden: Da ist zunächst der Gare du Nord (B 118), ein Kopf-Bahnhof

B 114 Turin Stazione di Porta Nuova. Aufnahme: Krings

B 115 Bahnhof Zürich perspektivische Ansicht, Entwurf von G. Semper 1861, aus Semper-Symposium 1974

B 116 Bahnhof Zürich Innen-Perspektive, Entwurf G. Semper, aus »Nachlass an der ETH«

B 117 Bahnhof Zürich. Grundriß von Wanner, aus »Baukunde des Ingenieurs«, Berlin 1879, S. 466

B 118 Gare du Nord Paris, Hauptfassade. Aufnahme aus Meeks, a.a.O.

B 119 Binder-Konstruktion von Polonceau, erfunden 1837, angewandt Gare d'Austerlitz Paris

A 107 Alle Zitate nach M. Fröhlich: »G. Semper - Zeichnerischer Nachlaß an der ETH Zürich« Basel-Stuttgart 1974, S. 118

A 108 Vgl. M. Scharabi: »Einfluß der Pariser Ecole des Beaux-Arts auf die Berliner Architektur in der 2. Hälfte des 19. Jahrhunderts « (Diss.) Berlin 1969

A 109 Vgl. E. Schild: »Der Nachlaß des Architekten Hittorf« (Diss.) Aachen 1956, S. 48

120

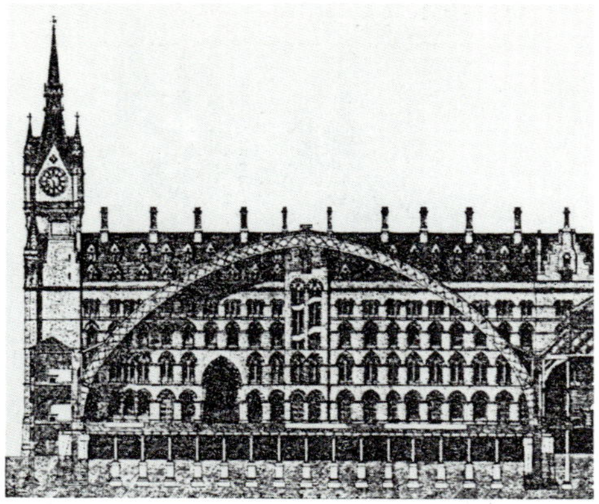

121

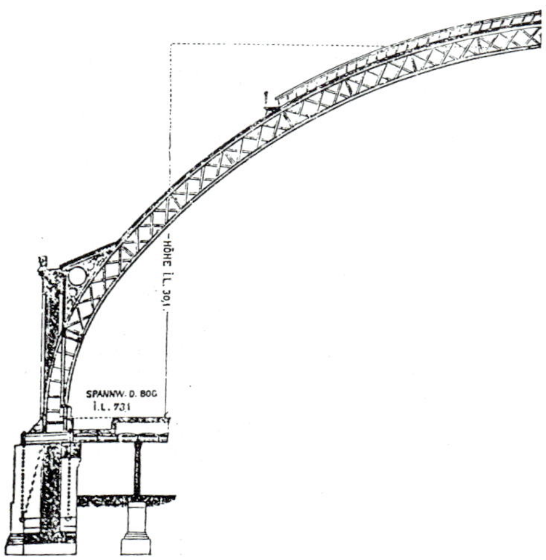

122

sant am Grundriß sind die asymmetrische Ausbildung des Kopfbaus infolge der städtebaulichen Lage und die konsequente Erschließung an den Längsseiten; ebenso die außergewöhnliche Länge der Halle: zwischen den Seitenflügeln 180 m, außerhalb davon weitere 100 m und am Kopfende nochmals 30 m zur Revision der Wagen, folglich eine Gesamtlänge von 310 m mit einer Gesamtfläche von 14.714 m² (A 110 und B 133).

Beide Beispiele zeigen uns gegenüber den Berliner Verhältnissen ein ungleich größeres Verkehrsaufkommen, dem solche großen Hallen zu dienen hatten — andererseits den beachtlichen Entwicklungsstand der französischen Eisenindustrie und »Bauingenieurkunst« (A 111).

Wir wenden uns nun noch dem Geburtsland der Eisenbahnen zu, wo im Bahnhofsbau bereits Anfang der sechziger Jahre Spannweiten von 50 m und mehr erreicht wurden: so bei den Londoner Bahnhöfen Charing Cross (1862-64) und Cannon Street (1863-66), in beiden Fällen realisiert mit Sichel-Bindern. Die Gemeinsamkeiten dieser beiden Bauten, der erwähnten Pariser Bahnhöfe und der Berliner Beispiele zeigen, daß die Konstruktion des Hallendachs stets massiver Längswände bedarf und somit die Möglichkeiten des Eisen- und Stahlbaus mit den Stabilitäts-Grenzen des Mauerwerks verbunden werden. Indem sich die entwerfenden Architekten und Ingenieure von der traditionellen Raum-Vorstellung befreiten und die Dachkonstruktion von den senkrechten Raum-Umhüllungen lösten, also deren Kräfte selbständig und möglichst direkt in die Fundamente ableiteten, konnte eine neue Ära des Hallenbaus eröffnet werden (A 112). Dies gelang dem Ingenieur Barlow beim Bau der St. Pancras Station in London (1863-70) sogleich in spektakulärem Format: ein leicht spitzbogiger Fachwerk-Bogenbinder mit nur zwei Fuß-Gelenken auf dem Niveau des Bahnsteigs überspannt eine Breite von 73 Meter bei einer lichten Höhe von 30 Meter (B 120)! Zur Aufnahme des horizontalen Bogenschubs wurde die Trägeranlage des hochliegenden Bahnsteigs als Zugband ausgebildet (B 121); auf diese ingeniöse Überdeckung (d.h. Nutzung!) des Erdgeschosses werden wir noch einmal zurückkommen. Die Längswände konnten den begleitenden Seitenflügeln entsprechend niedriger und dünner ausgebildet werden. Der riegelartige Kopfbau — typisch für viele Londoner Bahnhöfe: hier als Hotel in gotisierendem Gewand (vollendet 1876) — verdeckt auch hier die Halle als den eigentlichen Kern der Anlage (A 113). Andererseits gab es in London schon sehr früh »musterhafte« Lösungen für die Erscheinung der Hallenstirn in der Hauptfassade wie bei King's Cross Station (B 122) und Fenchurch Street Station (A 114), beide aus dem Jahre 1852, die einmal die Halbkreistonnen und im anderen Fall eine Sichelbinderhalle repräsentieren.

Doch nun zurück auf den Kontinent ins Bureau der B.A.E.

Der Entwurfsprozeß läßt sich anhand der erhaltenen Zeichnungen nur lückenhaft verfolgen, denn es fehlen uns für die jeweiligen Entscheidungs-Schritte die dazugehörigen Begründungen. Dazu müßten die Akten der B.A.E. hinzugezogen werden, die aber ebenso wie entsprechende Skizzen oder Schilderungen nicht auffindbar sind. Solange sich nicht weitere Original-Unterlagen erschließen, müssen wir uns auf die Blätter des Schwechten-»Nachlasses« im Geheimen Staatsarchiv Berlin-Dahlem stützen. Die Entwicklung der Hauptfassade und die Quellenlage sind in der Übersicht (B 123) gezeigt.

B 120 St. Pancras Station London, Querschnitt aus »Baukunde des Architekten« Berlin 1890

B 121 St. Pancras Station London, Detail, Binderauflager, aus »Baukunde des Architekten« Berlin 1890, S. 491

B 122 King's Cross Station London 1852, aus Simmons, a.a.O.

B 123 Entwicklung der Hauptfassade, Zusammenschau. Umzeichnung v. Verf.

A 110 Vgl. Ed. Schmitt: »Vorträge über Bahnhöfe...«, Leipzig 1873, S. 218

A 111 Vgl. H. Straub: »Die Geschichte der Bauingenieurkunst« Basel-Stuttgart 1964

A 112 Vgl. die später entstehenden Stadtbahnhöfe Berlin-Friedrichstraße und Berlin-Alexanderplatz sowie Wettbewerbe für Hauptbahnhöfe Frankfurt/Main, Köln etc.

A 113 Vgl. Angaben in ZVE 1870, S. 432

A 114 Vgl. Angaben in C.L.V. Meeks: »The Railroad Station. An Architectural History.« New Haven 1956

Bezeichnung	Datum	Achsen	Quelle des Originals	Haupt-Fassade ca. 1 : 2000
1 Vorentwurf 1	Sommer 1871	11/I	Geh.St.-Archiv Dep.Schwechten 397/2 Bleist.-Zeichng. datiert von F.S.	
2 Vorentwurf 2	20.8.1871	11/III	Geh.St.-Archiv Dep.Schwechten 398/1 Kolorierte Zeichng. signiert F.S.	
3 Vorentwurf 3	12.12.1872		Geh.St.-Archiv Dep. Schwechten 397/3 Lav. Zeichng. sign. F.S.	
4 Vorentwurf 4	18.12.1872	15/V	Geh.St.-Archiv Dep. Schwechten 398/4 sign. F.S. Kolorierte Zeichng.	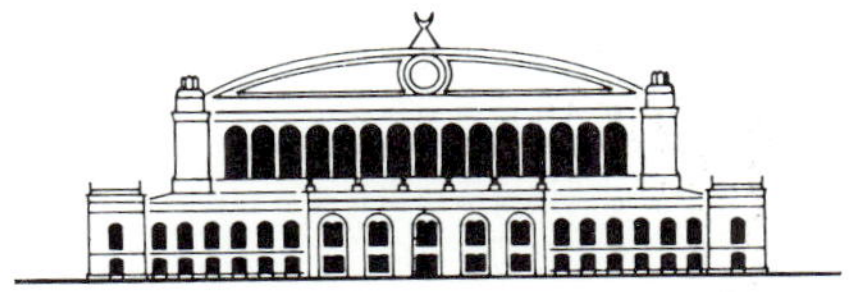
5 Vorentwurf 5	Anfang 1873	18/V	Geh.St.-Archiv Dep. Schwechten 398/5 Perspektive Lav. Zeichng.	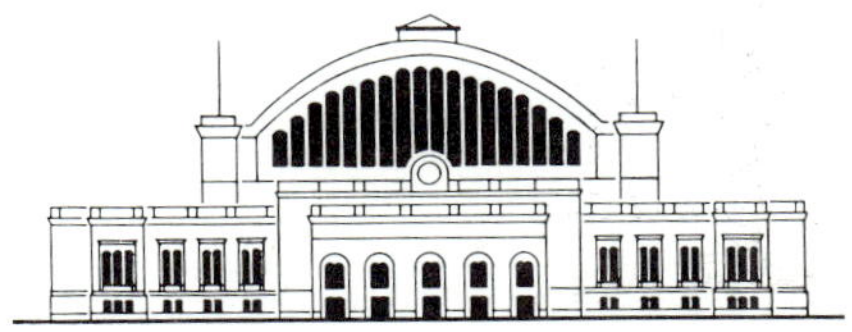
6 Generelles Projekt	16.7.1873	11/V	Landesbildst. C 08864 Foto einer kolor. Perspektive	
7 Spezielles Projekt	18.12.1874	9/III	Landesarchiv Acc. 1135/2 Ansicht nur als Foto sign. F.S.	
8 Überarbeitung	30.12.1876	9/III	Landesarchiv Acc. 1135/4 Litho 1 : 100	
9 Überarbeitung	August 1878	9/III	Geh.St.-Archiv Dep. Schwechten 398/6 Ansicht nur als Foto sign. F.S.	

124

2. Die Vorentwürfe 1871-72

Die älteste erhaltene (Bleistift-)Zeichnung, von Schwechten mit »Sommer 1871« datiert und hier als Vorentwurf 1 bezeichnet (B 124), zeigt die Haupt-Fassade zum Askanischen Platz: zwischen zwei überhöhten Eck-Pavillons und über einem eingeschossigen Vorbau ragt die dominierende Hallenstirnwand auf, die bis zur Höhe des Hauptgesimses aus einer Fenster-Arkade (oder Loggia?) von elf Achsen besteht und darüber aus einem verglasten eisernen Segmentbogen, der zwischen zwei Ecktürme eingespannt erscheint (B 125).

Die entwurfsbestimmenden Funktionen einer Kopfstation — Publikumsströme auf der Ankunfts- und Abfahrtsseite einer großen Perronhalle samt den zahlreichen Diensten für den Betrieb — sind in dieser kleinen skizzenhaften Zeichnung bereits vollkommen klar in Räume und Baukörper umgesetzt, deren Zweckbestimmung sofort lesbar wird. Schwechten dürfte kaum Schwierigkeiten gehabt haben, das Raumgefüge funktional einwandfrei zu ordnen: die Bauaufgabe war noch erheblich kleiner als sein Parlaments-Entwurf; umso mehr interessiert uns der von Anfang an verfolgte Gestalt-Typ.

Schwechten machte sogleich die Halle zum beherrschenden Motiv der dem Platz zugekehrten Schaufront, das Herausstellen der Zu- und Ausgangsportale in den Pavillons verdeutlicht die beidseitige Längs-Erschließung der Halle. Durch die Verwendung der konventionellen Elemente Türme, Tore und Loggia stellt er den Entwurf in die hiesige Tradition und weist zugleich durch die unverhüllte Darstellung der Hallenkonstruktion mit dem verglasten Bogengiebel weit über sie hinaus. Die Höhenlage des Bahnkörpers — das große Kostenproblem der B.A.E. und für lange ein Entwurfsproblem für den Architekten — bleibt in dieser Skizze noch etwas im unklaren. Noch am 16. Mai 1871 hatte die Direktion den Behörden ein Projekt vorgelegt, welches die Uferstraßen im Niveau kreuzte, was jedoch strikt abgelehnt worden war. Die B.A.E. akzeptierte nun die auch bei der Potsdamer Bahn durchgesetzte Überbrückung der Uferstraßen, wurde aber in der darauf folgenden Verhandlung am 23. Mai 1871 mit dem Verlangen konfrontiert, *»daß auf Umwandlung der als Klappbrücke construirten Möckernstraßenbrücke in eine feste Brücke, mithin auf eine Höherlegung der Straßenkrone ... gerechnet werden müsse, und ... auf eine geringere Senkung der Uferstraßen Bedacht zu nehmen sei ...«* (A 86). Dies bedeutete eine weitere Hebung des Bahnkörpers, was auch der folgende Vorentwurf 2 offensichtlich noch zu ignorieren scheint.

Von dieser Phase 2 existiert eine kolorierte Ansicht der Hauptfassade am Askanischen Platz (B 126). Diese Zeichnung ist von Schwechten signiert und mit dem 20. August 1871 datiert, und stellt eine Ausarbeitung der ersten Konzeption dar. Außerdem gibt es eine kolorierte Perspektive (Bild III), welche die Gesamtanlage von Norden zeigt; aus ihrer Datierung vom 1. Februar 1872 darf geschlossen werden, daß an dieser Entwurfsvorstellung das ganze Jahr 1871 festgehalten worden war. Da diese Perspektive sehr ins Detail geht, soll an ihr die Phase 2 genauer beschrieben werden.

Zunächst fällt auf, wie sich die noch bescheidenen Dimensionen in die umgebende viergeschossige Wohnbebauung einordnen; das Hauptgesims der Halle harmoniert in der Höhe mit den Traufgesimsen der gegenüberliegenden Häuser; der First steigt allerdings schon auf 90 Fuß (ca. 28 m) über dem Niveau des Platzes an. Die Halle hat noch immer (wie im Vorentwurf 1) die damals in Berlin übliche Breite von ca. 125 Fuß (ca. 38 m), an die sich seitlich eingeschossige Ankunfts- und Abfahrts-Räume legen können, deren Zu- und Ausgänge zum Askanischen Platz in die etwas monumentalisiert behandelten Eckpavillons münden. Auf der Abfahrtsseite ist eine Unterfahrt in die kleine Straße hineingestellt, die am B.A.E.-Verwaltungsgebäude vorbei zur Post in der Bahnhof-Straße führt; auf der Ankunftsseite an der Möckern-Straße schließt ein Gitter zwischen gemauerten Pfeilern einen Vorhof ein, in welchem die Droschken auf die Reisenden warten können. — Die Funktion der vor dem eingeschossigen Riegel angeordneten dreiachsigen Unterfahrt bleibt ohne Grundriß unklar in Anbetracht der Führung des Publi-

125

126

kums in den Ankunfts- und Abfahrts-Räumen zu beiden Seiten der Halle: wenn damals aber schon der Plan bestand, für die Aktionäre der Gesellschaft einen Versammmlungs-Saal zu schaffen, so könnte man hier den Zugang annehmen; er kann aber auch zu den Räumlichkeiten für »Hohe und Höchste Herrschaften« geführt haben.

Die Halle wird von vier quadratischen Ecktürmen flankiert, die gegenüber dem Entwurf vom Sommer 1871 etwas höher geworden sind: sie assoziieren dem damaligen Betrachter die Bilder wehrhafter Stadttore und mildern durch ihre vertraute Erscheinung und das gewohnte Material den gewollten Kontrast zur Halle aus Eisen und Glas. Sie bilden gleichsam den Rahmen, innerhalb dessen die Bauaufgabe ihr »*industrielles Gesicht*« (A 115) zeigen darf: die Türme bewachen nicht mehr die Stadt — hier wachen sie über die Technik. Diese »Funktions«-Verschiebung kommt auch dadurch zum Ausdruck, daß ihr oberstes, frei über dem Hallensims stehendes Geschoß nicht mehr mit einem Türmer, sondern mit einer Uhr besetzt ist. Neben diesen symbolischen Aspekten wären aber auch eventuelle Vorlieben des Bauherrn — hier der Direktion — in die Interpretation einzubeziehen. Die viertürmig eingefaßte Halle gab es in Berlin nur beim Bahnhof der Niederschlesisch-Märkischen Eisenbahn — Fournier kam von dort und empfand vielleicht ihren Neubau von 1869 auch noch als »sein« Werk...

B 124 Vorentwurf 1, Sommer 1871, Umzeichnung v. Verf.
B 125 Anhalter Bahnhof Hauptfassade zum Askanischen Platz, Vorentwurf, Bleistift, datiert Sommer 1871, GStA, Dep. Schwechten 397/2
B 126 Anhalter Bahnhof, Hauptfassade zum Askanischen Platz, colorierter Vorentwurf, datiert 20. 8.1871, signiert Fr. Schwechten, GStA, Dep. Schwechten 398/1

A 115 Vgl. W. Schivelbusch: »Geschichte der Eisenbahnreise« Frankfurt/Main-Berlin-Wien 1979, S. 153

127

Die angedeutete ambivalente Haltung zu Tradition und Modernität durchzieht die gesamte Hallenstirn, die ja die eigentliche Gestalt-Aufgabe ist: sie zerfällt in zwei völlig unterschiedliche, unvermittelt übereinander stehende Zonen. Über dem eingeschossigen Vorbau erhebt sich die — schon obligatorische — Loggia mit kräftigem Hauptgesims, darüber spannt sich mühelos der erste, fast zierlich zu nennende eiserne Hallen-Binder mit seiner filigranen Verglasung. Der Binder erscheint vollwandig; vier aufgesetzte dekorative Voluten symbolisieren drei Gelenke, und in den Windpfetten der Verglasung meint man die Aufhängung des Zugbandes zu erkennen. Unbefriedigend erscheint nicht nur die formale Zweiteilung; auch räumlich ergibt sich ein widersprüchlicher Hallenabschluß in zwei verschiedenen Ebenen. Daß auch Schwechten dies als Konflikt empfunden haben muß, wird aus der weiteren Bearbeitung gerade dieses Raumteils ersichtlich werden.

Die Perspektive zeigt auch ein Stück der westlichen Hallenwand, die durch Pfeilervorlagen in einem gleichmäßigen Rhythmus gegliedert und im Obergaden von »Triforien« durchbrochen ist. Wir können auf einen relativ engen und gleichen Binderabstand schließen wie bei den anderen hiesigen Bahnsteighallen (B 127 und 128). Das Mauerwerk ist in einem hellroten Ziegel angenommen, Formsteine zur Flächengliederung sowie die Terrakotten sind in einem dunkleren Braun abgesetzt.

Als eine knappe Würdigung dieses Ent-

wurfsstadiums sollte folgendes festgehalten werden: Die funktionale Lösung erscheint sehr günstig, da entsprechend den Verkehrsabläufen die Hallenlängsseiten aktiviert sind (und zwar in einem Maße, wie dies später dann nicht mehr der Fall sein sollte). Die aus diesen Funktionen resultierenden Baumassen sind gut gegliedert und sofort überschaubar; die architektonische Ausformung (Tore, Türme, Loggia, Bogen) führt zu einer prägnanten Gestalt mit hohem Symbolwert (»Tor zum Süden«). Wenngleich überwiegend mit konventionellen Mitteln und Materialien realisiert, so ist doch neu für Berlin die unverhüllte Darstellung einer Hallenkonstruktion in Eisen und Glas als Gestaltungs- und Gestalt-Element einer repräsentativen Fassade.

Die unmittelbar offenkundige Vorbild-Situation für diesen Entwurf wurde weiter oben abgesteckt: im Berliner Bahnhofsbau besitzen die von Schwechten eingesetzten Motive bereits Tradition. Aber auch der Typus der baukörperlichen Gestalt war hier schon einmal vorgebildet: in Fr. Gillys kühnem »Entwurf zu einer Basilica nach Philibert de Lorme«, gezeichnet von Schinkel 1798 (B 129). Dem Verfasser kam diese Zeichnung in der Gedächtnis-Ausstellung

B 127 Potsdamer Bahnhof Berlin Halleninnenansicht, Ausschnitt, aus ZfB 1877.
Und: Aufnahme H. Rückwardt 1872
B 128 Bahnhof Berlin der Niederschlesisch-Märkischen Eisenbahn, Halleninnenansicht, Ausschnitt, aus ZfB 1870.
Und: Aufnahme aus Plankammer Schloß Charlottenburg

129

130

132

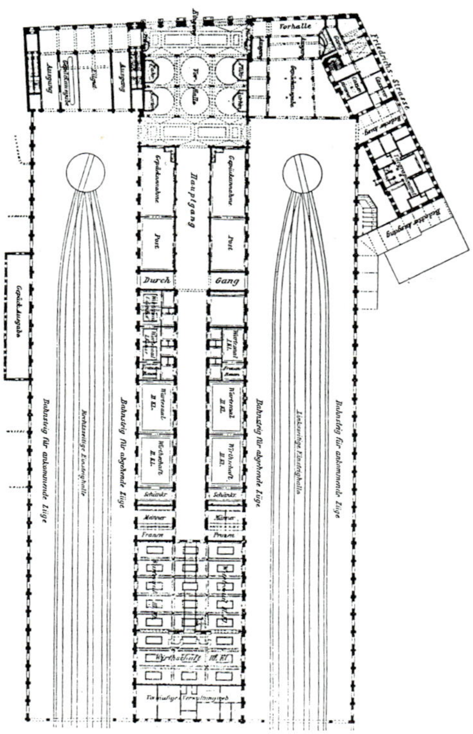

zum 200. Geburtstag Schinkels im Schloß Charlottenburg zum erstenmal zu Gesicht — Schwechten hat sie vielleicht schon als Student an der Bauakademie kennengelernt, da sie in D. Gillys »*Handbuch der Landbaukunst*« (siehe Auflage 1818) erschienen war, worauf Krings ausführlicher eingegangen ist (A 116). Schinkel hatte aber auch für die Wirkung des Bogengiebels im Innenraum, das heißt für das stirnseitige Kopflicht der Halle, beim Umbau des Berliner Doms ein frappierendes Vorbild (wenngleich in bescheideneren Dimensionen) geliefert (B 130).

Als unverständlich bleibt anzumerken, daß Schwechten und die anderen an der Planung Beteiligten offensichtlich kein Interesse und keinen »Blick« dafür hatten, die alte, von der B.A.E. angelegte geometrische Form des Askanischen Platzes aufrecht zu erhalten, was bei den Dimensionen des Gebäudes in dieser Phase noch möglich gewesen wäre. Unter Opferung des (B.A.E.-eigenen) Gebäudes Askanischer Platz 5 Ecke Schöneberger Straße (und eventuell der anschließenden Gebäude bis zur Bahnhof-Straße) hätten die Eckpavillons leicht abgewinkelt werden können (B 131), wie dies allerdings für eine andere städtebauliche Situation beim alten Bahnhof in Stuttgart oder beim Gare d'Austerlitz in Paris ausgeführt war (B 132 und 133).

Über die Höhenlage der Gleise bzw. Perrons gibt uns die Perspektive keine deutliche Auskunft; sie zeigt lediglich, wie die vorhergehenden Zeichnungen, die in die Eckpavillons hineingelegten Stufen, die bis auf ein Niveau von ca. 1,30 m steigen. Ob zur Gewinnung von mehr Höhe auch das umliegende Terrain angeschüttet werden sollte, läßt sich diesen Darstellungen nicht entnehmen: daß die Planer der B.A.E. aber auf diesen — eigentlich naheliegenden — Kunstgriff verfielen, geht aus den Protokollen der 1872 weitergeführten Verhandlungen mit den Behörden hervor. Am 4. April und 25. Mai jenes Jahres legte Wiedenfeld für die B.A.E. den Vertretern des Eisenbahn-Commissariats und des Polizeipräsidiums einen solchen Vorschlag vor, der aber wie folgt beschieden wurde:

»...3. *Sollen diese Stufen, welche in dem vorliegenden Project nach Außen, vor das*

13

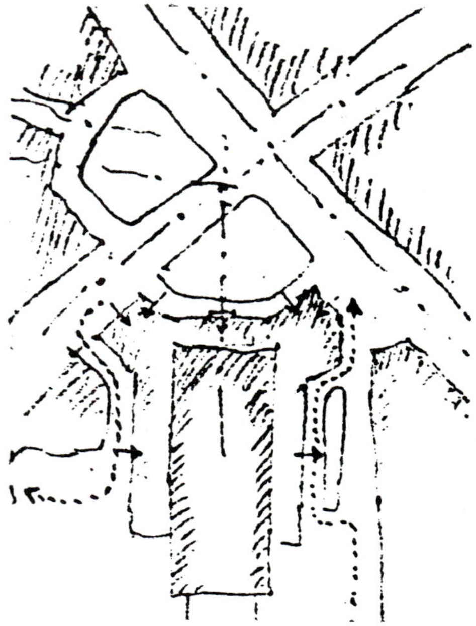

13

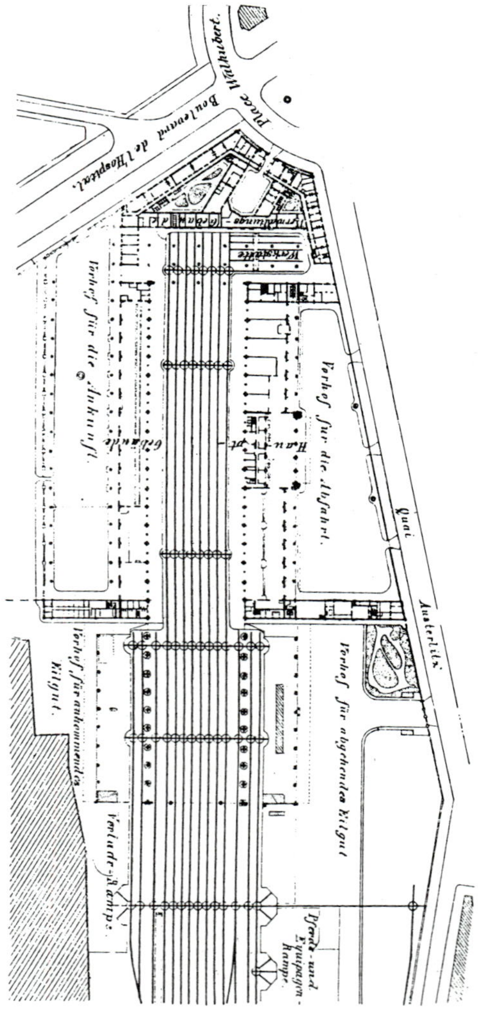

Gebäude, gelegt sind, nicht unbequem werden, so bedingen sie die in dem Project angenommene Hebung der Zufahrtsstraßen und im Zusammenhang mit der Lage des Abgangsvestibül eine Hebung des Askanischen Platzes bis auf 1,25 m.

4. Eine solche Hebung ist nicht allein für die Disposition des Gebäudes und der umgebenden Straßen sehr erschwerend, sondern auf der öffentlichen Straße unzulässig. Auch die Stauung der Fuhrwerke vor der Treppe des Abgangsvestibül, zurück über den Askanischen Platz und bis an die Anhalt- und Königgrätzerstraße, welche bei der Lage dieses Vestibül unvermeidlich wird, muß polizeilicher Seits als unzulässig bezeichnet werden.

5. Beide Rücksichten führen darauf, die Vorfahrt für die Fuhrwerke der abfahrenden Reisenden von dem Askanischen Platze fort, in den Bahnhof hinein, und etwa in die Mitte der Langseite zu legen, die Hebungen der Zufahrtstraßen und sämmtliche äußeren Stufen zu vermeiden und unter Anordnung eines unteren Geschosses sämmtliche Treppen zum Perron in das Innere des Gebäudes zu legen.

Der Vertreter des Eisenbahn-Commissariats erachtet bei einer solchen Disposition die Möglichkeit, eine Bahnhofshalle für sieben, anstatt nur fünf Geleise anlegen zu können, für eine sehr wesentliche Erweiterung des Projects.

6. Die Abfahrt der Wagen an der Abgangsseite des Empfangsgebäudes würde dann, wie in dem ersten, generellen Entwurf vom 23. Mai 1871 angenommen war, nach dem Hafenplatz zu anzuordnen sein, zumal, wie der Vertreter des Eisenbahn-Commissariats ausführt, die in dem jetzt vorliegenden Entwurf an dieser Stelle angenommenen Wagenschuppen und Wagengeleise nicht erwünscht seien.

7. An der Möckernstraße läßt sich bei der Annahme innerhalb liegender Treppen eine Beibehaltung der directen Verbindung und gleichen Höhe des Halteplatzes mit der Straße erreichen.« (A 117)

Das Protokoll belegt eindrucksvoll, mit wieviel »guten Worten« die B.A.E. dazu gebracht werden mußte, das Gleis-Niveau zu heben und daß sie — offenbar aus Furcht vor den Kosten — die Chance der zu gewinnenden Flächen unter den Gleisen nicht wahrzunehmen in der Lage war. Doch in diese Bedingung mußte sie ja einwilligen, sollte das Projekt überhaupt genehmigungsfähig werden, und mit der nächsten Entwurfsphase beginnt sich Schwechten mit diesem Problem zu befassen und abzumühen.

Nach der unzweifelhaft von Schwechten selbst vorgenommenen Datierung folgt nun die Zeichnung (Dep. Schwechten 397/3) vom 12. Dezember 1872, die hier als Vorentwurf 3 in die Fassaden-Entwicklungen eingereiht ist (B 134). In dieser Reihe wirkt dieses Konzept durchaus etwas fremd, und man ist sofort versucht, es mit dem Stettiner Bahnhof in Verbindung zu bringen (B 135). Krings hält dieses Blatt ausdrücklich für eine Arbeit, die Schwechten für die Direktion der »Berlin-Stettiner Eisenbahn-Gesellschaft« angefertigt haben soll: »*Drei dieser Persönlichkeiten, die bislang anonym geblieben waren, können mit ihren Vorentwürfen für das Empfangsgebäude heute namhaft gemacht werden: es sind Franz Schwechten, sowie die Architekten-Gemeinschaft August Orth und Gustav Knoblauch*« (A 118). »*Während die Vorschläge zu Konstruktionsart und Raumform der Halle von Stein nicht übernommen wurden, kam die Fassadenlösung*

B 129 Entwurf zu einer Basilica nach Philibert de Lorme, Erf. v. Fr. Gilly 1797, Gez. v. K.F. Schinkel 1798, aus Gedächtnis-Ausstellung 1981 Schloß Charlottenburg, Aufnahme v. Verf.

B 130 (Alter) Dom zu Berlin, Umbau von K.F. Schinkel 1816-21, Blick zum Altarraum. Aufnahme Meßbildanstalt, Repro aus »K.F. Schinkel«, Hrsg. Bauakademie Berlin 1981

B 131 Beibehaltung des halboktogonalen Platzes, Skizze v. Verf.

B 132 Bahnhof Stuttgart Grundriß 1867, aus Blum und andere: »Der Eisenbahnbau der Gegenwart« Wiesbaden 1899

B 133 Gare d'Austerlitz Paris, Grundriß 1871 aus Ed. Schmitt: »Vorträge über Bahnhöfe...« Leipzig 1873

B 134 Vorentwurf 3, 12.12.1872. Umzeichnung v. Verf.

B 135 Stettiner Bahnhof Hauptfassade, Umzeichnung v. Verf.

A 116 Vgl. U. Krings, a.a.O., S. 138

A 117 Aus Staatsarchiv Potsdam Pr. Br. Rep. 2 A I Verkehr, Bd. 2149, S. 161f.

134

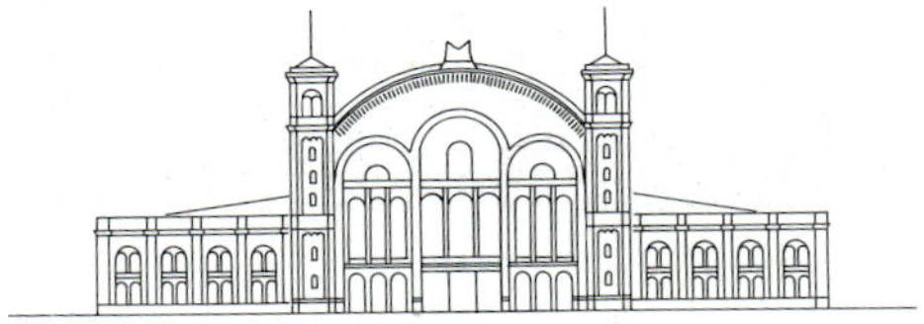

135

Franz Schwechtens zwar reduziert ... doch im Prinzip ... zur Ausführung.« (A 119)
An dieser Stelle kann nicht näher auf die Planungsgeschichte des Stettiner Bahnhofs eingegangen werden, aber Schwechtens Zeichnung (B 136) enthält eine Reihe eindeutiger Indizien, die nicht zur dortigen Situation gehören können:
1. Vor der Fassade liegt eine Freitreppe, die eine Höhe von ca. 1,20 m überwindet;
2. Türme und Seitenflügel zeigen ein Sockel-Geschoß von ca. 4,50 m Höhe;
3. rechts neben dem Bahnhof ist eine ca. 18 m hohe Gebäudekante eingezeichnet;
4. im Schnitt ist eine Aufschüttung mit 4,50 m vermaßt, sowie
5. ein Straßenprofil von 18 m Breite eingetragen.

13

Auch hinsichtlich der Hallenbreite sind Bedenken angebracht, da die von Schwechten angenommene Breite von 45 m kaum von der »Berlin-Stettiner Eisenbahn-Gesellschaft« bestellt worden sein kann, denn als Orth & Knoblauch im Frühjahr 1873 in ihren Projekten eine Breite von etwas über 43 m vorschlugen, begründeten sie das sehr ausführlich, unter anderem mit einem leistungsfähigeren Mittelperron speziell für den wachsenden Lokalverkehr. Außerdem sollten auf diesem Perron, ähnlich wie in englischen Bahnhöfen, die ankommenden Reisenden direkt in Droschken umsteigen können, was für Berlin gänzlich neu war und von der Gesellschaft auch nicht übernommen wurde. Im Gegenteil: die Halle wurde dann (vermutlich in den zunächst angenommenen Dimensionen) mit der üblichen »Berliner Breite« von 37,66 m ausgeführt.
Wenn also alle diese Indizien in Schwechtens Entwurf nicht zur Situation am Stettiner Bahnhof passen wollen, so erkennen wir unschwer ihre Übereinstimmung mit der Problemlage am Anhalter Bahnhof (s. Anm. d. Verf. in B 136). Andererseits ist der von Schwechten neu entwickelte Lösungsansatz, den wir noch genauer betrachten werden, auch im Zusammenhang zu sehen mit den Debatten in der hiesigen Architektenwelt über Bau-, Wohnungs- und Verkehrsfragen im allgemeinen und über Eisenbahnen und Bahnhöfe im besonderen. So hatte beispielsweise in einer *»Diskussion über die Wohnungsnoth in Berlin«* im Architekten-Verein am 7. Dezember 1872 Orth *»besonders die Verbindung* (der Vorstädte) *mit dem Zentrum der Stadt durch Eisenstrassen«* gefordert (A 120). Im gleichen Kreis wurde am 1. Februar 1873 als Aufgabe für das Schinkelfest 1874 der *»Entwurf eines Bahnhofes in zwei Geschossen, ... das untere ... als eine Art von Markthalle«* angeregt. In der Versammlung am 8. Februar 1873 *»entspinnt sich eine Debatte, in der noch einmal die in der vorigen Sitzung verhandelten Fragen über einige Prinzipien grosstädtischer Bahnhofs-Anlagen aufgenommen werden. Es betheiligen sich an derselben die Hrn. Lucae, Kinel, Orth, zur Nieden und Sendler«* (A 121).

In diesen Versammlungen, an denen Schwechten als Vereins-Mitglied gewiß teilgenommen hat, wurden also die entscheidenden neuen Bedingungen diskutiert, denen künftige Bahnhöfe gerecht zu werden hatten: die Zunahme des Verkehrs und, damit zusammenhängend, dessen Abwicklung in einer zweiten Ebene.
Der wachsende Lokal- und Fern-Verkehr verlangte nunmehr weitere Gleise und Perrons, die die B.A.E. innerhalb der Halle unterbringen wollte, deren Erschließung (allein) von den Längsseiten nicht mehr möglich war. So entsteht in der verbreiterten Halle ein Kopfperron (Querbahnsteig), der alle Perrons untereinander und mit den übrigen Publikums-Räumen verbindet.
Schwechtens Hauptaufgabe ist daher jetzt, die Halle mit dem funktional notwendigen

7

8

Kopfperron und der Lage in der zweiten Ebene räumlich-architektonisch zu bewältigen. Die Halle erscheint nun — in voller Breite und Höhe und in der Kontur ihrer Dachkonstruktion — direkt in der stadtseitigen Hauptfassade. Statt seitlicher Erschließung der vorigen Phase wird jetzt die Mittelachse stark betont als Ausdruck der kopfseitigen Haupterschließung. Die Hallenstirn hat ihr »industrielles Gesicht« vollkommen gewandelt: durch sakral besetzte Motive wie die Radfenster gemahnt sie nun eher an eine dreischiffige Basilika als an ihre neuzeitliche Zweckbestimmung. Die im Schnitt erkennbare Binder-Konstruktion folgt den erwähnten Vorbildern vom Lehrter Bahnhof und dem Bahnhof der Ostbahn: der korbbogenförmige Untergurt des Fachwerks ist bis auf 7 m Höhe über Perron heruntergeführt und auf Pfeilervorlagen aufgelagert; so wird das horizontale Zugband vermieden, und Wand und Decke können in die wünschenswerte architektonische Verbindung gebracht werden. Der stirnseitige Anschluß des letzten Binders an die dargestellte Stirnwand verlangt eine leichte Einengung der Dreier-Arkade, deren Öffnungen und Zwischenpfeiler mit der außen dargestellten nicht übereinstimmen: Hieraus ist zu schließen, daß Schwechten zwischen Halle und Kopffront ein Vestibül eingeschaltet hat, wie es Orth & Knoblauch (B 137 und 138) für den Stettiner Bahnhof vorgeschlagen hatten und wie es dort im Prinzip auch ausgeführt wurde. Dieses Vestibül hatte nun hier außer solchen Diensten wie Fahrkarten und Gepäck die Treppen aufzunehmen, die zwischen dem Niveau der Freitreppe (etwa + 1,20 m) und den Perrons (+ 4,50 m) zu vermitteln hatten. Wenn diese inneren Treppen sinnvollerweise im Zuge der drei Portale zu denken sind — oder eventuell über die gleiche Länge wie die Freitreppe gehen, dann verbleiben in diesem riesigen Raum nur die Schmalseiten zur Anordnung der für das Publikum erforderlichen Räume, was äußerst ungünstige Wege für die Reisenden ergibt. Das Fassaden-Schema, dem mittelalterlichen Kirchenbau entlehnt, war insbesondere wegen der Seiten-Portale, die dort in die Seitenschiffe führen, für die Lösung der hier gestellten Aufgabe ungeeignet: funktional sind von den drei Portalen die beiden seitlichen hinderlich und überflüssig. Ästhetisch wird dieses Historisieren offenbar auch von den Auftraggebern abgelehnt. Die Abkehr von diesem Entwurfs-Konzept dürfte — außer in

B 136 Vorentwurf 3, Hauptfassade, Grundriß und Schnitt datiert 12.XII.72, sign. F.S., GStA, Dep. Schw. 397/3
B 137 Stettiner Bahnhof Berlin, Entwurf von Orth & Knoblauch, Innenperspektive Ausschnitt, aus Plan-Slg. TUB 14305 (siehe A 122)
B 138 Stettiner Bahnhof Berlin, Entwurf von Orth & Knoblauch, Hauptfassade Ausschnitt, aus Plan-Slg. TUB 14307 (siehe A 122)

A 118 U. Krings: »Deutsche Großstadt-Bahnhöfe des Historismus« Köln 1981, S. 108
Der *»Associé des Bauraths A. Orth«* war übrigens *Edmund* Knoblauch, gest. 6. Sept. 1883, (siehe DBZ 12.9.1883).
Gustav Knoblauch war in der Firma »Knoblauch & Wex«, Baugeschäft, Ritter-Str. 63, deren Nachbarhaus hier im Abschnitt »Terrakotten« zitiert wird.
A 119 U. Krings, a.a.O., S. 113
A 120 DBZ 1872, S. 409
A 121 DBZ 1873, S. 43 und S. 54
A 122 Orth & Knoblauch haben am 26. 4.1873 (Datum des zusammenfassenden Erläuterungsberichts) ein umfangreiches Gutachten für das Empfangsgebäude der »Berlin-Stettiner Eisenbahn« erstellt, an welchem sie wegen der erforderlich gewesenen Abstimmungen mit jener Direktion wahrscheinlich mehrere Monate gearbeitet haben dürften. In dieser für die Berliner Bahnhofs-Architektur bedeutsamen Entwurfsreihe finden sich u.a. die beiden Blätter B 137 und B 138.
Die offensichtlichen Querbezüge zwischen Schwechten und Orth & Knoblauch konnten in der vorliegenden Arbeit leider nicht aufgehellt werden. Orth muß aber wegen seiner Viehmarkt-Börse (siehe B 144) wohl als der »Erfinder« eines arkaden-befensterten Bogengiebels gelten.

139

140

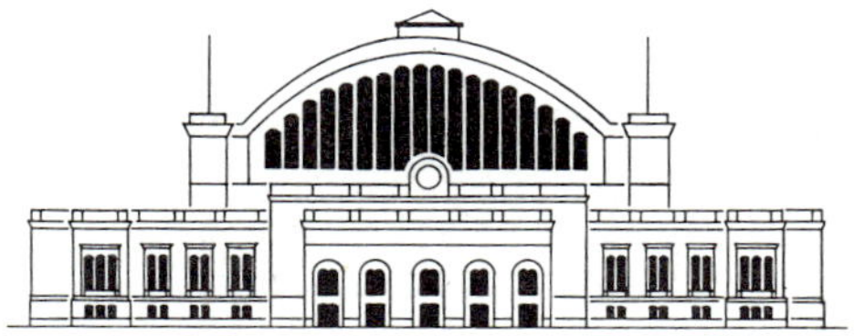

diesen formalen Aspekten — aber hauptsächlich in der schwierigen Höhen-Problematik begründet gewesen sein.
In der zeitlichen Reihenfolge kommt nun der Vorentwurf 4 für die Hauptfassade zum Askanischen Platz, den Schwechten am 18. Dezember 1872 — also nur eine Woche nach dem zuvor beschriebenen — signierte (B 139). Aufgrund der detaillierten Ausarbeitung und Kolorierung dieser Ansicht und des ihr zugrundeliegenden erweiterten Programms darf vermutet werden, daß an dieser neuen Konzeption schon länger (als nur diese eine Woche) gearbeitet worden war (Bild IV).
Als Charakteristikum dieser Phase muß die gewaltige Verbreiterung der Halle von 45 m auf ca. 65 m lichte Weite bezeichnet werden, die dem Hauptstadt-Verkehr gerecht werden sollte. Sie wird von zweigeschossigen Vorbauten (wahrscheinlich an allen drei Seiten) umlagert, die sie aber beherrschend überragt. Die formale Konzeption knüpft an die Phase 2 an; der Wegfall der seitlichen Erschließung und die kopfseitige Lage der Hauptzugänge wird aus der vorigen Phase 3 übernommen.
Zur Problematik der Hochlegung der Gleise macht der Fassadenaufbau nunmehr deutlich, daß sie von der B.A.E. akzeptiert ist, was von Schwechten in der Zweigeschossigkeit der Vorbauten dargestellt wird: auf dem Niveau des Askanischen Platzes ein 4,50 m hohes Sockelgeschoß aus glatten Mauerflächen mit eingeschnittenen stichbogigen Fenstern, darüber das Hauptgeschoß — auf der Höhe der Gleise — mit einer Pilaster-Gliederung, Rundbogen-Fenstern und schwach vorspringenden Eckrisaliten. Davor steht als Betonung der Mitte eine fünfachsige monumentale Unterfahrt, deren Attika das Hauptgeschoß noch um einiges überragt. Ihre Breite muß im Zusammenhang mit der Verteilerfunktion des Kopfperrons gesehen werden, Höhe und Zahl der Öffnungen und der reiche Terrakotten- und Figuren-Schmuck verdeutlichen, daß die Haupt-Zugänge und -Ausgänge durch dieses triumphale »Stadt-Tor« geführt sind.
Die Stirnwand der Halle bildet nun eine auf fünfzehn Achsen vermehrte Rundbogen-Arkade — wieder eine Loggia ergebend mit in der Tiefe liegender Verglasung — von zwei Pylonen gefaßt (in Abkehr von den Turmideen, aber als deren Relikte). Statt des Eisen- und Glas-Giebels der Phase 2 endet die Binder-Ebene nun in einem massiven flachbogigen Tympanon, dessen kraftlose Kurvatur darauf hindeutet, daß für die neue große, in Berlin noch nicht dagewesene Spannweite wohl noch keine Konstruktion entworfen oder berechnet war: diese hätte nämlich eine größere Bogenhöhe verlangt. Die innere lichte Höhe der Halle von ca. 28 m und ihre Breite von ca. 65 m ergeben ein Verhältnis von H : B = 1 : 2,3. Das Giebelfeld wird durch eine riesige Uhr zentriert, zu deren beiden Seiten sich Figuren (in Reliefs oder Malerei) gruppieren. Die zweischalige Hallenstirn ist räumlich noch problematischer als in der Phase 2, denn der Raum über der Loggia hinter dem äußeren massiven Giebel liegt völlig im Dunkeln, so daß man vermuten darf, daß auch in der Ebene der Verglasung der Loggia ein innerer massiver Abschluß vorgesehen war.
Schwechten versuchte die Programm-Erweiterung mit den konventionellen Mitteln der Berliner Schule zu meistern; die horizontale Gliederung der Baumassen scheint aber zerdehnt und widerspricht geradezu der architektonischen Hauptaufgabe, die große Halle nicht nur im äußeren Umriß, sondern auch als Raum zur Wirkung zu bringen. Die Empfindung ihres gedrückten Querschnitts überlagert die ganze Fassade.

Obwohl undatiert, stellt die folgende beschriebene Perspektive mit Gewißheit den Vorentwurf 5 dar (B 140), mit welchem der entscheidende Durchbruch im Sinne des Ausführungs-Entwurfs gelingt. In der architektonischen Gestalt-Findung, der Herausbildung einer prägnanten Hallen-Stirn über den erforderlichen Vorbauten, hatte Schwechten den beglückenden Einfall, das horizontale Gesims und das massive Giebelfeld aus dem vorigen Stadium wegzulassen und die schon traditionelle Rundbogen-Arkade bis unter das kraftvoll schwingende Frontgesims der Halle hochzuführen. Damit war der dominierende Hallenraum eindeutig erfaßbar dargestellt, und die zur Mitte ansteigende Bogenreihe wird von nun

41

142

44

143

an zum »Signet« des Bauwerks (Bild V). Woher kam nun dieser Einfall? — Hier wirken die »Vor«-Bilder dreier kultureller Regionen zusammen, die Schwechten bisher am stärksten prägten: zunächst sind da zu nennen aus seiner rheinischen Heimat das Arkaden-Vokabular der Romanik (B 142), sodann das Rundbogen-Spektrum Italiens von der Antike bis zur Renaissance (B 143) und nicht zuletzt aus der Berliner Tradition solche Beispiele wie die Knob-

B 139 Vorentwurf 4, 18.12.1872, Umzeichnung v. Verf.

B 140 Vorentwurf 5, 1. Hälfte 1873, Umzeichnung v. Verf.

B 141 Anhalter Bahnhof, perspektivische Ansicht vom Askanischen Platz, o.J., GStA, Dep. Schwechten 398/5

B 142 Köln St. Aposteln

B 143 San Marco Venedig. Aufnahme v. Verf.

B 144 Börsengebäude des Berliner Viehmarkts. Bauherr: B.H. Strousberg, Entwurf: A. Orth ab 1868, abgebrochen für die AEG, aus Plan-Slg. TUB 14277

147 lauch-Stülerschen Variationen (B 87) oder Orths pröblerisch-sinnige Erfindungen (B 137, B 138 und B 144).

Wie Maßwerk stehen die Pfeiler in dieser riesigen Fensterwand von 18 Achsen und über 60 m Breite: bis zur endgültigen Gestaltung wird dieses Motiv noch mehrfach variiert. Über die Verglasung der Arkade sagt die lavierte Zeichnung eindeutig aus, daß sie nunmehr in der äußeren Ebene sitzt, so daß eine Loggia — falls noch vorhanden — im Inneren der Halle läge. Bekrönt wird der Hallengiebel von einem sarkophagähnlichen Akroter, dessen Form wohl auf das anschließende First-Oberlicht zurückgehen dürfte. Zwei Ecktürme, die aber nur noch die Höhe des Hallen-Hauptgesimses besitzen, befestigen die Stirnwand
145 in der Gesamtkomposition, aus der sie durch einen eigenen Sockel herausgehoben erscheint.

Aus der vorigen Phase wird die fünfachsige, über zwei Geschosse gehende Vorhalle übernommen. Sie führt nun in ein Vestibül, das gegen die anschließenden Vorbauten an Höhe und Tiefe im Sinne eines Mittelrisalits hervorgehoben wird. Dieser für die innenräumliche und baukörperliche Höhenentwicklung bedeutsame Vestibülbau wird bis zum endgültigen Entwurf beibehalten, ebenso die auf seiner Attika angeordnete Uhr. Über die Treppenanlage im Innern zu den hochliegenden Perrons liefert die Zeichnung leider keine Indizien; die Tiefe der Ecktürme könnte den Schluß zu-
146 lassen, daß die Lösung, wie sie zur Ausführung kam, noch nicht gefunden war. Die Höhenlage des Hauptgeschosses ist durch Gesimse an den Vorbauten und Eckrisaliten markiert; die Inhalte — dem Publikum dienende Warte- und Speise-Säle — sind gegen das (untergeordnete) Sockelgeschoß durch hohe Biforien- und Triforien-Fenster charakterisiert. Diese Fenster-Rahmungen (B 145) entstammen der deutschen Früh-Renaissance: vom Fürstenhof in Wismar (um 1530 — B 146) nahm sie Stüler an die Universität in Königsberg und an das Domkandidaten-Stift in der Oranienburger Straße. Schwechten gab diese Stilfassung später auf, realisierte die Biforien-Fenster
116 aber an der inneren Hallenstirnwand.

3. Das generelle Projekt vom 16. Juli 1873

Schwechten hatte in der gerade betrachteten Phase 5 eine Sicherheit über die schließlich anzustrebende Gestalt erreicht und wohl auch den Beifall der Direktion und des Verwaltungsrats gewonnen, daß für diesen Stand des Projekts die generelle Genehmigung eingeholt werden sollte. Die entsprechende Ausarbeitung, die hier wegen ihrer hauptsächlich formalen und stilistischen Änderungen als Phase 6 (B 147) bezeichnet wird, wurde von Schwechten am 2. Juli 1873 beendet und signiert, und nach Wiedenfelds und Siegerts Unterschrift am 16. Juli 1873 an das zuständige Ministerium gesandt (Datierung aus B 148).

Obwohl von dieser Phase keine Original-Zeichnungen bekannt geworden sind, kann sie durch folgende »Sekundär«-Quellen eindeutig belegt werden: E. Graßmann veröffentlicht in seinem Gedenk-Bericht zum 100jährigen Bestehen der B.A.E. (A 123):

1. die »Längsfaçade« zur Möckern-Straße (B 148),
2. einen Querschnitt (B 148) sowie
3. die perspektivische Ansicht vom Askanischen Platz, die heutzutage auch bei der Landesbildstelle von Berlin (West) in Farbe zu haben ist (Bild VI).

In der Hauptansicht zum Askanischen Platz fällt uns zunächst in der Hallenstirn die Verringerung der achtzehn auf elf entsprechend vergrößerte Fensterachsen auf, die mit dreibahnigem Maßwerk gegliedert sind. Die Ecktürme sind nicht mehr so selb(st)-ständig, sie tragen nur noch die waagerechten Ausläufer des kräftigen Bogen-Gesimses und hohe Fahnenmasten für festliche Beflaggung. Auf dem Scheitel des Bogens gestikuliert eine umfangreiche Figuren-Gruppe.

In der zweigeschossigen Front der Vorbauten sind die vormaligen Eckrisalite so weit zurückgesetzt, daß an der westlichen Ecke zum Eckgebäude Schöneberger Straße ein Rundbogen-Portal eingefügt werden kann. Die Flucht dieser Vorbauten springt noch tief in die (erst zu schaffende) Platz-Erweiterung hinein, was von den Behörden nicht genehmigt werden sollte. Die vorhallenartige Dimension der Unterfahrt ist reduziert:

148

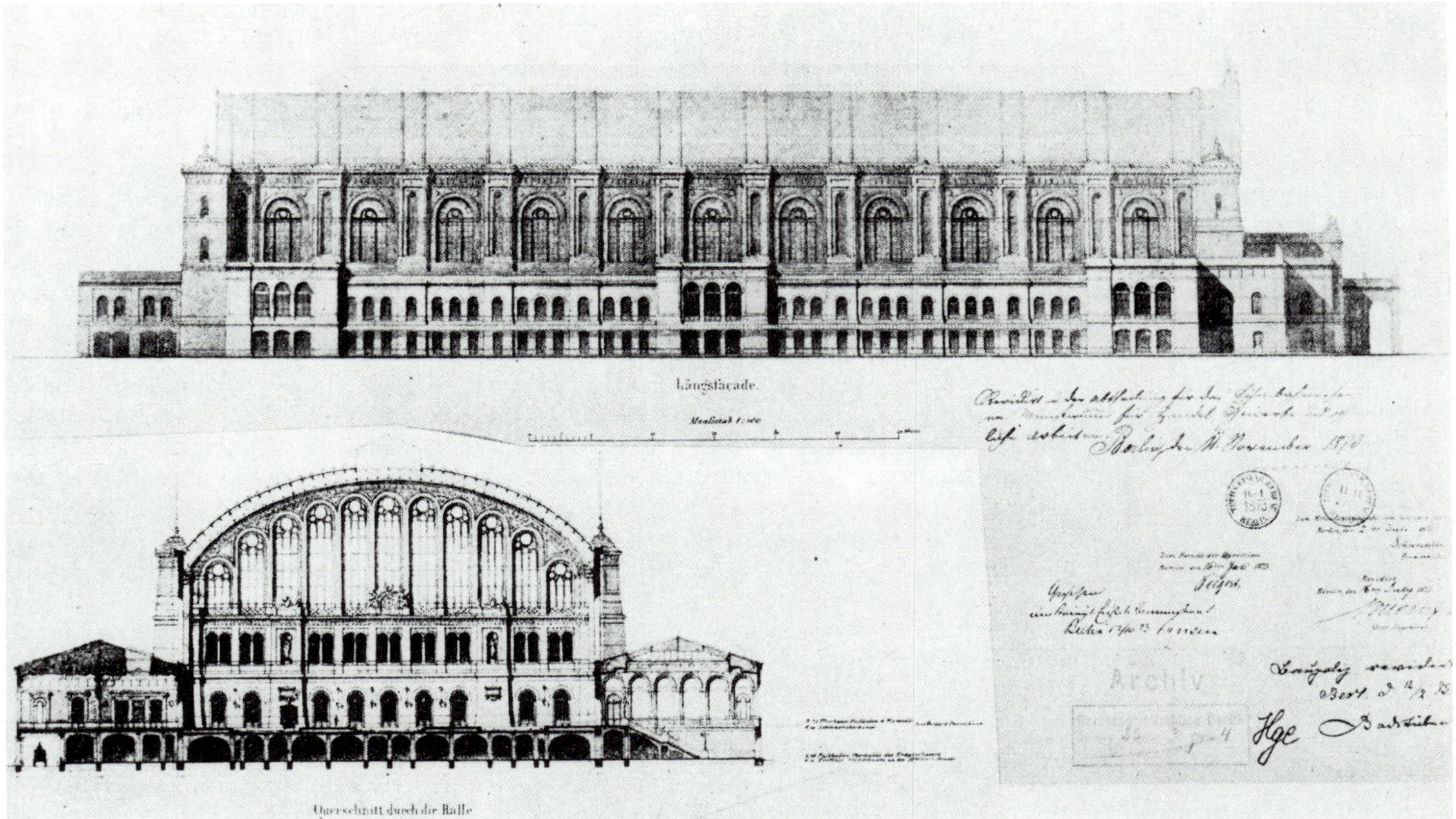

Durch eine Absenkung ihrer Attika erhält das Vestibül eine starke Höhenwirkung als Überleitung zur Hallenstirn und eine platzseitige Fensterarkade wird möglich. Die Unterfahrt ist zwar noch fünfachsig, aber auf drei Haupt- und zwei Nebenöffnungen zum Platz hin zurückgenommen; in der Tiefe zeigt sie zwei schmale Achsen: eine für den Gehweg und eine für die Vorfahrt. Gegenüber der vorigen Phase wird eine weitere Akzentuierung der Mitte und eine kontinuierliche Höhenentwicklung von Unterfahrt - Vestibül - Hallenstirn angestrebt. Die Staffelung der Baumassen verdeutlicht den Höhengewinn im Inneren; leider gibt es von der Treppenanlage, die zwischen Vestibül- und Hallen-Niveau liegen muß, noch keinerlei Anhaltspunkte. Der Schnitt zeigt jedoch in den fünf mittleren Achsen der Stirnwand, die der Breite des Vestibüls entsprechen, fünf Türöffnungen, so daß die in der nächsten Phase auftauchende dreiläufige Treppe hier noch nicht anzunehmen ist.
Stilistisch ist die Gesamt-Fassade noch sehr uneinheitlich behandelt: auf die Wandflächen des Hauptgeschosses ist eine magere, renaissancistische Pilaster-Gliederung aufgesetzt (zusammen mit den Fensterrahmungen erinnert sie an den Bahnhof der Ostbahn); und die Hallenstirn ist durch das Maßwerk sakral verfremdet. Wie in den vorigen Phasen gibt ein rötlicher Backstein dem Gebäude einen schweren, dunklen Grundton.

Umso mehr überzeugt uns die Gestaltung der Längsfassade, von der es zum ersten Mal eine Darstellung gibt: ein zweigeschossiger Seitenflügel, durch Mittel- und Eckrisalite fünfteilig gruppiert, bildet den Sockel der großen Halle, die eine Gesamtlänge von ca. 165 m aufweist. Elf riesenhafte Rundbogen-Fenster öffnen sich zwischen zwölf monumentalisierten Wandpfeilern (Achsabstand ca. 14 m), deren Reihe am Askanischen Platz und an der Gleis-Seite jeweils mit Ecktürmen beginnt: während der erstere in die nördliche Hallenstirn integriert scheint, ist der letztere — fast freistehend — nur über eine Ecke an den letzten Hallenpfeiler angeschlossen. Der für Berlin neuartige starke jochweise Rhythmus der Fenster und Pfeiler, der im Züricher Bahnhof vorgebildet war, setzt sich sowohl in der Front des Seitenflügels als auch in der Gestaltung der Dachfläche fort, in der sich deutlich die Anordnung von Doppel-Bindern abzeichnet. Von der zweiten bis zur elften Pfeiler-Achse zieht sich auf dem Scheitel ein Satteldach-Oberlicht hin, so daß die Halle ihr Licht aus dem Zenit und aus der hochliegenden Fensterreihe

B 145 Vorentwurf 5, Biforien- und Triforien-Fenster im Hauptgeschoß zum Askanischen Platz. Ausschnitt aus B 141
B 146 Triforien-Fenster vom Fürstenhof Wismar (ca. 1530)
B 147 Phase 6, generelles Projekt 16.7.1873. Umzeichnung v. Verf.
B 148 Generelles Projekt, Längsfassade zur Möckern-Straße und Querschnitt durch den Kopfperron, 16.7.1873 (siehe A 123)

A 123 »Großdeutscher Verkehr« Juli 1941, S. 388ff.

erhält. Am Südende bemerkt man — nicht eindeutig interpretierbar — den Ansatz einer zweigeschossigen befensterten Wand, die offenbar die Aufschüttung und den Bahnsteig begleitet (wie auch in dem abgebildeten Grundriß enthalten: B 149), so daß eine Überdachung der Außenbahnsteige angenommen werden kann.
Der Schnitt (B 148), der durch den Kopfperron mit dem östlich (also rechts) anschließenden Vestibül zur Möckern-Straße und den westlich (links) liegenden Warte- und Speise-Sälen geführt ist, zeigt den basilikalen Aufbau der Gesamtanlage mit dem Blick auf die innere nördliche Hallenstirn. Diese Schau-Fassade ist die erste, die den Ankommenden in Berlin begrüßt, und will auch die eindrucksvollste sein. Die elfachsige Arkade über einem zweigeschossigen Unterbau stellt auch im Innern den äußeren Fassadenaufbau dar, und zwar im Vergleich zur späteren Ausführung mit dem wichtigen Vorzug, daß innere und äußere Arkade gleich hoch zu sein scheinen. Weiter ist der Zeichnung zu entnehmen, daß als Dachkonstruktion parallelgurtige Fachwerk-Binder vorgesehen sind, die auf innenseitigen Pfeilervorlagen der Längswände auflagern. Die Halle hat eine lichte Breite von ca. 60 m, die Scheitelhöhe der Konstruktion beträgt ca. 37 m über Perron; ihre Proportionen verhalten sich H : B = 1 : 1,6. Außerdem stellen wir fest, daß der Bereich unter dem Kopfperron zu ebener Erde überwölbt ist, ansonsten aber keinerlei Unterkellerung angedeutet ist.

Mit diesem Entwurf beweist Schwechten die souveräne Beherrschung der Aufgabe:
— eine klare Disposition der Funktionen und Baumassen ist erreicht (auf die Problematik der Publikums-Führung wird in der folgenden Phase noch einzugehen sein);
— eine überzeugende Gestalt wurde herausgebildet für die Dualität von dominierender Halle und der sie umlagernden »Dienste«;
— die Tradition des Berliner Rundbogenstils wird (trotz angedeuteter Schwächen) adäquat weiterentwickelt: im Pathos der Hallenstirn ist diesem Stil eine bis dahin nicht gekannte Ausdruckskraft hinzugewonnen.

4. Das spezielle Projekt vom 18. Dezember 1874

Die Prüfung des generellen Projekts im Eisenbahn-Kommissariat wurde im Oktober 1873 und im Ministerium für Handel, Gewerbe und öffentliche Arbeiten am 11. November 1873 abgeschlossen. Die B.A.E. konnte nun aufgrund einer generellen Genehmigung den Entwurf *»im speziellen«* weiterbearbeiten. Mit welchen Revisions-Bemerkungen das Projekt zurückgereicht wurde, ist (mindestens heute) im einzelnen nicht nachweisbar. Dem Erläuterungsbericht (siehe Seite 123) ist aber zu entnehmen, daß die Flucht der nördlichen Vorbauten zurückzusetzen war, wie es ab jetzt in der Planung berücksichtigt wird.
Zunächst liegt uns aus dieser Phase 7 ein Grundriß vor (B 149), der — obgleich undatiert — ungefähr aus der Mitte des Jahres 1874 stammen muß, denn er ist ein Vorläufer des speziellen Projekts, das zum Jahresende fertig werden sollte. Dieser Plan folgt in allen wesentlichen Dispositionen dem generellen Projekt. Im Vergleich mit der vorigen Längsfassade bemerken wir jedoch eine Straffung der Baumassen, besonders des Seitenflügels an der Möckern-Straße und der nördlichen Vorbauten — letztere werden nun auf das vorspringende Vestibül mit der davorgestellten, nur noch dreiachsigen Unterfahrt zentriert.
Für die entwurfsbestimmende Höhen-Problematik erkennen wir auf diesem Grundriß den Lösungsansatz: Schwechten bildet den unter der »traditionellen« Loggia in der Hallenstirnwand liegenden Raum zu einer Treppen- und Verteiler-Halle aus. Eine dreiläufige Treppe, die unten im Haupt-Vestibül beginnt und nach beiden Seiten dieser Querhalle führt, erscheint für diese Raum- und Platz-Verhältnisse die optimal geeignete zu sein, da sie das Hinaufsteigen der Abreisenden und das Hinuntergehen der Ankommenden »kanalisieren« hilft. Diese — später Korridor genannte — Halle ist in diesem Planungsstadium mit ihrer eingestellten Säulenreihe und den ungünstigen stirnseitigen Endungen noch nicht ganz ausgereift; aber die räumlich-architektonische Verbindungsfunktion (in der Längs-, Quer- und Höhen-Achse zu vermitteln) sowie die statische Funktion (den Sockel für eine tiefe, zweischalige massive Hallenstirnwand zu bilden) wird vollkommen deutlich. Zusammen mit dem knapp 20 m breiten Kopfperron, zu welchem rechts und links eines großen Mittelfensters je vier Türen führen, wird hier in Berlin erstmals die kopfseitige Erschließung bei Hochlage der Gleise konsequent verwirklicht. Es darf daran erinnert werden, daß die Treppenanlage in der einladenden Säulenhalle des Potsdamer Bahnhofs nur für *»Rückfahr- oder Abonnementkarteninhaber«* nutzbar war, während man *»erst durch Wegweiser die Reisenden darauf aufmerksam machen muß, wo sie die Billets zu lösen haben«*, worüber sich gewiß nicht nur Experten wie Orth mokierten (A 124).
Auf die frappierende Ähnlichkeit der jetzt gefundenen Treppenanlage mit Flattichs erstem, nicht ausgeführten Entwurf für den Wiener Süd-Bahnhof (B 150) muß hier noch kurz eingegangen werden. Flattichs Biograph Friedl datiert ihn auf 1868; wann er zuerst publiziert und in Berlin bekannt wurde, ließ sich nicht feststellen. Die B.A.E. konnte aber durch ihre Verbindungen innerhalb des »Vereins Deutscher Eisenbahn-Verwaltungen« von dieser großartigen, als Vorbild geeigneten Lösung Kenntnis erlangt haben, und zwar möglicherweise bereits auf der von Fournier präsidierten Generalversammlung des Vereins vom 18. bis 22. Juli 1869 in Wien (weniger auf dem Empfang durch Franz Joseph in Schönbrunn als auf dem Bankett der Wiener Eisenbahn-Gesellschaften) oder auf der folgenden Versammlung vom 14. bis 16. August 1871 in Berlin.
Flattich gab die Treppenhalle zugunsten einer noch effektvolleren, ins Vestibül gestellten dreiläufigen Treppenanlage auf (A 178), und Schwechten wird seine jetzige Konzeption sowohl an Klarheit als auch an Theatralik gewinnen lassen (B 284).

B 149 Phase 7, Grundriß Bahnsteigebene, ca. Mitte 1874, GStA, Dep. Schw. 397/1
B 150 Wiener Süd-Bahnhof. Entwurf W. Flattich 1868, aus Universitätsbibliothek Wien

A 124 Orth im Erläuterungsbericht zum Stettiner Bahnhofs-Projekt vom 26.4.1873, S. 14, aus Plan-Slg. TUB 14292

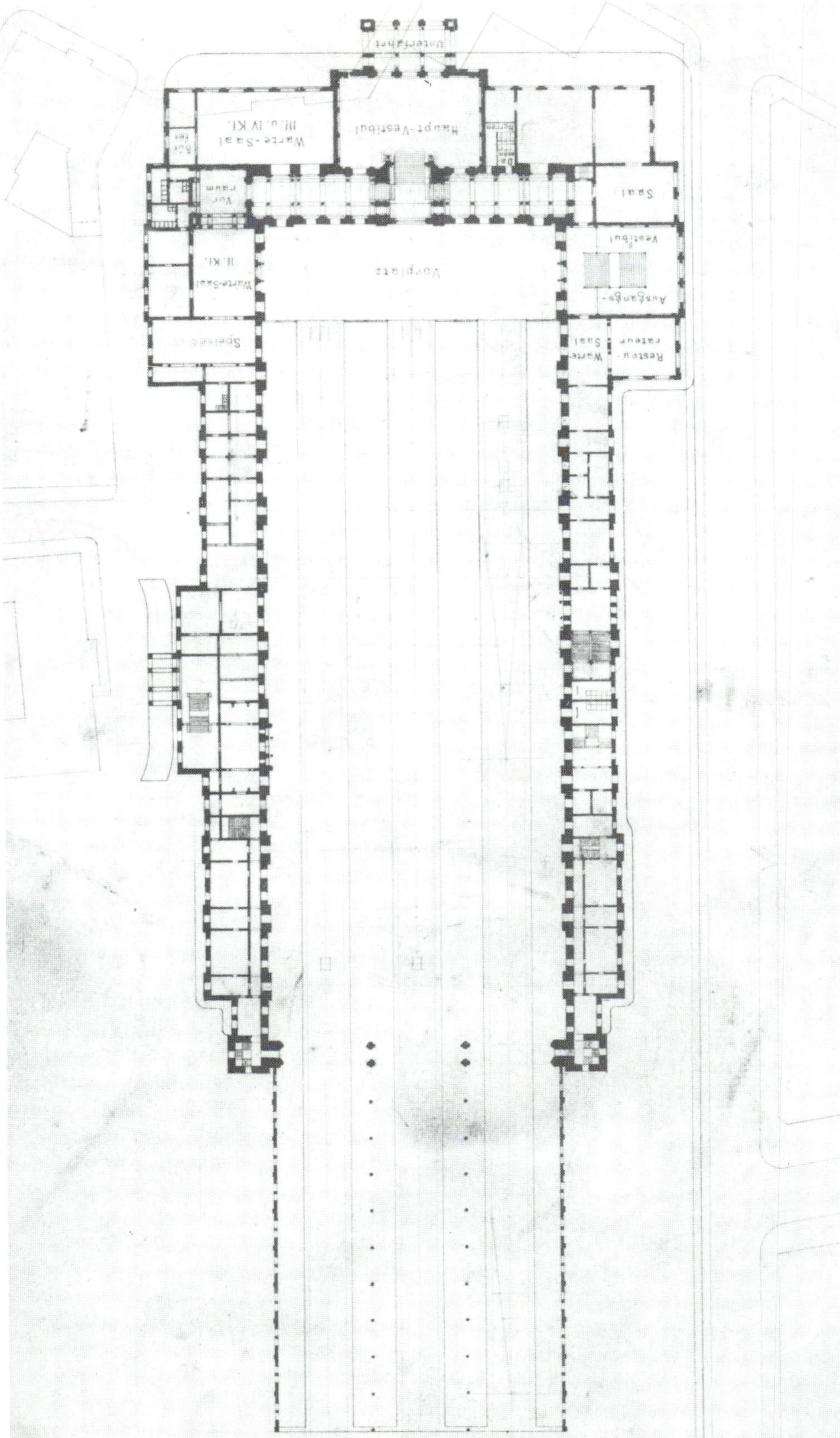

Unterfahrt
Haupt-Vestibul
Warte-Saal III. u. IV. Kl.
Vorraum
Saal
Vestibul
Vorplatz
Warte-Saal II. Kl.
Ausgangs-
Restaurateur
Warte-Saal

149

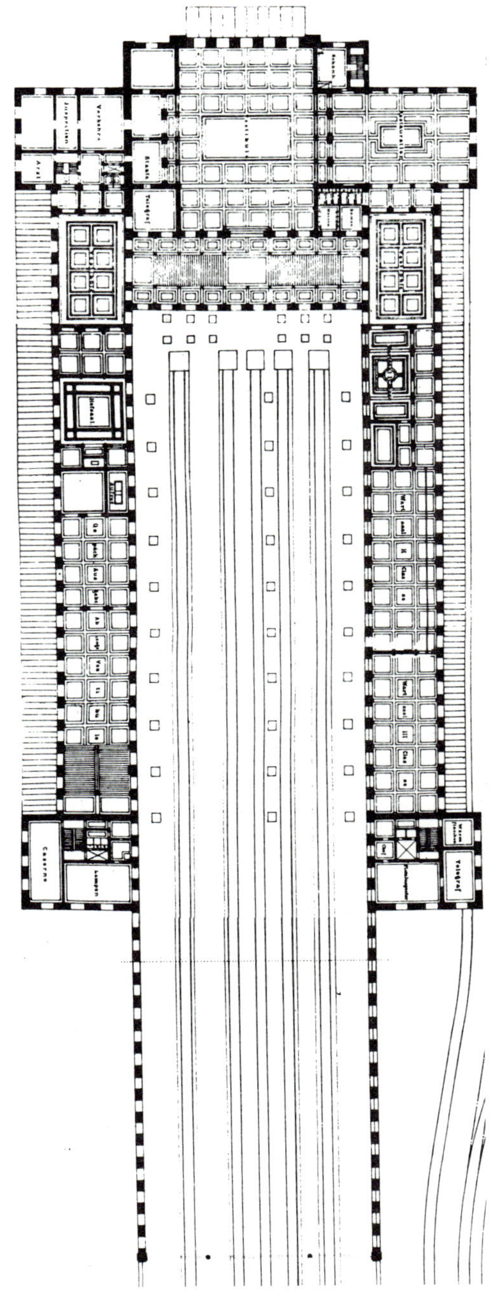

150

151

Für die ankommenden Reisenden wird aber in Verlängerung des Kopfperrons noch ein spezielles Ausgangs-Vestibül angeordnet, das sie zur Gepäckausgabe im Erdgeschoß führt und zu dem nur an der Möckern-Straße möglichen Droschken-Warteplatz. Der westliche Seitenflügel, der eine etwas größere Tiefe als der östliche aufweist, wird durch eine mittelrisalitartig vorspringende Raumgruppe betont, zu der eine Rampe samt Unterfahrt führen: die folgenden Grundrisse zeigen, daß dies kein allgemeiner Zugang zum Hauptbahnsteig der Abfahrtsseite ist, sondern nur »Allerhöchsten Herrschaften« reserviert ist.

Für die Gestaltung der Südseite der Halle könnten die beiden Doppel-Pfeiler auf den beiden Zungen-Bahnsteigen ein Indiz dafür sein, daß sie in Analogie zur nördlichen Hallenstirn ebenfalls massiv und in einer ungewöhnlichen Tiefe konzipiert ist. Die Ecktürme haben ihre freistehende Position eingebüßt und sind in die — wohl ebenfalls zweischalige — Abschlußwand integriert. Die Bahnsteige sind mit einer Gesamtlänge von ca. 230 m dargestellt, und aus den ca. 70 m langen Seitenwänden und Stützen außerhalb der Halle kann auf eine Einzel-Überdachung geschlossen werden.

Bei der weiteren Betrachtung des Entwurfs sollte die seit 1873 verschlechterte Geschäftslage der B.A.E. nicht außer acht gelassen werden. Die Euphorie nach dem gewonnenen Krieg gegen Frankreich war, da ökonomisch unsolide, nur von kurzer Dauer. Das sinkende Verkehrsaufkommen begann immer mehr auch die B.A.E. in Mitleidenschaft zu ziehen. Die Dividende als äußerer Ausdruck für die Lage macht dies deutlich: 1872 zahlte die B.A.E. 17 %, 1873 immerhin noch 16 %, 1874 jedoch nur noch 8,5 %.

Aber nicht allein die Krise machte ihr zu schaffen, sondern auch die Staatsbahn-Konzepte und -Projekte Bismarcks. Hier ist zunächst als Beispiel die Linie Berlin-Wetzlar zu nennen, die mit Gesetz vom 11. Juni 1873 beschlossen wurde. Aber auch die vom Reichskanzler ermunterte private Konkurrenz für die B.A.E. durch die Berlin-Dresdner Eisenbahn-Gesellschaft muß erwähnt werden: Die Konzession wurde ihr am 24. Juni 1872 erteilt, mit dem Bau des provisorischen Bahnhofs in der Luckenwalder Straße war inzwischen (1873) begonnen worden, und bald würde man in Berlin mit zwei verschiedenen (Privat-)Bahnen quasi von der gleichen Stelle aus nach Dresden fahren können (B 52).

Die B.A.E. hielt — gewiß wie jede alteingesessene Kapitalgruppe — die Krise für vorübergehend und ließ sich durch die neue Konkurrenz-Situation in ihren ehrgeizigen Bauabsichten nicht beirren: im Gegenteil. Das projektierte Empfangsgebäude sollte nicht nur der größte Bahnhof in Berlin werden, sondern einer der größten in Europa (B 151).

Schwechten also sollte den Entwurf in der bisher entwickelten Konzeption und Dimension weiterführen und im Dezember 1874 abschließen. Von diesem Planungsstand ließ offenbar das Neubau-Bureau der B.A.E. durch Rückwardt einige Pläne photographieren; die Abzüge signierte Schwechten mit Datum vom 14. Dezember 1874. Sie werden heute im Landesarchiv von Berlin (West) verwahrt:

1. Perspektivische Ansicht vom Askanischen Platz (B 156), (Acc. 1135/1)
2. Ansichts-Zeichnung vom Askanischen Platz (B 155), (Acc. 1135/2)
3. Querschnitt durch Halle und Seitenflügel (B 154), (Acc. 1135/3)
4. Grundriß zu ebener Erde, M 1 : 200 (B 153), (Acc. 1135/9a)
5. Grundriß des Haupt-Stockwerkes, M 1 : 200 (B 152), (Acc. 1135/9b)

Vom gleichen Tag datiert auch der Erläuterungsbericht zu diesem Entwurfs-Stadium — er wurde auch dem sich anschließenden Bauantrag beigegeben und ist in der Bauakte erhalten.

Der Bericht verdient es, hier vollständig — einschließlich der Zusätze am Ende — wiedergegeben zu werden, weil er uns auf zahlreiche Details in den Plänen hinweist und Schwechtens architektonische Intentionen zum Ausdruck bringt:

B 151 Phase 7, Spezielles Projekt 18.12.1874, Umzeichnung v. Verf.
B 152 Spezielles Projekt, Grundriß Hauptgeschoß 18.12.1874
B 153 Spezielles Projekt, Grundriß Erdgeschoß 18.12.1874

152

153

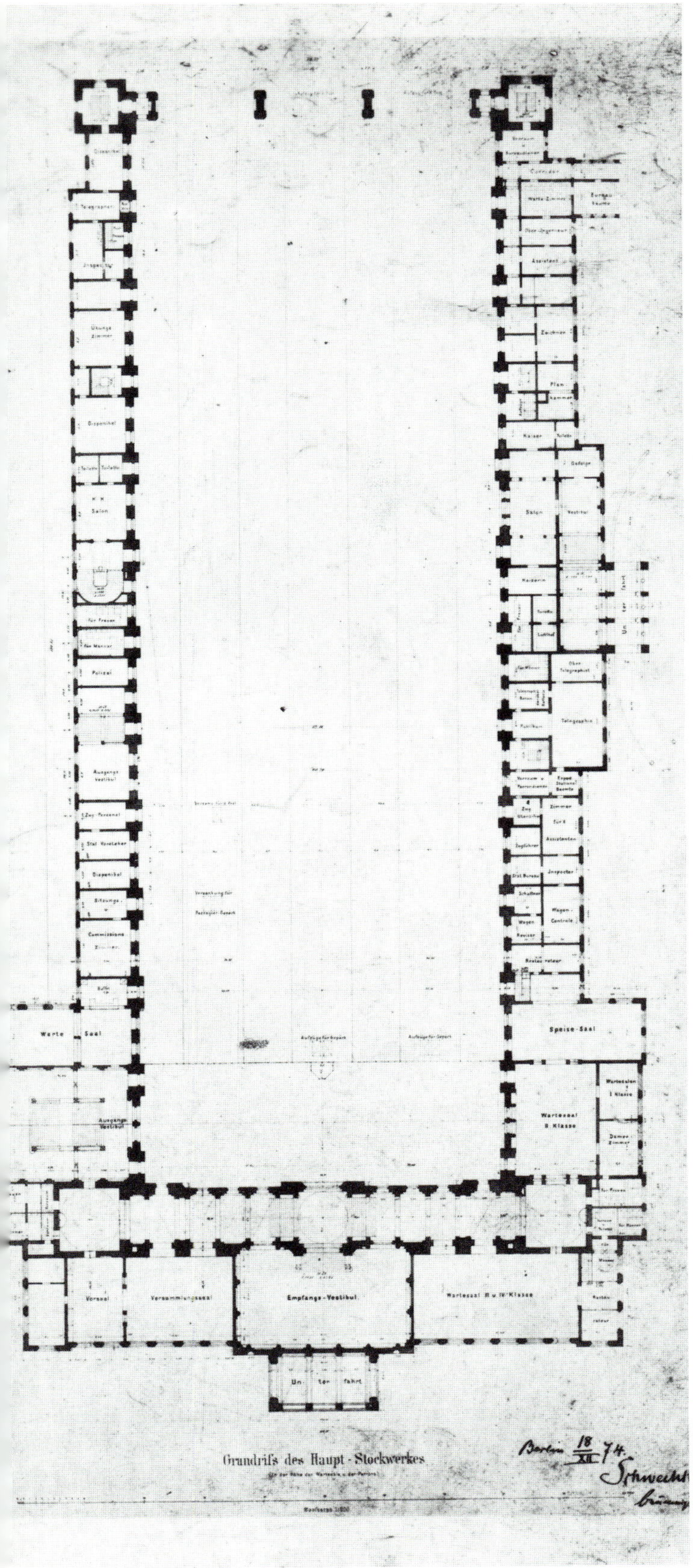
Grundriß des Haupt-Stockwerkes
Berlin 18/XII 74.
Schwechten

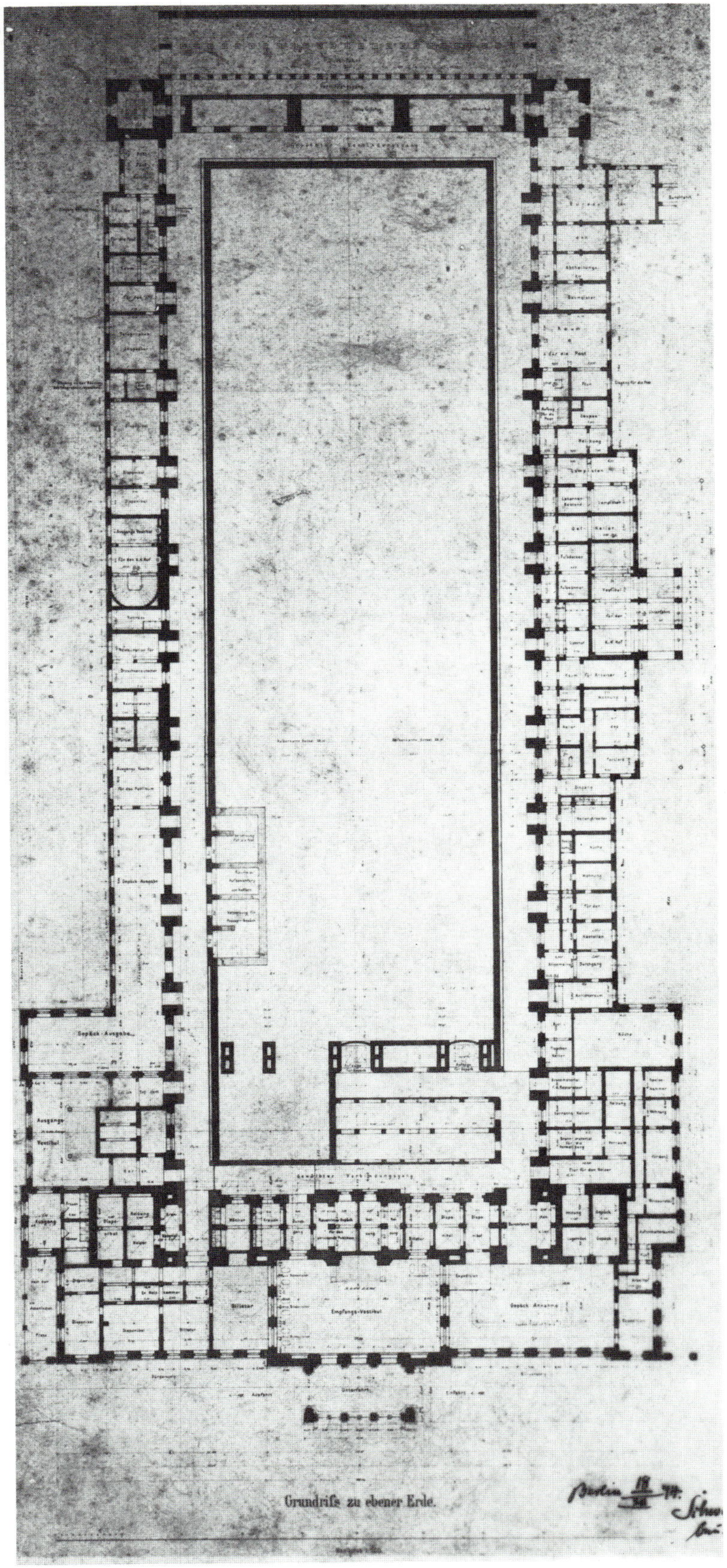
Grundriß zu ebener Erde.
Berlin 18/XII 74.

154

155

»Erläuterungen zu dem speciellen Entwurf des Empfangsgebäudes auf Bahnhof Berlin.
Hierzu 3 Anlagen 13 Blatt Zeichnungen in 1 Mappe.
Der auf den beigefügten 13 Blatt Zeichnungen dargestellte Entwurf ist die speciellere Bearbeitung des am 16ten Juli 1873 eingereichten und am 11ten November pr. von dem Königlichen Handelsministerium genehmigten generellen Projectes zu dem neuen Empfangsgebäude des Bahnhofs Berlin. Bei demselben ist die frühere Gesammtanordnung der Zu- und Ausgänge, der Lage und Größe der einzelnen Räumlichkeiten für das Publikum, den Betrieb und für den K.K.Hof beibehalten, jedoch zu Gunsten einer einfacheren Grundrißgestaltung des Kopfbaues auf Beibehaltung des in dem generellen Project angenommenen 8 m weiten Vorsprung des mittleren Theiles der Kopffaçade verzichtet und die Fluchtlinie des Gebäudes, welche in den Situationsplan Blatt I eingetragen, annähernd in die Richtung von der südöstlichen Ecke des Hauses No. 5 zur südlichen Ecke der Möckernstraße und der Königgrätzerstraße zurückgelegt. Diese Anordnung entspricht zugleich den bei der landespolizeilichen Prüfung der Entwurfsskizzen am 3ten September von den Vertretern des hiesigen Magistrats und des Polizei-Präsidii geäußerten Wünschen.
Die Längenaxe des Gebäudes liegt parallel, die Querachse desselben bzw. die Front des Kopfbaus rechtwinklich zur Möckernstraße.
Was die Anordnung der Gleise und Perrons in der Halle, deren Anzahl und Breite, sowie die Lage des Abfahrts-Vestibüls betrifft, so mag zur Motivirung derselben das in dem Erläuterungsbericht zu dem generellen Project hierüber Gesagte kurz wiederholt werden:
Da auf dem hiesigen Bahnhof der Berlin-Anhaltischen Eisenbahn die Personenzüge für drei Hauptrouten, ferner für den Lokalverkehr von Lichterfelde und resp. der Verbindungsbahn abzufertigen sind, so kommt es in erster Reihe darauf an, für die verschiedenen abgehenden und ankommenden Personenzüge eine ausreichende Zahl von Gleisen und Perrons zu gewinnen. Es muß daher Aufgabe sein, das für den Personen-Bahnhof gegebene, nicht wohl erweiterungsfähige Terrain dem Bedürfniß möglichst entsprechend auszunutzen und hiernach das Project anzuordnen.

Mit Rücksicht hierauf sind 2 Seiten- und 2 Zwischen-Perrons mit 3 Gruppen von Gleisen angenommen, auf welchen 6 Personenzüge, 4 abgehende und 2 ankommende, gleichzeitig aufgestellt werden können. Für die Halle ergiebt sich hieraus bei den aus Blatt IV ersichtlichen Breiten der Perrons- und Gleise-Abstände eine gesammte lichte Weite von 59,18 resp. 60,70 m.
Um sowohl die Haupt- als auch die Zwischenperrons dem abreisenden und ankommenden Publikum ohne störende Umwege zugänglich zu machen, erschien es

B 154 Spezielles Projekt,
Querschnitt 18.12.1874
B 155 Spezielles Projekt,
Ansicht vom Askanischen Platz 18.12.1874
B 156 Spezielles Projekt,
Perspektive 18.12.1874

nothwendig das Abfahrts-Vestibül und soweit als thunlich auch die an dasselbe anschließenden Lokale für die Reisenden in dem mit seiner Front am Askanischen Platze liegenden Kopfbau des Empfangsgebäudes anzuordnen.
Zugleich ist das Gebäude den Hinterhäusern der Südostseite der Schönebergerstraße möglichst nahe gerückt und so auf der Ankunftsseite neben der Möckernstraße ein zur Aufstellung von ca. 100 Droschken ausreichender Platz gewonnen worden.
Das Hauptgebäude soll 2 Geschosse erhalten, von denen das untere incl. Decke 4,60 m Höhe hat.
Blatt III und IV zeigen die Grundriß-Disposition der Räume.
Aus einem Vorbaue, welcher die gleichzeitige Unterfahrt von 4 bis 5 Droschken gestattet und wohin die Fußgänger durch einen höher gelegten Bürgersteig ohne Belästigung durch die Fuhrwerke gelangen, tritt man in das 422,8 m² große Empfangsvestibül.
Für den Billetverkauf sind 8 Schalter angeordnet (cfr. Grundriß Blatt III):
Außerdem ist für Extrazüge noch eine besondere Billetverkaufsstelle auf dem Kopfperron eingerichtet (Blatt IV).
Durch zwei 2,80 m breite Öffnungen gelangt man aus dem Vestibül in die 366,9 m² große Gepäck-Annahme mit 28,33 m langem Gepäcktisch. Im Anschluß hieran befinden sich Räume für die Arbeiter, für die Utensilien und lagerndes Gepäck. Aus der Gepäck-Expedition wird das Gepäck auf kleinen Schienengleisen (von ca. 0,60 m Spurweite) unter die Perrons gefahren vermittelst der in den Grundrissen angedeuteten Hebe-Vorrichtungen auf das Niveau der Bahn gehoben und hier auf besonderen, zwischen den Abfahrtsgleisen anzulegenden Bahnen an die Gepäckwagen geschoben und eingeladen.

In unmittelbarer Nähe des Empfangs-Vestibüls befinden sich Räume für reserviertes Handgepäck und Closet-Anlagen; auch ist eine directe Verbindung derselben mit dem Ausgangs-Vestibül durch einen geräumigen Corridor hergestellt. Aus dem Empfangs-Vestibül führt eine bequeme, 6,4 m breite Treppe zu dem Kopfperron der großen Halle und zu den im Kopfbau angeordneten Wartesälen. Ueber die Größe der Wartesäle giebt die beiliegende Tabelle (Anlage B) eine vergleichende Zusammenstellung.

Es wird beabsichtigt den vorerwähnten, geräumigen Kopfperron von rot. 20 m Tiefe und rot. 60 m Breite für den Sommerverkehr als Aufenthalts-Raum in ähnlicher Weise zu benutzen, wie dies auf dem Südbahnhof in Wien mit dem besten Erfolge geschieht und zu dem Zweck den Kopfperron auf welchem Sitzplätze und die schon erwähnte Billetverkaufsstelle für Extrazüge eingerichtet werden, von den zwischen den Gleisgruppen liegenden 4 Perrons durch ein ca. 2,3 m hohes leichtes, eisernes Gitter abzusperren. Bei einer solchen Anordnung für den Sommer-Verkehr wird die Größe der Wartesäle nebst Speisesaal, Damenzimmer etc. auch für den stärksten Verkehr genügen.
Die zur linken des Haupteingangs gelegenen Säle sind für Zweck der Verwaltung, namentlich für die Abhaltung von General-Versammlungen der Gesellschaft etc. bestimmt.
Die Büffets der verschiedenen Wartesäle und des Speisesaals sind durch Treppen und Aufziehvorrichtungen mit den zur ebenen Erde liegenden Wirthschaftsräumen des Restaurateurs verbunden, welcher außer diesen eine Wohnung im unteren Geschosse und mehrere Zimmer für Dienstpersonal erhält, die über dem Damenzimmer und dem Wartesaal I. Cl. eingerichtet sind.
In dem oberen Geschosse reihen sich an die Wartesäle im rechten Flügelbau die Stations-Büreaux mit den zugehörigen Räumen für Telegraphie, welche auch von der Straße her dem Publikum zur Aufgabe von Depeschen zugänglich gemacht sind.
Unter diesen Lokalen liegen zur ebenen Erde ein größerer Raum für Hallenarbeiter, ferner Dienstwohnungen für einen Portier und für den Kastellan mit einem besonderen Vorflur, von welchem aus auch die Wirthschaftsräume des Oeconomen zugänglich sind.
Es folgen dann im oberen Geschoß die Salons für den K.K. Hof.
Der übrige Theil des rechten Flügels soll im oberen, wie im unteren Stockwerke für Betriebs- und Büreau-Zwecke verwendet werden. Zur ebenen Erde sind die Räume für das Herrichten der Lampen vorgesehen, ferner für Oelkeller, für die Aufbewahrung von Fußwärmern und Utensilien und für die Wagenheizung. Treppenanlagen und Aufziehvorrichtungen vermitteln den Verkehr mit dem oberen Geschosse, wie aus Blatt III und IV näher zu ersehen.
Die Büreaux erhalten einen besonderen Eingang und stehen durch eine Treppe, welche auch nach dem Seitenperron der großen Halle führt, unter sich in Verbindung.
Die Verhältnisse der Post werden durch den Neubau des Empfangsgebäudes nicht wesentlich berührt. Das für deren Zwecke im Jahre 1865 gegenüber dem alten Empfangsgebäude an der Ecke der Bahnhofsstraße besonders errichtete Gebäude, dessen Erdgeschoß nach Vereinbarung mit der Postverwaltung ihren Bedürfnissen entsprechend eingerichtet worden, bleibt unverändert bestehen, und ist daher ein Ersatz für diese Lokale nicht zu beschaffen. Es sind jedoch zur event. Benutzung für die Post in dem neuen Empfangsgebäude an passender Stelle einige Räume zur etwaigen directen Vermittlung des Verkehrs zwischen den Postanstalten innerhalb der Stadt und den Eisenbahnzügen vorgesehen.

Für das Heben des abgehenden, sowie für das Senken des ankommenden Postgepäcks von der Straßen- bis zur Schienenhöhe und umgekehrt sind besonders hydraulische Hebe- bezw. Senkvorrichtungen angeordnet.
Der linke Flügelbau enthält im Anschluß an den Kopfbau ein 381,3 m² großes Ausgangsvestibül. Von diesem aus gelangen die ankommenden Reisenden auf einer 7,0 m breiten Treppe zur Gepäckausgabe, zum Droschkenplatze und auf einem dem Fuhrwerke nicht zugänglichen Verbindungsweg zum Askanischen Platze.
Das ankommende Gepäck wird zwischen den Gleisen entladen und durch zwei Versenkungen in die 477,6 m² große Gepäckausgabe gebracht. Für die auf dem linken Seitenperron austretenden Reisenden

ist die Gepäck-Ausgabe noch von einem zweiten, 73,7 m² großen Ausgangs-Vestibül mit geräumiger Treppenanlage erreichbar. lung von ca. 100 Droschken. Das Einsteigen in die Droschken erfolgt unter einem 4,50 m breiten überhängenden Schutzdach. Der Wartesaal für das die Ankommenden erwartende Publikum hat seinen Zugang von dem Hauptausgangs-Vestibül.

An das eben erwähnte kleinere, zweite Ausgangsvestibül schließen sich einige Salons für den K.K. Hof an, die in bescheideneren Dimensionen entworfen sind, da bei großem Empfang etc. auch für ankommende Züge Allerhöchster Herrschaften die auf dem rechten Flügelbau gelegenen Räume benutzt werden sollen. Der linke Flügel enthält ferner in dem oberen Geschosse an geeigneten Stellen, wie Blatt IV zeigt, noch einen Raum für den Stationsvorsteher, einen dito für die Polizei, einen dito für Zugpersonal, ein Commissions mit Nebenzimmer etc.
Das Ende des linken Flügelbaues soll, soweit es nicht den Bedürfnissen der Post dient, für Büreauzwecke namentlich für den Telegraphen-Inspector verwendet werden.
Das ganze Gebäude, bestehend aus einem Kopfbau und zwei Flügelbauten, welche 3 Seiten der großen Halle umfassen, und der durchbrochenen Abschlußwand an der 4ten Seite der Halle soll in Backstein-Architectur, im sog. Rohbau ausgeführt werden, jedoch sind der Sockel des Gebäudes aus Granit, die Einfassungen der Fenster des Geschosses zur ebenen Erde aus Sandstein gedacht. Die Abdeckung der Gesimse und Fensterbänke im Kopfbau soll mit Anwendung von Granitplatten derartig erfolgen, wie sich solche bereits bei anderen in letzter Zeit ausgeführten Bauten bewährt hat.
Um eine größere Belebung der Farbe in den Façaden des Kopfbaus zu erzielen sollen Fensterbrüstungen, Maaßwerke in den großen Fenster-Oeffnungen, wie überhaupt eingesetzte Architectur in Werkstein ausgeführt werden.
Die sonstige Anordnung des Gebäudes dürfte aus den Grundrissen Blatt III, IV und den Durchschnitten Blatt IX und X ersichtlich sein.
In den Grundrissen sind in den Räumen und Corridoren, welche massive Decken erhalten, die betreffenden Constructionen angedeutet. Die Herstellung der Balkendecken in den übrigen Räumen bedingt keine ungewöhnliche Inanspruchnahme des Materials.

Die Halle ist als eine Basilika von 59 resp. 60 m Breite und 177 m Länge mit seitlichem Oberlicht entworfen, auch sind die Hallen-Querwände, so weit es ästhetische Rücksichten gestatten, durch Licht gebende Oeffnungen durchbrochen. Von der Beleuchtung der Halle durch eine Glasdecke ist zur Vermeidung der großen Uebelstände einer solchen abgesehen worden, da eine Glashalle im Winter nicht dicht zu erhalten ist und im Sommer eine unerträgliche Hitze verursacht. Es sind jedoch zur Ventilation, zur Abführung des Dampfes der Lokomotive und auch zur Beleuchtung des mittleren Theils der Halle in dem Scheitel der Decke kreisrunde Oeffnungen angeordnet, wie aus dem Längenschnitt Blatt X und der Deckenansicht Blatt XIII zu ersehen. Diese 10 Oberlichter werden aufgenommen von einem in der ganzen Längenachse der Halle sich hinziehenden Aufbau, durch welchen zugleich die Entwässerung des mittleren Theiles der Dachfläche bewerkstelligt wird.

Die Art der Lichteinführung ist bestimmend für die Höhenmaße der Hallenwände. Im vorliegenden Project hat sich eine Höhe des Auflagers der Binder über dem Perron von 20,2 bei einer lichten Weite der Halle von 59 resp. 60 m ergeben.

	Höhe der Auflager-Wände	*Gesammtbreite in der Halle*
1. Potsdam-Magdeburger Halle	*11*	*36*
2. Niederschl.-Märk. Halle	*15,7*	*37,66*
3. Lehrter Halle	*16,6*	*38*
4. Berlin-Anhalter Halle	*20,2*	*60*

Das Architectur-System der Hallenwand ist in Einklang mit dem der Decke angeordnet. Wie in letzterer 2 Träger in 3,5 m Abstand zu einem System verbunden, Zwischenfelder von 10,5 m Breite (in den Axen gemessen) hervortreten lassen, so sind auch die die Träger stützenden Pfeiler zu einem Ganzen vereint, welches ohne Durchbrechung im Gegensatze zu den großen Lichtöffnungen der Zwischenfelder einen energischen Rhythmus in der Gliederung der Hallenwände hervorbringt. Die 23 Binder, welche das Hallendach tragen, sind parabolisch geformte Blechträger, welche auf der einen Seite festes, auf der anderen Seite bewegliches Auflager erhalten sollen. Eine statische Berechnung der Hallenwände ist in der Anlage beigefügt. Der Special-Entwurf der Eisenconstruction des Hallendaches wird demnächst besonders vorgelegt werden.
Als Deckmaterial des Daches ist Wellblech auf Schaalung angenommen.

Berlin, den 18. Dezember 1874
(gez.) Schwechten Baumeister

Gelesen
Berlin, 29. Dec. 1874
(gez.) Wiedenfeld Ober-Ingenieur

Gel. im Kgl. Eisenb. Kommissariat
Berlin, den 11.1.75.
(gez.) Bensen

Gelesen in der Abtheilung für das Eisenbahnwesen im Ministerium für Handel pp.
Berlin, den 16ten Januar 1875
(gez.) Franz.
Ruttkowsky.«

Nach dieser ausführlichen Beschreibung durch den Architekten selbst ist eine Zusammenfassung angebracht, da der Entwurf nunmehr alle wesentlichen Erfindungen und Dispositionen zeigt, die das endgültige Bauwerk charakterisieren.

1. Rekapitulieren wir noch einmal die entscheidenden *Entwurfs-Bedingungen*:
— das Grundstück, insbesondere die Breite, und dessen Lage zum Askanischen Platz (im weiteren Sinn: zum Zentrum!)

— die Anzahl der Gleise bzw. Perrons und ihre Hochlage
— ihre stützenfreie Überdeckung mit einer Halle (A 125)
— die unterschiedlichen Publikumsströme bei Abfahrt und Ankunft, und nicht zuletzt
— die Rechtsfahr-Vorschrift für die Eisenbahnen Deutschlands (A 126).

2. Diesen Bedingungen hat nun zunächst ein weiterentwickeltes *Erschließungs-Konzept* zu entsprechen:
— Für die Vermehrung der Hauptgleise auf sechs und dem daraus resultierenden Kopfperron, der die je zwei Seiten-, Mittel- und Gepäck-Perrons untereinander verbindet (A 127), kann es grundstücksbedingt nur eine kopfseitige Haupt-Erschließung geben, welche auch die Treppenanlage aufzunehmen imstande ist.
— Außerdem kommt für den stoßweisen Verkehr bei der Ankunft eine seitliche Erschließung hinzu.

3. Diesem Erschließungsprinzip gemäß werden die *Funktionen* wie folgt geordnet:
— Das abreisende Publikum betritt den Bahnhof von der Unterfahrt am Askanischen Platz aus und findet im Haupt-Vestibül links die Billet-Schalter, rechts die Gepäckannahme; über die dreiläufige Treppe wird der sogenannte Korridor und die Perronhalle erreicht. Am Korridor rechts liegen der Wartesaal III. und IV. Klasse (mit der Fensterfront zum Platz) und an der Schmalseite des Kopfperrons der Wartesaal II. Klasse; dieser erschließt einen Wartesaal I. Klasse, ein Damenzimmer sowie einen Speisesaal (die bereits im westlichen Vorbau liegen).
— Das ankommende Publikum erreicht die Gepäckausgabe im Erdgeschoß und den (nur an der Möckern-Straße möglichen) Droschken-Warteplatz über ein Ausgangs-Vestibül in östlicher Verlängerung des Kopfperrons sowie über eine weitere Treppe in der Mitte des Perrons bzw. Seitenflügels. An das Ausgangs-Vestibül grenzt auf Perron-Ebene noch ein Saal für das erwartende Publikum; an den Kopfenden des Korridors sind Toiletten vorgesehen.
— Die Räume für den K.K. Hof liegen mittig an den Längsseiten der Halle: eine umfangreichere Raumgruppe auf der Abfahrtsseite mit Rampe und Unterfahrt an der Bahnhof-Straße, auf der Ankunftsseite lediglich ein Salon mit eigenem Ausgangs-Vestibül zur Vorfahrt der Wagen an der Möckern-Straße.
— Die Diensträume für den Eisenbahn-Betrieb, für die Post, die Telegraphie, auch Wohnungen für Portiers und den Restaurateur nehmen in den beiden Seitenflügeln längs der Halle den von vorgenannten Funktionen nicht belegten Raum ein. Eine Küche zur Bewirtschaftung der Wartesäle liegt im Erdgeschoß unter dem erwähnten Speisesaal.
— Für die Versammlungen der Aktionäre der B.A.E. — die Eigentümer des Bahnhofs — liegen im Hauptgeschoß am östlichen Arm des Korridors zwei Säle mit der Fensterfront zum Askanischen Platz (als Pendant zum Wartesaal III. und IV. Klasse).

4. Das von Schwechten herausgearbeitete *Baugefüge* läßt sich folgendermaßen »skizzieren« (B 157):
— Für die Perronhalle verwendet er den traditionellen Typ eines Langhauses (A 128) mit massiven Seitenwänden und stützenfreier Überdeckung durch eine eiserne Tonne. Dem basilikalen Aufbau entsprechend wird sie im wesentlichen durch hochliegende Rundbogenfenster in den Längswänden belichtet, in einer Firstlaterne kommen zwischen den Bindern zusätzliche »Lichtinseln« hinzu. Auf dem ursprünglichen Niveau gegründet sind acht Gleise, auf einer Aufschüttung liegend, die in die Halle durch drei Portale im ebenfalls massiven südlichen Hallenabschluß eingeführt werden dessen Bogengiebel die gleiche Durchfensterung wie die nördliche Hallenstirn zeigt. Die Halle hat eine innere Länge von 167 m, eine lichte Weite von 60 m, die Seitenwände eine innere Höhe von 20 m, bei einer Konstruktionshöhe (Bogenstich) von 12 m verhalten sich die Maße H : B wie 1 : 1,8.
— Der dem Platz und der Stadt zugekehrte nördliche Hallenabschluß erhält eine völlig neuartige Ausformung als eigenständiges Element der Gesamt-Komposition: Seine Zweischaligkeit, die hier in Berlin auf die Loggien-Tradition zurückgeht, wird so stark aufgeweitet, daß im Hauptgeschoß eine Verteiler-Halle zwischen Kopfperron und den Publikumsräumen entsteht und in der Gebäudeachse die Treppenanlage eingefügt werden kann (A 129). Während der Kopfperron (noch) ohne besondere Akzentuierung vom Hallenquerschnitt überfangen wird, tritt die doppelschalige Hallenstirn sowohl in der Höhe als auch in der Breite über den Umriß der Halle hinaus. Dieser Hallenabschlußbau ist Abbild und Sinnbild der Halle — er wurde durch seine architektonische Behandlung, auf die weiter unten näher eingegangen wird, zum Signet des Anhalter Bahnhofs (A 130).
— Der Hallen-Baukörper wird nun dreiseitig mit überwiegend zweigeschossigen Flügelbauten umgeben, welche die erwähnten Funktionen des Publikumverkehrs und des Betriebsdienstes aufnehmen. Dem gewünschten basilikalen Schnitt dient eine durchgehende Höhe der Attika dieser Begleitbauten; sie wird nur durch das Haupt-Vestibül überschritten, das auch in der Front leicht hervortritt: die niedriger gewordene Unterfahrt steigert die Höhenwirkung dieses (eingeschossigen!) Vestibülrisalits, der außen zur Hallenstirn und innen zum Korridor überzuleiten hat. Die unterschiedliche Tiefe: am nördlichen Kopfbau ca. 14 m, am Ausgangs-Vestibül ca. 24 m, der östliche Seitenflügel ca. 9 m und der westliche ca. 12 m, am Mittelrisalit der K.K. Abfahrtsräume ca. 15 m, resultiert aus den verschiedenen unterzubringenden Funktionen und der Grundstückssituation (Droschken-Warteplatz nur an der Möckern-Straße möglich).

5. Zur *Konstruktion* des Hallendachs ist anzumerken, daß gegenüber dem generellen Projekt Vollwand-Bogenbinder mit zwei Gelenken und horizontalem Zugband vorgesehen sind, das in ein Voluten-Ornamentstück eingeführt wird. Die Binder-Auflager liegen auf der Krone der Längswände — durch die äußere Attika und das innere Hauptgesims dem Auge entzogen. Die parabelförmigen vollwandigen Binder besitzen gegenüber den Fachwerken mit ihrer verwirrenden Fülle von Einzelteilen und Durchblicken den geradezu »massig« wirkenden und mit einem Blick wahrnehmbaren Schwung, der die beiden Massivwände räumlich zusammenschließt. Diese Maß-

57

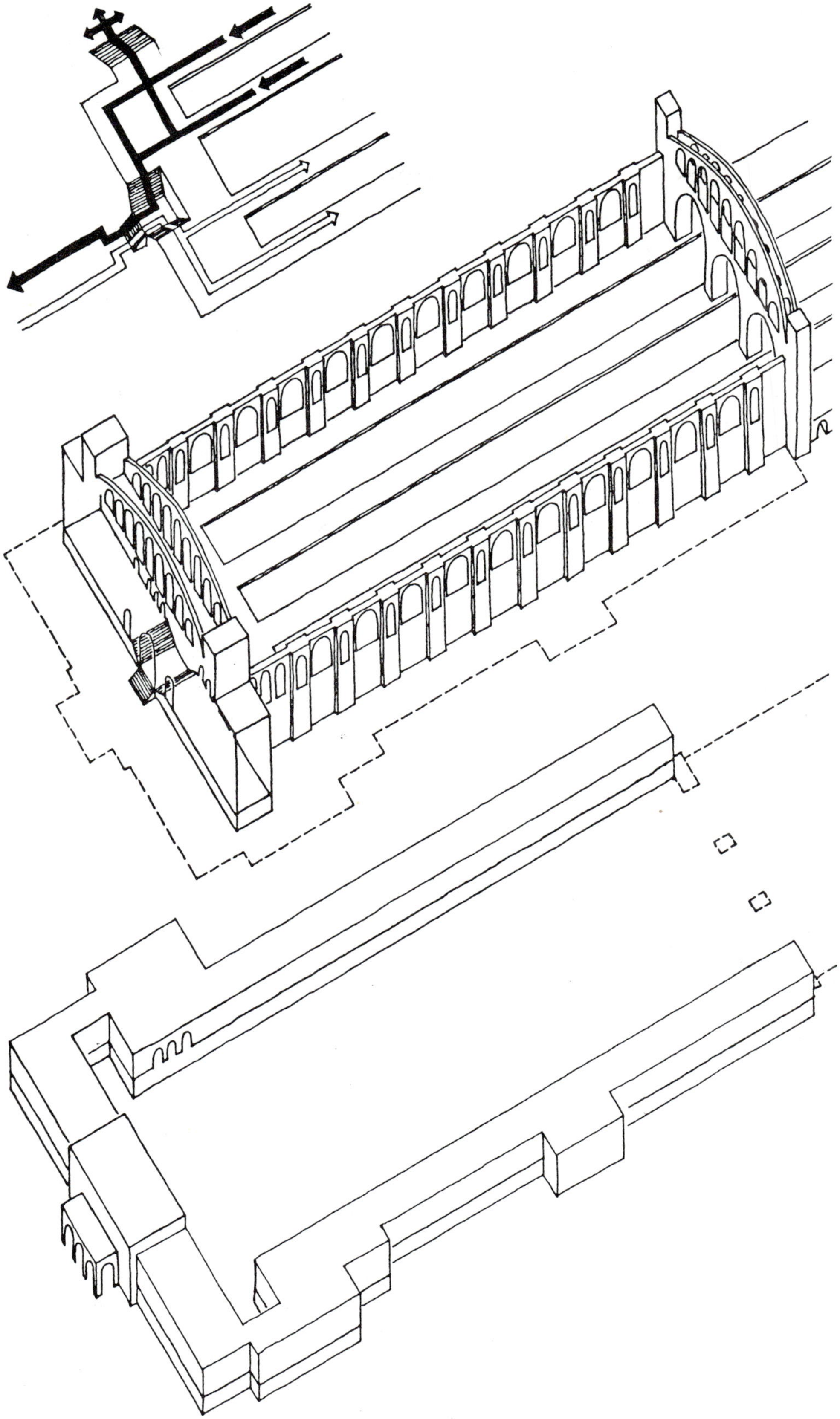

nahme ist als Folge der im Berliner Architekten-Verein gepflegten Debatten über die Gestaltung der Eisen-Konstruktionen zu sehen: Während sich L. Bohnstedt-Gotha noch 1867 im »*Wochenblatt*« des Vereins etwas polemisch und ablehnend äußern konnte (A 131), relativierte R. Lucae in einer Versammlung am 11. Dezember 1869 die konventionellen Sehgewohnheiten und »*eine uns liebgewordene Schönheits-Tradition*«; er ist überzeugt, daß die Bahnhofshallen, »*die zu den epochemachenden Gebäuden unserer modernen Zeit gehören, ... für die ästhetische Ausbildung der Eisenkonstruktionen die hohe Schule*« sind. Er kritisiert an der »*Görlitzer*« (B 182) und an der »*Niederschlesischen Halle*« insbesondere das »*Chaos von Konstruktiontheilen*« (A 132). Schwechten vermeidet also den »spinnge-

B 157 Erschließung und Baugefüge: kopfseitige Haupterschließung mit seitlichen Ausgängen, Halle mit Hallenabschlußbau und dreiseitige Begleitbauten, Skizze v. Verf.

A 125 »*Für die Ankunft und Abfahrt der Personenzüge sind bedeckte Hallen die beste Einrichtung.*« § 50 der Ausgabe v. 1850 und § 75 der Ausgabe v. 1871 der »Grundzüge für die Gestaltung der Eisenbahnen Deutschlands«

A 126 »*Auf doppelgeleisigen Bahnstrecken sollen die Züge das in ihrer Richtung rechts liegende Geleise befahren.*« § 21 des »Bahnpolizei-Reglements« von 1875

A 127 Es können »*6 Personenzüge, 4 abgehende und 2 ankommende gleichzeitig aufgestellt*« werden. Aus dem Erläuterungsbericht v. 18.12.1874.

A 128 »*Die Vorherrschaft der Längsrichtung und - bei den Kopfstationen - die häufige Ausbildung der einen Schmalseite zur Front ähnelt in Verbindung mit dem Rhythmus der Bogenbinder, die im Mauerwerk außen zwischen den Fenstern als Pfeiler oder Lisenen kenntlich werden können, den Langhauskirchen.*« Aus A.G. Meyer: »Eisenbauten« Esslingen 1907, S. 145

A 129 Der sog. Korridor ist eine veritable Halle von 88 m Länge, 7,50 m Breite und 13,20 m Höhe!

A 130 »*Diese ruhige Sachlichkeit, ohne allen Prunk gegeben, ist von vornehmem Adel, und die Linien haben eine ungewöhnliche Feinheit. Man vergleiche diese säulenlose Backsteinfront mit der des Lehrter Bahnhofes in Berlin! Das ist der gewaltige Fortschritt von einem frontalen Vorbau eines Baukörpers zu seinem organischen Ausbau, der ihm keine Maske gibt, sondern ein charaktervolles Haupt.*«
Aus A.G. Meyer, a.a.O., S. 146

A 131 »*... ein neuer Baustil in Folge der Verwendung des Eisens steht nicht zu erwarten.*«
Aus WAVB, 25.5.1867

158

159

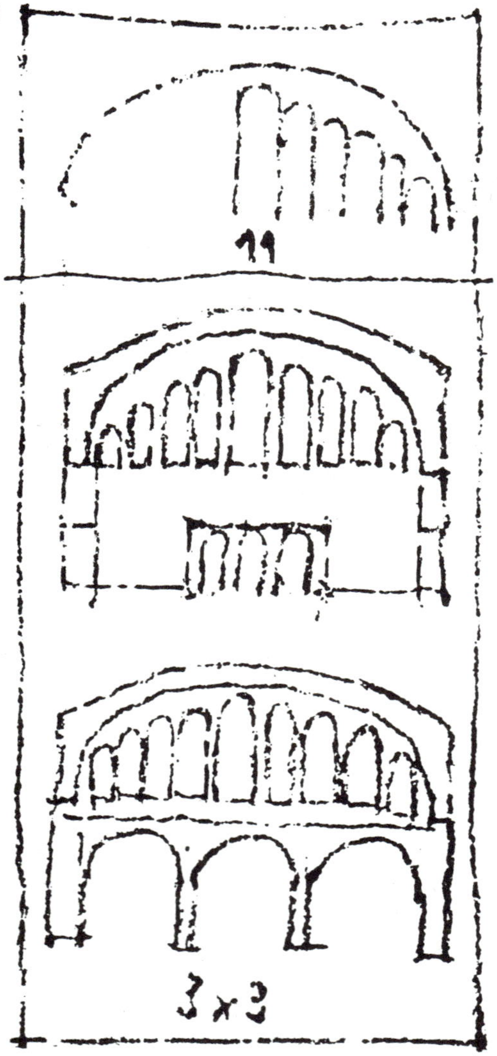

16

webeartigen« Eindruck der Dachkonstruktion durch die vollwandigen Bogenbinder; ihre — dem Betrachter entzogene — sehr hohe Auflagerung auf der Mauerkrone ist aber nicht nur ästhetisch nachteilig, sondern bedingt auch sehr starke Wand- und Pfeilerdicken (A 133).

Aus der Gestaltung der Stirnwände — die Arkatur wird nun durch ein rahmendes Wandfeld überfangen, welches die Binderform aus dem Vorentwurf 3 von 1872 versinnbildlicht — (B 158) — könnte jedoch geschlossen werden, daß Schwechten auch mit solch einer Konstruktion noch zu rechnen hatte.

6. Zur *Gestaltung* der wichtigsten Teile ist auf folgendes hinzuweisen:

— Die massive steinerne Halle, die den Gesamtorganismus inhaltlich und baukörperlich beherrscht, wird mit dem kopfseitigen Vestibül zum Empfangs-Raum (A 134) ausgebildet, der diesem passagenhaften Herein und Hinaus, dieser »*Schleusen*«-Funktion (A 135) architektonisch entspricht. Für die Ankommenden vermittelt die Halle durch die Zweischaligkeit der Stirnwände den Eindruck, daß sie selbst in einem noch größeren Ganzen stecke, so wie der Bahn-Hof selbst Teil der noch größeren Stadt ist. Diesem subtilen Empfang im Raum der Stadt entsprechen die zur Reise-Welt hin geöffneten, drei großen Rundbogen-Portale (Durchmesser 15 m), bei denen — von den zeitgenössischen Reisenden — Stadt-Tore assoziiert werden.

— Die Hallenstirn besitzt nun eine nur noch neunachsige Arkade, die von einem breiten bogenförmigen Wandstück überfangen wird. Dieses rahmende Wandfeld dient wesentlich der Charakterisierung einer massiven Halle im Gegensatz zu den Glas-Eisen-Konstruktionen, die in den früheren Entwürfen einmal vorgesehen waren.

— Die Verringerung der elf Arkaden auf neun war nicht nur die Vorbedingung für das sie überwölbende Rahmenfeld, sondern bot auch eine eher arithmetisch-formale Entsprechung mit den drei großen Portalen auf der Einfahrtsseite und der kopfseitigen Unterfahrt am Askanischen Platz (B 159).

— An der Nordfassade des Kopfbaus findet gegenüber den vorigen Stadien eine starke Vergrößerung der Rundbogenfenster des Hauptgeschosses statt, so daß sich die Wandfläche auf die Breite der Arkaden-Pfeiler reduziert (B 160). Bemerkenswert sind die quadratischen Fenster des Erdgeschosses mit ihrem diagonalen Sprossenwerk.

— Einen kritischen Vergleich fordert noch die Tatsache heraus, daß das gesamte Gebäude überhaupt nicht unterkellert ist und fast die ganze Grundfläche der Halle — mit Ausnahme ringsumlaufender Verbindungsgänge und dem Bereich unter dem Kopfperron — auf einer Aufschüttung liegt: wie anders ist dies beispielsweise in der englischen Metropole gelöst (bei St. Pancras Station: B 120 und A 136).

Insgesamt läßt sich für diese Phase eine gewisse Vereinfachung, eine Reduzierung des baulichen und formalen Aufwandes fest-

stellen, was sich besonders in der Gestaltung der Hallenlängsfronten zeigt. Ob hierbei schon Kostenüberlegungen im Spiele sind, muß mangels entsprechender Quellen unerörtert bleiben; jedenfalls ist der Entwurf klarer geworden, was auch bedeutet: realistischer und realisierbarer.
Das Projekt wird wohl noch (im alten Jahr) 1874 an die Behörden gegeben worden sein: am 11. Januar 1875 war es bereits im »Kgl. Eisenbahn-Kommissariat« geprüft und am 16. Januar in der »Abtheilung für das Eisenbahnwesen im Ministerium für Handel pp.«, wie aus den Zusätzen auf dem Erläuterungsbericht hervorgeht. Erst durch diese Genehmigung, die eventuell mit einer Reihe von (im Moment) nicht bekannten Auflagen erteilt wurde, herrschte die für die B.A.E. nötige Planungssicherheit angesichts der Millionenbeträge, die sie investieren wollte.

5. Der Bauantrag vom 2. April 1875

Die ministerielle Zustimmung zum speziellen Projekt enthob die B.A.E. nicht der Verpflichtung, das Bauvorhaben auch baupolizeilich genehmigen zu lassen.
Die Direktion reichte daher das spezielle Projekt am 2. April 1875 beim Kgl. Polizeipräsidium in Berlin mit dem folgenden Schreiben als Bauantrag ein:
»*BERLIN-ANHALTISCHE EISENBAHN-GESELLSCHAFT*
Berlin, S.W., den 2ten April 1875
Journ. No 3343 I
Es wird ersucht, in der Antwort das vorstehende Journal-Zeichen anzugeben.
Mit Bezug auf das geehrte Schreiben vom 16ten Februar cr. J. No. 299 III B. unterlassen wir nicht dem Königlichen Polizei-Präsidium anbei die Unicate des Specialprojects zu dem Empfangs-Gebäude auf unserem hiesigen Bahnhofe bestehend aus:
a) einem Erläuterungsbericht,
b) 6 Blatt zugehöriger Zeichnungen, ferner
c) beglaubigte Abschrift des Erläuterungsberichts ad a.
d) Duplicate von den Zeichnungen ad b. und zwar
aa. von Blatt I Situationsplan des Kopfbaues am Askanischen Platz nebst einer Entwurfsskizze zur Neugestaltung desselben,
bb. von Blatt II desgleichen zur Beilage a gehörig vergleichende Zusammenstellung des frei zu legenden und des zu bebauenden Straßenterrains,
cc. von Blatt III Grundriß des Gebäudes zur ebenen Erde (Bild VII),
dd. von Blatt IV Grundriß des Hauptgeschosses (Bild VIII),
ee. von Blatt IX Querdurchschnitt durch das Damen-Zimmer, den Wartesaal II. Klasse, durch die große Halle und das Ausgangs-Vestibül nach der Linie A.B. des Grundrisses (verschollen, vgl. B 154),
ff. von Blatt X Längendurchschnitt durch die Vorhalle, das Haupt-Vestibül, die zu den Wartesälen führende Halle und die große Halle nach der Linie C.D. des Grundrisses (B 161)
mit dem Ersuchen ganz ergebenst zu übersenden, uns nunmehr die Bau-Erlaubniß zu dem neuen Empfangs-Gebäude geneigtest recht bald zu ertheilen.
Gleichzeitig fügen wir in Erledigung des gefälligen Schreibens vom 10ten d. Mts. J.No. 621 III B H. 1353 die von der städtischen Bau-Deputation gewünschte Situationszeichnung des in Rede stehenden Neubaus betreffend dessen Lage zum Askanischen Platz ergebenst bei.
Die Direction
Fournier
An das Königliche Polizei-Präsidium
III. Abtheilung«

B 158 Rahmenfeld über der Arkatur der Hallenstirn, Skizze v. Verf.
B 159 Reduzierung von 11 auf 9 Arkaden, Skizze v. Verf.
B 160 Fassaden-Entwicklung des Kopfbaues. Ausschnitte: Vorentwurf 5 (1873), generelles Projekt (16.7.1873) und spezielles Projekt (18.12.1874)

A 132 Alle Zitate von Lucae nach DBZ, 13.1.1870. Er kommt zu der Aufforderung, »*man müsse einige dieser Konstruktionsmittel dem Auge entziehen, um eine einheitliche Wirkung der Decke möglich zu machen*«, da es »*cum grano salis genommen, gerade tektonisch ist, die Decke zu verstecken.*« Gemeint ist wohl die Dach-Decke, denn er möchte »*noch einen Schritt weiter in den Ansprüchen gehen und statt des Daches eine Decke … verlangen.*« a.a.O., S. 12
A 133 Durch eine Herunterführung der Fußpunkte wie beim Vorentwurf 3 vom 12.12.1872 oder gar wie bei der St. Pancras Station hätte die B.A.E. »*eine sehr beträchtliche Ersparniss an Mauerwerk … erzielen können.*« Siehe »Baukunde des Architekten« Berlin 1890, S. 496
A 134 Während v. Röll kurz und bündig definiert: »*Das Empfangsgebäude vermittelt den Verkehr der Reisenden zwischen Straße und Zug.*« (»Enzyklopädie des Eisenbahnwesens« 1913, S. 300), war sich die B.A.E. des zwiefachen Empfangens offenbar bewußt, als sie das kopfseitige Vestibül mit den Bezeichnungen: Haupt-Vestibül, Abgangs-Vestibül und Empfangs-Vestibül belegte.
A 135 Vgl. Schivelbusch, a.a.O., S. 154
A 136 »*In Folge der Höhe der Geleise über den angrenzenden Strassen waren grosse Kellerräume unter der Station disponibel, welche zur Lagerung von Burton-Bier nutzbar gemacht werden konnten. Das Kellergeschoß enthält 720 gusseiserne Säulen auf Fundamenten von Backsteinmauerwerk und Quadersockeln. 49 Reihen schmiedeeiserne Haupt-Querträger und 15 Reihen Längsträger tragen kleine Querträger, auf welchen eiserne Platten nach Mallet Patent liegen. Die Construction ist stark genug, um nöthigenfalls alle Geleise mit Locomotiven dicht besetzt tragen zu können.*« ZVE 1870, S. 432.
Heute wird dieses Geschoß als PKW-Parkhaus genutzt! (J. Betjeman: »London's Historic Railway Stations« London 1972, S. 17)

161

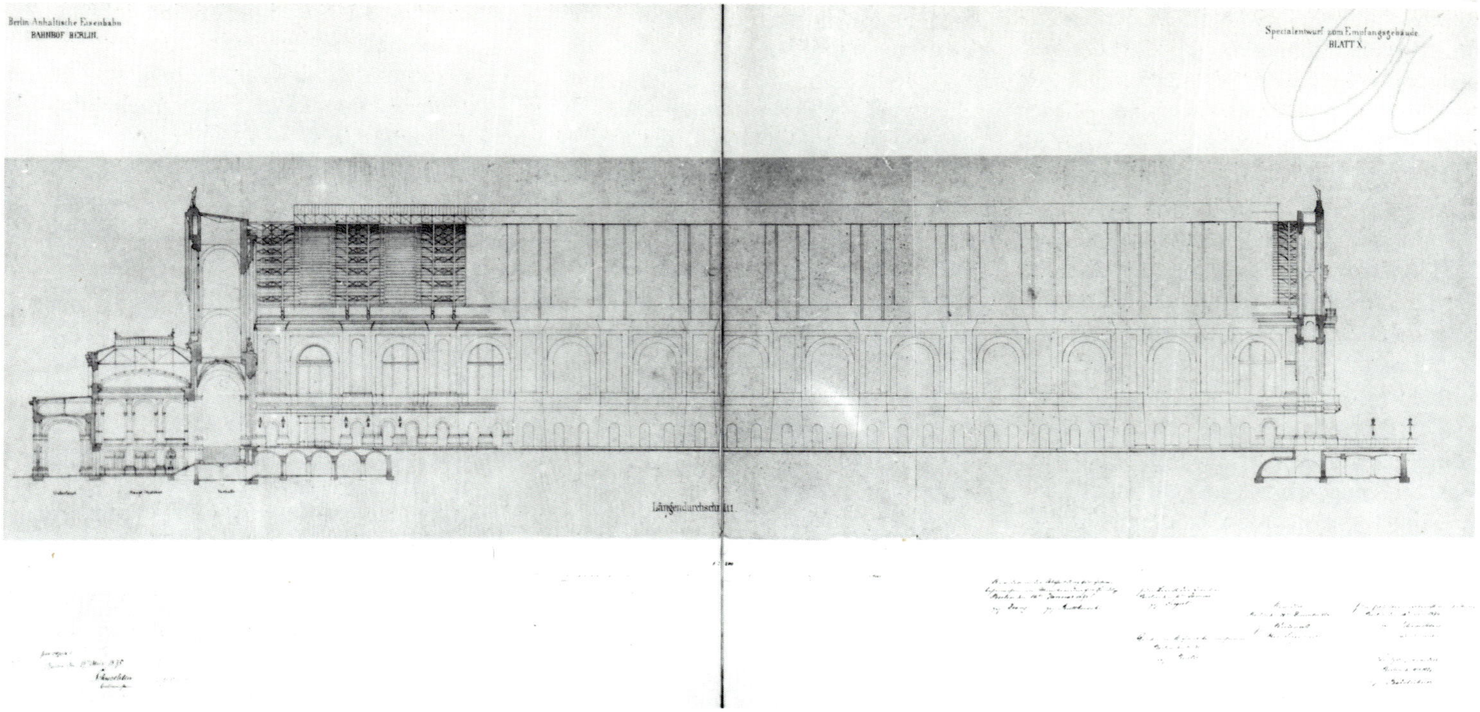

Berlin-Anhaltische Eisenbahn
BAHNHOF BERLIN.
Specialentwurf zum Empfangsgebäude
BLATT X.
Längendurchschnitt

162

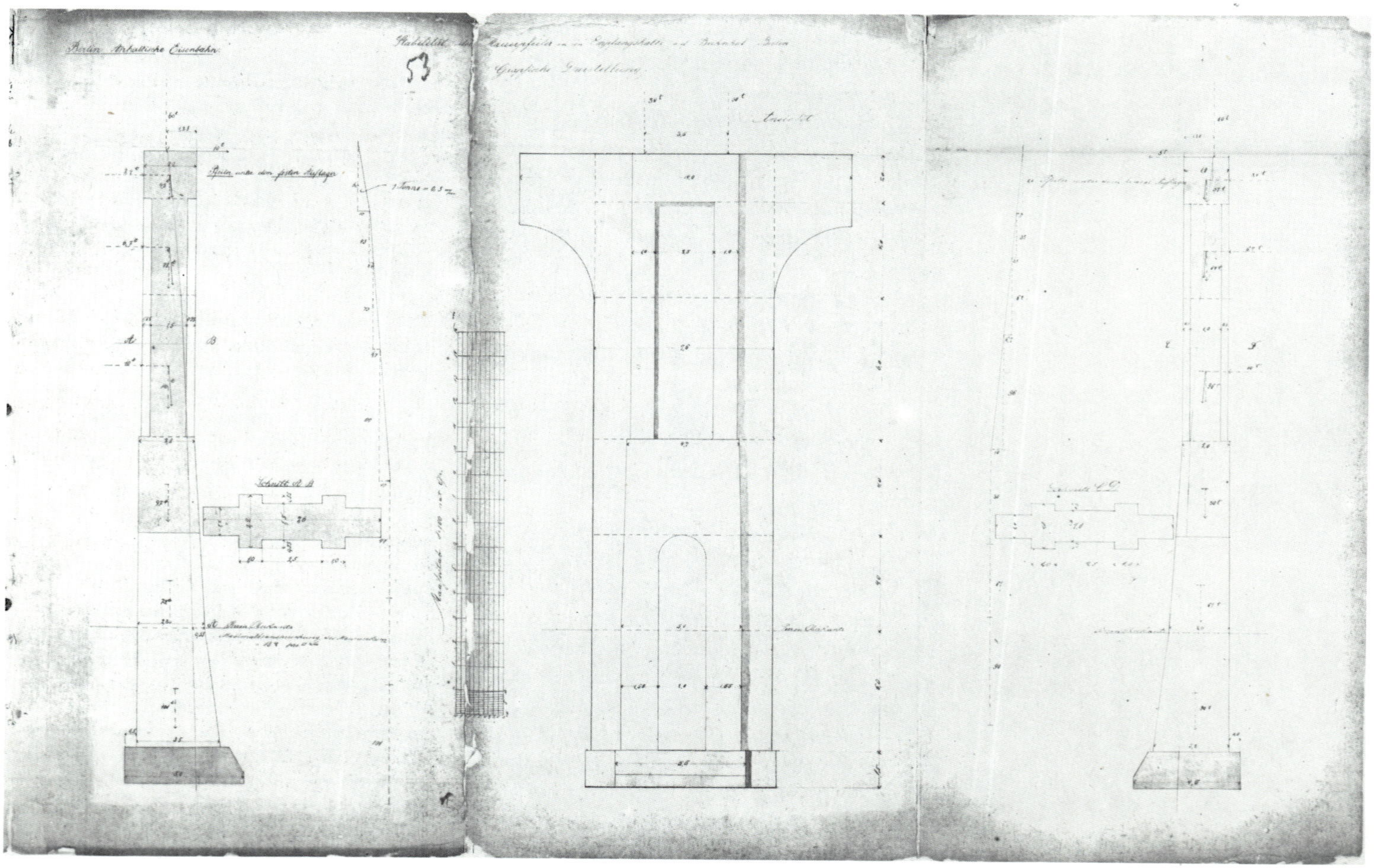

Berlin Anhaltische Eisenbahn
53

Diesem Schreiben kann erstaunlicherweise nicht entnommen werden, daß auch Ansichts-Zeichnungen zur Genehmigung eingereicht wurden; außer dem 16seitigen Erläuterungsbericht sind dem Bauantrag jedoch noch beigefügt:
»*Anlage A*
Vergleichende Zusammenstellung des abzutretenden und zu bebauenden Terrains am Ascanischen Platz. — (gez.) Schwechten — 18. Dez. 1874,
Anlage B
Größenvergleich des Anhalter Bahnhofs mit Berliner und internationalen Bahnhöfen (Tabelle). — (gez.) Schwechten — 18. Dez. 1874,
Anlage C
Stabilität der Mauerpfeiler in der Empfangshalle. — (gez.) Seidel — 18. Dez. 1874.«(B 162)

B 161 Spezielles Projekt 18.12.1874, Blatt X, Längendurchschnitt, aus Bauakte
B 162
Stabilität der Mauerpfeiler in der Empfangshalle«
aus Bauakte

6. Die Baugenehmigung vom 22. April 1875

Die Baugenehmigung, die rasch, preiswert und ohne gravierende Auflagen erteilt wurde, hat folgenden Text, wobei die dienstlichen Anweisungen nicht zitiert werden, ebenso wenig wie die Streichungen:
»*Berlin, den 22ten April 1875.*
Bau-Erlaubniß-Schein No 1092
für die Direction der Berlin-Anhalter Eisenbahn-Gesellschaft
Askanischer Platz 5

Nach erfolgter Prüfung der vorgelegten Zeichnungen nebst Erläuterungsbericht, die hier wieder beigefügt sind, wird Ihnen mit Vorbehalt der Rechte Dritter die Erlaubniß ertheilt, auf dem Grundstück
Askanischer Platz No 5
nach Maßgabe dieser Zeichnungen, der Bestimmungen der Bau-Polizei-Ordnung vom 21. April 1853 und deren Ergänzungen resp. Abänderungen, sowie der in der Anlage beigefügten Instruktion:
ein Stationsgebäude erbauen zu lassen, welches besteht
1. aus einer mit Eisen gedeckten Halle 177,335 m lang, 60 m brt u. 40 m hoch
2. aus einem Kopfgebäude an der Nordseite dieser Halle, das Empfangs-Vestibül, die Wartesääle und das Ausgangs-Vestibül enthaltend 109,83 m lang, 26 m brt 20 m hoch
3. aus einem Seitenflügel auf der Westseite der Halle, die Station des königlichen Hofes enthaltend 147 m lang 18 m brt u. 16,4 m hoch
4. aus einem Seitenflügel auf der Ostseite der Halle Büreau-Räume enthaltend 147 m lang 10,5 m brt. u. 16,4 m hoch.

Hierbei ist besonders zu beachten:
Die Baufluchtlinie ist durch einen vom Polizei-Präsidium auf dieserhalb zu stellenden besonderen Antrag zu bestimmenden Feldmesser an Ort und Stelle abzustecken und bei der Ausführung genau inne zu halten.

Vor Aufführung der Frontmauern des Erdgeschosses ist ein Attest desselben Feldmessers im Polizei-Revier-Büreau darüber einzureichen, daß die Baufluchtlinie innegehalten ist, widrigenfalls der Weiterbau inhibirt werden wird. Die Kosten der Absteckung und des Attestes trägt die Direction.
Vor dem Baubeginn muß der Bauplatz an den Straßen mit einem Bauzaun abgeschlossen werden, zu dessen Aufstellung die Genehmigung von der betreffenden Bezirks-Hauptmannschaft vorher einzuholen ist.
Auch sind für die Arbeiter provisorische Abtrittsgebäude mit gemauerten Gruben oder Tonneneinrichtung und mit festen Seitenwänden herzustellen und beständig zu desinficiren.
Der Bürgersteig an der angrenzenden Straße nebst den Wasserableitungseinrichtungen und der etwa anzulegenden Rinnstein- und Zungenrinnstein-Brücken ist nach den Vorschriften der § 4 u. 5 der Polizei-Verordnung vom 17ten Januar 1873, von welcher ein Exemplar beiliegt herzustellen.
Es sind über Pflasterung sowohl der dem öffentlichen Verkehr dienenden Theile des Bahnhofes, als auch der Anfahrten und deren Anschluß an die öffentlichen Straßen sowie über die Lage der Bürgersteige binnen 6 Monaten Detailzeichnungen vorzulegen. —
Binnen gleicher Frist sind über die Entwässerung des gesammten Bahnhof-Terrains, welche in den eingereichten Plänen nicht ersichtlich gemacht ist, die bezüglichen Vorlagen einzureichen. Es erübrigt, bei Einmündung von Abflußröhren in den Schifffahrtscanal die Genehmigung der Königlichen Ministerial-Bau-Commission einzuholen.
Im übrigen wird auf die Vorschriften der anliegenden Instruction zur genauen Beachtung besonders aufmerksam gemacht.
Dieser Bau-Erlaubniß-Schein ist bis nach erfolgter Abnahme des Rohbau's unausgesetzt auf der Baustelle aufzubewahren und dem revidirenden Beamten, welchem der ungehinderte Zutritt zur Baustelle in ihrem ganzen Umfange zu jeder Zeit gestattet werden muß, auf Verlangen zur Einsicht vorzulegen.
An Gebühren sind 4 Mark zu zahlen.

Königl. Polizei-Präsidium. III. Abtheil.
Badstübner ... (unleserlich)
12/2.75«

V. Die Bau-Ausführung

1. Bau-Vorbereitung 1874-1875

1.1 Provisorischer Bahnhof

Die bereits genannten Gründe wie Höherlegung des Planums, Vermehrung der Gleise und Inanspruchnahme größerer Bauflächen ließen es unzweckmäßig und unwirtschaftlich erscheinen, den Neubau zu errichten unter Aufrechterhaltung des Bahnbetriebes bis zum Askanischen Platz. Außerdem sprachen auch die Sicherheits-Risiken und gegenseitige Behinderungen dagegen. Deshalb hatte die Direktion bereits 1873 beschlossen, für den Personen-Verkehr ein provisorisches Empfangs-Gebäude südlich des Kanals zu errichten, so daß also nur noch der Baustellen-Verkehr über die alte Drehbrücke über den Landwehrkanal geleitet werden mußte.

Dieses Provisorium wäre an der Möckern-Straße günstig erschlossen gewesen: es hätte aber die Aufschüttung und die Errichtung des Güter-Bahnhofs behindert. Deshalb wurde es an die Westgrenze des B.A.E.-Grundbesitzes (zur Dresdner Bahn hin) verlegt und war über die Trebbiner Straße von Droschken und Fußgängern zu erreichen (B 166). Einer nicht mehr nachprüfbaren Quelle zufolge soll für letztere sogar ein Steg über den Kanal gebaut worden sein, um den Zugang »von der Stadt«, aus der Richtung der Schöneberger Straße zu erleichtern. Bei dieser Lage mußte zwar wegen der Anpassung an das endgültige Niveau, speziell an der projektierten Überführung der York-Straße, ebenfalls das Gelände aufgeschüttet werden, aber nur um 1,50 m (im Vergleich zu 4,50 m am Askanischen Platz und zu 2,20 m für die Güter- und Lok-Schuppen-Anlage).

Der einstweilige Bahnhof ist vom Typus her eine »Kopfstation in Seitenlage« mit je einem separaten Gleis, Bahnsteig und Abfertigungs-Gebäude für Abfahrt und für Ankunft. Zunächst waren im (ersten) Bauantrag vom 3. September 1873 beide Funktionen in baulicher Verbindung geplant (B 163), wurden aber nach einer Überarbeitung (Nachtrag vom 22. Oktober 1873) getrennt (B 166).

Das größere, ungefähr 146 m lange, der Abfahrt dienende Gebäude enthielt an seinem nördlichen Ende — also der Einfahrt von der Trebbiner Straße am nächsten liegend — die K.K. Hof-Räume, es folgten die Wartesäle, eine geräumige Schalterhalle mit Gepäck-Annahme und schließlich Telegraphen-, Post- und andere Dienst-Räume. Der flache, überwiegend eingeschossige langgestreckte Bau, der durch die sichtbar gelassene Fachwerkpfosten-Konstruktion optisch noch mehr an Länge gewann, war nur mühsam, mit bescheidenen Mitteln und teilweise ohne räumliche Entsprechung gegliedert: dem nördlichen Giebel war geschickt — leicht asymmetrisch — der Uhrenturm vorangestellt; die Hof-Räume waren durch Vordach und Fahnenstange markiert; die 7,85 m hohe Schalterhalle (»Empfangs-Vestibül«) war als Mittelrisalit mit einem Doppel-Giebel heraus- und hervorgehoben, und Wartesaal und Telegraphie überragten mit ihren Quergiebeln das längslaufende Satteldach (B 164). Über die ganze Länge erstreckte sich ein überdachter Bahnsteig, der an seinem nördlichen Ende in den versetzt angeordneten Ankunfts-Bahnsteig überging. Das nur 47 m lange, der Ankunft dienende Gebäude war fast zur Hälfte von einer Gepäck-Ausgabe eingenommen, der Rest enthielt außer kleineren Diensträumen noch eine Pack-Kammer für die Post und eine kleine Kutscher-Wirtschaft.

Das Projekt wurde unter der Leitung des B.A.E.-Baumeisters Alexander Sillich erstellt; durch die Fachwerk-Konstruktion (schnell, billig und wiederverwendbar!) hatte es einen châletartigen Charakter bekommen und weckte schon in Berlin Assoziationen in Richtung »Berge«.

Die B.A.E. erhielt die Baugenehmigung am 25. Oktober 1873. Der Bau der gesamten Anlage, zu der auch ein Eilgut-Schuppen gehörte, dauerte ein volles Jahr. Die Eröffnung fand am Montag, dem 9. November 1874, morgens 6.00 Uhr statt, mit dem ersten Personenzug nach Halle (B 165).

1.2 Abbruch des alten Bahnhofes

Nach Inbetriebnahme des provisorischen Empfangsgebäudes kam am 9. November 1874 der letzte Zug um 12 Uhr 15 mittags im alten Bahnhof am Askanischen Platz an, der anschließend für den Verkehr geschlossen wurde.

166

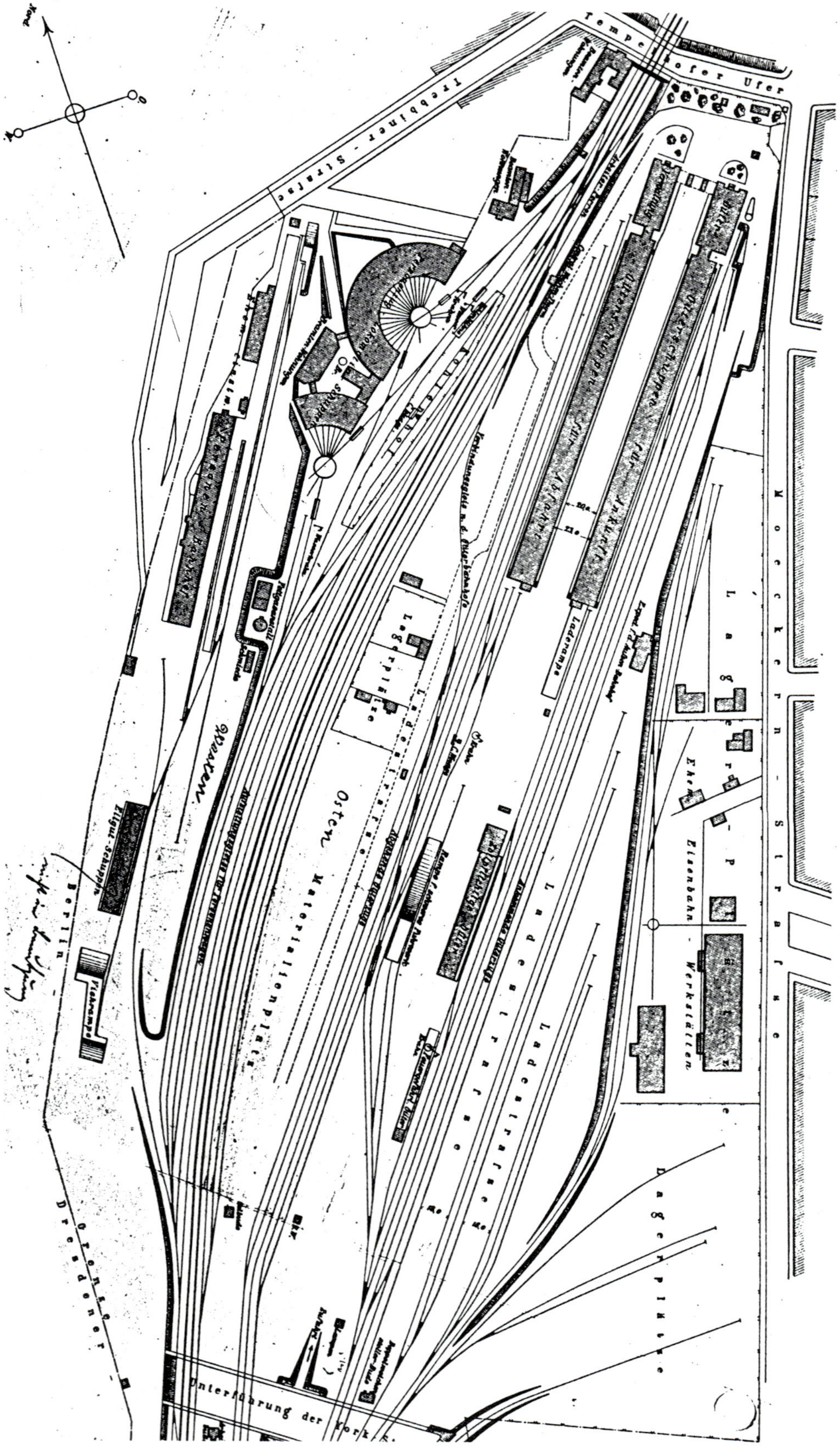

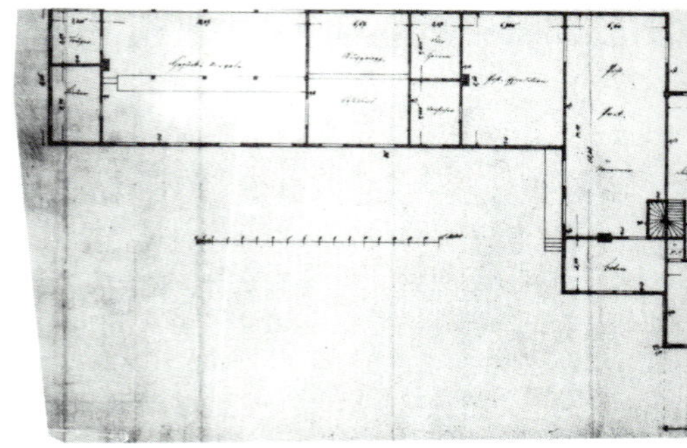

16

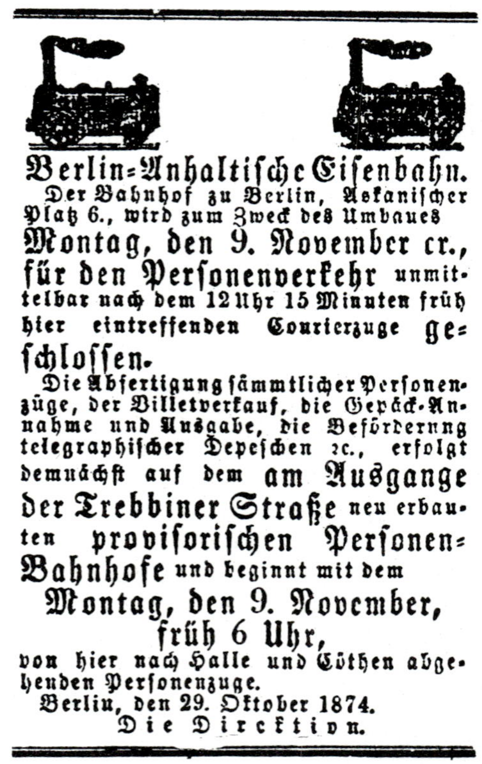
Berlin-Anhaltische Eisenbahn.

Der Bahnhof zu Berlin, Askanischer Platz 6., wird zum Zweck des Umbaues **Montag, den 9. November cr.,** **für den Personenverkehr** unmittelbar nach dem 12 Uhr 15 Minuten früh hier eintreffenden Courierzuge **geschlossen.**

Die Abfertigung sämmtlicher Personenzüge, der Billetverkauf, die Gepäck-Annahme und Ausgabe, die Beförderung telegraphischer Depeschen ꝛc., erfolgt demnächst auf dem **am Ausgange der Trebbiner Straße** neu erbauten **provisorischen Personen-Bahnhofe** und beginnt mit dem

Montag, den 9. November,
früh 6 Uhr,

von hier nach Halle und Cöthen abgehenden Personenzuge.

Berlin, den 29. Oktober 1874.

Die Direktion.

Am 26. Januar 1875 erfolgte dann die Submission auf Abbruch des alten Empfangsgebäudes, welcher »*in den nächsten Tagen*« nach der Abbruch-Anzeige vom 19. Februar 1875 (unterzeichnet vom Abtheilungs-Baumeister A. Sillich) beginnen sollte (B 167). Der Abbruch wurde vom Unternehmer A. Wöckner, Horn-Straße 99, durchgeführt.

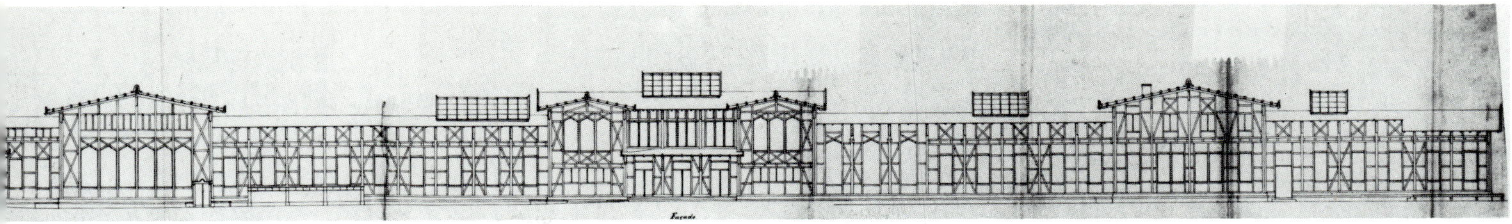
164

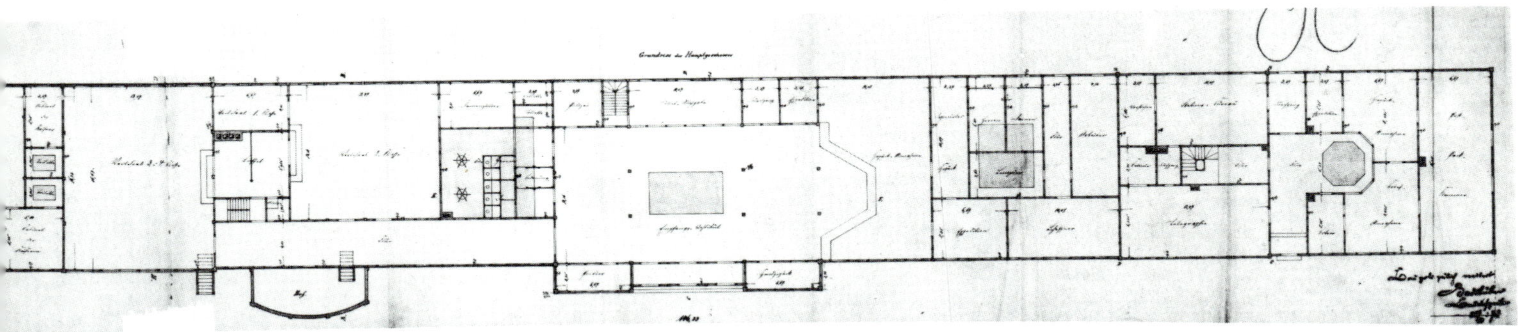
163

1.3 Freimachung und Absteckung

Gleichzeitig mußten auf dem Baugelände Gleise und Nebengebäude weichen, damit die Baufluchten abgesteckt werden konnten, wobei die Gesellschaft darauf achtete, daß das alte Verwaltungsgebäude (Askanischer Platz 7) für eigene Büro- und Wohnzwecke und der sogenannte Mehlspeicher in der Möckern-Straße 1-12 — da vermietbar — möglichst lange erhalten blieben.

Die B.A.E. beantragte am 31. Mai 1875, »*das Königliche Polizeipräsidium wolle den Feldmesser bestimmen, welcher mit der Absteckung der Baufluchtlinien und deren Controlle beauftragt werden soll.*«
Bereits am folgenden Tag wurde der Feldmesser Georg Buschius bestimmt, der nach getaner Arbeit am 10. Juni das folgende Absteckungs-Protokoll anfertigte:
»*Verhandelt, Berlin den 10ten Juni 1875.*
Durch die auf den Antrag vom 31ten v. Mts. der Bau-Abtheilung II Berlin-Anhalter Eisenbahn ergangene Verfügung Königlichen Polizei-Präsidii vom 1ten hj. ist die Absteckung der Baufluchtlinien für das Ecke Askanischer Platz und Möckernstraße gelegene Eisenbahn-Grundstück angeordnet und auf Grund des äußeren Friedrichstadt Bebauungsplanes erledigt.

Die Baufluchtlinie am Askanischen Platz bestimmt sich in gerader Verbindung des südlichen Giebels, Askanischer Platz No 5 mit der ungebrochenen *Ecke von Königgrätzerstraße 38, resp. Möckernstraße 147 — die Baufluchtlinie der Möckernstraße auf 18,80 Meter aus der Bauflucht der gegenüberliegenden Vorderhäuser. Beide Baufluchtlinien sind hiernach angegeben und jede einzeln durch Giebelecke Askanischer Platz 5 und Nagel im Grenzzaun Möckernstraße für Platzflucht — durch 3 Nägel im Grenzzaun und Mauer in der Möckernstraße daselbst markirt.*
Diese Marken sind dem Herrn Abtheilungs-Baumeister Sillich örtlich mit der Auflage übergeben, in den Straßenfluchten Neubauten genau nach ihnen ausführen zu lassen.
Beglaubigte Abschrift dieser Verhandlung erhält Antragstellerin zu ihrem Ausweise über die polizeilich amtlich erfolgte Absteckung der Baufluchtlinien für das qu. Grundstück.
Vorgelesen, genehmigt und unterschrieben:
A. Sillich.
Geschlossen
Georg Buschius«

1.4. Submissionen für den Neubau

Für den noch im Sommer des Jahres 1875 geplanten Baubeginn waren die Ausführungspläne — mindestens für Fundamente, Keller und Erdgeschoß — so weit fertigzustellen, daß die Ausschreibung dieser Rohbauarbeiten erfolgen konnte. Die Submission für die »*Erd- und Maurerarbeiten zu Fundamenten des neuen Stationsgebäudes*« erfolgte am 28. Juli 1875 11.00 Uhr (B 168) im erwähnten, noch verbliebenen Altbau Askanischer Platz 7, wo sich das Neubau-Bureau befand.
Es liegen leider weder die Pläne, die der Ausschreibung zugrunde lagen, vor noch Einzelheiten über Firmen, Preise oder Arbeitsbeginn.

Für die Beschaffung von Mauersteinen hatte die B.A.E. bereits — auch im Zusammenhang mit anderen laufenden Bauvorhaben — selbst gesorgt und zwar durch Submissionstermine am 18. Janur 1875 für »*1 Million gut gebrannter Mauersteine*« und am 19. August 1875 »*für Bauten auf Bahnhof Berlin noch 1 500 000 Ziegelsteine*« (B 169 und B 170).

B 163 Provisorischer Bahnhof Grundriß
B 164 Provisorischer Bahnhof Ansicht
B 165 Annonce »Vossische Zeitung« 29.10.1874
B 166 Provisorischer Bahnhof an der Trebbiner Straße. Lageplan nach 1880. Aus Zs. AIV Hannover 1884

167 Das bisherige Empfangsgebäude der **Berlin-**
168 **Anhaltischen** Eisenbahn, hier, Askanischer Platz Nr. 6, soll am
Dienstag, den 26. d. Mts., früh 10 Uhr, meistbietend auf Abbruch verkauft werden. Die Verkaufsbedingungen sind auf dem Baubüreau, Askanischer Platz Nr. 7, Zimmer Nr. 25, in Empfang zu nehmen.

169 **Berlin-Anhaltische Eisenbahn.**

Die Lieferung von 1 Million gut gebrannter Mauersteine soll in öffentlicher Submission vergeben werden.
Submissions-Bedingungen werden im Büreau des Unterzeichneten, S.W. Trebbiner-Strasse 12 verabfolgt.
Proben und Offerten mit entsprechender Aufschrift sind eben dahin versiegelt und portofrei bis zum
18. Januar 1875 Vormittags 10 Uhr
einzureichen, an welchem Termine die Eröffnung in Gegenwart etwa persönlich erschienener Submittenten erfolgen soll.
Berlin, den 31. Dezember 1874.
Bau-Abtheilung I Berlin.
Der Abtheilungs-Baumeister
gez. **Faulhaber.**

170 **Berlin-Anhaltische Eisenbahn.**

In den Monaten August, September und Oktober cr. sind für Bauten auf Bahnhof Berlin noch 1 500 000 Ziegelsteine erforderlich. Ueber die speziellen Lieferungsbedingungen wird im Büreau der Bau-Abtheilung I Berlin, S.W. Trebbiner-Str. 12 I. Auskunft ertheilt und werden Offerten nebst besiegelten Proben ebendaselbst bis zum
19. August cr. Mittags 12 Uhr
entgegen genommen.
Berlin, den 9. August 1875.
Der Abtheilungs-Baumeister
Faulhaber.

Berlin-Anhaltische Eisenbahn.

Die **Erd- und Maurerarbeiten zu Fundamenten des neuen Stationsgebäudes, hier,** sollen vergeben werden. Reflectirende wollen ihre Offerte bis spätestens den
28. Juli cr., Vorm. 11 Uhr,
versiegelt und mit der Aufschrift
„Submission auf Erd- und Maurerarbeiten zum neuen Stationsgebäude Berlin"
im Abtheilungs-Bau-Bureau, Askanischer Platz 7, Zimmer 24, einreichen. Preis-Verzeichniß, specielle und allgemeine Bedingungen sind gegen Copialien ebendaselbst, in den Vormittagsstunden von 9—1 Uhr, in Empfang zu nehmen, sowie die Zeichnungen einzusehen.

Der Abtheilungs-Baumeister
A. Sillich.

Neueste Mörtel-Misch-Maschine 1
für Hand-, Pferde- und Dampfbetrieb von

C. Schlickeysen in Berlin
SO., Wassergasse 17 u 18, Maschinenfabrik f. Ziegel-, Torf- und Thonwaaren-Industrie.
Der gesammte Mörtelbedarf auf dem gegenwärtigen Neubau des Anhalter Bahnhofes, des grössten in Berlin, wird ausschliesslich mit einer Dampfmörtel-Anlage von **C. Schlickeysen** ausgeführt, wie ein Gleiches schon 1860 auf dem Bau der Berliner Börse der Fall war. Ferner stehen zwei dergleichen in Betrieb auf dem gegenwärtigen Neubau der geologischen Landes-Anstalt zu Berlin.
Alle Sorten von Mischapparaten sind stets auf Lager.

171

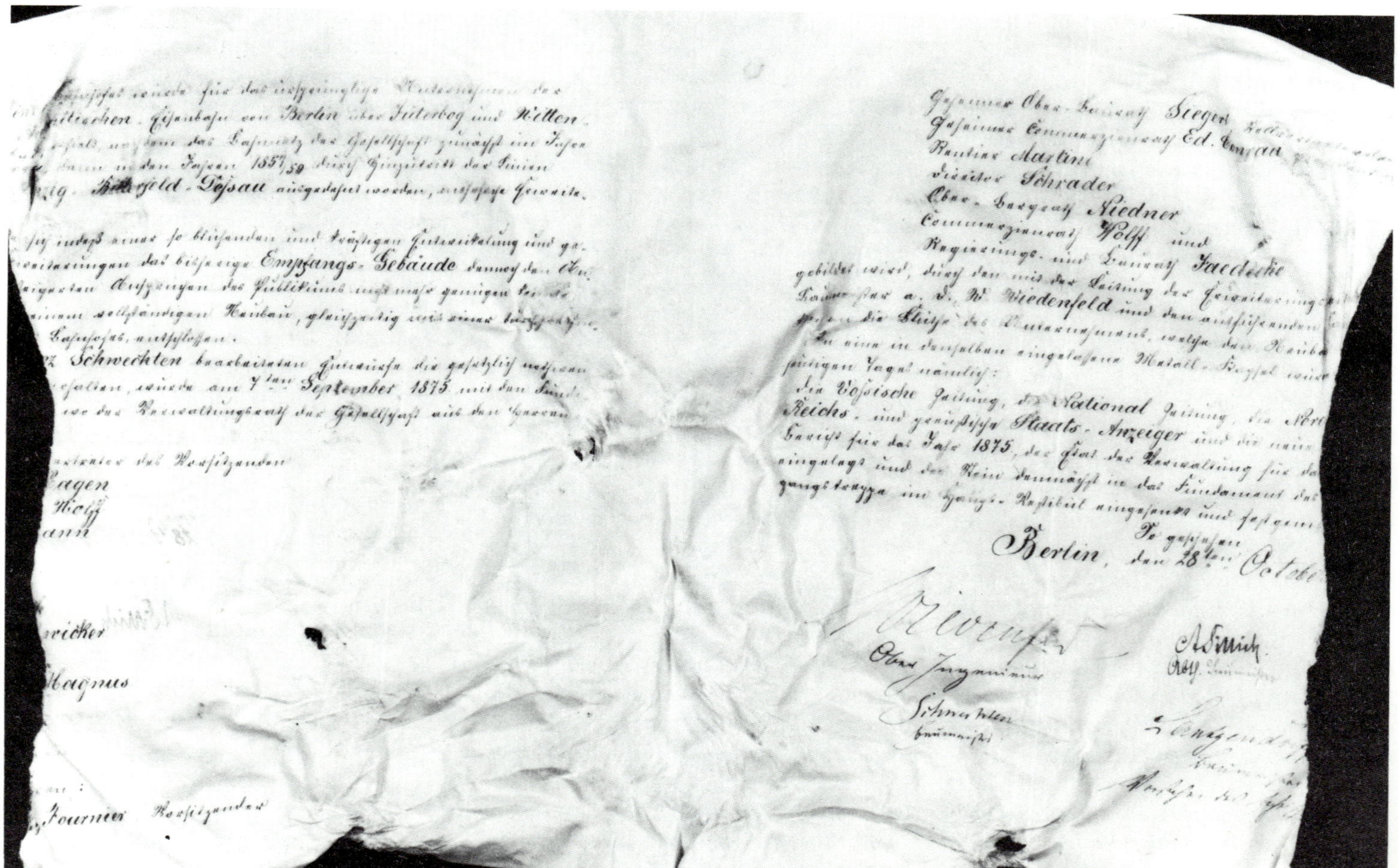

2. Der Baubeginn am 7. September 1875

Die in der Submission abgegebenen Preise entsprachen offenbar den Erwartungen der B.A.E., denn die ausgeschriebenen Arbeiten begannen bereits nach fünf Wochen, nämlich am Dienstag, dem 7. September 1875. Dieses Datum entnehmen wir der beim Abbruch des Gebäudes (dessen Entstehung wir gerade verfolgen wollen) etwa 1963/64 wieder zutage geförderten »Urkunde« aus dem Grundstein, der aber erst später im Bereich des Eingangs-Vestibüls gelegt wurde: das Datum für jenen Akt war bisher nicht zu ermitteln, da es auf der »Urkunde«, von der nur ein Teil (B 171) erhalten ist, fehlt! Offenbar ist diese Grundsteinlegung ohne große Festlichkeit erfolgt — in den Zeitungen war sie nicht erwähnt — und bekanntlich war die Gesellschaft »knauserig«: sie hätte womöglich alle ihre Aktionäre einladen müssen... Oder ist es die tugendhafte preußische Sparsamkeit, die sich eine solche Ausgabe versagt als unvereinbar mit dem schlechter gewordenen Geschäftsgang?

Im »*Geschäftsbericht pro 1875*« lesen wir dazu: »*Das Jahr 1875 ist für das gesammte Deutsche Eisenbahnwesen nicht günstig gewesen. Die wirthschaftliche Krisis hat fortgedauert, Handel und Verkehr haben danieder gelegen und die Consumtionsfähigkeit der Nation ist geschwächt.*«
Dennoch ließ die Direktion der B.A.E. den Bau beginnen, aber das Arbeitstempo der nachfolgenden Zeit deutet darauf hin, daß es sich wohl hauptsächlich um die Einrichtung der Baustelle, um Erdarbeiten und nur in geringem Umfang um Maurerarbeiten für die Fundamente handelte.
Über den Umfang der begonnenen Arbeiten gibt eine kurze Notiz aus der »*Zeitung des Vereins deutscher Eisenbahn-Verwaltungen*« vom 15. Oktober 1875 Auskunft: »*Der Bau der neuen Personenhalle der Berlin-Anhalter Bahn wird in diesem Jahr nur soweit geführt, als die Souterains des Vorgebäudes fertig sind. In den Wintermonaten werden die Bauthätigkeiten eingestellt werden. Im künftigen Frühjahr beabsichtigt man mit verdoppelten Arbeitskräften den Bau insoweit zu beschleunigen, dass derselbe ein Jahr früher dem Verkehr übergeben werden kann, als ursprünglich beabsichtigt worden ist. Die Angelegenheit des jetzigen provisorischen Bahnhofes und die durch die Berlin-Dresdener Eisenbahn entstandene Concurrenz hat die Beschleunigung des Baues sehr wünschenswerth erscheinen lassen.*«

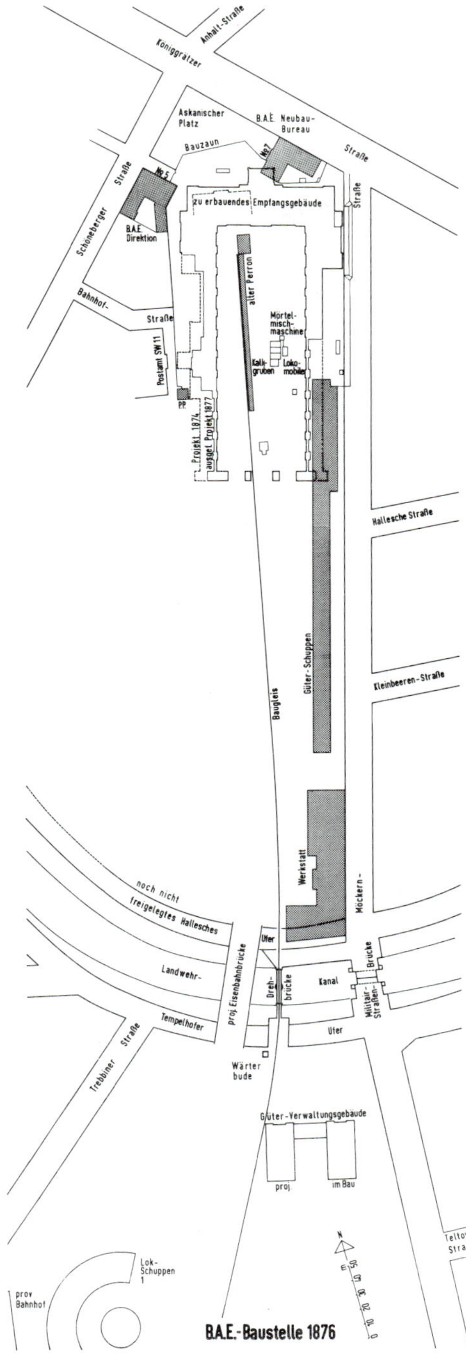

172

3. Die Baustellen-Einrichtung

Die wichtigsten Probleme, die für den Riesenbau hierbei zu lösen waren, waren die Transportmittel und Lagermöglichkeiten für die Massen von Baumaterial sowie die maschinellen Einrichtungen für den Baubetrieb. Ohne allzu große Fürsorge mußten auch für die Bauarbeiter einige Buden vorgesehen werden.
Es ist selbstverständlich, daß der Transport der Materialien im wesentlichen per Bahn erfolgte, da er von der Gesellschaft zu Selbstkosten ausgeführt werden konnte. Zu diesem Zweck blieb die alte Drehbrücke über den Landwehrkanal erhalten, ein Zufuhrgleis wurde westlich des (proj.) Güterverwaltungsgebäudes von der Aufschüttung des Güterbahnhofs zum alten Bahnniveau an Ufer und Brücke herabgeführt und an ein liegengebliebenes altes Gleis angeschlossen, das zu einem nicht abgebrochenen ca. 70 m langen Bahnsteig führte, wo nun Steine, Ziegel, Holz und anderes Material ausgeladen werden konnten. Für die Anfuhr von Sand, Kalk, Zement dürfte neben dem Bahnsteig wohl noch ein weiteres Gleis bestanden haben.
Wie aus B 172 ersichtlich, liegt dieser alte Bahnsteig günstig inmitten des Neubaus und reicht beinahe bis an das Kopfgebäude heran, so daß die weitere Verteilung der Baumaterialien nur kurze Strecken benötigte.
Die Übersichts-Zeichnung über die Baustelle fußt hauptsächlich auf einem »*Situations-Plan behufs Aufstellung der Retiraden und Verdachung der aufgestellten Lokomobile*« durch einen Bretterschuppen,

B 167 Abbruch alter Bahnhof, Submissionsannonce BGZ 1875, S. 40
B 168 Neubaufundamente, Submissionsannonce DBZ 1875
B 169 1 Million Mauersteine, Submissionsannonce DBZ 1875
B 170 1,5 Millionen Ziegelsteine, Submissionsannonce DBZ 1875
B 171 Fragment der Grundstein-»Urkunde«, aus Kunstamt Kreuzberg, Heimatarchiv
B 172 B.A.E.-Baustelle 1876. Rekonstruktion v. Verf. nach verschiedenen Lageplänen der B.A.E. aus der Bauakte
B 173 Mörtel-Misch-Maschine, Annonce von Schlickeysen ZVE 1876

174 den die B.A.E. am 6. April 1876 zur Genehmigung einreichte und welcher die Anlage von vier Kalkgruben (7 m breit, zusammen 17 m lang) samt dazugehöriger Mörtel-Misch-Maschine, durch Riemen mit einer Dampfmaschine verbunden, zeigt. Der Fabrikant C. Schlickeysen, der übrigens im Jahre 1854 die Tonschraube bzw. Schneckenpresse erfunden hatte, schreibt 1876 in einer Annonce:
»Der gesammte Mörtelbedarf auf dem gegenwärtigen Neubau des Anhalter Bahnhofes, des grössten in Berlin, wird ausschliesslich mit einer Dampfmörtel-Anlage von C. Schlickeysen ausgeführt, wie ein Gleiches schon 1860 auf dem Bau der Berliner Börse der Fall war. Ferner stehen zwei dergleichen in Betrieb auf dem gegenwärtigen Neubau der geologischen Landes-Anstalt zu Berlin.« (B 173)
Wer diese maschinellen Anlagen aufstellen ließ — die Bauunternehmer oder die B.A.E. — ist bis jetzt noch nicht geklärt. Zwei Indizien sprechen aber für eine Bestellung durch die B.A.E.: Die Eisenbahn-Gesellschaft kaufte auch die Steine selbst und ließ sie durch Unternehmer nur vermauern; nach Abschluß der Bauarbeiten bot die B.A.E. diese beiden Maschinen zum Kauf an — zusammen mit anderen Baugeräten, auf die wir noch näher eingehen werden.
In der Bauakte befindet sich auch ein Bauantrag vom 30. April 1876 zur *»Erbauung zweier Retiraden«*, die innerhalb des Bauzaunes an der Möckern-Straße und am Askanischen Platz aufgestellt werden sollten. Konstruiert in Holz-Fachwerk und -Verschalung enthalten sie bei einer Länge von 9,00 m und einer Breite von 2,75 m je sieben Abtritte auf einem um 1,40 m angehobenen Fußboden, unter dem die Tonnen stehen, sowie ein Pissoir; die Zellen-Türen sind nur 1,60 m hoch, so daß eine ausreichende Lüftung gewährleistet ist — aber selbstverständlich auch eine leichtere Kontrolle... (B 174).
Am 18. April 1877 werden noch zusätzlich drei Holzbuden zur Genehmigung eingereicht, jeweils ca. 70 m² groß, zwei neben den beschriebenen Retiraden und die dritte am Ende der kurzen Bahnhofs-Straße; alle drei sind zwar innerhalb des ursprünglichen
138 Bauzauns angegeben, besitzen aber einen

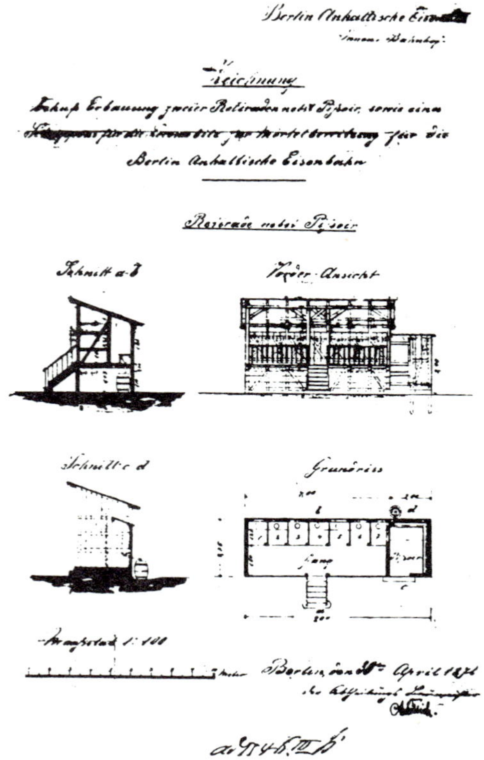

kleinen, von Straße und Platz zugänglichen Vorhof, auf dem vielleicht die Frauen (oder Kinder) ihren Männern das Essen übergeben konnten oder wo vielleicht auch Händler Verpflegung und Getränke anboten.
Zu bemerken bleibt noch, daß auf dem Plan vom 6. April 1876 das ursprüngliche, »große« Projekt von 1874 mit den über die gesamte Länge durchgehenden Seitengebäuden eingetragen ist, hingegen auf dem Baustellen-Plan vom 18. April 1877 die »reduzierte« Ausführungs-Version gemäß den Plänen vom 30. Dezember 1876 bzw. vom 20. März 1877.

4. Stillegung des Baus 1876

Wenn man annimmt, daß der zitierte Artikel aus der *»Zeitung des Vereins deutscher Eisenbahn-Verwaltungen«* vom 15. Oktober 1875 auf Angaben der B.A.E. beruht, dann muß man heute sagen, daß die Gesellschaft einen Optimismus nach außen hin zeigte, der durch die geschäftliche Entwicklung durchaus nicht mehr getragen war. Wenn die Bauarbeiten im Winter eingestellt werden, so ist dies ein schlechtes Omen für den weiteren Fortgang der Arbeiten. Zwar gab die B.A.E. zum Jahresende 1875 noch eine Ausschreibung heraus für zwei Millionen Hintermauerungssteine und dreihunderttausend Rathenower Steine resp. Klinker, für die der Submissionstermin auf den 10. Januar 1876 Vormittag 11 Uhr festgesetzt war. Dies sollte aber für 1876 die einzige Submission bleiben... (B 175).
Am 9. März 1876 berichtet das zuständige Polizeirevier 34 dem Polizeipräsidium über der Einhaltung der Bauflucht:
»Der Bau der Fundamentirungsarbeiten in der Front des Askanischen Platzes ruht der eingetretenen naßen Witterung wegen gänzlich, und wird nach Angabe des Abtheilungs-Baumeisters Sillich die Innehaltung der Baufluchtlinie erst nach 3 Monaten festzustellen sein.«

Nach Ablauf dieser drei Monate wird wieder ein Schutzmann zur Baustelle geschickt, der am 17. Juni berichtet: *»Bau wird angebl. erst im Monat September cr. in Angriff genommen werden und ist daher das Absteckungs-Attest noch nicht beschafft.«*
Wieder zwei Monate später lautet der Bericht (vom 26. August 1876): *»Mit dem Bau wird voraussichtlich im Herbst d.J. begonnen und das Attest qu. dann eingereicht werden.«*
Und am 6. November 1876: *»Die Arbeiten zum Frontgebäude, welches in der Flucht abzustecken ist, sind noch nicht in Angriff genommen«* (A 137).

Es ist also durch diese Berichte belegt, daß der Bau vom Winter 1875/76 an für über ein Jahr unterbrochen war, da den Herren der Direktion die Krise doch stark zu schaffen machte: die Einnahmen 1876 waren um fast 10 % niedriger als im Vorjahr; die Dividende als äußeres Zeichen der Lage mußte von 8 % auf 6 % gekürzt werden (A 138). Aber die Direktion wartete nicht nur auf bessere Zeiten, sondern ließ das Projekt auf Einsparungsmöglichkeiten hin überprüfen, ohne aber am Entwurfsprinzip zu rütteln. Für sie war die Ausführung des einmal begonnenen Projekts — anders als bei einer Staatsbahndirektion — eine Frage des wirtschaftlichen »Überlebens«: Bismarck hatte bereits seit langem begonnen, die Kosten für die Verstaatlichung der Privatbahnen ermitteln zu lassen, wobei er klug zu unterscheiden wußte, was den Aktionären als Entschädigung beziehungsweise den unkündbaren Direktoren als Abfindung anzubieten war (A 139). Da der Staat kaum so hoch dotierte Stellen verheißen konnte, mußten diese Herren durch einmalig hohe Zahlungen dazu gebracht werden, den Aktionären den Verkauf ihrer Eisenbahn nahezulegen.

Aber nicht nur mit Geld ließ sich diesem Ziel näherkommen, auch die Krise wirkte auf die Aktionäre im Sinne der Bismarckschen Staatsbahnpläne. Und wenn diese Faktoren noch nicht ausreichten, so hatte die Konzessionserteilung an Konkurrenz-Bahnunternehmer eine weitere zermürbende Wirkung getan. Um sich der seit dem 17. Juni 1875 bestehenden Konkurrenz der Berlin-Dresdener Eisenbahn zu entledigen, hatte der B.A.E.-Vorstand der Generalversammlung am 28. April 1876 den Ankauf jener Gesellschaft vorgeschlagen. Die Regierung reagierte prompt und ließ noch vor dem 28. April verlauten, daß sie einer solchen »Fusion« die Genehmigung versagen werde. Das hieß für die Direktion, voraussichtlich noch lange mit dieser Konkurrenz leben zu müssen und sich vor neuen »Annäherungsversuchen« zunächst auf die Fertigstellung der Berliner Neubauten zu konzentrieren (B 176).
In der erwähnten Generalversammlung wurde auch der Antrag eines — unsicher gewordenen oder vorgeschickten — Aktionärs auf Angebot der B.A.E. an den Staat behandelt; da er auf wenig Unterstützung stieß, wurde der Antrag zurückgezogen.

175

Berlin-Anhaltische Eisenbahn.
Zum Bau des neuen Empfangsgebäudes hier soll die Lieferung von:
2,000,000 Hintermauerungssteinen,
300,000 Rathenower Steinen resp. Klinkern
vergeben werden, und ist Submissionstermin auf den
10. Januar 1876, Vorm. 11 Uhr
festgesetzt.
Reflectirende wollen ihre Offerten mit der Aufschrift: (6919)
„Submission auf Mauersteinlieferung zum neuen Stationsgebäude Berlin"
im Abtheilungs-Bau-Bureau, Bahnhofstraße No. 3, II Treppen, bis zu diesem Termin einreichen. Die Lieferungsbedingungen sind ebendaselbst einzusehen oder gegen Copialien in den Vormittagstunden von 9—1 Uhr in Empfang zu nehmen.
Der Abtheilungs-Baumeister.
A. Sillich.

Nach dem Dividenden-Sturz der letzten drei Jahre ist dies sehr verständlich, denn im Eisenbahngesetz von 1838 ist vorgesehen, daß der Staat bei einem Kauf das 25fache der Durchschnitts-Dividende der letzten fünf Jahre zu zahlen hätte!

B 174 *»Zeichnung behufs Erbauung zweier Retiraden nebst Pissoir.«* 30. April 1876 gez. Sillich, aus Bauakte

B 175 2 Millionen Hintermauerungssteine und 300.000 Klinker, Submissionsannonce BGZ 1876, S. 8

B 176 Einladung zur Generalversammlung der B.A.E. am 28.4.1876, aus ZVE

A 137 Alle Zitate des Polizei-Reviers, aus Bauakte, Bd. 8, Bl. 120-126

A 138 B.A.E.-Dividenden: 18,5% (1871), 17% (1872), 16% (1873), 8,5% (1874), 8% (1875), 6% (1876), 5,75% (1877)

A 139 Brief des Chefs des Reichs-Eisenbahn Amts Maybach an Bismarck v. 11.3.1876: »… *zuverlässige Nachrichten über die Höhe der Einnahmen der Privatbahn-Direktion an Tantièmen pp. fehlen…; sie würden nur durch Einsichtnahme der Bücher … zu erlangen sein. Daß jene Einnahmen sich jedoch in guten Jahren für einzelne Personen auf sehr bedeutende Summen, man spricht von 8-20.00 Thlr., belaufen haben, erscheint glaublich.*«
Z.St.Archiv Potsdam: Reichseisenbahnamt Nr. 21, Bl. 139 (20.000 Thaler x 3 = 60.000 »Gold«mark; heute ca. 800-900.000 DM)

176

Berlin-Anhaltische Eisenbahn. Die geehrten Actionaire der Berlin-Anhaltischen Eisenbahn-Gesellschaft laden wir hierdurch zu einer ausserordentlichen General-Versammlung auf:
Freitag, den 28. April cr.,
Nachmittags 5½ Uhr
im grossen Saale des Englischen Hauses,
Mohrenstrassse No. 49 zu Berlin
ein. Der Zweck dieser General-Versammlung ist; 1. Berathung und Beschlussfassung über den Antrag der Gesellschaftsvorstände, betreffend: die event. Uebernahme des Betriebes der Berlin-Dresdener Eisenbahn durch die Berlin-Anhaltische Eisenbahn-Gesellschaft. 2. Berathung und Beschlussfassung über den Antrag eines Actionairs auf Ergänzung resp. Abänderung der §§ 26 und 31 des Statuts und des Artikels IV. der Nachtragsbestimmungen dahin, dass die Dechargirung der Rechnung von der General-Versammlung an Stelle des Verwaltungsraths erfolgt und ein Theil der Verwaltungsraths-Mitglieder ausserhalb Berlin wohnen kann.
Wir machen darauf aufmerksam, dass in dieser General-Versammlung nach §. 33 unseres Statuts zur Beschlussnahme über die beregten Punkte eine Mehrheit von zwei Dritteln der Stimmen der Anwesenden erforderlich, jedoch nur dann ausreichend ist, wenn bei der Abstimmung drei Viertel der Stimmen sämmtlicher Actien vertreten sind. Im Uebrigen ersuchen wir die geehrten Actionaire, gemäss der Bestimmungen des § 28 des Statuts in den Tagen des 25., 26., 27. April c. Vormittags zwischen 9 und 12 Uhr und Nachmittags zwischen 3 und 6 Uhr ihre Stamm-Actien nebst einem nach den verschiedenen Categorien geordneten, vom Inhaber unterschriebenen Verzeichnisse, oder die über solche Actien von der Reichs-Bank ausgestellten Depotscheine in der Gesellschafts-Hauptkasse am Askanischen Platz No. 5 zu Berlin niederzulegen.
Die Actien mit dem Verzeichniss, ingleichen die Depotscheine werden daselbst zurückbehalten, und es wird dagegen eine Bescheinigung über die Stimmenzahl des Inhabers ausgehändigt werden, welche als Einlasskarte zur General-Versammlung dient.
Die Vertreter stimmberechtigter Actionaire, welche statutenmässig Mitglieder der Gesellschaft sein müssen, haben ihre beglaubigten Vollmachten ebenfalls in den genannten Tagen in der Hauptkasse niederzulegen.
Die deponirten Actien resp. Depotscheine werden vom 1. Mai cr. ab in den oben angegebenen Geschäftsstunden des Wochentags in der Gesellschafts-Hauptkasse gegen Aushändigung der darüber ausgestellten Bescheinigung zurückgegeben. — Berlin, den 22. März 1876. — Der Verwaltungsrath. (Löwe).

Berlin-Anhaltische Eisenbahn. Punkt No. 1 der Tagesordnung der ausserordentlichen Generalversammlung am 28. April cr.,
betreffend die event. Uebernahme des Betriebes der Berlin-Dresdener Eisenbahn
ist zurückgezogen. — Berlin, den 23. April 1876. — Der Verwaltungsrath. Löwe.

177

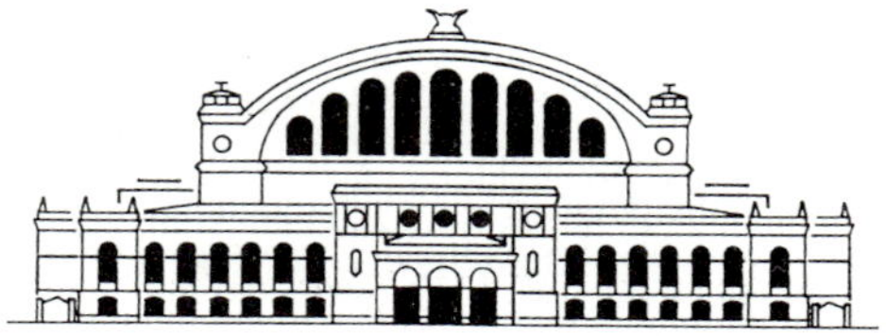

5. Umplanung 1876

Wir können annehmen, daß die Stillegung der Bauarbeiten im Winter 1875/76 erfolgte, als sich für die Direktion herausstellte, daß das Projekt vom 18. Dezember 1874 nicht voll finanzierbar war. Die Arbeiten, die über den Erdaushub und Teile der Fundamente nicht hinausgegangen zu sein scheinen, ruhten nun ungefähr für ein ganzes Jahr: so lange dauerte die Überarbeitung der Pläne auf der Grundlage eines reduzierten Raumprogramms sowie die sich anschließende Kalkulation, damit Gewißheit über die Ausführbarkeit herrschte (B 177, B 178 und B 179).

Als Resultat der Umplanung des Jahres 1876 liegt eine neue Generation von Plänen vor, die hier als Phase 8 bezeichnet wird und welche den Charakter von Ausführungsplänen haben.

B.A.E.-Blatt-Nr.	Zeichnungs-Inhalt	Maßstab	Datum	gez. (Druck) sign. (Orig.)	archiviert	hier Abb. Nr.
438	»Aeußeres Facaden-System«	1: 50	30.12.1876	gez. Schwechten	Landesarchiv Acc. 1135/6	B 194
450	»Haupt-Ansicht« (v. Norden)	1:100	30.12.1876	gez. Schwechten	Landesarchiv Acc. 1135/4	B 192
463	Querschnitt am Kopfperron	1:100	30.12.1876	gez. Schwechten	Landesarchiv Acc. 1135/5	B 193
437	Öst. Flügel 2 Querschnitte	1: 50	30.12.1876	gez. Schwechten sign. Sillich	Bauakte Kreuzberg	B 386
439	Hallenwand, Inneres Facaden-System«	1: 50	30.12.1876	gez. Schwechten sign. Sillich	Bauakte Kreuzberg	
446	Südl. Hallenabschlußwand: Innenansicht	1:100	30.12.1876	gez. Schwechten sign. Sillich	Bauakte Kreuzberg	
451	Kopfbau 2 Querschnitte	1:100	30.12.1876	gez. Schwechten sign. Sillich	Bauakte Kreuzberg	B 295 plus B 296
461	Kopfbau 2 Querschnitte	1:100	30.12.1876	gez. Schwechten sign. Sillich	Bauakte Kreuzberg	B 286 bis B 288
462	Eingangs-Vestibül 2 Längsschnitte	1:100	30.12.1876	gez. Schwechten sign. Sillich	Bauakte Kreuzberg	B 281 bis B 283
475	»Grundriss des Erdgeschosses«	1:200	20. 3.1877	gez. Schwechten	Landesarchiv Acc. 1135/8	B 178
476	»Grundriss des Hauptgeschosses«	1:200	20. 3.1877	gez. Schwechten	Landesarchiv Acc. 1135/7	B 179

Die beiden Grundrisse, die von Schwechten jedoch erst am 20. März 1877 abgezeichnet wurden, zeigen die Grundlage dieser Bearbeitungsphase und gehören daher noch in diese Liste.

Wenn zunächst die beiden Grundrisse betrachtet und mit dem speziellen Projekt von 1874 verglichen werden, so fällt auf, daß die Hauptabmessungen beibehalten sind, jedoch die beiden ehemals durchgehenden Seitenflügel stark verkürzt und etwas verschmälert sind. Im einzelnen entfallen im östlichen Seitenflügel: im Obergeschoß einige noch disponible Räume, ein Übungszimmer (für wen?), die zweite Abgangstreppe für die ankommenden Reisenden, Räume für das Zugpersonal, je ein Sitzungs- und Commissions-Zimmer, ein Buffet neben dem Wartesaal *»für das erwartende Publikum«*, der verkleinert ist. Im Erdgeschoß entfallen hier einige Räume für die Post und die Telegraphie, und die Gepäckausgabe, welche die beiden Ausgangstreppen verband, wird verkleinert. Der westliche Seitenflügel, der tiefer war als der östliche (ca. 10 m gegenüber ca. 8 m), erhält nun die gleiche Tiefe von 8,26 m und

178

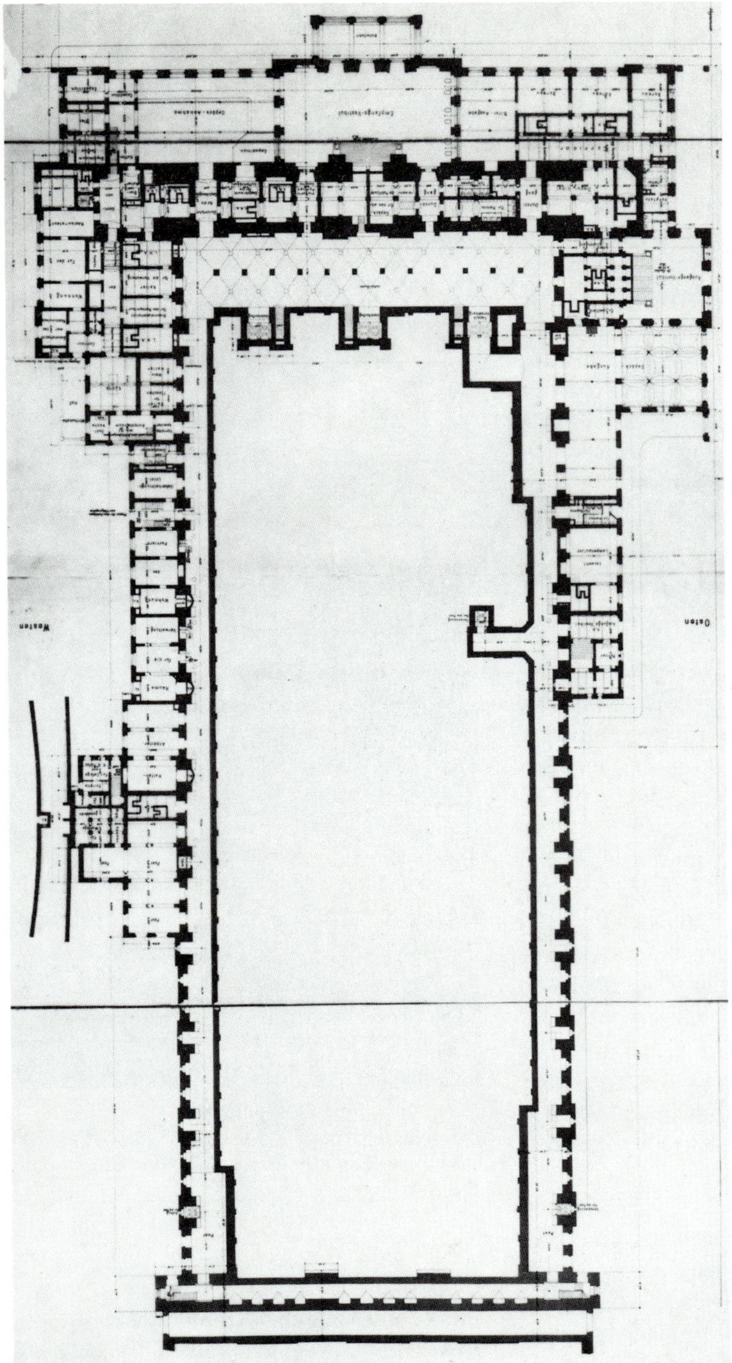

179

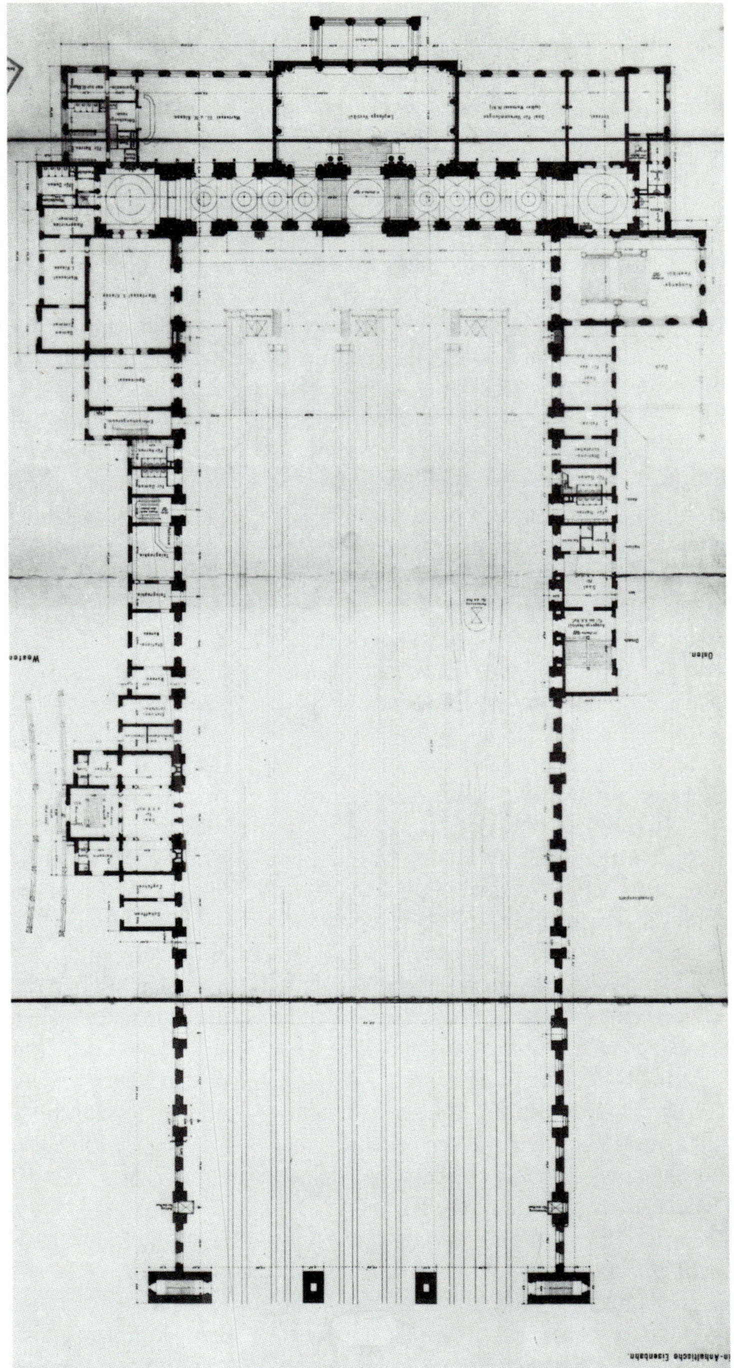

ist besonders im Bereich der (als Mittelrisalit ausgebildeten üppig dimensionierten und herausgehobenen) K.K. Hofräume stark reduziert: die gedeckte dreiachsige Unterfahrt über der Zufahrtsrampe entfällt, und durch eine geradeausführende, statt bisher geknickte Wegeführung verringert sich der Raumbedarf insgesamt, wobei außerdem einige Nebenräume für das Gefolge ins Erdgeschoß verlegt sind. Weiter entfallen im Obergeschoß eine Anzahl Diensträume der Verwaltung, z.B. für den Oberingenieur, Zeichner, Bureaudiener, Plankammer sowie für den Betrieb wie zum Beispiel Wagen-Inspektor und -Revisor. Verkleinert sind auch die Räume für die Telegraphie sowie der Speisesaal am Wartesaal II. Klasse. Im Hallenbereich bemerken wir die

B 177 Phase 8, Umplanung 30.12.1876. Umzeichnung v. Verf.

B 178 Ausführungs-Projekt 20.3.1877. Grundriß Erdgeschoß

B 179 Ausführungs-Projekt 20.3.1877. Grundriß Bahnsteig-Ebene

geringere Tiefe des Kopfperrons und eine Veränderung des nördlichen ersten Hallenjoches: diese erste Pfeilervorlage in der Halle entfällt, weil direkt vor der Hallenstirnwand kein Normalbinder mit Zugseil mehr angeordnet werden soll. Seine Tiefe beträgt statt bisher überall ca. 18 m jetzt an der engsten Stelle nur noch 12 m. Auf diese Weise rücken die Gepäckaufzüge näher an das Kopfgebäude, wodurch der überwölbte Raum im Erdgeschoß entsprechend reduziert werden konnte. Dies gilt auch insgesamt für die ringsum laufenden Verbindungsgänge, die etwas schmaler werden, wobei die vier Quer-Tunnel am Südportal auf zwei verringert sind: ein interner und ein öffentlicher Tunnel waren wirklich ausreichend.

Im Schnitt bemerken wir nun als wichtigste Änderung, daß die bisher vollwandig konzipierten Hallenbinder als Fachwerk-Bogen (ebenfalls mit Zugband) ausgeführt werden sollen, wobei in diesem Plan der nördliche Endbinder dargestellt ist, der über dem bogenförmigen Hauptgesims in einer Vertiefung der Stirnwand (nichttragend) zurückliegt (B 180 und B 181).

Diese Umplanung wird für Schwechten wohl am schmerzlichsten gewesen sein, denn die entfallenden Seitenflügel ließen sich bei vorliegendem Bedürfnis leicht anfügen und vereinheitlichten dann den basilikalen Querschnitt auf der Gesamtlänge der Halle; die durch statische und wirtschaftliche Gesichtspunkte (vgl. Abschnitt 12, Dachkonstruktion) diktierte Einführung von Fachwerkträgern mußte aber Schwechtens architektonischen Absichten zuwiderlaufen. Er hatte die lebhaften Diskussionen über *»die Bedeutung des Eisens für die Baukunst«* im Berliner Architekten-Verein miterlebt (A 140) und war überzeugt, den formalen Kontrast zwischen massiver Hallenwand und eisernen Bogenträgern mildern zu können, wenn dieselben das Eisen wenigstens in einer flächenhaften Ansicht zeigen, anstatt nur in den linearen Konstruktionsgliedern eines Fachwerks (B 182). Hinzu kommt die einfachere Anbringung von schmückenden und symbolischen Elementen am Konfliktpunkt von Stütze und Last, am Übergang von Decke und Wand, am Materialwechsel von Eisen und Stein, an der Änderung der Spannungslinien von gedrücktem Bogen, gezogenem Seil und senkrecht abtragendem Auflager.

Während der Zwei-Gelenk-Bogen ein statisch unbestimmtes System darstellt und als Vollwandträger 110 kg/m² für die Dachkonstruktion angesetzt werden mußten, so ergibt der Drei-Gelenk-Bogen — da statisch bestimmt — eine klarere und genauere Berechnung aller Einzelteile, was bei dem gewählten Fachwerksystem eine Reduzierung des Gewichts von Konstruktion und Eindeckung auf 90 kg/m² Grundfläche ergibt. Bei dem damaligen Verhältnis von Material- und Lohn-Kosten mußte diese Gewichtsersparnis zu einem entscheidend günstigeren Preis führen — heute könnte ein so lohnintensives Fachwerk nicht billiger sein als ein Blechwandträger.

Wenn nun Schwechten den Fachwerkbogen akzeptieren mußte, so scheint uns, daß er aber auf dessen konstruktive Durchbildung Einfluß genommen hat im Sinne seiner bisherigen ästhetischen Absichten. Obwohl der Bogen in seinem Scheitel ein Gelenk besitzt — er könnte an diesem Punkt die gleiche Form wie am Auflager erhalten — wird auf die Darstellung des genauen Kräfte-Verlaufs verzichtet und im Sinne der »klassischen« Wölbungs-Ästhetik ein durchgehender Bogenschwung von Wand zu Wand vorgeführt. Die Untergurte der beiden Felder rechts und links des Scheitels sind also statisch völlig nutzlos und stehen nur im Dienste dieser angestrebten Erscheinung.

Über die Paarung der Bogen zu einem Bindersystem, das mit dem »energischen Rhythmus« der Hallenwände korrespondiert, konnte es mit den Ingenieuren zu keinem Streit kommen, denn hier fielen die ästhetischen Aspekte mit denen von Statik, Montage und Kosten vollkommen zusam-

180

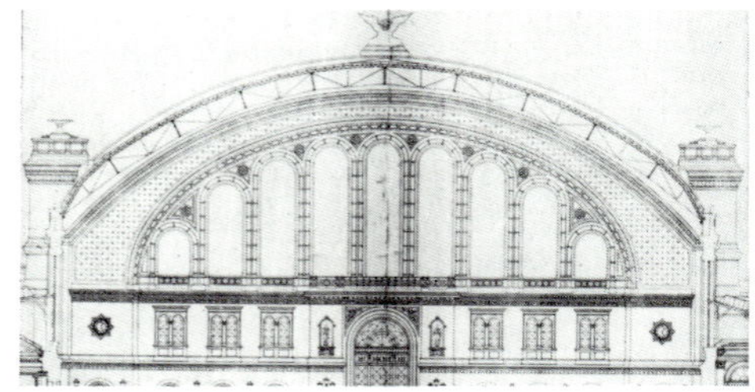
181

182

B 180 Vollwandbinder im Speziellen Projekt 1874
B 181 Bogenfachwerk im Ausführungs-Projekt 30.12.1876
B 182 Görlitzer Bahnhof. Orth 1866-68. Aufnahme Waidmann 1954
B 183 Spezielles Projekt 1874, nördliche innere Hallenstirn

B 184 Ausführungs-Projekt 1876, nördliche innere Hallenstirn
B 185 Detail: Arkaden-»Saum«. Aufnahme v. Verf.
B 186 Spezielles Projekt 1874. Schnitt Ausgangs-Vestibül
B 187 Ausführungs-Projekt 1876. Schnitt Ausgangs-Vestibül
B 188 G. Theuerkauf, Holzschnitt. Aus LIZ 30.10.1880
B 189 Spezielles Projekt 1874. Ausschnitt der Nord-Fassade
B 190 Ausführungs-Projekt 1876. Ausschnitt der Nord-Fassade
B 191 Universitäts-Bibliothek Berlin, Fassade zur Dorotheen-Straße. Ausschnitt aus B 98. Entwurf: Spieker 1870-71. Mitarbeiter: Schwechten.

A 140 Vgl. WAVB 1867 Nr. 21-23 und ZfB 1870 Sp. 532-546

83

184

185

86

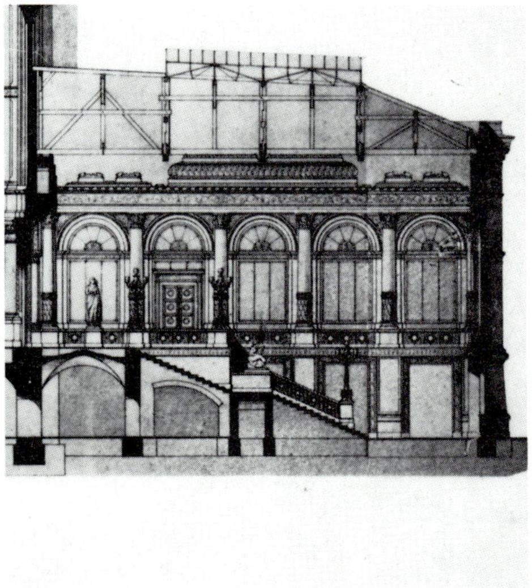

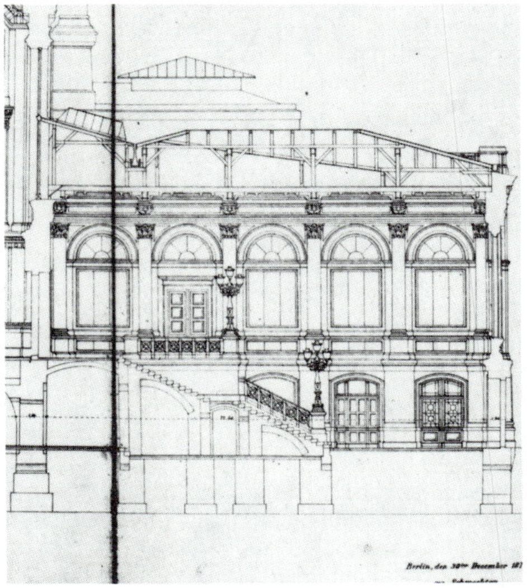

187

188

89

190

191

192

193

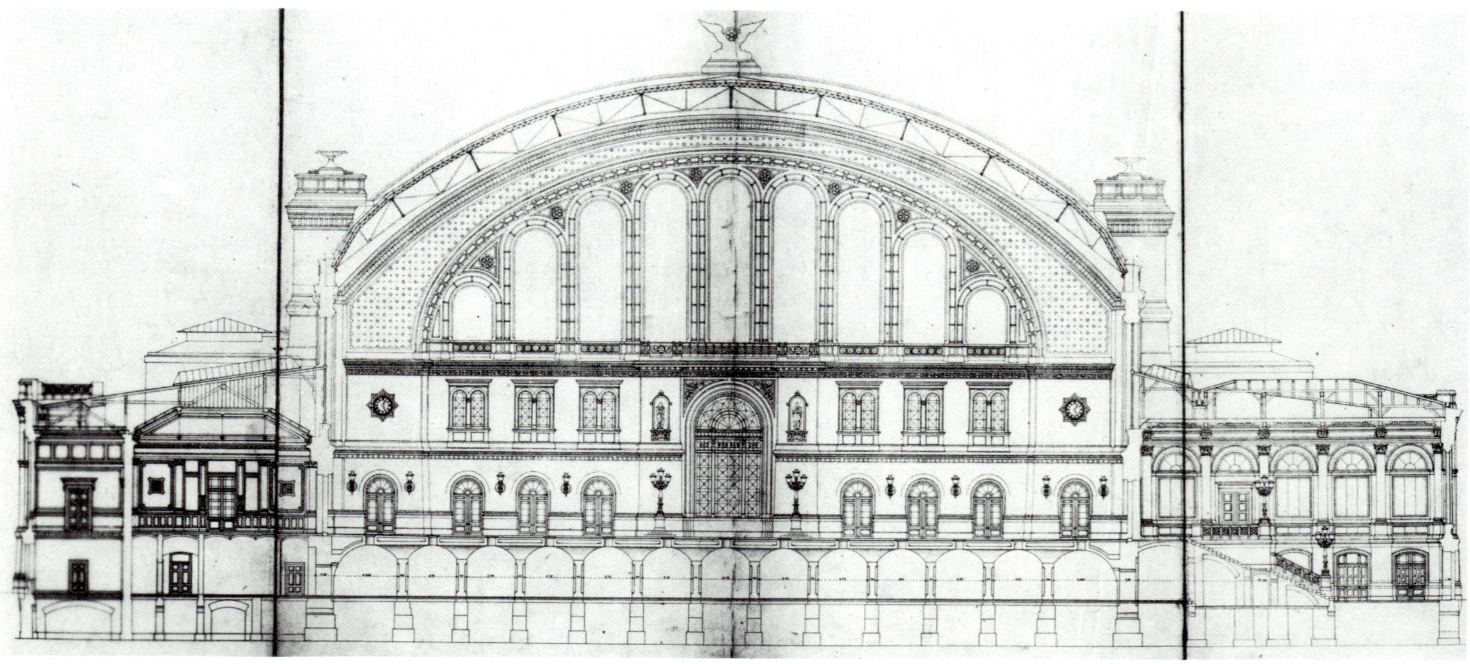

men: nur dieses gekuppelte Bindersystem war einzeln standfest, erforderte keinen Längs-Verband und konnte oben auf der Mauerkrone vom Montage-Gerüst an seinen Bestimmungsort verfahren werden...
Weiter fällt uns bei der Betrachtung des Schnittes auf:
Der portalartige Mittelrisalit in der nördlichen Hallen-Stirnwand mit seinem großen Rosettenfenster und den beiden Figurenaufsätzen wird ebenfalls vereinfacht: durch Verkleinerung der Öffnung wird die fatale Fehlinformation »Hauptzugang« oder »Tor« etwas weniger auffällig (B 183 und B 184). Die Pfeiler und Wölbungen der Arkade sind nicht mehr so stark plastisch durchgebildet: kannelierte Dreiviertel-Säulen besäumen die Kanten, wobei an den Pfeilern eine Verdoppelung entsteht und die Bogen-Reihung betont wird (B 185).
Ebenfalls dem Schnitt sind die niedriger gewordenen Dachstühle über den seitlichen Vorbauten und deren vereinfachte Deckenausbildung zu entnehmen. Über dem Aus-

B 192 Ausführungs-Projekt 30.12.1876. Ansicht vom Askanischen Platz
B 193 Ausführungs-Projekt 30.12.1876. Querschnitt.
B 194 Fassaden-System Hallenlängswände, 30.12.1876

(Ost-Seite) Freistehende Hallenwand.

Bahnhof Berlin.
(Empfangsgebäude)
Nº 438.

Aeußeres Façaden-System.

gangs-Vestibül ist das Oberlicht entbehrlich geworden, da außer nach Osten ja auch Fenster nach Süden vorhanden sind. Das kurze Oberlicht im Anschluß an die nun geplante Befensterung der ersten Hallenwand-Achse soll deren unteren Teil aufhellen, da er in der Höhe des Dachbodenraumes liegt. Die in ihrer Plastizität etwas zurückgenommene Wand-Dekoration werden wir beim Innenausbau noch näher betrachten; hier soll aber noch auf die Verkürzung der Treppe hingewiesen werden, wodurch auf der unteren Ebene vor den Ausgängen zur Möckern-Straße bzw. zum Droschken-Halteplatz mehr (Stau-)Raum geschaffen wurde (B 186 und B 187).

Die bereits erwähnte Reduzierung des Dachraumes über den Vorbauten wirkt sich besonders in der Nord-Fassade zum Askanischen Platz günstig aus für das noch stärkere Herausheben der Halle in der Gesamterscheinung. Unverständlich bleibt, warum bei dieser Gelegenheit die Brüstung der äußeren Hallenstirn-Arkade nicht auch abgesenkt wurde, um die Überschneidung mit der niedrigeren inneren zu vermeiden: Von den neun Bögen sind — von der Halle aus nach Norden gesehen — meist nur die sieben höheren wahrzunehmen, die beiden seitlichen niedrigsten Bögen erscheinen vor einer dunklen Wandzone fast wie eine »Blend-Arkade« (B 188). Das Hauptgesims der Vorbauten hat eine um 0,5 m, dasjenige des Eingangs-Vestibüls um ca. 1,0 m niedrigere Gesamthöhe erhalten; und der Verzicht auf die ecktürmchenartige Dachausbildung dient ebenfalls der möglichst unverstellten Ansicht aus der Perspektive des Platzes. Der Terrakotta-Fries unter dem Hauptgesims der Vorbauten wird wohl aus Kostengründen entfallen sein; die Attika wird nun nicht mehr aus Formsteinen gemauert sein, sondern mit einem leichten Gitter geziert, womit Schwechten an die schöne Tradition der Bauakademie (B 84) anknüpft.

Ein vorläufig letzter Hinweis gilt den geänderten Fenstern im Sockel- (d.h. Erd-) Geschoß: Die quadratischen, scharf eingeschnittenen Fenster des Projekts von 1874 erhalten nun einen Stichbogen und eine profilierte Umrahmung, wodurch die prononcierte Scheidung zwischen den beiden Geschossen aufgehoben wird. Diese Fassade nähert sich in ihrer Entwicklung nun stark Spiekers Universitäts-Bibliothek, an der Schwechten fünf Jahre früher selbst mitgewirkt hat (B 189 bis B 191).
Über die Auswirkungen auf die Kosten der Umplanung liegen leider keine offiziellen Angaben vor; umso interessanter ist Seidels Brief an seinen »Schwiegervater« Karl Eggers vom 30. Juli 1876 (A 141): *»Vom ersten August ab ist eine Arbeitszeit von 8 - 3 Uhr bei uns eingeführt* (A 142) *und zugleich eine schleunige Aufnahme der Bauarbeiten nach dem modifizierten letzten Project decretirt worden. Es geht nun also wirklich los. Nach diesem Project wird die Halle immer noch 1 1/2 Millionen Thaler kosten, nach dem ersten wäre sie gewiß auf 2 Millionen gekommen.«*

Wir können annehmen, daß sich der Ausdruck »Halle« wohl auf das gesamte Empfangsgebäude bezieht, denn die Halle allein hat nicht 4,5 Millionen Mark gekostet. Aber die Einsparungen liegen in einer beachtlichen Größenordnung von 25 % und sind außer durch die betrachteten Massen-Reduzierungen gewiß auch noch durch Vereinfachungen in der Ausführung einzuhalten.

6. Der Baufortgang ab 1877

Die Bauarbeiten wurden im Januar 1877 wieder aufgenommen, wovon sich die Baupolizei am 24. Januar überzeugen konnte:
»In dem Bahnhofsgebäude ist erst jetzt mit Fundamentirung der nicht in der Front liegenden Abgangs- und Ankunfts-Hallen begonnen. Die Fundamentirung des Frontal-Gebäudes soll erst in circa 2-3 Monaten in Angriff genommen werden.
Schutzm. Gutzmann.«
Am 30. März ist nach dem Bericht desselben Schutzmanns noch nicht begonnen worden; jedoch am 25. Mai heißt es:
»Der Bau ist in Angriff genommen und wird das Revisionsattest in einigen Tagen eingereicht werden.«

Die B.A.E.-Bauleitung holte nun den Landvermesser zur Prüfung der Baufluchten, der folgendes »Revisions-Attest« abgab:
»Die Baufluchten des neuen Empfangsgebäudes auf dem Anhalter Bahnhofe Ecke der Möckernstraße und Askanischer Platz stimmen mit den von mir polizeilich amtlich auf Verfügung vom 1ten Juni 1875 des Königlichen Polizei Präsidii abgesteckten und nachträglich von demselben für die Möckernstraße modificirten Bauflucht-linien überein, was hierdurch auf Grund heutiger örtlichen Revision pflichtgemäß bescheinigt wird.
Berlin, den 21 Juni 1877.
Georg Buschius«

Über die Fundamente lassen sich mangels Berichten oder eigenen Grabungen keine näheren Angaben machen; da jedoch die Rüdesdorfer Werke als Lieferanten von Bruchsteinen aufgeführt werden, können wir annehmen, daß sie aus Kalksteinen bestehen.
Für das aufgehende Mauerwerk wurden nun per Submission — Termin 25. Mai 1877 — neue Unternehmer gesucht, welche die von der B.A.E. laufend gekauften Ziegelsteine vermauern sollten. Dazu hatte am 14. April 1877 wieder eine Submission stattgefunden, um *»für Bauten auf Bahnhof Berlin 2 000 000 Ziegelsteine zu beschaffen.«* (B 195 und B 196).

Die Maurerarbeien für das Gesamtbauwerk wurden nach der Liste der beteiligten Firmen (aus »DBZ« und »BGZ«) ausgeführt von Firma G. Borstell, Rathsmaurermeister, Wilhelm-Str. 30/31, Firma Konsbrück, Firma R. Krebs, Rathsmaurermeister, Kurfürsten-Str. 3, Firma H. Lauenburg, Bau- und Maurermeister, Genthiner Straße 22.
Leider gibt es keinerlei Hinweise auf die Leistungsbereiche der einzelnen Firmen, so daß die Hersteller des makellosen Sichtmauerwerks bis jetzt nicht benannt werden können.
Außerdem fand am 10. August die Submission auf die Zimmerarbeiten statt (B 197), wobei die »A.-G. für Bauausführungen« (B 198) den Zuschlag erhielt. 1872 gegründet hatte sie ihren Sitz in der Genthiner Straße 3 und wurde seinerzeit von dem Baumeister F.A.W. Strauch (A 143) geleitet. Sie wandte sich gegen Ende des 19. Jahrhunderts dem Industriebau und im Laufe des 20. Jahrhunderts auch dem Tiefbau zu. In der Firmenliste tauchen noch zwei weitere Namen auf, ohne daß bisher ein eventueller Zusammenhang oder eine Leistungsabgrenzung zu der erwähnten »A.-G. für Bauausführungen« feststellbar ist: Zimmermeister Ph. Koscky, Architekt, Invaliden-Straße 7, Zimmermeister Fr. Wilh. Hesse, Alexandrinen-Straße 95.
Während nun also die Rohbauarbeiten auf der Baustelle »tüchtig« vorangetrieben werden, wird in den benachbarten Büros mit Hochdruck an der Dachkonstruktion gearbeitet (A 144).
Heinrich Seidel schreibt am 24. Juli 1877 an seine Frau Agnes, die bereits in die Ferien Richtung Ostsee gefahren ist: *»es ist mörderisch heiß in Berlin… Nächstens werde ich wohl mit Lantzendörffer über meinen Urlaub sprechen«*. Am 1. August berichtet er ihr: *»Heute habe ich mein Urlaubsgesuch eingereicht. Mehr wie 10 Tage kann ich jetzt nicht nehmen, da plötzlich wieder viel Arbeit eingetreten ist«* und am 3. August: *»Wie es immer so ist haben sich gerade zu dieser Zeit die Schwierigkeiten gehäuft, daß ich beinah Angst hatte, ich brächte den Urlaub garnicht durch und mich auch schon mit 10 Tagen begnügte. Das große Hallendach kommt jetzt zur Vergebung, jedoch schaffe ich die dadurch entstehende Arbeit mit Leichtigkeit vorher fertig. Es sind etwas über eine Million Pfund Eisen und wird etwa 70.000 Rthl. kosten. Der Bau schreitet jetzt mit Riesenschritten vorwärts«* (A 145).

Aus den leider spärlichen Quellen läßt sich folgender Bauablauf erschließen: Die Hauptmassen an Mauerwerk waren die Längs- und Stirnwände der Halle, so daß diese — auch als Grundlage der Dachkonstruktion — forciert werden mußten (A 146). Während beim Südportal die obere Arkade noch zurückbleiben mußte, da dort zunächst auf einem Lehrgerüst die Binder-Montage auf der Höhe des Hauptgesimses erfolgen sollte, mußten für die beiden Schalen der nördlichen Stirnwand zuerst die Vorbauten aufgeführt werden, damit auf deren Wänden und Decken die äußeren Gerüste beginnen konnten. Im Februar 1878 zogen die Büros aus dem alten Eckhaus Askanischer Platz 7 in das inzwischen fertiggestellte (östliche) Güterverwaltungsgebäude Möckern-Straße 26 um, so daß die Südwest-Ecke, die die Maurerarbeiten am Hauptvestibül behinderte, abgerissen werden konnte — sie stand auch teilweise im Grundriß der Unterfahrt; der Ab-

195

Berlin-Anhaltische Eisenbahn.

In den Monaten Mai und Juni d. J. sind für Bauten auf Bahnhof Berlin 2 000 000 Ziegelsteine zu beschaffen.
Ueber die speziellen Lieferungs-Bedingungen wird im Büreau der Bau-Abtheilung I. Berlin, S. W. Möckernstrasse No. 12 II., Auskunft ertheilt und werden Offerten nebst versiegelten Proben ebendaselbst bis zum **14. April cr., Mttags 12 Uhr,** entgegengenommen.
Berlin, den 3. April 1877.
Bau-Abtheilung I. Berlin.
Faulhaber.

196

Berlin-Anhaltische Eisenbahn.

Die Maurerarbeiten zum Neubau des hiesigen Empfangsgebäudes sollen im Wege öffentlicher Submission vergeben werden. Die speziellen Bedingungen und Preisverzeichnisse sind im Abtheilungs-Baubüreau, Möckern-Strasse Nr. 12 1 Treppe gegen Erlegung der Kopialien in Empfang zu nehmen, daselbst liegen auch die Zeichnungen und Massenberechnungen Vormittags von 9—1 Uhr zur Einsicht aus. Die Offerten sind versiegelt und mit der Aufschrift:
Submission auf die Maurerarbeiten zum Empfangsgebäude „Berlin"
bis zum
25. Mai. Mittags 12 Uhr
in genanntem Büreau abzugeben, woselbst dann die Eröffnung derselben in Gegenwart etwa erschienener Submittenten stattfindet.
Der Abtheilungs-Baumeister
A. Sillich.

197

Berlin-Anhaltische Eisenbahn.

Die Zimmerarbeiten zum Neubau des hiesigen Empfangsgebäudes sollen im Wege öffentlicher Submission vergeben werden. Die speziellen Bedingungen und Preisverzeichnisse sind im Abtheilungsbaubüreau Möckernstrasse No. 12 1 Treppe gegen Erlegung der Kopialien in Empfang zu nehmen, daselbst liegen auch die Zeichnungen und Holzlisten Vormittags von 9—1 Uhr zur Einsicht aus.
Die Offerten sind versiegelt und mit der Aufschrift:
Submission auf die Zimmerarbeiten zum Empfangsgebäude Berlin
bis zum **10. August, Mittags 12 Uhr**
in genanntem Büreau abzugeben, woselbst dann die Eröffnung derselben in Gegenwart etwa erschienener Submittenten stattfindet.
Berlin, den 27. Juli 1877.
Der Abtheilungs-Baumeister.
A. Sillich.

198

Actien-Gesellschaft für Bau-Ausführungen.

Die für das Jahr 1877 auf **3%** oder **18 Mark pro Actie** festgesetzte Dividende kann von heut ab bei der Deutschen Bank gegen Ablieferung des Dividendenscheins No. 5 unter Beifügung eines arithmetisch geordneten Nummernverzeichnisses erhoben werden.
Berlin, den 22. März 1878.
Die Direction.

B 195 Maurerarbeiten. Submissionsannonce DBZ 1877
B 196 2 Millionen Ziegelsteine. Submissionsannonce DBZ 1877
B 197 Zimmerarbeiten. Submissionsannonce DBZ 1877
B 198 Annonce

A 141 Deutsches Literaturarchiv Marbach/N. Nr. 69.6214/30
A 142 *»Für die Beamten fanden sich noch keine Arbeitszeit-Reglements, doch bildeten sich Üblichkeiten heraus. Als nach 1880 die Bürozeiten normiert wurden, hatten die Angestellten nur 7,5 Stunden gegenüber den 9 Stunden der Arbeiter pro Tag zu arbeiten.«* Betr. die Arbeitszeit bei Siemens, vgl. Kocka, a.a.O. S. 102.
A 143 F.A.W. Strauch. Hrsg. der »Vorlegeblätter für Gewerbe. . . V. Die Arbeiten des Bautischlers.« Berlin 1856
A 144 Wärmste Sommertage: Di. 5.6.1877 = 32,0 Grad C; Di. 24.7.1877 = 33,0 Grad C; Mi. 8.8.1877 = 29,0 Grad C.
A 145 Deutsches Literaturarchiv Marbach, 69.6230/19, 22, 23
A 146 RZPB, Okt. 1878, Sp, 416; Nov. 1878, Sp. 457 f

199

Berlin-Anhaltische Eisenbahn.

Zum Bau des hiesigen neuen Stationsgebäudes soll die Lieferung von 1000 Mille Hintermauerungssteinen und 200 Mille Rathenowersteinen resp. Klinkern vergeben werden, und ist Submissionstermin auf den **17. Juni cr. Vormittags 11 Uhr** festgesetzt.

Reflektirende wollen ihre Offerte versiegelt mit der Aufschrift: „Submission auf Mauersteinlieferung zum neuen Stationsgebäude Berlin"

im Abtheilungs-Baubureau Möckernstrasse 12 1. Treppe bis zu diesem Termin einreichen. Die Lieferungsbedingungen sind ebendaselbst, in den Vormittagsstunden von 9 — 1 Uhr einzusehen, oder gegen Kopialien in Empfang zu nehmen.

Die Bedingungen liegen auch im **Bureau des Berliner Baumarkts** Wilhelmstrasse No. 92 zur Einsicht aus.

Berlin, den 27. Mai 1878.

Der Abtheilungs-Baumeister
A. Stilich.

200

Die Stettiner

Portland-Cement-Fabrik

in Stettin

auf den Industrie-Ausstellungen
in Paris von 1855, in London von 1862
sowie auf der

Universal-Ausstellung in Paris von 1867

mit der

silbernen Preismedaille

prämiirt,

empfiehlt dem bauenden Publikum ihr seit Jahren **bewährtes** und allgemein als **vorzüglich** anerkanntes Fabrikat, den

Stettiner Portland-Cement

zur geneigten Berücksichtigung, um so mehr, da dieselbe bei einer Jahresproduktion von circa 150 000 Tonnen in den Stand gesetzt ist, auch die bedeutendsten Aufträge jederzeit in **bester, frischer** und **gleichmässiger** Waare zu den billigsten Preisen prompt auszuführen.

Stettin, im Dezember 1879.

Direktion 3208

der

Stettiner Portland-Cement-Fabrik.

Wm. Lossius. Dr. Delbrück.

201

Die

Portland-Cement-Fabrik „Stern"

Schutzmarke. **Tœpffer, Grawitz & Co.** Schutzmarke.

in

Stettin

empfiehlt den Herren Baubeamten, Bauunternehmern, Kunststeinfabrikanten und Cementhändlern ihr als vorzüglich anerkanntes Fabrikat, für dessen unbedingte Zuverlässigkeit bei stets vollkommener Gleichmässigkeit die bestehenden Fabrikeinrichtungen jede Garantie bieten.

Durch erhebliche Vergrösserungen unserer Fabrikanlage wird die Jahresproduction auf ca. 200,000 Tonnen erhöht, wodurch wir in den Stand gesetzt werden, auch die bedeutendsten Aufträge prompt ausführen zu können.

Vertreten in Berlin durch Herrn **Henri Humbert**, S., Ritterstr. 70 II.

Portland-Cement-Fabrik „Stern"
Tœpffer, Grawitz & Co.

bruch insgesamt ist aber erst im August und September 1879 erfolgt (A 147).

Wie bisher sorgt die B.A.E.-Bauleitung selbst für den ausreichenden Nachschub an Material — die Maurerarbeiten scheinen »exclusive« vergeben worden zu sein: die einzige bekannte Submission im Jahre 1878 betrifft »*1000 Mille Hintermauerungssteine und 200 Mille Rathenowersteine resp. Klinker*« zum Termin am 17. Juni 1878 (B 199).

Erwähnung verdient hier noch die Lieferung des Zements für ein stabiles Mauerwerk; er stammt nämlich aus Stettin und das hat folgende Bewandtnis: Nach der Erfindung des ersten künstlichen Zements durch den englischen Bauunternehmer Aspdin (Patent von 1824), den er nach dem in der Gegend sehr beliebten Portlandstein benannte, entstanden auf dem Kontinent die ersten Portland-Zementwerke und zwar 1840 in Boulogne s.M. (Frankreich) und 1855 in Züllchow bei Stettin (A 148). In dieser ersten »Stettiner Portland-Cement-Fabrik« (B 200) sowie einer später gegründeten Fabrik mit der Marke »Stern« (B 201) wurde der Zement für »unseren« Bau hergestellt — übrigens galten ab 1877 bereits Qualitäts-Normen unter den deutschen Zement-Herstellern.

20

20

Vermischtes.

Der Zirkular-Erlass des Preussischen Handels-Ministers über die Einführung des neuen Ziegelformats, dessen wir bereits Erwähnung gethan haben, hat folgenden Wortlaut:

Berlin, den 13. Oktober 1870.

Die gegenwärtig geltenden Bestimmungen über die Abmessungen der Mauer- und Dachziegel können im Hinblick auf die Maass- und Gewichts-Ordnung für den Norddeutschen Bund vom 17. August 1868 (B. G. Bl. S. 473) nicht aufrecht erhalten bleiben. Hinsichtlich der Dachziegel ist ein Bedürfniss zur Feststellung eines neuen allgemeinen Maasstabes nicht vorhanden. Für die Verwendung von Mauerziegeln aber empfiehlt es sich, nicht wie bisher mehre verschiedene, sondern nur ein einziges Format in Metermaass als Normalformat zu bezeichnen, wozu die dem bisherigen weitverbreiteten Durchschnittsformat sehr nahe kommenden Abmessungen von 25 zu 12 zu $6\frac{1}{2}$ Zentimeter $= 9\frac{7}{12}$ zu $4\frac{7}{12}$ zu $2\frac{1}{2}$ preussische Zoll am besten geeignet erscheinen.

Auf die Fabrikation dieses Ziegelformats kann im Wege des Zwanges nicht hingewirkt werden. Es ist jedoch zu erwarten, dass dasselbe, wie sehr zu wünschen, allgemeinen Eingang findet, wenn es als Regel bei den Staatsbauten vorgeschrieben wird.

Demgemäss wird Folgendes bestimmt:

1) Zu allen gewöhnlichen Staatsbauten, die nach dem 1. Januar zur Ausführung kommen, sind, sofern deren Verhältnisse nicht an sich schon ein anderes Format bedingen, in der Regel nur Mauersteine anzukaufen und zu verwenden, welche in gebranntem Zustande 25 Zentimeter lang, 12 Zentimeter breit und $6\frac{1}{2}$ Zentimeter dick sind,
2) Die Verwendung anders geformter Steine, wenn besondere Umstände sie erfordern, bleibt der Bestimmung der Königl. Regierungen (Landdrosteien) vorbehalten.
3) Allen Kostenanschlägen zu Bauten, die nach dem 1. Januar 1872 ausgeführt werden, ist das bezeichnete Normalformat zu Grunde zu legen.
4) Die bisherigen Vorschriften über die Abmessungen der Mauer- und Dachsteine — namentlich das Zirkularreskript vom 15. Dezember 1835 (v. Kamptz Ann. XIX. 1101—4, 149), die den Königl. Regierungen unterm 17. Mai 1820 mitgetheilten Vorschriften vom 21. Mai 1812 über die Anzahl der Mauersteine, welche bei Berechnung der Anschläge zu den verschiedenen Mauerarbeiten in Ansatz gebracht werden müssen, die Bekanntmachung des vormaligen Königl Hannoverschen Ministeriums vom 25. Oktbr. 1844 (Hannov. Ges.-S. 1844. I. Abth. No. 47) treten vom 1. Januar 1872 ab ausser Kraft.

Die Königl. Regierung wolle hiernach die Baubeamten Ihres Bezirks mit Anweisung versehen, die getroffenen Anordnungen durch wiederholte Veröffentlichungen zur Kenntniss des betheiligten Publikums bringen, auch den Baubeamten anempfehlen, durch geeignete persönliche Einwirkung auf dasselbe der allgemeinen Einführung der Normalziegelformats förderlich zu sein.

Wo baupolizeiliche Vorschriften, die auf die bisher üblichen Dimensionen der Mauersteine gegründet sind, durch diesen Erlass berührt werden, muss es den Provinzial-Polizeibehörden überlassen bleiben, die etwa erforderlichen Modifikationen herbeizuführen.

Der Minister für Handel, Gewerbe und öffentliche Arbeiten.
(gez. Graf von Itzenplitz.)

An sämmtliche Königl. Regierungen und Landdrosteien (exkl. der Regierung zu Sigmaringen) und die Königl. Ministerial-Baukommission hier.

DBZ 1870

7. Der Backstein-Rohbau

Nachdem das Werk nun im Rohbau so weit gediehen ist, wird es Zeit, daß wir uns dem Material etwas eingehender widmen, aus dem es hergestellt ist: dem Backstein. Wir sahen bereits Schwechtens Ausbildung in der Berliner Backstein-Tradition, die durch solche Beispiele wie Bauakademie, Rotes Rathaus und Synagoge charakterisiert werden kann. Andererseits »*bestand die Gefahr, daß der unverputzte Ziegel zu einem Kennzeichen für die untergeordneten Bauten degradiert wurde*« (A 149), wie zahllose Zweckbauten des Staates und auch besonders der Eisenbahn-Direktionen belegen.

Von den Neu- oder Umbauten der Berliner Bahnhöfe der zweiten Generation bildet nur der Lehrter Bahnhof eine radikale Ausnahme als Putzbau; der Niederschlesisch-Märkische, der Görlitzer und der Ost-Bahnhof sind reine Backsteinbauten; der Potsdamer Bahnhof zeigt zwar in der Hauptfassade Naturstein, ist aber ansonsten ein Backstein- und Terrakotten-Bau. Beim Stettiner Bahnhof sind an den Bogengiebeln und Türmen Werkstein-Quader verwendet worden (A 150). In diesem Zusammenhang sollten auch die Substruktionen der Stadtbahn sowie einige ihrer Bahnhöfe (z.B. Börse, Bellevue u.v.a.) erwähnt werden, die reine Backsteinbauten sind. Von der Tradition und der Bauaufgabe her war es daher folgerichtig, daß auch der Anhalter Bahnhof von Anfang an in Backstein konzipiert und dann auch konsequent in diesem Material ausgeführt wurde.

Wenn unter Backstein-Rohbau jeder roh belassene, also (außen) unverputzte Backsteinbau verstanden wird, so sind doch einige Unterscheidungen zu machen, und zwar nach der Oberfläche der äußeren Schicht (Format, Verband, Qualität, Fugen) und nach dem Zeitpunkt ihrer Herstellung (gleichzeitig oder nachträglich). Während beim gewöhnlichen Backstein-Rohbau außen nur ganze Steine als Läufer und Strecker verwendet werden und damit der Verband mit einer normalen Fugenstärke erzeugt wird, ist der sogenannte feinere Rohbau dadurch gekennzeichnet, daß — wie beim Anhalter Bahnhof (B 202) — nur halbe oder Viertel-Steine (Riemchen) mit einer geringeren Fugenstärke in Erscheinung treten (A 151). Diese produktorientierte Definition wird im Deutschen Verein für Fabrikation von Ziegeln, Thonwaaren, Kalk und Cement (laut General-Versammlung 3. bis 5. Februar 1879) verwendet im Gegensatz zu dem Vorschlag einer Kommission des Architekten-Vereins zu Berlin, die unter »feiner Verblendung« generell eine nachträgliche verstehen will (A 152).

Bis 1870 gab es in Preußen kein vereinheitlichtes Backstein-Format. Erst durch den massenhaften Bedarf in der Hauptstadt nach 1867 ausgelöst, waren sowohl die Hersteller wegen des Maschinen-Einsatzes und aus Konkurrenzgründen wie auch die Anwender zwecks vereinfachter Planung, Vergleichbarkeit der Preise und Austauschbarkeit der Angebote daran interessiert, ein zunächst für Preußen gültiges Normalformat zu schaffen. Dies lehnte sich an das bis dahin weitverbreitete Durchschnittsformat an und wurde auf metrischer Basis durch Erlaß des Handels-Ministers vom 13. Oktober 1870 — zunächst für Staatsbauten ab 1. Januar 1871 gültig — mit

25 cm Länge,	(9 7/12 pr. Zoll)
12 cm Breite,	(4 7/12 pr. Zoll)
6,5 cm Dicke,	(2 1/12 pr. Zoll)

festgelegt (B 203). Unter Einhaltung einer Stoßfuge von 1,0 cm werden mit diesem Stein also Wanddicken von 12, 25, 38, 51, 64, 77 cm und mehr erzielt; bei einer Lagerfuge von 1,2 cm erhält man eine Schichthöhe von 7,7 cm, was 13 Schichten auf 1,00 m Höhe ergibt. Dieses Format wurde nach der Reichsgründung allmählich in den übrigen Bundesländern eingeführt und als Reichsformat bezeichnet.

Im Zusammenhang mit dieser Einführung eines Normalformats erschien eine Normung der zur Verblendung in Frage kommenden Steine notwendig, zumal aus ästhetischen Gründen eine gleichmäßige und geringere Fugenstärke gegenüber dem Verband mit Normalformaten gewünscht war (A 153). 1878 hatte sich der Deutsche Verein für Fabrikation von Ziegeln, Thonwaaren, Kalk und Cement an den Architekten-Verein zu Berlin gewandt mit der Bitte um Ermittlung von geeigneten »*Normal-Maßen und -Formen für Verblendsteine*«. Eine zu diesem Zweck eingesetzte Kommission, welcher neben anderen Stadtbaurat Blankenstein und der Baumeister Otzen angehörten, erarbeitete die folgenden Vorschläge, die am 27. Januar 1879 vom Architekten-Verein einstimmig sanktioniert und vom Fabrikanten-Verband am 3.-5. Februar desselben Jahres zum Beschluß erhoben wurden:

»*1. An dem bisherigen Normalformat von 25x12x6,5 cm ist für die Hintermauerungssteine festzuhalten und eine strenge Durchführung desselben mehr als bisher anzustreben. Zur Herstellung von feineren Rohbauten sind die Verblendsteine so weit zu vergrößern, daß Lager- und Stoßfugen eine gleichmäßige Breite von 8 mm erhalten; d.h. 4/4 Verblendsteine sind 252x122x69 mm groß, 3/4, 1/2 und 1/4 Steine entsprechend groß zu fertigen*« (B 204).

Aus der Herstellung der Verblendsteine, deren wichtigste Kriterien außer einem harten Brand gleichmäßiges Format und scharfe Kanten sind, ergeben sich noch folgende Eigenheiten, die wir zur Betrachtung des Anhalters kennen sollten. Damals wie

B 199 »*1000 Mille Hintermauerungssteine, 200 Mille Klinker*«, Submissionsannonce DBZ 1878
B 200 Annonce aus DBZ 1880
B 201 Annonce aus BIA 1877-78
B 202 Anhalter Bahnhof: Kopf-Verband. Aufnahme v. Verf.
B 203 Einführungs-Erlaß für neues Ziegelformat des Preuß. Handelsministers

A 147 Vossische Zeitung 1.10.1879
A 148 Vgl. H. Straub: »Die Geschichte der Bauingenieurkunst«, Basel-Stuttgart 1964, S. 255 f.
A 149 M. Klinkott: »Die Berliner Backstein- und Terrakotta-Architektur in der zweiten Hälfte des 19. Jahrhunderts.« In: architectura, 1975, Bd. 5.2, S. 176
A 150 Gelbe Greppiner Verblender und erstmalig in Berlin Rüdersdorfer Kalkstein-Quader, DBZ, 14.10.1876
A 151 Vgl. W. Olschewsky: »Die Schwierigkeiten der Verblendstein- und Terrakotten-Fabrikation.« In Deutsche Töpfer- und Ziegler-Zeitung (DTZZ), 21.4.1879
A 152 BGZ, Februar 1879
A 153 Vgl. Johannes Otzen: »Über die Normalien auf dem Gebiet der Verblend- und Formstein-Fabrikation.« In: Thonindustrie-Zeitung (TIZ) 1878, S. 98

204

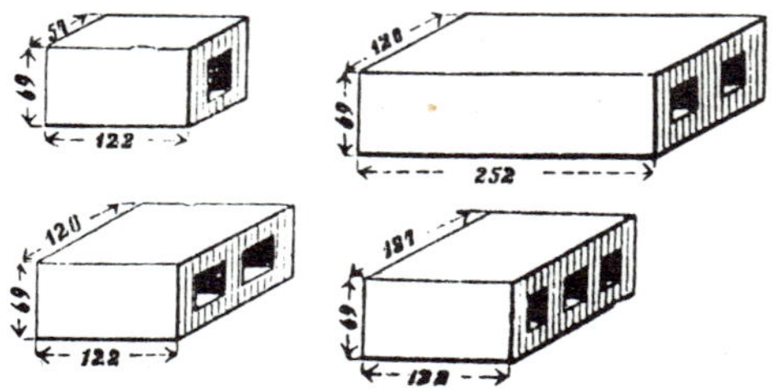

205

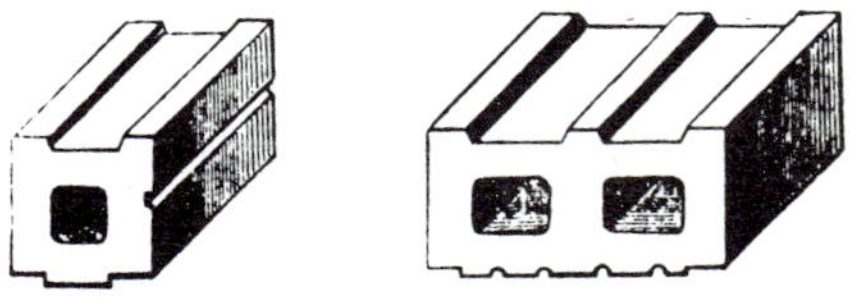

206

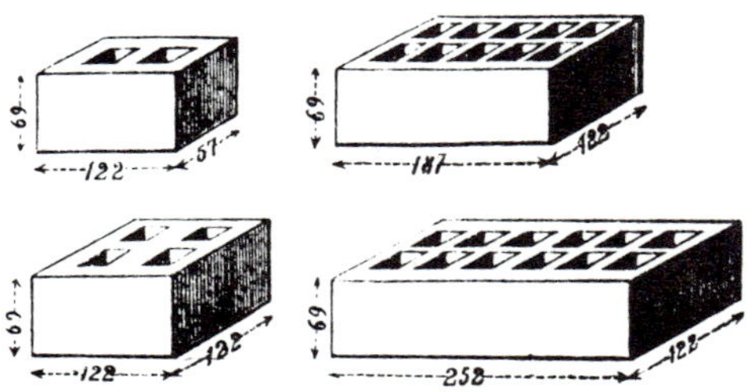

207

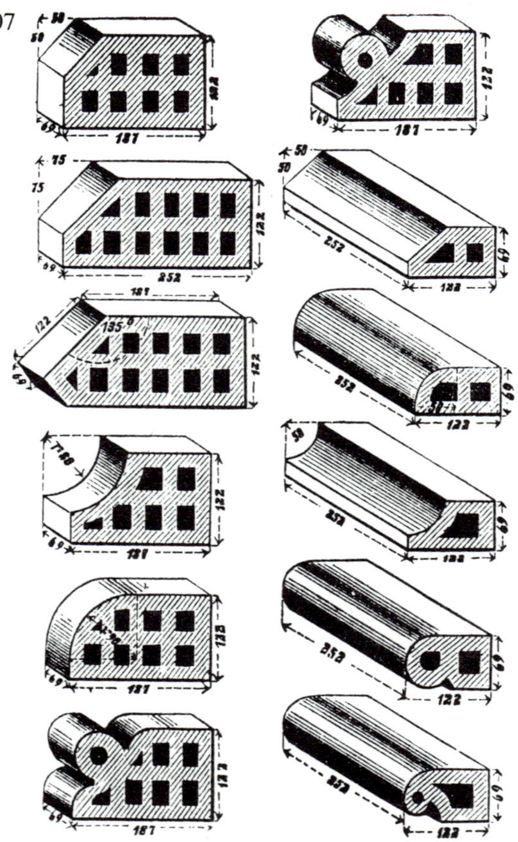

No. 1—6. No. 7—12.

heute wird der Ton in einer Strangpresse durch ein Mundstück gepreßt, welches dem — noch plastischen — Tonstrang das gewünschte Profil bzw. Format gibt, und dieser wird durch einen Abschneider aus feinem Draht automatisch auf die jeweilige Länge (beziehungsweise Dicke) abgeschnitten. Diese »Steine« liegen nun mit einer Seite auf Transport-Rollen oder Brettchen, welche unvermeidlich die (vom Mundstück her) scharfen Kanten berühren und leicht beschädigen. Daher erhalten feine Verblender auf der sogenannten Laufseite kleine Erhöhungen (B 205), so daß die Kanten mit der Unterlage (auch beim Brennen) nicht in Berührung kommen (A 154). Da sich die so hergestellten Verblendsteine jedoch nicht für Mauerecken und Vorsprünge eignen, müssen einfache Ecksteine, die meistens Dreiviertel-Steine (Dreiquartiere) sind, mit zwei rechtwinkligen Ansichtsflächen hergestellt werden (B 206). Die Lochung bezweckt übrigens primär, gegenüber einem Vollstein das Verformen beim Brand zu vermeiden; außerdem spart sie Ton, Gewicht und Fracht. Ob den Hohlräumen auch eine wärmedämmende Funktion zuerkannt wurde, geht aus der herangezogenen Literatur nicht hervor; sie wäre wegen der üblichen Wanddicken ohnehin verschwindend gering.
Die Normungs-Empfehlungen des Architekten-Vereins erstreckten sich weiter auf
»*2. Die zulässigen Abweichungen...*«
(von ± 1 mm),
»*3. Die Wandstärken (von Lochsteinen)...*«
und werden wie folgt fortgesetzt:
»*4. Es ist wünschenswerth und der Verbreitung des Ziegelrohbaues förderlich, wenn auf den Ziegeleien neben den gewöhnlichen Verblendsteinen, Dreiquartieren etc. auch eine Anzahl einfacher und häufig wiederkehrender Profilsteine vorräthig gehalten wird. Diese Steine sind auf allen Ziegeleien als Normalsteine mit denselben fortlaufenden Nummern zu bezeichnen ... Behufs leichterer Einbürgerung solcher Normalformen sind davon zunächst nur 12 anzunehmen:*
Nr. 1: kleiner Schmiegestein, 187 mm lang, (Schmiege 70 mm);
Nr. 2: großer Schmiegestein, 252 mm lang;
Nr. 3: Achteckstein, wie 2, jedoch mit rechteckiger Stoßfuge;
Nr. 4, 5, 6, 7: einfache Profilsteine in der Größe eines Dreiquartiers, d.h. 187 mm lang;
Nr. 8, 9, 10, 11 und 12: einfache Gesimssteine, 252 zu 122 zu 69 mm groß, das Profil an der langen Seite.
Zu den Steinen Nr. 8 - 12 sind möglichst auch Ecksteine (im rechten Winkel), 122 mm und in den Seiten so lang vorräthig zu halten, daß nach Abzug des Profils 1/2 bzw. 3/4 Stein von der Ecke aus übrig bleibt« (B 207).
Zu der vom Architekten-Verein beim zuständigen Ministerium für öffentliche Arbeiten beantragten Einführung eines Normalformats für Verblendziegel kam es übrigens nicht, da »*ein dringendes Bedürfniß zum Erlasse derartiger Normativ-Bestimmungen nicht vorliege*« und den »*Architekten ... in der Abmessung für diese Steine eine gewisse Freiheit zu lassen sein dürfte*« (A 155).

Wir wollen uns nun der Ausführung der Verblendung zuwenden und stoßen zuerst auf die Frage, ob sie gleichzeitig mit der Hintermauerung oder nachträglich erfolgen soll. Wird die Verblendung in einem Zug mit dem übrigen Mauerwerk ausgeführt, ergeben sich für Bauherrn und Gebäude einige Vorteile, die von den Pluspunkten der nachträglichen Verblendung nicht aufgewogen werden können: Die gleichzeitig aufgemauerte äußere Verblender-Schale kann statisch bei der Wanddicke in Ansatz gebracht werden; die so hergestellte Wand kann gegenüber einer nachträglichen Verblendung also um deren Stärke dünner und entsprechend billiger sein. Bei der gleichzeitigen Vermauerung der Verblender entsteht eine innige Verbindung mit dem Kern der Wand, die bei nachträglicher Ausführung (z.B. auch bei Stürzen) niemals so stabil werden kann. Durch die Maßgenauigkeit der Verblender erhält der Bau eine größere Präzision, was besonders für lange Gebäude und Bauten der Technik bedeutsam ist. Außerdem können die Gerüste sofort nach Abschluß der Maurerarbeiten abgebaut werden, was Kosten zu reduzieren hilft.

Andererseits verlangt die gleichzeitige Verblendung eine frühe, alle Details der äußeren Gestaltung erfassende und abgeschlossene Planung, eine rechtzeitige Fertigung in der Ziegelei und kontinuierliche Lieferung auf die Baustelle, was wohl kaum als nachteilig angesehen werden kann, wenn sich die Vorfinanzierung der teureren Verblendsteine samt der dazugehörigen Maurerarbeit zinsmäßig in den Grenzen der oben beschriebenen Vorteile hält. Daß die gleichzeitige Verblendung vom Unternehmer längere Schutzmaßnahmen verlangt, ist ebenfalls nur ein relatives Problem, denn Beschädigungen können ebensogut am ersten wie am letzten Tag vor dem Abrüsten eintreten. Das gleiche gilt auch für die Gefahr der Verschmutzung durch Mörtel, Staub und Wasser, worauf der nachfolgende Bericht — leider von einer anderen Baustelle als der des Anhalter — auch noch eingeht. Zunächst seien aber noch einige (damalige!) historische Beispiele für nachträgliche Verblendung genannt, die alle auf verspätete Materiallieferungen zurückgehen: Bei Schinkels Bauakademie wird dies verständlich durch die Suche nach einer Ziegelei (Stolpe bei Oranienburg); beim Roten Rathaus wird es wohl ähnlich gewesen sein und mit dem riesigen Quantum zusammenhängen (die äußeren Fassaden von Augustin in Lauban, die Höfe von der Ziegelei in Hermsdorf); daß auch bei der Villa des Tonwaren-Fabrikanten March (Charlottenburg 1865) der Vorrat zur Verblendung nicht reichte, verdeutlicht die Problematik von Planungs-Vorlauf, Fertigung und Lieferung (A 155).

Zur Charakteristik der feineren Verblendung gehört aber außer dem speziellen Stein und der dünneren Fugenstärke noch ein anderes »offenes Geheimnis« und zwar die offene, jedenfalls nicht voll ausgefüllte Fuge. Durch das Zurückbleiben des Mörtels entsteht an den scharfen Kanten der Steine ein Schattenwurf, der die einzelnen Steine voneinander separiert, und wiederum ihr Gefügtsein neben- und aufeinander unterstreicht. Die maschinell glatte Oberfläche der Verblender (A 156) erhält durch das dunklere, vertiefte Fugennetz eine Textur, deren Reiz allen voll verfugten Mauern (speziell den heutigen) fehlt. Je härter der

Stein gebrannt ist, desto mehr hat er die Tendenz zu einer »glänzenden« Oberfläche; dieser Glanz wird durch die Schattenfugen gebrochen, und das Material — und damit der Bau — erhält seine arteigene Schwere zurück.

Wegen der Einheitlichkeit in der Farbe mußten die Verblender aus derselben Ziegelei bezogen werden, die auch in der Lage war, die zahlreichen und teilweise komplizierten Formsteine (termingerecht) herzustellen. Wir werden auf diese Firma — die

Greppiner Werke — am Ende des folgen- 208
den Abschnitts eingehen, der das Terrakotta-Thema behandelt. Bezüglich der Farbe ist noch festzuhalten, daß Schwechten wegen und zugunsten der Relief-Wirkung ein im wesentlichen monochromes Bauwerk wollte und einen Farb-Wechsel in den Verblendern äußerst selten einsetzte: Zu dem »Greppiner Gelb« als Grund nahm er einen schwach kontrastierenden rötlichen Verblender für die inneren und äußeren Zwickel-Felder der Arkaden des nördlichen und südlichen Hallengiebels sowie der Thermenfenster der Längswände, der Rundbogenfenster der Wartesäle und des Ausgangs-Vestibüls; im
gleichen Ton auch die Rückwände der kon- 209
chenartigen Nischen in der Außenwand des Eingangs-Vestibüls und in der inneren nördlichen Hallenstirn sowie die daneben liegenden Brüstungen der Biforien über dem Korridor und ebenfalls die Brüstungen der Thermenfenster und der Blend-Arkaden in den Hallenpfeilern. Das rahmende Wandfeld über den inneren und äußeren Arkaden des nördlichen Hallengiebels war mit kreuzstichartigen »Rasterpunkten« aus je vier roten »Köpfen« besetzt, welche dem Auge halfen, zwischen den beiden ungleichen Bögen die Wand noch als Fläche und nicht als Teil der Gesimse wahrzunehmen (B 208).

Obwohl keine Verblender, sind hier noch die Mettlacher Platten in den Blendfeldern der Hallenpfeiler in einer dritten, dunkleren, blauen Farbe zu nennen, von denen aber leider bis jetzt keine Reste oder genaue Erinnerungen zur Auswertung zur Verfügung stehen (B 209 und B 210).

B 204 Genormte feine Verblendsteine, 69 mm hoch
B 205 Scharfkantige feine Verblender
B 206 Genormte feine Verblendsteine mit zwei Ansichtsflächen
B 207 Genormte Profilsteine
B 208 Kreuzstichartiges Rahmenfeld. Aufnahme v. Verf.
B 209 Annonce DBZ 1877

A 154 Vgl. A. Eckhard (Hrsg.): »Die Technik des Verblendsteins.« Halle/S. 1884
A 155 BGZ 1880, S. 491 und DBZ 1870, S. 48 und 55
A 156 Handstrich-Ziegel, »Kloster-Format« u.ä. kommen erst später wieder auf — nach dieser perfektionistischen Periode

210

211

Um nun der Herstellung einer solchen Verblendung beizuwohnen, besichtigen wir eine andere, eingehend beschriebene Baustelle in Moabit und zwar die der im Jahre 1878 im Bau befindlichen Wohn-Kasernen des 1. Garde-Feld-Artillerie-Regiments zwischen Krupp- und Perleberger Straße (A 157):

»Da nun das Verblendmauerwerk, welches die Richtschnur für die Hintermauerung abgeben soll, immer um eine Schicht diesem voraus sein muss, jedenfalls aber niemals tiefer liegen bleiben darf als dieses, so ist hierdurch schon für die Facade die Gefahr eines Beschmutzens durch Kalkspritzen wesentlich verringert. Bedeutend mehr schwindet dieselbe durch die Einrichtung der Rüstung. Es wurde nämlich das gesammte Mauerwerk von zwei Rüstungen, einer inneren und einer äusseren, aufgeführt und die Benutzung derselben so eingetheilt, dass auf der äusseren Rüstung nur die Verblendmaterialien und die mit farbigem Mörtel gefüllten Kalk-Kasten standen, während alles Hintermauerungsmaterial, sowie die Kasten für Kalkmörtel sich auf der inneren Rüstung befanden.

Durch diese Einrichtung wurde für die Facade auch eine andere Gefahr vermieden, nämlich die, dass durch Herunterfallen von Materialien die schon fertiggestellte Verblendung beschädigt wurde. Ein derartiges Herunterfallen ist beim Abwerfen der Hintermauerungssteine wohl kaum vollständig zu vermeiden, ebensowenig wie das Aufspritzen des Mörtels beim frischen Einfüllen in die Kasten. Beim Verblendmaterial jedoch, bei welchem von einem Abwerfen ohnehin keine Rede sein kann, ist diese Gefahr wohl kaum mehr vorhanden, ebenso wie bei dem in kleinen Quantitäten transportirten gefärbten Mörtel ein Spritzen vollkommen vermieden werden kann.

Um das Vorquillen des farbigen Mörtels und also ein Beschmutzen der Verblendfläche zu vermeiden, ferner um eine vollkommene Gleichmässigkeit der Stärken in den Stoss- und Lagerfugen zu ermöglichen und den Maurer zum Einhalten der richtigen Maasse zu zwingen, wurde die Verblendung auf dünnen quadratischen Eisenstäben hergestellt, welche vor dem Aufbringen des Mörtels auf die Vorderkante der unteren Schicht gelegt wurden. Bei der gewählten Fugenstärke von 7 mm war die Stärke der Stäbe auf 5 mm normirt, so dass kleine Unregelmässigkeiten in der Stärke der Steine, sowie eventuell zwischengeklemmte Sandkörner noch kein Breiterwerden der Fuge bedingten. Gegen diese Stäbe wurde der Fugenmörtel von hinten angestrichen, und die nächste Schicht verlegt, während der Stab noch in der Fuge lag. Erst nach Fertigstellung der oberen Schicht wurde der Stab herausgenommen und zum Anlegen der nächsten Schicht verwendet.

Als handliche Maasse für diese Stäbe ergaben sich für jeden Maurer ein Stab von 75 cm, einer von 30 und zwei von 20 cm Länge, letztere zum Anlegen der Ecken.

Um auch den Stossfugen eine den Lagerfugen gleiche Stärke zu sichern, wurden aus 5 mm starken, circa 20 cm langen Stäben, ähnlich den Fugeneisen S förmig gebogene Stücke verwendet. Dieselben wurden beim Anlegen der Schichten zwischen die einzelnen Steine gehalten, und so sowohl der richtige Abstand bestimmt, als auch gleichzeitig das Vorquillen des Mörtels verhindert.

Da nun die Vorsicht angewendet worden war, zur untersten Schicht Steine von möglichst verschiedenen Formaten zu benut-

zen, so dass das so ermittelte Maass sich als das wirkliche Durchschnittsmaass für eine Kopflänge ergab, so blieb durch das ganze, 200 Schichten hohe Mauerwerk die genaue verticale Aufeinanderfolge der Stossfugen gewahrt.
Auf diese Weise wurde die Ansichtsfläche sowohl in den Lager- wie in den Stossfugen bis zur Tiefe von 5 mm vollkommen von Mörtel freigehalten. Ferner wurde, um die Vorderfläche des gefärbten Mörtels zu glätten, nach Fertigstellung jeder dritten Schicht der eben angezogene Mörtel durch die vorerwähnten Sförmigen Eisen um circa 2 mm zurückgedrückt, so dass eine um 7 mm vertiefte in der Vorderfläche ebene Fuge entstand.
Es gelang hierdurch, die ganze Facade so rein zu erhalten, dass sich das Abwaschen, welches fast nur mit reinem Wasser bewirkt wurde, auf das Entfernen der, durch aufschlagenden Regen von der Rüstung stammenden Spritzflecken beschränkte, und eine Beschädigung der Facade durch herabfallende Steinstücke etc. fast gänzlich vermieden wurde; selbst weit vorspringende Gesimse blieben unter einer leichten Abdeckung vollkommen geschützt.
Auch in pecuniärer Beziehung war das Resultat nach den Angaben des mit der Ausführung betrauten Herrn Raths-Maurermeister C. Kuhn ein für den Unternehmer zufriedenstellendes, und der erzielte Erfolg entsprach der aufgewendeten Mühe mehr, als bei irgend einer anderen früher von ihm ausgeführten Art der Verblendung.«
Leider fehlt uns ein solcher Bericht von der Baustelle des Anhalter Bahnhofes — er wurde hier so ausführlich wiedergegeben, weil er einerseits eine Rarität darstellt in der genauen Beschreibung der Arbeiten auf der Rüstung und andererseits alle Merkmale aufführt, die auch den »Anhalter« kennzeichnen. Die Ausbildung der Fugen läßt sich noch an den heutigen Resten betrachten und vermessen, und die gleichzeitige Verblendung geht zweifelsfrei aus dem homogenen Mauerwerk hervor, welches sich bei den Sprengungen (ab 1960) zeigte (B 211).
Die Schätzung der Baukosten basiert auf einer annähernd genauen Massenermittlung, deren Grundlage durch jene Aufmaßpläne gebildet wird, die im Zuge des Abrisses erstellt worden sind (A 158). Historische Pläne wurden zur Ergänzung herangezogen. Danach beläuft sich die Gesamtmasse des Mauerwerks

ab OK Fundament auf	ca. 34.500 m^3
das Fundamentmauerwerk auf	ca. 5.500 m^3
damit das Ziegelmauerwerk insgesamt auf	ca. 40.000 m^3

Zur Herstellung eines Kubikmeters Mauerwerk wurden 400 Normalformat-Steine 25/12/6,5 cm benötigt; daraus folgt, daß für die Errichtung des Anhalter Bahnhofes rund 16 Millionen Ziegelsteine im Normalformat erforderlich waren!
Für eine überschlägige Kostenermittlung gehen wir von der Annahme aus, daß »*besonders gute Hintermauerungssteine I. Klasse*« Verwendung gefunden haben, deren Preis wir mit 32,- Mark pro Tausend Stück ansetzen; d.h. für 1 m^3 Mauerwerk beträgt der Preis der Ziegelsteine 12,80 Mark.
Zur Herstellung des Mörtels für 1 m^3 Mauerwerk waren 72 l gelöschter Kalk, 76 l Zement und 400 l Sand erforderlich; für Kalk setzen wir 20,- Mark/m^3 und für Zement 36,- Mark/m^3 an; die Preise für Sand sind vernachlässigt, da er eventuell auf der Baustelle bzw. bei den Einschnitten bis Tempelhof gewonnen wurde; wir nehmen den Mörtel für 1 m^3 Mauerwerk also zum Preis von 4,20 Mark an. Die Preise für die Herstellung des Mauerwerks mitteln wir aus den Angaben für die Jahre 1876 bis 1879 (A 159) und setzen für »*Bankett und Fundamentmauerwerk, von Ziegelsteinen im Block- oder Kreuzverbande mit vollen Fugen bis auf 2,00 m Tiefe und mehr als 0,39 m Stärke hergestellt*« 4,50 Mark/m^3 an. Für das »*Mauerwerk des Erdgeschosses*« und für das »*Mauerwerk höher gelegener Stockwerke*« setzen wir 6,25 Mark/m^3 an. Für die Herstellung von Ecken und Säulen, Pilastern, Vorlagen etc. setzen wir 1,- Mark als Zulage zum Kubikmeter-Preis für den laufenden Meter Ecke an.

Kosten des Mauerwerks:		Preis			Summe
A. Mauerwerk	Rauminhalt	Mat.	Lohn	Ges.	
Gesamtes Mauerwerk	40.000 m^3				
Fundament-Mauerwerk	./. 5.500 m^3	17,-	4,50	21,50	118.250,- M
Aufgehendes Mauerwerk	34.500 m^3				
Einbindung Terrakotten	./. 2.500 m^3				
Rest Aufgehendes Mauerwerk	32.000 m^3	17,-	6,25	23,25	744.000,- M
B. Verblendung	Flächen				
Ansichtsfläche Sichtmauerwerk	30.000 m^2				
Ansichtsfläche Terrakotten	./. 4.000 m^2				
Rest Verblendfläche als Zulage	26.000 m^2	6,-	1,25	7,25	188.500,- M
Verfugen als Zulage	26.000 m^2	—	-,75	-,75	19.500,- M
Herstellung von Ecken als Zulage	32.000 lfdm	—	1,-	1,-	32.000,- M
Gesamtkosten Mauerwerk ca.					1.102.250,- M

Der Auftragswert der Greppiner Lieferungen an Verblendsteinen betrug demnach ca. 26.000 m^2x7,20 M/m^2 = ca. 187.000,- M.

B 210 Blendfeld Hallenpfeiler. Aufnahme v. Verf.
B 211 Die Homogenität des Mauerwerks erweist sich bei den Sprengungen. Aufnahme Bezirksamt Kreuzberg von Berlin

A 157 F. Fisenne: »Eine neue Methode zur Herstellung von Verblendmauerwerk bei Backsteinbauten.« In WAI, 27.6.1879
A 158 Vom Bezirksamt Kreuzberg, Amt für Abräumung 1960 ff
A 159 Vgl. Bund der Bau-, Maurer- und Zimmermeister zu Berlin (Hrsg.): »Jahrbuch der Baupreise Berlins« 1876 und 1878-79

8. Die Terrakotten

Unter diesem Begriff werden hier alle weiteren, am Bau vorkommenden Architekturglieder aus gebranntem Ton behandelt, welche aufgrund ihrer Einzelfertigung nicht zu den Profilsteinen und Verblendern rechnen, da sie nicht — wie jene — nur aus einer Strangpresse herausgedrückt werden können. Die Terrakotten sind also hohle Formstücke und Reliefs bis hin zu freiplastischen Stücken. Einfache Formsteine können noch als Vollsteine durch gegebenenfalls mehrmaliges maschinelles Pressen entstehen (Nr. J8, B 212). Bei größeren und komplizierten Stücken, die wegen des Brandes hohl sein müssen, nimmt trotz Zuhilfenahme von schablonierten oder gegossenen Teilen die Handarbeit zu (Nr. A25, Nr. B9, Nr. J73, B 213); und bei Reliefs, die nicht in (Gips-)Formen zu gießen sind (Nr. B62, B 214) oder bei denen sich wegen der geringen Stückzahl eine Form nicht lohnt (Nr. F 49, B 215), bleibt nur die Kunstfertigkeit des Modelleurs.

Die Vorbedingung für eine saubere Herstellung — wofür Greppin garantierte oder die Ware zurücknehmen mußte — und für eine genaue Ausführung — worauf die Bauleitung achtete — war aber eine Planung, die mit den Eigenheiten des Backstein-Rohbaus vollkommen vertraut war, diese respektierte, und jedem Normal- und jedem Sonderteil seinen genauen Platz zuwies. Eine Änderung war damals bei jener Technik mit fast den gleichen unangenehmen Folgen verbunden wie heute beim Bauen mit Fertigteilen. Der Modul für die gesamte Grund- und Aufriß-Planung ist der erwähnte Verblender-»Kopf«. Im Grundriß wird lediglich im Falle von geböschten Sockeln und Pfeilervorsprüngen davon abgewichen; im Aufriß dagegen nie, denn das hinter der Verblendung liegende Mauerwerk verlangt zwingend die Einhaltung des Schichtenplans.

Aus diesem Grunde haben nicht nur alle Formsteine und Reliefs genaues Schichtenmaß, sondern auch die Naturstein-Werkstücke, wie aus den Abbildungen ersichtlich ist.

Für die Planung, Herstellung und Verlegung der Formstücke wurden spezielle Übersichtspläne samt Listen angefertigt, aus denen die Bezeichnung, Form, Größe, Lage, Stückzahl, Sichtfläche und Verlegung (eventuell gespiegelt) etc. hervorgingen.

Als Beispiele betrachten wir die Zeichnung für das Portal der K.K. Hof-Räume auf der Abfahrtsseite (B 216) sowie das Aufmaß der Unterfahrt, das 1961 durch Studenten des Lehrstuhls Professor Heinrich angefertigt wurde (B 217). In diese Zeichnungen und in eine Reihe von Detail-Aufnahmen (B 218) sind die Nummern der Formstücke eingetragen, die einer Sammlung photographischer Aufnahmen (B 219 bis B 225) zu entnehmen sind, welche wahrscheinlich im Atelier der Greppiner Werke gemacht und dem Architekten-Verein zu Berlin gewidmet wurden (A 160). Aus dieser Zusammenstellung konnte das ursprüngliche Schema zurückgewonnen werden, wonach der Buchstabe

A die Formstücke für die Unterfahrt bezeichnet,
B für die Vorbauten,
C für die nördliche Hallenstirnwand,
D (nur 1 Relief),
E (ist offen),
F die Formstücke für die K.K. Hof-Räume,
G (ist offen),
H die Formstücke für die Hallenlängswand außen,
J für die Halleninnenwände,
K (ist offen), und
L die Formstücke für die Südfassade.

Die Numerierung der Stücke steigt von unten nach oben. In der o.a. Sammlung sind

21

21

21

21

B 212 Einfache Terrakotta-Steine
B 213 Hohle Terrakotta-Stücke
B 214 Terrakotta-Relief der Brüstungsfelder
B 215 Terrakotta-Relief Nr. F 49: Schlußstein des Eingangs-Portals des K.K. Abfahrts-Salons (siehe B 216)
B 216 Terrakotten des Eingangs-Portal des K.K. Abfahrts-Salons, aus WAI 1880, S. 449
B 217 Terrakotten der Unterfahrt. Bauaufnahme TU Berlin LS Prof. Heinrich 1961 Aufnahme v. Verf.
B 218 Terrakotten und Mettlacher Platten an der äußeren Hallen-Längswand Ausschnitt aus B 194 Aufnahme v. Verf. 1960

A 160 Aus alter AIV-Bibliothek von TU übernommen

16

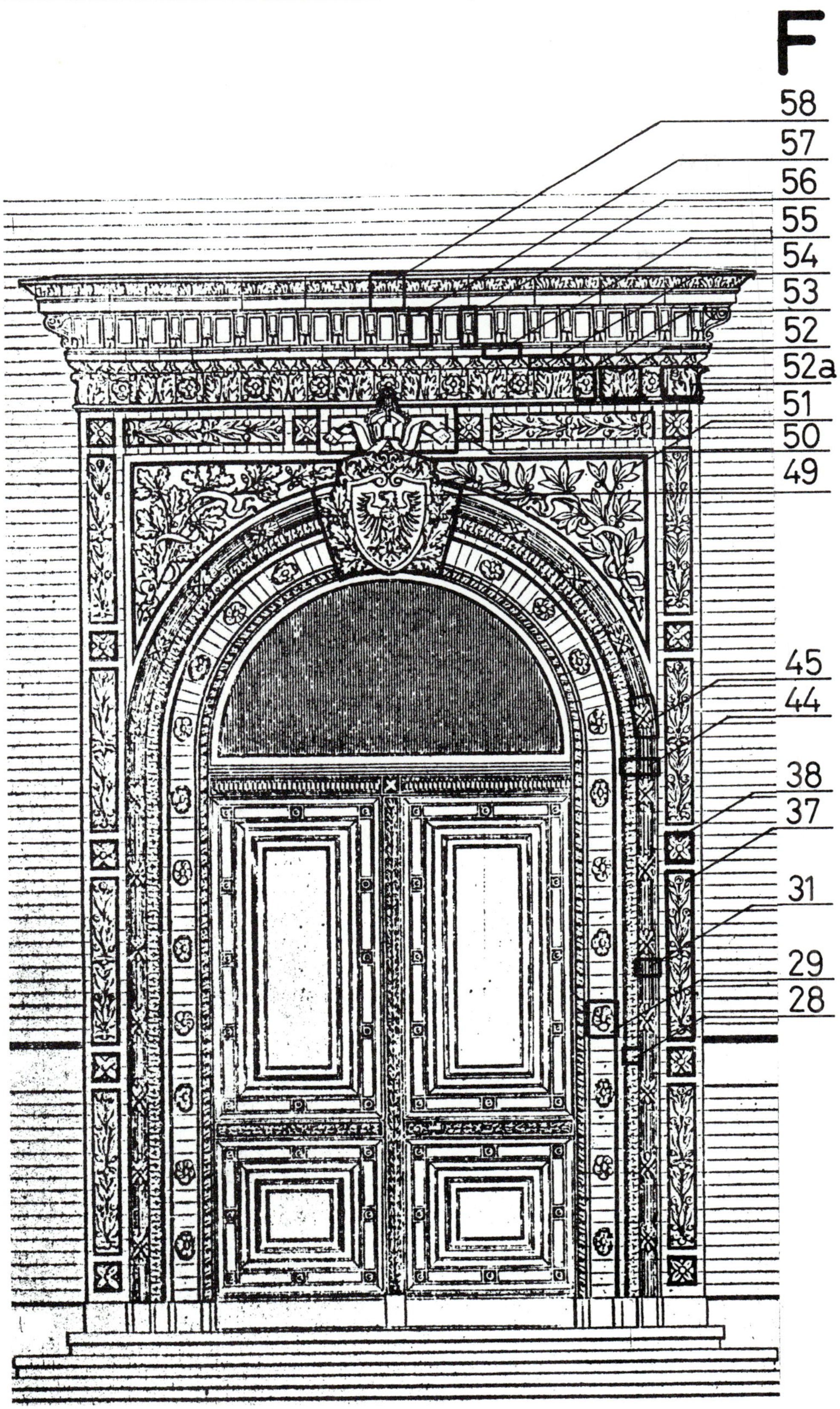

217

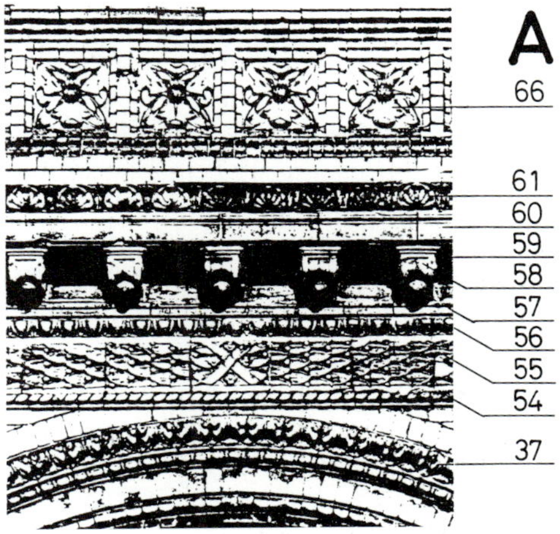

Aufmaß TU

218

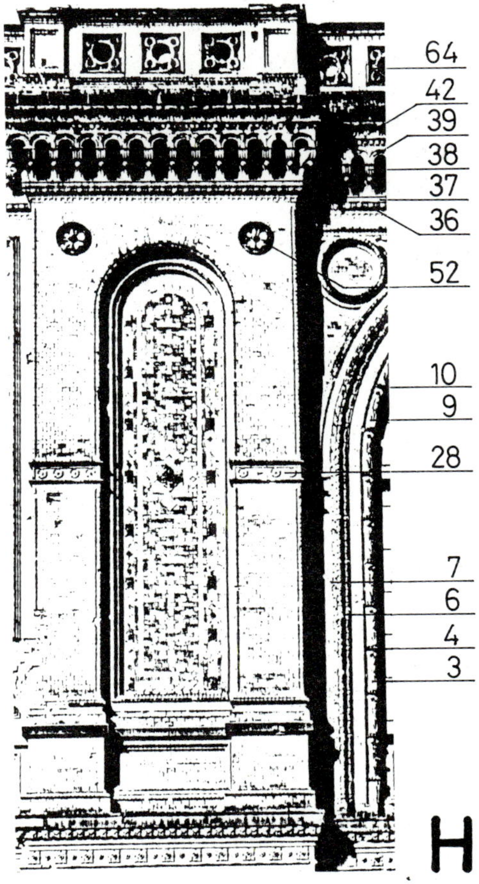

219

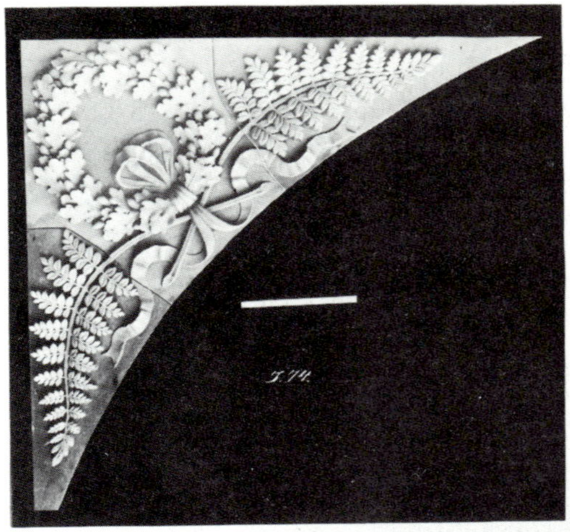

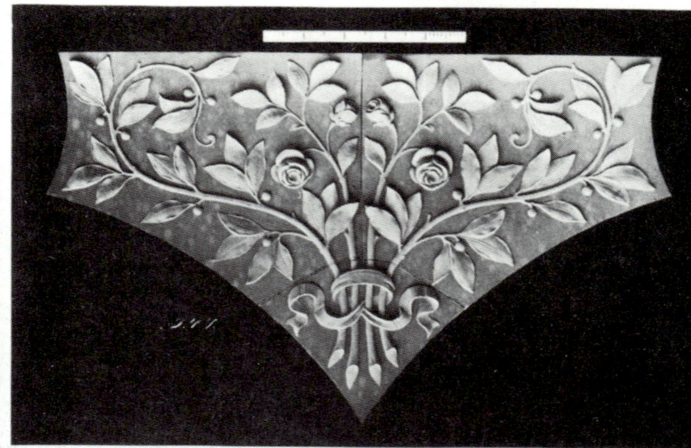

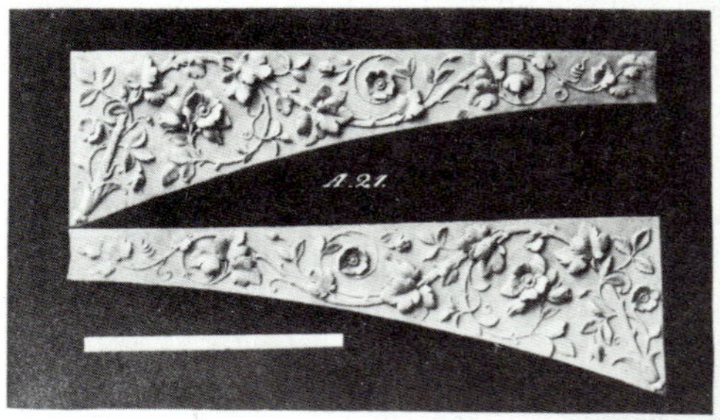

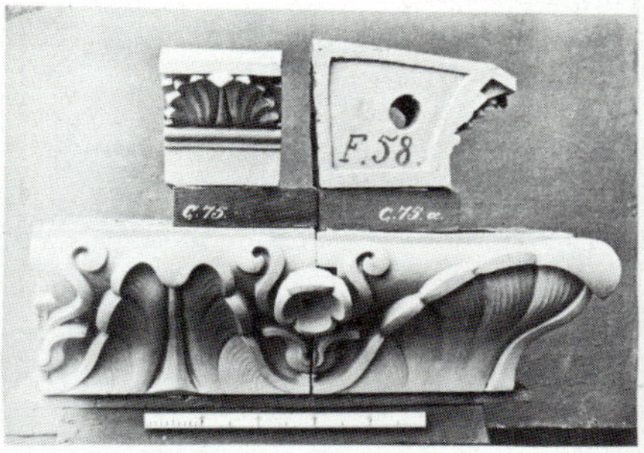
F.58.

J.71.

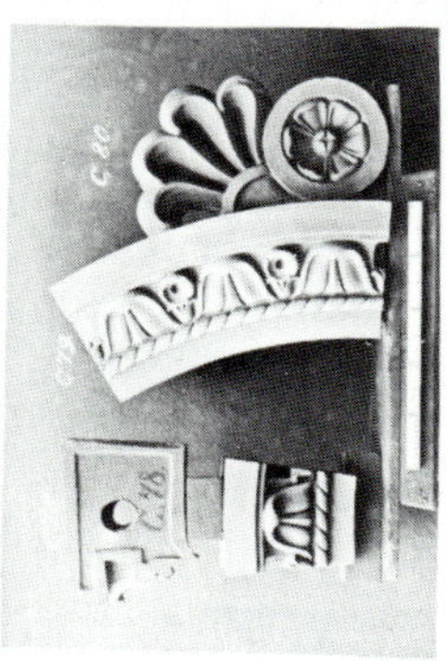

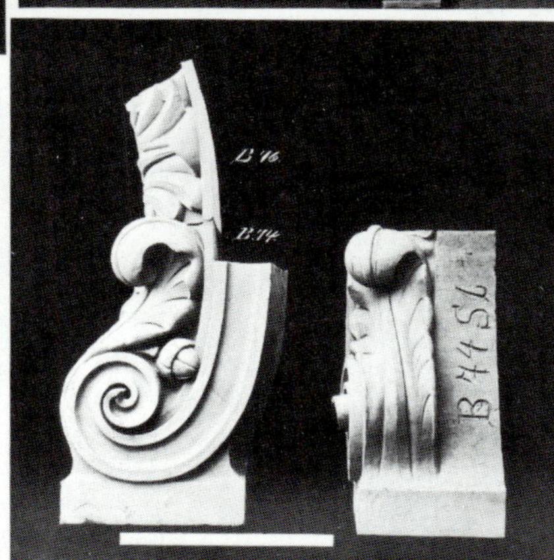
B 44 SL

221

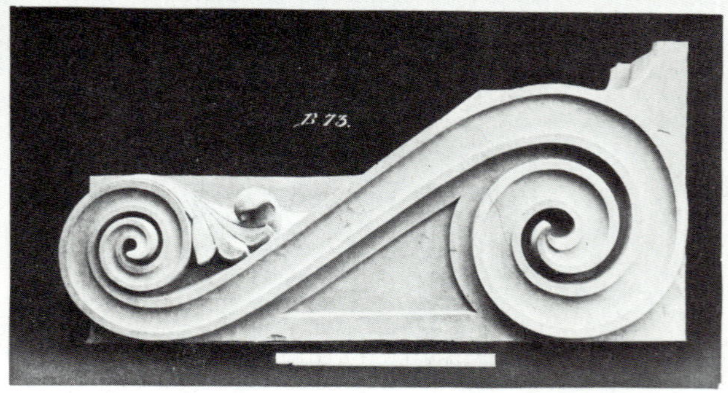

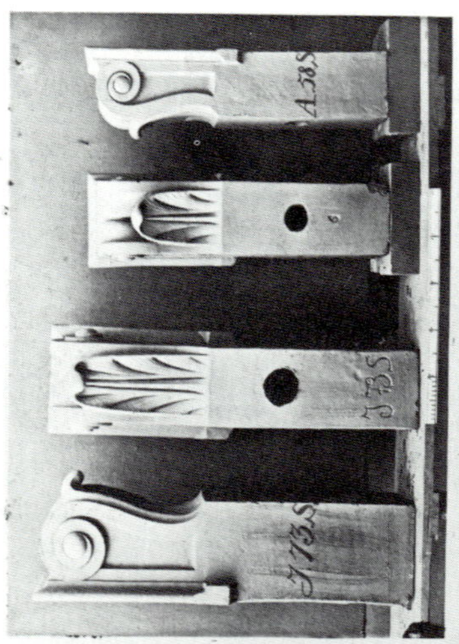

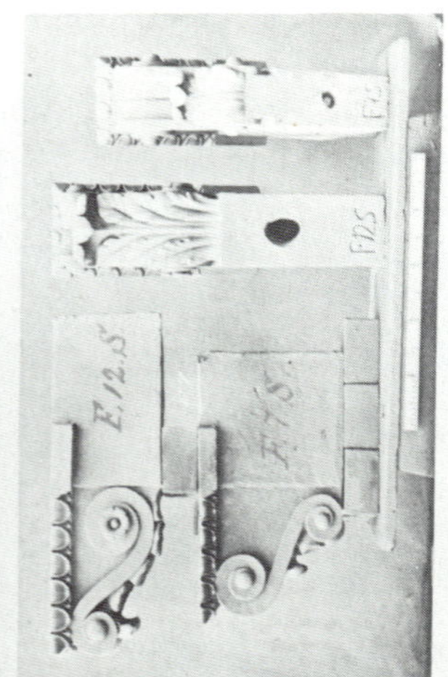

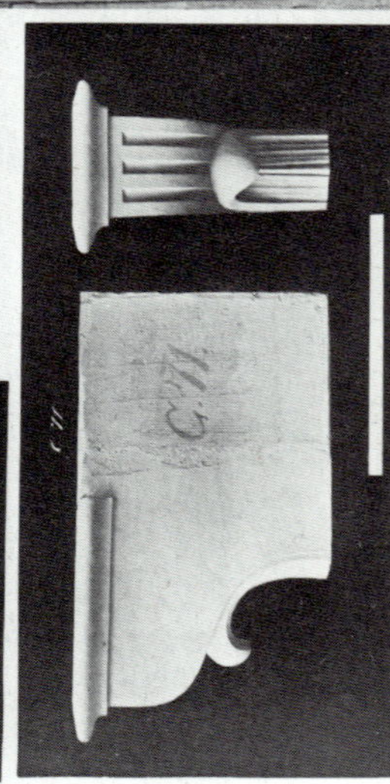

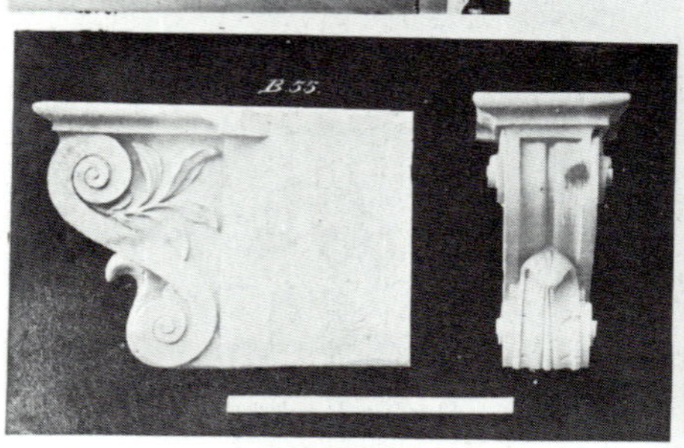

G.32.

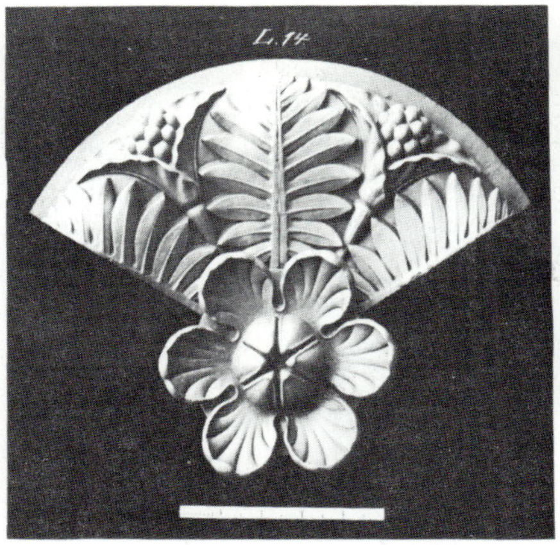
L.14.

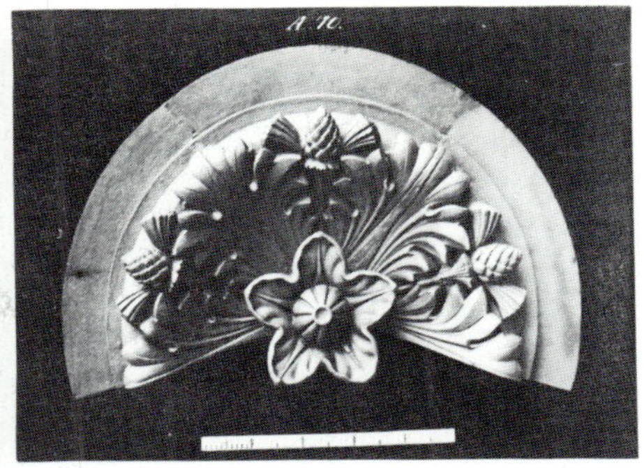
A.10.

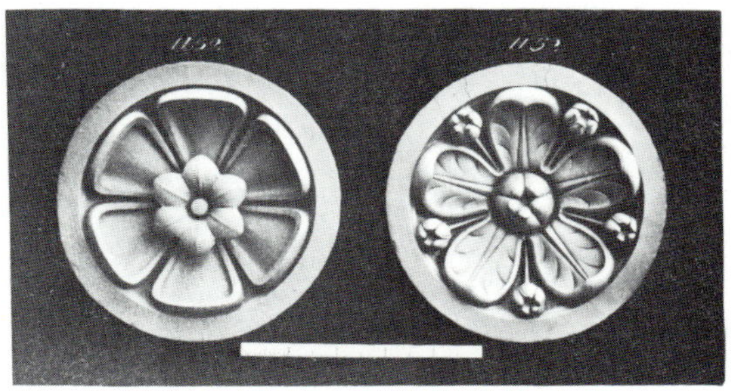

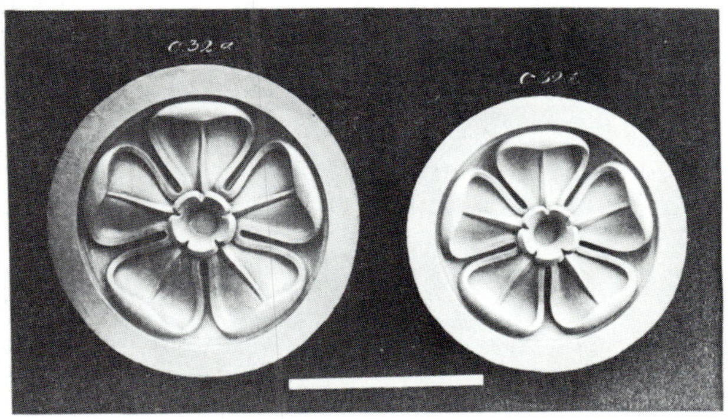

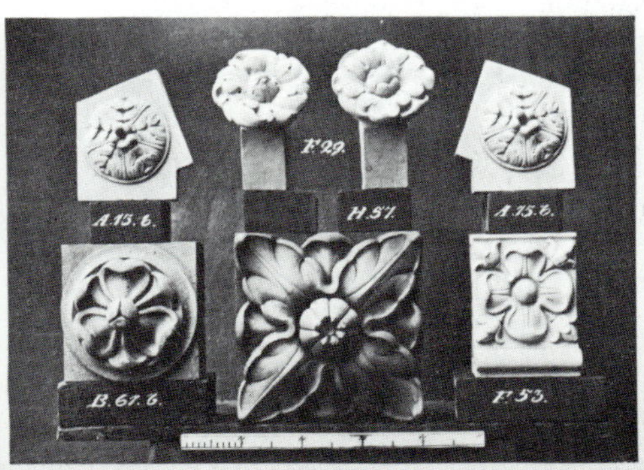
F.29.
A.15.b.
H.57.
A.15.b.
B.67.b.
F.53.

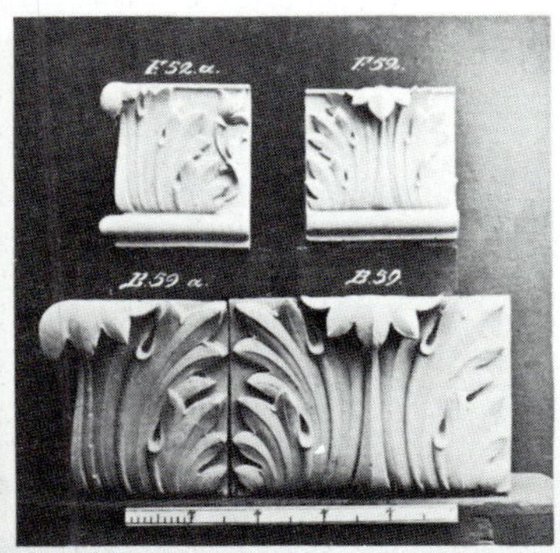
F.52.a.
F.52.
B.59.a.
B.59.

A.72.

A.52.
A.52.a.

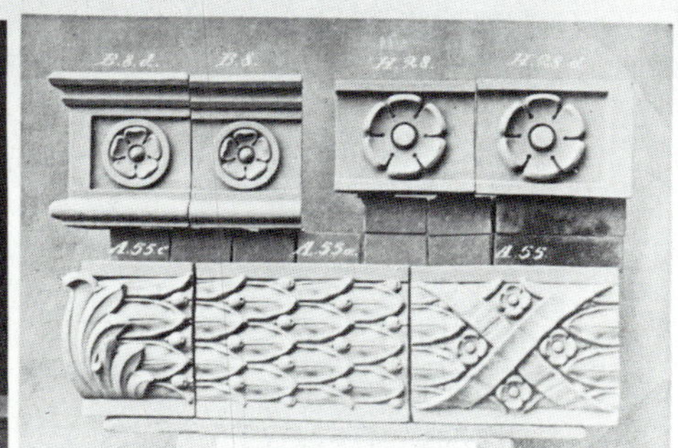
B.8.
A.55.

223

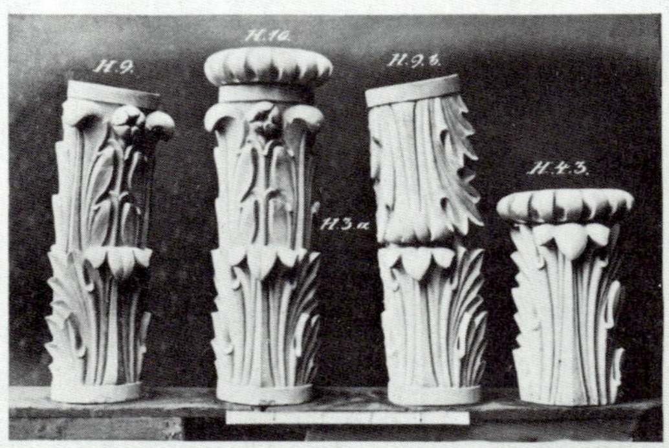

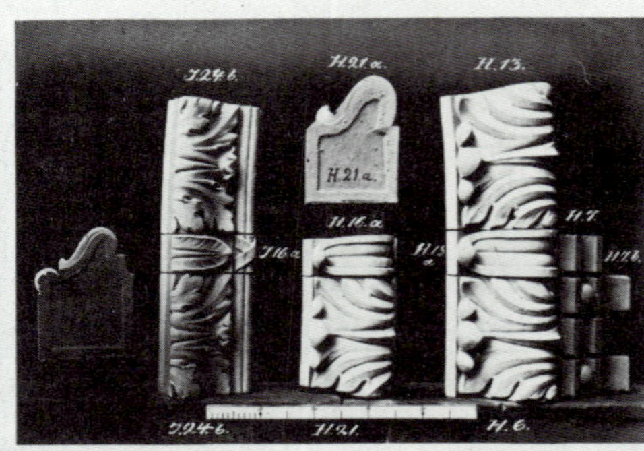

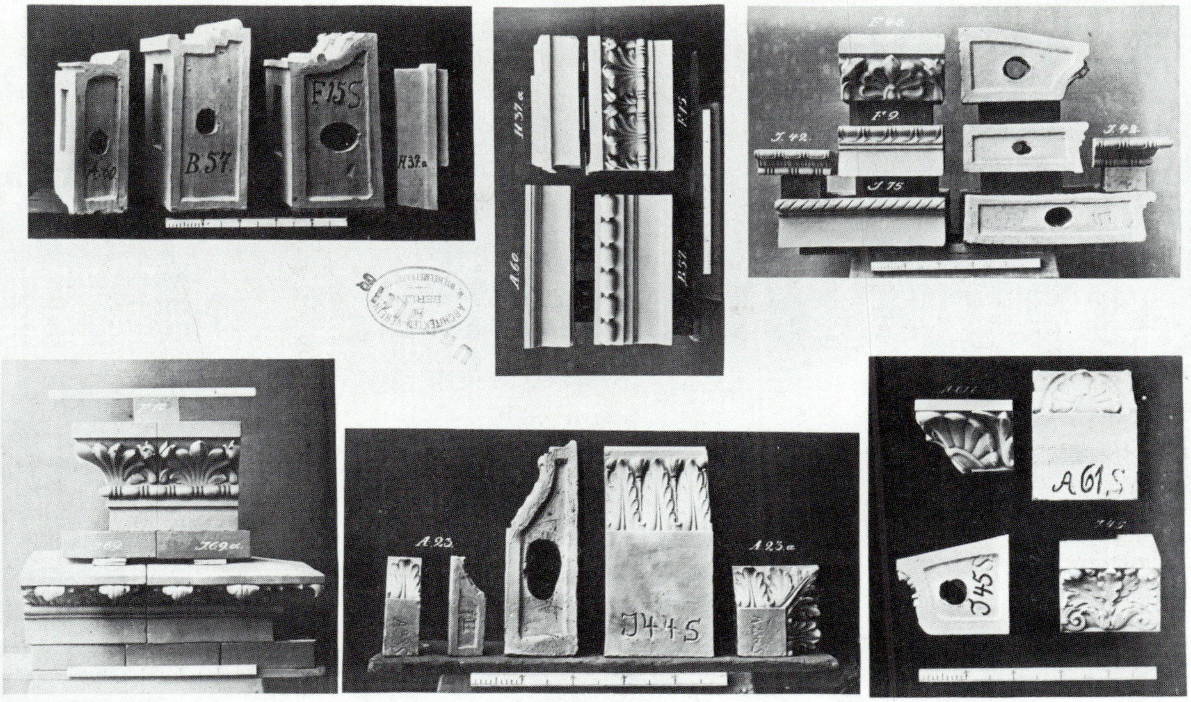
B.57
F15S
A61.S
J45S
J44S

B.2.
B.16.
A85a.
A85.c
J.37.
J.71.
A.54.
B52a. B52.
A28. A28.
A.59.

225

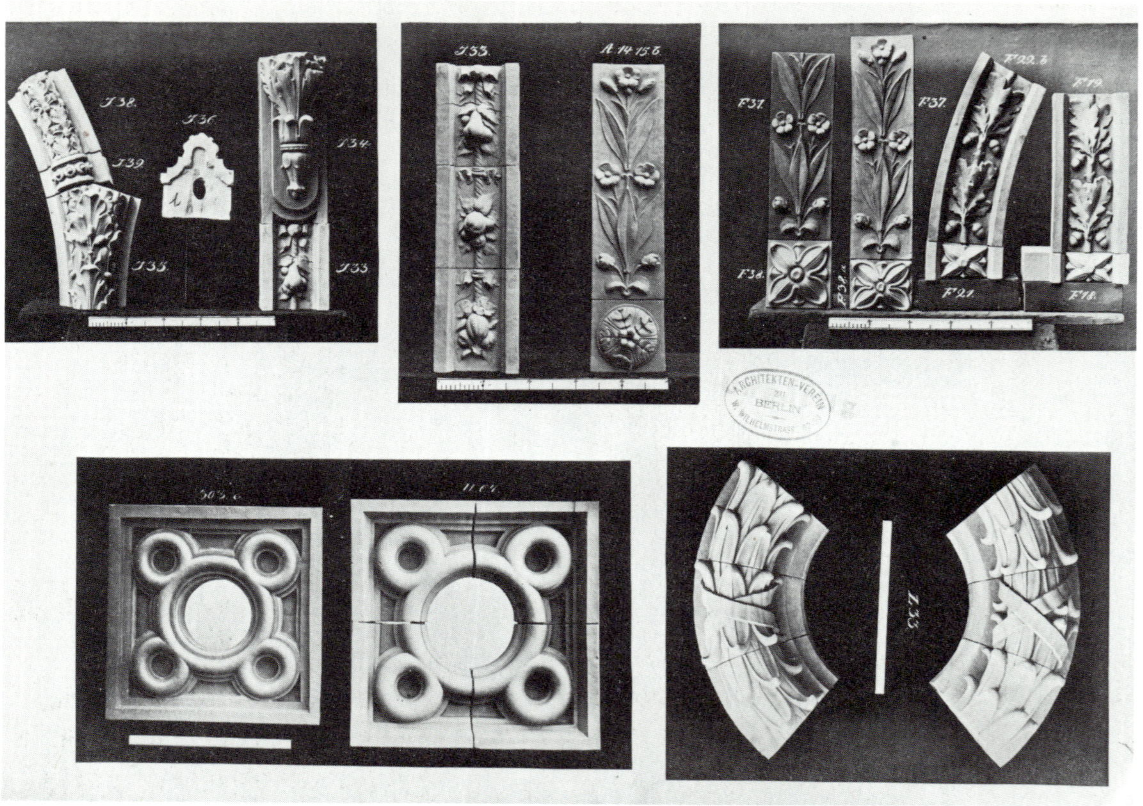

22

22

23

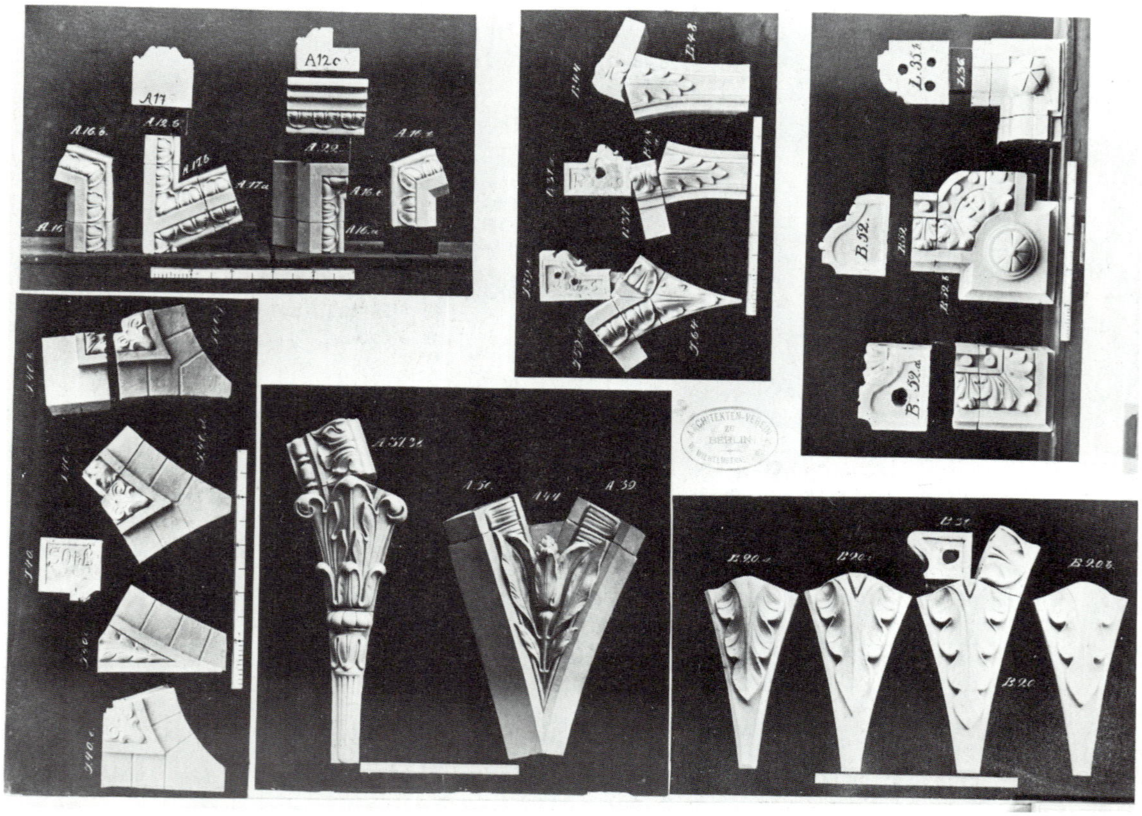

232

aber nicht alle vorkommenden Formstücke enthalten; offensichtlich handelt es sich um die künstlerisch und handwerklich besonders aufwendigen, auch von der Größe her ungewöhnlichen und durch Verband oder Bogenradius bedingten variantenreichen Stücke. Es fehlen u.a. Profilsteine für Plinthen, Rahmen und Nischen; Keilsteine für Bogen unterschiedlicher Radien; sogenannte »Anfänger« (B 226) für die verschiedenen Eck-Ausbildungen (Gehrung, Kehle, Stab etc.); die Sonderstücke für die bobinenartigen Säulen-Einfassungen der großen Arkaden der Hallenstirnwände (B 227); die Kapitäle für die Unterfahrt. Außerdem vermißt man alle freiplastischen Stücke wie die Kaiserkrone über den Perrontüren der K.K. Hof-Räume, die Kandelaber in den Nischen der inneren nördlichen Hallenstirn (B 228) sowie die Lüftungs- bzw. Schornstein-Aufsätze auf dem Hauptgesims der Hallenlängswände.
Dennoch ergeben die Abbildungen die respektable Zahl von 332 verschiedenen Formstücken, von denen nur 21 als Einzelstücke, alle anderen mindestens doppelt, dutzend-, hundert- oder tausendfach gefertigt und versetzt werden mußten.

Da allen Abbildungen ein Maßstab von 50 cm Länge beigegeben ist, sehen wir, daß Maße bis zu einem Meter keine Seltenheit sind: Reliefplatten über den Türen zum Eingangs-Vestibül (Nr. A21, B 229) sind ca. 1,10 m lang; der Kopf über dem großen »Podest«-Rundbogenfenster hat eine Höhe von 1,30 m (Nr. J25, B 230); die offenbar längsten Teile sind die beiden Voluten unter den beiden Figuren neben der äußeren Uhr (Nr. B73, B 231) mit einer Länge von 1,50 m; die größten Rosetten aus einem Stück (in den Bogenzwickeln der nördlichen Hallenstirn) haben einen Durchmesser von 1,00 m (Nr. C32, B 232).
Und die Abmessungen der Konsolen der Hauptgesimse: bei einer größten Höhe von ca. 45 cm haben sie eine Tiefe von 70 cm, wovon ungefähr die Hälfte in den Mauerwerksverband eingebunden ist (Nr. H38, B 232). Wie die Bruchversuche mit Marchschen Konsolen für die Königliche Kunstschule (B 234) und das Kunstgewerbe-Museum (A 235) eindrucksvoll belegen, ergibt sich auf diese Weise eine echte Tragewirkung für das daraufliegende Mauerwerk; so konnte ohne Eiseneinlagen gearbeitet werden, und wenn man nach den Sprengungen diese Konsol-Reihen — in einem massiven »Paket« samt den dahinter liegenden Schichten — am Boden liegen sieht (B 236), wird einem der Unterschied zu den Stuck-Fabrikationen, die ja in Berlin meist nur unter ein Holzgesims geschraubt sind, klar.
Die Einzelformen der Ornamente stammen aus dem Repertoire der Renaissance und stehen ganz in der damaligen Berliner Tradition. Besonders Stülers Einfluß wird deutlich, wenn wir einige seiner Gesimse, Konsolen und Kapitäle, die ebenfalls bei March in Terrakotta hergestellt worden sind (B 237), zum Vergleich heranziehen. Schwechten stand der Bildhauer F. Thomas zur Seite, der nach dem Bericht der *»Deutschen Bauzeitung«* vom 1. Februar 1879 *»die Modelle zu den Terrakotten«* anfertigte. Über den Gestaltungs-Prozeß konnten genauso wenig wie über den Künstler weitere Informationen gewonnen werden; im Adreßbuch wird er erstmals 1861 in der Dresdner Straße 99 erwähnt, seit 1877 — sogar als Hauseigentümer — in der Oranien-Straße 124. Wir hätten doch gerne etwas Aufklärung darüber haben wollen, aufgrund welcher früherer Arbeiten es zu diesem höchst umfangreichen Auftrag kam; daß Thomas sein Metier virtuos beherrschte, sehen wir an der materialgerechten Anwendung seines Einfallsreich-

B 219 Terrakotten, Aufnahmen Greppiner Werke
B 220 Terrakotten, Aufnahmen Greppiner Werke
B 221 Terrakotten, Aufnahmen Greppiner Werke
B 222 Terrakotten, Aufnahmen Greppiner Werke
B 223 Terrakotten, Aufnahmen Greppiner Werke
B 224 Terrakotten, Aufnahmen Greppiner Werke
B 225 Terrakotten, Aufnahmen Greppiner Werke
B 226 Anfänger
B 227 Bobine
B 228 Kandelaber der inneren Hallenstirn
B 229 Relief-Platte über Türen der Unterfahrt
B 230 Kopf als Schlußstein
B 231 Uhren-Volute
B 232 Rosette der Hallenstirn
B 233 Konsole Hauptgesims
B 234 Kunstschule, Konsole Bruchversuch aus TZZ 1.5.1880
B 235 Kunstgewerbe-Museum Konsole Bruchversuch aus TZZ 1.5.1880

228

229

231

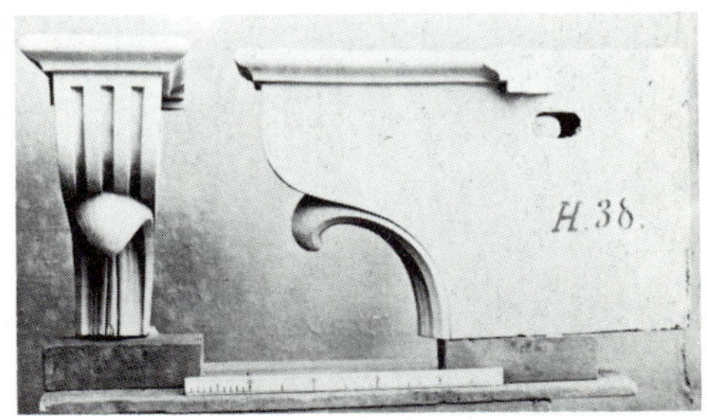

233

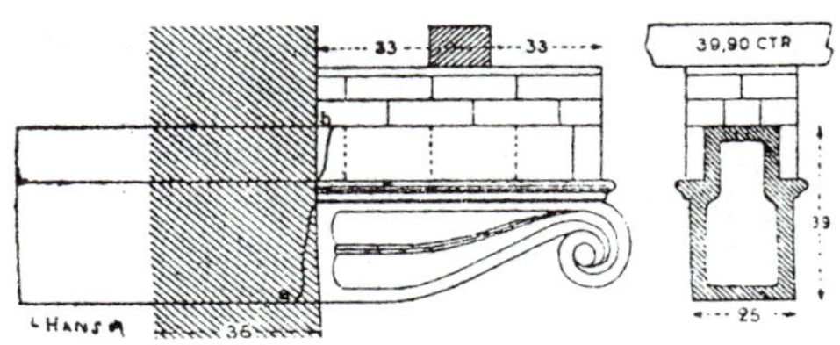

234

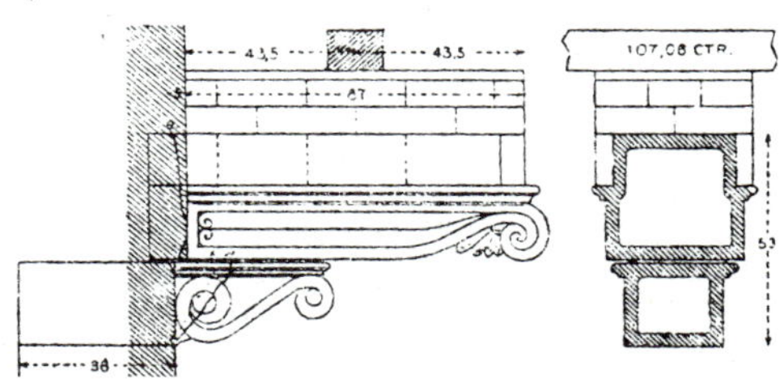

235

236 

237 

tums. Da sind beispielsweise die kaum wahrnehmbaren Fugen in den Relief-Platten, die geschickt unter Ranken und Blättern verschwinden (B 238), oder die Vereinfachung der Details für Stücke in großer Höhe (vgl. Konsolen B55 und H38, B 239). Außerdem hatte Thomas herstellungstechnische Bedingungen wie Wanddicken, Hohlräume, Stege etc. wegen der Steifigkeit und Formtreue beim Brand zu berücksichtigen, damit eine wetterbeständige Qualität erreicht wurde (A 161). In der Gestaltung der Terrakotten sind aber auch gewiß die Erfahrungen eingeflossen, die der Baumeister A. Sillich vom Potsdamer Bahnhof her — ebenfalls mit Greppin — gesammelt hatte, der nun die Bauausführung des Anhalter leitete. Sillich war inzwischen zu einem Spezialisten in dieser Materie geworden: er beriet auch den Bund der Bau-, Maurer- und Zimmer-Meister zu Berlin für den Titel Formsteine und Terrakotten in dessen »*Jahrbuch der Baupreise Berlins für 1878/79*«.

Und nun — in einem Extrazug (A 162) in Richtung Leipzig — zur Besichtigung der Dampfziegelei Greppin bei Bitterfeld! (B 240) Wir haben hier eines der nicht seltenen Beispiele aus der Frühzeit des Eisenbahnbaus, wo die Verlegung der Eisenbahn nicht nur einem bereits vorhandenen Verkehr auf den Chausseen (vernichtende) Konkurrenz machte, sondern wo erst durch den Bau, durch Einschnitte und Abtragungen, Lagerstätten von Bodenschätzen bekannt wurden und so eine rasche industrielle Entwicklung mit dem daraus resultierenden Verkehr — speziell für die Eisenbahn — entstand.
Die Greppiner Werke wurden 1861 von Carl August Stange aus Dessau, einem gelernten Buchhändler, gegründet, der bereits 1857 eine kleine Braunkohlengrube gepachtet und erkannt hatte, daß der überall als lästiger Abraum angesehene Ton, der über der Braunkohle lagerte, in der Kombination beider Rohstoffe eine günstige geschäftliche Ausgangsbasis bildete. Die 1872 in eine Aktiengesellschaft umgewandelte Firma besaß 1878 ein Terrain von 63 ha, davon 15 ha im Abbau, wo unter einer 13 bis 16 m mächtigen Sandschicht ein Tonlager von wechselnder Mächtigkeit von 2 bis 3,5 m und darunter ein 16 bis 20 m starkes Braunkohlenlager anstand. Dieser Greppiner kalkfreie, eisenarme, sogenannte Braunkohlenton, fast reiner Caolin, steht so zäh an, daß er mit Dynamit gelöst werden muß; binnen weniger Tage zerfällt er an der Luft und wird dann drei bis vier Tage eingesumpft, und die in Tonschneidern unter Zusatz von Sand und Chamottemehl weiterverarbeitete Masse wird direkt den Ziegelpressen (der Gebrüder Sachsenberg in Roßlau an der Elbe) zugeführt. Die fertig gepreßten Steine werden durch Überziehen mit einer Stahlklinge von allen etwaigen Unreinigkeiten gesäubert und damit auch die Poren der Blendflächen zugestrichen. »*Für diese Arbeit haben sich hauptsächlich Frauenhände geschickt erwiesen*«, bemerkt unser Führer treuherzig während des Rundgangs... Da die mit der Hand berührten Steine an den betreffenden Stellen beim Brand fleckig werden, wird jeder einzelne Stein an der Blendfläche nochmals mit einem Beguß von feingeschlämmtem Ton versehen (A 163).
Mit steigenden Brenn-Temperaturen und entsprechendem Luft- bzw. Gaszutritt nimmt dieser Ton seine charakteristische Färbung an, die zunächst blaßrot ist und über Gelblichweiß und Schwefelgelb zu (dem heute noch sichtbaren) Lederbraun übergeht.
Sinngemäß wird bei den Terrakotten vorgegangen, wobei statt der Ziegelpresse »*Maler, Modelleure und wirkliche künstlerische Kräfte in Thätigkeit*« sind. »*Es werden Figuren in Ueberlebensgröße bis zu 3 m Höhe fabricirt, und machen diese Werkstätten fast den Eindruck von Museen*« (A 163).
Neben der Kapazitäts-Frage dürften bei der Auftragsvergabe an die Greppiner Werke bedeutende Preisvorteile und Mengenrabatte eine wichtige Rolle gespielt haben; dazu kamen die günstigen Frachtbedingungen, da die B.A.E. die Transporte vom Gleisanschluß der Ziegelei bis auf die Baustelle zu Selbstkosten ausführen konnte. Außerdem hatte die Firma das Material für die B.A.E.-Bahnhöfe in Dessau und Wittenberg und für das Güterverwaltungsgebäude in Berlin geliefert. Weitere ansehnli-

38

239

240

che Referenzen waren die Bahnhöfe in Hanau, Hannover, Magdeburg, Rom (?) (A 164), in Berlin noch der Potsdamer und Stettiner Bahnhof; dazu die Akademie in Düsseldorf, die Flora in Charlottenburg und die Berliner Universitäts-Bibliothek in der Dorotheen-Straße, an der ja Schwechten 1870 schon mitgewirkt hatte.
Trotz dieser Lieferungen hatte die Firma unter der nachlassenden Konjunktur und den Baupleiten Mitte der siebziger Jahre

B 236 Gesims-»Pakete« nach der Sprengung des Anhalter Bahnhofs, aus Amt für Abräumung
B 237 Terrakotten, Entwurf: Stüler, Hersteller: March. Aus Architektonisches Skizzenbuch
B 238 Brüstungs-Reliefs vom Hauptgeschoß, z.T. mit Städtewappen
B 239 Konsolen
B 240 Annonce aus DBZ

A 161 Thomas wurde von Schwechten auch später beim Bau der Kaiser-Wilhelm-Gedächtniskirche zur Anfertigung von Modellen (für die Bildhauer-Arbeiten) herangezogen. Vgl. Festschrift zur Einweihung der Kaiser-Wilhelm-Gedächtniskirche
A 162 Exkursionen von Berlin nach Greppin: Architekten-Verein am 23./24.8.1879, Bund der Bau-, Maurer- und Zimmermeister am 29.7.1880
A 163 Ausführliche Berichte über die Greppiner Werke: WAI 1879, S. 151 f.; DBZ 1879, S. 355 f.; TIZ 1879, S. 304 f.; TIZ 1880, S. 405 f.; BGZ 1880
A 164 Vgl. U. Machlitt und H. Harksen: »Dessau in den 80er und 90er Jahren des vorigen Jahrhunderts«, Dessau 1976

241

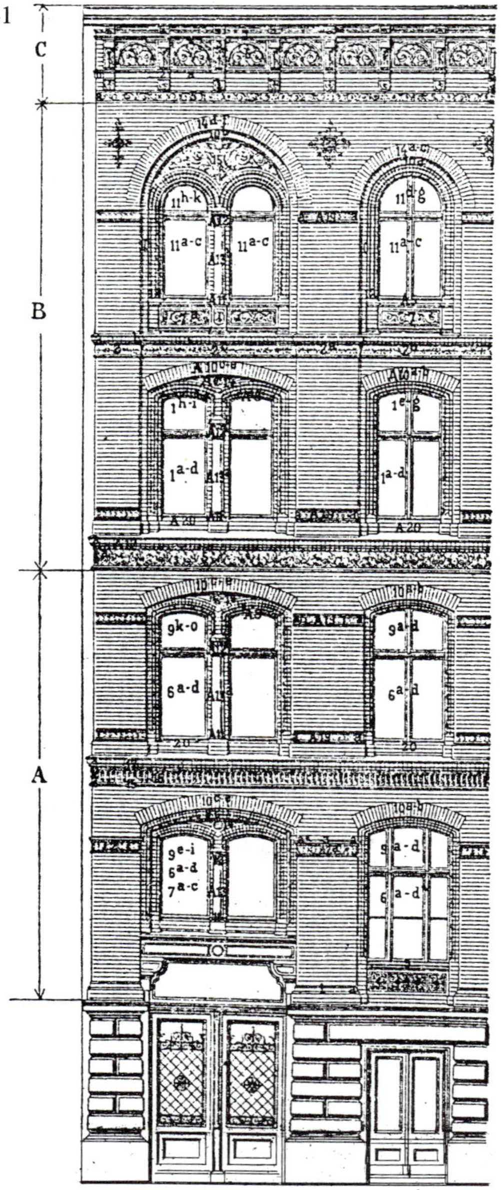

schwer zu leiden: 1874 hatte sie im Flora-Konkurs einen Teil ihrer Lieferungen nicht mehr bezahlt bekommen; 1875 und 1876 arbeitete sie sogar mit Verlust. Danach war sie nochmal — auch durch die Aufträge der B.A.E. — gut ausgelastet: 1878 wurden von durchschnittlich 800 Arbeitern und Arbeiterinnen über 12 Millionen Steine aller Art und Terrakotten hergestellt. Offenbar konnten aber dafür keine auskömmlichen Preise erzielt werden, denn Ende 1879 mußten wieder Verluste durch eine Halbierung des Aktienkapitals bereinigt werden. (Nachfragebedingt wurden die Terrakotta-Produktion 1912, nach einem Brand 1920 der Ziegelei-Betrieb und wegen mangelnder Rentabilität 1931 die Brikett-Herstellung eingestellt: A 165).

Zum Abschluß wollen wir noch zu einer Preis-Vorstellung der Greppiner Lieferungen kommen, wobei wir sie mangels spezieller Quellen mit Terrakotten vergleichen, die im »*Jahrbuch der Baupreise Berlins für 1878/79*« veröffentlicht sind und zum Wohnhaus Ritter Straße 62 von Knoblauch & Wex gehören (B 241). Vergleichbaren Konsolen am Anhalter Bahnhof, z.B. der Nr. B55 vom Hauptgesims der nördlichen Vorbauten, entspricht hier am ehesten die Pos. 117, 20 cm breit, 67 cm tief und 60,9 cm hoch (B 242), welche — von einem ungenannten Hersteller — frei Bahnhof Berlin für 14,- Mark geliefert wurde. Bei einer Tiefe von 80 cm steigt der Preis trotz einfacherem Ornament bereits auf 17,- Mark, wie aus einem anderen Beispiel (Nr. 47, Glied 6, B 243) hervorgeht.

Die Friesplatten unter den Fenstern des dritten Obergeschosses (die Pos. 78, B 242), 48 cm lang, 12 cm tief und 30 cm hoch, kosteten 7,- Mark, und das dazugehörige nur 28 cm lange Eckstück (die Pos. 79, B 242) schon 10,- Mark. Eine Brüstungs-Reliefplatte für das vierte Obergeschoß (die Pos. 82, B 242), 119 cm lang, 37 cm hoch und 12 cm tief, kostete — wohl wegen ihrer Länge — 30,- Mark. Für das Versetzen wurde je nach Größe 70 Pf. bis 1,20 Mark pro Stück berechnet.
Für eine Kostenschätzung der Terrakotta-Arbeiten am Anhalter Bahnhof werden drei Preisgruppen je nach dem Maß der Auskragung und der Differenziertheit der Ornamentik angenommen. Die Materialpreise werden nach Kubikmeter Rauminhalt des Einzelstücks, die Preise für das Versetzen nach Quadratmeter Ansichtsfläche gerechnet (A 154 und A 159).

Terrakotta-Verblendung	
1. reich verzierte Terrakotten; bis 10 cm Auskragung	
450 m^3 x 250,-M/m^3	112.500,-M
1.960 m^2 x 5,-M/m^2	9.800,-M
2. mittlere Verzierung; Auskragung von 10 bis 65 cm	
625 m^3 x 200,-M/m^3	125.000,-M
850 m^2 x 6,-M/m^2	5.100,-M
3. einfache Verzierung; Auskragung von 65 cm und mehr	
1.680 m^3 x 150,-M/m^3	252.000,-M
1.500 m^2 x 6,50M/m^2	9.750,-M
Summe	514.150,-M

Aus diesen Massen und Preisen ergibt sich eine Auftragssumme für die Herstellung der Terrakotten durch die Greppiner Werke in Höhe von knapp 500.000,- Mark.

Zusammen mit dem im vorigen Abschnitt geschätzten Preis der Maurerarbeiten ergibt sich nunmehr ein Gesamtpreis der Maurer- und Terrakotta-Arbeiten in Höhe von ca. 1.615.000,- Mark.

B 241 Wohnhaus Ritter-Str. 62, Architekt Knoblauch & Wex, Formstein-Übersicht aus »Jahrbuch der Baupreise Berlins für 1878/79«
B 242 Terrakotta-Preise von B 241
B 243 Terrakotta-Kalkulation 1878/79, aus »Jahrbuch für die Baupreise Berlins für 1878/79«

A 165 Vgl. Bitterfelder Heimatblätter II/1981 S. 27

Position	Vordersätze	Gegenstand der Berechnung:	Geldbetrag im Einzelnen M	im Ganzen M
		C. 3.		
77.	18	Stück Konsolen zum Hauptgesimse = 20,0 cm 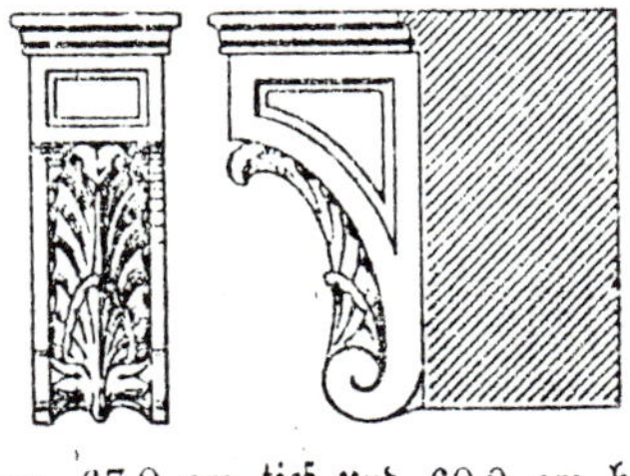 lang, 67,0 cm tief und 60,9 cm hoch zu fertigen und liefern . . . . das Stück	14,0	252,00
78.	37	Stück ornamentirte Steine zum Friese dieses  Gesimses = 48,0 cm lang, 12,2 cm tief und 30,1 cm hoch zu fertigen und liefern, das Stück	7,00	259,00
		B. 5a.		
79.	2	Stück ausspringende Ecken zum Friese =  28,0 cm lang, 12,2 cm breit und 30,1 cm hoch, **die eine rechtsseitig** und **die andere linksseitig**, zu fertigen und liefern . . . das Stück	10,00	20,00
		B. 7.		
82.	4	Stück ornamentirte Füllungen zu den Fensterbrüstungen des dritten Stockes = 1,19 cm  lang, 12,2 cm tief und 37,8 cm hoch zu fertigen und liefern . . . das Stück	30,00	120,00
		B. 7a.		
83.	2	Stück ornamentirte Füllungen zu den Fenster-  brüstungen der gekuppelten Fenster des dritten Stockes = 96,0 cm lang, 12,2 cm tief und 37,8 cm hoch zu fertigen und liefern . . . . das Stück	27,00	54,00

Lfde. Nr.	Es wurde in Rechnung gestellt für:	die Formsteine und Terrakotten im Einzelnen das Stück M	im Ganzen das m M	das Versetzen des Gesimses das m M
47.	**Hauptgesims** nach nebenstehender Figur angefertigt und geliefert:			
	Glied 1 und 2:			
	Stein 1 = 12,2 cm lang, 17,0 cm tief und 22,4 cm hoch. Es gehören davon zu 1,00 m = 4 Steine, daher:	0,48	1,92	0,75
	Stein 2 = 12,2 cm lang, 24,0 cm tief und 22,4 cm hoch. Es gehören davon zu 1,00 m = 4 Steine, daher:	0,72	2,88	0,70
	Glied 3 = 7,0 cm lang, 18,0 cm tief und 14,7 cm hoch. Es gehören davon zu 1,00 m = 13 Steine, daher	0,15	1,95	0,50
	Glied 4 = 10,5 cm lang, 18,0 cm tief und 7,0 cm hoch. Es gehören davon zu 1,00 m = 5 Steine, daher:	0,30	1,50	0,40
	Glied 5 = 21,6 cm lang, 35,0 cm tief und 14,7 cm hoch. Es gehören davon zu 1,00 m = $4^1/_2$ Steine, daher:	1,35	6,08	0,70
	Glied 6, Konsole, im Körper = 21,0 cm lang, 80,0 cm tief und 60,0 cm hoch. Es gehören davon zu 1,00 m = $1^2/_3$ Stück, daher:	17,00	28,34	1,85
	Glied 7 = 36,0 cm lang, 19,0 cm tief und 14,7 cm hoch. Es gehören davon zu 1,00 m = $1^2/_3$ Stück, daher:	1,50	2,50	0,60
	Glied 8 = 61,0 cm breit, 48,0 cm tief und 14,7 cm hoch. Es gehören davon zu 1,00 m = $1^2/_3$ Stück, daher:	5,40	9,00	1,25
	Glied 9 = 25,0 cm breit, 35,0 cm tief und 30,0 cm hoch. Es gehören davon zu 1,00 m = 4 Stück, daher:	3,00	12 00	1,15

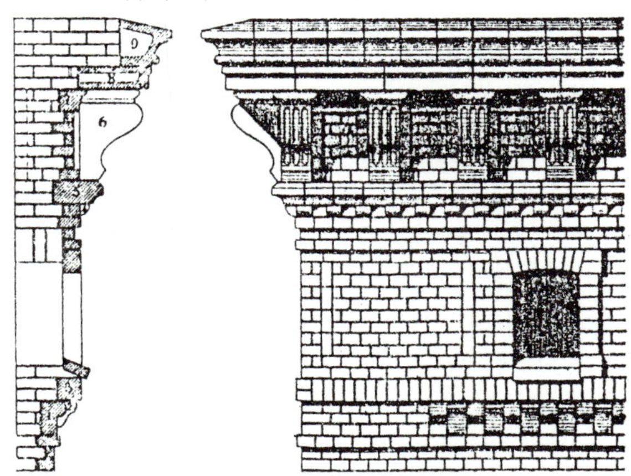

244 Wegen Rücktritt meines hiesigen Vertreters beabsichtige ich mein am hiesigen Platze gut eingeführtes

248 **Steinmetzgeschäft**

zu verkaufen.

Eventl. würde ich das Geschäft mit einem Fachmann bei gleichmässiger **Kapitalbetheiligung** gemeinschaftl. fortführen.

Fr. Körner, Steinmetzmeister.

BERLIN N.W., Werftstrasse 4.

245 **Steinbruch-Betrieb**

von **Theodor Schilling,** Steinmetzmeister
in **Rochlitz** in Sachsen.

Bruchsteine. — Werkstücken: als Quader, Thür- und Fenstergerüste, Gesimse und Verzierungen aus schönem, rothen **Sandstein-Porphyr.**

Die Wetterbeständigkeit dieses Steines ist durch Jahrhunderte alte Kirchen- und Schlossbauten nachgewiesen.

In neuester Zeit ist derselbe auch zum Neubau des Empfangs-Gebäudes auf Bahnhof Berlin der Anhalt. Bahn zu Sockel-Arbeiten, Gurtgesimse, Simsdeckplatten, Säulenschäften der inneren Halle etc. verwendet worden.

246 **A. Kämpfer,**

Steinmetz-Meister

BERLIN, W.,

Steglitzer Strasse 44.

Den Königlichen- und Communal-Baubehörden, den Herren Architecten, Baumeistern, Bauunternehmern etc., empfehle mich für Steinmetzarbeiten jeder Art in allen Sorten Steinmaterial mit promptester Lieferzeit.

247 **KESSEL & RÖHL**

Steinmetz-Geschäft und Granitschleiferei mit Dampfbetrieb

BERLIN

SO. Elisabeth-Ufer Nr. 53.

Polirter

Granit

in den verschiedensten Farben

aus eigenen Brüchen in Schweden.

Empfohlen durch zahlreiche Ausführungen für

Staats- und Privat-Bauten, von Krieger-Denkmälern, Postamenten für öffentliche Standbilder, Erbbegräbnisse, Grabmonumente etc.

250 **Eiserne Bau-Rüstungen.**

(Patent ist nachgesucht.)

Diese Rüstungen gewähren den Vortheil leichter Aufstellung und Abnahme, bequemen Transports und erfordern wenig Lagerraum. Dieselben eignen sich sowohl zu Malerarbeiten, als auch zu Maurer- und schweren Steinmetzarbeiten, haben eine überaus gefällige Form und bieten absolute Sicherheit. Das Leihgeld ist demjenigen für hölzerne Rüstungen gleich. — Nähere Auskunft ertheilt

Max Hahn
Berlin W., Wilhelmstr. 43b.

Fortschritts-Medaille
WIEN 1873.

Preis-Medaille
CÖLN 1875.

Silberne Medaille
MÜNCHEN 1876.

M. L. Schleicher

BERLIN W.

Königin Augusta-Strasse 26/27.

Marmor- und Serpentinwaaren-Fabrik.

Vorzügliche
und
umfangreiche maschinelle Einrichtungen.

Ausführung grösserer Bau- und Monumental-Arbeiten.

Kamine und Grabmonumente
in reicher und geschmackvoller Auswahl.

Flur- und Vestibül-Beläge
in einfachen und reichen Mustern.

Filiale: **STETTIN,** Vor dem Parnitzthor.

Berlin-Anhaltische Eisenbahn.
Verkauf von Fördergerüsten.

Die zum Bau des hiesigen neuen Empfangsgebäudes in Verwendung gewesenen Förder-Einrichtungen, bestehend aus 4 hölzernen Förderthürmen mit Treppen und sämmtlichem Zubehör, Wasserbassins, Steige- und Abfallröhren, Förderkörben, Fördergleisen, Drehscheiben und Wagen ꝛc., sowie eine Mörtelmaschine und eine Dampfmaschine mit stehendem Kessel von 12 Pferdekräften, sollen im Wege der Submission verkauft werden.

Termin zur Eröffnung der Offerten ist auf **Freitag, den 23. Juli cr., Vormittags 12 Uhr,** im Bureau des Unterzeichneten, Möckernstr. Nr. 26, 2 Treppen, anberaumt.

Kauflustige wollen ihre Offerte versiegelt und mit entsprechender Aufschrift versehen an den Unterzeichneten bis zu dem Termine portofrei einsenden.

Die Verkaufs-Bedingungen mit dem speciellen Verzeichniß der Gegenstände und der Zeichnung der Hebethürme liegen im diesseitigen Bureau zur Einsicht aus und können auch von dort gegen Erstattung von 1,50 Mark Gebühren bezogen werden.

Berlin, den 29. Juni 1880.

Der Ober-Ingenieur.
gez. Wiedenfeld.

251 **Maschinelle Anlagen für Bauzwecke.**

Mörtelmaschinen, Kalklöschwerke, Aufzugswinden, Hydraulische Aufzüge, Schiebebühnen, Geleise mit Zubehör, Stein- u. Kalkwagen, **Locomobilen, Pumpen** liefern als Spezialität

Maschinenfabrik MÖLLER & BLUM, Berlin, Zimmerstrasse 88.

Ausführliche Prospecte und Preislisten franko.

9. Naturstein-Arbeiten

Wie sich aus Bruchstellen während und nach dem Abbruch ergibt, sind die tief einbindenden und belasteten Naturstein-Teile ebenfalls gleichzeitig mit der Hintermauerung versetzt worden; deshalb sollen sie hier ebenfalls kurz beschrieben werden. Wir finden Natursteine in zwei vollkommen unterschiedlichen Aufgaben-Bereichen angewendet: zuerst da, wo sie einen stabileren Schutz als das Backstein- und Terrakotta-Mauerwerk bieten und zum anderen dort, wo sie einem Gestaltungs-Bedürfnis mit einem »monumentalen« Material dienen (A 166). Der erste Bereich ist aus den versprengten Angaben der zeitgenössischen Berichte gut zu dokumentieren: Die äußeren, Regen und Eis ausgesetzten Bauteile wie Sockel, Fensterbänke, Abdeckplatten von Gurt- und Hauptgesimsen sind aus einem beige-grauen Sandstein, der aus den Brüchen der Gebrüder Körner in Velpke im Braunschweigischen stammt. Über die Güte dieses Steins mag die Tatsache Auskunft geben, daß noch heute von dieser Firma Schleifsteine für die Glasindustrie hergestellt werden (B 244).

Sockelplatten und Gesimsabdeckungen im Halleninneren, die also dem rauhen Wetter nicht so stark ausgesetzt sind, stammen aus Rochlitz Kgr. Sachsen. Theodor Schilling, der Lieferant, bezeichnet das Material in einer Annonce (B 245) selbst als *»schönen, rothen Sandstein-Porphyr«*; heute wird mit »Rochlitzer Porphyr» der *»Porphyrtuff aus der Umgebung von Rochlitz i.Sa.«* bezeichnet, *»seit rund tausend Jahren wird er zu Stufen, Platten, Werksteinen, Grabsteinen, Portalen, Pfeilern, Brunnen usw. verarbeitet«* (A 167). Außerdem ist schlesischer Sandstein durch den Steinmetzmeister A. Kämpfer, Steglitzer Straße 44 (heute: Pohlstraße) verlegt worden, leider ist nicht überliefert, an welchen Stellen (B 246).

Es sollen hier auch sogleich die anderen Naturstein-Arbeiten erwähnt werden, obgleich sie zum Innenausbau gezählt werden müssen: Aus den unzusammenhängenden Berichten läßt sich ableiten, daß Granit — wohl insbesondere für Treppenbeläge —

von der Firma Kessel & Röhl, Elisabeth-Ufer 53 (am damaligen Louisenstädtischen Kanal) verlegt wurde (B 247) und daß Marmorarbeiten von der Firma M.L. Schleicher, Königin-Augusta-Straße 26-27 (B 248) (später: Lehrter Straße) ausgeführt wurden: Im Eingangs-Vestibül sollen die Säulen-Sockel mit schwarzen Platten bekleidet und die Brüstungen zwischen diesem Raum und dem sog. Korridor ebenfalls aus grauen Marmor-Ballustern samt schwarzen Abdeckplatten hergestellt gewesen sein. Aus Marmor könnten auch die Säulen gewesen sein, die in den K.K. Hof-Räumen auf der Abfahrtsseite je eine Sitzgruppe vom Mittelsalon trennen (dadurch wäre der unsolide Eindruck beim Klopfen an eine hohle Stucksäule vermieden worden...).

10. Der Baubetrieb

Aus heutiger Sicht erscheint es uns selbstverständlich, daß auch im vorigen Jahrhundert allerlei Baumaschinen zur Erhöhung der Arbeitsproduktivität benutzt wurden. Wir begehen damit aber einen Trugschluß — sowohl für heute wie für damals: Die Bauunternehmer verfolgen noch immer die Tendenz, den Maschinenpark nicht zu groß werden zu lassen, da er bei eintretender Krise nicht wie die Arbeiter entlassen werden kann, sondern weiter fixe Kosten verursacht. Wenn wir nun den insgesamt geringeren Mechanisierungsgrad in der damaligen Produktion berücksichtigen und weiterhin, daß ein Backsteinbau im wesentlichen in Handarbeit entsteht, so wird klar, daß der Einsatz von Maschinen bei unserem Bau — außer der bereits erwähnten Dampf-Mörtelmisch-Anlage — sich hauptsächlich auf den Material-Transport beschränkt. Daß die B.A.E. hierbei das Modernste, was es damals gab, zur Beschleunigung des Baus eingesetzt hat, geht aus den beiden folgenden Texten hervor: Im November 1878 heißt es in »*Rombergs Zeitschrift für Praktische Baukunst*« u.a.: »*Da bei dem Bau colossale Massen von Materialien zu bewältigen, die zum Theil auf ungewöhnliche Höhen zu befördern sind, so hat man beschlossen, zu dieser vertikalen Beförderung nicht Menschenkräfte, sondern hydraulische Aufzüge, zu deren Wasserversorgung Maschinenkraft gebraucht wird, zu verwenden; während die Menschenkräfte nur zum horizontalen Transport der Materialien auf besonderen, in jeder Etage gelegten Schienengeleisen fahrenden Lowrys verwendet werden.*«

Auch beim Bau des nahegelegenen Kunstgewerbe-Museums wurden auf den Gerüst-Etagen die Materialien in Schiebebühnen auf (Gruben-)Schienen bewegt, die Verwendung von Aufzügen ist dort jedoch nicht nachzuweisen. Weitere Einzelheiten gewinnen wir aus der Annonce (B 249) über den Verkauf der Förderanlagen nach Abschluß der Bauarbeiten: »*Die zum Bau des hiesigen neuen Empfangsgebäudes in Verwendung gewesenen Fördereinrichtungen, bestehend aus 4 hölzernen Förderthürmen mit Treppen, und sämmtlichem Zubehör, Wasserbassins, Steige- und Abfallröhren, Förderkörben, Fördergleisen, Drehscheiben und Wagen etc., sowie eine Mörtelmaschine und eine Dampfmaschine mit stehendem Kessel von 12 Pferdekräften, sollen im Wege der Submission verkauft werden.*« Da nicht anzunehmen ist, daß ein beteiligter Bauunternehmer diese Geräte und Maschinen auf der Baustelle zurückgelassen hat — auch nicht unfreiwillig, so schließen wir aus dem Verkauf durch die B.A.E., daß es sich um ihr Eigentum handelte, was auch bedeuten könnte, daß sie diese Anlagen mitgeplant hat. Unter ihren Ingenieuren war ja ein Fachmann für hydraulische Anlagen: Heinrich Seidel. Aufgrund der gewaltigen Ausdehnung des Bauvorhabens können wir auch annehmen, daß die Rüstung wie üblich aus Holz bestand — obwohl bereits eiserne Rüstungen aufkamen (B 250) und zum Beispiel beim Verputz des Architektenvereins-Hauses in der Wilhelm-Straße im Jahre 1878 verwendet wurden (A 168). Leider besitzen wir von der ausgeführten Anlage keinerlei Abbildungen oder Pläne, so daß wir auch bei der Frage, an welcher Stelle wohl diese »*Thürme*« standen, wieder auf Vermutungen angewiesen sind: Da allein schon die große Halle auf der Innen-und Außen-Seite ein Gerüst benötigte, liegt es nahe, daß an jeder Längswand je zwei Aufzüge

B 244 Annonce DBZ 1880
B 245 Annonce DBZ 1879, Rochlitz in Sachsen am Rochlitzer Berg (350 m) zwischen Leipzig und Dresden
B 246 Annonce BIA 1877/78
B 247 Annonce BIA 1877/78
B 248 Annonce BIA 1877/78
B 249 Annonce BGZ Juni 1880
B 250 Annonce DBZ 1878
B 251 Annonce DBZ 1879

A 166 Vgl. R. Neumann »Ueber den Backstein« in DBZ 1876. Er vertritt die Auffassung, daß »*der Haustein das eigentlich monumentale Baumaterial*« sei. — Schwechten verwendet den Naturstein außer für freiplastische Arbeiten noch als besonders massig proportionierte Konsolen in den Bogengesimsen über den Arkaden der nördlichen Hallenstirn.
A 167 R. Stegemann: »Das große Baustoff-Lexikon«, 1941, S. 699
A 168 Bericht in der »Wochenschrift des VDI«, 30.6.1878

gestanden haben könnten. Die angebotenen Drehscheiben wurden sowohl bei der Abzweigung vor den Aufzügen benötigt, können aber auch darauf hindeuten, daß die Gleise in den Ecken des Gebäudes miteinander verbunden waren, was für die gesamten Bewegungen (voll-leer) sehr günstig war. Anhand der Firmen-Liste können wir auch den Lieferanten benennen: Maschinenfabrik Möller & Blum, Berlin, Zimmer-Straße 88; eine Spezialfabrik für Baumaschinen aller Art (B 251).

Der Fabrikant Möller hielt im Verein zur Beförderung des Gewerbfleißes am 8. Juli 1878 einen Vortrag »*Ueber maschinelle Einrichtungen für Neubauten*«: »*... Um den maschinellen Betrieb leicht einführen zu können und denselben populär zu machen, kam es vor allem darauf an, die Annehmlichkeit, leichte Ausfürbarkeit und Rentabilität desselben nachzuweisen. ... ich übernahm ... bei mehreren großen Staatsbauten hier und außerhalb nicht nur die ganzen maschinellen Einrichtungen, sondern auch die gesammte Materialförderung vom Ladeplatz bis zur Verwendungsstelle für eigene Rechnung und Gefahr, um alle sich bei solchem Betriebe ergebenden Erfahrungen für fernere Ausfürungen und Anlagen nutzbar machen zu können, und unvermeidliches Lehrgeld selbst zu tragen.*

... Zu einem vollständigen Maschinenbetriebe, der pekuniär das günstigste Resultat liefern soll, gehören die Verrichtungen von 4 Funktionen, und zwar 1. Löschen des Kalkes, 2. Bereitung des Mörtels, 3. Pumpen des gesammten erforderlichen Wassers, 4. Transport aller Materialien und Aufzug derselben, von denen jede einzelne zwar schon vorteilhaft ist, die aber eine die andere so innig ergänzen, daß erst deren Gesammtausfürung die Anlage zu einer wirklichen rationellen und empfehlenswerten dokumentirt.

Das Löschen des Kalkes ist an und für sich eine höchst unscheinbare Arbeit, die auch bis jetzt auf jedem Bau fast ausnahmslos in die Hände von Arbeitern gegeben ist, die darauf angewiesen sind, durch Nach- und Nachtarbeit nach den Anstrengungen des Tages den kärglichen Lohn um einige Silbergroschen zu vermehren...

Wenn daher für jeden größeren Bau das Löschen und die Mörtelbereitung mittelst Maschinen schon rationell sein dürfte, so stellt sich die Anlage noch um ein Bedeutendes lukrativer, wenn auch der gesammte Material-Transport, bezw. Aufzug hierin eingeschlossen ist. Derselbe wird gewöhnlich auf zweierlei Arten bewirkt, entweder mittelst Winde und Kette — für nicht zu große Bauten — oder mittelst hydraulischer Aufzüge, welch letztere Beförderungsart für große und ausgedehnte Bauten entschieden den Vorzug verdient.

... bei den hydraulischen Aufzügen werden die mit Steinen beladenen Wagen auf die Plattform geschoben, direkt oben bis zur Verwendungsstelle gefahren und beim Niedergang leere Wagen nach unten befördert.

... Zur vollständigen Ausnutzung der Kraft sind die hydraulischen Aufzüge doppelt wirkend, so daß also die Wagen sich vollständig abbalanziren und nur die Last selbst durch das Gewicht des Wassers gehoben wird, welches in die unter der Plattform befindlichen Reservoire eingelassen wird. Unten angekommen öffnet sich ein Ventil und läßt das Wasser in ein Sammelbassin fließen, aus dem es die durch die Maschine in Bewegung gesetzte Pumpe nach dem oberhalb des Aufzugsgerüstes befindlichen Reservoir hochpumpt, um von da durch Rohrleitung wieder zur Füllung des anderen Kastens benutzt zu werden und so seinen Kreislauf fortzusetzen...

Es stellten sich nach den aus mehreren großen Bauten ausgezogenen Berechnungen:

Bei einer Vermauerung von nur 15000 Steinen pro Tag

Das Anlagekapital für vierpferdigen Motor einschließlich Mörtelmaschine, Windenaufzug und allem Zubehör an Geleisen, Wagen u.s.w. auf	*M*	*7000*
Hiervon eine Amortisation von 20 % und Verzinsung 5 %	*M*	*1750*
daher bei 250 Arbeitstagen im Jahr per Tag	*M*	*7,00*
Für Heizung und Oel per Tag	*M*	*4,50*
Für 1 Vorarbeiter per Tag	*M*	*6,00*
Für Bedienungsmannschaften 20 Mann à 3 M per Tag	*M*	*60,00*
in Summa	*M*	*77,50*

oder das 1000 Steine 77,50/15 = M 5,17

während bei Handbetrieb kosten:

1000 Steine einschl. Kalktragen durchschn.	*M*	*4,00*
Kalkbereitung	*M*	*1,25*
Wassertragen	*M*	*1,00*
Kalklöschen	*M*	*0,25*
in Summa	*M*	*6,50*

(A 169)

Trotz des bestaunenswerten Einsatzes der damals modernsten Hebetechnik wird es beim Anhalter Bahnhof aber so manche »Ecke« gegeben haben, wo sie nicht hinreichte und wo Steine und Mörtel auf vielen krummen Rücken hingeschleppt werden mußten: Auch diese Männer sollten nicht vergessen sein! (B 252)

11. Teil-Rohbau-Abnahme am 8. August 1878

Aus dem in der Bauakte enthaltenen Protokoll entnehmen wir folgende interessante Einzelheiten: *»Behufs Abnahme des auf dem Grundstück Askanischer Platz 6 auf Grund des Bau-Erlaubniß-Scheins No. 1092 vom 22ten April 1875 ausgeführten Rohbaus stand auf heute Vormittags 10 Uhr Termin an und hatten sich eingefunden:*
a) die Abnahme-Commission und zwar die Herren Bau-Inspektor Badstübner, Rathsmaurermeister L. Metzing, Rathszimmermeister Fr. Schwager
b) der Bauherr Vertretung Herr Abtheilungs-Baumeister Sillich u. Herr Baumeister Küster.

Der Bau wurde in allen Theilen besichtigt und fand sich zu bemerken:
Folgende Abweichungen ... Die westlich u. östlichen Seitenflügel sind nicht in der ganzen Länge durchgeführt, von der Ausführung der hinteren Theile wird Abstand genommen. Die Tiefe des westlichen Seitenflügels beträgt nur 7,5 m an Stelle wie projektirt, 12 m. Das Ausgangs-Vestibulum ist um 4 m schmaler geworden. Die richtigen Zeichnungen sollen nachträglich eingereicht werden.
2. In Betreff der Construction: Nichts zu erinnern.
Abgenommen sind heute
ad 2. Kopfgebäude mit Ausschluß des großen Corridors u. des Empfangs-Vestibulums
ad 3. Seitengebäude (und) *ad 4.,*
ad 1. fehlt.
Unterschriften: A. Sillich. Küster. L. Metzing Fr. Schwager Badstübner.«

Das Protokoll enthält noch folgende nachträgliche Notiz vom 13. August 1878:
»Nach beendigter Ausführung der noch fehlenden Bautheile sub 1 und 2 des Bauscheins ist eine neue Rohbau-Abnahme zu beantragen. Die rectifizirten Zeichnungen, welche den Akten verbleiben sollen, werden binnen 3 Wochen eingereicht. Der Abputz der Räume kann geschehen. Badstübner.«

Die Nachtrags-Pläne, die den Ausführungs-Zustand zeigen und von der Baupolizei in drei Wochen gewünscht werden, müssen mehrfach bei der B.A.E. angemahnt werden, bis sie dann am 29. November 1879 endlich eingereicht werden.

12. Die Dachkonstruktion

Nachdem die Hallen-Längswände bis zum Hauptgesims hochgeführt waren — in unserem Falle bedeutet ja die Rohbau-Abnahme, daß damit die Bauarbeiten für diese Bauteile fertiggestellt sind — begann nun alsbald die Montage der Dachkonstruktion, deren konstruktive Bearbeitung hier zunächst betrachtet werden soll.
Aus Seidels Zeugnis geht hervor, daß er das *»Projekt für die Überdachung der Perronhalle«* bearbeitet hat. Wir haben bereits gesehen, daß es für die Konstuktion verschiedene Varianten gab; leider gibt es keine Indizien für den jeweiligen Grad der Ausarbeitung. Da aber weder Seidel noch die B.A.E. über Erfahrungen in der angestrebten Größenordnung verfügten (B 253), ist anzunehmen, daß zunächst für einen von Schwechten zu akzeptierenden Konstruktions-Entwurf der statische Nachweis der Standsicherheit erbracht und daß in einer zweiten Phase — wahrscheinlich mit der ausführenden Firma zusammen — die konstruktiven Einzelheiten wie Auflager, Scheitelgelenk, Gurte, Konsolen, Pfetten — wiederum nach Schwechtens Zustimmung — berechnet wurden.
In der Statik für die Hallenwände vom 18. Dezember 1874 ging Seidel bei dem damals vorgesehenen Blechträger von einem Eigengewicht von 110 kg/m^2 Horizontalprojektion aus; das Fachwerk reduzierte diese Annahme auf 90 kg/m^2, was sich auch in einer leichten Einsparung an Pfeilerdicke niederschlug: bei der Seite für das feste Auflager (Ostseite/Möckern-Straße) statt 2,80 m (1874) nur $2{,}61^5$ m (1877) und für das bewegliche Auflager (Westseite/Bahnhof-Straße) statt 2,50 m (1874) nur $2{,}35^5$ m (1877), jeweils in Höhe des Bahnsteigs gemessen. Für die architektonisch relevante Wahl der Seite für das feste Auflager (s. Verlauf der Momentenlinie in der Statik von 1874) scheint maßgebend gewesen zu sein, daß bei gewünschter gleicher Innenansicht der Pfeiler die größere Stärke, also das stärkere Hervortreten der Pfeilervorla-

B 252 Bleistift-Zeichnung von A. Menzel

A 169 Sitzungsberichte des Vereins zur Beförderung des Gewerbfleißes 1878, S. 157 f.

253 Profile von Bahnhofs-Hallen.

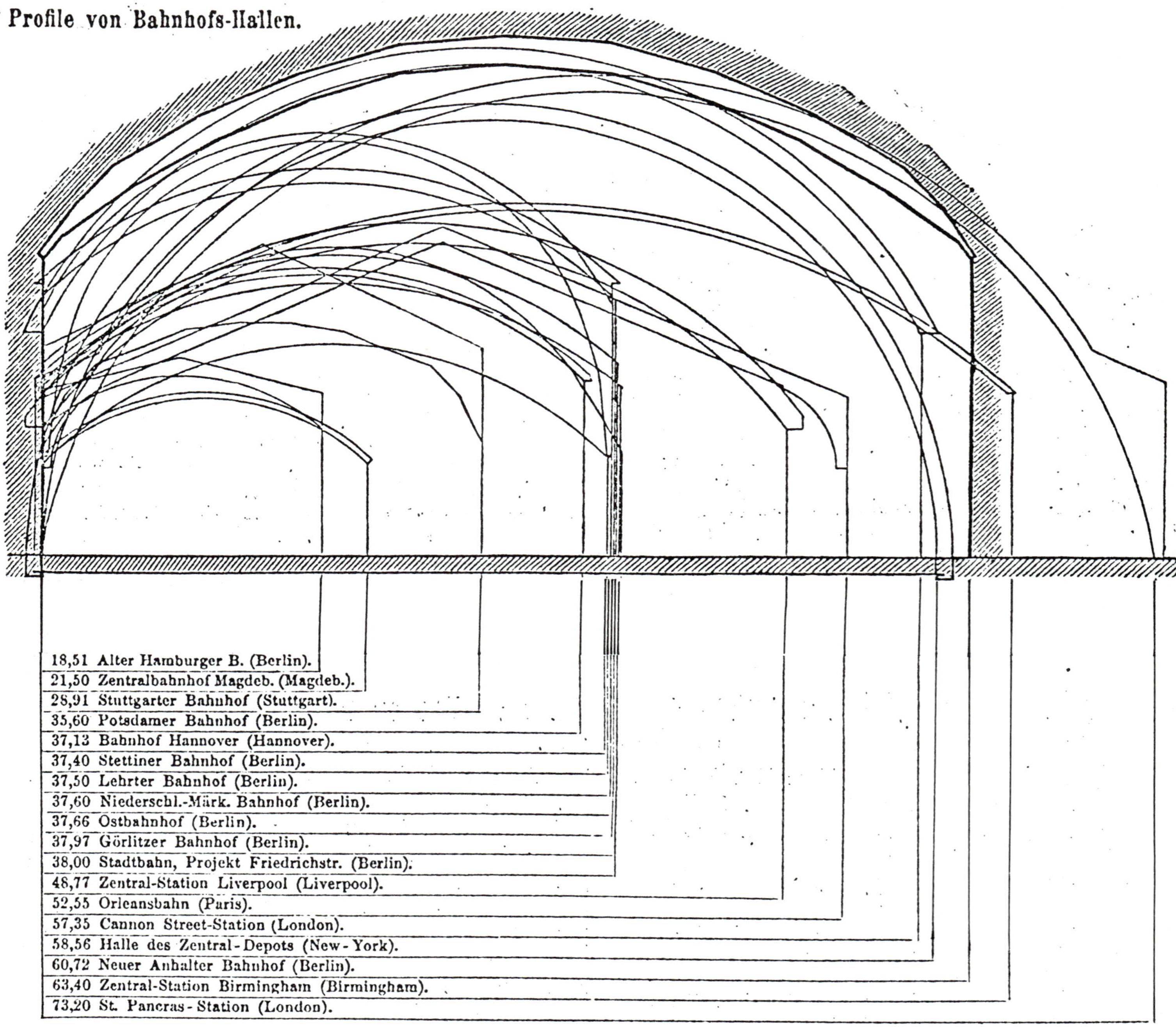

gen, an der Außenseite mit der besser überschaubaren Längsansicht, das heißt an der Möckern-Straße, zur Wirkung kommen sollte.

Die weiteren in Rechnung zu stellenden Lasten waren der Winddruck mit 40 kg/m² und die Schneelast mit 50 kg/m² Horizontalprojektion, wobei von einer gleichmäßigen Dachneigung von 30 Grad ausgegangen wurde.

Für den derart ausgearbeiteten Konstruktions-Entwurf mußte nun ein Hersteller gefunden werden. Soweit heute ersichtlich, hat dafür keine Ausschreibung stattgefunden, denn es gab gewiß nur wenige Firmen, die genügend Erfahrung besaßen, einen solchen Auftrag auszuführen, so daß wohl mit diesen direkt verhandelt wurde. Es erscheint bedeutsam, daß keine Berliner Firma den Zuschlag erhielt, sondern die Gutehoffnungshütte (GHH) in Oberhausen. Diese 1808 gegründete Firma — die offene Handelsgesellschaft Jacobi, Haniel & Huyssen wurde 1873 in den Aktienverein GHH umgewandelt — beschäftigte 1874 in ihren zahlreichen Werken ca. 9000 Arbeiter und hatte in ihrer seit 1864 bestehenden Brückenbauanstalt in Sterkrade bereits zahlreiche Brücken (B 254) und auch Fabrik- und Markthallen gebaut. — Leider

4

Gegründet 1808.

GUTEHOFFNUNGSHÜTTE,

Gegründet 1808.

Aktienverein für Bergbau- & Hüttenbetrieb

in Oberhausen II. a. d. Ruhr, Rheinprovinz,

liefert:

A. Produkte der Stahl- u. Eisenwerke
aus Schweisseisen, Flusseisen u. Flussstahl.

Eisenbahnschienen und **Pferdebahnschienen.**
Laschen und **Unterlagsplatten.**
Lang- und **Quer-Schwellen** für ganz eisernen Bahn-Oberbau.
Stab- u. Feineisen, als: Rund-, Quadrat- Flach- und Schneideisen.
Universal-Eisen.
Façoneisen, als L-T-I-[-, Speichen-, Reifen-, Säulen-, Halbrund-, Fenster-, Roststabeisen etc.
Gruben- und **Winkel-Schienen.**
Bleche, als: Kesselbleche in allen Qualitäten, Feinbleche, Brückenbleche, gesteinte und gerippte Bleche.
Streckengestelle für Gruben.
Walzdraht.

Produktionsfähigkeit pro Jahr:

Eisenbahnschienen u. Schwellen	70,000 t.
Sonstige Stahlfabrikate	10,000 t.
Bleche	10,000 t.
Handelseisen incl. Brückenmaterial	40,000 t.
Walzdraht	10,000 t.

B. Hochofen-Produkte.

Puddel-, Giesserei-, Bessemer- und **Thomas-Roheisen.**
Spiegeleisen und **Ferro-Mangan.**
Produktionsfähigkeit pro Jahr: 170,000 t.

C. Bergbau-Produkte.

Förderkohlen v. d. eigenen Zechen Oberhausen, Osterfeld und Ludwig, vorzüglich geeignet für Lokomotiv- u. Kessel-Feuerung, Ziegeleien u. Kalkbrennereien, sowie für Hausbrand.
Gewaschene Nusskohlen der Zeche Oberhausen.
Produktionsfähigkeit pro Jahr: 700 000 t.

D. Produkte der übrigen Etablissements.

Dampfmaschinen, besonders für Zechen, als Fördermaschinen, Wasserhaltungsmaschinen, Ventilatoren, Dampfkabel, Dampfpumpen etc.
Kaltluftmaschinen, System Bell-Coleman.
Schiffsmaschinen bis zu den grössten Dimensionen.
Druck- und **Hebepumpen** für Bergwerke.
Gestänge für Bergwerkspumpen von Façoneisen.
Geschmiedete Rund-Gestänge mit Patent-Schlössern aus bestem Hammereisen.
Waggonkipper, vollständig selbstthätig, Patent Gutehoffnungshütte.
Maschinenguss jeder Art und Grösse.
Poteriegus.
Geschosse in allen Kalibern, roh und mit Hartblei-Ummantelung oder Kupferführung.
Schmiedestücke jeder Façon und jeder Grösse.
Schiffs-Ketten, Anker und **Steven.**
Krahnenketten, sowie Ketten jeder Art.
Dampfkessel, Reservoirs etc.
Eiserne Brücken, Dachkonstruktionen jeder Grösse.
Drehscheiben, Schwimm- und **Trocken-Docks.**
Dampfschiffe, vollständig ausgerüstet für den Personen- u. Güterverkehr.
Eiserne Kähne, Pontons.

Ausgeführte grössere Eisenconstructionen:

Diverse Brücken über den Rhein, die Weichsel, Weser, Elbe, Mosel, für die Gotthardbahn etc.
Perronhalle für den Anhalter Bahnhof in Berlin
Grosses Schwimmdock für die Kaiserl. Marine.

Patente.

Wasserhaltungsmaschinen mit Rotation und Hubpausen, System Kley.
Flachschieber und **Präzisions-Steuerungen** für Dampfmaschinen, System Gutehoffnungshütte.
Fördermaschinen mit Expansionssteuerung, System Versen.
Waggonkipper, vollständig selbstthätig, System Gutehoffnungshütte.
Schlösser für Rundeisengestänge.
Kaltluftmaschinen, System Bell-Coleman.

[71 * 143]

Der Verein besitzt folgende Werke:

I. Gutehoffnungshütte zu Sterkrade.
II. Walzwerk Oberhausen in Oberhausen II.
III. Walzwerk Neu-Oberhausen in Oberhausen II.
IV. Eisenhütte Oberhausen in Oberhausen II.
V. Zeche Oberhausen in Oberhausen II.
VI. Schiffswerft Ruhrort in Ruhrort.
VII. Zeche Neu-Essen II-Ludwig — in Bellinghausen.
VIII. Zeche Neu-Essen IV in Bellinghausen.
IX. Zeche Osterfeld in Osterfeld.
X. Diverse Eisensteingruben in Nassau, Siegen, Bayern, der Eifel etc.

Gegenwärtig beschäftigte Arbeiterzahl: 8000.

256

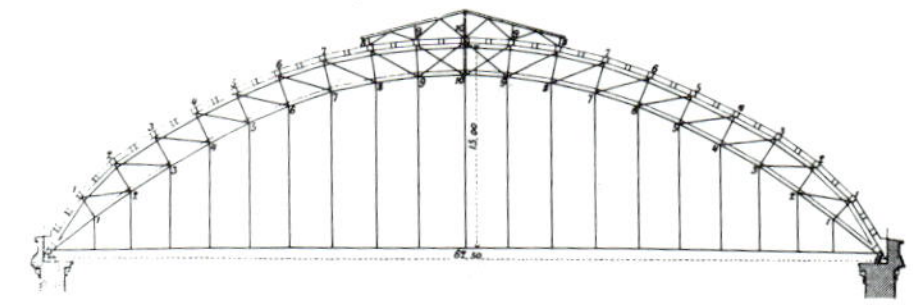

255

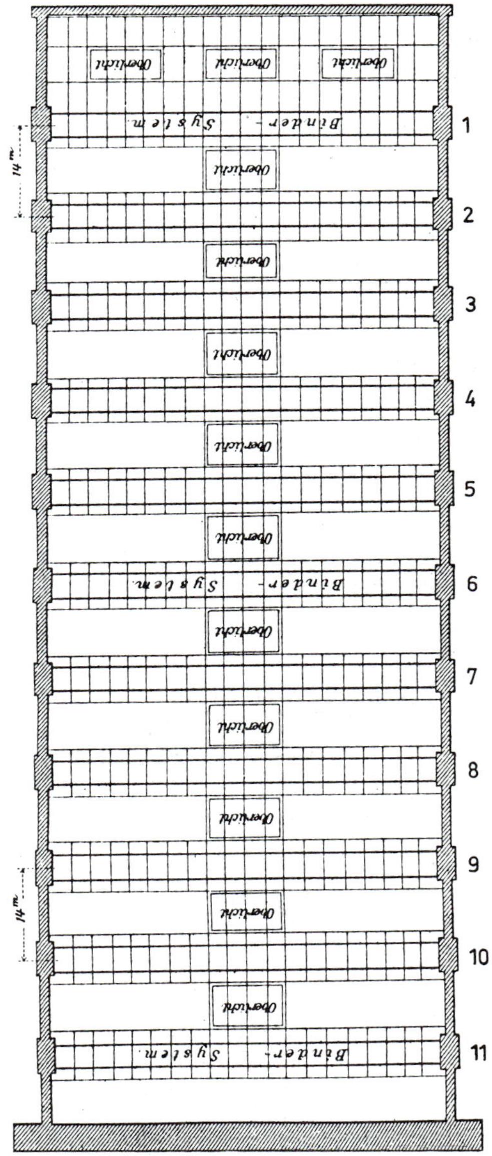

besitzt diese Firma in ihrem Archiv keine Unterlagen mehr über die uns interessierende Lieferung für den Anhalter Bahnhof, da diese — ausnahmsweise nicht durch Kriegseinwirkungen, sondern bereits bei einem Werksbrand um die Jahrhundertwende vernichtet wurden... So sind wir weitgehend wieder auf zwar zeitgenössische, aber meist aus zweiter Hand stammende Berichte angewiesen.

Wir betrachten nun zunächst ein Normal-Bindersystem. Die insgesamt elf Bindersysteme bestehen aus je zwei in 3,50 m Abstand liegenden Drei-Gelenk-Bogenbindern mit Zugband in Stahl-Fachwerk-Konstruktion, deren parabelförmige Ober- und Untergurte in 2,00 m Abstand voneinander verlaufen (B 255). Jede Binder-Hälfte ist in zehn Felder geteilt, von denen acht parallelgurtig sind, das Endfeld am Auflager dreieckig und das folgende trapezförmig (B 256). Die Spannweite beträgt 62,50 m, in den Achsen der Auflager gemessen, welche auf der Mauerkrone in einer Höhe von

B 253 Spannweiten-Vergleich DBZ 1879
B 254 Annonce aus »Glaser's Annalen« 1882
B 255 Grundriß der elf Bindersysteme, aus Zs.AIV Hannover 1884
B 256 Ansicht Bindersystem, aus Zs. AIV Hannover 1884

259

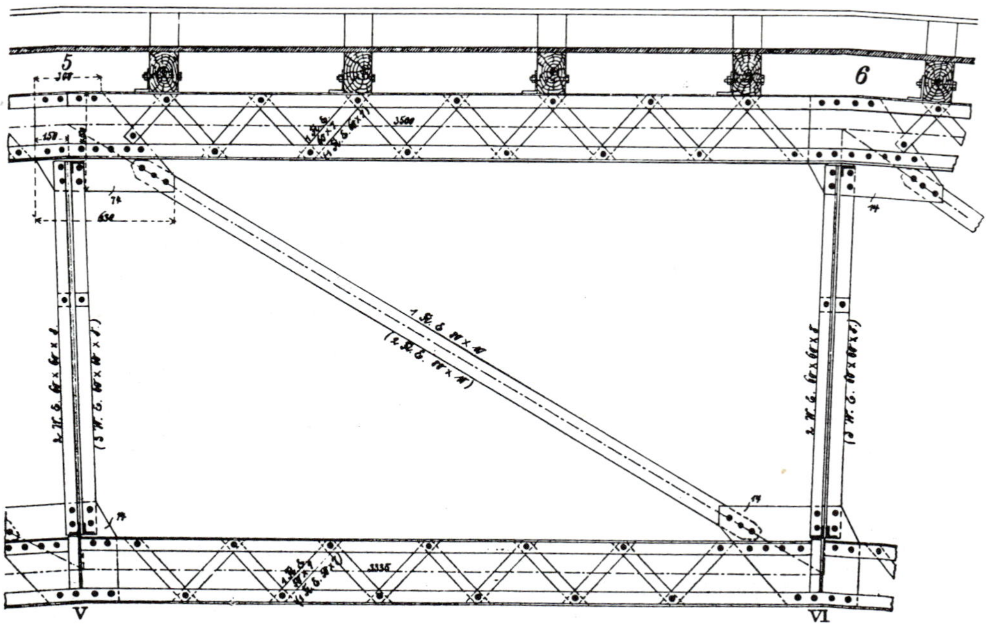

2

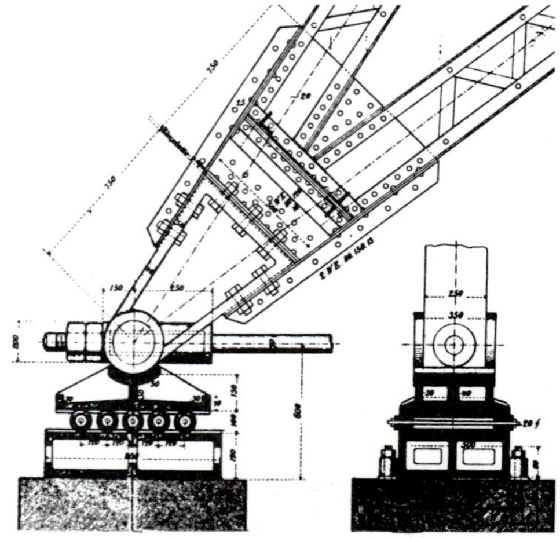

2

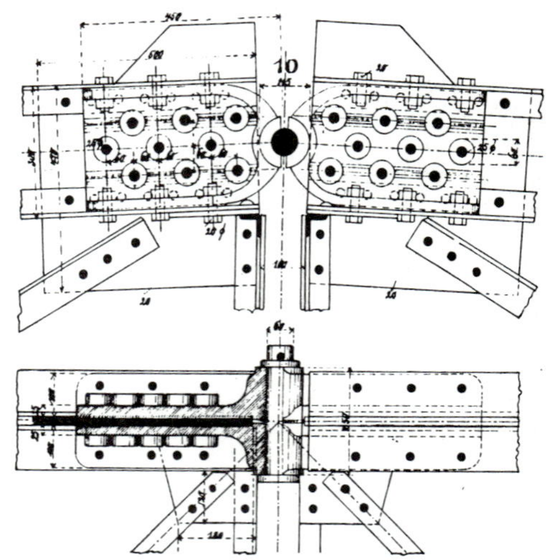

260

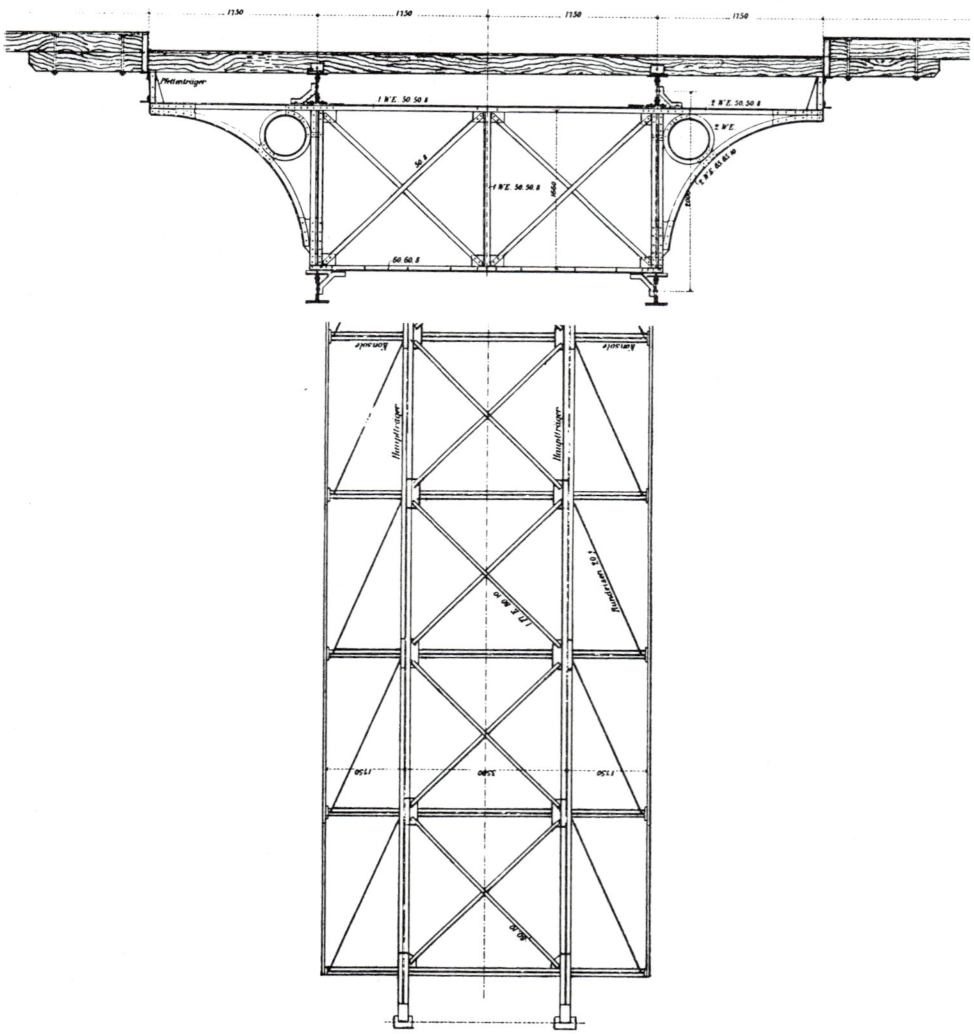

19,00 m über Oberkante Bahnsteig und 23,60 m über dem Gehweg liegen. Bei einer Pfeilhöhe des Bogens von 15,00 m und einem 2,20 m hohen Laternen-Aufsatz ergibt sich somit eine First-Höhe von 40,80 m über den umgebenden Straßen. Da die Hallenwand nicht in der Lage war, einen Gewölbe-Schub aufzunehmen, mußten diese Kräfte durch waagrechte Zugstangen aus Stahl (Durchmesser 70 mm) aufgenommen werden; diese sind in die gußeisernen Auflager eingeführt, mit Spanngewinden versehen (B 257) und zur Verringerung ihrer Durchbiegung an den Knotenpunkten des Untergurts durch senkrechte Anker aufgehängt. Das Scheitel-Gelenk, ebenfalls aus Gußstücken bestehend, liegt im Obergurt, so daß die beiden Untergurte jenseits dieses Gelenks statisch funktionslos und nur wegen der gewünschten Bogen-Form und ohne sich zu berühren ausgeführt sind

(B 258). Die Ober- und Untergurte bestehen selbst wieder aus kleinen Fachwerken mit einer Höhe von 30 cm, jeweils zusammengenietet aus vier Winkeleisen mit Abmessungen zwischen 65/65/8 und 105/65/11 mm und Flacheisen-Diagonalen von 50/7 bis 60/7 mm (B 259). Die Einzelbinder sind durch waagrechte Winkeleisen und diagonale Flacheisen kastenartig miteinander verbunden, wobei die oberen Verstrebungen beidseitig um 1,75 m verlängert sind: Diese Konsolen unterstützen einen (ebenfalls fachwerkartigen) Pfettenträger, über welchen Sattelhölzer um je 1,00 m auskragen, so daß die freie Spannweite der darüber liegenden Pfetten nur noch 5,00 m beträgt (B 260).

Von Seidel erfuhren wir, daß die Vergabe ungefähr im August 1877 erfolgen sollte, und wenn die Montage in Berlin im Herbst 1878 begann, so bedeutet dies, daß die Vorbereitungen in der Fabrik ein ganzes Jahr benötigten. Dies wird verständlich, wenn man bedenkt, daß ein einziges Bindersystem aus ungefähr 3000 Einzelstücken an Winkeleisen, Flacheisen und Knotenblechen besteht, nicht gerechnet eine sehr große Anzahl Nieten und einige Schrauben (an den gußeisernen Auflagern). Von diesen Bindersystemen waren allein elf Stück herzustellen sowie zahlreiche Sonderteile (die Firstlaterne, die nördlichen Endfelder etc.), so daß wir auf weit über 35.000 Einzelteile kommen, die alle abgemessen, abgeschnitten, gelocht, zusammengelegt und vernietet werden mußten. Damals galt genauso wie heute, daß von diesen Arbeiten so viel wie nur irgend möglich in der Werkstatt ausgeführt wird — ohnehin mußte ein halbes Bindersystem wegen der Präzision der Gesamtform auf der Zulage komplett zusammengebaut und wieder in solche Teile zerlegt werden, die mit den verfügbaren Transport- und Hebe-Mitteln auf die Baustelle bzw. auf das Gerüst gebracht werden konnten. Wir können annehmen, daß die GHH schon Eisenbahnwagen besaß, mit denen eine halbe Bindersystem-Hälfte (ca. 18 m lang und ca. 3,70 m hoch) transportiert werden konnte, wobei die seitlichen Konsolen samt Pfettenträger noch nicht angenietet sein durften.

Für den Zusammenbau der aus Sterkrade angelieferten Binder-Teile war nun auf der Baustelle ein Lehrgerüst erforderlich, das

B 257 Bewegliche Auflager (West-Seite), aus Zs. AIV Hannover 1884
B 258 Scheitelgelenk
B 259 Ober- u. Untergurte
B 260 Bindersystem, Grundriß und Schnitt
B 261 Potsdamer Bahnhof im Bau (1870/71). Fahrbares Gerüst zur Bindermontage. Aufnahme H. Rückwardt, aus Plan-Slg. TUB

263 *1881. Bl. 8.* *Sammlung von Zeichnungen für die Hütte.* *Taf. 32*

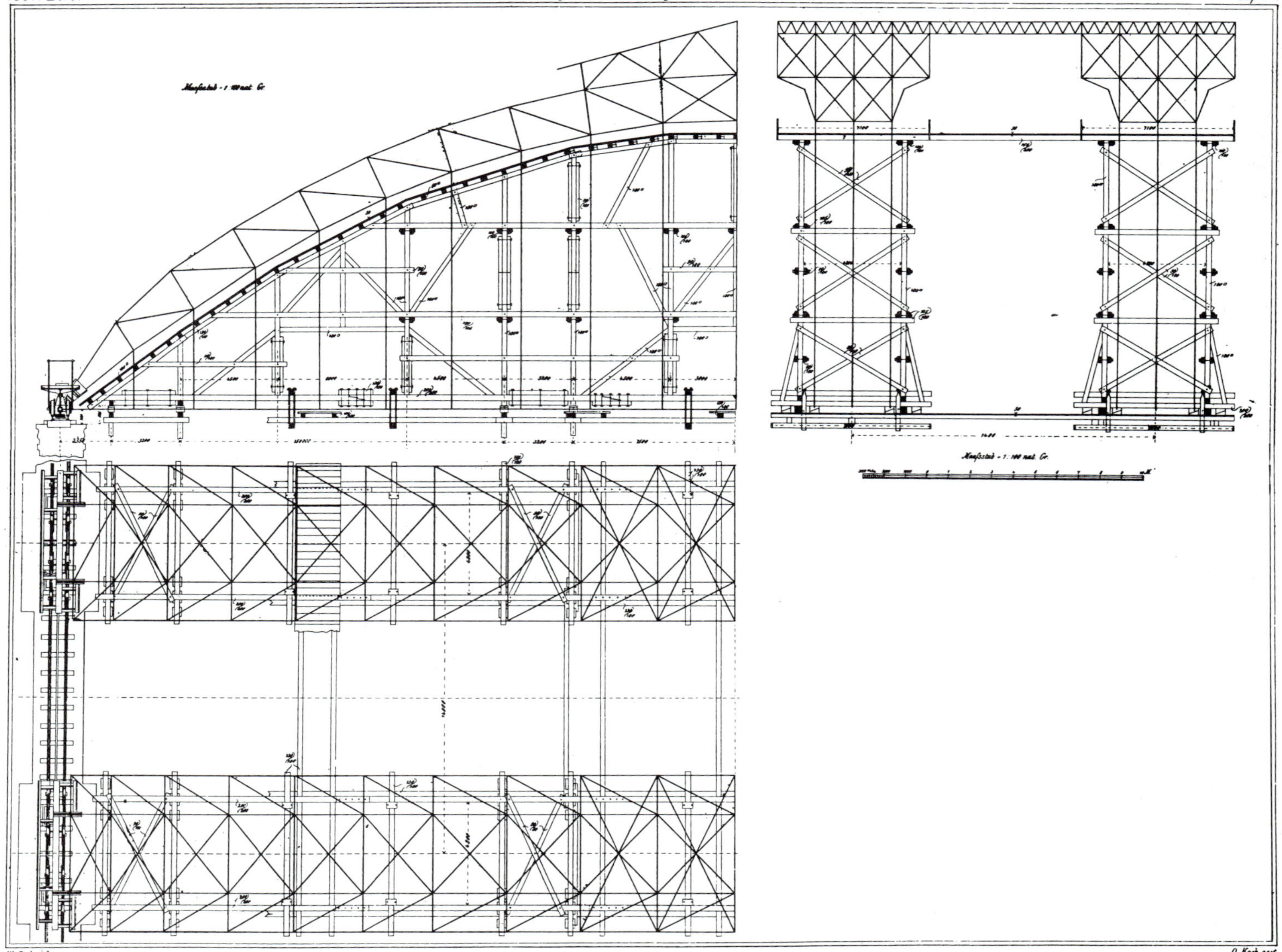

Hallendach des Anhalter Bahnhofs zu Berlin. (Gutehoffnungshütte in Sterkrade.)

stationär oder fahrbar ausgebildet sein konnte. Bei den Vorgänger-Bauten wie beispielsweise dem Potsdamer Bahnhof (B 261), den Bahnhöfen der Ostbahn (A 170) und der Niederschlesisch-Märkischen Eisenbahn (B 262) wurden fahrbare Gerüste angewandt, was jedoch mit dem Nachteil behaftet war, daß während der Montagezeit andere Bauarbeiten im Grundriß der Halle und an den inneren Längswänden be- oder gar verhindert wurden. Für einen zügigen Bauablauf am »Anhalter« wurde daher nicht der Gerüst-, sondern der Binder-Verschub gewählt, zumal die ca. 1,50 m breite Mauerkrone der Längswände eine stabile Verschiebebahn bot. Um jedoch ein Kippen eines Bindersystems beim Verschieben zu vermeiden, wurden jeweils zwei Systeme gleichzeitig montiert, gegenseitig ausgesteift und dann verschoben: Hierfür wurden jedoch gleichzeitig zwei Gerüste benötigt. Es leuchtet unmittelbar ein, daß diese am südlichen Ende der Halle zu errichten waren; ihre genaue Lage, die sich aufgrund widersprüchlicher und unpräziser Berichte und fehlender Aufnahmen nicht restlos aufklären ließ, wäre wichtig zu kennen, um die Verschiebung für alle elf Hallenpfeiler-Achsen bestimmen zu können. Wiedenfeld hielt am 11. Februar und 13. Mai 1879 im Verein für Eisenbahnkunde einen Vortrag (A 171) über den Neubau, begnügte sich aber in diesem Zusammenhang mit der Bemerkung: »*Die Binder sind auf einem festen Gerüst am Südende der Halle montirt*...«. Seidel ist in einem Manuskript (eventuell 1879 für die Gartenlaube — A 172) genauso wenig präzise: »*Je zwei der eisernen Bogenträger... wurden auf einem feststehenden Gerüst am Ende der Halle zusammengebaut*...«. Von Pinkenburg erfahren wir in der »*Zeitschrift des Architekten- und Ingenieur-Vereins zu Hannover*« 1884, S. 108: »*Ueber der südli-*

2

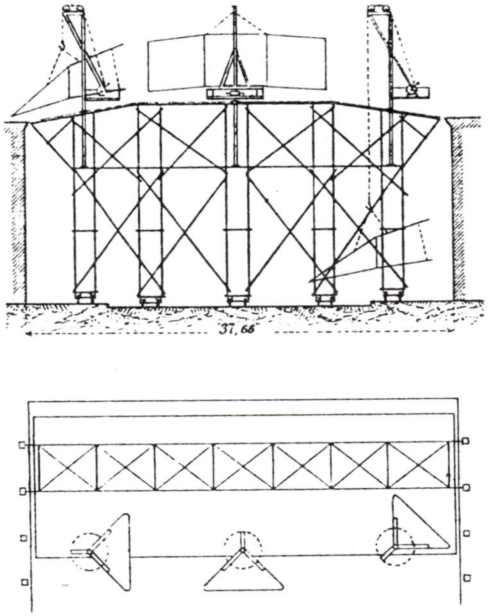

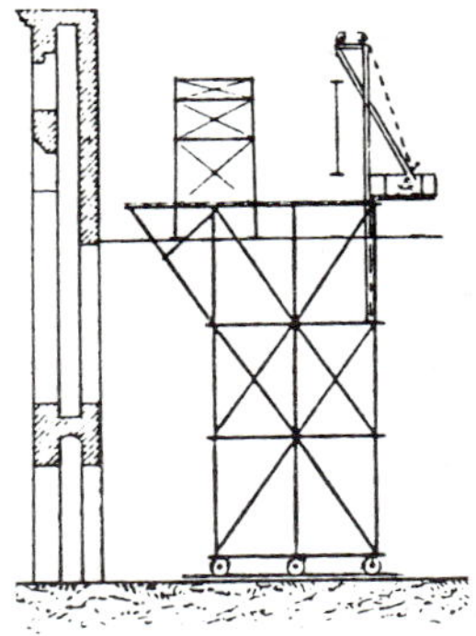

264

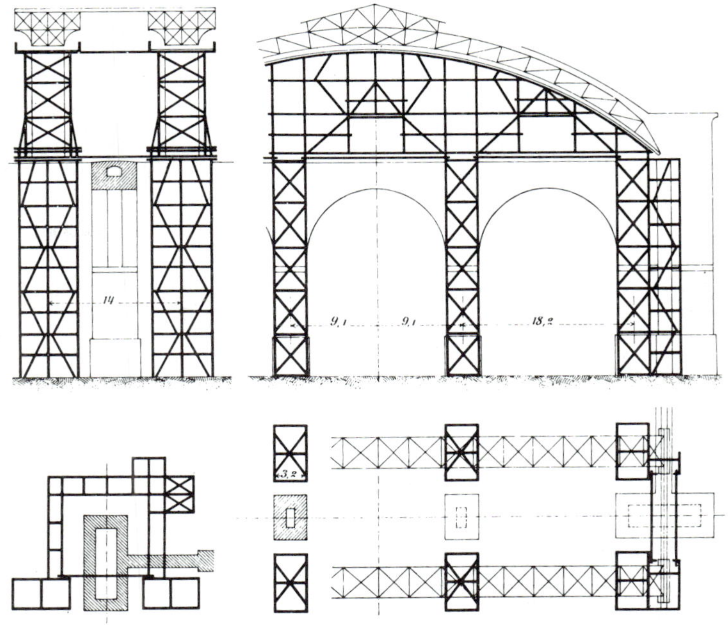

6

chen Hallenwand wurde ein festes Aufstellungs-Gerüst aus Holz errichtet...«. Hasse berichtet nach Befragung eines Augenzeugen, der 1879 als Student einer Verschiebung beiwohnte, in der *»Zeitschrift des Vereins für die Geschichte Berlins«* 1938, Nr. 3, S. 100: *»Die Doppelbinder wurden außen, südlich des Baues, auf besonderem Gerüst ... zusammengebaut...«.* Zeichnerische Darstellungen des Gerüstes erschienen erstmalig 1881 in der *»Sammlung von Zeichnungen für die Hütte«* (B 263), aus denen man den Eindruck gewinnt, die beiden Gerüste hätten im Halleninneren direkt vor jeweils einer Pfeilerachse gestanden. Der im *»Handbuch der Ingenieurwissenschaften«* von 1885 abgebildete Grundriß und Schnitt (B 109) zeigt unzweideutig je ein Gerüst beidseits des Südportals, also innen und außen! Diese Version läßt sich auch in die leider sehr unscharf werdende Vergrößerung (B 266) einer Aufnahme »hineinlesen«, welche in Seidels Arbeitszimmer hing (B 109). Wenngleich also diese Aufnahme eine Bestätigung für die Darstellung im *»Handbuch«* sein könnte, so müssen dabei doch folgende Fragen unbeantwortet bleiben:

— Mit fünf Verschiebungen zu je zwei Bindersystemen können also die Pfeiler-Achsen 1-10 bedient werden. Wenn aber ein einzelnes System nicht verschiebbar war, wie erhielt dann die Achse 11 ihr Bindersystem?

— Zwischen den Gerüsten befand sich das bis zum Hauptgesims hochgeführte Südportal, welches mit seinem Grundriß verhinderte, in der Mitte einen Kran aufzustellen, der beide Gerüste bestreichen konnte: Es waren also mehr Kräne erforderlich und wo standen sie?

— Warum wurde für ein Gerüst nicht das Südportal als Unterbau verwendet?

B 262 Fahrbares Gerüst im Bahnhof der Niederschlesisch-Märkischen Eisenbahn in Berlin, aus »Handbuch der Ingenieurwissenschaften«, Leipzig 1885, Bd. IV

B 263 Grundriß, Schnitt und Ansicht des Montage-Gerüsts für den Anhalter Bahnhof, aus: »Sammlung von Zeichnungen für die Hütte« Berlin 1881, Bl. 8

B 264 Grundriß, Schnitt und Ansicht des Montage-Gerüsts f. Anhalter Bahnhof, aus »Handbuch der Ingenieurwissenschaften«, Leipzig 1881, Bd. IV

B 266 Binder-Verschub, Vergrößerung der Aufnahme aus Seidels Arbeitszimmer (siehe B 109)

A 170 Vgl. F. Heinzerling: »Hochbauten mit eisernen Tonnendächern« Berlin 1878

A 171 »Glaser's Annalen für Gewerbe und Bauwesen«, 15.8.1879

A 172 Deutsches Literaturarchiv Marbach, Nr. 69.6590

267

265

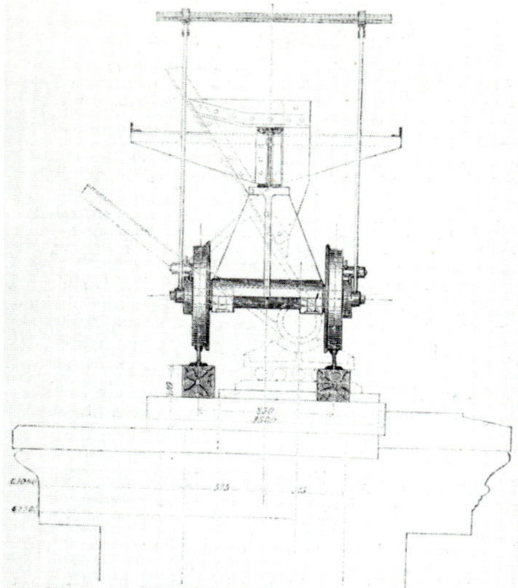

Wagen zum Transport der Dachbinder des Berlin-Anhaltischen Bahnhofes — Seitenansicht.

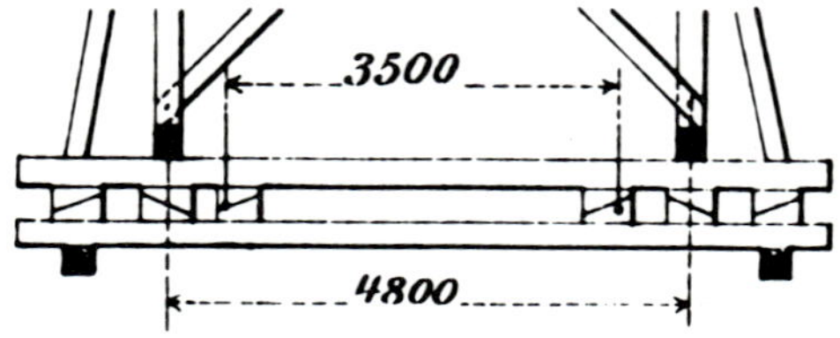

269

Das Gesammtgewicht der Konstruktion vertheilt sich folgendermaßsen:

I. Walzeisen.	
1) 10 normale Binder	312 100 kg,
2) 1 Endbinder	28 243 kg,
3) die Anschlüsse an die Stirnwand	27 220 kg,
4) 9 normale Laternen über den Bindern	35 550 kg,
5) 2 Laternen über den Endbindern	6 040 kg,
6) 10 Laternen zwischen den Bindern	31 700 kg,
Zusammen Walzeisen	440 853 kg.
II. Gusseisen zu den Auflagern: Schuhe, Gleitplatten, Rollen, Gelenkplatten, Pendel	31 410 kg.
III. Schmiedeisen zu den Schraubenbolzen	6 220 kg,
IV. Stahl zu den Zugstangen	46 065 kg,
Zusammen	524 518 kg.

268

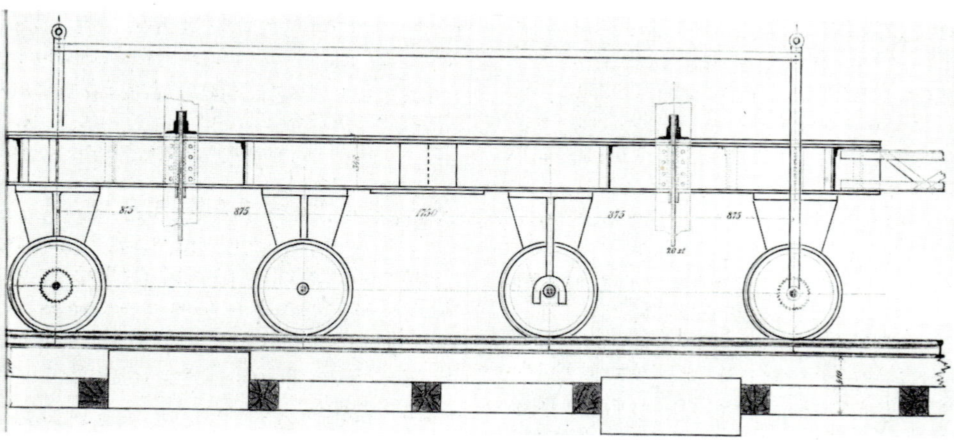

270

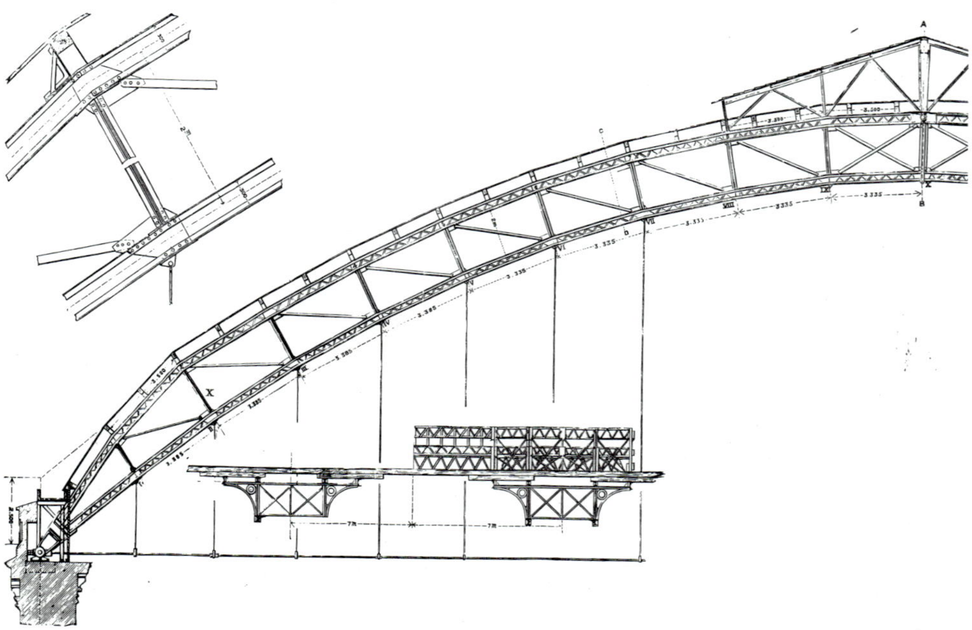

Wir wollen uns nun der Arbeit der Montage-Kolonnen zuwenden, die von der Gutehoffnungshütte auf die Baustelle geschickt worden waren. Die Binder-Teile, die vom Waggon aus durch einen Kran aufs Gerüst gehoben wurden, mußten nun oben zusammengenietet werden. Die Binder-Auflager ruhten mittels extra angenieteter Hilfslager bereits auf den vierachsigen Transportwagen (B 267 und B 268), die auf einer Gleisbahn mit 850 mm Gleisabstand und Quer- und Längsschwellen-Unterbau standen, mit denen die Verschiebung durchgeführt werden sollte. Je zwei dieser Wagen auf jeder Seite waren durch einen Gitterträger im genauen Achsabstand von 14,00 m miteinander verbunden. Das Scheitelgelenk ist bereits vor dem Vernieten der Binder-Teile justiert und durch einen Bolzen (Durchmesser 60 mm) zusammengeschlossen worden. Nun wurde die über dem Scheitel verlaufende Laterne eingebaut, welche beim Verschub als Längs-Aussteifung wirkte. Als letztes wurden die Zugstangen aus Einzellängen von ca. 6,00 m auf der obersten Ebene des Untergerüsts zusammengeschraubt. Zu diesem Zweck war das Ober- vom Untergerüst durch Keile getrennt (B 265). Die Zugstangen wurden dann provisorisch an Tauen aufgehängt — die endgültigen senkrechten Anker ließen sich ja nicht durch das Obergerüst hindurchbringen. Nach dem Spannen der Zugstangen mittels der Spannmuttern am Auflager befand sich die Konstruktion in ihrem Endzustand — zwar noch nicht an ihrem endgültigen Platz — und bedurfte nun nicht mehr des Gerüstes. Dieses wurde durch Reduzierung der Unterkeilung etwas abgesenkt und die Binder zeigten jetzt, daß sie 62,50 m frei zu überspannen imstande waren!

Das »Verfahren« im eigentlichen Sinn des Wortes verdient nun noch eine kurze Schilderung, nachdem es damals in den Berliner Fachkreisen und 100 Jaher später bei einem anderen Monumentalbau (A 173) immer noch so viel Aufsehen erregte. Natürlich gibt es Unterschiede, und zwar sowohl sehr feinsinnige als auch sehr kostenträchtige... Damals genügten jedenfalls an jedem Wagen, der mit über 21.850 kg belastet war, vier bis sechs Mann, die ihn mittels Hebeln, Sperrklinken und Zahnrädern

fortbewegten (B 267 und B 268). Wiedenfeld berichtete in der erwähnten Sitzung im Verein für Eisenbahnkunde noch folgende Einzelheiten: *»Um während dieses Transports ein Voreilen des einen Wagens vor dem anderen und in Folge davon ein Ecken der Binder leicht verhüten zu können, sind die beiden Schienenbahnen mit Theilzeichen versehen, die jede kleine Abweichung von der gleichmäßigen Fortbewegung sofort erkennen lassen. Als ein Uebelstand erwies sich das Schwanken der Zugstangen, dem man bei den späteren Transporten durch Verbindung der Zugstangen mittels Tauen in wirksamer Weise begegnete. Der längste Weg von 140 m beim Fortbewegen des ersten Doppelbinder ist in 2 Stunden zurückgelegt.«* Über den »Fahrplan« entnehmen wir der *»Zeitung des Vereins deutscher Eisenbahn-Verwaltungen«* am 6. Dezember 1878 noch diese Angaben: *»Die beiden ersten Bindersysteme wurden bereits vor einigen Wochen in aller Stille eingefahren, während die beiden folgenden in Gegenwart der zahlreichen erschienenen Mitglieder der technischen Baudeputation und des Eisenbahnvereins am 3. dieses Monats an ihren Bestimmungsort gebracht wurden.«* Durch die »kleineren Mitteilungen« in den *»Verhandlungen des Vereins zur Beförderung des Gewerbfleißes«*, 1879, S. 186, erfahren wir auch das ungefähre Ende dieser Verschiebungen: *»Im Februar besuchte ein großer Teil der Mitglieder des Vereins, einer Einladung des Herrn Baurat Wiedenfeld folgend, den Neubau des Empfangsgebäudes der Berlin-Anhaltischen Eisenbahn am Askanischen Platze und wohnte der letzten Bogenschiebung bei.«*
Aus diesen Berichten geht also hervor, daß binnen Monatsfrist jeweils zwei Bindersysteme montiert und verschoben werden konnten. Alle diese Arbeiten im Freien wurden durch den *»ungewöhnlich milden«* Winter (Stadtbaurat Blankenstein im Magistratsbericht pro 1876, A 174) sehr begünstigt.
Über das Gesamtgewicht der Konstruktion gibt die Tabelle (B 269) Auskunft, die von Pinkenburg 1884 in der *»Zeitschrift des Architekten- und Ingenieur-Vereins zu Hannover«* veröffentlicht wurde. Da wir von Wiedenfeld aus der erwähnten Sitzung des Vereins für Eisenbahnkunde wissen, daß die GHH für 1000 kg 359,- Mark verlangte, beträgt die Gesamtsumme des Auftrages ca. 188.300,- Mark.
Nachdem die Binderkonstruktion fertiggestellt war, begann nun sofort die Eindeckung, wobei auch hier Einsparungen vorgenommen wurden: Die zunächst vorgesehene — und in den meisten Zeichnungen der späteren Veröffentlichungen enthaltene — hölzerne Schalung ist nicht ausgeführt worden. Es sind auch die Pfettenhölzer anders, als zum Beispiel in der *»Zeitschrift des Architekten- und Ingenieur-Vereins zu Hannover«*, 1884, Heft 2, Bl. 9, dargestellt, eingebaut worden: Die sich nach diesen Zeichnungen ergebende wechselnde Höhenlage der Dachhaut — die eine Gliederung der Dachfläche im Rhythmus der Hallenpfeiler ergeben hätte — ist wohl wegen der komplizierten bogenförmigen Anschlüsse nicht ausgeführt worden. Zutreffend sind jedoch die Darstellungen in *»The Engineer«* vom 12. November 1880 (B 270): Über die Konsolen mit ihren 2,80 m langen Sattelhölzern wurden die durchgehenden 5,00 m weit gespannten Pfetten gelegt, welche nun eine Eindeckung mit Wellblech in einer Ebene erlaubten.

Bei der am 24. Februar 1879 stattgefundenen Submission (B 271) hatte ein rheinländischer Anbieter das günstigste Angebot für die Eindeckung der großen Halle mit verzinktem Wellblech abgegeben. Obwohl es in diesem Zweig auch in Berlin Hersteller gab, war die Firma Jacob Hilgers in Rheinbrohl a.Rh. die erfahrenere und leistungsfähigere. Sie besaß zur Herstellung von Wellblech, speziell für Trägerwellblech, eigene Patente, und ihre Zinkbäder waren die größten in Deutschland. 1875 konnten Platten von 4 m Länge und 2 m Breite (später 5 m x 3 m) und stabförmige Körper, zum Beispiel Masten, von 10 m Länge bei einem Querschnitt von 1 m x 1 m verzinkt werden. Hilgers hatte für die Perronhallen in Magdeburg 10.000 m² und für die Bahnhofsbauten in Hannover 23.000 m² sowie für zahlreiche andere Bauten ähnlicher Größenordnung Bleche geliefert; die 12.000 m² für den Anhalter Bahnhof stellten also für Hilgers kein Problem dar; der

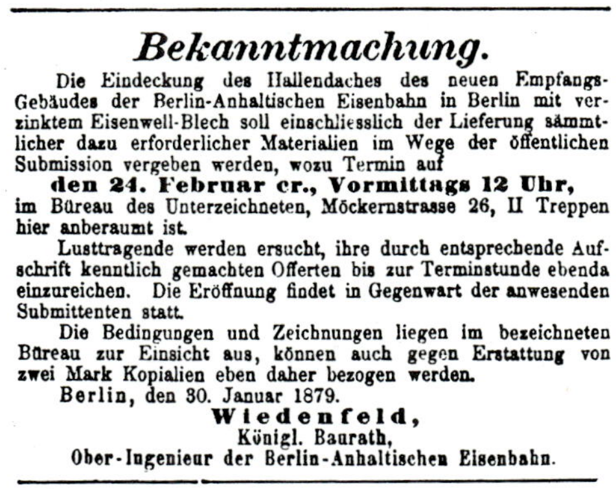
Bekanntmachung.
Die Eindeckung des Hallendaches des neuen Empfangs-Gebäudes der Berlin-Anhaltischen Eisenbahn in Berlin mit verzinktem Eisenwell-Blech soll einschliesslich der Lieferung sämmtlicher dazu erforderlicher Materialien im Wege der öffentlichen Submission vergeben werden, wozu Termin auf
den 24. Februar cr., Vormittags 12 Uhr,
im Büreau des Unterzeichneten, Möckernstrasse 26, II Treppen hier anberaumt ist.
Lusttragende werden ersucht, ihre durch entsprechende Aufschrift kenntlich gemachten Offerten bis zur Terminstunde ebenda einzureichen. Die Eröffnung findet in Gegenwart der anwesenden Submittenten statt.
Die Bedingungen und Zeichnungen liegen im bezeichneten Büreau zur Einsicht aus, können auch gegen Erstattung von zwei Mark Kopialien eben daher bezogen werden.
Berlin, den 30. Januar 1879.
Wiedenfeld,
Königl. Baurath,
Ober-Ingenieur der Berlin-Anhaltischen Eisenbahn.

271

Gesamtauftrag dürfte einen Wert von ca. 60.000,- Mark gehabt haben (B 272).
Auf den Pfetten, welche einen Abstand von ungefähr 70 cm hatten, wurden nun die Wellblech-Tafeln befestigt: Es ist nicht zu belegen, um welche Sorte (B 273) und um welche Art der Befestigung es sich handelte; damals war sowohl die Verschraubung von oben als auch das Nageln von angelöteten Haften auf der Unterseite üblich. Da in die Halle durch die drei großen Bogen des Südportals Wind eindringen konnte, mußte die Befestigung des Wellblechs sehr gewissenhaft ausgeführt werden, sollte es nicht eines Tages von einem Sturm durch die Lüfte getragen werden... — so wie in

B 265 Unterkeilung des Obergerüsts, Detail aus B 264
B 267 Anhalter Bahnhof 1878-79, Transportwagen zum Verschub der Bindersysteme auf der Mauerkrone der Hallenwände, aus »Glaser's Annalen« 1879
B 268 Transportwagen, Längsansicht. Die Schienen liegen auf Längs- und Querschwellen, dazwischen liegen die Auflagersteine: hohe für feste Auflager, niedrige für bewegliche. Aus »Glaser's Annalen« 1879
B 269 Gewicht der Dachkonstruktion 521.518 kg, aus Zs. AIV Hannover 1884
B 270 Pfettenlage ohne Schalung aus »Engineer«, 12.11.1880
B 271 Wellblech-Eindeckung, Submissionsannonce DBZ 1879

A 173 Internationales Congress-Centrum Berlin siehe »Bauwelt« 21.1.1977

	ICC Saalbau m	Ahb Halle m
Länge	187,20	183,80
Spannweite	68,40	62,50
Höhe ü. Str.	36,80	40,80

A 174 Winterwetter 1878-79. Aus »Communal-Blatt der Haupt- und Residenz-Stadt Berlin« 1878 und 1879

274

NEUCHATEL ASPHALT COMPANY (limited) LONDON.

Alleinige Concessionaire der bekannten Asphalt-Bergwerke zu **Val-de-Travers.**

Canton Neuchatel, Schweiz.

Deutsche Filiale: BERLIN W., Behrenstr. 52.

Director: Ingenieur **John W. Louth.**

Wir erlauben uns, die Königlichen und Communal-Baubehörden, die Herren Architecten, Baumeister, Bauunternehmer etc. darauf aufmerksam zu machen, dass wir alle Arten Asphalt-Arbeiten sowohl in **„Coulé“** (Guss-Asphalt) wie in **„Comprimé“** (gestampfter Asphalt-Felsen) übernehmen. Letztere Form eignet sich vorzüglich für Fahrstrassen und stark begangene Trottoire und kann **nur** mit **Val-de-Travers-Asphalt** ausgeführt werden. Wir sind daher speciell auf diese Arbeiten eingerichtet und können dieselben als besonders schön, angenehm und **dauerhaft** empfehlen.

Beispielsweise können unter **hiesigen** comprimirten Arbeiten erwähnt werden:

die **Markgrafenstrasse**, die **Kaiserhofstrasse**, der Kurfürstendamm, die Belleallianccbrücke etc., ferner unsere Asphaltstrassen in Wien, Pest, London, Paris, Hamburg, Dresden, Leipzig u. a. grösseren Städten in Deutschland und im Auslande. Sonstige Filialen in: Wien, Pest, Amsterdam, Brüssel, St. Petersburg, London, Paris und New-York.

Verkauf von **Val-de-Travers-Asphalt** nach allen Welttheilen.

Eine jede Auskunft wird gern ertheilt, sowie beste Referenzen über ausgeführte Arbeiten in oben angeführten Städten jederzeit zur Disposition stehen. Etwaige Bestellungen auf Asphalt resp. Asphalt-Arbeiten beliebe man richten zu wollen an die

Neuchatel Asphalt-Company,
BERLIN,
Behren-Strasse 52.

273

Die verzinkten Eisenwellenbleche von Jakob Hilgers in Rheinbrohl kommen in 3 verschiedenen Profilnummern mit folgenden Abmessungen, Stärken und Gewichten vor.

Pr.Nr.	Grösste Länge mm	Grösste Breite mm	Dicke mm	Wellen-breite mm	Wellen-höhe mm	Gewicht des qm kg
I	2100	790	1,250	120	25	12,2
	„	„	1,125	„	„	11,0
	„	„	1,000	„	„	9,8
	„	„	0,875	„	„	8,5
	„	„	0,750	„	„	7,3
II	3100	880	1,250	135	30	12,3
	„	„	1,125	„	„	11,1
	„	„	1,000	„	„	9,9
	„	„	0,875	„	„	8,6
	„	„	0,750	„	„	7,4
III	3100	970	1,250	150	40	13,1
	„	„	1,125	„	„	11,8
	„	„	1,000	„	„	10,5
	„	„	0,875	„	„	9,2
	„	„	0,750	„	„	7,9

2

Die **Verzinkerei** von
Jacob Hilgers in Rheinbrohl,
seit langen Jahren weitaus das grösste Etablissement dieser Art Deutschlands, empfiehlt:

Dächer

aus verzinktem Eisen in allen Formen, sowohl mit als auch ohne Dachconstruction, für solche Fälle besonders geeignet, wo **aufsteigende Dünste** sonst in kurzer Zeit **hölzerne Dachverbindungen zerstören.**

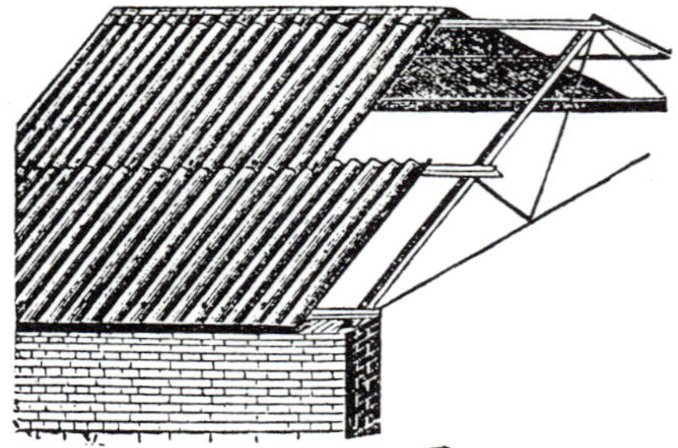

Verzinkung

schützt diese Dächer sowohl wie auch ihre Constructionstheile **bleibend vor Rost**, wodurch jeder Anstrich erspart und grosse Reinlichkeit, wie auch Dauerhaftigkeit erzielt wird. Bei diesen grossen Vorzügen, in Verbindung mit ihrer **Sicherheit vor Feuersgefahr**, sind diese Dächer äusserst billig.

Trägerwellbleche

in allen vorkommenden Dimensionen und Stärken, für **freitragende Dächer, feuerfeste Decken, Treppenhäuser** und **Brückenbeläge.**

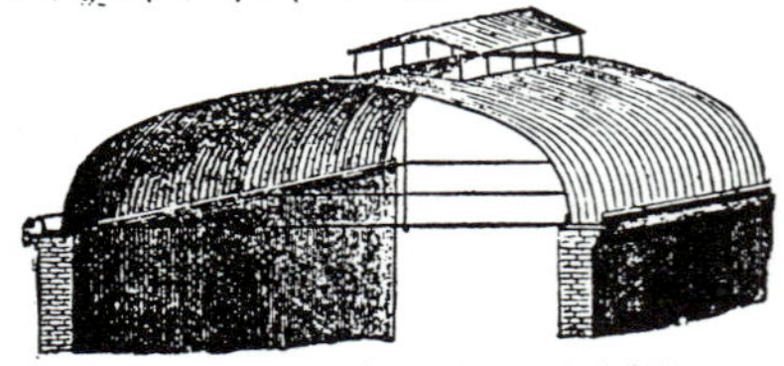

Ferner empfehle ich:

verzinkte flache Bleche nebst **gepressten Böden, gewellte Blech-, Reservoir-, Dampf- und Wasserheizungsröhren,** sowie **complette Ausführungen, Wetterlutten, Dampfwaschkessel** (Patent Hilgers), **Luftkessel** auf 3 Atm. probirt, Eimer etc., sowie **Blechconstructionen aller Art.**

Hilgers'sche Patentpfannen,

die **vorzüglichste** und **schönste Deckung für Wohnhäuser** und **überall** dort zu empfehlen, wo auf Bretterunterlage gedeckt wird.

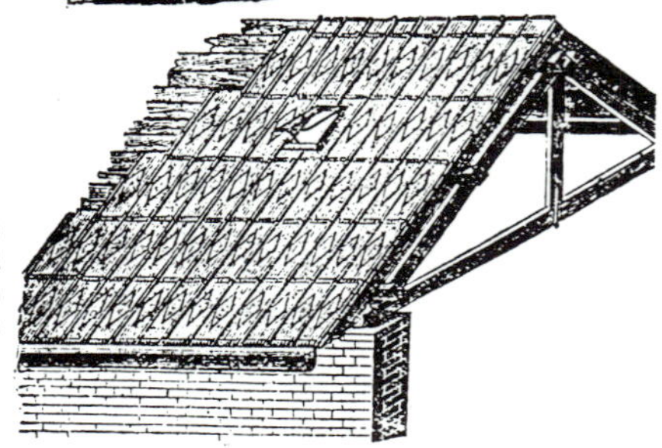

Lohnverzinkung

von Schmiede- und Gusseisen billigst.

Referenzen

über ausgeführte Arbeiten von hohen Behörden und Privaten aus allen Gegenden Deutschlands stehen zahlreich zu Diensten.

Von den vielen Hunderten von Dachausführungen hebe ich folgende hervor:

Arsenalbauten in Dresden	22 000	□-Meter	Bahnhofsbauten zu Hannover	23 000	□-Meter
Casernenbauten zu Saarburg	14 000	„	Perronhallen zu Magdeburg	10 000	„
„ „ St. Avold	10 000	„	Anhalter Bahnhof zu Berlin	12 000	„
Spinnerei St. Blasien zu St. Blasien	12 000	„	Zuckerraffinerie zu Java	14 000	„

Justizgebäude Stuttgart, Justizgebäude Dresden, Markthalle Frankfurt am Main, Schlachthaus Köln, Bahnhof Metz, Zwirnerei Göggingen u. s. w.

Entwürfe, Gewichts-Kostenberechnungen werden auf Wunsch gratis angefertigt. 669

der Sturm-Nacht vom 10. zum 11. Februar 1894 beim Stettiner Bahnhof, wo 880 m² Wellblecheindeckung abgehoben wurden. Da über dem flachen Scheitel der Hallenbogen ein dichtes Dach in Wellblech nicht herzustellen war, wurde über den vier mittleren Fachwerkfeldern eine sattelförmige Laterne angeordnet. Sie diente mit ihren durchgehenden waagerechten Schlitzen der Ventilation, und die zwischen die Bindersysteme verlegten Glasflächen ergaben Oberlichte im gleichen Rhythmus wie die Rundbogenfenster der Hallenlängswände. Das von den übrigen Bindersystemen abweichende Feld zwischen der nördlichen Hallenstirn und der ersten Binderachse hatte außer dem Oberlicht im First noch zwei weitere in der Mitte der halben Bogen erhalten, um den Kopfbahnsteig besser zu belichten, da aus den drei (seitlichen) Rundbogenfenstern nur aus der oberen Hälfte direktes Licht fiel (die untere Hälfte erhielt wegen des Dachanschlusses nur indirektes Licht, s. Schnitt B 187).
Die übrigen flachgeneigten Dächer dürften wohl in Asphaltpappe auf Holzschalung ausgeführt worden sein, wofür folgende beiden Firmen genannt werden: Die Neuchatel Asphalt Company (limited) London, Filiale Berlin in der Behren-Straße 52, die ihren Namen aus der Ausbeutung der Asphalt-Bergwerke im Kanton Neuchatel bezieht und bereits auf Asphalt-Straßen spezialisiert war; diese Firma kommt daher

5

76

selbstverständlich auch für entsprechende Fußböden in Betracht, worüber aber Angaben fehlen (B 274).

Des weiteren war die Firma Johannes Jeserich, Berlin SO, Wassergasse 18a beteiligt, die bereits am provisorischen Bahnhof an der Trebbiner Straße — offenbar zur Zufriedenheit der B.A.E. — gearbeitet hatte (B 275).

An dieser Stelle darf noch etwas Wichtiges auf dem hohen Dach nicht übersehen werden: der Blitzschutz! Er wurde von der (heute noch existierenden) Firma Xaver Kirchhoff in Berlin ausgeführt, die leider kriegsbedingt über keinerlei Unterlagen mehr verfügt, so daß deren Arbeit nicht näher beschrieben werden kann (B 276).

13. Der Baufortschritt 1879

Am Samstag, dem 24. Mai 1879, fand eine Besichtigung der B.A.E.-Neubauten durch die außergewöhnlich hohe Zahl von 220 Mitgliedern (A 175) des Architekten-Vereins zu Berlin statt, und wir wollen uns der Führung durch die Herren Lantzendörffer und Faulhaber anschließen, zunächst durch das Empfangsgebäude:

»Gegenwärtig ist das Gelände in den Umfassungswänden mit Ausnahme des südlichen Hallenabschlussbaues, dessen oberer Theil noch unvollendet ist, soweit fertig, dass schon mit dem Abbruch der Gerüste begonnen werden konnte. Der obere Theil des nördlichen Hallenabschlussbaues ist bereits freigelegt und lässt die eigenartige Architektur des Gebäudes erkennen. Die Montage der Eisenconstruction des Daches über der großen Empfangshalle ist nahezu vollendet, und schon ein grosser Theil der hölzernen Pfetten, welche das verzinnte Eisenwellblech unterstützen sollen, aufgebracht. Im Innern des Gebäudes sieht es zwar noch etwas wüst aus, indess ist man doch eifrig mit den Wand- und Deckenputzarbeiten beschäftigt und es gewinnt den Anschein, dass das Bauwerk nunmehr endlich seiner Vollendung rüstig entgegen schreitet…

Einen Blick warf die Gesellschaft noch auf die wirkungsvolle Facade des neuen Güterverwaltungsgebäudes, um dann einen bereit stehenden Extrazug zu besteigen, welcher sie in wenigen Minuten nach dem jenseits der Verbindungsbahn erbauten Werkstätten- und Rangirbahnhofe… brachte.« (A 176)

Während in den Vorjahren in der Berliner Tagespresse nur wenige Berichte über den Bau erscheinen, werden nun mit zunehmender Fertigstellung alle Veränderungen aufmerksam registriert. Am 6. August lesen wir in der »*National-Zeitung*«:

»Fahnenschmuck auf dem Anhalter Bahnhofe verkündete gestern eine Feierlichkeit. Es war der letzte Niet der größten Halle Berlins eingeschlagen worden.«, und Seidel schreibt am 5. an seine Frau, die in die Sommerfrische gefahren war: »*…heute bin ich etwas in Eile, weil um 6 Uhr ein Diner stattfindet zur Feier der Vollendung des Hallendaches.*« (A 177)

Leider erfahren wir nichts über Lokal, Teilnehmer, Speisen und Getränke… Man wüßte doch zu gerne, ob es sich um ein traditionelles Richtfest für alle handelte oder nur für einen ausgewählten Kreis…

Über weitere Arbeiten lesen wir wieder in der »*National-Zeitung*« am 21. August: *»Die Vorderansicht des neuen Bahnhofs der Berlin-Anhalter Eisenbahn auf dem Askanischen Platz wurde bis jetzt durch das Dienstgebäude der Eisenbahngesellschaft in der Königgrätzerstraße zum Theil verdeckt. Mit dem Abbruch des Gebäudes hat man heute begonnen und erhält gleichzeitig dadurch der Askanische Platz eine Erweiterung. Auch mit der Abrüstung der Seitenfront des Bahnhofs in der Möckernstraße ist man zur Zeit beschäftigt.«* Und am 29. August: *»Die prächtige gelbe Backsteinfaáde des neuen Anhalter Bahnhofs ist jetzt bis zur Höhe der Unterfahrt von den Baugerüsten befreit. Der nördliche Theil des Platzes ist bis auf die gärtnerische Ausschmückung und die Fontainen-Anlage vollendet und mit einer großen Anzahl Gaslaternen versehen worden.«*

Im Zusammenhang mit den fortschreitenden Putzarbeiten mußten nun die Leitungen für die Gasbeleuchtung verlegt werden (siehe Abschnitt 15.2), wofür am 13. September 1879 die Submission stattfand (B 277). Der Auftrag wurde gemäß der Firmenliste der Firma David Grove, Friedrich-Straße 24, erteilt, die auch die Wasserleitungen installierte. Diese Firma, 1864 gegründet, hatte für die B.A.E. bereits beim provisorischen Bahnhof in der Trebbiner Straße sowie bei anderen »prominenten« Bauten wie dem Hotel Kaiserhof, dem Reichstagsgebäude, der Reichsbank und

B 272 Annonce DBZ 1880
B 273 Tabelle aus Heinzerling: »Hochbauten mit eisernen Tonnendächern« Berlin 1878
B 274 Annonce BIA 1878
B 275 Annonce BIA 1878
B 276 Fa. Xaver Kirchhoff Berlin, gegründet 1861

A 175 Laut Bericht der Exkursions-Kommission im Durchschnitt hundert Teilnehmer
A 176 WAI 1879, S. 47f.
A 177 Deutsches Literatur-Archiv Marbach 69.6230/47

277 **Berlin-Anhaltische Eisenbahn.**

Die zum Bau des hiesigen neuen Empfangs-Gebäudes erforderlichen Gasleitungs-Arbeiten incl. Lieferung der hierzu erforderlichen Materialien sollen im Wege der öffentlichen Submission vergeben werden. Die speziellen und allgemeinen Bedingungen, sowie das Preis-Verzeichniss und Massen-Berechnung sind im Abtheilungs-Baubüreau Möckern-Strasse No. 12, 1 Treppe rechts gegen Erlegung der Kopialien in Empfang zu nehmen, auch liegen daselbst die Zeichnungen in den Vormittags-Stunden von 9 bis 1 Uhr zur Einsicht aus.

Die Offerten sind versiegelt und mit der Aufschrift versehen *„Submission auf Gasleitungs-Arbeiten zum Empfangs-Gebäude Berlin"* bis zum **13. September cr., Vormittags 11 Uhr,** in genanntem Büreau abzugeben, woselbst dann die Eröffnung derselben in Gegenwart der etwa erschienenen Submittenten stattfinden wird.

Berlin, den 27. August 1879.

Der Abtheilungs-Baumeister
A. Sillich.

278 **DAVID GROVE**
Berlin S.W.
24. Friedrich-Strasse 24.
FABRIK
für
Centralheizungen, Wasser- und Gas-Anlagen, Ventilation und Canalisation

liefert complete Einrichtungen von Ent- und Bewässerungs-Anlagen, Badeeinrichtungen und Closet-Anlagen, Centralheizungen verschiedenster Art, als Warmwasser-Mittel und Niederdruckheizungen, Heisswasserheizungen, Dampfheizungen, sowie combinirte Dampf-Wasser und Dampf-Luftheizungen nach den bewährtesten Systemen und langjähriger Erfahrung; auch übernimmt dieselbe die Lieferung hydraulischer Aufzüge nach den neusten, wirklich Sicherheit bietenden Constructionen.

Zur Anfertigung von Zeichnungen und Kostenanschlägen jeder Zeit bereit, leistet die Fabrik Garantie für die durch sie ausgeführten Arbeiten, — und unterhält Ausstellung ihrer Fabrikate und von englischen Fayence Geschirren ausser in der Fabrik selbst in dem Hôtel Kaiserhof und den Räumen des Architecten-Hauses. —

Hervorragende Anlagen wurden zur vollen Zufriedenheit der betreffenden Architecten durch die Fabrik ausgeführt: im Reichstaggebäude, dem Berlin-Anhalter prov. Bahnhof, der Preuss. Hauptbank, auf dem Terrain der Centralstrassen Actien-Gesellschaft, dem Hôtel Kaiserhof, der Deutschen Reichsbank, dem Königl. Garnison-Lazareth in Tempelhof etc.

279 **Gogoliner u. Gorasdzer Kalk- u. Produkten-Comtoir. Prerauer & Co.,** Dampfmörtelfabr. Kalk-, Cement-, Gips- u. Kohlenhdlg. SO Görlitzerstr. Prerauersches Haus. Inh. F. Jef., Julian und Elias Prerauer.

anderen Installationsarbeiten ausgeführt. Im Zusammenhang mit den Aufzügen werden wir der Firma Grove noch einmal begegnen (B 278).

Nach Fertigstellung der Dachkonstruktion finden nun noch Maurerarbeiten hauptsächlich an der Arkadenreihe der südlichen Hallenstirn über den drei großen Rundbögen (Durchmesser 15 m) statt sowie an den umlaufenden Gängen unter den Seitenbahnsteigen: hier sind nämlich die Futtermauern für die Aufschüttung der Gleise herzustellen, die gleichzeitig die Auflager für die Überwölbung bilden. Für diese Arbeiten mit ihrem Bedarf an Steinen, Mörtel und später Aufschüttungsmaterial wird das Zufuhrgleis samt Mörtelanlage noch bestanden haben; jetzt aber, nachdem diese Arbeiten sukzessive zum Abschluß kommen, werden diese Anlagen abgebaut und das Gleis — auf dem Niveau der Drehbrücke liegend — mit der zunehmenden Aufschüttung aus der Halle herausgenommen. Die neue Eisenbahnbrücke über den Kanal war bereits im Herbst 1878 fertiggestellt worden, die Überbrückung des Halleschen Ufers, das als Straße erst nach 1884 in Betrieb genommen wurde, war im Mai 1879 beendet. Die Verlegung des Brückenteils über dem Tempelhofer Ufer konnte erst nach Abbau des Zufuhrgleises erfolgen, da unter dieser neuen Brücke die Straße abgesenkt werden mußte (siehe Kapitel II Abschnitt 2). Es kann angenommen werden, daß ab Herbst 1879 diese Gleis- und Brückenbau-Arbeiten beendet waren und für die restliche Materialanfuhr, besonders für die noch fertigzustellende Aufschüttung, ein Baugleis auf dem oberen, endgültigen Niveau zur Verfügung stand. An schweren Materialien mußten zu dieser Zeit ja noch immer angeliefert werden: Bauglas in großen Mengen für die riesigen Hallenfenster; Fußboden-Fliesen aller Art für Vestibüle, Flure, Toiletten, Küchen etc.; Naturstein-Kanten und Belagsplatten für die Bahnsteige. Diese Materialien kamen teilweise von weither und per Waggon direkt auf die Baustelle.

Mit dem Abbau der Mörtelmischanlage war man nun allerdings auf eine andere Herstellung angewiesen. Jetzt wurde der Putzmörtel von der Firma Prerauer & Co., Mörtelwerke am Görlitzer Ufer, bezogen (B 279). Dort wurde der Kalk direkt von der Görlitzer Bahn und der Sand per Kahn angeliefert, dann per Handkarren in die hochliegenden Siebwerke bzw. Mörteltrommeln geschafft, aus denen der fertige Mörtel über Rinnen in die Mörtelwagen lief. Die Beladung eines Wagens mit 2 m^3 Inhalt dauerte sechs Minuten schon 1879. Die Fabrik lieferte wöchentlich ca. 2.000 m^3 Fertig-Mörtel für die verschiedensten Neubauten in Berlin.

Doch nicht nur innen, sondern auch außen wurde kräftig weitergearbeitet. Am 30. September war der Abbruch des alten Verwaltungsgebäudes Askanischer Platz Nr. 7 beendet und am Tag darauf — wie die »*Vossische Zeitung*« am 1. Oktober 1879 schrieb — »*sollte der ganze, vor dem neuen Empfangsgebäude gelegene Platz von der Eisenbahn-Direction dem Magistrat zur Pflasterung übergeben werden. Zwei alte Steinlinden auf dem Platze sollen stehen bleiben und, wenn möglich, mit in die Gartenanlagen hineingezogen werden*«, was auch geschah, wenn wir die Aufnahmen aus der ersten Zeit richtig deuten.

Einem Bericht der »*National-Zeitung*« vom 1. November 1879 entnehmen wir, daß die äußere »*Ausschmückung durch Gitterwerke, Reliefplatten und Figurengruppen*« noch nicht ausgeführt sei, was demnach wohl erst im Frühjahr 1880 erfolgte.

Es ist vor allem Joseph Beuys, der diesem Natur- bzw. Kulturpessimismus konstruktiv entgegenzuwirken sucht. 1982 startete er die Aktion »7000 Eichen«. Unter dem Motto »Stadtverwaldung« ging es ihm um die Zukunft der zubetonierten Stadt, die durch die Pflanzung junger Bäume bis über die Jahrtausendwende hinaus wieder lebenswert werden soll. Im Regenerationsprozeß eröffnen sich durch Beuys Überlebensmöglichkeiten für Natur und Umwelt, eine Chance für die Zukunft, die wahrzunehmen ist.

Giuseppe Penone, Eva, 1984

Diskussion. Man erkannte, daß Natur, Umwelt und Lebensgefühl unlösbar miteinander verbundene Komponenten sind, und die Bedrohung der Natur gleichzeitig eine Bedrohung der Menschheit bedeutet.

Den Künstlern – von jeher besonders sensibel auf Zeitstimmung reagierend – wird ab diesem Zeitpunkt Natur mehr und mehr Spiegelbild gegenwärtiger Zivilisation. Die Auseinandersetzung vollzieht sich kaum mehr im Abbildhaften als in der Suche nach neuen Ausdrucksmöglichkeiten, in denen dem veränderten Naturbegriff angemessene Form verliehen werden kann. Es werden innovative Kunstmittel eingesetzt, die sich in rasantem Wechsel, bzw. Nebeneinander während der 60er Jahre entwickelt hatten, beispielsweise Video, Performance und Rauminstallationen. In der Auseinandersetzung schwanken die Künstler zwischen Aggression und Depression, zwischen Anklage und Fluchtgedanken, zwischen autonomem Kunstwerk und gesellschaftsrelevanten Rettungsvorschlägen.

Das inhaltliche Spektrum des Naturthemas ist vor allem in dem traditionellen Mittel der Malerei weit gespannt. Es bewegt sich zwischen den beiden Polen des freien

Bitte wenden

HA Schult, Schuttlandschaft (Anhalter Bahnhof)

14. Der Innenausbau

280

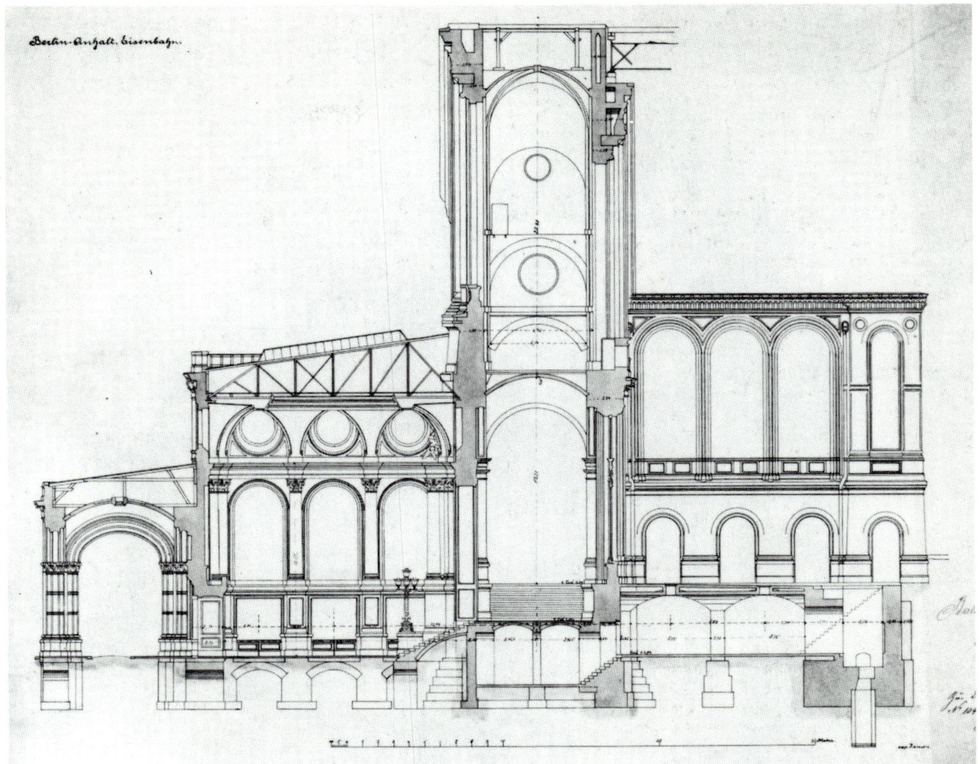

Trotz intensiver Suche ist es nicht gelungen, von den zahlreichen Innenräumen photographische Aufnahmen zu finden; eine erfreuliche Überraschung bilden jedoch drei Aufnahmen, welche das Eingangsvestibül, den K.K.-Abfahrtssalon und den Wartesaal II. Klasse zeigen. In Verbindung mit den in der Bauakte erhaltenen Ausführungsplänen lassen sich diese Bereiche hinreichend dokumentieren. Da diese Quellen aber keine Farbaussagen machen, sind wir hierfür auf damalige Berichte oder noch lebende Augenzeugen angewiesen. Von Schwechten ist außerdem eine Farbstudie für den Korridor erhalten, so daß wir diesen Raum ebenfalls mitbetrachten werden; ebenso wie die Perronhalle, da über deren farbliche Behandlung als »Innen-Raum« auch einige Angaben vorliegen.

Wir betreten nun zunächst das Eingangsvestibül (B 280 bis B 283) durch eine der drei Türen von der Unterfahrt her und befinden uns in einem über 400 m² großen und 16 m hohen Raum, links die Fahrkartenschalter, rechts die Gepäckannahme und in der Mitte — dem Eingang gegenüber — die große Treppe. Denn dies ist die architektonische Funktion dieses Raumes: vom Niveau des Askanischen Platzes überzuleiten auf die hochliegenden Bahnsteige; deshalb auch die Höhe als Vorankündigung für die noch größere Halle, in die unser Blick durch das Mittelfenster sogleich beim Eintritt gezogen wird. Die Treppe ist dreiläufig angeordnet, wodurch von der zu überwindenden Höhe zunächst nur eine Hälfte sichtbar wird. Diese kluge Absicht ergibt jedoch eine problematische Publikumsführung, weil es für den Eilenden nicht gleichgültig ist, ob er sich auf dem Zwischenpodest nach rechts (zur Abfahrts-) oder nach links (zur Ankunfts-Seite) wendet.
Die Belichtung erfolgt im wesentlichen durch eine flachliegende Glasdecke mit Rechteck- und Diagonal-Feldern, die ihr Tageslicht durch ein darüberliegendes Glasdach aus einzelnen Satteldach-»Raupen« erhält. Außerdem fällt durch die drei Rundfenster über der Unterfahrt etwas direktes Licht und indirektes durch das erwähnte große Hallenfenster. Die Licht- und Helligkeits-Verteilung entspricht den angestrebten Überraschungseffekten: von der niederen Unterfahrt in das hohe Vestibül mit Oberlicht, dann über die Treppe und den Korridor, die nur indirekt und etwas schwächer belichtet sind, in die große tageshelle Halle (B 284 und B 285).
Stilistisch finden wir nun im Gegensatz zum äußeren strengen Backstein-Raster, in welches sich alle Schmuckteile in einheitlichem Material einfügen, eine unerwartete und zunächst fremd wirkende Opulenz an Renaissanceformen in verschiedenen Materialien und Farben: Über einem Sockel, dessen Paneelflächen aus rötlich-braunem Stuckmarmor und die Profile aus echtem polierten schwarzen Marmor mit weißen Adern bestehen, erhebt sich eine Wandgliederung aus Halbsäulen mit Rundbogennischen und kräftigem, verkröpften Gesims, über dem eine Zwickel-Voute zur Glasdecke überleitet. Auf der Treppenseite ist die Wand durch freistehende Doppelsäulen beiderseits des Portals und durch zwei schmalere Rundbogenöffnungen zum Korridor hin triumphbogenartig »gehöht« — sowohl informationstheoretisch durch die Motivauswahl als auch in der plastischen Ausbildung. Die Säulen sind mit rotbuntem Stuckmarmor überzogen und tragen reiche Kompositkapitäle aus weißem Stuck. Die Nischen haben eine mattbläuliche Färbung. In die Voute sind über den Rundbogen Medaillons eingeschnitten, die auf goldenem Grund die Wappen der von der B.A.E. berührten Städte zeigen. Die beiden Figurengruppen auf den Doppelsäulen allegorisieren »Wissenschaft« und »Industrie«. Diese Detailangaben entnehmen wir einer Beschreibung von Dr. A. Zehlicke (ehemals Redakteur der Spener'schen Zeitung) für die Leipziger »Illustrirte Zeitung« vom 26. Februar 1881, worin aber leider

B 277 Submissions-Annonce
B 278 Annonce BIA 1877/78
B 279 Firma Prerauer & Co. 1889 in den »Vereinigten Mörtelwerken« aufgegangen.
B 280 Eingangs-Vestibül, Querschnitt von Unterfahrt bis Kopfbahnsteig, aus Bauakte
B 284 Eingangs-Vestibül, Aufnahme: Rückwardt 1881 aus Plansammlung TUB
B 285 Eingangs-Vestibül, Holzschnitt von G. Theuerkauf für die LIZ vom 26.2.1881 unter Verwendung einer photografischen Aufnahme von Rückwardt

285

282

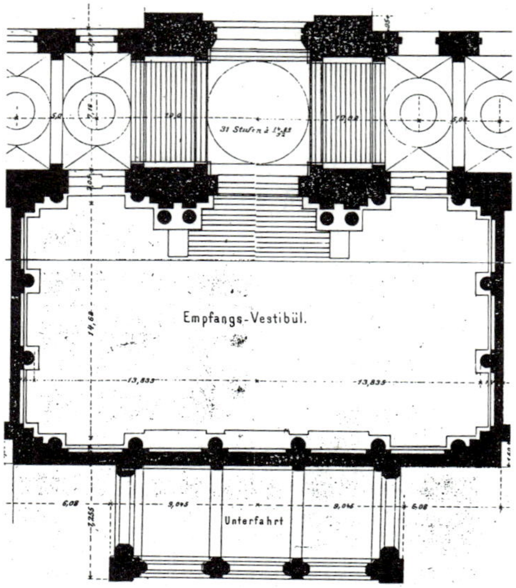

28

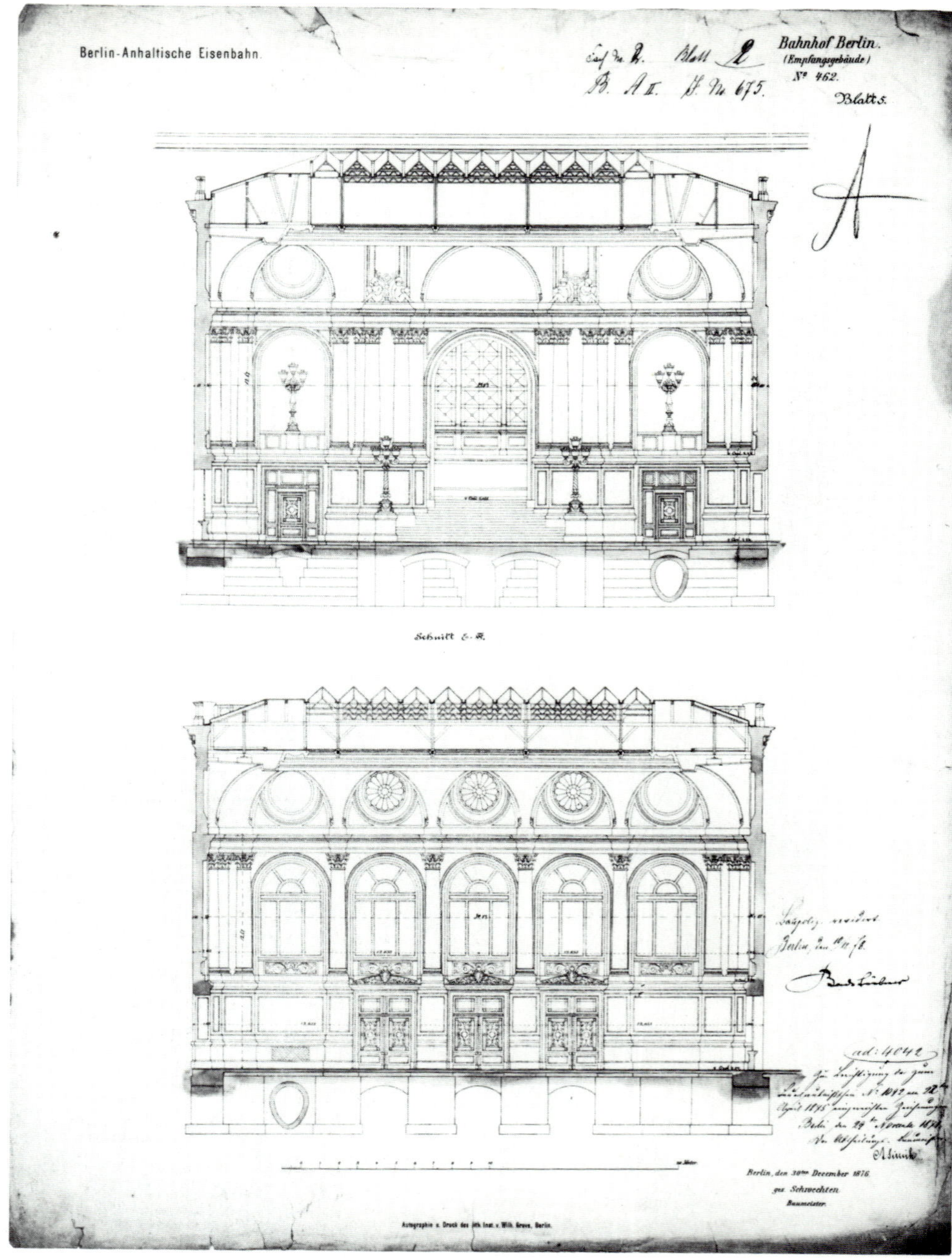

28

die Farbangaben für die Glasdecke und den Fußboden fehlen; wir können aber annehmen, daß letzterer in den üblichen Standardtönen gehalten war: die Mosaikfliese sandfarben und die Diagonalplättchen rötlichbraun.

Die vorherrschenden Brauntöne (Rotbraun bis marmoriertes Schwarz) mit dem Blau-Kontrast und dem Gold der Bemalung und der Bronce-Leuchter ergeben eine starke suggestive Wirkung: die Reise wird ein Fest! Die architektonische Sprache dieses Raumes, der Renaissance entlehnt und dem kosmopolitischen Selbstverständnis des Bürgertums entsprechend, soll auf eine Reise einstimmen ins »Elbflorenz«, nach Wien oder Rom, auf den »klassischen« Routen der B.A.E. (A 178).

In gleicher Weise wird den in Berlin Ankommenden sogleich im Ausgangsvestibül vorgeführt, in welchem Stil hier »repräsentiert« wird (B 286 bis B 288). Während der

286

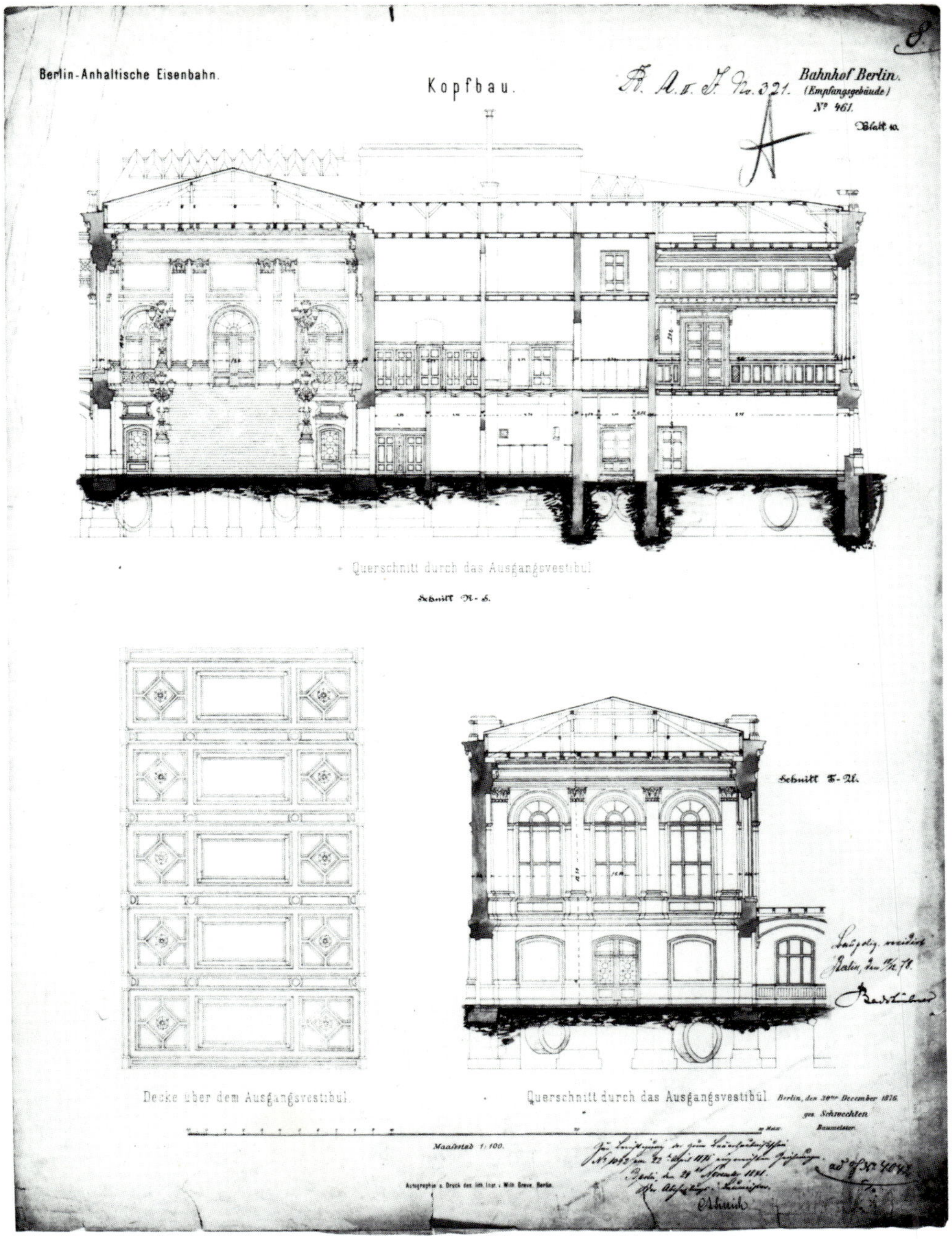

287

288

Raum nach außen in der Tradition des Berliner Rundbogenstils — im schlichten Backsteinmaterial — erscheint, wird innen eine kräftige Renaissance-Dekoration aufgetragen. Wenn die betriebliche Funktion dieses Raumes den Zugang zur Gepäckausgabe, zum Droschkenhalteplatz, zur Straße und zum Platz vermitteln soll, so ist die architektonische Funktion diejenige eines Foyers: Auftakt zum großen Theater der Hauptstadt des Reiches!

Wir wollen nun noch einige ausführende Firmen kennenlernen und beginnen mit dem Fußboden: Durch die »*Baugewerks-Zeitung*« 1880, Nr. 50 erfahren wir, daß sowohl im Eingangs- als auch im Ausgangsvestibül (an der Möckern-Straße) die Fliesen aus der Mosaik-Platten-Fabrik Sinzig am Rhein stammten und durch die Berliner Vertretung N. Rosenfeld & Cie., im Kaiserhof, Eingang von der Mauer-Straße, verlegt wurden (B 289). Die Preise reichten von 7 Mark/m^2 für einfarbige Beläge bis 18 Mark (was nach dem Preisindex heute wohl die Verlegung beinhaltete), so daß sich der Gesamtauftrag bei einem geschätzten Preis von 10 Mark auf ca. 6.500 Mark belaufen haben dürfte.

Für die Stuckarbeiten in diesen Räumen werden die berühmten Gebrüder Dankberg genannt, und diese Firma verdient es, etwas eingehender betrachtet zu werden. Der Gründer, F.W. Dankberg, 1819 in Halle bei Bielefeld geboren und 1839 als armer Tischlergesell nach Berlin gekommen, wollte auf der Akademie Bildhauerei studieren, mußte aber aus materiellen Gründen diese Studien abbrechen und eröffnete 1843 in der Zimmer-Straße Nr. 84 im Hause des Maurermeisters Schneider ein Atelier, der ihm wohl auch die ersten Aufträge vermittelte. Persius und Strack wurden auf den jungen Mann aufmerksam, und Dankberg führte als erste große Arbeit nach Zeichnungen von Strack sämtliche Skulpturen für das Borsigsche Etablissement in Moabit aus. Daran schlossen sich Arbeiten für die Schlösser in Babelsberg und Schwerin an, ferner für die Orangerie in Sanssouci, für zahlreiche Privathäuser von Hitzig, Adler,

B 281 Eingangs-Vestibül, Schnittansicht Richtung Perronhalle, Ausführungsplan 30.12.1876 B.A.E.-Nr. 462, aus Bauakte

B 282 Eingangs-Vestibül, Grundriß: Auschnitt aus Ausführungsplan 20.3.1877 (siehe B 179)

B 283 Eingangs-Vestibül, Schnittansicht mit Blindfenstern Richtung Unterfahrt, Ausführungsplan 30.12.1876 B.A.E.-Nr. 462, aus Bauakte

B 286 Ausgangs-Vestibül, Innenansicht zum Bahnsteig

B 287 Ausgangs-Vestibül, Innenansicht nach Osten, Ausgang zur Möckern-Straße

B 288 Ausgangs-Vestibül, Kassetten-Decke, Ausführungsplan 30.12.1876 B.A.E.-Nr. 461 aus Bauakte

A 178 Zum Kommunikationsablauf beim Bahnhof und Theater vgl. G. Friedl: »Der Architekt W. v. Flattich«, Wien 1979, S. 156: »*...die 'Zuschauer' spielen als Passagiere mit. Schon beim Betreten der Halle vom Vestibül aus sind die Karten vorzuweisen. Sodann blicken sie in die helle Halleneinfahrt und erwarten den Auftritt des Zuges. Die 'Bühne' ist nämlich unendlich weit in die Landschaft hinaus verlängert, und die Reisenden erleben und spielen auf ihr das für das Jahrhundert so bedeutsame Schauspiel der Fortbewegung. ...auf dem Bahnhof setzte sich das Jahrhundert in Szene, feierte das Bürgertum den Fortschritt. Die rigorose Klassenteilung blieb bestehen.*«

289

290
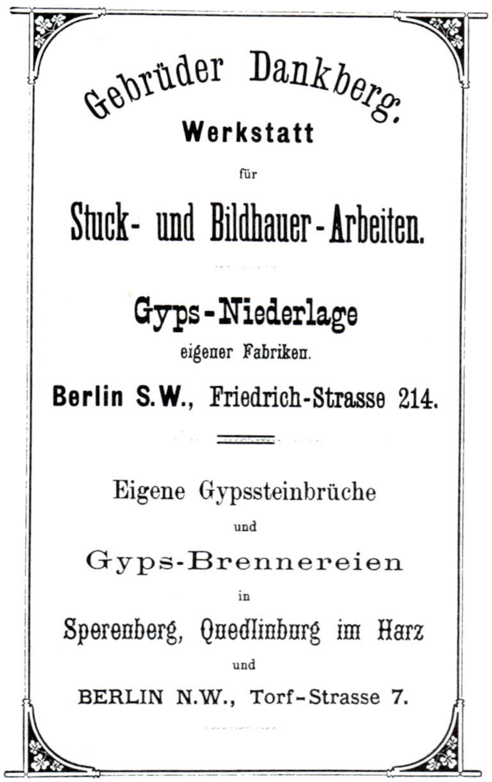

291
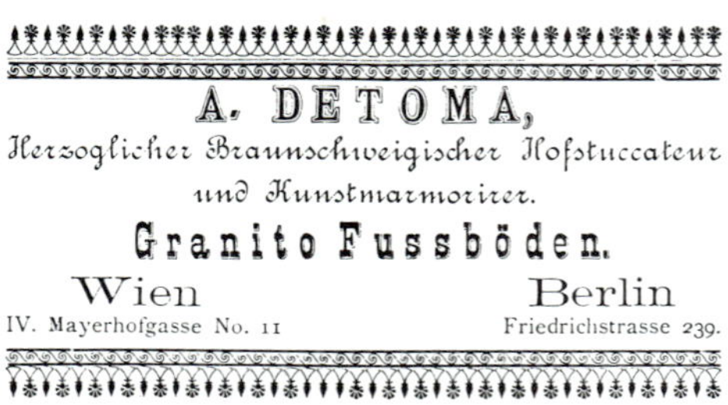

Gropius und vielen anderen. Wegen der Ausweitung seines Geschäfts hatte er seine Brüder Karl und August herbeigerufen und sich auf einem eigenen Grundstück in der Friedrich-Straße 214 Ateliers und Ausstellungsräume erbaut. Das Gebäude, das speziell für die Modell-Sammlung *»für architektonische Ornamentik«* errichtet wurde, *»enthält einen großen Mittelraum mit Oberlicht, der von beiden Seiten durch je eine Reihe von vier kleinen Piecen flankirt wird. In dem Mittelraum sind hauptsächlich die großen Sachen aufgestellt, kolossale Büsten und Figuren, Säulen, Karyatiden, Kapitäle, etc. ... Betreten wir nun die kleineren Gemächer, ... so finden wir in dem ersten hauptsächlich Konsolen in allen Stilen, Größen und Formen: antik, Renaissance und modern. Die Decke ist ... dazu benutzt, Deckeneintheilungen und Gesimse in mannigfaltigsten Proben zu zeigen. Die zweite Abtheilung enthält Kapitäle und Pilaster in etwa 200 Stück Mustern, die dritte ornamentale Reliefs und Portraits, die vierte und fünfte kleinere Friese von feinerer Arbeit und Durchführung, die sechste ebenfalls Friese, aber von streng griechischem Charakter, die siebente gothische und barocke Ornamente, die achte endlich kleinere architektonische Gliederungen.«* (B 290 und A 179)

Das Zeitalter der Massenfabrikation und des Historismus hatte also auch diesen Zweig handwerklich-künstlerischer Produktion ergriffen und wie man lesen kann, waren die Gebrüder mit ihren Gehilfen fähig, jeden Bedarf und »Geschmack« zu befriedigen.

Mit ähnlicher Perfektion zum Ersatz von natürlichen Materialien durch künstliche wurden die Paneelflächen und Säulenschäfte mit Stuckmarmor überzogen. Hierzu wurde die Firma des Italieners A. Detoma herangezogen, die in der Friedrich-Straße 239 saß und außerdem in Wien eine Filiale hatte (B 291). Detoma war speziell als *»Kunstmarmorirer«* bekannt, aber er führte auch Mosaik- und andere Arbeiten aus, wie beispielsweise zu gleicher Zeit im Kunstgewerbe-Museum Terrazzo-Fußböden.

Eine kurze Beschreibung der Anfertigung von Kunstmarmor entnehmen wir der *»Kunst im Handwerk«* (Wien 1872): *»Fein gesiebter Gyps wird mit Leimwasser zu einem Teige geknetet und unter Zusatz der gewünschten Farben zu größeren und kleineren Kugeln geformt, die man bunt neben einander legt und mit einer die Adern bildenden Brühe aus Gyps, Leimwasser und Farbe übergießt. Aus der ganzen Masse wird dann ein großer Ballen gebildet, den man in Scheiben schneidet, die angefeuchtet auf den rauhen Putz der Wand gelegt, und mit der Kelle festgestrichen werden. Ist die Fläche erhärtet, so wird sie gehobelt und wiederholt polirt, bis vollkommene Glätte und ein gewisser Glanz hergestellt ist.«*

Für die Malerarbeiten werden in der Firmenliste insgesamt vier Firmen genannt. Aufgrund von Arbeiten, mit denen der Malermeister F. Richter, Hedemann-Straße Nr. 12, hervorgetreten ist, könnten die Renaissance-Ornamente sehr wohl von ihm stammen. Auf der Gewerbe- und Industrie-Ausstellung in Wittenberg 1869 stellte er Ornamentfelder für Gewölbeflächen und Zierfelder für Pilasterfüllungen aus, die er im Auftrag der Architekten Ende & Böckmann gemalt hatte. Er arbeitete an der Ausmalung des Kunstgewerbe-Museums mit und führte für die Gewerbeausstellung in Berlin 1879 in den Einrichtungs-»Cojen« Malereien aus (Wohnzimmer in bombastischer Neo-Renaissance, entworfen von Ihne & Stegmüller); zum 6. Deutschen Malertag im November 1879 in Berlin stellte er Friese, Cassettenfelder und Pilasterfüllungen »in« Renaissance aus: Er scheint also einer der Spezialisten für den Hauptstil des neugeschaffenen Reiches gewesen zu sein. Die Ornamente bestehen übrigens hauptsächlich aus Blüten- und Blätter-Rankenwerk, wie sie in den damaligen Vorlagen-Büchern und Zeitschriften üblich waren und mehr technische Perfektion als künstlerische Erfindungskraft verraten.

Auf ein interessantes Ausstattungsstück ist noch hinzuweisen: die an die (seit 1854 in Berlin bekannten) Litfaß-Säulen erinnernden Anschlagflächen für Fahrpläne und andere Bekanntmachungen. Übrigens waren bereits damals die Fahrpläne auf gelbem und weißem Papier gedruckt, aller-

292

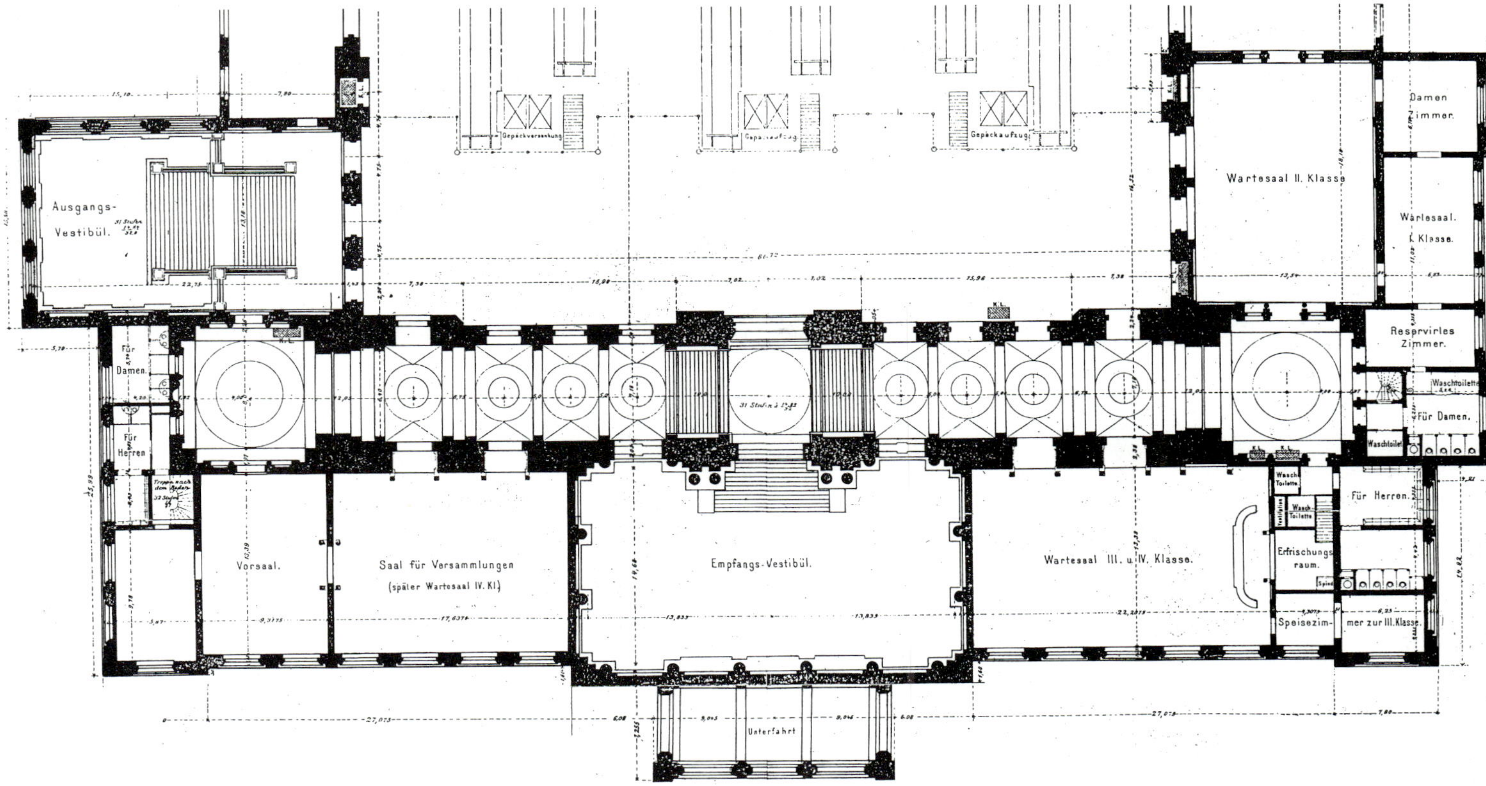

dings bedeutete (seit 1878) Gelb das eigene Netz und Weiß die Anschlußbahnen.

Wir werfen jetzt einen kurzen Blick in die (rechts d.h. westlich) anschließende Gepäckannahme, in der es wesentlich »sachlicher« zugeht: eine Doppelreihe gußeiserner Säulen trägt eine Holzbalken-Decke; längs läuft ein niederer, hölzerner Annahmetisch bis zu dem kleinen Schalterraum, der sein Licht aus dem Vestibül erhält — vor Einblick geschützt durch einen kleinen Vorhang im unteren Teil des Fensters.

Nun steigen wir über die große Treppe hinauf in den sogenannten Korridor, der den Zugang einerseits zum Querbahnsteig (Kopfperron) vermittelt und andrerseits zu den verschiedenen Wartesälen, Konferenzräumen und W.C.. Er bildet das Hauptgeschoß der zweischaligen nördlichen Hallenstirn: Sein »Fundament« sind (zu ebener Erde) Gepäck- und andere Nebenräume, seine Überwölbung bildet den Boden für die neunbogige Doppel-Arkade, die zum Platz hin verglast, zur Halle aber offen ist und eine Loggia bildet. Um die Verbindungsfunktion erfüllen zu können, mußte der Korridor länger sein als der Querbahnsteig, was sich in der äußeren Erscheinung in den runden Oberlicht-Aufsätzen beidseits der Eckpylone abzeichnet; im Innern betragen seine Maße: Länge 87 m, Breite 7 m, Höhe bis zum Scheitel der Kappengewölbe 13 m. Im Sinne eines Auftakts zur großen Halle ist seine Belichtung abgeschwächt und seiner Lage entsprechend nur indirekt: Das Mittelfenster belichtet Treppe und Podest, rechts und links davon befinden sich in den je vier Achsen entsprechend der zweigeschossigen Wandgliederung die verglasten Türen und Biforien zur Halle hin, und zur Aufhellung der Gewölbezone sind im Kappen-Scheitel kreisrunde Oberlichte eingeschnitten. Die vollständig durch angrenzende Räume umbauten quadratischen Endräume sind durch die erwähnten Oberlichte ausschließlich von oben belichtet (B 292).

K.E.O. Fritsch schreibt am 11. Dezember 1880 in der »DBZ«: »*Unter den übrigen Räumen des Inneren ist es die große vor dem Kopf-Perron liegende Korridor-Halle, deren Wirkung wir hier nochmals als eine ganz einzig dastehende, unvergleichliche hervorheben müssen, wenn ihre dekorative Ausstattung auch zunächst noch eine sehr schlichte, in den beiden größeren Endräumen sogar etwas dürftige ist. Weniger die Sucht zu sparen als die Hast, mit der die Fertigstellung des Baus beschleunigt wurde, haben es, hier wie in den Wartesälen, veranlasst, dass der Architekt seine ursprünglichen Dekorations-Absichten wesentlich einschränken mußte.*« Über diese Absichten ist bis jetzt nichts bekannt geworden; auch nicht darüber, ob die von Fritsch in der »DBZ« am 1. Februar 1879 formulierte Idee mit den Vorstellungen des Architekten in Verbindung oder in Übereinstimmung stand: »*Namentlich wünschten wir, dass die große Korridor-Halle des Hauptgeschosses dereinst den Schmuck monumentaler Wandgemälde erhalte, die in diesem herrlichen Raume nicht allein trefflich zur Geltung gelangen, sondern an einer sol-*

B 289 Annonce BIA 1877/78
B 290 Annonce BIA 1877/78
B 291 Annonce aus »Bau- und Kunstgewerbe-Zeitung für das Deutsche Reich« 1886
B 292 Korridor-Grundriß: Ausschnitt aus Ausführungsplan 20.3.1877 (siehe B 179)

A 179 Dr. M. Schaßler in RZPB 1867, Sp 17f

293

294

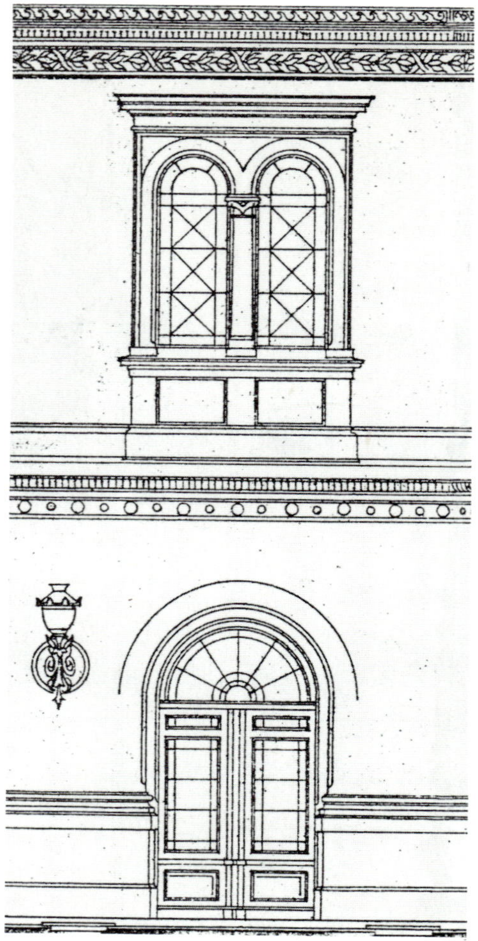

chen, täglich von Tausenden besuchten Stelle auch den nachhaltigsten Einfluss auf die künstlerische Erziehung des Volkes ausüben würden — einen nachhaltigeren und größeren Einfluss jedenfalls, als sämmtliche für Museen bestellte oder in schwer zugänglichen Sälen ausgeführte Bilder.« —

Ungeachtet der Frage, ob sich in bezug auf die Raumgliederung mit Pilastern, Gewölbejochen, Fenstern und Türen eine *»monumentale«* Wandmalerei hätte realisieren lassen, läßt sich heute mit Sicherheit nur feststellen, daß eine solche Ausmalung nicht zustande kam. Aus dem Text von Fritsch Ende 1880 — also ein halbes Jahr nach Eröffnung des Bahnhofs — könnte man sogar schließen, daß die Malerarbeiten in diesem Raum überhaupt nur provisorisch abgeschlossen waren, wodurch sich auch der von Schwechten signierte und mit 1881 datierte Entwurf (B 293) richtig verstehen ließe: Die Ausmalung hätte demnach erst 1881 oder später stattgefunden. Gegen diese Annahme spricht aber, daß Malerarbeiten in diesem Verkehrsraum — ein Jahr nach Eröffnung völlig unverständlich und mitten in den Verstaatlichungs-Debatten auch sehr unwahrscheinlich — den Strom der Reisenden stark gestört hätten. Auch wäre in Betracht zu ziehen, daß sich Schwechten bei der Datierung (die vielleicht erst zur Ordnung seines Nachlasses erfolgte) geirrt hat; und zuletzt natürlich handelt es sich um einen Farb-Entwurf, der gar nicht ausgeführt wurde. In der Farbgebung gibt es aber zum Vestibül sehr viel Ähnlichkeit, so daß sie doch kurz erwähnt werden soll: das Sockelpaneel in rötlichem Braun, eingefaßt von schwarzmarmorierten Fußleisten und Profilen; darauf Pilaster samt Gebälk und Tür- und Fenstereinfassung in gebrochenem Weiß (vielleicht Marmor meinend); das Wandfeld um die Türe in blassem Türkis, eingefaßt von gelblichen und rotbraunen Bändern; auf den Gurtbogen-Untersichten goldenes Rankenwerk auf bräunlichem Grund; ebenfalls in Gold abgesetzt die Ornamente auf den Stuckprofilen.

Es ist anzunehmen, daß die Ausführung diesem Entwurf ziemlich nahe kam. Frappierend ist der abrupte Übergang vom stuckierten Innenraum zur Backsteinfassade der Halle, die an dieser Stelle zum Außenraum wird; man ist auch ziemlich irritiert durch das Schalten und Walten mit historischen Zitaten hinter- und übereinander: Dem Renaissance-Portal auf der Korridor-Seite entspricht zur Halle hin eine prägnante Öffnung im Berliner Rundbogenstil und dem »romanischen« Biforium im Obergaden der einschiffigen Korridor-Halle ein Frührenaissance-Fenster, ähnlich dem Stülerschen am Domkandidatenstift (B 294). In dieser Vielfalt, die sonst an diesem Bau nicht anzutreffen ist, kündigt sich der Stil-Pluralismus des Historismus — nun auch in der Person Schwechtens — deutlich an.

Von der östlichen Hälfte des Korridors erreicht man die Versammlungsräume, welche die Eisenbahn-Gesellschaft für ihre Zwecke vorsah und die den östlichen Teil des Obergeschosses des Kopfbaus einneh-

BERLIN

Anhalter Bahnhof

– aussen

(1960)

73 326

295

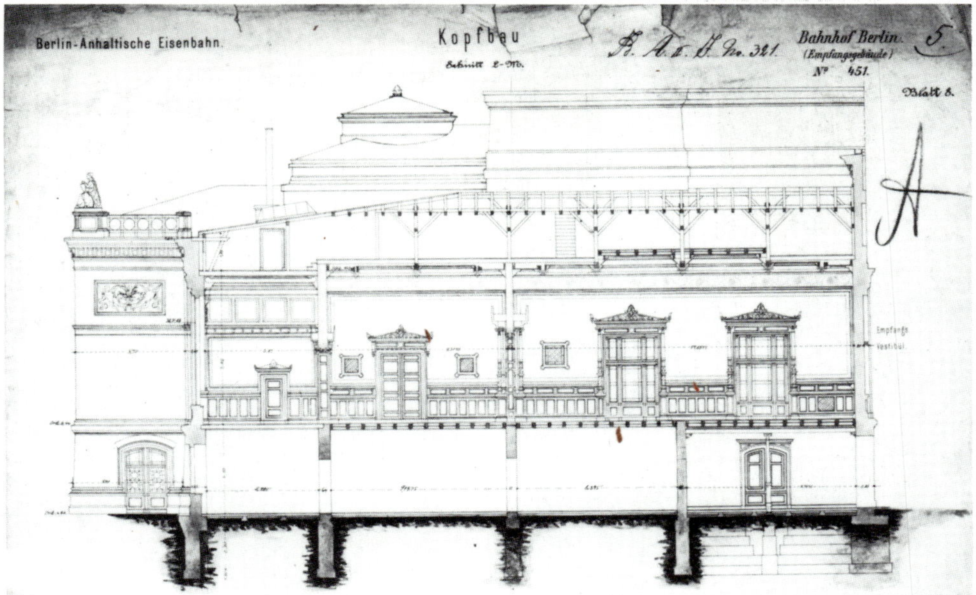

296

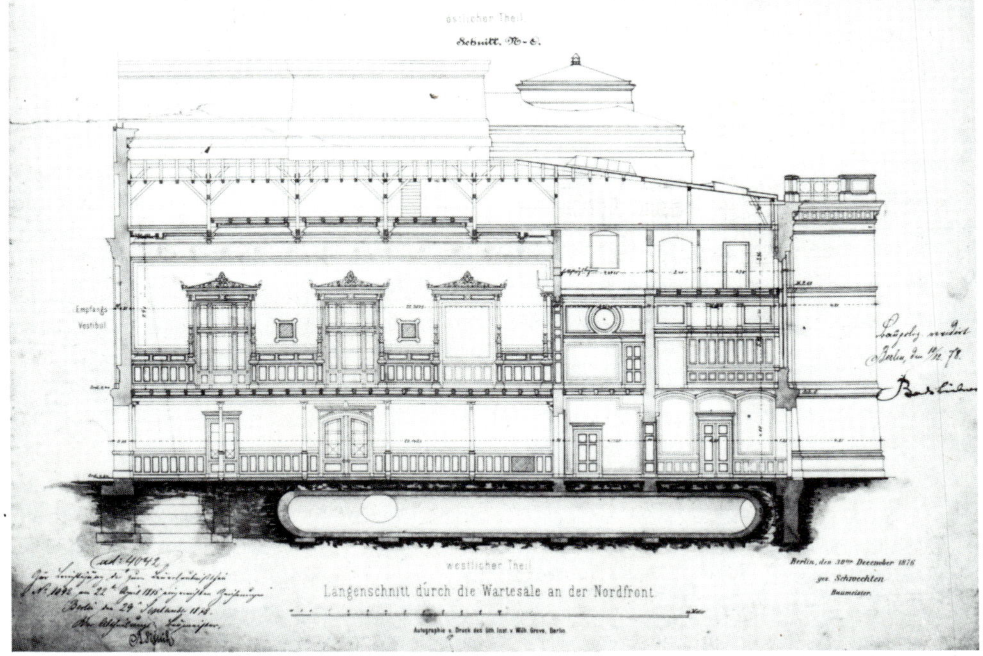

297

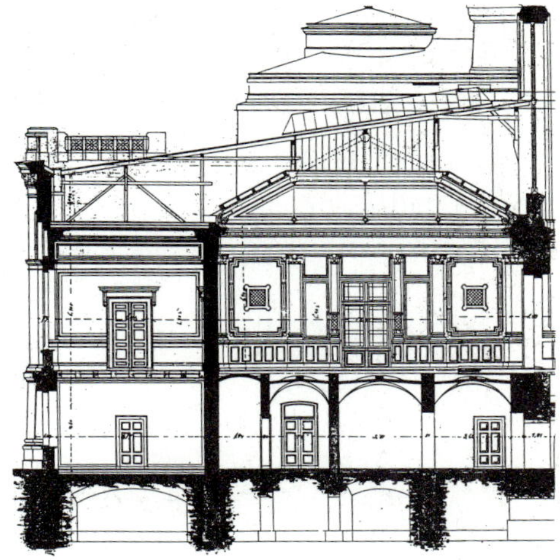

298

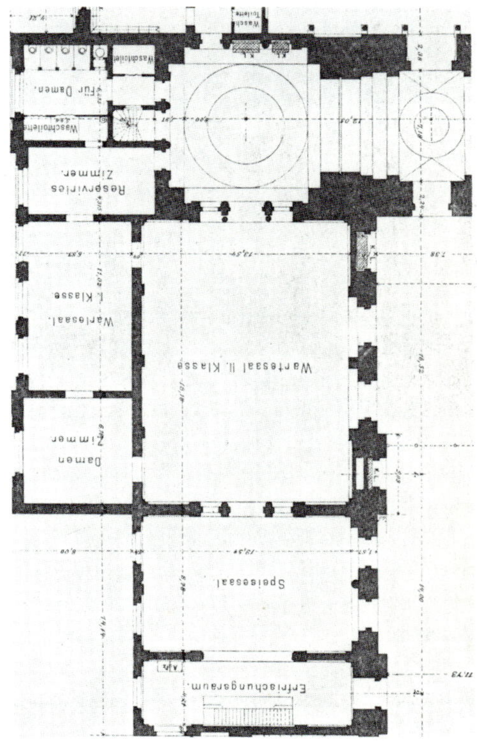

men. Hier konnten die Aktionärsversammlungen stattfinden, Sitzungen der Direktion und des Verwaltungsrates, Empfänge für Direktionen anderer Privat- und Staatsbahnen — die B.A.E. führte seit 1853 die Geschäfte des Vereins Deutscher Eisenbahn-Verwaltungen. Von diesen Räumen ist ein Schnitt erhalten (B 295) mit Blick auf die Korridor-Wand, in welcher die 4,20 m hohen Türen dominieren; einschließlich der säulengetragenen Supraporten sind sie sogar 6,00 m hoch. Bemerkenswert sind ferner das 1,80 m hohe Holzpaneel, ein umlaufender gemalter Fries unter der Kassettendecke sowie die Wandauslässe der Luft-Heizung.

Symmetrisch zu den vorerwähnten Räumen liegen auf der westlichen Seite des Korridors der Wartesaal III. Klasse samt Buffet und Nebenräumen, mit den gleichen Mitteln gegliedert und gestaltet (B 296). Die gewaltige Höhe des Wartesaals von 7,90 m ist bei den Nebenräumen derart reduziert, daß in Kämpferhöhe der Rundbogenfen-

B 293 Korridor-Wand, Innenansicht, kolorierte Zeichnung von Schwechten, datiert 1881

B 294 Korridor-Wand, Hallen-Seite, Ausschnitt aus Ausführungsplan 1876 (siehe B 193)

B 295 Östlicher Kopfbau, Schnitt durch die Versammlungsräume der B.A.E. Ausführungsplan 30.12.1876 B.A.E.-Nr. 451 aus Bauakte

B 296 Westlicher Kopfbau, Schnitt durch den Wartesaal III. Klasse, Ausführungsplan 30.12.1876 B.A.E.-Nr. 451 aus Bauakte

B 297 Wartesaal I. und II. Klasse, Querschnitt: Ausschnitt aus Ausführungsplan 30.12.1876 (siehe B 193)

B 298 Wartesaal I. und II. Klasse, Grundriß: Ausschnitt aus Ausführungsplan 20.3.1877 (siehe B 179)

299

304

300 ster eine Zwischendecke eingezogen werden konnte und so weitere Nebenräume entstanden.

Vom westlichen Ende des Korridors, dem pavillonartigen quadratischen, flachkuppelüberwölbten Endraum mit Oberlicht, von dem man auch eine verschachtelte Folge von Nebenräumen erreicht, betreten wir
301 nun den Wartesaal II. Klasse, an den sich der Wartesaal I. Klasse, ein Damenzimmer sowie ein Speisesaal samt Erfrischungsraum anschließen (B 297 und B 298). Der
302 Saal II. Klasse mit einer Länge von 18 m und einer Breite von 13 m hat zwei direkte Zugänge vom und zum Kopfperron, durch deren verglaste zweiflügelige Türen die einzige Blickbeziehung nach »draußen« möglich ist. Die Decke hat einen trapezförmigen Querschnitt, der aus ihrer Spreng-
303 werks-Konstruktion herrührt: Die dazugehörenden horizontalen Zugstangen sind frei durch den Raum gespannt. Im waagerechten Teil der Decke ist ein Oberlicht eingelassen, welches diesem Saal nur indirekte Belichtung durch die darüberliegenden Glasraupen gewährt. Die Wände sind durch flache Pilaster gegliedert; die Farbgebung war in den zwanziger Jahren (nach Angaben von Herrn und Frau Zeidler vom Zeitungs-Kiosk im Bahnhof) orange-ocker und zartgrün; die Felder enthielten außerdem Wandbilder mit Landschaften, die

Gast & Bruck.
BERLIN S.W. Halleschestrasse 13,
im eigenen Hause.
Bautischlerei und Parquetfußbodenfabrik.
Den Königlichen und Communal-Baubehörden, den Herren Architekten, Baumeistern, Bauunternehmern empfehlen wir unsere Bautischlerarbeiten und Parquetböden.
Referenzen, unter mehren anderen die der Herren Architekten Ebe & Benda für die Tischlerarbeiten im Palais des Herren von Thiele-Winkler.

Breslauer Actien-Gesellschaft
für Möbel-, Parquet- und Holz-Bau-Arbeit
(vorm. Gebr. Bauer und vorm. Friedr. Rehorst.)

Die Parquet-Fussboden-Fabrik
von
A. C. BADMEYER
BERLIN SW., Zimmerstrasse 49
empfiehlt ihr Lager fertiger Parquet-Fussböden von bekannter Güte zu soliden Preisen in diversen Mustern und unter Garantie.

Marmor-Kochmaschinen
(Kochherde) System: Adler
für den häuslichen, industriellen und landwirthschaftlichen Zweck
von
Fabrik & Lager **Marcus Adler.** N.W. Berlin
Georgen-Straße 46a.
Special-Geschäft für wirthschaftliche Heiz- und Kocheinrichtungen.

wohl von der B.A.E. erreicht wurden: Auf einem glaubt man die Wartburg zu erkennen (B 299). In Höhe der Möblierung war ein umlaufendes Paneel aus Holz vorhanden; der Fußboden war vermutlich mit Parkett belegt.

Von den Tischler-Firmen seien an dieser Stelle drei genannt, ohne daß aber deren Leistungen in diesen Räumen nachzuweisen sind: Gast & Bruck, Hallesche Straße 13, (»gleich um die Ecke«); dazu die Breslauer Actien-Gesellschaft für Möbel-, Parquet- und Holz-Bau-Arbeit, die aus der Firma Gebrüder Bauer, vormals Friedrich Rehorst, hervorgegangen ist, 1877 mit Sitz in der Leipziger Straße 136; sowie die Parquet-Fabrik A.C. Badmeyer, Zimmer-Straße 49. (B 300 bis B 302)

Zur Verbindung mit der im Erdgeschoß liegenden Küche sind im Erfrischungsraum ein Speisenaufzug sowie hinter dem Buffet eine Treppe vorhanden. Wie die »*Baugewerkszeitung*« 1880 meldet, ist die Ausstattung der »*Restaurations-, Kaffee- und Spülküche in einer auf einem Bahnhof wohl noch nicht dagewesenen Opulenz*« erfolgt durch die Firma Marcus Adler, Georgen-Straße 46 a, die zuvor schon den Lehrter und Stettiner Bahnhof ausgestattet hatte. Ihre Spezialität waren Marmor-Koch-

307

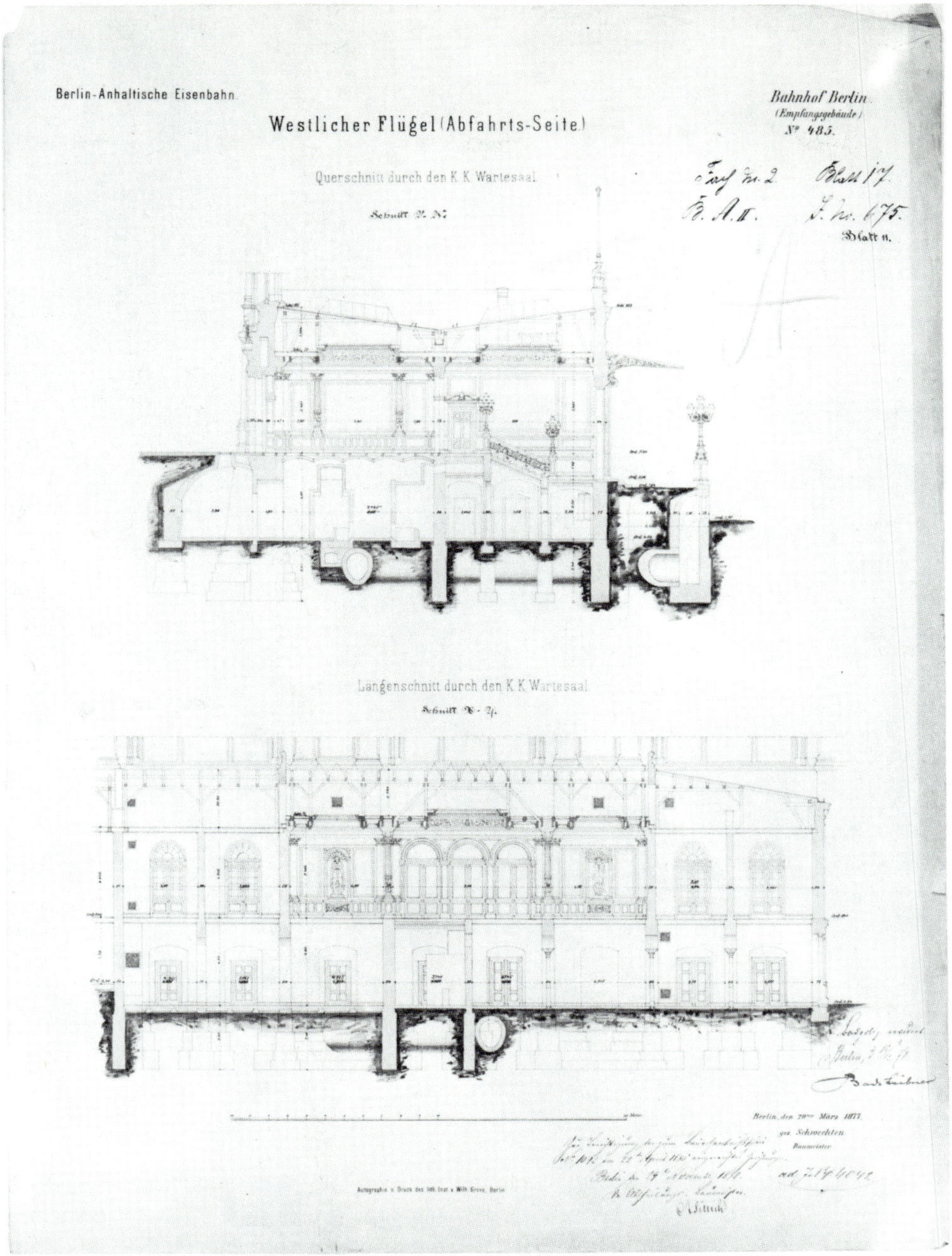

308

306

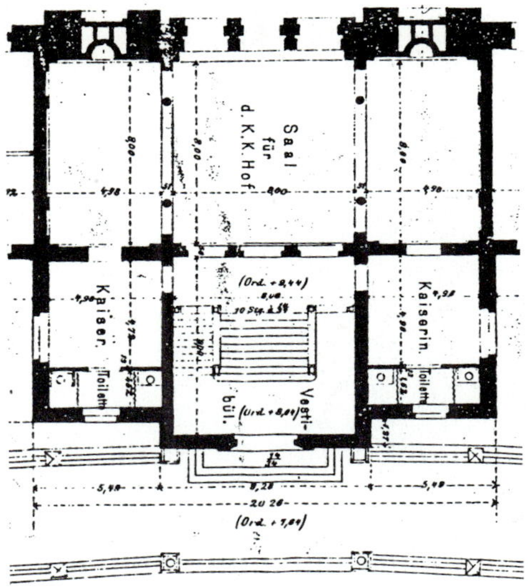

maschinen; große Modelle für Hotels, Anstalten u.ä. kosteten 1878 bis zu 4.000,- Mark. (B 303)
Neben der Küche zur schmalen Privatstraße hin liegt auch die Wohnung des Restaurateurs, der also — wenn nötig — schnell zur Stelle sein konnte ... Der erste Pächter war Carl Fürstenberg, der am Platz am Halleschen Thor 2 eine Weingroßhandlung und Weinstube betrieb, sein Nachfolger war ab 1887 Victor Mentberger (B 304).

Wir wenden uns nun dem K.K. Salon auf der Abfahrtsseite zu, in welchem hohe und Allerhöchste Herrschaften auf die Abfahrt ihrer reservierten Wagen oder Züge warten konnten (eigene Räume und Wagen reduzierten das Risiko, erkannt, bejubelt, belästigt oder gefährdet zu werden).
Außer der erwähnten Innen-Aufnahme (B 305) dienen zur Beschreibung dieser Raumgruppe ein Ausschnitt aus dem Grundriß des Hauptgeschosses sowie ein Längs- und ein Querschnitt (B 306 bis B 308): Alle drei Pläne tragen das Datum des 20. März 1877. Das Eingangs-Portal ist uns durch die Betrachtung des Terrakotten-Schmucks bereits bekannt (B 216) ebenso wie die Terrakotta-Reliefs der Bogenzwickel und die Wappen der »Schlußsteine« (B 219) des Ausgangs-Portals zum Bahnsteig (B 311).

Im Abschnitt »Umplanung 1876« ist schon vom reduzierten Raumprogramm und der veränderten Wegeführung die Rede gewesen. Der 8x8 m große Salon, auf gleichem Niveau wie der Bahnsteig, wird von der Zufahrtsrampe über das dazwischengeschaltete Vestibül mit einer kurzen Treppe

B 299 Wartesaal II. Klasse, Aufnahme M. Krajewsky, aus Reichsbahnkalender 1933
B 300 Annonce BIA 1877/78
B 301 Annonce Adressbuch
B 302 Annonce BIA 1877/78
B 303 Annonce BIA 1877/78
B 304 Victor Mentberger, Bahnhofs-Restaurateur im Anhalter Bahnhof ab 1887, davor im Hotel Kaiserhof. Sein im gleichen Jahr im Bahnhof geborener Sohn Richard führte die Bahnhofs-Gaststätten bis 1945. Aufnahme Franz Kullrich um 1890
B 305 K.K. Salon Abfahrtsseite aus Plansammlung TUB
B 306 K.K. Salon Abfahrtsseite, Grundriß: Ausschnitt aus Ausführungsplan 20.3.1877 (siehe B 179)
B 307 K.K. Salon Abfahrtsseite, Ausführungsplan 20.3.1877, B.A.E.-Nr. 485 aus Bauakte, Längsschnitt
B 308 K.K. Salon Abfahrtsseite, Ausführungsplan 20.3.1877, B.A.E.-Nr. 485 aus Bauakte, Querschnitt
Man beachte die unterirdische Frischluftansaugung zu den Luft-Heizungs-Apparaten im Erdgeschoß für den Salon im Hauptgeschoß.

305

erreicht und geradeaus weiter ist durch die Perrontüren der wartende Zug sichtbar. Quer zu dieser Achse befinden sich zwei Raum-Compartimente mit Sitzgruppen, durch Vorhänge vom Zentralraum abtrennbar; auf jeder Seite (im Grundriß mit »Kaiserin« und »Kaiser« bezeichnet) noch je ein Nebenraum mit den dazugehörigen Toiletten. Aus den Schnitten ist ersichtlich, daß die fensterlosen Räume, das Vestibül und der Salon mit beiden Compartimenten, ihr Licht von oben erhalten. Die Kassettierung mit ihren kräftigen Profilen faßt eine flache Glasdecke ein; an dieser »schwebend aufgehängt« die bis zu 24 Flammen tragenden Gaskronen. Der Salon wird durch das symmetrisch verwendete Rundbogen-Motiv geprägt und als zu durchschreitender Raum charakterisiert. Die Ornamentierung entstammt dem Repertoire der Renaissance, mit zunehmender Üppigkeit zur Decke hin. Über die Farbgebung sind keine Angaben aufzufinden. Der Fußboden — so läßt sich aus dem reflektierenden Parkett schließen — könnte aus heller Eiche mit dunklen Diagonalen und Einfassungen bestehen.

Die Ausführung wird den bereits erwähnten Firmen übertragen gewesen sein. Die flachen Verzierungen, die an Pfeilern und Bögen zu erkennen sind, könnten jedoch nicht aus Stuck, sondern aus einem hier noch nicht angeführten Verfahren und Material gefertigt sein: aus Steinpappe (carton-pierre), was die Vorfertigung speziell von feingliedrigen Ornamenten durch Prägemaschinen stark vereinfachte und die Befe-

B 309 Annonce BIA 1877/78

B 310 Annonce

B 311 K.K. Salon Abfahrtsseite, Ausgangs-Portal zum Bahnsteig. Aufnahme von Rückwardt 1885 aus »Architektonische Studien-Blätter« (dort seitenverkehrt)

B 312 Terrakotta-Wappen über dem Ausgangs-Portal des K.K. Abfahrts-Salons

311

312

309

310

313

315

stigung mit Nägeln erlaubte. Als Hersteller und Lieferant solcher Dekorationen ist die Steinpapp-Fabrik und Vergolderei Carl Röhlich, Beuth-Straße 6, überliefert (B 309).
Die Türbeschläge ähneln stark einem Modell in einer Annonce der Bronce-Waaren-Fabrik G.H. Speck, Dresdener Straße 36, die in der Firmen-Liste aufgeführt wird. (B 310)
Noch eine weitere Firma ist zu erwähnen, welche den Fußboden im Vestibül ausführte: Der Terrazzo-Belag kam (ob aus Preisgründen oder weil er in Berlin noch eine Novität war, ist nicht bekannt) von Firma Mascha in Dresden, die solche Beläge auch für das Kunstgewerbe-Museum lieferte.

Die »Schlußsteine« der Ausgangs-Portale zum Bahnsteig zeigen die Wappen von Sachsen, Preußen und Großbritannien (B 312). Während man versucht ist, die beiden ersteren in Zusammenhang zu bringen mit der Geschichte der Eisenbahnlinie, wird man bei letzterem nachdenklich... Die Wappen können sich also nur auf die Majestäten beziehen, die diese Portale benutzten: Zur Zeit ihrer Herstellung regierte in Berlin der über 80jährige Wilhelm I., König von Preußen und Deutscher Kaiser. Seine Frau Augusta stammte aus dem Großherzogtum Sachsen-Weimar, das in seinem Hauptschild das sächsische Stammwappen führte (B 313). Der heraldische Schmuck bezieht aber auch den Thronfolger mit ein: Kronprinz Friedrich Wilhelm (1831 - 1888) war nämlich vermählt mit einer Tochter der Queen Victoria (1819 - 1901) und ihres Gemahls Albert von Sachsen-Coburg und Gotha, der 1840 geborenen Victoria Adelheid (Thronbesteigung im sogenannten »Dreikaiserjahr« 1888).

Um sich eine Vorstellung der Farbgestaltung und Raumwirkung der Halle zu machen, stehen uns nur zwei Zeugnisse von Zeitgenossen zur Verfügung: eine Beschreibung von K.E.O. Fritsch von 1880 (A 180) und ein Gemälde von Otto Antoine, entstanden um 1910 (Bild XXVI) Die Längs- und Stirnwände sind mit ockerfarbenen Ziegelsteinen (»Greppiner Gelb«) ausgeführt, wie heute noch an dem Ruinenrest der Unterfahrt zu sehen. Die Verglasung der Rundbogenfenster, und zwar sowohl die der 7 m breiten und etwas über 7 m hohen der Längswände als auch diejenigen der zweischaligen Stirnwände, in denen die Scheiben jeweils außen sitzen, ist zweifarbig (B 314): Die quadratischen Felder mit den diagonalen Sprossen bestehen aus einem grünlichen Rohglas, die umgebenden Streifen aus einem weißlichen Glas, das die Rahmenwirkung verstärkt. Die ausführenden Firmen waren J.C. Spinn & Co., Spiegel- und Tafelglas-Handlung, Kronen-Straße 31 (B 315) und C. Brandenburg, Bauglaserei, Lützow-Straße 29. Die zu diesem zurückgehaltenen Kontrast hinzutretende dritte Farbe der Mettlacher Platten in den Blendfeldern der Pfeiler kann wegen ungenauer Quellen nicht eindeutig beschrieben werden: Fritsch berichtet von *»dem Lederbraun der Einlagen«*, es ist aber unklar, welche Stelle er meint; der Verfasser glaubt sich indes an einen tiefblauen Grund mit ockerfarbenen Streifen und Einsprengseln zu erinnern. Dann rühmt Fritsch, da seine nicht geringen Erwartungen übertroffen wurden, *»die einfache aber außerordentlich geschickte Dekoration, die der Architekt der Decke zu geben gewußt hat. Wellblech und Pfetten sind nämlich mit einem weißen Anstrich versehen und werden durch breite, hinter den Gurtungen der Doppelbinder und zwischen diesen angeordnete blaue Quer-Streifen* (bzw. »hellgrüne«: A 181), *die durch einen unteren Horizontal-Streifen verbunden sind, in Felder getheilt, die dem System der Hallenwände entsprechen. Hierdurch ist nicht blos ein klarer Zusammenhang zwischen Decke und Wand hergestellt, sondern es ist dem dünnen, in grauer Farbe gehaltenen Eisenwerk der Binder durch jene Streifen ein Hintergrund gegeben, der ihren Eindruck bis zu jener Bedeutung verstärkt, welchen man von den tragenden Gliedern eines so mächtigen Deckenwerks verlangt. Auf eine ästhetische Verbindung der Binder mit dem Mauerwerk ist verzichtet worden, doch macht sich dieser Mangel in Wirklichkeit kaum fühlbar, da das Auflager hinter dem Gesims-Vorsprung zurück liegt und die Decke zufolge jener Dekora-*

314

316

317

tion im wesentlichen doch als ein Ganzes in die Erscheinung tritt.«

Schwechten hatte einen einfachen und klaren Raumtyp verfolgt, die einschiffige Halle mit massiven Wänden und aufgesetzter Tonne: Er unterstreicht dies (im wahrsten Sinne des Wortes) durch die großen blauen Felder im Rhythmus der Längsachse. Auch die Auflagerausbildung folgt dieser Raumidee: Konstruktive Einzelheiten aus der delikaten Berührung von Stein und Eisen bleiben dem Auge entzogen. Dieser Konfliktpunkt war selbst bei jenen Hallen, die schon zu einem modernen Konstruktionstypus gehörten wie dem Lehrter Bahnhof, mißlungen bzw. unausgereift (B 316). Auch später hat Schwechten weder das Interesse noch die Potenz gezeigt, Stein und Eisen zu einer architektonischen Einheit zu bringen wie zum Beispiel Horta, Reinhardt & Süßengut oder andere. Es drängt sich die Idee auf: Vielleicht hätte er am liebsten auf das große Gesims ein massives Tonnengewölbe gelegt oder, weil dies statisch nicht möglich war, eine »massiv« wirkende Unterdecke angebracht. Daß Schwechten immer noch mit einer solchen Abhängung gerechnet haben muß, würde auch eine Erklärung für die nicht im Sichtmauerwerk ausgeführte Wandzone oberhalb des Bogengesimses der inneren Stirnwände bieten (B 317); Kostengründe und Bedenken wegen der Feuersicherheit könnten sie letztendlich verhindert haben.

15. Die technische Ausstattung

15.1 Elektrische Beleuchtung

Bei der Betrachtung der verschiedenen haus- und betriebstechnischen Anlagen wollen wir mit der Beleuchtung beginnen, damit unser weiterer Rundgang ausreichend erleuchtet ist...

Nachdem bereits mehrere Bahnhofs-Hallen mit elektrischer Beleuchtung ausgestattet waren — Gas wurde stets noch als Zusatz- bzw. Reserve-Beleuchtung installiert — und nach den angestellten Vergleichen im Hinblick auf Gesamtkosten und Lichtausbeute hatte sich die Direktion der B.A.E. für ihr neues Gebäude ebenfalls für die modernste und leistungsfähigste Anlage entschieden.

In Berlin war von September 1879 an, als der Bahnhof der Niederschlesisch-Märkischen Eisenbahn wegen der Einführung der Stadtbahn umgebaut und deshalb deren Verkehr in den (damaligen) Ost-Bahnhof umgeleitet wurde, letzterer mit einer provisorischen elektrischen Beleuchtung versehen worden. Installation und Betrieb waren von der Firma Siemens & Halske — wohl auch besonders aus Werbungsgründen — auf Mietbasis gegen eine Vergütung von 7,50 Mark je Betriebsstunde (für 14 Lampen) übernommen worden (A 182).

Noch waren Siemens & Halske auf diesem Gebiet ziemlich ohne Konkurrenz (die AEG-Vorgängerin Deutsche Edison-Gesellschaft wurde erst 1883 durch Emil Rathenau gegründet), und es war für die B.A.E. sehr naheliegend, mit einer Firma die Beleuchtung zu realisieren, von der sie schon seit

B 313 Wappen des Großherzogstums Sachsen-Coburg und Gotha, aus Brockhaus 1973
B 314 Zweifarbige Verglasung: quadratische Felder grünlich, rahmende Streifen weißlich
B 315 Annonce DBZ 1868
B 316 Lehrter Bahnhof Berlin, Binder-Auflager zwischen den Arkaden, Aufnahme Waidmann 1957
B 317 Der unverblendete Wandbereich über dem Bogengesims der inneren Hallenstirn deutet auf eine von Schwechten angenommene (aber nicht realisierte) Unterdecke unter der Binder-Konstruktion hin. Aufnahme v. d. Beecke 1959

A 180 DBZ 11.12.1880
A 181 WAI 1880, S. 226
A 182 Vgl. DBZ 25.10.1879

318

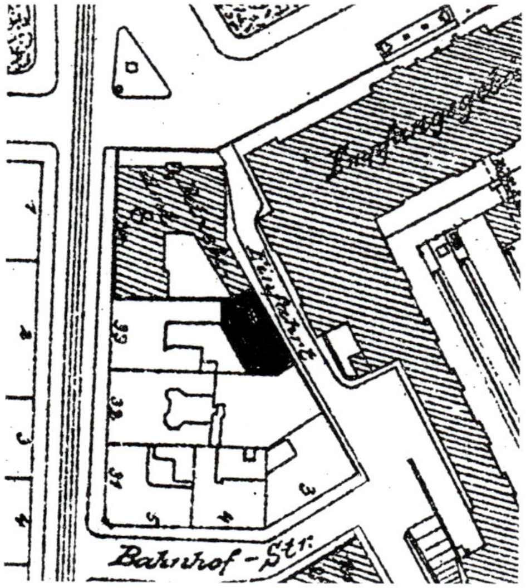

320

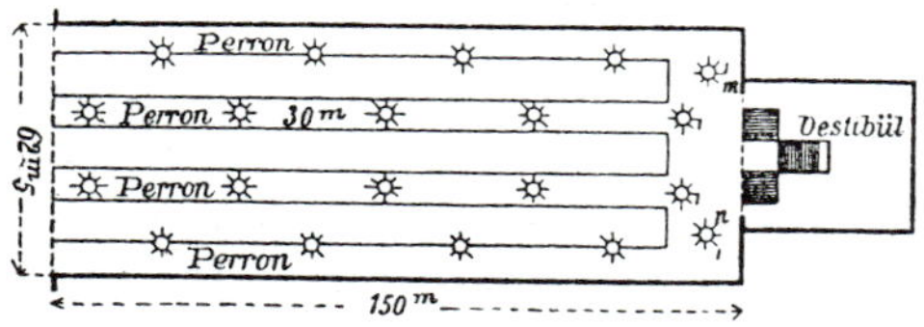

319

Jahrzehnten elektrische Telegraphen und andere Apparate bezog.

Über diese zuallererst räumlichen Beziehungen sollen hier einige Details eingeschaltet werden, da sie für die Stadtgeschichte (an dieser Stelle) wichtig wurden und bis heute ihre Spuren hinterlassen haben. Die B.A.E. hatte bekanntlich vor dem Anhalter Tor zu beiden Seiten ihrer Bahn (an der Militair-, späteren Möckern-Straße und der Schöneberger Straße) Grundstücke, die sie nicht für den Betrieb benötigte, als Baustellen verkauft. Das Grundstück direkt neben dem Eckgebäude Askanischer Platz 5/Schöneberger Straße erwarb der Schlossermeister Spiller, der es um 1842/43 mit einem Vorderhaus zur Schöneberger Straße und mit einem Hintergebäude zur Bahnhofs-Zufahrts-Straße bebaute. Das Haus erhielt zunächst die Nr. 12, von 1846 bis 1858 die Nr. 19 und danach die Nr. 33 (A 183).

Im Sommer 1847 leitete der 30jährige Artillerie-Offizier Werner Siemens im Auftrag des preußischen Kriegsministeriums die Verlegung einer von ihm vorgeschlagenen unterirdischen Telegraphenleitung entlang der Berlin-Anhaltischen Eisenbahn — zunächst versuchsweise auf eine Strecke von ca. drei Kilometer Länge, die nach erfolgreicher Inbetriebnahme bis zur Station Groß-Beeren verlängert wurde und auch von der B.A.E. benutzt werden konnte (A 184).

Nun stand es für Siemens fest, seine bisherige militärische Laufbahn aufzugeben und sich ganz der wissenschaftlich-technischen Entwicklung seiner Erfindungen zu widmen. Auf der Suche nach entsprechenden Räumlichkeiten dafür war ihm das gerade freie Hintergebäude von Spiller aufgefallen. Im August 1847 schrieb er an seinen Bruder Wilhelm nach England (A 185): »*Ich habe mit dem Mechanikus Halske, der sich schon von seinem Compagnon getrennt hat, definitiv die Anlage einer Fabrik beschlossen... Halske, den ich völlig gleich mit mir gestellt habe in der Fabrik, bekommt die Leitung der Fabrik, ich die Anlage der Linien, Kontaktabschlüsse etc.. Wir wollen vorläufig nur Telegraphen, Läutewerke für Eisenbahnen und Drahtisolirungen mittels Guttapercha machen... Nach langem Suchen ist endlich ein passendes Quartier für unsere Werkstatt gefunden und gemiethet, mit den Fenstern nach dem Anhaltinischen Bahnhofe hinaus... Ich wohne Parterre, die Werkstatt eine Treppe, Halske zwei Treppen hoch, in Summa für 300 Thaler. Bald nach dem 1. Oktober wird die Arbeit beginnen.*« (B 318)

Am 12. Oktober 1847 waren drei Drehbänke aufgestellt und im Dezember arbeiteten bereits zehn Mann in der »Fabrik« im ersten Stock. — Schnell wurden die 150 m² großen Räume zu eng, und 1851 kauften die beiden Herren ein Vorderhaus mit großem Hof in der Markgrafen-Straße 94. Bald waren auch dort die Grundstücksverhältnisse der weiteren Entfaltung hinderlich und es kam zu den bekannten Neuanlagen in Charlottenburg und Spandau. — Die Verwaltung blieb dem Askanischen Platze treu: 1901 wurde auf dem Grundstück Nr. 3 ein Neubau mit dem charakteristischen Bogenmotiv errichtet (B 319), in rascher Folge wurden die Nachbargrundstücke in der Schöneberger Straße Nr. 1, 2 und 3/4 dazugekauft und bebaut.

Nun wieder zurück ins Jahr 1879. Nach Auftragserteilung hatte Siemens & Halske, da bisher keine Erfahrungen mit Hallen solcher Dimensionen vorlagen, Versuche anstellen lassen über die zweckmäßige Verteilung und Stärke der Lampen. Von der ursprünglichen Absicht mit wenigen, aber

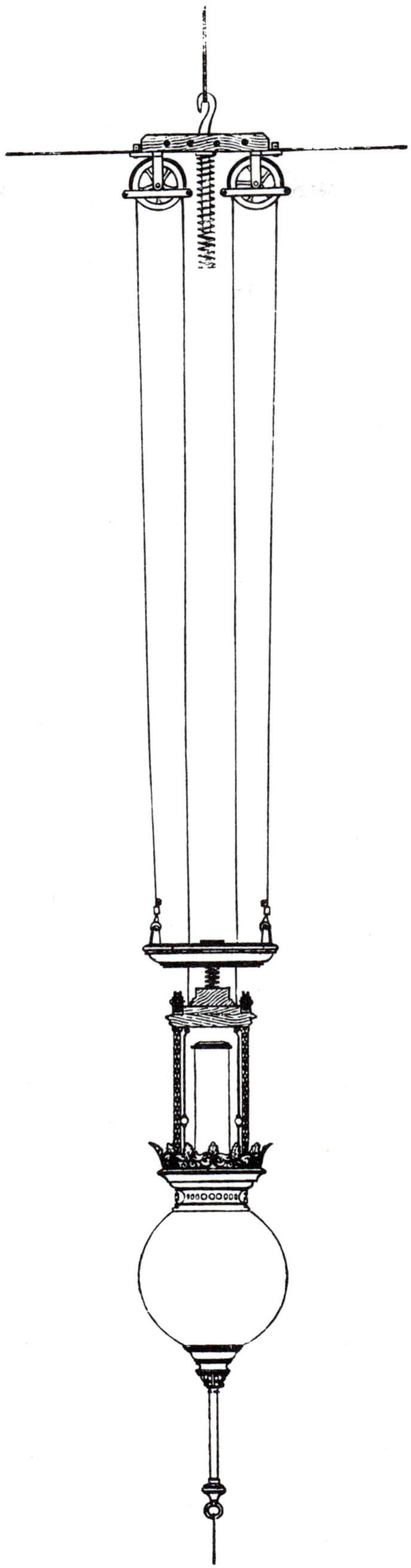

321

entsprechend stärkeren und höher hängenden Lampen sind die Ingenieure zugunsten folgender Aufteilung abgekommen: Über jedem der vier Personen-Bahnsteige wurden je fünf Lampen mit einem (doppelten Binder-Achs-) Abstand von 28 m und einer Höhe von etwa 8 m über dem Boden angeordnet, dazu noch vier Lampen über dem Kopfperron, so daß insgesamt 24 Differential-Lampen von je 350 Normalkerzen Lichtstärke installiert wurden. Die fünf Gruppen (B 320) konnten einzeln geschaltet werden: Diejenige über dem Kopfperron war abends ständig, die anderen waren dem Zugverkehr entsprechend in Tätigkeit. Die Perrons sind nach einer Meldung der »*Elektrotechnischen Zeitschrift*« vom April 1881 »*in allen Theilen so hell erleuchtet, daß man auch an den dunkelsten Stellen feinste Druckschrift lesen kann.*« Die Montage der Lampen erfolgte mittels einer Seilrolle, die an den Fachwerkbindern hing, und einem darüber laufenden Stahlseil, das zu einer einfachen Winde auf der Mauerkrone führte. Mit dieser Aufziehvorrichtung konnten die Lampen zu Reparaturzwecken auch wieder heruntergelassen werden. Die Stahlseile mußten jedoch nach einigen Monaten gegen Kupferdrahtseile ausgetauscht werden, da ein Seil wegen Rost gerissen und die Lampe auf den Bahnsteig gefallen war: Kupfer sollte den Rauchgasen der Lokomotiven besser widerstehen. Zum Auswechseln der nach acht Stunden abgebrannten Kohlenstäbe konnten die Lampen mit Hilfe einer doppelten flaschenzugartigen Seilführung mit Gegengewicht und einem langen Haken auf er-

B 318 Siemens & Halske bei Spiller 1847 Schöneberger Straße 19 (ab 1858 = Nr. 33)
B 319 Neubau für Siemens & Halske, Askanischer Platz 3, 1901 Entwurf P. Hentschel
B 320 Grundriß Anhalter Bahnhof, Lampenverteilung, aus »Wochenschrift des österreichischen Ingenieur- und Architeken-Vereins« Wien 22.1.1881
B 321 Anhalter Bahnhof 1880, Aufhängung der Bogenlampe, aus »Elektrotechnische Zeitschrift« April 1881

A 183 Vgl. Agathe Nalli-Rutenberg: »Das alte Berlin« Berlin 1912
A 184 Vgl. »Poggendorff's Annalen der Physik und Chemie« Berlin 1850, S. 481
A 185 W. Howe: »Siemens & Halske« Berlin 1897, S. 5

322

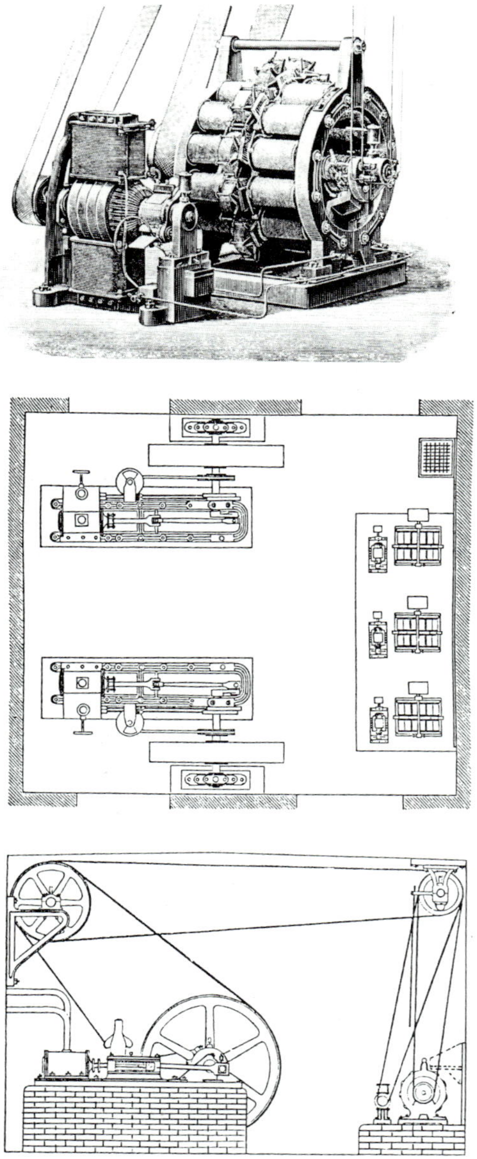

reichbare Höhe über dem Boden herabgezogen werden (B 321). Da die Lampen dabei unter Spannung stehen konnten, »*erhielt der Lampist Isolierpantoffeln, bestehend aus Holzbrettern mit untergeschraubten Porzellanisolatoren, mit denen er zur Belustigung der Zuschauer auf dem Bahnhof herumklappern und seine Arbeit gefahrlos ausführen konnte.*« (A 186)

Der Wechselstrom für die Lampen wurde in dem südlich der Halle liegenden Maschinenhaus erzeugt, und zwar durch zwei Borsig-Hochdruck-Dampfmaschinen von je 15 Pferdestärken, die jede einzeln über eine Transmission drei Paar dynamoelektrische Maschinen antrieben: In den kleineren primären entstand zunächst Gleichstrom und daraus in den größeren sekundären Maschinen Wechselstrom.
Das Maschinenhaus wird im Abschnitt über die hydraulischen Aufzüge abgebildet; hier sind nur ein Grundriß und ein Schnitt eingefügt, die die Stromerzeugung erläutern sollen (B 322).
Die Stromleitungen waren oberirdisch geführt und bestanden aus kräftigen Kupferdrähten (Schlesischer Bahnhof: Ø 6,5 mm), die auf Porzellanglocken isoliert waren. Zur Rückleitung war eine für alle Gruppen gemeinsame Erdleitung in einem vorhandenen unterirdischen Kanal (in dem eventuell auch die Druckwasserleitung der Aufzüge geführt wurde?) verlegt worden.
Die Firma Siemens & Halske lieferte die beschriebene Hallenbeleuchtung samt Stromerzeugungsanlage komplett installiert. Sie hatte ihre Arbeiten so rechtzeitig abgeschlossen, daß vierzehn Tage vor Eröffnung ein Probebetrieb möglich war. Darüber berichtet die »*Magdeburger Zeitung*«: »*Berlin, 2. Juni. Die neue Bahnhofshalle der Berlin-Anhaltischen Eisenbahngesellschaft ist am Dienstag Abend zum ersten Mal in Gegenwart der Direction, des Verwaltungsraths und mehrer hierzu geladenen Persönlichkeiten durch die jetzt fertig gestellten elektrischen Anlagen erleuchtet worden. Um bei den Versuchen nicht gestört zu werden, war anderen Personen der Zutritt nicht gestattet. Mit den Lampen wurden sämmtliche Manöver, das Herunterlassen und Aufziehen, Erneuerung der Kohlenstäbchen etc., durchgemacht, ohne dass irgend eine Störung eintrat. Die überaus grosse und mächtige Halle war gradezu tageshell erleuchtet; der Lichteffekt wurde wesentlich durch den weissen Anstrich des Hallendaches erhöht.*«
Leider besitzt das Firmenarchiv der Siemens AG heute keinerlei authentische Unterlagen mehr über die damalige Lieferung, so daß wir für die Schätzung des Auftragswertes und der nicht minder interessanten Betriebskosten auf Vergleiche angewiesen sind. Für den Schlesischen Bahnhof (A 187) wurden zwölf elektrische Lampen à 360 NK samt Stromerzeugungsanlage von Siemens & Halske geliefert; einschließlich anteiligem Maschinenhaus kostete dies ca. 35.000,- Mark. Wenn im Anhalter Bahnhof das Doppelte installiert war, so wird der Wert etwas weniger als das Doppelte gewesen sein; wir schätzen ihn auf 50.000,- bis 60.000,- Mark. — Die reinen Betriebskosten (nur Materialverbrauch) belaufen sich beim Beispiel Schlesischer Bahnhof auf 30 Pfennig je Stunde und Lampe; dazu kommen noch Kapitalkosten und Abschreibung in Höhe von 17 Pfennig je Stunde und Lampe.

15.2 Gas-Beleuchtung

Die Gas-Beleuchtung in den übrigen Räumen, die auch als Not- bzw. Zusatz-Beleuchtung für die große Halle eingesetzt wurde, kann leider nicht so genau wie die elektrische dokumentiert werden, da es nur eine allgemeine Aufzählung der Lieferanten der Gas-Beleuchtungs-Gegenstände gibt; daher ist es nicht möglich, einzelne Erzeugnisse bestimmten Firmen zuzuschreiben.
Soweit ersichtlich, sind drei Kategorien von Leuchten verwendet worden: Gaskronen, Gaswandarme und freistehende Kandelaber, teilweise wie beim Eingangs-Vestibül alle drei in einem Raum, zwei große hochhängende Kronen (B 323) als Allgemeinbeleuchtung, zahlreiche mehrflammige Wandarme an den Schaltern, Fahrplänen und ähnlichen Bereichen sowie zur punktuellen und auch dekorativen Ausleuchtung je ein Kandelaber auf der Brüstung der zwei Rundbogen-Öffnungen zwischen dem Vestibül und dem Korridor. Wenn wir diese

23

24

25

Beleuchtungs»körper« mit den Musterbüchern und Abbildungen in den Zeitschriften vergleichen, so gewinnt man den Eindruck, daß ihnen keine speziellen Entwürfe von Schwechten zugrunde liegen, sondern daß lediglich gängige Modelle der Firmen auf die örtlichen Gegebenheiten (Durchmesser, Höhe, Flammenzahl) oder auf besondere Wünsche (Ornamente, Materialfarbe) abgestimmt wurden. Dies gilt auch für die Gaskrone in dem K.K. Abfahrtssalon, die hier nochmals als Detail wiedergegeben ist (B 324).

In der (Perron-)Halle waren entlang den Seitenbahnsteigen, an der nördlichen Stirnwand sowie an den beiden Pfeilern des Südportals Wandarme (B 325) angebracht: Dreiarmige kommen zusätzlich vor im Bereich des Kopfperrons (am großen Mittelfenster, am Wartesaal II. Klasse, am Ausgangsvestibül) sowie an den beiden mittleren Pfeilern der Unterfahrt zum Askanischen Platz (B 326).

Für die Beleuchtung der umgebenden Gehwege, Zufahrtsstraßen, Droschkenplätze und des sich bis zur Kanalbrücke hinziehenden Bahngeländes hatte die B.A.E. ebenfalls zu sorgen. Auf den Abbildungen erkennt man, daß hierfür einfache Gas-Laternen auf gußeisernen Masten verwendet wurden.

Anzufügen ist hier noch eine kleine, von Schwechten signierte Skizze eines Kandelabers aus dem Geheimen Staatsarchiv, datiert vom 24. August 1876, aber ohne Bezeichnung des Zwecks oder des Ortes (B 327). Dieser Entwurf paßt zeitlich, formal und in den Maßen in die Fassadenzeichnung (B 192) vom 30. Dezember 1876, wo in der Unterfahrt drei solcher Kandelaber stehen, die aber nicht zur Ausführung ka-

B 322 Stromerzeugungs-Anlage für den Anhalter Bahnhof 1880 aus »Elektrotechnische Zeitschrift«, April 1881
B 323 Gaskrone Eingangs-Vestibül
B 324 Gaskrone K.K. Salon Abfahrtsseite
B 325 Wandarme Bahnsteighalle
B 326 Wandarme Unterfahrt
B 327 Kandelaber-Entwurf von Schwechten 1876 aus GStA

A 186 Vgl. H. Meyer: »50 Jahre bei Siemens« Berlin 1927
A 187 Umbau für die Stadtbahn, vgl. »Centralblatt der Bauverwaltung«, 1880

326

327

328

329

331

men. Er ähnelt auch den Kandelabern auf dem Kopfperron und im Ausgangs-Vestibül auf den Plänen gleichen Datums.

Die Lieferanten der Gas-Beleuchtung nun in alphabetischer Reihenfolge: Firma Siegmar Elster, Neue König-Straße 67-68, Fabrik für Kronleuchter, Theater-Beleuchtungen, Illuminationskörper, Gaszähler und Broncewaren. Medaillen in London 1862, Paris 1867, Wien 1873, München 1876. Elster lieferte auch Kronleuchter für das neue Berliner Rathaus. Die Berliner Kunstindustrie verdankt Elster einige Verbesserungen des Broncegusses, namentlich in der Färbung und Patinierung nach ostasiatischen Vorbildern (B 328).

Sodann die Fabrik für Beleuchtungs-, Kunst- & Industrie-Gegenstände C. Kramme, Gitschiner Straße 76-77, dessen Referenz-Liste mit dem Reichskanzleramt beginnt, über »AA«, Reichstag, Herrenhaus und Abgeordnetenhaus zu den Bahnhöfen (Potsdamer, Schlesischer, Hamburger) führt und weitere prominente Berliner und auswärtige Bauten aufweist (B 329).

Die nächstgenannte Firma Kreuzberger & Sievers hatte ihren Sitz in der Linden-Straße 104, wo sie Gaskronen herstellte und Installationsarbeiten ausführte. Über die Lieferung für den Anhalter Bahnhof ist nichts Näheres bekannt geworden.

Dann folgte die Firma Schaefer & Hauschner, Friedrich-Straße 233, die daselbst außer einem Ausstellungssaal eine Fabrik mit folgenden fünf Abteilungen unterhielt: I. Bronce-, Zink- und Eisenguß; II. Gaskronen und Beleuchtungsgegenstände aller Art; III. Bau-Ornamente in Zink, gegossen oder gestanzt; IV. Kunstschlosserei und V. Gas-, Wasser- und Heizungs-Anlagen, Canalisation, Ventilation. Diese Firma hat für den Anhalter Bahnhof aber nicht nur Beleuchtungskörper, sondern auch Bronce- oder Zinkguß-Teile geliefert, die ihre Spezialität waren: Von nebenstehenden Zink-Capitälen lieferte sie *»jedes Quantum innerhalb 48 Stunden«*. (B 330 und B 331)

Und nun eine der ältesten Berliner Fabriken, die am Bau beteiligt waren: die 1855 gegründete (heute noch existierende!) Firma Schäffer & Walcker, die in den siebziger Jahren des vergangenen Jahrhunderts als »Berliner Actien-Gesellschaft für Cen-

33
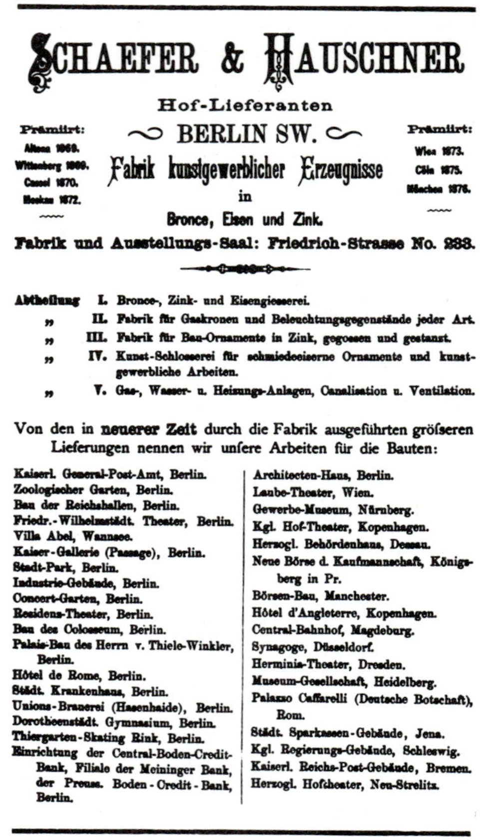

33

33

tralheizungs-, Wasser- und Gas-Anlagen« firmierte und ihre Fabrik in der Linden-Straße 19 hatte. Diese Firma stellte außer dem Zubehör für die Installationsarbeiten (Armaturen, Fittings, Bleirohre, Werkzeuge) auch Gasbeleuchtungs-Gegenstände aller Art her: von Gaskronen über Kandelaber und Illuminationen bis zu Gartenbeleuchtungen (B 332).
Als letzter Lieferant von Beleuchtungskörpern sei nun noch die »Actien-Gesellschaft für Fabrikation von Bronzewaaren & Zinkguss« vormals J.C. Spinn & Sohn genannt, die in der Wasserthor-Straße 9 ansässig war. Leider ist auch von dieser Firma der Lieferungsanteil für den Bahnhof nicht zu ermitteln gewesen; erwähnt sei jedoch, daß sie zu gleicher Zeit Beleuchtungsgegenstände für das Kunstgewerbe-Museum lieferte (B 333).
Zum Schluß wäre natürlich noch von Interesse, wer das Gas geliefert hat. Leider sind wir hier auf die naheliegende Vermutung angewiesen, daß es aus der Englischen Gasanstalt zwischen Gitschiner Straße und Landwehrkanal kam. Eine Bestätigung oder Korrektur durch einen Sachkenner steht aber bis jetzt noch aus.

15.3. Heizung

Über die Beheizung des Gebäudes liegen nur allzu knappe Mitteilungen vor, die eine gedankliche Rekonstruktion dieses Komplexes sehr erschweren. Die »*Zeitung des Vereins Deutscher Eisenbahn-Verwaltungen*« vom 3. September 1880 enthält in ihrem Bericht über das Empfangsgebäude folgenden Satz: »*Für die Erwärmung der Säle an kalten Wintertagen ist eine Luftheizung angelegt, welche erfahrungsmässig den grossen Vortheil möglichst vollkommener Ventilation darbietet.*« Die zweite Quelle, »DBZ« vom 11. Dezember 1880 gleichlautend wie »*Baugewerks-Zeitung*« vom 23. Juni 1880, meldet: »*Grove (Heisswasser-Heizg.) und Reinhardt in Würzburg (Luftheizg.)*« (B 334).
Im Grundriß des Erdgeschosses Maßstab 1 : 200 (B 178) vom 20. März 1877 fallen die zahlreichen U-förmigen gemauerten Kammern auf, die mit L.H.A. bezeichnet sind und sich hauptsächlich unter den verschiedenen Warte-, Speise- und Versamm-

334

Luftheizungen
mittelst
Calorifèrs, Dampf- u. Wasserheizung.

Dampfheizungen.

Wasserheizungen.

Universalöfen.

Ventilationen
mit Pulsion und Aspiration.

J. H. REINHARDT,
Ingenieur und Fabrikant
in **Würzburg**
empfiehlt sich bestens für
Centralheizungen
und
Ventilations-Anlagen

ca. 200 Arbeiter. — Gründung des Geschäfts 1863.

Viele Tausende von Anlagen ausgeführt.

Vielfach prämiirt. 2049

Trocknereien
für
Leder, Leim, Holz, Garne, Gewebe und alle anderen Substanzen.

Mechanische Einrichtung
für Dampfküchen.
Bäder, Backöfen, Wäschereien.

Alle irgend wie in das Heizfach einschlagenden Arbeiten werden ganz vorzüglich unter weitgehendsten Garantien ausgeführt.

335

I. Qualität.

Benennung der Apparate.	Heizfläche in □ Mtr.	Gewicht der Eisentheile in Kilo	Gewicht incl. Steine, Sand und Thon in Kilo	Preis in Mark.	Grösse d. Heizkammer: Breite parallel zur Frontansicht Meter	Grösse d. Heizkammer: Länge winkelrecht zur Frontansicht Meter	Grösse d. Heizkammer: Höhe. Meter	Geheizter Raum: Kirchen, Treppen, Vestibüls Cubikmtr.	Geheizter Raum: Wohnräume, Schulen, Krankenhäuser Cubikmtr.	Querschnitt des Kamins in □ Mtr.	Rostfläche in □ Mtr.	Kohlen pro Stunde Kilogramm
grossHA mittel	54.7	5750	6300	2500	3,31	2,31	2,80	7000–8000	2300–2700	0,15	0,7452	60
„ „ lang	55.5	5750	6300	2500	2,66	3,54	2,80	7000–8000	2300–2700	0,15	0,7452	60
„ „ breit	51,5	5750	6300	2500	3,10	3,00	2,80	7000–8000	2300–2700	0,15	0,7452	60
„ lang	40,4	4800	5250	2000	2,38	3,51	2,80	5000–6000	1600–2000	0,12	0,5148	40
„ breit	42,7	4800	5250	2000	3,10	2,30	2,75	5000–6000	1600–2000	0,12	0,5148	40
IIB „	32,7	3550	3900	1800	2,80	2,10	2,55	3000–4000	1100–1400	0,09	0,3410	35
„ gerippt	35,4	3300	3650	1800	2.30	2,10	2,65	2500–2600	1000–1200	0,09	0,3355	25
klein „ „	26,0	2500	2800	1700	2,00	2.00	2,50	2000–2500	700–800	0,08	0,2480	20
grossIIC	20,1	1800	2050	1500	1,80	1,80	2,30	1800–2000	550–680	0,07	0,2120	17
kleinIIC	13,7	1300	1450	1200	1,67	1,72	2,35	1500–1800	400–500	0,07	0,1534	15
IID	9,6	850	950	750	1,40	1,30	2,00	1000	300–350	0,06	0,1225	10
IIE	4,30	325	375	340	0,58	1,40	2,40	500	150–200	0,05	0,10	8

lungs-Sälen des Obergeschosses befinden. Diese kohlebefeuerten Luft-Heizungs-Apparate sind um das östliche und westliche Ende der nördlichen Stirnwand gruppiert, damit in den beiden Eckpylonen je ein Schornstein hochgeführt werden konnte. Die frische kalte Luft strömte zum Teil über Lichtschächte oder Fensterbrüstungen durch gemauerte Kanäle zu den Erwärmungsstellen und von dort durch Wandaussparungen in die vorgesehenen Räume, und zwar nicht nur im Obergeschoß, sondern auch in die angrenzenden Räume im Erdgeschoß wie Billettausgabe oder Gepäckraum. Dieses System der »Luftheizung« (B 335) wurde auch für die K.K. Salons sowohl auf der Abfahrts- als auch auf der Ankunftsseite verwendet. Die Bauakte in der Plankammer Kreuzberg enthält einen Aussschnitt aus einem Grundriß 1 : 100 des Seitenflügels an der Möckern-Straße vom 20. März 1877 (lithographierter Druck, kann als Ausführungsplan bezeichnet werden), der bruchstückhaft, aber eindrucksvoll über die zahlreichen baulichen Maßnahmen für die Zwecke der Heizung und Lüftung speziell der Hof-Räume Auskunft gibt. Im Erdgeschoß an Achse 4 ist auf der Pfeiler-Seite der Heizraum mit der U-förmigen Erwärmungskammer angeord-

B 328 Annonce DBZ 1875
B 329 Annonce BIA 1877/78
B 330 Annonce BIA 1877/78
B 331 Angebot Schaefer & Hauschner auf Gewerbeausstellung 1869 Wittenberg
B 332 Annonce DBZ 1868
B 333 Annonce BIA 1877/78
B 334 Annonce WAI 1879
B 335 Preisliste der Firma J.H. Reinhardt, Würzburg: *Rauchunmögliche Luftheizungs-Apparate, ganz von Gusseisen mit überall bearbeiteten Dichtungsflächen.* Aus Corvin: »Handbuch der Bezugsquellen« 1878

Oestlicher Flügel (Ankunfts-Seite.)

Bahnhof Berlin.
(Empfangsgebäude)

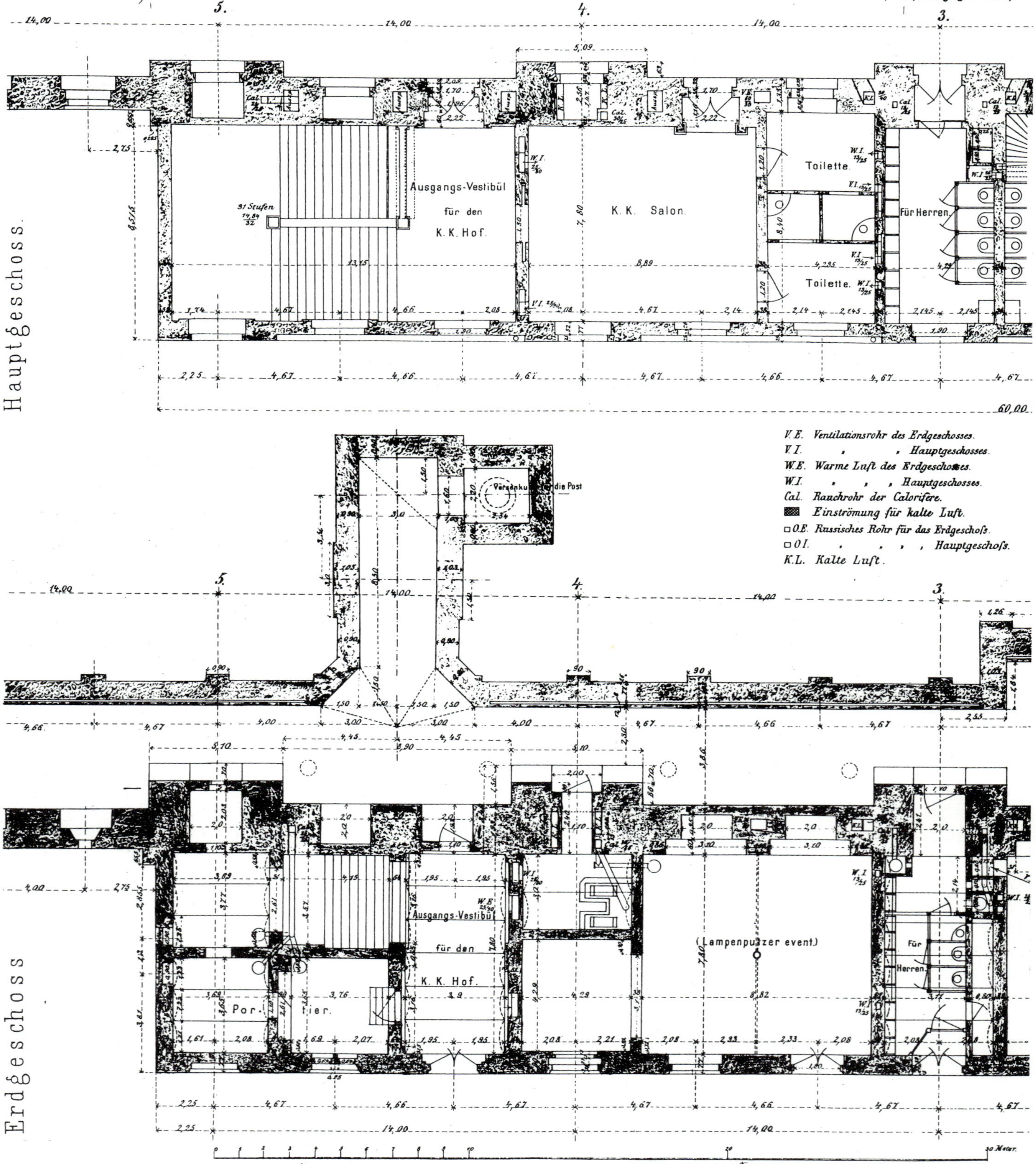

37

net; die Frischluft wird ihr offenbar aus einer Öffnung in der Fensterbrüstung der gleichen Achse zugeführt, während die Lüftung des Raumes selbst über Schächte im Pfeilermauerwerk erfolgt sein dürfte. Im Pfeiler liegt auch der mit »Cal« bezeichnete Schornstein von 30 x 25 cm Weite, in welchen das Rauchrohr des Luftheizungs-Apparates einmündet sowie dasjenige eines runden (wahrscheinlich eisernen) Ofens im angrenzenden Raum der Lampenputzer. Für die erwärmte Luft sind nun in der 51 cm starken Wand südlich von Achse 4 senkrechte Aussparungen vorgesehen, und zwar eine mit 25 x 90 cm dimensionierte und mit »W.E.« bezeichnete, welche Warmluft ins Erdgeschoß des Hof-Treppenhauses strömen läßt, und eine 28 x 80 cm große, mit »W.I.« bezeichnete, welche in den K.K. Salon im ersten Obergeschoß führt. Zur Raumlüftung gibt es in der gleichen Wand an der Fensterseite eine Aussparung von 25 x 50 cm, mit »V.I.« bezeichnet (»*Ventilationsrohr des Hauptgeschosses*«), die wohl nur über das Dach des zweigeschossigen Seitenflügels führt (B 336).

Die Abführung der Rauchgase sowohl der Luftheizungen als auch der Einzel-Öfen (s.a. Portier-Räume Achse 5 und Toiletten Achse 3) erfolgte — wie erwähnt — in den Schornstein-Zügen der großen Hallen-Pfeiler, welche in die runden Aufsätze münden, die an beiden Hallen-Längsseiten im Bereich der jeweiligen Seitenflügel auf dem Hauptgesims zu sehen sind (B 337).
Aus der Zahl dieser Rauchrohre könnte der Schluß gezogen werden, daß die Beheizung der Mehrzahl der kleineren Räume mit Einzel-Öfen erfolgte (Briketts aus Bitterfeld kamen ja täglich mit der eigenen Bahn!).
Über die Anlage einer Heißwasser-Heizung fehlen — bis jetzt — die notwendigen Indizien, und die in den beiden Zeitschriften genannte Firma Grove führt in ihrem eigenen »Verzeichnis ausgeführter Arbeiten« zwischen 1864 und 1889 den Anhalter Bahnhof nur unter den Gas- und Wasserleitungsarbeiten auf, während sie im provisorischen Bahnhof noch nach den gleichen Angaben Gas, Wasser und Heizung installierte (B 338).

Zum Schluß dieses fragmentarischen Berichts, zu desssen Ergänzung und Korrektur sich hoffentlich noch weitere Zeugen oder Zeugnisse finden lassen, folgt noch ein gußeisernes Gitter, das ein Sammler aus dem Abbruch geborgen hat: Zierte es vielleicht eine der erwähnten Ventilations-Öffnungen (B 339)?

15.4 Aufzüge

Zur Bequemlichkeit für die Reisenden sollte abgehendes Reisegepäck schon im Erdgeschoß aufgegeben und ankommendes neben der Droschkenvorfahrt im Empfang genommen werden können. Um zu vermeiden, daß Gepäckarbeiter der Gesellschaft das erwartete Gepäckaufkommen (bereits 1873 beförderte die B.A.E. 193.362 Zentner Gepäck) hinauf und hinunter schleppen müssen, sollten die Gepäckkarren mit Aufzügen befördert werden können.

338

339

B 336 Östlicher Flügel, Erd- und Hauptgeschoß, Ausschnitt aus B.A.E.-Ausführungsplan Nr. 484 vom 20.3.1877
B 337 Aufsätze auf Längswand Möckern-Straße
B 338 Annonce aus »Glaser's Annalen« 1.10.1879
B 339 Ventilationsgitter? Gußeisen, Privatbesitz

340

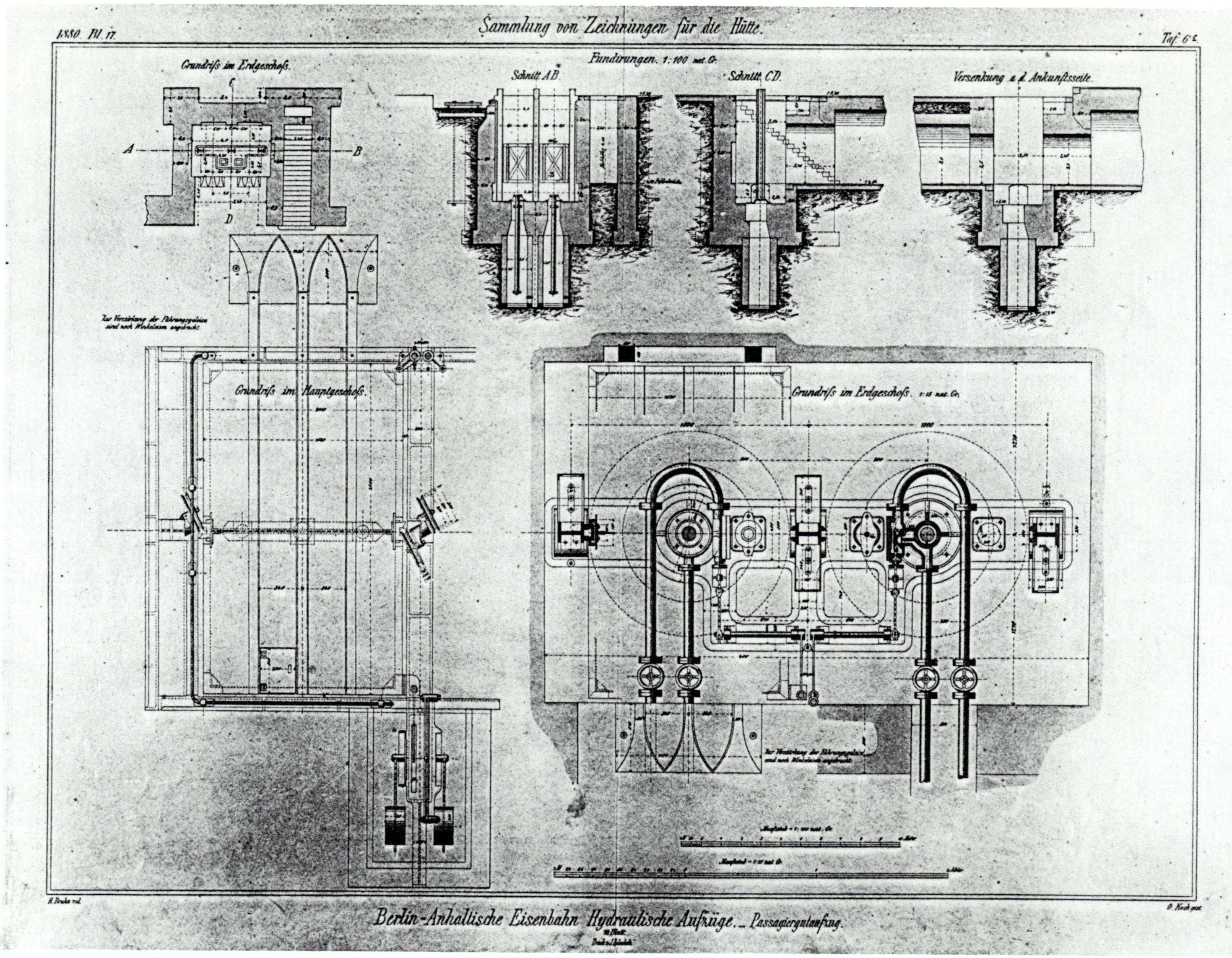

Die für einen Güterwagen-Aufzug (B 342) ohnehin vorgesehenen hydraulischen Maschinen (eine Dampfmaschine treibt Pumpen an, die Wasser unter hohem Druck in einen Sammler pressen, von dem aus es zu Druckkolben geleitet wird und diese in die Höhe drückt) konnten zum Antrieb dieser Gepäckaufzüge benutzt werden. Am Kopfperron waren zu den beiden Gepäckbahnsteigen hin sowie zu der mittleren Gleisgruppe (obwohl nur Lokalverkehr) je zwei Gepäckaufzüge angeordnet. Außerdem wurden auf dem kurzen Gepäckbahnsteig auf der Ankunftsseite (Gepäckwagen: vorn!) in Höhe der Achse 4 sowie in beiden Hallen-Pfeilern (Achse 11) noch je ein Aufzug für die Postbeförderung eingebaut, so daß insgesamt neun Lastenaufzüge vorhanden waren. Da das Mitfahren der Gepäckarbeiter auf der Plattform verboten war, mußten neben den Gepäckaufzügen auch Treppen geführt werden, über die im Notfall auch Gepäck transportiert werden konnte (B 340).

Die Hubhöhe betrug 4,40 m, und daher konnte der Druckkolben zentrisch unter dem Fahrkorb — in einem Brunnen hängend — eingebaut werden (direkt wirkender hydraulischer Aufzug). Das Wasser, das vom sogenannten Akkumulator oder Kraftsammler mit einem Druck von 25 kg/cm² in die Druckwasserleitung (geschweißte Stahlrohre mit Flanschenverbindung, NW 100 mm) gedrückt wurde, wirkte infolge Druckverlusts noch mit einem Druck von 22 kg/cm² auf den Stempel mit 100 mm Ø, so daß eine Hubkraft von ca. 1700 kg entstand. Das Gewicht des Fahrkorbs mit einer Grundfläche von 2,50 x 1,52 m war durch eiserne Gegengewichte ausbalanciert. Der Steuerhebel befand sich nur auf der oberen Ebene (»Mitfahren verboten«); zur Beendigung der Bewegung schloß der Fahrkorb mittels eines Gestänges automatisch den Schieber und damit den Wasserzufluß. Gummipuffer auf dem Boden des Schachts bremsten ein zu hartes Aufsetzen (B 341).

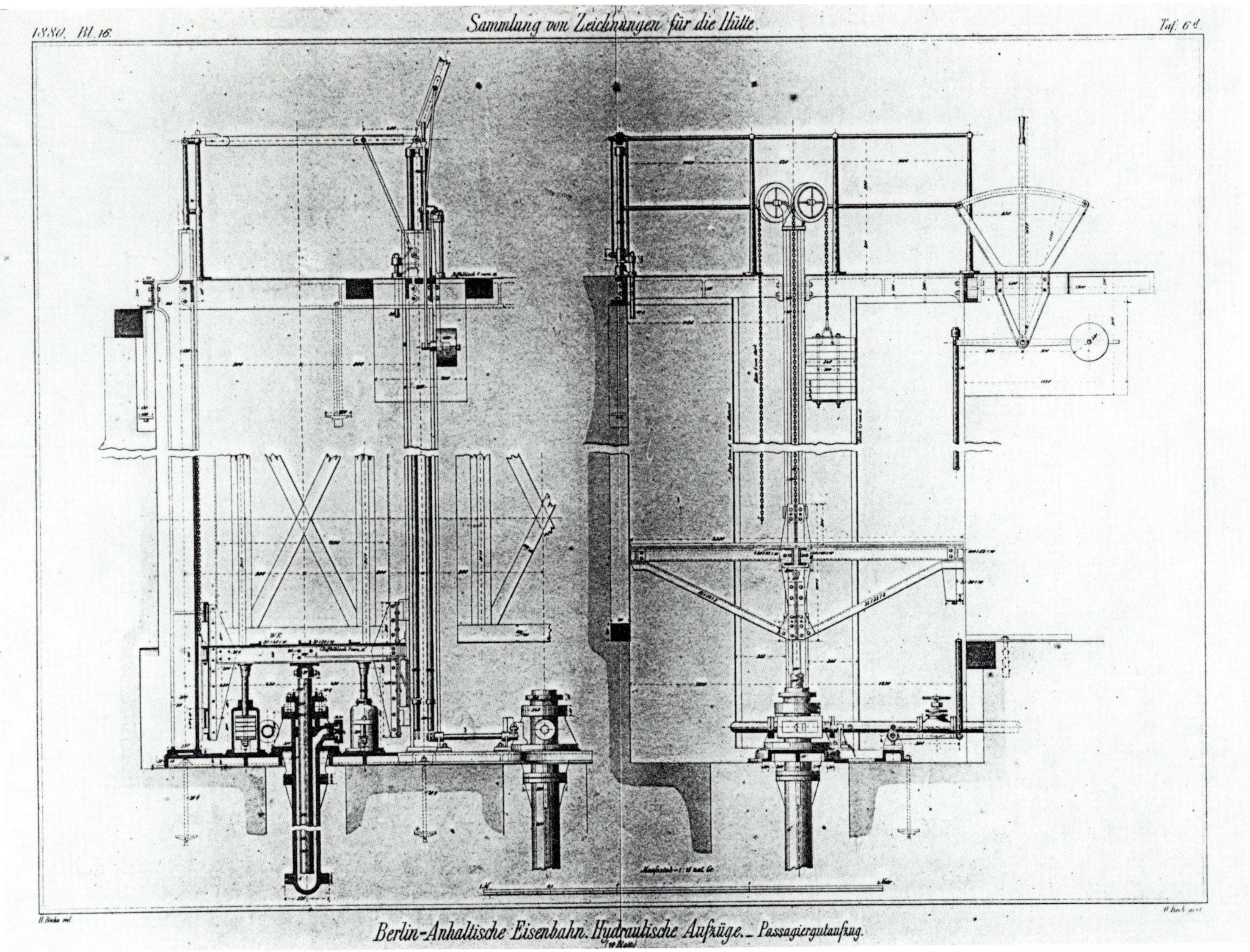

Aus Seidels Zeugnissen wissen wir, daß er schon bei der B.P.M. für den Potsdamer Bahnhof in Berlin und den Central-Bahnhof in Magdeburg hydraulische Anlagen konstruiert hatte. So war er auch der richtige Mann bei der B.A.E. für diese Projekte: welches aber war die geeignete Firma für die Herstellung?

Noch 25 Jahre nach dem ersten Personenaufzug von Otis (1852 in New York) waren in Berlin (Personen-)Aufzüge fast so selten wie ihre Hersteller. Dies lag sowohl am noch geringen Bedarf — Berlin war noch nicht fünfgeschossig — als auch an der kostspieligen Maschinenkraft; außerdem fehlte zur Aufstellung einer Dampfmaschine häufig der Platz oder auch die Bereitschaft: Von Kesselexplosionen las man immer wieder in der Zeitung. So wurden die meisten der bis zu den achtziger Jahren errichteten Aufzüge mit dem Wasserdruck eines hochliegenden Reservoirs angetrieben, welches aus der städtischen Wasserleitung gespeist wurde; dazu einige Beispiele: 1866 baute Wöhlert für die Ober-Post-Direktion einen Paketaufzug mit einer Hubhöhe von 8,80 m; 1867 die Firma Granger & Hyan in Berlin für den »Adeligen Club« einen Personenaufzug für die Höhe von 9,50 m; 1874 die Firma Witte in Charlottenburg zwei Personenaufzüge für die Reichspost-Direktion in der Leipziger Straße, Höhe = 25 m; 1879 die Firma David Grove in Zusammenarbeit mit der BAMAG (Berlin-Anhaltische Maschinenbau-Aktien-Gesellschaft) für das Eisenbahnhotel zwei Sechspersonen-, einen Gepäck- und vier Speise-Aufzüge mit Hubhöhen zwischen 15 und 20 m. 1883 waren in Berlin insgesamt 44 Aufzüge über den Druck der Wasserleitung in Betrieb, von denen 16 zur Personen-, 13 zur Waren- und 15 zur Beförderung anderer Gegenstände dienten (A 188).

B 340 Gepäckaufzüge Grundriß, Schnitte und Details, aus »Sammlung von Zeichnungen für die Hütte«, 1880 Bl. 17

B 341 Gepäckaufzüge, Details aus »Sammlung von Zeichnungen für die Hütte«, 1880 Bl. 16

342

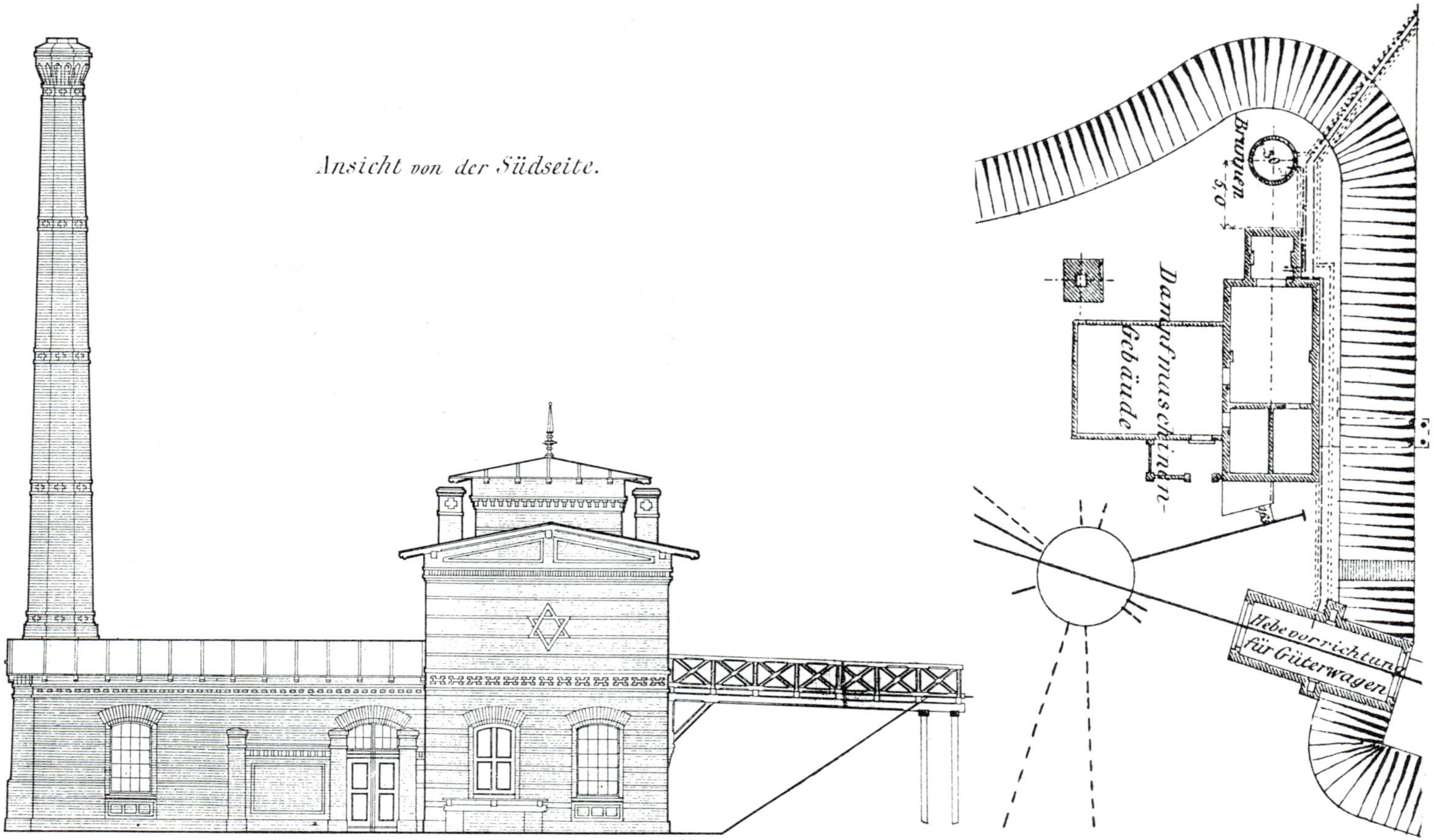

Da es sich bei dem Güterwagen-Aufzug des Anhalter Bahnhofs um eine bisher in Berlin nicht gekannte Größenordnung handelte — Nutzlast 22.500 kg, Wasserdruck 25 atü, mußte mit einem auswärtigen Hersteller verhandelt werden: die Gutehoffnungshütte war durch ihre Produktion von Bergwerkspumpen prädestiniert; sie hatte sich auch gerade eine automatische Güterwagen-Kippanlage patentieren lassen.
So erhielt die GGH nicht nur den Auftrag für den großen Aufzug, sondern auch für die neun kleineren, was auch deshalb zweckmäßig war, da sie alle von einer gemeinsamen Anlage angetrieben wurden. (B 342)

15.5 Uhren-Anlage

Bereits das »Bahnpolizei-Reglement für die Berlin-Anhaltische Eisenbahn« vom 26. Mai 1841 enthielt in § 42 die wichtige Verpflichtung: »*Es soll auf jedem Bahnhofe eine dem Publikum vom Zugange zum Bahnhofe aus sichtbare große Uhr vorhanden sein, nach welcher der Betrieb der Eisenbahn-Beförderung überall geleitet wird, und welche daher auch für alle Reisenden maßgebend ist. Sämmtliche Uhren sollen nach der Uhr der Königl. Akademie zu Berlin regulirt werden, und es ist dies täglich zu kontroliren (§ 109). Wo Nachtfahrten stattfinden, müssen die Bahnhofsuhren erleuchtet sein.*«

Was für eine zunächst nord-südlich orientierte Bahn unproblematisch war, mußte für andere Bahnlinien beschwerlich und konnte sogar gefährlich werden: auf der Ostbahn wurde die Abweichung der Ortszeit von der Berliner Zeit mit jedem Bahnhof größer. Die Fahrpläne in Bayern gingen nach Münchener, in Baden nach Karlsruher Ortszeit! Das reisende Publikum fand außerhalb des Bahnhofs die jeweilige Ortszeit vor; die Bahnbeamten arbeiteten nach der »Dienstnormalzeit« der jeweiligen Direktion, aber an Kreuzungsbahnhöfen verschiedener Bundes-Staaten gab es mehrere »Normalzeiten«... In den siebziger Jahren wurde in Preußens Eisenbahn-Verwaltung erwogen, auf den Bahnhofsuhren einen zweiten Minutenanzeiger anzubringen, damit überall die Berliner und die Ortszeit gemeinsam abgelesen werden könnten. Die Bahnhöfe blieben aber verschont von dieser Irritierung; und in den achtziger Jahren wurde dann, nachdem es im Deutschen Reich schon eine einheitliche Währung, auch einheitliche Maße und Gewichte gab, die »Deutsche Normalzeit« eingeführt.

Bei dem hohen Bedarf an Eisenbahn-Ausrüstungsgegenständen, der in Preußen aufgrund des großen Netzes bestand, und bei dem zum Teil erkennbar gewordenen Entwicklungsstand von Handwerk und Industrie hätten wir nun eigentlich erwarten dürfen, daß die Uhren-Anlage von einer deutschen oder gar Berliner Firma hergestellt worden wäre. Den Auftrag für den Bau der Anlage erhielt aber ein Schweizer Konkurrent, die »Telegraphen- und Elektro-Apparate-Fabrik« von M. Hipp in Neuchatel (B 343).

343

FABRIQUE DE TÉLÉGRAPHES
ET
APPAREILS ÉLECTRIQUES
à NEUCHATEL (Suisse)
Directeur : Dr M. HIPP
2 Médailles d'or : 1° Pour Horloges électriques ; 2° Pour Appareils télégraphiques
à l'Exposition universelle de Paris de 1878
Diplôme d'honneur et 6 Médailles d'or à diverses Expositions universelles antérieures
Horloges électriques.— Appareils scientifiques.— Limnimètres enregistreurs.— Télégraphes et tous les accessoires. — Signaux pour chemins de fer. — Sonnettes électriques. — Piles. — Paratonnerres. — Fils de première qualité.
PRIX-COURANTS ET DEVIS SUR DEMANDE

344

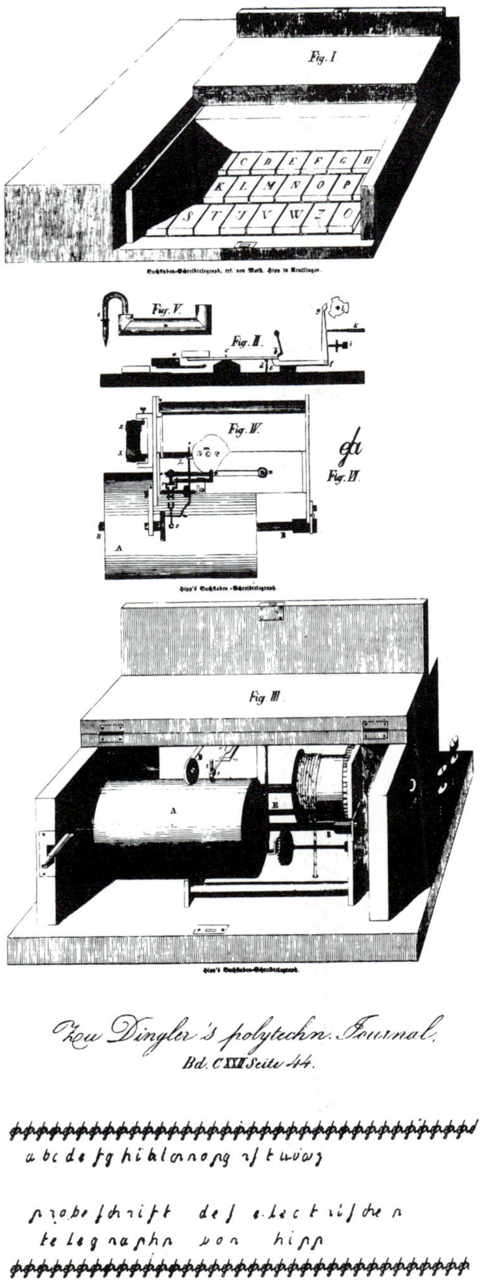

Matthias Hipp, 1813 in der Klostermühle von Blaubeuren geboren, ging nach seiner Lehre bei einem dortigen Uhrenmacher als Geselle nach Ulm, später nach St. Gallen und St. Aubin (im Kanton Neuenburg), und machte sich 1840 in Reutlingen mit einer Werkstatt für Klein- und Groß-Uhren selbständig. Hier führte er seine erste Erfindung aus, eine elektromagnetisch angetriebene Pendeluhr, die er schon 1844 in Berlin ausstellte und die hier nur auf Unverständnis stieß...

Hipp erahnte die große Zukunft der Elektrizität, die damals nur aus galvanischen Elementen stammte und keine starke Antriebskraft darstellte; dennoch baute er bereits um 1843 eine kleine elektrische Maschine, einen Vorläufer seines Elektromotors von 1867. In der Anwendung des Schwachstroms war er unermüdlich und erfinderisch: So erregte einer seiner Telegraphen (B 344), der wie ein heutiger Fernschreiber schreiben konnte (Morses Alphabet war ja ein Code!), solches Aufsehen, daß er 1845 zum Direktor der K.K. Telegraphen-Werkstätte in Wien bestellt werden sollte. Doch weil er aus Reutlingen kam, das als ein Zentrum der demokratischen Agitation in Süddeutschland galt, *»bot er nicht jederzeit die Gewähr...«*, wie es heutzutage bei einer Ablehnung heißt. So widmete er sich weiter seinen autodidaktischen Studien, korrespondierte mit Wissenschaftlern in mehrern Ländern, machte Reisen ... und immer neue Uhren-Erfindungen, wie beispielsweise sein Chronoskop, auf dem man Zehntel- und Tausendstel-Sekunden ablesen konnte! 1852

B 342 Dampfmaschinen-Gebäude. Situationsplan mit den Druckwasserleitungen zum Güterwagen-Aufzug und zu den Aufzügen im Empfangsgebäude. Ansichten, Ausschnitte aus B.A.E.-Bauantrag vom 9.11.1878
B 343 Annonce Uhren-Katalog Genf 1880
B 344 Schreibtelegraph von Hipp, 1851, mit Probeschrift
B 345 Matthias Hipp 1813-1893
B 347 Uhr auf dem Eingangs-Vestibül
B 348 Zifferblatt mit römischen Ziffern

A 188 Vgl. DBZ 1874, S. 283; Verhandlungen des Vereins zur Beförderung der Gewerbfleißes, 1880, S. 16f; »Journal für Gasbeleuchtung«, 1883, S. 767f.

345

347

348

349

350

Kosten der elektrischen Uhren von Hipp.

I. Preise frei Neuchâtel (also exkl. Verpackung, Fracht und Zoll). In Kolonne II ist die Anzahl der von der betreffenden Sorte für die Stadtbahn beschafften Uhren angegeben.

Pos.	Anzahl	Bezeichnung der Uhrensorte	Preis in Mark pro Stück	Preis in Mark im Ganzen
1	2	3	4	5
1.	1	Hauptregulator	2 615,—	2 615,—
2.	9	Elektrische Sekundenpendeluhren .	675,—	6 075,—
3.	8	Nichttransparente Perrondoppeluhren (Durchmesser des Zifferblattes 1 m)	1 075,—	8 600,—
4.	5	desgleichen (Durchmesser 0,75 m) .	724,—	3 620,—
5.	17	Einfache Uhren im Innern (Durchmesser 0,4 m)	160,—	2 720,—
6.	24	desgleichen (Durchmesser 0,33 m) .	102,50	2 460,—
7.	1	Einfache transparente Strafsenuhr (Durchmesser 1,5 m)	1 135,—	1 135,—
8.	1	desgleichen (Durchmesser 1 m) .	900,—	900,—
9.	2	desgleichen (Durchmesser 0,75 m) .	524,—	1 048,—
10.	2	Transparente Strafsendoppeluhren (Durchmesser 0,9 m)	1 225,—	2 450,—
11.	3	desgleichen (Durchmesser 0,75 m) .	905,—	2 715,—
	73	Uhren		34 338,—

II. Dazu kommen die Kosten für das Aufstellen und Ingangsetzen der Uhren (72 Stück, da eine von den 9 elektrischen Sekundenpendeluhren eine Reserveuhr ist, die einstweilen nicht aufgestellt wird). Diese Kosten werden an die Firma Hipp zu zahlen sein mit zusammen rund . . . . 1 109,— ℳ

III. An Zoll war zu zahlen . . . . 1 208,— „

IV. An Fracht schätzungsweise ca. . . . . . . 759,— „

V. Verpackung . . . . 848,— „

VI. Nachträgliche Aenderungen . . . . 409,— „

VII. Die Kabelleitung hat nach Rechnung von Siemens & Halske gekostet 217 609,90 ℳ. Da 21 Adern verlegt sind, wovon eine für die Uhrenregulirung dient, kommt von obiger Summe der 21. Theil auf die Uhren, also rund . . . . 10 362,— „

VIII. Für die Leitungen in den Stationen, die Batterien und verschiedenen Nebenarbeiten beim Aufstellen und Ingangsetzen der Uhren an den Fabrikant W. Horn in Berlin . . . . 10 558,— „

Summe II—VIII 25 253,— ℳ

Die Nebenkosten II bis V und VII bis VIII betragen also etwa 72 pCt. von den Kosten der Uhren frei Neuchâtel.

Im Ganzen kostet jede der Uhren fix und fertig durchschnittlich 816 ℳ.

Verzeichnis
der in verschiedenen Städten aufgestellten elektrischen Uhren System Hipp

Städte		Datum der Aufstellung der ersten Uhren	Regulator	Zahl der Uhren	Nachträgliche Bestellungen	Total	Durchmesser der grössten Zifferblätter	Art der Regulatoren
							cm	
Altenburg	Bahnhof	1879	1	7	—	7	1,36	Elektrisches Sekunden-Pend
Amsterdam	J. A. Hohwü	1877	1	4	—	4	0,45	do. Halb-Sekund. do.
Augsburg	Hôtel zu den 3 Mohren	1877	1	12	—	12	0,48	Elektrisches Sekunden-Pend
„	Kammgarnspinnerei	1879	1	24	—	24	0,60	do. do. do.
„	Hans Göbel	1879	1	5	—	5	0,40	do. Halb-Sekund. do.
Basel	Stadt und Abonnenten	1872	1	22	39	61	0,90	Mit Gewicht und Kommutat
Berlin	Lehrter Bahnhof	1874	1	8	—	8	1,72	„ „ „ „
„	Stettiner „	1876	1	7	—	7	0,80	„ „ „ „
„	Anhalter „	1880	1	10	—	10	1,50	„ „ „ „
Buda-Pest	Telegraphen- u. Post-Verw.	1873	1	39	—	39	1,23	Elektrisches Sekunden.-Pend
„	Bahnhof	1877	1	4	—	4	1,25	do. do. do.
Bellagio	Grand-Hôtel	1873	1	15	—	15	0,80	do. do. do.
Bukarest	A. Engels & Teirich	1875	1	13	3	16	0,75	do. Halb-Sekund. do.
Biel	Stadt	1876	1	12	—	12	0,60	Mit Gewicht und Kommutat
Bochum	Stadt	1876	1	11	—	11	0,75	„ „ „ „
Biala	R. J. Gülcher	1878	1	2	2	4	0,26	Elektrisches Halb-Sek.-Pend
Cham	Condens. Milk Cie.	1877	1	12	—	12	0,33	Elektrisches Sekunden-Pend
Chemnitz	Bahnhof	1872	1	6	—	6	0,40	Mit Gewicht und Kommutat
„	Königl. Gewerbeschule	1877	1	3	—	3	0,70	Elektrisches Halb-Sek.-Pend
Cöln	Bahnhof	1871	1	6	—	6	0,90	„ Sekunden- „
Constanz	Badhôtel	1875	1	12	—	12	0,32	„ „ „
Davos	Schulhaus	1879	1	1	—	1	0,60	Elektrisches Halb-Sek. „
„	Hôtel Belvedère	1880	1	3	—	3	0,26	„ „ „ „
Dresden	Königl. Gymnasium	1880	1	2	—	2	0,30	„ „ „ „
Genf	Stadt und Abonnenten	1862	1	15	99	114	1,86	Mit Gewicht und Kommutat
Grenoble	Badier und Paulin	1879	—	8	4	12	0,50	Vorhandener Regulator.
Haag	Bahnhof	1872	1	8	20	28	0,40	Elektrisches Halb-Sek.-Pend
„	Wisse, Piccaluga & Cie.	1880	2	21	—	21	0,60	„ „ „ „
Hannover	Staats-Bahnhof	1879	1	9	2	11	0,94	Mit Gewicht und Kommutato
Heilbronn	Bahnhof	1874	1	16	—	16	1,75	„ „ „ „
„	Post	1876	—	5	—	5	0,50	„ „ „ „
Herisau	Stadthaus	1877	1	6	1	7	0,26	Elektrisches Halb-Sek.-Pende
Königsberg	Stadt	1869	1	4	—	4	0,60	„ „ „ „
„	Börse	1875	1	3	—	3	0,60	„ „ „ „
Lichtensteig	Bank	1873	1	5	—	5	0,60	„ „ „ „
Linz	Stadt	1876	1	4	—	4	0,60	„ Sekunden-Pende
Luzern	Stadt	1879	1	6	—	6	0,40	„ „ „
London	E. Paterson	1879	—	2	—	2	0,26	Vorhandener Regulator.
Magdeburg	Potsdamer Bahnhof	1874	1	17	—	17	1,80	Mit Gewicht und Kommutato
„	Leipziger „	1875	—	12	—	12	1,40	Derselbe.
Mailand	Stadt	1875	1	18	17	35	0,60	Mit Gewicht und Kommutato
Madrid	M. Höfler	1875	4	27	—	27	0,40	Elektrisches Halb-Sek.-Pende
Mannheim	Bahnhof	1876	1	4	1	5	0,90	„ Sekunden- „
Neuenburg	Stadt und Abonnenten	1864	1	16	26	42	1,25	Mit Gewicht und Kommutato
„	Postverwaltung	1878	1	11	—	11	0,40	Elektrisches Halb-Sek.-Pende
Odessa	Hôtel Europa	1873	1	6	—	6	0,40	„ „ „ „
Paris	Menier	1875	1	13	—	13	1,10	„ „ „ „
Philadelphia	G. W. Russel	1876	1	4	3	7	0,33	„ „ „ „
Plauen	Bahnhof	1875	2	6	—	6	1,00	„ Sekunden-Pende
Ragatz	Hôtel Quellenhof	1869	1	9	—	9	0,40	„ „ „
Reichenbach i/V.	Bahnhof	1877	1	6	—	6	1,00	„ „ „
Rudolstadt	Richter & Cie.	1877	1	14	—	14	0,48	„ „ „
Rom	Königl. Universität	1880	1	9	—	9	0,33	„ „ „
Saarbrücken	Bahnhof	1877	1	2	2	4	0.50	„ „ „
Schinznach	Bad-Anstalt	1868	1	14	15	29	0,90	„ Halb-Sek.- „
Stuttgart	Bahnhof	1867	1	30	8	38	1,20	Mit Gewicht und Kommutato
„	Postgebäude	1872	—	14	—	14	0,60	„ „ „ „
„	Königl. Realschule	1876	1	6	—	6	0,26	Elektrisches Halb-Sek.-Pende
St. Gallen	Stadt	1878	1	1	—	1	0,22	„ „ „ „
„	Helvetia	1878	1	14	—	14	0,33	„ Sekunden „
Toledo	Alcazar	1879	1	1	—	1	2,00	„ „ „
Wien	K. k. Telegraphen-Amt	1873	1	14	—	14	0,60	„ „ „
Winterthur	Stadt und Abonnenten	1869	1	52	—	52	0,60	Mit Gewicht und Kommutator
„	Bank	1869	1	15	8	23	1,00	Elektrisches Sekunden-Pende
„	Lloyd	1879	1	13	—	13	0,36	„ „ „
Windisch	Hch. Kunz	1876	1	15	—	15	0,33	„ „ „
Wiesbaden	Th. Wagner	1878	1	2	—	2	0,26	„ Halb-Sek.- „
Zürich	Stadt und Abonnenten	1865	1	55	80	135	1,80	Mit Gewicht und Kommutator
Zug	Rathhaus	1875	1	10	—	10	0,35	Elektrisches Sekunden-Pende

46 wurde in Bern die Stelle eines »*Werkführers der Eidgenössischen Telegraphenwerkstätte*« mit einem Jahresgehalt von 2000 Franken ausgeschrieben. Hipp hatte sich unter dem Vorbehalt, weiter für sich arbeiten zu können, beworben und wurde wegen seiner überragenden Befähigung, zunächst zur Probe, dann für drei Jahre angestellt. Die Werkstätte florierte, und Hipp blieb ihr Chef bis 1860, als er sich entschloß, den Beamten-Status aufzugeben und in Neuenburg eine eigene Fabrik zu gründen (B 345). Neben Telegraphen und elektrischen Uhren wurden hier nun auch vielerlei wissenschaftliche Apparate, Eisenbahn-Signale, Läutewerke, Batterien, Blitzableiter und Kabel hergestellt und die Hippschen Erfindungen weiterentwickelt. 1877 baute Hipp ein elektrisches Klavier sowie die Telephonapparate, mit denen im gleichen Jahr die Versuche zwischen Luzern - Lugano -Mailand angestellt wurden. Nachdem er für die Stadt Genf die erste Zentral-Uhrenanlage mit elektrisch angetriebenen Nebenuhren 1863 fertiggestellt hatte, wollten viele Städte und Unternehmungen in aller Welt solche Anlagen besitzen: die Liste umfaßt Lieferungen bis ins Jahr 1880! (B 346)

In Berlin wurde 1874 eine Anlage mit acht Uhren für den Lehrter Bahnhof, 1876 eine weitere mit sieben Uhren für den Stettiner Bahnhof ausgeführt. Außer denjenigen für den Anhalter Bahnhof hat Hipp 1882 auch die 73 elektrischen Uhren für die Berliner Stadtbahn geliefert.

Leider sind in der noch heute existierenden Firma keine Unterlagen über die zehn Uhren für den Anhalter Bahnhof mehr vorhanden, so daß sich ihre Verteilung nicht mehr eindeutig feststellen läßt; lediglich vier Uhren sind durch Aufnahmen belegt. In der Platzfassade über dem Eingangs-Vestibül zwischen den beiden Figuren — noch heute ist das gemauerte Gehäuse zu sehen — kündete die erste Uhr dem Abreisenden die Zeit (B 347); das Pendant für den Ankommenden befand sich über dem großen Fenster der Hallenstirnwand: beide hatten ein Zifferblatt mit einem Durchmesser von 1,50 m (B 348). Die dritte Uhr — wohl eine doppelseitige in kleinerem Format — hing über dem seitlichen Abfahrts-Bahnsteig am Pfeiler Achse 4, wo sich auch die Telegraphie befand; und die vierte sahen wir schon auf der Aufnahme des Wartesaals II. Klasse.

Wenn wir auch im großen Wartesaal III./IV. Klasse sowie im Direktionsgebäude je eine Uhr vermuten dürfen — letztere wäre vielleicht die Mutteruhr gewesen (B 349), ließen sich im weitläufigen Bahnhofsgelände die übrigen vier Uhren folgendermaßen annehmen: fast unerläßlich eine im sog. »Central-Weichen-Thurm«, also dem Stellwerk, sodann im Güter-Verwaltungsgebäude (die im Entwurf vorgesehene Uhr auf dem Zwischenbau wurde nicht ausgeführt), im Lokschuppen, und zuletzt im Rangier- und Werkstätten-Bahnhof in Tempelhof.

Um sich noch eine Vorstellung von den Kosten zu machen, wollen wir die Zahlen heranziehen, die für die Uhren der Stadtbahn veröffentlicht wurden: Die 73 Stück kosteten einschließlich Verpackung, Fracht und Zoll und Montage 38.671,- Mark, das Stück also 530,- Mark. Da bei einer kleineren Lieferung wie an die B.A.E. der Anteil für die Mutteruhr und für große Durchmesser stärker zu Buche schlägt, wird der Auftrag an Hipp in der Größenordnung von 10.000,- Mark gelegen haben. Wenn wir dann noch die gleichen Anteile wie bei der Stadtbahn für Kabel, Batterien und Verdrahtung dazurechnen, so ergeben sich Gesamtkosten für die Uhrenanlage in Höhe von ca. 13.000,- Mark (B 350).

16. Dekorative Elemente der Fassade

16.1 Bildhauerei

Im Rahmen der vorliegenden Arbeit können die folgenden Gegenstände vom Verfasser nicht unter kunstwissenschaftlichen Aspekten diskutiert werden; es folgt eine knapp beschriebene Aufzählung der bildhauerischen Werke, welche im wesentlichen an der Hauptfassade zum Askanischen Platz konzentriert waren. Wenngleich wir hier keine Höchstleistungen der Plastik des 19. Jahrhunderts antreffen werden, so könnte doch die kunstgeschichtliche Disziplin zu einer eingehenden Kritik angeregt werden.

16.1.1 »Der Weltverkehr« von Hundrieser und Peters

Vom ersten Entwurf im Sommer 1871 an sollte die Hallenstirnwand durch eine Skulptur be»krönt« werden; bis 1872 dachte Schwechten an eine geflügelte menschliche Figur, in einer Zwischenphase an eine Art Sarkophag, kehrte aber um 1873 zu einer Figuren-Gruppe zurück. Im Jahre 1874 war nur das Flügel-Rad vorgesehen, welches 1878 von einer Gruppe abgelöst wurde, die der Ausführung zugrunde lag (B 351). Eine engelhaft geflügelte weibliche Figur war von zwei Jünglingen flankiert, welche eine kleine Lokomotive bei sich führten; eine Allegorie auf den »Weltverkehr«, wie der offizielle Titel der Gruppe lautete, mit leicht pikanter Note (A 189).

Zur Ausführung wurde der Bildhauer Emil Hundrieser gewonnen (B 354), der sich durch die Figuren von Watt und Stephenson am Palais Borsig, Wilhelm-/Ecke Voß-Straße sowie durch plastische Arbeiten am Kunstgewerbe-Museum einen Namen gemacht hatte. Von R. Begas' malerisch-ba-

B 346 Uhrenanlagen von Hipp in aller Welt, 1881
B 349 Mutteruhr aus einer Hippschen Zentral-Uhrenanlage
B 350 Kosten-Zusammenstellung der Uhrenanlage von Hipp für die Berliner Stadtbahn. Aus »Glaser's Annalen«, 15.12.1882

A 189 Vgl. E. Pflugradt: »Maschinenerotik bei van de Velde, Scholz, Klapheck« in »Die Nützlichen Künste« (125 Jahre VDI) Berlin 1981

351

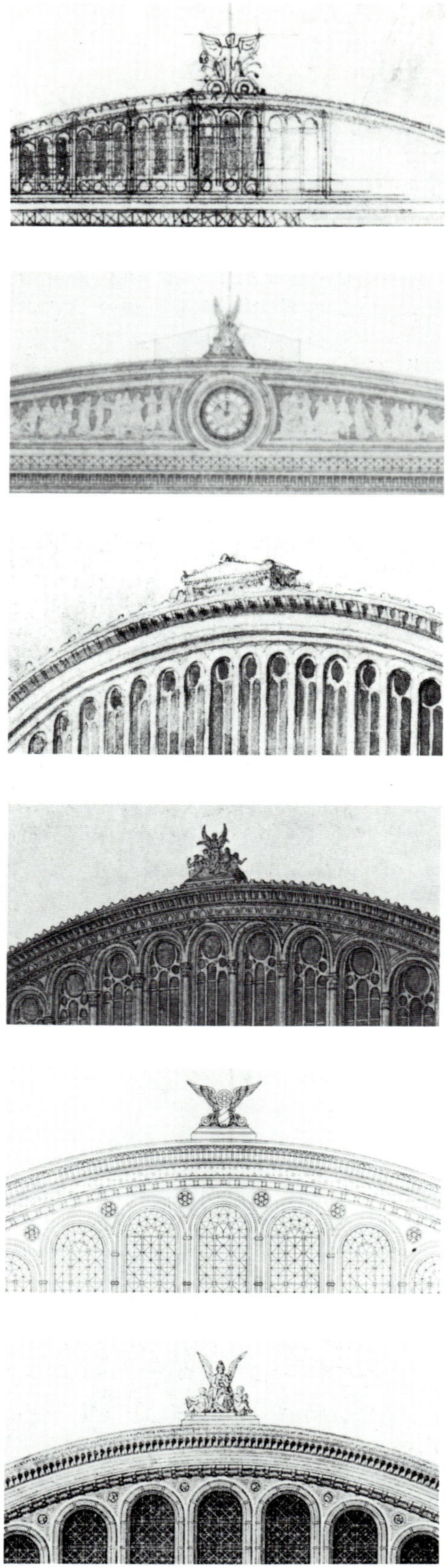

rockem Stil beeinflußt, wurde er später einer der erfolgreichsten Denkmalsplastiker im Kaiserreich (Berolina, Alexanderplatz; zweimal Kaiser Wilhelm I.: auf dem Kyffhäuser und dem Deutschen Eck bei Koblenz; in Berlin (West) ist heute noch sein »Prometheus« an der Hochschule der Künste in der Hardenbergstraße zu sehen). Hundriesers Arbeit war mit dem Gipsmodell (B 352) in Originalgröße (Breite ca. 6 m, Höhe ca. 5 m) beendet; die Ausführung in dauerhaftem Material — nämlich in Zinkblech — wurde einem Klempnermeister übertragen.

Selbstverständlich war dies kein gewöhnlicher Klempner, sondern ein Spezialist auf seinem Gebiet: Friedrich Peters, Klempnerei und Fabrik für Zink-Ornamente, Köthener Straße 22. Bereits 1844 war er auf der Allgemeinen Ausstellung Deutscher Gewerbs-Erzeugnisse im Berliner Zeughaus aufgefallen und mit einer Medaille bedacht worden. Für die St. Michaels-Kirche hatte er die Kuppelspitze in Kupfer getrieben und für die Burg Hohenzollern eine durchbrochene gotische Turmspitze hergestellt. 1877 zeigte er in der Bau-Ausstellung im Architekten(vereins)-Haus zwei Stücke getriebener Arbeit *»von überraschender Vollendung: ein reicher Kandelaber, von O. Lessing modellirt, und die Ecke einer Kassettendecke, beide nach Zeichnungen von H. Licht«* (DBZ 1877). (Über eine spätere Zusammenarbeit von Hundrieser mit Peters siehe B 353).

Leider ist auch in diesem Abschnitt die Quellenlage wieder völlig unzureichend: weder über die Gründe und die Art der Gewinnung der bildenden Künstler gibt es Unterlagen noch über die uns immer interessierende Kosten- bzw. Honorar-Situation.
K.E.O. Fritsch kritisiert in seinem Artikel in der »DBZ« im Dezember 1880 völlig zu Recht, daß die Gruppe *»entschieden etwas zu klein gerathen«* ist *»und steht in starkem Missverhältniss zu dem Maaßstabe der Figuren an der den Vorbau bekrönenden Uhrgruppe.«* Am Inhalt und der unverständlichen Interaktion der Gruppe findet er nichts auszusetzen, obwohl uns dies heute am wenigsten befriedigt: Wir sehen weder aus der Ferne noch aus der Nähe, was die Drei da oben miteinander oder jeder für sich zu tun haben. Bei anderen Berliner Beispielen von Skulpturen in großer Höhe — die Rossebändiger auf dem Alten Museum, die Wagenlenkerin auf dem Brandenburger Tor — ist eine Botschaft sofort faßbar: und unser Interesse ist gefesselt... hier nicht (B 355).
Eigenartigerweise fehlt in dem Lebenslauf, den Hundrieser zur Aufnahme in die Akademie der Künste 1892 schrieb, der »Weltverkehr«. Indessen führt er zwei weitere, zum Eisenbahnwesen gehörige Statuen auf: »George und Robert Stephenson«, leider ohne Angabe des Standortes. Da aber sein »Robert Stephenson« am Palais Borsig stand, könnte es sein, daß ein zweites Werk von Hundrieser im Anhalter Bahnhof stand: Aus dem Nekrolog von 1911 geht hervor, daß »George Stephenson« im Vestibül gestanden habe; nach Auskunft von Hundriesers Enkeln jedoch am Ende des Korridors (B 356).

16.1.2 »Ceres« und »Merkur« von Litke
Die beiden Eckpylone an der Platzfassade erhielten ungefähr seit dem Entwurfsstadium 1874 je ein großes Medaillon: die Köpfe von Ceres und Merkur in unterschiedlicher Umrahmung darstellend. Gegenüber dem Entwurf, wo Helme und Flügel noch keß über den Rahmen griffen (B 357), blieben die Köpfe in der Ausführung brav auf das Kreisrund beschränkt (B 358). Die Reliefs und Umrahmung waren aus Naturstein; Größe ca. 2 x 2 m.

B 351 Entwürfe für die Giebel-Bekrönung von 1871-1878. Ausschnitte aus den Ansichts-Zeichnungen
B 352 Gipsmodell von »Der Weltverkehr«, Hundrieser, aus O. Lessing (Hrsg.) »Ausgeführte Bauornamente Berlins«, Berlin 1880
B 353 Berliner Morgenpost, 17.12.1970
B 354 Hundrieser um 1880, Aufnahme Privatbesitz
B 355 »Der Weltverkehr«, ausgeführt von Fr. Peters
B 356 George Stephenson, für den Anhalter Bahnhof, Gipsmodell von Hundrieser 1880, Atelier-Aufnahme mit seinen drei Söhnen (Privatbesitz)
B 357 Entwürfe für »Ceres« und »Merkur«, Ausschnitte aus den Ansichts-Zeichnungen 1876 und 1878
B 358 Ausgeführter, kriegsbeschädigter »Merkur« von Litke

352

355

In dem kupfernen Leib der Berolina hatte man kurz vorher einen unerwarteten Fund gemacht. In einer Flasche befanden sich verschiedene Schriftstücke, in denen sich der verärgerte Meister Peters seinerzeit Luft gemacht hatte. Eines davon schloß mit den Worten: „Als geborener Berliner von alter Familie war es mir eine Ehre, ein Denkmal in meiner guten Vaterstadt zu machen ... Ich hab's getan und sind mir durch die Launen des Künstlers nicht allein die Freude am Gelingen meines Werkes genommen, es ist mir auch verteuert worden. Dies nennt man den Schutz des Kunsthandwerks. Es soll mein letztes Werk sein; ich bin 68 Jahre alt. Dies der vollen Wahrheit gemäß geschrieben. Berlin, den 12. Dezember 1895. Fr. Peters." 353

356

357

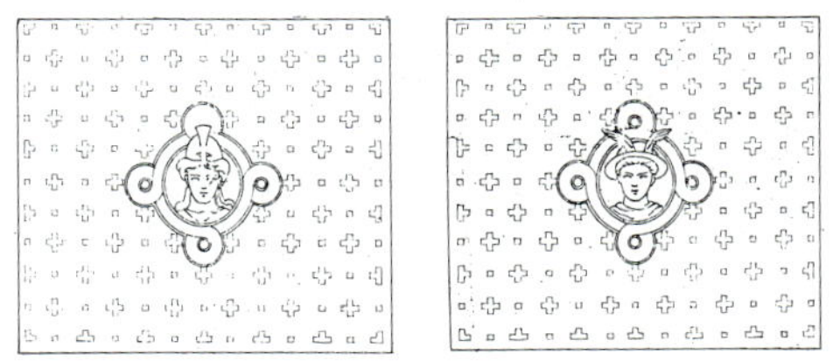

358

Die »*Gartenlaube*«, 1880, S. 296 nennt uns den Bildhauer: es ist der 1847 in Berlin geborene Theodor Litke; sein Atelier befand sich zu jener Zeit am Tempelhofer Ufer 22.

16.1.3 »Tag und Nacht« von Brunow

Wenn wir in der Betrachtung von oben nach unten fortfahren, so folgten nun die beiden Figuren an der Uhr, die mit ihr und dem Terrakotten-Schmuck eine gelungene bauplastische Komposition darstellten. Sie zog die Blicke der Eilenden auf sich, die die genaue Zeit suchten, und die Schauenden wurden zu ihr hingezogen durch ihre Lage: Sie betonte nicht nur die Mittelachse, sondern lag auch auf halber Höhe des Bogenscheitels und wirkte als Brennpunkt der sich über ihr wölbenden Ellipse. Dazu kam die ebenfalls als glücklich anzusehende Kombination von Materialien, Farben und Oberflächen: im Zentrum das helle Zifferblatt aus Milchglas, welches durch den lederfarbenen Greppiner Stein gefaßt war, an den sich wiederum die kupfernen Gestalten lehnten (B 359).

Wir sind hier auch semantisch befriedigt: Die beiden Figuren allegorisierten den Lauf der Zeit durch Tag und Nacht in einfachen und allen vertrauten Gesten. Die Assoziationen zum »Reisen«, die mit ihnen geweckt wurden, stimmten in ihrer Dialektik: wer kennt nicht die Schläfrigkeit, die sich in einem Abteil nach den ersten hundert Kilometern einstellt und die uns den Mantel über den Kopf ziehen läßt? Und wer nicht das Aufspringen, wenn am Fenster die Kuppel von St. Nicolai in Potsdam oder ein Wasserfall am St. Gotthardt oder anderswo etwas genauso Packendes erscheint?

Daß das Begriffspaar »Tag und Nacht« mit dem Figurenpaar »Mann und Frau« und den Eigenschaften »aktiv und passiv« symbolisiert war, soll hier als traditionsbedingt angemerkt, aber nicht weiter problematisiert werden, da heute jedermann die Hinfälligkeit dieser Vorurteile kennt.

Der Bildhauer der Figuren war der am 9. Juli 1843 in Lutheran in Mecklenburg geborene Ludwig Brunow, der durch den Kunstforscher Professor Friedrich Eggers zur Bildhauerei angeregt worden war. 1876 hatte er ein Moltke-Denkmal für dessen

359

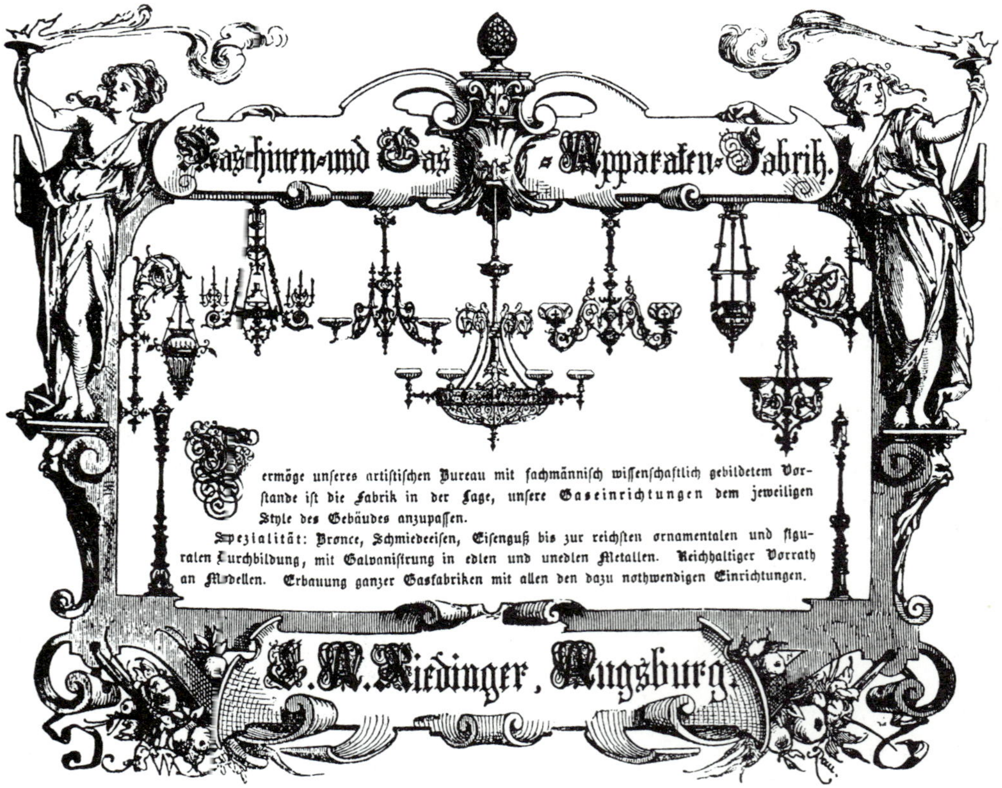

Vaterstadt Parchim geschaffen, das in der Akademie-Ausstellung gezeigt worden war und ihn bekannt gemacht hatte. Aber über Eggers gibt es natürlich auch eine Verbindung zu Seidel und damit zur B.A.E. — leider sind auch hier wieder über Beauftragung und Ausführung keine Einzelheiten zu erfahren gewesen. Sicher ist jedoch, daß Brunow die Modelle herstellte — sein Atelier befand sich ganz in der Nähe: Bernburger Straße 14, wo er auch an Friesen und Figuren für das Kunstgewerbe-Museum arbeitete.

Die Modelle wurden alsdann nach Augsburg zur Firma L.A. Riedinger transportiert, die als eine Spezialität die »Galvano-Plastik« betrieb. Da dieser Herstellungsprozeß interessant ist, hier seine Beschreibung aus der »*Kunst-Chronik*« Nr. 40/1880:

»Zu der Ausführung, die eine Arbeitszeit von dreiviertel Jahren beanspruchte, dienten Hohlformen in Gyps, die mit einer für Säuren unangreifbaren Masse getränkt wurden. Die elektrische Leitungsfähigkeit der Oberfläche wurde durch Metallpulver erzielt. Bei der Zusammensetzung wurden die einzelnen Stücke an ein schmiedeeisernes Gerippe geschraubt, die Nähte verbunden und Alles mit flüssigem Metall gefüllt, in das auch die Eisenverbindungstheile vollständig eingegossen sind. Zum Schlusse kamen die ganzen Figuren in ein großes Bad, in welchem sie eine starke nachmalige innere und äußere Verkupferung erhielten. Es ist dies die erste Gruppe von solchem Größenverhältnisse, welche in dieser Technik ausgeführt wurde; sie übertrifft selbst die auf dem Pariser Opernhause befindlichen Pegasusgruppen nicht nur durch ihre Dimensionen bedeutend, sondern auch durch die saubere und kunstgerechte Behandlung; jene sind nur in großer Entfernung zu wirken im Stande. Allerdings kommen die Kosten dieses Verfahrens bei wirklich kunstgerechter Behandlung beinahe so hoch zu stehen, wie die Ausführung im Guß; aber dasselbe empfiehlt sich durch die außerordentliche Treue der Reproduktion.
Die in dreifacher natürlicher Größe dargestellte(n) ... Nacht wiegt 32 Ctr., der Tag 35 Ctr. incl. der Eisenversteifung und Hinterfüllung mit leichtflüssigem Metall.
Das Riedinger'sche Etablissement ist jetzt fast an jedem größeren Monumentalbau in Deutschland durch irgend ein gediegenes Erzeugniß betheiligt.« (Aus Annonce DBZ 1875)

16.1.4 »Architektur« und »Ingenieur-Wissenschaft« von Geyer

An den Eckrisaliten des Vestibül-Vorbaus sind je ein kreisrundes Figuren-Relief aus weißem Kalkstein mit einem Durchmesser von 2,20 m eingelassen, deren Titel wir aus der *»Gartenlaube«* erfahren: »Architektur« und »Ingenieur-Wissenschaft«. Wie gut, daß in diesen von Männern traditionell beherrschten Gebieten zwei resolute Frauen in Aktion treten: links zeigt uns *die* Architektur, vor einer antiken Tempelfassade sitzend, den Grundriß des Bahnhofs in seinem ideengeschichtlichen Bezug; rechts führt uns *die* Ingenieur-Wissenschaft, vor einer Brücke im Hintergrund, die Mittel zu seiner Realisierung vor (B 360).

Bei der Zuschreibung zu einem Künstler gibt es die Schwierigkeit, daß die oben angeführte Quelle wie auch die *»Deutsche Bauzeitung«* nur von einem Künstler namens Geier berichten, unter dieser Schreibweise aber kein Bildhauer in Berlin zu finden ist, während es aber einen Otto Geyer und einen Nikolaus Geyer sowie einen Ernst Moritz Geyger (A 190) gab. Die Biographin des Otto Geyer, Josephine Hildebrand, gibt dessen Lebenslauf mit der Angabe *»zwei Reliefs an der hiesigen Kopfstation der Anhalter Bahn«* wieder, ist aber unsicher, wo diese angebracht waren (A 191). Von Geyer ist jedoch eine Liste erhalten, die folgende Zahlungen an einen Bildhauer Hesse nachweist:

»1879

15. August	*Zwei Reliefs für das neue Empfangsgebäude der Berlin-Anhaltischen Bahn, hier, inclusive Stein sog. Franz. Kalk auszuführen übernommen für 2150 Mark*
12. September	*I Abschlag erhalten von 800 Mark*
20. März 1880	*II Abschlag gezahlt 1000 Mark*
7. Juni	*III Abschlag gezahlt 250 Mark*
7. Juli	*Restzahlung 100 Mark = 2150 Mark«*

Es kann damit als sicher gelten, daß Entwurf und Modell der beiden Reliefs von Otto Geyer stammen, während die Ausführung in Stein von dessen Bildhauer Hesse übernommen wurde; die Anbringung

B 359 »Tag und Nacht« von Brunow auf dem Eingangs-Vestibül, Aufnahme v. Verf. 1977

B 360 »Die Architektur« und »Die Ingenieurwissenschaft« von Geyer, Aufnahme Labi 1960, zum Teil ergänzt

A 190 Vgl. P. Bloch et al.: »Das klassische Berlin«, Frankfurt/M. und Wien 1978

A 191 J. Hildebrand: »Das Leben und Werk des Berliner Bildhauers Otto Geyer (1843-1914) dargestellt unter besonderer Berücksichtigung seiner historischen Figurenfriese« (Diss.) Berlin 1975, S. 208f.

360

361

362

363

367

wird wohl nach den Haupt-Abschlagszahlungen, also etwa im April 1880 erfolgt sein.

In Otto Geyers Nachlaß findet sich auch eine Bleistift-Zeichnung »*Entwurf für die Vorhalle des Berlin-Anhaltischen Bahnhof Kopfstation*« mit den abgebildeten weiblichen Figuren (B 361), an deren Sockel neben Geyers Name die Jahreszahl 1880 steht. Auf dem einen Schild ist der Berliner Bär, auf dem anderen das Anhalt-Dessauische Wappen zu erkennen. Geyer hat sich also — beauftragt oder unaufgefordert — mit diesen beiden Figuren befaßt, deren Ausführung jedoch nicht ihm, sondern Eberlein übertragen werden sollte.

Otto Geyer ist 1843 in Charlottenburg geboren und war im Jahrzehnt des Bahnhofsbaus durch folgende Arbeiten bekannt geworden: als erster Großauftrag entstand 1870-74 der kulturhistorische Fries im Treppenhaus der Nationalgalerie; dann schuf Geyer unter Calandrellis Oberleitung einen Teil des Figuren-Frieses am Balkon des (Roten) Rathauses von Berlin (in Terrakotta bei March hergestellt und 1877 angebracht); 1878 modellierte er die »Schiffahrt« auf der Halleschen Tor-Brücke (heute im Park an der Zossener Brücke); Gropius & Schmieden betrauten ihn — zusammen mit Hundrieser — mit der Ausführung des großen Relief-Frieses unter dem »Velum« im Kunstgewerbe-Museum. Dieses respektable Oeuvre macht seine spätere Lehrtätigkeit, die hier zum Schluß erwähnt werden soll, verständlich: 1891 begann er an der Technischen Hochschule, seit 1893 als Professor, »Ornamentales und figürliches Modellieren« (für Architekten) zu lehren.

16.1.5. »Berolina« und »Anhaltina« von Eberlein

Die Zuschreibung der beiden weiblichen Figuren auf der Unterfahrt (B 362) bereitete erhebliche Schwierigkeiten. Die verwendeten Bau-Zeitschriften berichten übereinstimmend von Eberleins Mitarbeit, ohne jedoch ein Werk von ihm zu lokalisieren. In den Kunst-Zeitschriften jener Jahre (zum Beispiel in »*Kunst für Alle*«, »*Kunstchronik*«) war aber über eine Arbeit für einen solch profanen Zweckbau nichts zu finden. Weder die Kurz-Biographien in den Künstler-Lexika (zum Beispiel von Thieme-Becker oder Müller-Singer) noch die episch-ausführliche Biographie von Adolf Rosenberg (1903) enthalten entsprechende Hinweise. Im eigenhändigen Lebenslauf für die Königliche Akademie der Künste (1898) sowie in seiner Autobiographie »*Aus eines Bildners Seelenleben — Plastik, Malerei, Poesie*« (1892) übergeht Eberlein seine Mitarbeit an einem Berliner Bahnhofsbau. Auch eine Nachfrage bei Professor P. Bloch (A 190) und seinem Seminar mit dem Forschungsschwerpunkt Bildhauerei der Gründerzeit im Berliner Raum brachte keine Klärung.

Erst dem Heimatpfleger von Hannoversch-Münden — nicht weit entfernt war Gustav Eberlein im Jahre 1847 geboren worden — verdanken wir einen entscheidenden Hinweis: In den »*Mündenschen Nachrichten*« vom 11. Juli 1880 findet sich von einem Gustav Schubert »*Ein Andenken an die Fischerei-Ausstellung*«, die gerade in Berlin stattgefunden hatte und in deren Festsaal ein Neptunsbrunnen von Eberlein große Aufmerksamkeit erregt hatte. Der Bericht erwähnt zum Schluß: «*Von den neuesten Arbeiten sind hervorragend zwei für das Criminalgerichtsgebäude bestimmte Figuren: 'Schwur' und 'Urtheil', die 'Anhaltina' und 'Berolina' des neuen Anhalter Bahnhofes*«.

Im Ausführungs-Projekt von 1876 hatte Schwechten auf der Unterfahrt nur je zwei wappenhaltende Putten vorgesehen; größere weibliche Figuren sollten die Eckrisalite der Platzfassade schmücken (B 363), die aber nicht zur Ausführung kamen.

Verglichen mit Geyers Entwurf sind Eberleins Frauenfiguren nicht so breit angelegt und nach vorn geneigt, sondern hochgewachsen und richten ihre Blicke in die Weite des Platzes. Geyers schwere Wappenschilde sind bei Eberlein nur noch kleine Tafeln — wie beiläufig auf den Knien gehalten, gerade so groß, daß die Wappen von Berlin und Anhalt noch erkennbar sind und die Figuren als Verkörperung der Eisenbahn-Gesellschaft wahrgenommen werden können.

Durch ihre Größe (sitzend ca. 2,5 m hoch) und durch ihre Farbe (weißer Kalkstein) er-

füllen sie eine wichtige formale Aufgabe in der Gesamtkomposition: sie geben der Unterfahrt die Eck-Betonung, welche dreiecksförmig überleitet zu der dahinter aufsteigenden, die Mitte betonenden Uhrengruppe des Hauptvestibüls.
Auch hier sind keinerlei Mitteilungen vorhanden über die Beauftragung und die Bearbeitung. Es gibt aber wie bei Brunow und Geyer einen Bezug zum Kunstgewerbe-Museum, für welches Eberlein einen Fries gestaltet hatte und in dessen Keller sich ein Atelier von ihm befand; seine Wohnung lag in der Link-Straße 24 neben dem Potsdamer Bahnhof. Durch diese Nachbarschaft und auch über Kollegen könnte Eberlein eine Verbindung zur B.A.E. gefunden haben.

16.1.6. Ungeklärte Mitarbeit von Moser
»An dem sonstigen bildnerischen Schmuck sind (außer Hundrieser und Brunow) *die Hrn. Bildh. Litke, Geier, Moser und Eberlein betheiligt«* schreibt K.E.O. Fritsch in der »DBZ« vom 11. Dezember 1880, leider ohne Nennung ihrer Werke, so daß wir vor dem Problem stehen, zum Schluß einem Künstler kein Werk mehr zuweisen zu können. Bei dem auffälligen Fehlen eines persönlichen Stil-Merkmals der an diesem Bau tätigen Bildhauer muß es hier erlaubt sein, diese Frage offen zu lassen.

Dennoch seien über Julius Moser noch einige Daten angefügt: 1832 in Berlin geboren, erschien er mit seinen Arbeiten erst gegen Ende der sechziger Jahre in der Berliner Baugeschichte, zuerst mit einer Büste von Knoblauch (d. Ä.), die er 1867 für den Architektenverein geschaffen hatte. 1876 beschickte er die Akademie-Ausstellung mit einem Amor und 1879 mit »Amor & Psyche«... Im gleichen Jahr fertigte er eine Brunnenfigur für den Greppiner Pavillon auf der Gewerbeausstellung, den die Architekten Knoblauch & Wex entworfen hatten; die Terrakotta-Ornamente für diesen Bau stammten von dem uns bereits bekannten F. Thomas. Auch auf der Halleschen Tor-Brücke war Moser damals tätig: der »Fischhandel« ist sein Werk. Für die Technische Hochschule in Charlottenburg modellierte er die Gruppen »Maschinen-

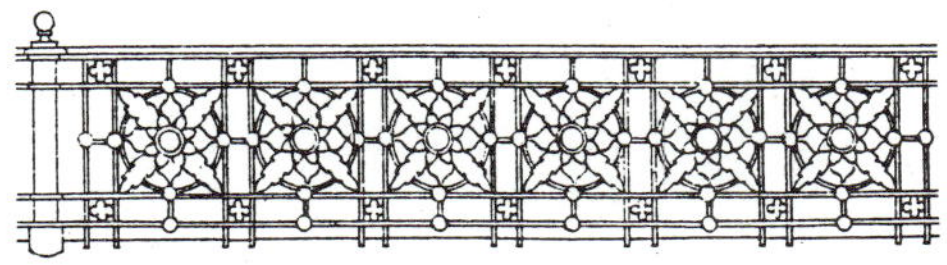

Die Modelle der für den Neubau der Techn. Hochschule bestimmten Gruppen: **Der Maschinenbau, der Schiffsbau und das Hüttenwesen** sind für Architekten vom 1.—4. November von 10—1 Uhr im Atelier des Bildhauers Moser, Köthenerstr. 39 zur Besichtigung ausgestellt.

bau«, »Schiffsbau« und »Hüttenwesen«, 365
wie seiner Anzeige zu einem Atelierbesuch zu entnehmen ist (B 364).

16.2. Metall-Arbeiten
Es ist bereits erwähnt, daß der noch 1878 geplante Figuren-Schmuck auf der Attika der nördlichen Vorbauten nicht ausgeführt worden ist. An deren Stelle wurden auf die gemauerten Sockel antikisierte Flammenschalen gesetzt, wie sie 1876 noch die Eck-Pylone bekrönten. Bei einem Durchmesser
von über 1,00 m hätte man zunächst eine 366
massive Arbeit in Eisenguß vermutet, zumal Vasen und Schalen beliebte Motive im Eisenkunstguß waren. Das abgebildete Detail überzeugt uns jedoch davon, daß (auch hier) Gewicht und Kosten gespart wurden und die Schalen aus Zink-Blech — vielleicht auch aus Kupfer — gefertigt waren (B 365).
Genauso täuschend wurden die Attika-Gitter hergestellt: auf dem kräftigen, massiven Gesims — das ja nicht wie in Berlin zumeist
aus Stuck bestand — erwartet man eben- 364
falls ein schweres Material. Doch auch hier werden wir, wie eine Nachkriegsaufnahme zeigt (B 366), enttäuscht, Gußeisen hätte
sich nicht dermaßen deformiert. Schinkel 368
hatte den »Ersatz« schon 1840 »sanktioniert« (A 192):
»Je mehr man mit dem Zinkmetall umgeht und Gelegenheit hat seine Anwendung in der mannigfaltigsten Art zu fördern, finden sich fortwährend die bedeutendsten Vortheile des Materials, besonders für die

B 361 Entwurf von Geyer für die Figuren auf der Unterfahrt des Anhalter Bahnhofs, Repro: J. Hildebrand
B 362 »Anhaltina« (links) und »Berolina« (rechts) von Eberlein auf der Unterfahrt, Repro: Kunstbibliothek
B 363 Weibliche Figur auf der Attika. Ausschnitt aus der Hauptfassade des Ausführungsprojekts von 1876
B 364 Annonce von Moser in DBZ, 30.10.1880
B 365 Flammen-Schalen auf der Attika der nördlichen Vorbauten, zur Hälfte auf dem Sockel bzw. einer Abstützung stehend
B 366 Attika-Gitter Entwurf 1876, Nachkriegsaufnahme
B 367 Annonce BIA 1877/78
B 368 Annonce BIA 1877/78
A 192 Gutachten von Schinkel vom 3.5.1840 aus M. Geiß: »Zinkguss-Ornamente« Berlin 1863, Vorwort

369

3

Anwendbarkeit in der Architectur. Alle Fälle dieser Anwendbarkeit haben in zehnjährigen Zeitperioden bei uns die genügendsten Beweise seiner Haltbarkeit gegeben und überall seine Unzerstörbarkeit durch Witterung gezeigt, wo nur irgend das Metall nicht gegen seine Natur verwendet wurde... Alle Ornamente, durchbrochene Arbeiten und Spitzen, welche sich aus der Architectur frei erheben, um durchsichtige Krönungen in der Architectur zu bilden, werden in dem Metall auf die leichteste, solideste Weise hergestellt. Ebenso aber werden Haupttheile der Architectur höchst wohlfeil und dauerhaft gefördert.«

Damit hatte ein Zweig des Kunsthandwerks, der zur Kunstindustrie wurde, einen Gewerbeschein erhalten, der zu immer verwegeneren Imitationen (zum Beispiel hohlen halben Zink-Ballustern) beflügelte. Von der sogenannten Permanenten Bauausstellung 1877 berichtet die »DBZ« über die *»Arbeiten in Zink-Guss sowohl wie eigentliche Klempnerei«*: *»Bemerkenswerth ist bei diesen Arbeiten die entschiedene Tendenz, das Gebiet derselben zu erweitern und durch Zink-Produkte die Arbeiten in anderen Materialien aus dem Felde zu schlagen«* (die militärische Sprache verdeutlicht den entbrannten Konkurrenzkampf).

Von den am Bau beteiligten Klempnerfirmen kommen für die vorgenannten Arbeiten in Frage: Bernhard Mertins, Geprägte Bau-Ornamente und Zinkguß, Friedrich-Straße 24 (B 367) sowie H. Mulack, Ornamente aus geprägtem und gegossenem Zink, Alte Jacob-Straße 108 (B 368).

16.3. Gußeisen

Zu den Ausschmückungen der Fassade am Askanischen Platz gehörten auch die beiden Fahnenmasten auf dem Vestibüldach, von denen man die Adlerspitze in Gußeisen annehmen möchte; das übrige Rohrstück hat wahrscheinlich aus geschweißtem Eisenblech bestanden (B 369).

Die Teilung der großen Hallenfenster als »Thermen«-Fenster erfolgte mittels gußeiserner Pfosten und Kämpfer, wie sie Ende 1876 von Schwechten entworfen und von Seidel berechnet worden waren (B 370). Die Pfosten besaßen — sowohl auf der Außen- als auch auf der Innenseite — Basen mit Blattverzierungen, kannellierte Schäfte und Kapitäle unter dem Kämpfer; unter dem Bogen endete sie in Karyatiden ähnlich denjenigen an der Bauakademie. Dort bestehen diese Pfosten aber bekanntlich aus Terrakotta, und an diesem Vorbild scheint sich auch Fritschs Kritik in der »DBZ« (11. Dezember 1880) zu orientieren, der die Pfosten in Gußeisen zu dünn findet; ihm gefallen die material-einheitlichen Pfosten an den westlichen Wartesaal-Fenstern entschieden besser (B 382). Dieser Ansicht muß man sich jedoch nicht anschließen, da sowohl aus formalen Gründen — dem Gegensatz zwischen Wand und Öffnung, als auch aus konstruktiven Überlegungen — große Schlankheit bei vier Metern Pfostenhöhe, nur Eisen geeignet erscheint, zumal die Fenstersprossen ebenfalls nur in diesem Material auszuführen waren. Backstein, Eisen und Glas sind hier gemäß ihren Material-Eigenschaften zu einem überzeugenden formalen Element ver-

71

„Lauchhammer“
vereinigte vormals Gräflich Einsiedelsche Werke
in Lauchhammer.
1725 Gegründet 1725
Preisgekrönt mit den höchsten Auszeichnungen auf den Ausstellungen in
London, Paris, Berlin, Wien, München, Dresden, Cöln, Cassel, Wittenberg, Graz, Sydney etc.
Betrieb mit 6 Cupolöfen. 1200 Arbeiter. Jahresproduction 6,500,000 Ko.
liefert Gusswaaren aller Art in vorzüglicher Ausführung als Oefen, Reguliröfen, Ventilationsöfen etc., Camine und Caminöfen, Emaillirte Waaren in grösster Auswahl; Bausachen, als Treppen, Balcons, Veranden, Pavillons, Gewächshäuser, Säulen, Traillen, Geländer, Füllungen, Beschläge; Stalleinrichtungen; Candelaber und Laternenträger; Kunstguss aller Art in Eisen und cuivre poli in den verschiedensten Formen und Ausstattungen und feinster künstlerischer Ausführung. Monumentalen Bronzeguss; ferner Brücken- und Dachconstructionen, Briquettes-Fabriken, Regulatoren Dr. Proells Patent etc.
Musterbücher u. Preiscourante zu den Selbstkosten.
Vorschlagszeichnungen und Kostenanschläge gratis.

eint, das den Charakter der Längswände entschieden prägt.

Präzise Abbildungen über die erwähnten Gußteile fehlen bis jetzt ebenso wie eine genaue Angabe des Herstellers. In den herangezogenen Zeitschriften werden für die Eisenguß-Arbeiten stets nur »Lauchhammer« und die »Wilhelmshütte« genannt, wobei unter letzterer Firmierung damals mindestens sieben Hütten im Deutschen Reich existierten. Die folgenden Lieferungen der »Wilhelmshütte bei Seesen« nach Berlin lassen darauf schließen, daß dieselbe Firma auch für den Anhalter Bahnhof gearbeitet hat: die Geländer für die Universitäts-Bibliothek von Spieker (Mitarbeiter: Schwechten); Kaiserliche Unterfahrt am Potsdamer Bahnhof, von Sillich entworfen (inzwischen bei der B.A.E.); das 226teilige Geländer am Lichthof des Kunstgewerbe-Museums. Anläßlich der Kunstgewerbe-Ausstellung 1876 in München berichtet die »DBZ« über diese Firma wie folgt: »*Wilhelmshütte, Aktiengesellschaft bei Seesen im Herzogthum Braunschweig, hat dieses Mal allen deutschen Eisengiessereien — so weit es sich um Bau- und Ornamentguss handelt — den Rang in einer Weise abgelaufen, wie dies früher noch nie so deutlich hervorgetreten ist.*« Die in Bornum am Harz um 1724 gegründete Herzog-Wilhelm-Hütte ging 1966 in Konkurs, so daß ihre Lieferungen an Hand von Firmen-Unterlagen leider nicht mehr zu klären waren. Im erwähnten Ausstellungsbericht lesen wir: »*Lauchhammer, ... jetzt Aktiengesellschaft, liegt in der Provinz Sachsen; das Werk ... hat eine berühmte Geschichte. ... wenig günstig können wir uns über einige Kaminthüren und Wandbecken äussern, die in der Zeichnung recht niedlich, in der Ausführung aber einen sehr bemerkbaren Gegensatz zu den von der Wilhelmshütte ausgestellten Gusswaaren bilden ... Kunstguss, meist modernen Charakters ... ist hübsch und scharf ausgeführt und meistens galvanisch verkupfert. Wir können uns indess für den Niederschlag auf Gusseisen nicht recht erwärmen ... Ausser den Gegenständen dieser Art hat Lauchhammer einige Kamine und Stubenöfen in polirtem Gusseisen ausgestellt; in der Kunst, Gusseisen zu poliren, ist Lauchhammer bisher noch nicht erreicht worden; die ausgestellten Kamine sind denn auch eine Zierde der Ausstellung.*«

Da auch dieses Firmen-Archiv im Zweiten Weltkrieg stark gelitten hat, konnten von Lauchhammer ebenfalls keine Lieferungen mehr ermittelt werden (B 371).

16.4. Schmiedeeisen

Zwischen der Nordwestecke des Empfangsgebäudes und dem alten B.A.E.-Verwaltungsgebäude Askanischer Platz Nr. 5 war eine schmale Zufahrtsstraße verblieben, welche hohen und Höchsten Herrschaften eine etwas respektablere Anfahrt zu den K.K. Salons auf der Abfahrtsseite gestattete, als wenn sie von der Schöneberger Straße durch die Bahnhofsstraße hätten

375

1878 Erster Staats-Ehrenpreis des Ministers für Handel und Gewerbe.
1879 Goldene Staatsmedaille für gewerbliche Leistungen.
Ed. Puls
Eisenconstructions-Werkstatt
Bauschlosserei
und
Fabrik schmiedeeiserner Ornamente.
BERLIN S.W.
Tempelhofer Ufer 6. (4397)
Größte und älteste Fabrik für Kunst-Schmiede- u. Schlosser-Arbeiten.
Bewährte Ausführung von Eisenconstructionen.
Front-, Grab-, First-, Thür- und Fenster-Gitter, Thore, Pavillons, Veranden, Lauben, Treppengeländer, Kamin-Garnituren, Kronen, Laternen, Leuchter, getriebene Arbeiten etc. etc.
Entwürfe und Anschläge bei Ausführung gratis.
Gewächshäuser (Specialität) Photographische Ateliers, Dächer, Brücken, Gitterträger, Oberlichte, Unterfahrten, Balcons, Treppen etc. etc.
Baupolizeiliche Berechnungen und Zeichnungen bei Ausführung gratis.

B 369 Fahnenmast
B 370 Thermenfenster der Hallenlängswände mit gußeisernen Pfosten und Kämpfern, Ausschnitt aus B 194
B 371 Annonce aus Katalog der Gewerbe- und Industrie-Ausstellung, Halle/S. 1881
B 375 Annonce aus BGZ 1880

373

372

37

vorfahren müssen. Diese Einfahrt war durch ein schmiedeeisernes Tor verschlossen, von dem zwei Flügel den Torweg und ein dritter den erhöhten Gehweg sperrten (B 372). Die Gesamtbreite betrug 5,50 m, die Gesamthöhe 3,50 m. Die Flügel zeigten inmitten einer etwas simplen Ranken- und Kringel-Ornamentik den Reichsadler, dessen Krone, Zepter und Wappenschild vergoldet waren (A 193).

Eduard Puls, einer der berühmten Kunstschlosser in jener Zeit, nahm 1881 das Gittertor in sein Vorlagenbuch »*Ornamentik für Schlosser und Architekten*« auf, ohne jedoch über den Entwerfer und Hersteller das geringste zu berichten (B 373). Da aber Eduard Puls in der Firmenliste aufgeführt ist, so scheint es naheliegend, daß er in diesem Buch eine eigene Arbeit und nicht diejenige eines Konkurrenten veröffentlichte. Leider konnte diese Frage mit der heute noch existierenden Firma nicht geklärt werden. — Die Firma hatte bis Juni 1879 ihre Werkstatt in der Holzmarkt-Straße 13, die sie wohl wegen des Baus der Stadtbahn verlassen mußte und zum Tempelhofer Ufer 6 verzog — dieses Detail mag deshalb angefügt werden, weil Schwechten ja in Nr. 12 wohnte und sicher dann und wann an der Werkstatt vorbeikam (B 375).

Das Tor dürfte bis zum Bau der Nord-Süd-S-Bahn an seinem Ort bestanden haben (B 374).

16.5. Schrift am Bau

Nun sind einige schmückende Inschriften zu erwähnen, die sich sowohl auf das Gebäude als auch auf den Eisenbahnbetrieb bezogen. Zu den ersteren gehören die Jahreszahlen »1839« (B 376) und »1879« an den Eckpfeilern der Unterfahrt, welche eine Größe von ca. 38 x 90 cm hatten und aus Greppiner Terrakotta bestanden. An den beiden Türmen des Südportals befanden sich die Inschriften »*ERBAUT 1875-1880*«. die wegen ihrer Größe von ca. 55 x 230 cm aus Naturstein gehauen waren.

In den »Grundzügen für die Gestaltung der Haupt-Eisenbahnen Deutschlands« von 1871 war in § 80 vorgeschrieben, daß — außer dem Namen der Station (!) — zweckmäßigerweise »*auch die Entfernungen von der nächsten Hauptstation beizufügen*« seien; daher wurden auf der inneren östlichen Hallenlängswand (Ankunftsseite) diese Inschriften angebracht:
»*VON HALLE 161,7 km*«,
»*VON LEIPZIG 163,0 km*«,
»*VON DRESDEN 187,7 km*«
(B 377). Es handelte sich um ca. 30 cm hohe erhabene Blechbuchstaben in einer gut gestalteten Block-Antiqua, auch Egyptienne genannt (B 378).

Die Hinweise auf Wartesäle, Bahnhofs-Vorsteher etc. scheinen auf der gegenüberliegenden Hallenwand (Abfahrtsseite) zwar auch in erhabenen Buchstaben, aber in einer Grotesk-Schrift ausgeführt gewesen zu sein, wobei der Form-Wechsel mit unterschiedlichen Auftraggebern (zum Beispiel nach Ausscheiden von Schwechten aus der B.A.E.) zusammenhängen könnte.

B 372 Gittertor am Anhalter Bahnhof, Aufnahme um 1900, aus AGB
B 373 Gittertor, Entwurfszeichnung aus Ed. Puls: »Ornamentik für Schlosser und Architekten« Berlin 1881.
B 374 Gittertor, Aufnahme Pragher um 1930
B 376 Terrakotta-Zahlen an der Unterfahrt
B 377 Entfernungsangaben von Halle, Leipzig und Dresden
B 378 Metall-Buchstaben in Egyptienne

A 193 ZVE 1880, S. 858

16.6. »Triforien« 376

In diesem Abschnitt soll von einem weiteren dekorativen Element an den Pylonen die Rede sein (B 379): Die dreibogige »Blendarkade«, wie sie trotz der dazwischen liegenden Fenster interpretiert werden soll, darf nicht als Einzelfall betrachtet
werden, weil dieses Drei-Bogen-Motiv von 378
Schwechten mehrfach und in verschiedenen Varianten verwendet wurde. Dieses Element kehrt in fast allen späteren Entwürfen wieder, weshalb Schwechten geradezu als »Spezialist für das Triforium« bezeichnet werden könnte. Der Begriff »Triforium« wird hier im wörtlichen Sinn,
nämlich als dreifach gebohrte Öffnung ver- 377
wendet und nicht als baugeschichtliche Bezeichnung für eine Wandzone mit mehrgliedrigen Öffnungen.

Bei der Vorliebe Schwechtens für dieses Motiv können wir vermuten, daß es ihn bereits an den zahlreichen romanischen Bauten seiner Vaterstadt beeindruckt hatte und daß seine Zeichenlehrer es ihn genau hatten studieren lassen. In Berlin fand er das Motiv bei Schinkel und seinen Nachfolgern wieder (B 380), die sich jedoch an antiken Vorbildern orientiert hatten wie beispielsweise am Agoranomion in Athen, bei dem die Bogen-Reihung durch isolierte Einzelbogen und verdoppelte Stützen bzw. Pilaster präzisiert ist. Auf seiner Italien-Reise hatte Schwechten die römischen, romanischen und Renaissance-Arkaden gesehen und gezeichnet, so daß er über ein reiches Repertoire an Lösungen für die jeweiligen Konfliktpunkte verfügte.

Bei den Triforien an der Ost- und Westseite der Pylone (B 379) waren die Bogen über den beiden mittleren Auflagern so ineinander geführt, daß sie zusammen nur noch die Ansichtsbreite eines einzelnen Bogens hatten und sich auf je eine gleich breite Säule mit Kapitäl abstützen konnten. Das gleiche Prinzip wurde bei den westlichen Wartesaalfenstern verfolgt (B 382), jedoch mit dem Unterschied, daß anstelle der beiden Säulen Pfeiler mit Pilaster-Kapitälen gesetzt waren. Bei den drei Perron-Türen des K.K. Abfahrtssalons (B 383) waren die Rundbögen fast verdoppelt und übergangslos in die vier Pfeiler überführt worden; die Zwickelfelder zwischen den schlußsteinarti-

379

38

gen Wappen waren besonders hoch und von Reliefs betont. Einen ähnlichen dreifachen Bogenschwung, unmittelbar in die verdoppelten und dennoch äußerst schlanken Stützen führend, finden wir bei der ersten Fensterachse in der Hallenwand zu beiden Seiten des Kopfperrons (B 384) wieder. Die in die Wand darunter eingeschnittenen Türen kontrapunktierten das Verhältnis von Wand und Öffnung in dieser Achse. An der Unterfahrt (B 385) ergaben Bogen- und Pfeilerausbildung eine neue Variante: die in der Frontalansicht verdoppelt wirkenden Pfeiler erhielten ihre Breite aber durch angelagerte »Dienste«, die aus dem zurückgestaffelten Querschnitt der Bogen-Laibung herrührten; im Gegensatz zu den beiden vorangehenden Beispielen waren hier auch wieder Kapitäle zwischen Bogen und Pfeiler eingeschaltet. Verdopplung und Separierung der Bogen und Pfeiler waren an der Fenster-Arkade des Ausgangs-Vestibüls (B 386) nun konsequenter ausgebildet; im Unterschied zum Agoranomion lagen ungeteilte Kapitäle über den Pilasterpaaren, und anstelle der senkrechten Rahmungen der Bogenfelder waren wie in den drei vorherigen Fällen schwach reliefierte Zwickel zwischen je zwei Bogen gesetzt. Das dreibogige »Stadt-Tor« des Südportals (B 387) stellte noch eine weitere formale Variante dar: die Bögen hatten eine noch stärkere Profilierung erhalten und setzten sich auf die glatten, leicht geböschten Pfeiler, nur durch eine Gesimsplatte voneinander geschieden; die Zwickel waren durch stark erhabene Rahmungen betont und mit je einer riesigen Rosette versehen.

Der Vollständigkeit halber muß hier auch noch die Kanalbrücke erwähnt werden, die vom Dreibogen-Motiv her einen Sonderfall darstellt: zwischen die massiven Rundbogen-Widerlager, durch welche die Ladestraßen führen, ist der stählerne Dreigelenk-Fachwerk-Bogen eingespannt (B 388).

B 379 Östlicher Pylon
B 380 Verbindungsgang vom Alten zum Neuen Museum Berlin, entworfen von Stüler 1843, ausgeführt bis 1850, Aufnahme Labi
B 381 Remise in Schloß Klein-Glienicke, entworfen von Schinkel 1827, Aufnahme Labi
B 382 Fensterarkade des Damenzimmers am Wartesaal II. Klasse
B 383 Perrontüren des K.K. Salons, Abfahrtsseite
B 384 Hallenlängswand am Kopfperron
B 385 Arkade der Unterfahrt
B 386 Südliche Fensterarkade des Ausgangs-Vestibüls
B 387 Südportal der Perronhalle
B 388 Kanal- und Uferstraßen-Brücke. Maurerarbeiten Firma Gottlieb Tesch, Stahlbauarbeiten Firma Belter & Schneevogl

1

2

385

386

3

387

388

4

389

390

391

392

394

396

399

B 389 Luftaufnahme vom Ballon aus, vor 1898, der Blücher- und Belle-Alliance- (heute: Mehring-)Platz zu beiden Seiten des Landwehrkanals, links oben der Anhalter Bahnhof

B 390 Luftaufnahme um 1925, der Anhalter Bahnhof mit den (auf über 300 m verlängerten) Bahnsteigen, nördlich des Askanischen Platzes im Prinz-Albrecht-Park das Europa-Haus im Bau, Labi

B 391 Totalansicht vom Hotel Excelsior aus, Aufnahme Titzenthaler 1903, Ullstein-Bilderdienst

B 392 Totalansicht vom Europa-Haus aus, um 1925, Bundesbildstelle

B 393 Die Hauptfassade vom Askanischen Platz aus, 1883, Repro Kunstamt Kreuzberg

B 394 Die Stirnwand der Perronhalle beherrscht die Gesamtkomposition — die schwungvolle Überwölbung wurde zum einprägsamen Zeichen für den Anhalter Bahnhof, Lichtdruck 1891

B 395 Die Höhen- und Tiefen-Staffelung von Unterfahrt, Vestibül und Halle, um 1890, Gabe des Wasmuth-Verlags an die Kunstbibliothek

B 396 Das Südportal, im Vordergrund die kaum benutzte Schiebebühne, links außen das Postamt 11, Aufnahme Rückwardt 1881, Labi

B 397 Ausschnitt aus B 396, Blick in die Halle

B 398 Blick in die Halle von der Loggia aus zum Südportal, deutlich die Doppelbinder-Fachwerk-Konstruktion mit den waagrechten Zugstangen, die Oberlichter im Rhythmus der Fensterachsen, um 1890, Labi

B 399 »Ansicht der inneren Hallen-Abschlußwand am Kopfperron«, der Höhenversatz zwischen der inneren und äußeren Arkade ist bedingt durch die Höhe der Fachwerk-Konstruktion, unter der Loggia der zweigeschossige Korridor mit dem Mittelfenster an der Treppe, in den beidseits davon angeordneten Nischen fehlen noch die Terrakotta-Kandelaber, Aufnahme Rückwardt 1880, Labi

VI. Im Betrieb von 1880 bis 1952

1. Die behördliche Abnahme am 10. Juni 1880

Die Gleise von der Kanal-Brücke her waren inzwischen bis in die Halle verlegt worden; die Ausbauarbeiten mußten zum Abschluß gebracht werden, um den von der Direktion bekanntgemachten Eröffnungstermin am 15. Juni einhalten zu können (B 400). Die Beleuchtungsprobe durch Siemens & Halske am 2. Juni 1880 war bestens verlaufen; Teile der Publikums-Räume auf der Ankunftsseite waren jedoch noch zurückgelassen (A 194). Auf die (eventuell) unfertige Ausmalung des Korridors wurde bereits eingegangen. Solche Restarbeiten konnten aber leicht übergangen werden, und so beantragte die Direktion zum 10. Juni 1880 die Abnahme des Personenbahnhofs einschließlich des Empfangsgebäudes durch das Königliche Eisenbahn-Commissariat und das Polizeipräsidium (A 195).

Protokolle, die den Verlauf dieser eisenbahntechnischen und baupolizeilichen Überprüfung der Bau- und Gleis-Anlagen beschreiben, konnten leider nicht gefunden werden; aus der programmgemäßen Eröffnung darf aber geschlossen werden, daß keine gravierenden Mängel aufgedeckt oder sonstige Beanstandungen ausgesprochen worden sind.
Am Sonntag, dem 13. Juni, sollte dann eine Besichtigung des Baus (B 389 bis 399) durch den Verwaltungsrat stattfinden, wobei die Direktion auch über die Baukosten Auskunft geben mußte. Im Kostenanschlag für das Empfangsgebäude waren 4.500.000,- Mark vorgesehen (A 196), davon entfielen (gemäß den Ermittlungen im vorigen Kapitel) ungefähr 2.200.000,— Mark auf den Rohbau. Eine genauere Kostenübersicht kann hier wegen fehlender Unterlagen leider nicht zusammengestellt werden. Pinkenburg gibt jedoch für den gesamten Innenbahnhof 1884 folgende Summen wieder, »*welche dem Hauptkostenanschlage entnommen und bei der Ausführung der Hauptsache nach eingehalten worden sind*« (A 197).
Die Differenz beim Titel »*Gebäude*« von ca. 850.000.- Mark betrifft die Kosten der übrigen (nördlich des Kanals errichteten) Gebäude wie Güterwagen-Aufzug, Maschinenhaus mit Schornstein, Mannschaftsgebäude an der Möckern-Straße und wahrscheinlich auch einen Anteil für die Kanal- und Uferstraßen-Brücke.

Innenbahnhof	
Grunderwerb	*1.015.000.- M*
Erdarbeiten	*93.600.- M*
Unterhaltung während des Baues	*5.000.- M*
Oberbau	*34.530.- M*
Signale	*4.000.- M*
Gebäude	*5.349.000.- M*
Betriebsmittel	*3.000.- M*
Vorarbeiten	*60.000.- M*
Insgemein	*15.870.- M*
Zur Verfügung für später	*320.000.- M*
Zusammen	*6.900.000.- M*

Nach der Besichtigung war ein großes Diner im Versammlungssaal des Bahnhofs vorbereitet, an welchem außer den Mitgliedern der Direktion auch sämtliche höheren Beamten teilnahmen »*so wie die beim Neubau thätig gewesenen Baumeister, Ingenieure u.s.w. ... Außerdem sind Einladungen an das Eisenbahn-Commissariat und die städtischen Behörden ergangen.*« (A 198)

Den Herren der B.A.E. stand der Stolz in den Gesichtern; dem 79jährigen Vorsitzenden Fournier (B 401) genauso wie dem gerade halb so alten Schwechten und den anderen Mitarbeitern. Sie hatten nicht nur das größte und großartigste Empfangsgebäude in Berlin und Deutschland geschaffen, sondern ein weithin kündendes Symbol der ökonomischen und politischen Stärke ihrer Eisenbahn-Gesellschaft. Dagegen kreisten die Hintergedanken der Vertreter des preußischen Staates um die Frage, wie eine so florierende Privatbahn doch noch zur Übergabe gebracht werden könne...

401

400

Berlin - Anhaltische Eisenbahn.
Eröffnung des
neuen Personenbahnhofes
zu Berlin, Askanischer Platz No. 6.

Unser provisorischer Bahnhof zu Berlin (am Ausgange der Trebbiner-Straße) wird in der Nacht vom 14. zum 15. Juni cr. und zwar unmittelbar nach Eintreffen des um 12 Uhr 15 M. Nachts hier ankommenden Courierzuges Nr. 26,

für den Personen-Verkehr geschlossen.

Die Abfertigung sämmtlicher Personenzüge, der Billetverkauf, die Gepäck-Annahme und Ausgabe, die Beförderung telegraphischer Depeschen etc. erfolgt demnächst in unserem

neuen Empfangs-Gebäude hierselbst,
am Ascanischen Platz Nr. 6

und beginnt mit dem Dienstag, den 15. Juni cr., Morgens um 5 Uhr 40 M. nach Lichterfelde abgehenden Localzüge Nr. 51, resp. mit dem um 6 Uhr Vormittags nach Halle, Cöthen, Leipzig und Röderau (-Dresden) abgehenden Personenzuge Nr. 7.

Berlin, den 25. Mai 1880.

Die Direction.

2. Die Eröffnung am 15. Juni 1880

Bereits am Nachmittag des Vortages wurde damit begonnen, mit mehreren Zügen aus dem provisorischen Bahnhof an der Trebbiner Straße Mobiliar und Geräte in den Neubau zu überführen. Der letzte Zug aus Leipzig traf fünfzehn Minuten nach Mitternacht ein, womit das fünfeinhalbjährige Provisorium (für den Personenverkehr) nun ausgedient hatte. Daraufhin wurde sofort von 35 Streckenarbeitern die Gleisverbindung in Höhe der York-Straßen-Unterführung zum neuen Empfangsgebäude vergelegt, was bis Tagesanbruch geschehen war. Um ein Uhr früh brachte ein letzter Zug die restlichen Utensilien samt Personal in die taghell erleuchtete Halle, wo nun unter der Leitung des Direktors Schrader (B 402) sowie der bauleitenden Beamten fast dreihundert Arbeiter damit beschäftigt waren, alles an Ort und Stelle zu schaffen, in Betrieb zu setzen und auf Hochglanz zu bringen.

Unterdessen hatte sich auf dem Askanischen Platz eine nach Hunderten zählende Menschenmenge eingefunden, um ja zu den ersten zu gehören, wenn um halb vier Uhr morgens die Türen zum ersten Mal geöffnet wurden. Teils war man nur aus Neugier gekommen, teils wollte man unbedingt in dem ersten Zug nach Lichterfelde um 5.40 Uhr mitfahren — manche hofften vielleicht gar auf eine Freifahrt. Aber da war sich die B.A.E. wieder treu geblieben: nichts dergleichen; keine Feier, keine Reden, keine Musik... (A 199). Sie nutzte die frühe Stunde und ließ immer mehr Wagen in den Zug einstellen, damit alle, die ein Billet gelöst hatten, auch mitfahren konnten!

Als um 5.40 Uhr drei Schläge der Perronglocke durch die Halle dröhnten, waren die 700 Reisenden (605 hatten für die III., 94 für die II. Klasse bezahlt) noch gar nicht alle eingestiegen, zumal auch etwa 200 Bahnbeamte diese Fahrt mitmachen wollten. Mit fünf Minuten Verspätung setzte sich der Zug (auf 58 Achsen!) in Bewegung, gezogen von der mit Eichenlaubgewinden und Kornblumen geschmückten Lokomotive »Großbeeren«, die von Ober-Maschinenmeister Hennig, Ober-Betriebsinspektor Messow und dem Betriebsinspektor Rehbein geführt wurde.

40

Die Menschenmenge hatte sich bis zur Kanal-Brücke verteilt, aus den Fenstern der Möckern-Straße winkten Zuschauer und schwenkten lebhaft Tücher von der Monumenten-Brücke. Lautes Hurra empfing den Zug auf dem Bahnhof in Lichterfelde...

Der zweite Zug des Tages, der Personenzug Nr. 7 nach Halle-Leipzig, planmäßige Abfahrt Punkt 6.00 Uhr, von der gleichfalls bekränzten Lokomotive »von Madai« gezogen, hatte wegen des großen Andrangs ebenfalls einige Minuten Verspätung. Nachdem dieser Zug Lichterfelde passiert hatte, sollte der erste Lokalzug von dort wieder die Rückfahrt antreten, *»aber mehr wie eine Viertelstunde verging, ehe es gelang, die in animirtester Stimmung befindlichen Berliner, denen sich zahlreiche Lichterfelder angeschlossen hatten, sämmtlich wieder in den Zug hineinzubringen. Mit ca. 20 Minuten Verspätung traf der Train, als erster auf dem neuen Bahnhof, wieder in Berlin ein.«* (A 200)

Das Zeitalter des Massenverkehrs — der damals gewinnträchtig war — begann also hier zu volkstümlicher Stunde und in volksfestartiger Atmosphäre. In manchen späteren Zeitungsberichten (A 201) wird von einer Teilnahme des Reichskanzlers oder gar

03

04

des Kaisers an der Eröffnung fabuliert: die B.A.E. hatte aber auf eine solche Feierlichkeit bewußt verzichtet, denn die Bismarckschen Staatsbahnpläne bedrohten sie ja in ihrer Substanz, und Seine Majestät hatte Wichtigeres zu tun (A 202).

Seit 1876 verkehrten auf der Strecke Berlin-Frankfurt/Main über Erfurt (also vom provisorischen Anhalter Bahnhof aus) bereits die ersten Schlafwagen der »Compagnie Internationale des Wagons-Lits«. Während die B.A.E. diesen nächtlichen »Luxus« zusammen mit anderen deutschen Eisenbahnen (A 203) einführte, hatte sie auch eine Komfort-Steigerung für die am Tage Reisenden vorbereitet: Als erste Eisenbahn-Gesellschaft des Kontinents hatte sie eigene Speisewagen bauen lassen, die gleich nach der Eröffnung ihres Empfangsgebäudes in Berlin zum Einsatz kommen sollten. Die Restaurationswagen (wie sie damals hießen) entstanden durch Umbau von dreiachsigen Personenwagen. Die Küche samt Vorräten befand sich in einem separaten Küchenwagen, einem umgebauten Gepäckwagen (B 403).

Die Speisewagen demonstrierten aber nicht nur den technischen Fortschritt und das Bemühen der B.A.E., die Konkurrenz zu übertreffen, sondern waren auch ein Teil der Strategie gegen die Pressionen der Verstaatlichungs-Behörde. Während der Fahrplan-Konferenz im Januar 1880 hatten die Kommissare des Reichs-Eisenbahn-Amts der B.A.E. angekündigt, die durchgehenden Wagenkurse von Berlin (Anhalter Bahnhof) nach Frankfurt/Main nur noch bis Bebra zu gestatten, so daß die Reisenden hätten umsteigen oder bequemerweise ihre Reise gleich auf dem Potsdamer Bahnhof (der schon dem preußischen Staat gehörte) beginnen müssen (A 204). In dieser Situation war der geplante Einsatz der Speisewagen ein zwingendes und publikumswirksames Argument zur Aufrechterhaltung des durchgehenden Verkehrs vom Anhalter Bahnhof aus.

Am 30. Juni 1880 fand eine Probefahrt für die Berliner Presse auf der vorgesehenen Route Berlin-Frankfurt/Main statt, und

B 400 B.A.E.-Plakat an den Berliner Litfaß-Säulen vom 25.5.1880
B 401 Fournier, um 1875, Aufnahme Privatbesitz
B 402 B.A.E.-Direktor Schrader, 1834-1913, aus »Festschrift des Vereins Deutscher Eisenbahn-Verwaltungen« 1896
B 403 Restaurations-Wagen der B.A.E. Nr. 379 und Küchen-Wagen Nr. 380 mit dreisprachiger Wagenbezeichnung, Aufnahme um 1880, aus Verkehrsmuseum Nürnberg
B 404 Im Restaurations-Wagen der B.A.E., Zeichnung von E. Hosang, aus »Über Land und Meer« 1881

A 194 »Volks-Zeitung« 16.6.1880
A 195 Staatsarchiv Potsdam Pr. Br. Rep. 2 A Bd. 2151, Bl. 55f
A 196 DBZ 1.2.1879
A 197 Zs. AIV Hannover 1884
A 198 »Kreuz-Zeitung« 10.6.1880
A 199 *»Leider wurde die Hoffnung derer, die musikalische Genüsse erwartet hatten, getäuscht. Die Geschichte von der Maschine 'Bismarck', die mit einem Musikkorps vorausfahren sollte, erwies sich als eine Ente.«* »Norddeutsche Allgemeine Zeitung« 15.6.1880 Abds.
A 200 »National-Zeitung« 15.6.1880
A 201 Zum Beispiel »Welt am Sonntag« 29.5.1960
A 202 *»... der Kaiser begab sich heute früh 8 Uhr nach dem Exerzierplatze südlich der Hasenhaide...«* »National-Zeitung« 15.6.1880
A 203 Vgl. H.D. Reichardt »Die blauen Schlaf- & Speisewagen« Düsseldorf 1976, S. 36f.
A 204 »Berliner Börsen-Zeitung« 24.1.1880

tags darauf begann der offizielle Betrieb im Schnellzugpaar Berlin-Frankfurt/Main und zurück. Wie diese Neuheit beim Publikum ankam, zeigt ein Holzschnitt (B 404) sowie ein Bericht im »*Berliner Tageblatt*«: »*Fahren wir von Berlin um 8 Uhr 45 Minuten Morgens oder von Frankfurt a.M. um 8 Uhr 40 Minuten Morgens ab, so sind wir in der Lage, schon am Billetschalter Vorsorge für unser späteres Diner zu treffen, indem wir ein Couvertbillet zum Preise von 2 Mark und 50 Pfennig lösen. Man wird diesen Preis für ein completes Diner, bestehend aus Bouillon, Gemüse mit Beilage, Braten mit Salat und Compot, Pudding und Butter und Käse, auf keinen Fall zu hoch finden. Sollte uns aber schon während der Fahrt das Bedürfniss ankommen, uns ein wenig zu 'restauriren', so können wir uns bei den den Wagen begleitenden Conducteuren ein Bonbillet für 50 Pfennig lösen, das uns zum Aufenthalt im Restaurationswagen für eine bestimmte Strecke berechtigt.*

Besteigen wir den Wagen, der in seiner äusseren Eleganz schon so vielversprechend aussieht! Wir betreten zuerst den Speisesalon mit achtzehn Plätzen, je vier an drei grösseren Tischen zur Rechten, je zwei an drei kleineren zur Linken des Ganges. Die ganze Einrichtung des Salons athmet ebenso solide und geschmackvolle Eleganz, wie der sich anschliessende Rauchsalon mit zwölf Plätzen. Practische Ventilationsvorrichtungen an der Oberdecke gestatten es, die Luft stets erfrischend kühl zu erhalten. Nehmen wir an einem der Tischchen Platz, die unter der weissen Decke ein Filzpolster zur Milderung der Stösse des Wagens tragen. Die Speisekarte bietet uns die landesüblichen Restaurationsgenüsse zu keineswegs exorbitanten Preisen. Wir zahlen für ein Beefsteak 1 M. 50 Pf., für eine Cotelette, ein Schnitzel, eine Hummermayonaise oder ein Rostbeaf mit Remouladensauce 1 M. 25 Pf., für ein belegtes Brödchen je nach dem Belag 35 bis 50 Pf. Als Getränk erhalten wir nach Wunsch Wein, Cognac, Liqueure, Bier — echtes Bayerisch oder Pilsener zu 50 Pf. pro Seidel — Selterwasser, Caffee, Thee oder Milch. Wollen wir 'en petit comité' abgeschlossen von der anderen Gesellschaft speisen, so dürfen wir gegen 25 pCt. Aufschlag für Speisen und Getränke noch eine Mittelthür im Speisesalon schliessen lassen, die unsere kleine Gesellschaft isolirt. Die prompte Bedienung erfolgt durch vier Conducteurkellner. Bei der Bezahlung nimmt man uns den gelösten Billetbon für den vollen Werth an, nur wenn wir unter 50 Pf. verzehrt hätten, bekommen wir auf den Bon nichts mehr heraus. Solche Bonbillets werden ausgegeben von Berlin nach Frankfurt a/M. für die Strecken: Jüterbog-Bitterfeld, Wittenberg-Halle, Bitterfeld-Corbetha, Halle-Grossheringen; auf der Tour von Frankfurt a/M. nach Berlin für die Strecken: Grossheringen-Halle, Corbetha-Bitterfeld, Bitterfeld-Jüterbog, Jüterbog-Berlin. Während der Fahrt von Grossheringen bis Bebra und vice versa ist der Restaurationswagen nur zur Einnahme des Diners den mit hierzu erforderlichen Billets versehenen Reisenden zwischen den Stationen Weimar-Eisenach zugänglich; die Zeit vor und nach demselben dient zur Vorbereitung resp. Abräumung der Tafel.

Interessant ist es einen Blick in den Küchenwagen zu werfen, der eng an den Salonwagen angekuppelt und mit diesem durch eine Brücke verbunden ist. Das niet- und nagelfeste Meublement des Wagens ist Folgendes: 1 Wasserreservoir, 1 Scheuerschrank, 1 Vorrathsschrank, 1 Geschirrschrank und 1 Anrichtetisch mit Schrank; auch enthält derselbe zunächst von der Eingangsthüre zwei besondere kleine Cabinets mit Waschtoilette u.s.w. Sämmtliche Küchengeräthe, Teller und Flaschen sind, wie an Bord eines Schiffes, befestigt angebracht. Zwei Köche und zwei Küchenjungen hantiren in diesem geheiligten Raume und verarbeiten die reichen Schätze der Speisekammer auf dem Maschinenheerde neuester Construction.

Die Verwaltung dieser interessanten Restaurationswagen ist — der 'Internationalen Eisenbahn-Schlafwagengesellschaft' übertragen worden.« (A 205)

3. Die Verstaatlichung der B.A.E. im Jahre 1882

Auf verschiedene Versuche des preußischen Staates, die Berlin-Anhaltische Eisenbahn-(Aktien-)Gesellschaft zu übernehmen, wurde bereits eingegangen. Zum besseren Verständnis für die heutige Zeit, in der gewisse Kreise — in umgekehrter Weise — die Privatisierung von Staatsbetrieben propagieren, seien die wichtigsten Interessen, die hinter den damaligen Staatsbahn-Ideen standen, zusammengefaßt.

Als Bismarck 1862 die Finanzierung der preußischen Heeresreform und 1866 die Mittel zur Mobilmachung gegen Österreich vom preußischen Abgeordnetenhaus verweigert worden waren, begann er nach einer von Parlamentsbeschlüssen unabhängigen, nur der Regierungsgewalt unterstehenden Geldquelle zu suchen. Diese sah er im Erwerb der profitablen Privat-Eisenbahnen. Außerdem hoffte er nach der Reichsgründung 1871 durch die Zusammenfassung der einzelnen Staatsbahnen zu einer »Reichs-Eisenbahn« stärkeren Einfluß auf die Bundesstaaten zu gewinnen, was jedoch von Bayern, Württemberg und anderen Staaten zum Scheitern gebracht wurde. Danach konzentrierte sich Bismarck verstärkt auf den Erwerb der Privatbahnen in Preußen, wodurch auch die staatliche Kontrolle über diese »Großbetriebe« — im Zusammenhang mit dem Kampf gegen die Sozialdemokratie — ausgedehnt werden konnte (A 206). Ferner spielten hierbei auch militärische Aspekte eine Rolle, da Preußen durch die Übernahme einer Bahn wie zum Beispiel der B.A.E. Territorialbesitz in »fremden« Staaten erwarb (A 207).
Von den Methoden, mit welchen die Privatbahnen bedrängt wurden, ist schon vereinzelt die Rede gewesen. Am stärksten spürte die B.A.E. die staatliche Konkurrenz durch den Bau bzw. den Betrieb neuer Linien parallel zu ihrem eigenen Streckennetz wie im Falle Berlin-Dresden (1875 eröffnet, ab 1877 Betrieb durch den Staat), Berlin-Wetzlar (1879 eröffnet), Berlin-Potsdam-Magdeburg (1880 vom Staat gekauft). Die B.A.E. wurde aber auch im Südwesten ihres Netzes nach dem Kauf der

Thüringischen Eisenbahn durch den preußischen Staat 1881 immer mehr eingekreist. Außerdem drückten die staatlichen Gütertarife auf die Einnahmen der B.A.E.; durch die »*Kündigung des mitteldeutschen Verkehrs ... hatte die Bahn schon seit längerer Zeit die Hälfte des Güterverkehrs, aus dem ihr die meisten Einnahmen zufließen, auf dieser Strecke verloren*« (A 208).

Diese Zermürbungstaktik hatte jedoch 1879 bei den Aktionären noch nicht den gewünschten Erfolg: über das staatliche Angebot, die Aktien gegen vierprozentige Staatspapiere anzukaufen, durfte die Direktion nach einer empörten Generalversammlung am 29. Oktober 1879 erst gar nicht verhandeln. Nachdem dann 1880 die wichtigsten Bauarbeiten mit den spektakulären Ergebnissen zu Ende geführt waren, erhöhte der Staat sein Angebot auf fünf einviertel Prozent Rente, was aber von einer am 23. September 1881 im Versammlungssaal des Anhalter Bahnhofs tagenden außerordentlichen Generalversammlung der Aktionäre als Verkaufsgrundlage abgelehnt wurde. Beide Angebote wurden auch vom Verwaltungsrat und von den Direktions-Mitgliedern als unzureichend dargestellt, da wohl auch deren persönliche Abfindungen oder Laufbahnregelungen unbefriedigend waren. Der für die Verstaatlichung zuständige Minister der öffentlichen Arbeiten, Maybach, erkannte hierin eine entscheidende Vorbedingung für das Gelingen beim nächsten Anlauf. Ende 1881 wurden daher Aktionären und Direktoren erheblich verbesserte Angebote gemacht (A 209). Eine außerordentliche Aktionärsversammlung am 23. Januar 1882 erteilte der Direktion Verhandlungsvollmacht, worauf sie mit den Staatsvertretern einen »*Vertrag, betreffend den Uebergang des Berlin-Anhaltischen Eisenbahnunternehmens auf den Staat*« abschloß (A 210). Dieser Vertrag wurde von der speziell dazu einberufenen Generalversammlung am 8. März 1882 mit 1660 gegen 76 Stimmen gebilligt.

Nach Paragraph 2 soll »*bereits vom 1. Januar 1882 ab die Verwaltung und der Betrieb ... für Rechnung des Staates erfolgen*« und im Paragraphen 5 gewährt der Staat »*den Inhabern der Aktien ... eine feste jährliche Rente von sechs Prozent des Nominalbetrages*«. Sollte sich der Staat zur Auflösung der Gesellschaft entschließen, so hat er »*1. Die sämmtlichen Prioritätsanleihen, sowie alle sonstigen Schulden ... als Selbstschuldner zu übernehmen; 2. an die Liquidatoren einen Kaufpreis von 51.750.000 Mark behufs statutenmäßiger Vertheilung an die Inhaber der Aktien zu überweisen*« (§ 9). »*Das gesammte Beamten- und Dienstpersonal ... tritt in den Dienst der Königlichen Verwaltung über... sechs Mitlieder der Direktion und der ... Syndikus* ...(erhalten) *eine von dem Verwaltungsrathe auf insgesamt 906.250 Mark festgesetzte Abfindung, welche dem Reserve- resp. Erneuerungsfonds entnommen wird. ... Den übrigen beiden Mitgliedern der Direktion werden bis zum Ablauf der in ihren Anstellungsverträgen festgesetzten Fristen die ihnen zustehenden Kompetenzen und demnächst die ihnen zustehenden Pensionen vom Staat gewährt*« (§ 10) (A 211).

Zum Vollzug des Vertrages bedurfte es nun eines Gesetzes und eines Nachtrags zum Staatshaushalt, welche am 29. April 1882 im Abgeordnetenhaus und am 8. Mai 1882 im Herrenhaus angenommen wurden. Der Berichterstatter der Regierung führte dort freimütig aus, daß es »*bei dem Erwerb dieser Bahn nur noch darum* (geht), *festzustellen, ob der Vertrag unter genügend günstigen Bedingungen abgeschlossen sei. Ihre Kommission hat diese Frage bejaht. Es sind zwar bei dem Vertrage einige lästige Bedingungen vorhanden; ... dahin gehören auch die hohen Abfindungen, die den Direktoren ... haben gewährt werden müssen... Andrerseits stehen ... erhebliche Vortheile ... gegenüber..., daß nach dem Uebergang der Berlin-Anhalter Eisenbahn in den Staatsbesitz von Berlin aus sämmtliche Linien bis auf die Berlin-Hamburger Eisenbahn im Besitz und im Betrieb des Staates sein werden; dahin gehört ferner der Umstand, daß der Bahnhof der Anhalter Bahn in Berlin ein vorzüglicher ist, daß insbesondere durch dessen Benutzung für die Berlin-Dresdener Bahn der Bau eines besonderen Bahnhofs für diese nicht mehr erforderlich ist... Auch darf ... die rationelle Umgestaltung der Centralbahnhöfe in Halle und Leipzig als ein Vortheil bezeichnet werden; ... für 1881 ist die Dividende zu 6 1/10 Prozent kürzlich festgestellt, geht also über den Betrag der Rente, welche den Aktionären zugesichert worden ist, hinaus. Die Regierung ist der Ansicht, daß die Rentabilität sich auch ferner günstig gestalten werde... Es ist auch das nicht außer Acht zu lassen, daß, bevor die Dividende vertheilt ist, eine Summe von 400.000 Mark jährlich zur Tilgung von Prioritätsschulden vorab verwendet ist. Würde man diese Schuldentilgung nicht in diesem Umfange haben vornehmen müssen, so würde die Dividende sich immerhin um 3/4 Prozent höher berechnen.*« (A 212)

Wie günstig der Erwerb für den Staat tatsächlich werden sollte, geht aus dem gewiß vorsichtig aufgestellten, ersten staatlichen Etat der B.A.E. für das Jahr 1882 hervor. Den Gesamteinnahmen von 15.211.300 Mark stehen Ausgaben einschließlich des Schuldendienstes von 12.048.155 Mark gegenüber, so daß ein Überschuß von 3.163.145 Mark erwartet werden konnte (A 210).

Der in diesem Etat enthaltene Titel »Besoldungen« (B 405) gibt einen interessanten Überblick über den Personal-Bestand jenes Jahres sowie über die einzelnen Bezüge.

A 205 Zitiert nach ZVE 5.7.1880

A 206 Vgl. H. Mottek »Die Ursachen der preußischen Eisenbahnverstaatlichung des Jahres 1879...« Manuskript Berlin 1950

A 207 Die damit zusammenhängende staatspolitische Problematik wurde zunächst unterschätzt: sieben Jahre weigerten sich die sächsische und Dessauer Regierung, Preußen in die B.A.E.-Grundbücher von Leipzig und Dessau eintragen zu lassen.

A 208 »Berliner Tageblatt« 1.2.1880

A 209 Die »Berliner Börsen-Zeitung« weiß am 13.12.1881 allerdings nur, daß die Aktionäre unerwarteterweise 6% bekommen; die Direktoren-Abfindungen werden weiter unten erstmals veröffentlicht.

A 210 »Sammlung sämmtlicher Drucksachen des Herrenhauses«, 1882 No. 89/90

A 211 Aus dem »*Verzeichniß der gezahlten, aber noch nicht zur Anrechnung gebrachten Beläge*«: Abfindungssumme an Direktor Siegert 231.250 Mark, Niedner 142.500 Mark, Jaedicke 142.500 Mark, Magnus 105.000 Mark, Martini 20.000 Mark, Wolff 20.000 Mark, Syndikus Riem 60.000 Mark. In heutigem Geld ungefähr das 15fache! Aus Staatsarchiv Merseburg, Rep. 93, Abt. E, Nr. 3353

A 212 »Stenographische Berichte über die Verhandlungen des Herrenhauses« 8.5.1882

Etat der Berlin-Anhaltischen Eisenbahn für das Jahr 1882.

Titel	Ausgabe		Betrag für 1882 M.	₰
	Persönliche Ausgaben.			
1.	Besoldungen.			
1 a.	Vorsitzender und Mitglieder des Verwaltungsraths	15 000 M.		
	Vorsitzender der Direktion	24 000 „		
	Mitglieder der Direktion	75 000 „		
	Syndikat	9 000 „		
	Revisor des Verwaltungsraths	1 500 „		
	1 Oberbetriebsinspektor	7 500 „		
	1 Oberingenieur	7 500 „		
	1 Vorsteher des bautechnischen Direktionsbureaus	5 400 „		
	1 Obergeometer	3 500 „		
	5 Betriebsinspektoren von 4 200 M. bis 5 400 M., durchschnittlich 4 800 M.	25 500 „		
	1 Obermaschinenmeister	7 500 „		
	1 Güterdirigent	7 500 „		
	Summa Titel 1 a.		188 900	—
	(Darunter für 8 Direktionsmitglieder der einzusetzenden Königlichen Behörde die Gehälter von 4 200 M. bis 6 000 M., durchschnittlich 5 100 M. Außerdem 3 300 M. nicht pensionsfähige persönliche Zulage für das mit dem Vorsitze zu betrauende Mitglied. Die Stellen und Gehälter der Direktionsmitglieder und Betriebsdirektoren übertragen sich bei sämmtlichen für Rechnung des Staates verwalteten Eisenbahnen.)			
1 b.	1 Hauptkassenrendant und 1 Vorsteher des Tarifbureaus 2 Stellen von 4 500 M. bis 5 100 M., durchschnittlich 4 800 M.	9 900 M.		
	4 Bureauvorsteher von 3 300 M. bis 3 600 M., durchschnittlich 3 450 M.	14 250 „		
	1 Grunderwerbskommissar	4 500 „		
	38 Eisenbahnsekretäre von 1 650 M. bis 2 850 M., durchschnittlich 2 250 M.	85 500 „		
	57 Betriebssekretäre von 1 300 M. bis 1 800 M., durchschnittlich 1 550 M.	89 350 „		
	105 Bureauassistenten von 1 000 M. bis 1 400 M., durchschnittlich 1 200 M.	126 000 „		
	1 Betriebskontroleur	4 200 „		
	3 Verkehrskontroleure von 2 400 M. bis 3 000 M., durchschnittlich 2 700 M.	8 100 „		
	2 Drucker von 1 200 M. bis 1 500 M., durchschnittlich 1 350 M.	2 700 „		
	2 Druckergehilfen von 1 050 M. bis 1 200 M., durchschnittlich 1 125 M.	2 250 „		
	5 Kassendiener von 1 200 M. bis 1 500 M., durchschnittlich 1 350 M.	6 750 „		
	33 Diener in Berlin von 900 M. bis 1 200 M., durchschnittlich 1 050 M.	34 650 „		
	10 Diener außerhalb Berlin von 825 M. bis 900 M., durchschnittlich 864 M.	8 835 „		
	Summa Titel 1 b.		396 985	—
1 c.	10 Bahnhofsinspektoren 1. Klasse von 1 800 M. bis 3 000 M., durchschnittlich 2 400 M.	24 000 M.		
	23 Bahnhofsinspektoren 2. Klasse von 1 650 M. bis 2 100 M., durchschnittlich 1 875 M.	43 125 „		
	49 Inspektionsassistenten 1. Klasse von 1 350 M. bis 1 650 M., durchschnittlich 1 500 M.	73 500 „		
	58 Inspektionsassistenten 2. Klasse von 1 000 M. bis 1 400 M., durchschnittlich 1 200 M.	71 200 „		
	24 Rangirmeister von 1 050 M. bis 1 275 M., durchschnittlich 1 164 M.	27 936 „		
	38 Nachtwächter von 600 M. bis 750 M., durchschnittlich 675 M.	25 650 „		
	45 Zugführer von 975 M. bis 1 275 M., durchschnittlich 1 125 M.	50 625 „		
	30 Packmeister von 900 M. bis 1 200 M., durchschnittlich 1 050 M.	31 500 „		
	165 Schaffner von 720 M. bis 870 M., durchschnittlich 795 M.	131 175 „		
	35 Bremser von 630 M. bis 780 M., durchschnittlich 705 M.	24 675 „		
	60 Wagenwärter (Schmierer) von 720 M. bis 870 M., durchschnittlich 795 M.	47 700 „		
	18 Vorarbeiter auf den Bahnhöfen von 690 M. bis 810 M., durchschnittlich 750 M.	13 500 „		
	14 Wagenschieber von 510 M. bis 690 M., durchschnittlich 600 M.	8 580 „		
	Summa Titel 1 c.		573 166	—
1 d.	1 Telegrapheninspektor	3 000 M.		
	3 Telegraphenaufseher von 1 350 M. bis 1 650 M., durchschnittlich 1 500 M.	4 500 „		
	48 Bahnmeister von 1 350 M. bis 1 800 M., durchschnittlich 1 575 M.	75 600 „		
	220 Weichenwärter 1. Klasse und telegraphirende Weichenwärter von 720 M. bis 840 M., durchschnittlich 780 M.	171 600 „		
	120 Weichenwärter 2. Klasse von 600 M. bis 780 M., durchschnittlich 690 M.	82 800 „		
	451 Bahnwärter von 540 M. bis 720 M., durchschnittlich 630 M.	284 130 „		
	72 Vorarbeiter auf der Strecke von 660 M. bis 795 M., durchschnittlich 728 M.	52 755 „		
	Summa Titel 1 d.		674 385	—
1 e.	2 Obergüterverwalter	7 800 M.		
	10 Güterverwalter 1. Klasse von 1 800 M. bis 3 000 M., durchschnittlich 2 400 M.	24 000 „		
	31 Güterverwalter 2. Klasse von 1 500 M. bis 2 100 M., durchschnittlich 1 800 M.	55 800 „		
	37 Güterassistenten 1. Klasse von 1 350 M. bis 1 650 M., durchschnittlich 1 500 M.	55 500 „		
	72 Güterassistenten 2. Klasse von 1 000 M. bis 1 400 M., durchschnittlich 1 200 M.	84 800 „		
	7 Bodenmeister von 1 275 M. bis 1 650 M., durchschnittlich 1 464 M.	10 437 „		
	39 Lademeister von 1 000 M. bis 1 400 M., durchschnittlich 1 200 M.	46 800 „		
	Summa Titel 1 e.		285 137	—
1 f.	1 Maschineninspektor	4 500 „		
	4 Maschinenmeister von 3 000 M. bis 3 600 M., durchschnittlich 3 300 M.	13 200 „		
	6 Ingenieure von 1 800 M. bis 2 400 M., durchschnittlich 2 100 M.	12 600 „		
	5 Werkstättenvorsteher von 1 950 M. bis 2 400 M., durchschnittlich 2 175 M.	11 100 „		
	20 Wagenrevisoren und Materialienaufseher von 1 050 bis 1 500 M., durchschnittlich 1 275 M.	25 500 „		
	2 Lokomotivaufseher von 1 800 M. bis 2 000 M., durchschnittlich 1 900 M.	3 800 „		
	116 Lokomotivführer von 1 150 M. bis 1 800 M., durchschnittlich 1 475 M.	171 100 „		
	116 Heizer von 750 M. bis 1 050 M., durchschnittlich 900 M.	104 400 „		
	Summa Titel 1 f.		346 200	—
	Summa Titel 1.		2 464 773	—

Vom niedrigsten Lohn eines Wagenschiebers von 600 Mark pro Jahr steigen die Gehälter bis auf das vierzigfache im Falle eines Direktions-Vorsitzenden mit 24.000 Mark pro Jahr, die der 81jährige Fournier allerdings nur bis zu seiner Pensionierung am 30. Juni 1882 bezog, dem Tag der Übergabe des Unternehmens an den Staat.

Zur Verwaltung vom 1. Juli 1882 an war bereits eine neue, kurzlebige Behörde geschaffen worden, die »Königliche Direktion der Berlin-Anhaltischen Eisenbahn« mit Sitz in Berlin. Durch die Ausweitung des preußischen Staatsbahnnetzes fiel dieser Direktionsbezirk bald einer Neueinteilung zum Opfer: Seit dem 1. April 1883 gehörte das B.A.E.-Netz zur Königlichen Direktion in Erfurt, welche aber in Berlin, Askanischer Platz 5 (dem ehemaligen Verwaltungsgebäude der B.A.E.) ein Betriebsamt für die Strecke Berlin-Halle/Leipzig unterhielt.
Eine unmittelbare Folge der Verstaatlichung war die Verlegung des Personenverkehrs der Dresdener Bahn zum Anhalter Bahnhof am 15. Oktober 1882, als der provisorische Bahnhof dieser Bahn in der Luckenwalder Straße (heute: Postbahnhof Plw) geschlossen wurde (A 213).

4. Ein Staats-Empfang 1889

»Karlsruhe, Montag, 20. Mai.
Hier erfolgte die Ankunft des Königs von Italien mit einer 4stündigen Verspätung um 10.00 Uhr Abends. Auf Wunsch des Königs unterblieb jeder Empfang. Nach kurzem Aufenthalte erfolgte die Weiterfahrt unter stürmischen Hochrufen der zahlreich zusammengeströmten Volksmenge.
Frankfurt a.M., Dienstag, 21. Mai, Nachts.
Der Extrazug des Königs von Italien traf um 12 Uhr 50 Minuten Nachts auf der Station Sachsenhausen ein. Auf Wunsch des Königs unterblieb jeder Empfang; nur der italienische Konsul war am Bahnhof anwesend. Ihre Majestät die Kaiserin Friedrich ließ ein großes Bouquet Margarethenblumen mit Schleifen in den italienischen Farben überreichen. Nach stattgehabtem Maschinenwechsel erfolgte die Weiterfahrt um 1 Uhr.

Halle a. d. S., 21. Mai, Vormittags.
Der Extrazug des Königs von Italien traf mit einer halben Stunde Verspätung hier ein. Nach einem Aufenthalt von 5 Minuten erfolgte um 8 Uhr die Weiterfahrt. König Humbert und der Kronprinz, welche auf der Plattform des Salonwagens standen, wurden von der zahlreichen Menschenmenge lebhaft begrüßt.

Berlin, 21. Mai.
Der Königl. Sonderzug hatte seine Fahrt beschleunigt und die aus Halle gemeldete Verspätung wieder eingeholt…
Die Halle des Anhaltischen Bahnhofes war auf der Ankunftsseite festlich geschmückt; über der zu den Kaiser-Zimmern führenden Thür war ein purpurner Baldachin angebracht und nach rechts und links lief eine Draperie in den italienischen Farben. Um 10 Uhr begann sich der Bahnsteig zu füllen: als erste erschien die Gräfin Launay, Gemahlin des italienischen Botschafters, die Mitglieder der Botschaft und der italienische Generalkonsul; sodann die gesammte Generalität Berlins und Potsdams mit dem General Feldmarschall Grafen v. Moltke an der Spitze. Auch der Reichskanzler Fürst v. Bismarck, der Staatssekretär Graf Herbert v. Bismarck, der diesseitige Botschafter in Rom Graf Solms Sonnenwalde, trafen ein. Von den Hofstaaten war niemand anwesend, da sie im Vestibül des Königl. Schlosses und auf den Treppen Spalier bilden sollten. Als Vertreter der Stadt kamen mit den Zeichen ihrer Amtswürde geschmückt der Oberbürgermeister v. Forckenbeck und der Stadtverordneten-Vorsteher Dr. Stryck. Der Polizei-Präsident Frhr. v. Richthofen prüfte persönlich noch einmal alle getroffenen Vorrichtungen. Die Ehrenwache war vom Garde-Füsilier-Regiment gestellt und wurde vom Hauptmann v. Goldbeck befehligt; an ihrer Spitze standen die direkten Vorgesetzten.
Zuletzt traf Se. Maj. der Kaiser ein und begrüßte die Königlichen Prinzen, sowie die Prinzen souveräner Häuser, die sich zum Empfange eingefunden hatten. Es waren die Prinzen Heinrich, Albrecht und Alexander von Preußen, der Erbprinz von Sachsen-Meiningen, der Herzog Ernst Günther zu Schleswig-Holstein, der Erbprinz von Hohenzollern, der Prinz Albert von Sachsen-Altenburg, der Prinz Friedrich Karl von Hessen, der Prinz Aribert von Anhalt, der Herzog Georg von Oldenburg, der Herzog Johann Albrecht von Mecklenburg-Schwerin, der Erbprinz Reuß j.L., der Prinz Karl Anton von Hohenzollern, der Prinz Otto zu Schaumburg-Lippe und der Prinz Friedrich von Hohenzollern. Einen reizenden Gegensatz zu diesen fürstlichen Herren in ihren glänzenden Uniformen und mit ihren strahlenden Orden bildeten die beiden ältesten Söhne des Kaisers, der Kronprinz und Prinz Eitel-Friedrich, die im hellen Sommeranzuge und mit ihren Strohhüten ganz allerliebst aussahen…

Punkt 10 Uhr 35 Minuten fuhren der König Humbert und Kronprinz Viktor-Emanuel in die Bahnhofshalle ein. Beide erlauchte Herren hatten die Uniform des 1. hessischen Husaren-Regiments Nr. 13 mit dem Bande des Schwarzen Adlerordens angelegt, während unser Kaiser, der seinem Königlichen Freunde entgegeneilte, die Parade-Uniform des Regiments der Gardes-

B 405 Etat der Berlin-Anhaltischen Eisenbahn für das Jahr 1882

A 213 »Berliner Verkehrs-Blätter« 1974, S. 208

du-Corps mit dem Bande des Annunciaten-Ordens trug. Unter den Klängen des italienischen Krönungsmarsches verließen der König und der Kronprinz den Salonwagen; die Begrüßung mit dem Kaiser und den Königlichen Prinzen war eine äußerst herzliche; wiederholt umarmten und küßten sich die erlauchten Herrscher. Auch dem Reichskanzler Fürsten Bismarck und dem General-Feldmarschall Grafen Moltke drückte der König warm die Hand und stellte denselben seinem Sohn, den Kronprinzen, vor. Andererseits bewillkommnete der Kaiser den Minister Crispi, das Gefolge des Königs, welches ihm aus Rom her noch bekannt ist, und den italienischen Botschafter Grafen Launay auf das herzlichste. Hierauf schritten der König und der Kaiser die Front der Ehrenkompagnie ab, welche darauf vor beiden hohen Herren defilirte. (B 406) *Es erfolgte nun die Vorstellung zunächst der Generale; es war der Kaiser selbst, der seinem Königlichen Gaste alle Herren einzeln nannte, und für jeden Einzelnen hatte König Umberto ein verbindliches Wort übrig. Dann traten aus dem Fürstenzimmer die obengenannten Prinzen aus den souveränen Häusern heraus, um den König zu begrüßen. Zuletzt hatten noch der Oberbürgermeister v. Forckenbeck und der Stadtverordnetenvorsteher Dr. Stryck die Ehre, vom Kaiser vorgestellt und vom König Humbert mit einigen huldvollen Worten beehrt zu werden. Nach der Begrüßung auf dem Bahnhofe erfolgte unter brausendem Jubel des Publikums die Fahrt durch die Feststraße zum Schlosse.*

Dem Wagen der Majestäten vorauf ritt eine halbe Eskadron Garde-Kürassiere in Zügen formirt. Der Wagen fuhr im Schritt, der König von Italien saß zur Rechten des Kaisers. Rechts vor dem Viergespann ritt der Kommandant von Berlin, General-Lieutenant Graf v. Schlieffen, links der Kommandeur der Eskorte des Garde-Kürassier-Regiments, Rittmeister v. Kramsta. — Im zweiten Wagen saß der Kronprinz von Italien rechts vom Prinzen Heinrich, Höchstihnen gegenüber unser Kronprinz und sein Bruder Friedrich in leichten Sommeranzügen mit zierlichen Strohhütchen. Dann kam in langer Reihe der Wagenzug mit den anderen Fürstlichkeiten und der Gefolge: mit dem Fürsten Reichskanzler fuhr der Ministerpräsident Crispi, ihnen gegenüber saß Staatsminister Graf Herbert v. Bismarck (B 407), *weiter dann Prinz Albrecht, Regent von Braunschweig, Prinz Alexander, Generalfeldmarschall Graf v. Moltke*

u.s.w., schließlich auch der Oberbürgermeister v. Forckenbeck und der Stadtverordneten-Vorsteher Dr. Stryck. — Hinter dem Wagen, in welchem der Kronprinz von Italien fuhr, ritt wieder eine halbe Eskadron Kürassiere, ebenfalls in Zügen formirt.

Bei der Abfahrt am Bahnhofe grüßte die hohen Gäste herrlicher Lorbeerschmuck und boukettartiges Blumen-Arrangement…

Einen Anblick, wie ihn der zum Einzuge Kaiser Wilhelm's in Rom geschmückte Weg vom Bahnhof Dei Termini bis zum Quirinal gewährte, vermag Berlin freilich dem königlichen Besucher beim besten Willen nicht zu gewähren. Wo fänden sich Straßenperspektiven, Gebäudegruppen und Monumente von ähnlicher Großartigkeit wie dort!

Wenn die befreundeten Herrscher mit ihrem Gefolge aus dem Anhaltischen Bahnhof, dessen Ausgangsthür mit rothen Vorhängen und Bannern geschmückt, mit Gruppen von Lorbeergebüschen und Reihen von Lorbeerbäumchen umgeben ist, heraustreten, so haben sie zunächst die ziemlich bescheiden ausschauende Häuserflucht der Möckernstraße vor sich. Diese und die der Königgrätzer Straße bis zum Potsdamer Thor ist in einheitlicher Weise mit grünen Guirlanden und von den Fensterbrüstungen herabhängenden weißen Fahnentüchern geschmückt, die abwechselnd von rothen und schwarzen und wieder von rothen und grünen breiten Seitenstreifen eingefaßt, das deutsche Adler- und das italienische weiße Kreuzwappen zeigen. Vier hohe Bannermasten sind vor dem Bahnhof errichtet, deren Füße und grün

B 406 Staatsempfang auf dem Anhalter Bahnhof am 21.5.1889. Kaiser Wilhelm II. schreitet mit dem König von Italien Umberto I. die Front der Ehrenkompanie der Gardefüsiliere auf dem Bahnsteig ab. Der Hofzug besteht aus zwei 17 m langen Pullmann-Wagen und fünf Salonwagen und wurde eigens für diese Reise in den Werkstätten der Ferrovia Toscana in Florenz zum Preise von 400 000 Mark gebaut. Der Blitzzug durcheilte die 1965 km lange Strecke in 41 Stunden (Text nach »Vossischer Zeitung« vom 21.5.1889). Aufnahme aus Bildarchiv Handke

B 407 Der Reichskanzler Fürst Bismarck, zu seiner Rechten der italienische Ministerpräsident Crispi, ihnen gegenüber der Staatsminister Graf Herbert v. Bismarck bei der Abfahrt vom Anhalter Bahnhof. Sie benutzten nicht das Ausgangs-Vestibül, sondern die Verbindungstreppe vom K.K. Empfangs-Salon zur Vorfahrt an der Möckern-Straße. Unter dem Vordach Lorbeerbäume und -gewinde; der Weg ist mit Sand und Wachholderzweigchen bestreut. Aufnahme aus Bildarchiv Preußischer Kulturbesitz

408

umwundenen Schäfte in den italienischen Farben gehalten, und deren Vasen mit vergoldeten Korbgeflechten, aus denen lebendiges Grün hervorquillt, umgeben sind. Hier werden die Mitglieder der italienischen Kolonie ihre Aufstellung nehmen, um als die Ersten nach dem Kaiser, den Mitgliedern des Herrscherhauses und der Vertretung der städtischen Behörden ihren König zu begrüßen.
Dann führt der Weg durch ein mächtiges Triumphthor, unter welchem nach dem ursprünglichen, aber nun aufgegebenen Plan die Begrüßung durch Oberbürgermeister, Magistrat und Stadtverordnete erfolgen sollte. Auf vier kolossalen Eckpfeilern, deren Fußgestelle im Relief zwei einander mit innigem Druck gefaßthaltende Hände auf goldenem Grunde zeigen, ruht ein Baldachin in der Form eines flachbogigen Kreuzgewölbes, dessen Bogen ringsum von lebendigem Grün umkleidet sind. Im Scheitel der vier seitlichen Bogen ist das italienische Kreuzesschild, von vergoldeten Palmblättern umgeben, angebracht, große goldgereifte Blumenvasen auf den Ecken; eine purpur und goldene Königskrone, von welcher nach den Seiten hin purpurne Velarien mit farbig ornamentirten Borten herabwallen, erhebt sich auf dem Scheitelpunkt der Wölbung. Eine Reihe von Bannermasten mit wehenden Wimpeln in den preußischen, deutschen und italienischen Farben schließt sich an das Thor gegen Norden hin an. Solche Wimpelmasten sind auch auf den Pfeilern der Mauer des prinzlichen Parks errichtet; Fahnen umgebene Wappenschilde (sind) am unteren Theil der Stangen befestigt. Aus den Fenstern des Museums der Völkerkunde wallen prachtvolle Orientteppiche herab. Manche Häuser (eins auch in der Möckernstraße) sind völlig von Fahnen überwallt, die Gerüste der (im) Neubau befindlichen Gebäude in diesem Theil der Königgrätzer Straße mit Guirlanden und dreifarbigen Stoffen aufs Reichste geschmückt. Die Architekten Cremer und Wolffenstein, van der Hude, Kyllmann, Schütz, Schreiber, Sehring, Ziller haben die Dekoration dieser Strecke zwischen dem Anhaltischen Bahnhof und dem Potsdamer Platz angeordnet und geleitet. Das Triumphthor ist nach Cremers Entwurf ausgeführt. (B 408)
Vor dem Potsdamer Thor auf der Stelle des 'Obelisken' ragt auf 6 Mtr. hohem Fußgestell die von Hundrieser modellirte Kolossalstatue der Berolina auf, welche dem königlichen Gast Rosen streut, eine Gestalt von großem kühnem Schwung… (B 353).
Vier Gruppen von je drei durch Guirlanden unter sich verbundenen Bannermasten (der mittelste jeder Gruppe höher als die seitlichen und mit dem Berliner Wappenschilde in barocker Umrahmung geschmückt) umgeben des weite Halbrund dieses Platzes. Lange italienische und deutsche Paniere, an Schnüren aufgehängt, wehen von der Spitze dieser Masten. Diese Platzdekoration ist das Werk der Architekten Doflein und Messel.
Die Schmückung der folgenden Strecke der Königgrätzer Straße war dem eigenen Geschmack und guten Willen der Bewohner anheimgestellt, welche die Aufgabe oft recht gefällig gelöst haben. Das Hotel Bellevue und die Mauer des fürstlich Bismarckschen Parkes und noch eine und die andere Fassade fallen besonders dadurch auf.
Der Platz vor dem Brandenburger Thor ist von den Architekten March, Schultze und Klutmann dekorirt. Eine Reihe von kolossalen Bannermasten mit barocken Fußgestellen und grün umwundenen rothen Schäften leitet zu den vier hochragenden Pylonen, über welche über den Kandelabern jenes Platzes errichtet sind, und diese sehr geschickt maskiren. Deren Laternen tragende Arme sind feuervergoldet und treten in der Mitte der Höhe aus den Seitenwänden heraus. Die Pylonen sind an ihrem Fußgestell mit rothen, ihr eigentlicher Körper ist mit weißen, roth gesäumten Stoffen bekleidet. Rundschilder, von vielfarbigen Fahnengruppen umgeben, zieren die Stirnseiten. Aus der vergoldeten roth drapirten Bekrönung steigen blühende Pflanzen und Palmenbüschel auf. Ueber den Haupteingang des Brandenburger Thores spannt sich ein mächtiges Velarium.
Ueber dem Mittelwege der Linden ist nur ein größeres Triumphthor, dicht hinter dem Uebergang der Friedrichstraße errichtet. Aber mit feinem Geschmack sind die hohen Trägerpaare der elektrischen Kugellampen vor diesem und den anderen Straßenübergängen und die zwischen jedem Paar ausgespannten sich schräge kreuzen-

den metallenen knaufigen Stangen zu einer Art von einfachen originellen Ehrenpforten verwandelt worden…
Das große Triumphthor bildet einen Pavillon mit vier starken Eckpylonen, die, in hellgrauer Steinfarbe gehalten, mäßig mit Gold gehöht sind, mit purpurbekleideter gewölbter Bedachung, die im Scheitel wie auf den Ecken durch große, aus Zink getriebene, vergoldete, reich mit blühenden Gewächsen gefüllte Vasen gekrönt wird. Wappenschilde, Palmzweigbüschel, Guirlanden, Fahnengruppen, schmücken Eckpfeiler und Baldachin, von welchem Velarien und purpurfarbige Seitenvorhänge herabwallen. Die Architekten, welche die Dekoration dieses ganzen Weges zwischen den Linden angeordnet und geleitet haben, sind: Tiede, Fr. Wolff, Haak, Hesse, Kieschke und Lindemann. Im Schmuck der Hausfassaden zu beiden Seiten der Linden herrscht die größte Mannichfaltigkeit. Die grünen Guirlanden und Kränze, die schwarz-weiß-rothen und roth-weiß-grünen Fahnen und Wimpel, die herausgehängten Teppiche, die Wappenschilde und Wappenbanner, die grünen Laubzweige, in den verschiedensten Weisen angeordnet und zur Dekoration verwendet, geben diesen Häuserfluchten ein außerordentlich lustiges, festliches Aussehen.
Mitten auf dem Platz zwischen dem Opernhause und der Universität ist der große Zeltbau errichtet, in welchem die poetische und musikalische Begrüßung der beiden Herrscher stattfinden soll. Zwischen dem Palais des hochseligen Kaisers und dem Opernhause aber nahe den dortigen Schrittsteinen hat Reinhold Begas seine Kolossalgruppe der Italia und Germania aufgebaut. Die edle zartere Gestalt der Italia schmiegt sich innig an die Freundin, welche ihre Rechte umfaßt hält, und die eigene Rechte auf das mächtige Schwert stützt. Die Gruppe, und besonders auch die Gewandung ist großartig disponirt. Gegenüber vor der Universität ziehen sich die Tribünen für die Studirenden und Professoren hin, von hohen Bannermasten überragt…« (aus der »*Vossischen Zeitung*« vom 21. Mai 1889)

B 408 Triumphtor am Askanischen Platz über der Königgrätzer Straße zum Empfang des Königs von Italien am 21.5.1889. Blick Richtung Potsdamer Platz; links der Neubau des Hotels Habsburger Hof; rechts der Prinz-Albrecht-Garten mit dem Dach der Reithalle. Aufnahme aus »Blätter für Architektur und Kunsthandwerk« 1889

B 409 Im Anhalter Bahnhof zur Reisezeit, Gemälde von Lucuel 1902

5. Hochbetrieb 1906

Pfingsten steht vor der Tür, und seit 22 Tagen dauert schon die regen- und gewitterreiche Witterung an, aber »*wir möchten den Berliner sehen, der seine Pfingstreise aufgibt, weil — schlechtes Wetter im Kalender steht... der Berliner setzt vielmehr einen gewissen Stolz darin, seinen Pfingstausflug zu machen — auch wenn's Strippen regnet*« (A 214).

Die einwöchigen Pfingstferien beginnen am Pfingstsonnabend, 1. Juni, so daß ein Familienausflug nur durch das Portemonnaie behindert wird. Außer den Schulen »*sind auch die beiden hohen Häuser des Landtages, das borussische Dreiklassenparlament und das edle Haus der Fossilien, in die Ferien gegangen... Selten hat bisher eine Tagung der westkalmückischen Duma gleich Wertvolles auf dem Gebiet der reaktionären Bestrebungen geleistet; und es ist daher begreiflich, daß die hohen Herren hinausstreben nach Misdroy und Heringsdorf, nach Baden-Baden oder nach dem feudalen Heiligendamm, um sich von den im Dienste der vaterländischen Interessen überstandenen Hirnstrapazen zu erholen*« (A 215).

Populäre Ziele vom Anhalter Bahnhof aus waren die Sächsische Schweiz: Sonderzug bis Dresden und weiter mit dem Dampfer auf der Elbe; oder Dessau mit dem Park von Wörlitz. Die Kunstgewerbe-Ausstellung in Dresden erwartete ebenfalls Berliner Publikum, und die Motorsport-Welt fuhr zum Start des »Herkomer«-Rennens nach Frankfurt/M. am 5. Juni (München-Wien-Innsbruck-München).

Manche Reise wird auch durch die zum August beschlossene Personentarif-Reform vorverlegt worden sein, denn die Rückfahrkarten-Verbilligung sowie das Freigepäck sollten dann wegfallen und die Schnellzugzuschläge wurden teurer. »*Die Verteuerung ist aber niemals so groß, daß ein Uebergang in eine niedrigere Wagenklasse nötig wäre, es brauchen in dieser Hinsicht keine Befürchtungen gehegt zu werden*« (A 216).

Auf einen entsprechenden Ansturm von Reisenden hatte man sich auf dem Anhalter Bahnhof gefaßt gemacht: Am Pfingstsonnabend 1896 zählte man noch ungefähr 15.000 Reisende; seither waren jedes Jahr ungefähr zehn Prozent mehr dazugekommen. 1905 wurden 28.562 Fahrkarten verkauft, und 1906 waren es 31.068 Stück, so daß einschließlich der Rückfahrkarten-Inhaber ungefähr 35.000 Reisende vom Anhalter an diesem Tag abgefahren sind! (B 409)

Obwohl bereits am Freitag Sonder-, Vor- und Nachzüge eingesetzt wurden, stand am Sonnabend eine Wagensammlung hauptsächlich süddeutscher Verwaltungen von zusammen 2.500 Achsen sowie Post-, Gepäck- und Schlafwagen von zusammen 500 Achsen auf dem Außenbahnhof zur Verfügung. Bis nachmittags fünf Uhr konnten durch größte Anstrengungen die Abfahrten pünktlich durchgeführt werden; dann traten wegen des Mangels an Schnellzugwagen und infolge Aufstellungsproblemen Stockungen ein. Beispielsweise konnte der Schnellzug Nr. 8 nach Leipzig mit Kurswagen nach München, planmäßige Abfahrt 17.00 Uhr, aus 59 Achsen bestehend, erst mit 24 Minuten Verspätung abgelassen werden. Dem Hauptzug Nr. 232 nach Halle/S., planmäßige Abfahrt 17.05 Uhr, aus 52 Achsen bestehend, mußten wegen des Andrangs zwei Vorzüge vorangeschickt werden: der erste Vorzug hatte gegenüber der fahrplanmäßigen Abfahrt elf Minuten Verspätung, der Hauptzug fünfzehn Minuten und der zweite Vorzug sogar 23 Minuten. Diese Verspätungen konnten auch nicht mehr aufgeholt werden, sondern erhöhten sich noch durch die eingleisige Strecke bei Wittenberg-Pratau infolge eines Brückenumbaus...

Insgesamt wurden am Pfingstsonnabend 1906 vom Anhalter Bahnhof 65 Züge mit zusammen 2.446 Achsen abgelassen (A 217). Von Freitag vor Pfingsten bis zum folgenden Mittwoch fuhren insgesamt 84 Sonder-, Vor- und Nachzüge (A 218). Da seit 1901 der Vorortverkehr nach Lichterfelde und Zossen vom Potsdamer Bahnhof aus abgewickelt wurde, handelt es sich bei den genannten Zahlen um reinen Fernverkehr (B 410 und B 411).

6. In Fachkritik und Kunst

K.E.O. Fritsch, der Redakteur der »*Deutschen Bauzeitung*«, wohnt seit dem Frühjahr 1880 in der Schöneberger Straße und hat seine Redaktion seit dem 1. Oktober in der kleinen Bahnhof-Straße 4: täglich hat er also den fertigen Anhalter Bahnhof vor Augen. Am 11. Dezember 1880 schreibt er in seinem Blatt: »*Was das Aeußere des Gebäudes betrifft, so bestätigt der Eindruck des fertigen Werks im allgemeinen das, was der Entwurf versprach. Es imponirt nicht blos durch seine Massen und durch die vollendete Sorgfalt seiner technischen Herstellung, sondern kommt vor allem als ein klarer künstlerischer Organismus zu Geltung... Einheitlicher und darum großartiger als die Vorderfront des Baues erscheint übrigens die hintere Ansicht derselben vom Bahnhofe aus, deren... Abbildung wir... beifügen.*« (B 412)

Die Leipziger »*Illustrirte Zeitung*« gibt am 30. Oktober 1880 den »*großartigen Eindruck*« wieder, den der Bau auf ihren Berichterstatter Dr. A. Zehlicke machte: »*Es ist hier nicht jener kränkliche Compromiß zwischen Nützlichkeit und Monumentalität eingegangen, der sich namentlich bei Eisenbahnbauten oft so störend zeigt, sondern das Gebäude ist aus einem Guß voll und großartig gedacht und in allen seinen Theilen meisterhaft durchgeführt. Kein Surrogat täuscht uns; alles ist echt und wahr. Namentlich aber feiert die norddeutsche Ziegelarchitektur einen Triumph, wie er in gleicher überzeugender Weise wol noch nirgends vorgekommen ist.*« (B 413)

B 410 1 B 1-Tenderlokomotive (Halle 6619 T 5) vor einem Zug nach Großbeeren, Aufnahme Pierson um 1911

B 411 1 B-Lokomotive (Halle 1646 P 3), gebaut 1890 von Henschel in Cassel für die Strecke Berlin-Jüterbog, ausgemustert auf dem Anhalter Außenbahnhof, Aufnahme Pierson

A 214 »Berliner Lokal-Anzeiger« 3.6.1906

A 215 »Vorwärts« 1.6.1906

A 216 »Berliner Lokal-Anzeiger« 8.5.1906

A 217 Im Sommerfahrplan 1906 normalerweise 45 abfahrende Züge

A 218 Aus dem Bericht über die Gründe der Verspätungen an das Ministerium für öffentliche Arbeiten, aus ZStA Merseburg

411

410

Im Eröffnungsjahr berichtet auch die in London erscheinende Fachzeitschrift »*The Engineer*« in drei Folgen über den Neubau. Die Beschreibung und Bebilderung konzentriert sich verständlicherweise auf die konstruktiven Einzelheiten, wobei — im Bewußtsein, die größten Bahnhöfe in England zu haben — dem »Anhalter« das generöse Prädikat beigelegt wird, er sei »*vielleicht der schönste Bahnhof in Berlin, und einer der schönsten auf dem Kontinent.*«

Fünf Jahre später bringen *The American Architect and Building News*« einen subtilen Bericht ihrer Kritikerin M.G. v. Rensselaer über verschiedene Berliner Neubauten. Sie hebt am Anhalter Bahnhof besonders »*seine Unabhängigkeit von zeit-gerechten Vorbildern*« hervor und findet »*den Entwurf so glücklich in seinen Proportionen und so stark, massiv und wirkungsvoll, daß er den großartigsten Eindruck hinterläßt...*« Dann gibt sie den sehr »modernen« Hinweis: »*So monumentale Formen können getrost ohne die Hilfe — oder genauer: ohne das Hindernis — von unwichtigen, hübschen, kleinen Dekorationen auskommen, die in Maßstab und Motiv der Natur des Gebäudes nicht entsprechen*«!

Doch soweit dachte man hier in Berlin noch nicht, wie aus einem Bericht des Kunstkritikers A. Rosenberg über »*Berliner Architektur 1875-1890*« in der »*Zeitschrift für bildende Kunst*« (1890, S. 253) hervorgeht: »*Wo die Architektur im eigentlichen Sinne neben diesen Eisenkonstruktionen ihre Kräfte entfalten durfte, hat man ihr — das muss anerkannt werden — freieren Spielraum gelassen als in früheren Zeiten; sie durfte auch mehr plastischen Zierat verwenden, über den nächsten Zweck hinaus mehr das künstlerische Element betonen als je zuvor. Zeugnisse dafür sind das Empfangsgebäude der Anhalter Bahn... und Stationsgebäude der Berliner Stadtbahn.*« Prinzipieller wird das Thema »Stein und Eisen« von A.G. Meyer mit W. v. Tettau in ihrem bedeutenden Werk »*Eisenbauten. Ihre Geschichte und Aesthetik*« (1907) behandelt. Nach der Charakterisierung der Bauaufgabe »Bahn-Hof« und zukünftiger Gestalt-Lösungen folgt ein Blick zurück:

4

41

»*Wo jedoch die Eisenhalle über die Grundanlage der Front entschieden hat, beginnt nach den ersten unrichtigen Anfängen eine ihrer neuen Ziele klar bewußte Baukunst, die mit Massen neuer Größe eigenartig schaltet. Unrichtige Anfänge waren auch hier besonders die Übertragung des antiken Triumphbogen-Motives. Den rechten Weg weist ein Bau wie Schwechtens Anhalter Bahnhof in Berlin. Was eine große, schön geschwungene Flachkurve als Hauptumriß bedeuten kann, hat so kein Bauwerk je zuvor gezeigt. Es ist eine ganz schlichte, im Umriß der Eisenhalle folgende Backsteinwand mit sehr spärlichem Schmuck; die Hauptflächen in neun Backsteinarkaden aufgelöst, die Hauptmasse nur als umrahmende Wand behandelt, die — bezeichnenderweise — vom Scheitelpunkt nach den Kämpfern in fein bemessener Fläche anwächst. Diese ruhige Sachlichkeit, ohne allen Prunk gegeben, ist von vornehmem*

5

414

Adel, und die Linien haben eine ungewöhnliche Feinheit. Man vergleiche diese säulenlose Backsteinfront mit der des Lehrter Bahnhofes in Berlin! Das ist der gewaltige Fortschritt von einem frontalen Vorbau eines Baukörpers zu seinem organischen Ausbau, der ihm keine Maske gibt, sondern ein charaktervolles Haupt.«

In dieser kompetenten Wertschätzung ist nun auch das Stichwort gefallen, welches die häufigsten Argumente — vom damaligen Standpunkt aus — gegen »*die Jagd nach den historischen Stilen... und ... die künstlerischen Irrfahrten des neunzehnten Jahrhunderts*« (A 219) kennzeichnet: die Maske. Aber wie diese selbst bleibt eine solche Kritik nur »aufgesetzt« und erfaßt nicht die gesellschaftlichen Ursachen der »Kostümierung«. Diese liegen in den ideellen Legitimitäts-Sorgen und materiellen Interessen der jeweiligen Bauherrschaft, was durchaus kein spezifisches Problem des 19. Jahrhunderts ist: »*Die Tradition aller toten Geschlechter lastet wie ein Alp auf dem Gehirne der Lebenden. Und wenn sie eben damit beschäftigt scheinen, sich und die Dinge umzuwälzen, noch nicht Dagewesenes zu schaffen, gerade in solchen Epochen revolutionärer Krise beschwören sie ängstlich die Geister der Vergangenheit zu ihrem Dienste herauf, entlehnen ihnen Namen, Schlachtparole, Kostüm, um in dieser altehrwürdigen Verkleidung und mit dieser erborgten Sprache die neue Weltgeschichtsszene aufzuführen.*« (A 220)

In diesem Sinne ist der Berliner Rundbogenstil, speziell in seiner konstruktiven Ausprägung im Backsteinbau, eine schöpferische Symbiose aus hiesiger Tradition und italienischem Rundbogen-Repertoire der Antike und Renaissance. Diese Elemente stimmten zum Wesen der Bauaufgabe — dem Verkehrsbedürfnis der bürgerlich-kosmopolitischen Ideen und Interessen zu dienen. Die Stilwahl und meisterhafte Ausbildung durch den jungen Schwechten bewahrte den »Anhalter« vor der massiven Kritik, die sein späteres Oeuvre hervorrief, seit er zum »*Leibarchitekten*« Seiner Majestät (A 221) avanciert war (A 222).

Noch 1923 beginnt Adolf Behne das I. Kapitel von »*Der Moderne Zweckbau*« mit der rigorosen Wertung: »*Die Formgebung des Barock war in den letzten Dezennien der europäischen Baukunst zu einem trokkenen Akademizismus erstarrt. Zu den sehr seltenen Bauten von Charakter gehören Franz Schwechtens Stettiner und Anhalter Bahnhof in Berlin (1878).*« (A 223) Auch Krings fand »*keine negative zeitgenössische Stellungnahme zu dem Bauwerk*« (A 224). Diese wurde erst in einem Gutachten für den Senat von Berlin (West) zum Zwecke des Abrisses angefertigt, worauf noch einzugehen sein wird.

Der »Anhalter« stand in der Gunst des Publikums nicht allein wegen seiner Orientie-

B 412 Südportal, DBZ 11.12.1880
B 413 Perronhalle, LIZ 30.10.1880
B 414 Anhalter Bahnhof, Lithographie von Max Brückner, um 1930
B 415 Am Anhalter Bahnhof, Aquarell von Anton Kerschbaumer 1924, vgl. die Farbwiedergabe! Eine eindrucksvolle Verdichtung der vier Verkehrsebenen; noch fehlt die S-Bahn als fünfte unter dem Kanal...

A 219 Hermann Muthesius: »Stilarchitektur und Baukunst« Jena 1901, S. 46
A 220 Karl Marx: »Der 18te Brumaire des Louis Napoleon« New York 1852
A 221 »Vorwärts« 7.2.1906
A 222 Aus dem Nekrolog der »Rheinischen Zeitung« vom 13.8.1924 unter dem Titel »*Ein Baumeister des Imperialismus*«: »*In Köln hat Schwechten den romanischen Aufputz unserer großen Dombrücke nach den Wünschen Wilhelms entworfen. Nur mit Entsetzen sieht man diese Imitation einer mittelalterlichen Burg auf der stählernen Basis einer modernen Brückenkonstruktion. Diese Zeit des aufsteigenden bürgerlich-industriellen Deutschlands, die soviel baute und das Gepräge unserer Städte auf lange hinaus formte, konnte sich nur in historischer Maskerade ausleben... Dieser kaiserliche Baumeister war ein getreuer Ausdruck seiner Zeit, die nach Expansion auch in der Kunst verlangte...*«
A 223 Erst 1926 erschienen: zwei Jahre nach Schwechtens Tod
A 224 Krings, a.a.O., S. 124

rung auf südliche Ziele, sondern weil es den bequemen Gebrauch zu schätzen wußte und die architektonisch-ikonographischen Qualitäten empfand. Noch heute wird der Name von ehemaligen Benutzern mit einem fast liebkosenden Unterton ausgesprochen. Seine Kurven und Rundungen inspirierten, und der »Mythos des Namens« beschäftigte die Phantasie (B 414 und B 415), gewiß nicht nur die von Walter Benjamin in seiner »*Berliner Kindheit um Neunzehnhundert*«:

»*Abreise und Rückkehr*

Der Lichtstreif unter der Schlafzimmertür, am Vorabend, wenn die anderen noch auf waren, — war er nicht das erste Reisesignal? Drang er nicht in die Kindernacht voller Erwartung wie später in die Nacht eines Publikums der Lichtstreif unter dem Bühnenvorhang? Ich glaube, das Traumschiff, das einen damals abholte, ist oft über den Lärm der Gesprächswogen und die Gischt des Tellergeklappers vor unsere Betten geschwankt, und am frühen Morgen hat es uns abgesetzt, fiebrig, als wenn wir die Fahrt schon hinter uns hätten, die wir eben erst antreten sollten. Fahrt in einer ratternden Droschke, die den Landwehrkanal entlang fuhr und in der mir plötzlich das Herz schwer wurde. Gewiß nicht wegen des Kommenden oder des Abschieds; sondern das öde Beisammensitzen, das noch anhielt, noch dauerte, nicht vom Anhauch der Reise wie ein Gespenst vor der Morgendämmerung verflogen war, überschlich mich mit Traurigkeit. Aber nicht lange. Denn wenn der Wagen die Chausseestraße hinter sich hatte, war ich wieder mit den Gedanken unserer Bahnfahrt vorangeeilt. Seither münden für mich die Dünen Koserows oder Wenningstedts hier in der Invalidenstraße, wo den andern die Sandsteinmassen des Stettiner Bahnhofs entgegentreten. Meist aber war in der Frühe das Ziel ein näheres. Nämlich der ‘Anhalter’, laut des Namens Mutterhöhle der Eisenbahnen, wo die Lokomotiven zu Hause sein und die Züge anhalten mußten. Keine Ferne war ferner, als wo im Nebel seine Gleise zusammenliefen. Doch auch die Nähe, die mich eben noch umfangen hatte, rückte ab. Die Wohnung lag der Erinnerung verwandelt vor…« (A 225)

B 416 Das Südportal bei Nacht, 1934, aus Labi

A 225 »Walter Benjamin, Gesammelte Schriften« Hrsg. T. Rexroth, Bd. IV, 1, Frankfurt/Main 1972

7. Ein Volks-Empfang 1918

Die »*Vossische Zeitung*« meldet am Mittwoch, den 23. Oktober 1918: »*Freilassung Liebknechts. Wie das Wolffsche Büro hört, bestätigt es sich, daß unter den vom letzten Gnadenakt betroffenen Personen auch Karl Liebknecht ist.*«

Die »*Leipziger Volkzeitung*« vom 24. Oktober 1918 beschreibt die Ankunft des aus dem Zuchthaus Luckau Entlassenen wie folgt:

»*Liebknechts Einzug*

Am Mittwoch hat Karl Liebknecht, der Zuchthäusler, seinen Einzug in Berlin gehalten, umtost von den jubelnden Zurufen der Proletarier, über deren Köpfen die Schutzmannssäbel blinkten.

Vormittags hatte es sich wie ein Lauffeuer in den industriellen Betrieben von Groß-Berlin verbreitet, daß der Amnestierte um 5 Uhr am Abend eintreffen werde, und schon lange vor der Ankunftszeit füllte sich der weite Platz vor dem Anhalter Bahnhof mit vielen Tausenden von Männern und Frauen.

Selbstverständlich waren auch die Hüter der von den Regierungssozialisten garantierten Ordnung in großer Zahl zur Stelle. An den Straßenecken postierten sich die Schutzleute zu Fuß. Radfahrer hielten sich in Bereitschaft. Berittene bewegten sich zwischen den Menschenspalieren hin und her. — Das alte Bild!

Aus den Augen der Arbeiter und Arbeiterinnen sprach freudige Genugtuung.

Bürger und Offiziere, die hier und dort neugierig fragten, was hier vorgehe, machten erstaunte und erschreckte Gesichter: So empfängt man in Berlin einen Landesverräter?

Kurz vor 5 Uhr wurde der Eingang in das Bahnhofsgebäude abgesperrt. Aber vorher hatten sich schon viele Hunderte auf den Bahnsteig und in die Vorhalle gedrängt. Liebknechts Name war in aller Munde. Ihre Geduld wurde ein wenig auf die Probe gestellt, denn der Zug hatte Verspätung. Vermutungen wurden laut, man könne den Erwarteten genötigt haben, an einer früheren Haltestelle auszusteigen.

Endlich gegen 5 1/2 Uhr ertönt das Einfahrtszeichen, und während sich die Menge zusammenballt und zur Schranke hinschiebt, fährt der Zug ein.

Eine Minute noch oder zwei harrt man in gespannter Erwartung. Dann ertönen vom Bahnsteig her Hochrufe. Brausend pflanzen sie sich in der Halle fort und brechen sich an dem hohen Gewölbe.

Aller Augen sind auf den Bahnsteig gerichtet. Da taucht hoch über den Köpfen der Masse auf starken Armen getragen Karl Liebknecht auf. Mit Blumen winkt er den Männer und Frauen, deren Rufen wie Sturmwind dröhnt.

Auf eins der Schalterhäuschen ist ein Soldat gestiegen und reicht von dort dem Gefeierten die Hand. Es wirkt wie ein Symbol:

Das Proletariat im Waffenrock begrüßt den, der um des Friedens willen gelitten hat!

Liebknecht versucht zu reden. Aber immer wieder wird seine Stimme durch tausendstimmigen Jubel übertönt. Man trägt ihn zur Treppe.

Jetzt fällt der Schein einer Bogenlampe auf sein Gesicht. Es ist fahl und eingefallen. Die Zuchthausluft hat ihre Wirkung geübt. Der Brust eines Proletariers entringt sich der schmerzvolle, knirschende Schrei: Wie haben sie ihn zugerichtet, die — ein scharfes Wort, das wie ein Schwerthieb saust, kennzeichnet die Gewalthaber.

Jedoch es verweht in dem Orkan der Stimmen, die sich draußen auf dem Platze erheben.

Die Menge bedeckt die den Bahnhof umgebenden Straßen.

Ueber die Rasenplätze strömt sie hinweg. Jeder will den Mann sehen, dessen Name der Arbeiterschaft in diesen Jahren ein Banner war.

Liebknecht zieht wie ein Triumphator ein. Aber er soll sich keine Illusionen machen. Er soll nicht glauben, daß sich wesentliches geändert habe.

Deshalb hat sich hinter den jubelnden Massen an den Ausgängen des Platzes die Schutzmannschaft zusammengezogen, und kaum ist der Mann des Volkes auf der Straße angelangt, da fliegen die Säbel aus den Scheiden und funkeln in der abendlichen Beleuchtung.

Alle Welt soll wissen, daß die Polizei, die der Scheidemannregierung dient, das, was die kapitalistische Welt unter Ordnung versteht, nicht minder energisch zu schützen entschlossen ist, als die, die ihre Plempen dem bürokratischen System früherer Machthaber lieh.

Den Tausenden wird es schlagend vor Augen geführt: es hat sich nichts geändert. Und nun schallt der Schrei über den Platz, um des willen Liebknecht ins Zuchthaus mußte: 'Nieder mit der Regierung!'

Und er wird ergänzt durch ein 'Nieder mit Scheidemann!'

Inzwischen hat Liebknecht einen Wagen erreicht, auf dem ihn Adolf Hoffmann und andere Freunde erwarten.

Wieder beginnt er zu sprechen. Er sei der alte geblieben. Jetzt gehe es zu neuem Kampf. Die Arbeiterschaft habe es in der Hand, die Macht zu erobern. Es lebe die Internationale!

Die Pferde der Schutzleute drängen sich zwischen den Wagen und die Menge. Hunderten gelingt es trotzdem, die Kette zu durchbrechen.

Sie folgen dem Gefährt durch die Königgrätzer Straße, über den Potsdamer Platz zum Brandenburger Tor.

Die Arbeitermarseillaise umbraust den Zurückgekehrten, der immer wieder Worte an die ihn begleitenden Scharen richtet.

Neues Schutzmannaufgebot verhindert den Einzug durchs Brandenburger Tor.

Auf Umwegen gelangt man doch auf die Straße der Allerhöchsten Herrschaften. Aber das Gefolge ist allmählich zerstreut! — Es kann beruhigt an seine Arbeit gehen. Es hat gesehen: der Mann, den ihm ein barbarisches Urteil entrissen hatte, ist nicht gebrochen. Er hat die Amnestie angenommen nicht als Gabe, die zu Dank verpflichtet, sondern um die Möglichkeit zu haben, die bis aufs Messer zu bekämpfen, die ihm 'Gnade' zuteil werden ließen.«

8. Projekte und Umbauten

Während in dem Kapitel »Das Gelände« die städtebauliche Entwicklung um den Anhalter Bahnhof behandelt wurde, sollen nun doch noch einige Projekte vorgestellt werden, die speziell das Empfangsgebäude betreffen.

Der Pfingstverkehr 1906 mit seinen Engpässen zeigte den Verantwortlichen, daß die Anlagen von 1880 modernisierungsbedürftig waren. Dies galt sowohl für den Personen- als auch für den Güter-Verkehr. Im gleichen Jahr hatte bereits ein *»Architekten-Ausschuß Groß-Berlin«* (A 226) die Frage untersucht, ob es *»mit den Interessen von Groß-Berlin vereinbar* (ist)*, die Güterbahnhöfe aus der Innenstadt in die Außenbezirke zu verlegen.«* Der Ausschuß plädierte für eine Beibehaltung der Standorte bei gleichzeitiger Rationalisierung der Betriebs-Abwicklung. Der vom Architekten-Verein zu Berlin für 1908 ausgeschriebene Schinkel-Wettbewerb betrifft die *»Erweiterung und Umgestaltung des Anhalter Bahnhofs in Berlin«* und zwar von der Verbindungsbahn bis zum Empfangsgebäude. Den Schinkelpreis (auf dem Gebiete des Eisenbahnbaus) errang der Entwurf von Richard Guttstadt (B 417 und B 418), der etwas respektlos und unsensibel an das »alte« Empfangsgebäude eine viergleisige Abfahrtshalle legt, die Bahnsteige auf 270 m verlängert und für die Ausfahrtsgruppe eine zweite Kanalbrücke sowie eine Umfahrung (statt der Durchquerung) des Außenbahnhofs vorsieht.

Im *»Wettbewerb zur Erlangung eines Grundplanes für die Bebauung von Groß-Berlin«* von 1910 wurden dann von einzelnen Verfassern die grundsätzlich möglichen Alternativen weiterentwickelt. Während Brix und Genzmer, zusammen mit der Hochbahngesellschaft — einer der beiden ersten Preise — die Erweiterung und Rationalisierung am bestehenden Standort vorschlagen (B 419), sehen Havestadt & Contag mit Bruno Schmitz und Blum-Hannover — der vierte Preis — in Abriß und Neubau die zukunftsweisende Lösung (B 56): Anhalter und Potsdamer Bahnhof werden zu einem *»Zentralbahnhof Süd-*

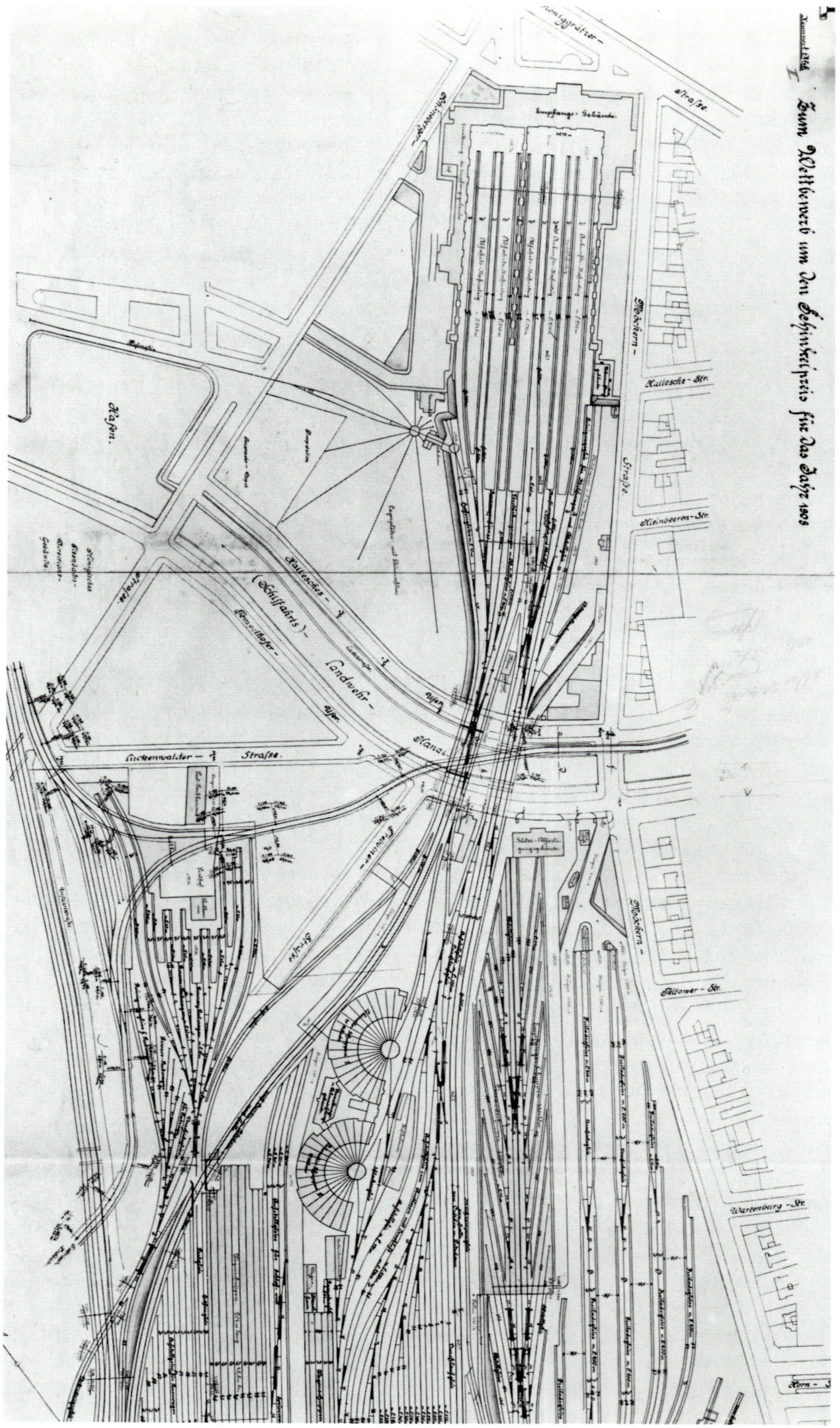

8

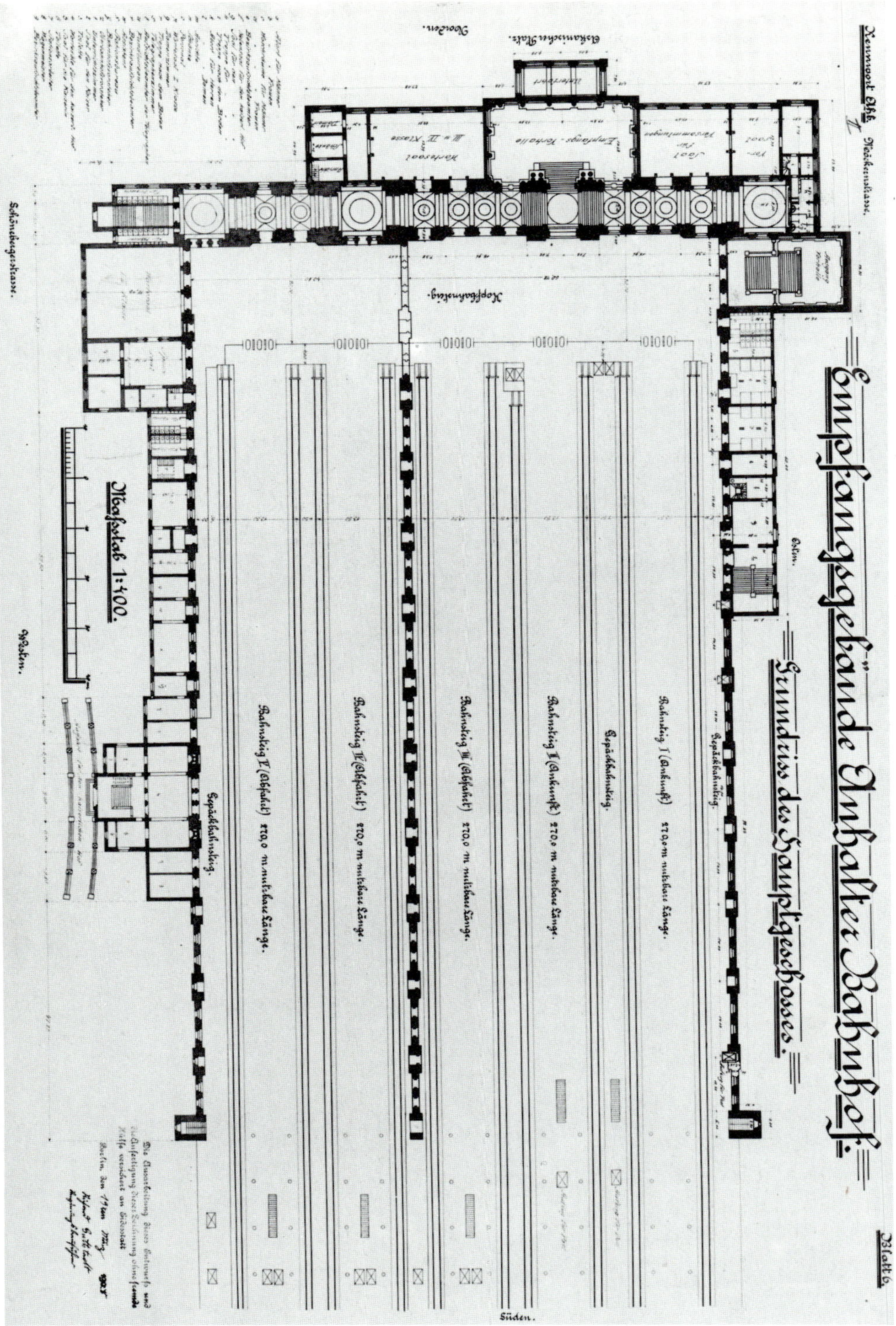

west« vereinigt, der eine unterirdische Verbindung zum Stettiner Bahnhof für den Fern- und Vorort-Verkehr erhalten soll. Auf dem freigemachten Gelände des Anhalter Personenbahnhofs ist ein »*Monumentalviertel*«, auf dem des Potsdamer Bahnhofs eine Prachtstraße geplant, welche den neuen Zentralbahnhof mit dem vereinigten Potsdamer und Leipziger Platz verbindet (B 420).

Nach dem Ersten Weltkrieg trat aus wirtschaftlichen Gründen eine Pause in »großen Projekten« ein. Umso interessanter ist die Idee des Eigentümers des Hotels Excelsior, dem Geh. Kommerzienrat Curt Elschner, sein Haus (B 421) durch einen Tunnel mit dem Anhalter Bahnhof zu verbinden, und umso erstaunlicher die von ihm finanzierte Realisierung 1927/28. Die ankommenden Reisenden sollten am Ende des Bahnsteigs den modernen »Hotel-Eingang« (B 422) leuchten sehen, dann einem Pagen ihr Gepäck übergeben, den Aufzug besteigen und unter der Stresemann-Straße hindurch die untere Ebene der Hotelhalle erreichen. Der Tunnel erhielt für die öffentliche Benutzung — was auch seine Genehmigung beförderte — je eine Treppe im Gehweg vor dem Hotel und an der Nordostecke des Bahnhofs; auf diese Weise kam auch zusätzliche Kundschaft zu den fünf Läden im Tunnel, welche zum Hotel gehörten. Um den Aufzug an der prädestinierten Stelle auf dem Kopfbahnsteig anordnen zu können, mußten die ebenerdigen Diensträume wie Fahrkartenausgabe u.a. ohne jede Störung unterfahren und die gewaltigen Fundamente der nördlichen Hallenstirn unterfangen werden (B 423). Vom Bahnsteig- bis zum Hotel-Aufzug betrug der Weg ungefähr 100 m: Elschners Werbung für das »größte Hotel des Kontinents« wurde nun ergänzt durch den »längsten Hotel-Tunnel der Welt«.

B 417 Erweiterung des Anhalter Bahnhofs, Lageplan, Schinkelpreis 1908 an R. Guttstadt, aus Plan-Sammlung TUB

B 418 Erweiterung des Anhalter Bahnhofs, Grundriß, Schinkelpreis 1908 an R. Guttstadt, aus Plan-Sammlung TUB

A 226 Aus Mitgliedern der Vereinigung Berliner Architekten, des Architekten-Vereins und des BDA 1906 gebildet

419

420

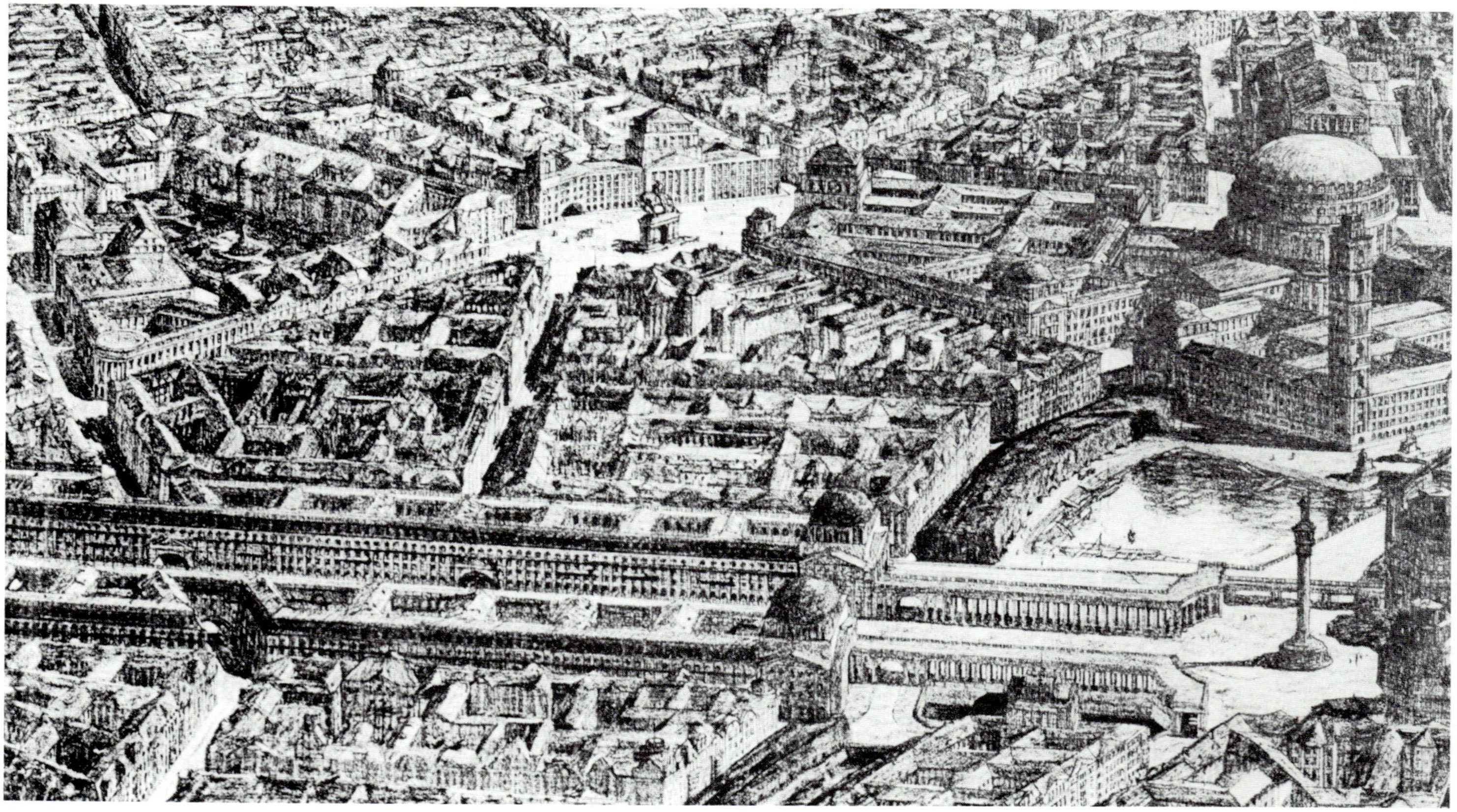

421

Die Zunahme des Verkehrs nach 1933 zwang die Reichsbahn, ihre Gleisanlagen auf dem Potsdamer und Anhalter Bahnhof unter zwei Gesichtspunkten neu zu ordnen: einmal sollte der Aufwand für den Betrieb gesenkt und zum anderen nicht benötigte Flächen für die städtebauliche Entwicklung zur Verfügung (d.h. auch: zum Verkauf) gestellt werden. Die Konzeption des Amts für Stadtplanung der Stadt Berlin ist aus dem Jahre 1933 (B 57), der hierzu gehörige eisenbahntechnische Entwurf »*Vereinigung des Potsdamer und Anhalter Bahnhofs (mit Unterführung der Hornstraße)*« wurde im April 1936 fertiggestellt (B 424). Die »alte« Anhalter Perronhalle wird nach Westen hin verdoppelt, beide Hallen auf ca. 250 m und die Bahnsteige auf ca. 320 m verlängert und an der Schöneberger Straße ein Vorplatz vor dem Abfahrtsflügel geschaffen, der ungefähr die Größe des Askanischen Platzes besitzt. Unter der neuen Abfahrtshalle liegt ein viergleisiger Bahnhof der Nord-Süd-S-Bahn, wie er später auch ausgeführt wurde.

Speer legte 1937 — im Jahr seiner Ernennung zum »Generalbauinspektor für die Reichshauptstadt« — seinen ersten Plan für die Umgestaltung Berlins vor, in welchem alle Kopfbahnhöfe zugunsten von

B 419 Anhalter Bahnhof mit verbreiterter Königgrätzer Straße, Entwurf von Brix, Genzmer und Hochbahngesellschaft 1910, aus Plan-Sammlung TUB

B 420 Anhalter und Potsdamer Bahnhof sind zu einem »Zentralbahnhof Südwest« vereinigt, Entwurf von Havestadt & Contag, Schmitz und Blum 1910, Ausschnitt, aus Plan-Sammlung TUB

B 421 Hotel Excelsior, Aufnahme Hoeffke um 1927

422

423

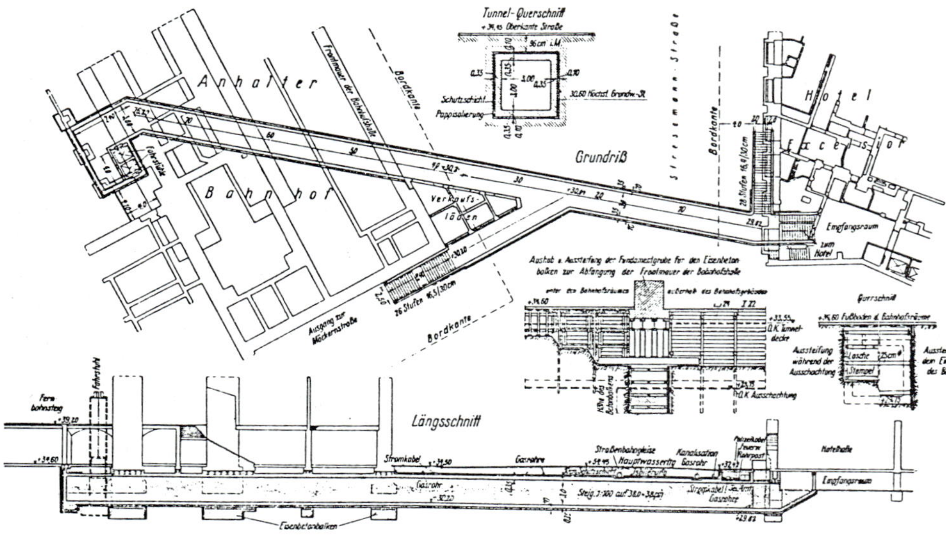

425

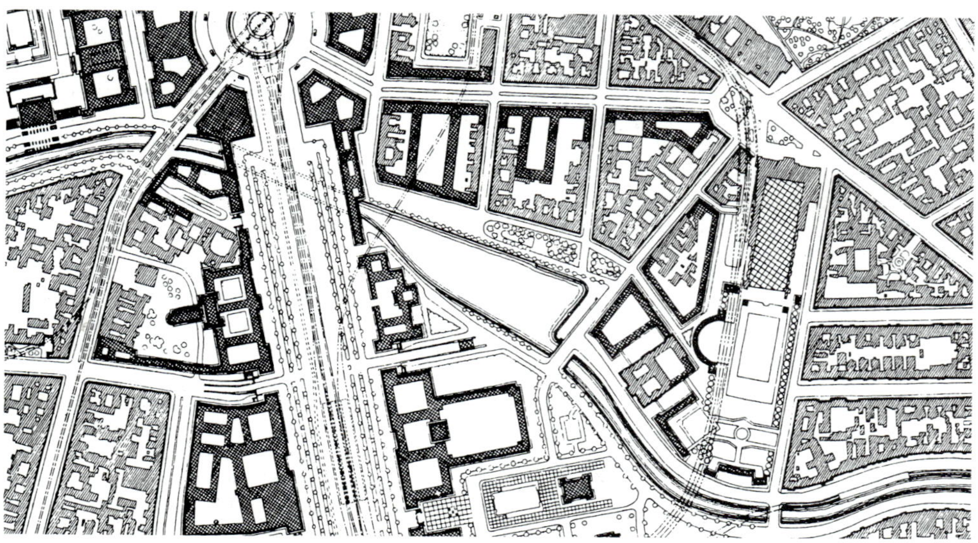

zwei Durchgangsbahnhöfen auf dem Ring aufgegeben sind. Die Reichsbahn erwartete dadurch starke betriebliche Vorteile. Die Freimachung der Potsdamer-Anhalter und der Hamburger-Lehrter Bahnanlagen war die Vorbedingung für die »Große Achse«, welche sich zwischen dem Süd- und dem Nord-Bahnhof entwickeln sollte (B 58 bis B 60); deshalb sollte nach Hitlers Anweisung der Süd-Bahnhof auch bereits 1945 betriebsbereit sein. Das Schwechtensche Empfangsgebäude sollte erhalten werden; vor dem Bau des unterirdischen S-Bahnhofs wird es unter Denkmalschutz gestellt (A 227)! Nach der Unterwerfung Frankreichs im Jahre 1940 widmet sich Hitler auch den Einzelheiten seines »Lieblingsprojekts«, der »Großen Achse«; am 4. August spricht er mit Speer über die Verwendung des Anhalter Bahnhofs. Er »*hält ein Schwimmbad mit einer nötigen grossen Badefläche und allen erforderlichen Spezialbädern und einem Park im Freien (bisheriges Bahngelände) für möglich*« (A 228 und B 425).

Aus dem Jahre 1940 ist noch von einem Ereignis zu berichten. Am frühen Morgen des 30. Dezember war in der Gepäckaufbewahrung ein Brand ausgebrochen (B 426). Das Feuer, aber auch das Wasser der Feuerwehr zerstörten die Fahrkartenausgabe, so daß für einige Tage die Fahrkarten im Mitteleuropäischen Reisebüro am Potsdamer Platz — oder für Kenner: im Reisebüro des Hotel Excelsior — gekauft werden mußten. Wie die Aufnahme (B 426) zeigt, war in den ehemaligen Versammlungsräumen der B.A.E. eine Zwischendecke eingezogen worden: im Hauptgeschoß befand sich die Handgepäckaufbewahrung, darüber Büroräume. Nach dem Brand gab es Pläne, die Fahrkartenausgabe, die trotz einer Erweiterung im Erdgeschoß immer noch zu klein war, nun auch ins Hauptgeschoß auszudehnen und die Handgepäcklagerung ins neu herzurichtende Zwischengeschoß zu verlegen. Was davon jedoch im Kriegsjahr 1941 noch realisiert worden ist, konnte nicht in Erfahrung gebracht werden.

Erwähnenswert ist auch, daß die Elektrifizierung der Strecke Berlin-München im Jahre 1939 im Abschnitt Halle/S.-Berlin

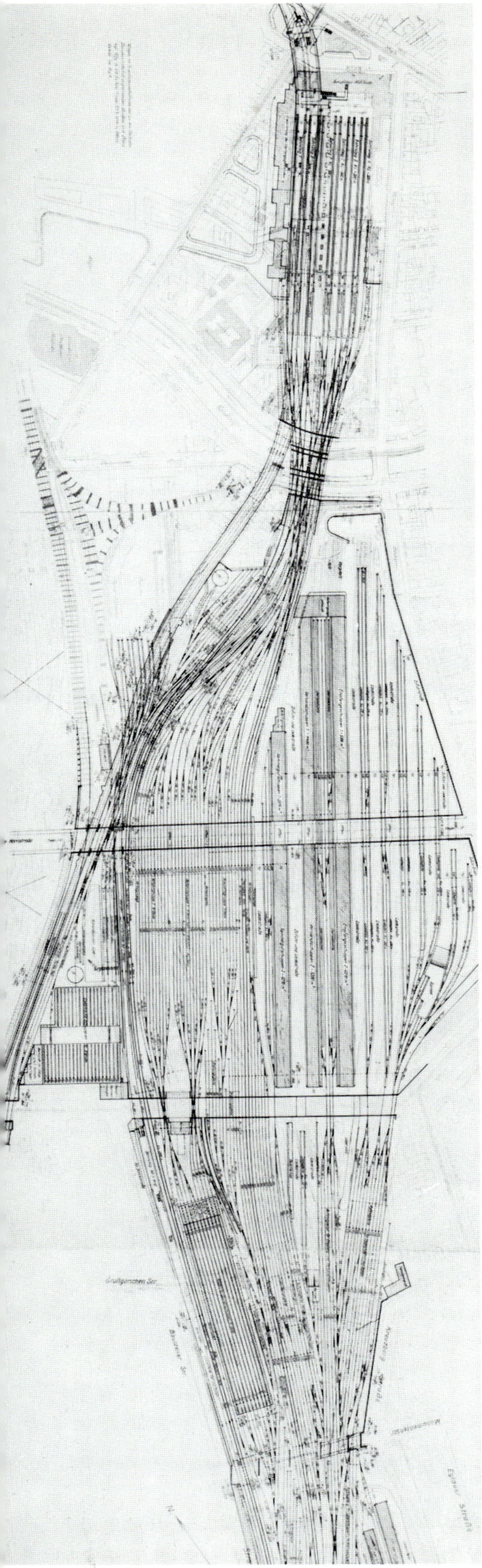

noch unvollendet war und die Frage entschieden werden mußte, ob die Elektrifizierung nur bis zum geplanten Süd-Bahnhof oder weiter bis zum Anhalter Bahnhof geführt werden sollte: Es wurde angenommen, daß diese Arbeiten Berlin vor der für 1945 geplanten Fertigstellung des Süd-Bahnhofs erreichen würden, so daß der Anhalter Bahnhof kurz vor seiner Stillegung noch den elektrischen Zugbetrieb erleben solle. — Außerdem war für diesen »*Abschlußverkehr*« noch ein interessantes Provisorium geplant: der »Anhalter« sollte »*an der Möckernstraße... einen weiteren auf einer Stahlbrücke liegenden Bahnsteig erhalten, um den nach dem Kriege zu erwartenden Spitzenverkehren bessere Einfahrtsmöglichkeiten zu bieten*« (A 229).

9. Der S-Bahnhof Anhalter Bahn- 426
hof 424

Seit der Eröffnung der Stadtbahn im Jahre 1882 gab es, wie bereits angedeutet, zahlreiche Vorschläge für eine Nord-Süd-Eisenbahn-Verbindung, und zwar sowohl für den Vorort- und Fernverkehr und teilweise auch für den Güter-Verkehr. Im Süden war der Anknüpfungspunkt stets der Anhalter zusammen mit dem Potsdamer Bahnhof; im Norden wurde entweder der Lehrter oder der Stettiner Bahnhof angepeilt. Dazwischen lagen nun mehrere Trassen-Varianten, welche nicht nur hinsichtlich der Baukosten, sondern erst recht wegen der erwarteten Einnahmen die unterschiedlichsten Probleme aufwarfen. Es muß daran erinnert werden, daß der damalige Massenverkehr nicht defizitär war und daß sich der öffentliche Nahverkehr in der Berliner City in den verschiedensten Händen befand: die Stadtbahn gehörte dem Preußischen Staat, die Pferde- und spätere Straßenbahn einer privaten Aktiengesellschaft, die ersten Hoch- und Untergrundbahnen der Firma Siemens & Halske und der AEG. Jede neue Linie war eine Konkurrenz für die anderen und erregte deren Widerstand. Dies galt erst recht für eine so dringend benötigte Nord-Süd-Verbindung, die das verkehrsrei-

B 422 Aufzug zum Excelsior-Tunnel auf dem Querbahnsteig des Anhalter Bahnhofs, rechts zum Ausgangs-Vestibül an der Möckern-Straße, Aufnahme ADN (Scherl) 1928

B 423 Excelsior-Tunnel, Grundriß, Schnitt und Details, aus »Julius Berger Tiefbau-AG 1905-1930«

B 424 Vereinigung des Potsdamer und Anhalter Bahnhofs (mit Unterführung der Hornstraße), Entwurf der Reichsbahndirektion Berlin 23.4.1936

B 425 Entwurf zur Umgestaltung der Reichshauptstadt, Ausschnitt Umgestaltung des Anhalter Bahnhof in eine Badeanlage, Speer 1940

B 426 Brand im Anhalter Bahnhof am 30.12.1940, Aufnahme privat

A 227 Vgl. den folgenden Abschnitt »S-Bahnhof«. Über die Tatsache berichten O'Reichsbahnrat Ammer in »Verkehrstechnische Woche« Sonderdruck 2. Folge 1939 S. 24: »*Teile des unter Denkmalschutz stehenden Gebäudes wurden sorgfältig abgebrochen...*«, und O'Regierungsrat W. Binder in »Verkehrstechnik« 1940 S. 138: »*...unter Denkmalschutz stehenden Bahnhofsgebäudes...*«

A 228 Zentrales Staatsarchiv Potsdam, GBI

A 229 E. Graßmann »100 Jahre B.A.E.« in »Großdeutscher Verkehr« 1941, S. 402

427
428

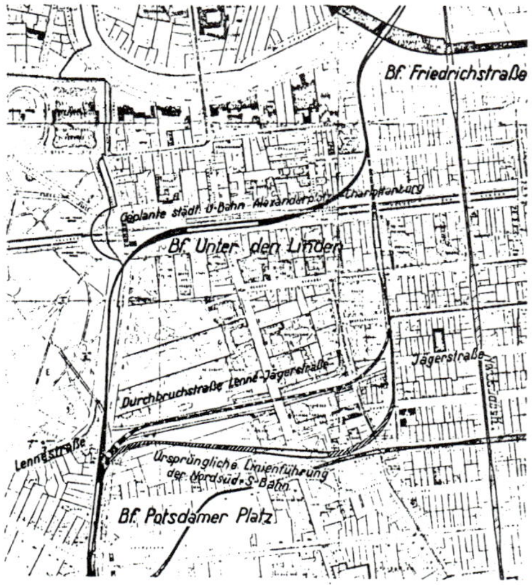

429

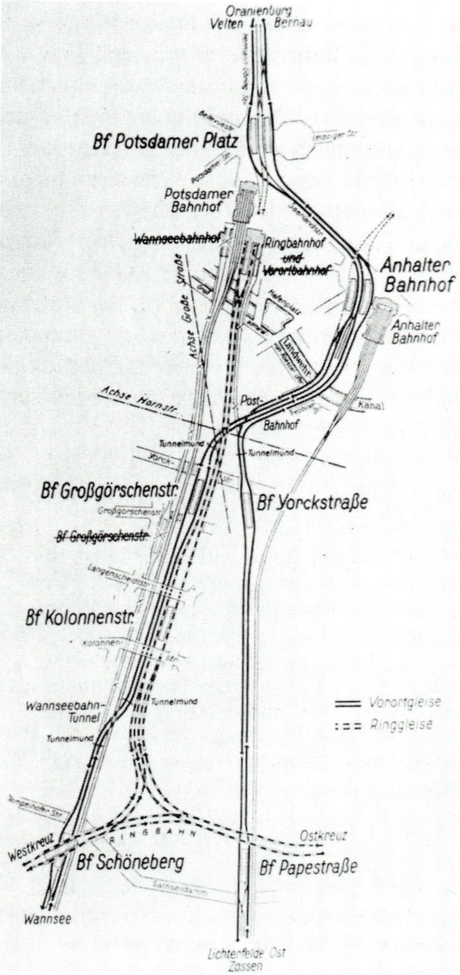

432

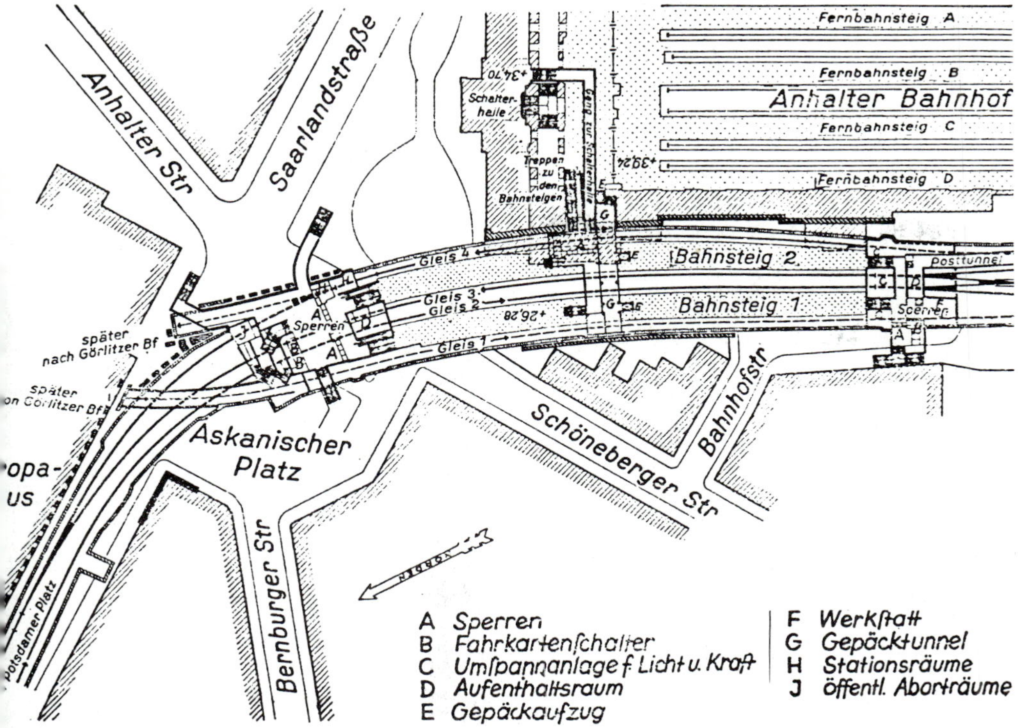

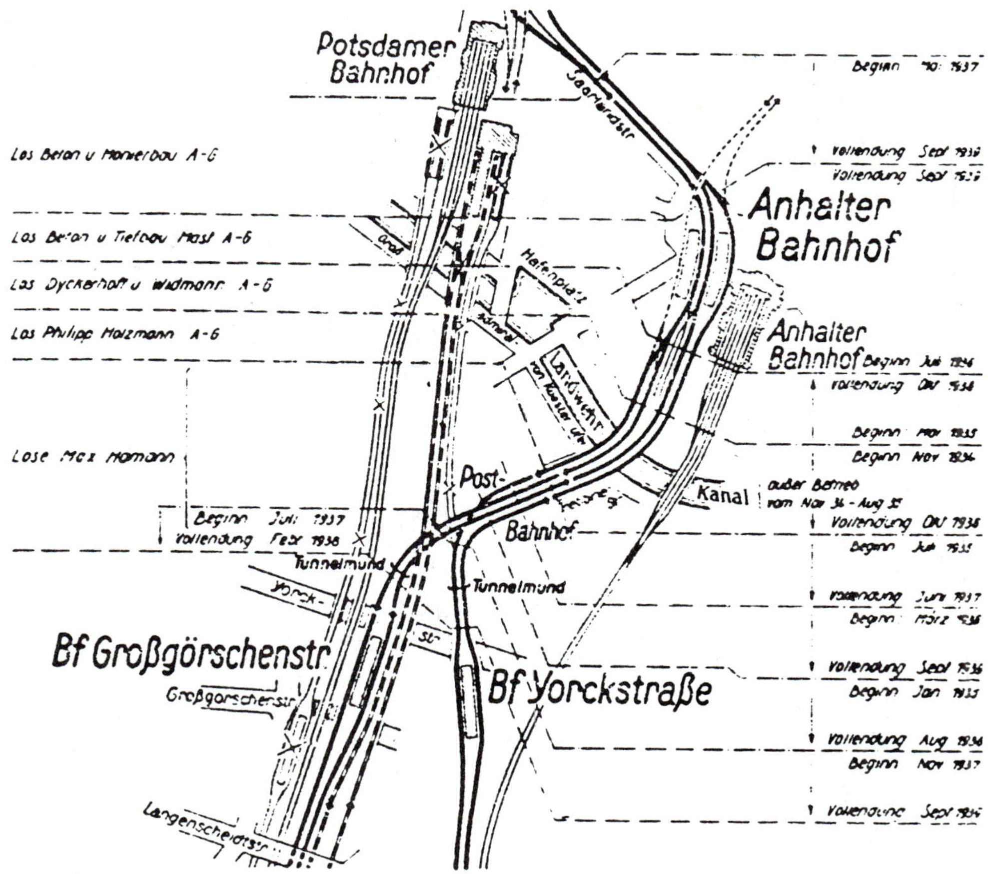

che Regierungs-, Geschäfts- und Vergnügungs-Zentrum durch- bzw. unterqueren sollte (B 427). 430
So kam es, daß 1933 über die endgültige Trasse entschieden wurde (A 230). 1934 wurden dann die Arbeiten an den kompliziertesten Punkten begonnen, wie beispielsweise die Untertunnelung des Postbahnhofs und des Landwehrkanals. Zu den Olympischen Spielen 1936 konnte der nördliche Teil vom Stettiner Bahnhof über Friedrichstraße bis zum S-Bahnhof Unter den Linden in Betrieb genommen werden. Anschließend begannen die Arbeiten am Bahnhof Potsdamer Platz, und der viergleisige Tunnel unter dem Kanal näherte sich dem Anhalter Bahnhof (B 428).

Der (unterirdische) S-Bahnhof Anhalter Bahnhof (Ahu) mußte wegen der Kurve unter dem Askanischen Platz dicht an die Fundamente der Fernbahnhalle gelegt werden. Die Breite von 35 m resultierte aus der Zusammenführung der Wannseebahn mit der Linie Lichterfelde Ost-Zossen, die doppelte Tiefenlage aus einer zunächst ange- 431
nommenen U-Bahnlinie in der Saarland-Straße (heute Stresemann-Straße). Die ab 1937 verfolgten Pläne zur Umgestaltung der Reichshauptstadt zwangen die Reichsbahn zu einer Entwurfsänderung des Tunnels unter dem Askanischen Platz (Verlängerung in Richtung Görlitzer Bahnhof) sowie am Postbahnhof (Kreuzung der Großen Achse mit der Horn-Straße und einem Gemeinschafts-Bahnhof der Nord-Süd-S-Bahn und drei U-Bahnlinien) (B 429). Die-

B 427 Die Trassen-Varianten der Nord-Süd-S-Bahn, ZBV der Bauverwaltung 19.5.1937
B 428 Der sechsgleisige Tunnel-Abschnitt zwischen Landwehr-Kanal und S-Bahnhof Anhalter Bahnhof im Bau, Aufnahme Dywidag 4.4.1936
B 429 Südlicher Abschnitt der Nord-Süd-S-Bahn nach 1937
B 430 Terminplan nach den Umgestaltungsplänen von 1937 mit der Einteilung der Baulose und Firmen
B 431 Lageplan des S-Bahnhofs Anhalter Bahnhof
B 432 Die Baugrube wird von Süden nach Norden vorangetrieben, Zustand 29.8.1936, Aufnahme Krajewsky

A 230 Die sogenannte Kaiserhof-Linie mit einer Unterquerung der Reichskanzlei wurde verworfen und die Trasse Friedrichstraße - Unter den Linden - Potsdamer Platz festgelegt.

439

4

4.

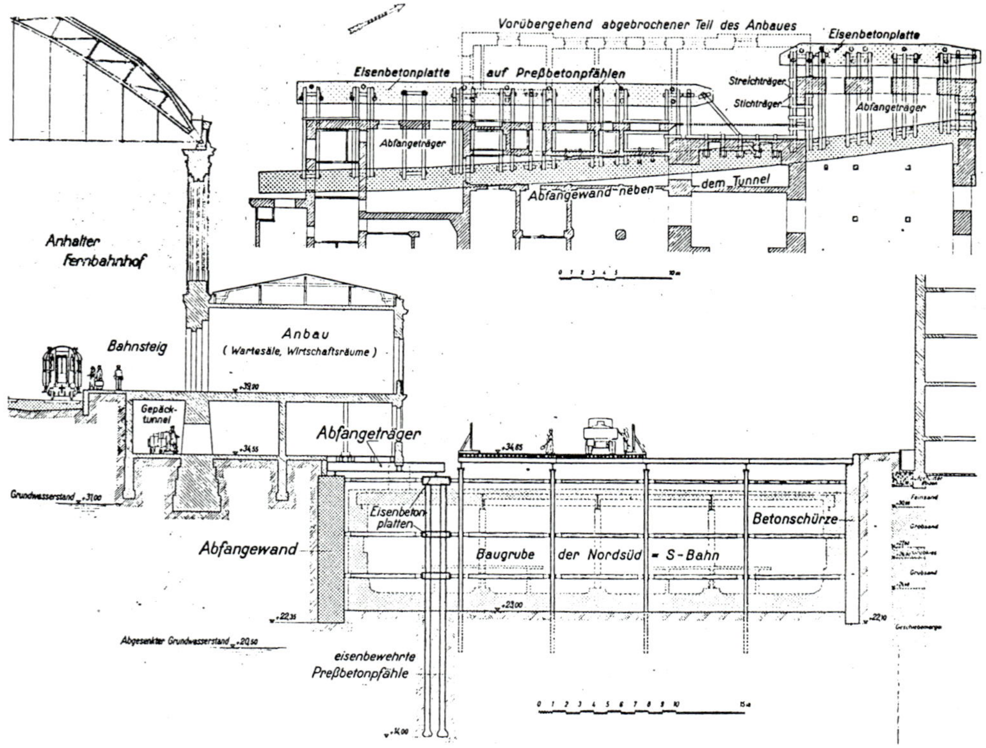

44

se Umplanung führte teilweise zur Einstellung der Bauarbeiten und zu einer Verschiebung des Terminplans (B 430). Die beiden Bahnsteige waren an ihrem nördlichen Ende über ein Zwischengeschoß mit dem Askanischen Platz sowie im Süden mit dem Fußweg zum Hafenplatz verbunden; in der Mitte führte ein Verbindungsgang zum Fernbahnhof und zwar zum Eingangs-Vestibül und zum Querbahnsteig, der auch mit einer Fahrtreppe zu erreichen war.
Für den Übergang des Gepäcks von und nach dem Stettiner Bahnhof waren ein Gepäcktunnel und Gepäckaufzüge vorgesehen. Der Posttunnel unter dem Südportal, der unter der Möckern-Straße zum Postamt SW 11 führte, wurde an das südliche Verteiler-Geschoß angeschlossen (B 431).
Die Bauarbeiten sollten in der üblichen Berliner Bauweise durchgeführt werden: in der von oben offenen Baugrube zwischen ausgesteiften Längswänden. Da diese Baugrube in den Grundriß der westlichen Flügelbauten und in die Hintergebäude der Schöneberger Straße einschnitt, wurden die letzteren zum Abbruch bestimmt. Dieser Entscheidung fiel also auch die »Wiege der Berliner Elektro-Industrie«, die Siemens & Halskesche Werkstatt in Nr. 33 zum Opfer (B 432). Nach dem Abriß des alten B.A.E.-Verwaltungsgebäudes Askanischer Platz 5 Ecke Schöneberger Straße war erstmals der

Blick auf die westlichen Vorbauten freigegeben (B 433). Die am Wartesaal II. Klasse vorspringenden Gebäudeteile wie Damenzimmer und Wartesaal I. Klasse (B 297 und B 298) wurden ebenso wie der Vestibül-Vorbau der ehemaligen K.K. Abfahrts-Salons (B 306) 1935 wegen des Denkmalschutzes sorgfältig abgebrochen und die Terrakotta- und Verblender-Steine für den Wiederaufbau zwischengelagert (A 231). Abschließend wurden die Baugrubenwände hergestellt; unter den noch abzufangenden Flügelteilen des Anhalters wurde eine 2 m starke und 12 m tiefe Beton-Abfangewand niedergebracht und eine Doppelreihe von Preßbetonpfählen, auf die die Abfangeträger für die stehen bleibende Fassadenwand abgesetzt wurden (B 434 und B 435). Diese Arbeiten entlang dem »Anhalter« (B 436) dauerten ungefähr ein Jahr (1936). Der Aushub war erst gegen Ende 1937 beendet (B 437). Die Betonierung der Tunnel-Wände und -Decke samt Treppen und Zwischengeschossen dauerte bis zum Jahre 1939. Bereits am 15. April jenes Jahres war der S-Bahnhof Potsdamer Platz (von Norden her) in Betrieb genommen worden; der S-Bahnhof Anhalter Bahnhof wurde am 8. Oktober 1939 fertiggestellt und am darauffolgenden Tag der durchgehende Verkehr mit der Wannseebahn aufgenommen (nach Lichterfelde Ost ab 11. November 1939).

B 433 Die Nordwest-Ecke nach Abbruch des Eckhauses Schöneberger Straße 1935, Aufnahme Hoeffke

B 434 Querschnitt durch die Baugrube neben dem Anhalter Bahnhof

B 435 Grundriß der Abfangungen der westlichen Anbauten am Anhalter Bahnhof
Aufnahme Krajewsky 19.7.1939

B 439 Innenansicht (Entwurf) des S-Bahnhofs Ahu.

B 440 Annonce aus »Jahrhundertfeier des Architekten-Vereins zu Berlin 1824-1924«

A 231 Laut Abbruchantrag der Reichsbahn vom 13.6.1935 bzw. Abbruchschein der Baupolizei Kreuzberg vom 27.6.1935 *»ist der Bauteil ... in seinem Urzustand wieder herzustellen.«* Die Abbrucharbeiten waren am 5.12.1935 beendet. Vgl. A 227

438

436

Gleichzeitig war auch der Wiederaufbau der abgebrochenen Fassaden und Gebäudeteile des Fernbahnhofs beendet worden (B 438). — Wie sich manche erinnern werden, waren die Wandverkleidungen im S-Bahnhof aus weißen großformatigen Glasplatten (Opaxit) ausgeführt (wie beim Potsdamer Platz), die Stützen aus dem gleichen, jedoch grünblau gefärbten Material. Die Unterdecke war aus Gründen einer gleichmäßigen Ausleuchtung eine glatte weiße Rabitzdecke (B 439). — Die genannten Tiefbauarbeiten im Baulos Anhalter Bahnhof wurden von der heute noch existierenden Beton- und Tiefbaugesellschaft Mast (B 440) ausgeführt, übrigens mit dem Erfolg, daß sich trotz der enormen Schwierigkeiten am Empfangsgebäude *»nur wenige ganz unbedeutende Risse gezeigt haben«* (A 232). Mast hatte zuvor auch schon ganz die S-Bahnhöfe Stettiner Bahnhof und Oranienbuger Straße ausgeführt (A 233).

43

B 436 Wegen der ungewöhnlichen Breite der Baugrube (über 35 m zwischen den Abfange- bzw. Parallel-Wänden) wurden zur Aussteifung der Rammträger Kreuzverbände eingebaut, die in größeren Abständen zu räumlichen Fachwerken verbunden waren (wegen des Baugruben-Einsturzes am Brandenburger Tor 1935 für erforderlich gehalten). Oben ist der südwestliche Eckturm an der Bahnsteighalle sichtbar. Aufnahme Krajewsky 15.10.1936

B 437 Ein Stück Anhalter Bahnhof von unten: über sich hat man die verbliebene Nordwest-Ecke, welche links auf einer Reihe von Preßbetonpfählen und rechts auf der Abfangewand ruht; vgl. B 434 und 435, Aufnahme Krajewsky 31.1.1938

B 438 Der Askanische Platz: die Tunneldecke ist betoniert und isoliert, der Abbau der Baugrubenabdeckung beginnt. Links oben ist der Wiederaufbau des Wartesaals-Anbaus im Gange. In der Mitte die beiden »Siemens«-Häuser an der Schöneberger Straße: links das Haus Nr. 33 (ehemals Nr. 19), dessen Hofgebäude die Werkstatt von Siemens und Halske 1847 beherbergte; rechts das Eckhaus Askanischer Platz 4, welches 1907 von Siemens & Halske gekauft wurde (ursprünglich mit einem Erker auf der Ecke).

A 232 Alle Angaben nach Sonderdruck »Verkehrstechnische Woche« 2. Folge 1939

A 233 Adolf Mast: »Von der Pike auf« Wiesbaden 1948, S. 106

10. Alltag

»An einem sonnenhellen Julitag im Anhalter Bahnhof zu Berlin. (B 441 bis B 443)
In der großen Vorhalle drängt sich um die Schalter eine dichte Menge in fröhlichster Ferienstimmung. Kaum zwanzig Schritt vom Berliner Innenverkehr getrennt, sind die Geister bereits vollkommen der Stadt abgewendet. In dem Augenblick, als er das Eingangstor des Bahnhofs durchschritten hatte, fühlte sich ein jeder losgelöst von der Gegenwart, getrennt von dem Ort, an dem er sich befindet. Was eben noch fernab lag, ist plötzlich näher gerückt, das oft viele hundert Kilometer entfernte Reiseziel scheint bereits in greifbarer Nähe zu liegen; denn jeder der Reiselustigen sieht mit dem geistigen Auge vor sich den glatten, hindernisfreien, stählernen Weg, der vom Anhalter Bahnhof bis zu jenem Ort hinführt.

So rasch es geht, macht jeder Reiselustige den Schienenpfad zu seinem Diener, indem er eine ganz einfache Handlung vollzieht: das Lösen der Fahrkarte. Hinter den Schalterfenstern treten die Beamten unausgesetzt an die weit gedehnten Schränke, entnehmen ihnen mit schnellem Griff die Fahrkarten, drücken einen Preßstempel darauf und häufen die entrichteten Beträge in den Kassen an. An manchen Ausgabestellen sind keine Schränke mehr vorhanden, an ihrer Stelle steht eine langgestreckte Maschine, auf der fortwährend ein Schlitten verschoben und eine vielfach beschriebene Walze gedreht wird. Hierauf werden die geforderten Fahrkarten stets frisch gedruckt.
Droben in der eigentlichen Bahnhofshalle hängt am Kopfende des letzten Ausfahrgleises eine Tafel mit der Aufschrift: 'Schnellzug (D-Zug, zuschlagpflichtig) nach München über Halle, Nürnberg.' Das Gleis selbst ist noch leer, die Sperre geschlossen. Vor der schmalen Pforte stellen sich allmählich immer mehr und mehr mit Karten versehene Fahrgäste auf. Sie stehen im tiefen Schatten des schweren Hallendachs und blicken sehnsüchtig durch die drei schön gewölbten Endbogen des Bahnhofes hinaus in den hellen Sonnenschein, der auf den blanken Schienen funkelnde Lichter hervorruft, auf diesen Schienen, die einen ununterbrochenen, verbindenden Strang mit dem Reiseziel herstellen.
Nun fällt ein Schatten auch auf die Schienen. Still und langsam wird der Zug in die Halle geschoben. Unsichtbar für die vor der Sperre Wartenden liegt vor ihm eine kleine, pustende Verschiebelokomotive, welche die Wagen geschickt und vorsichtig bis in die Nähe des Endprellbocks drückt. Nachdem dies geschehen ist, wird die Kupplung des ersten Wagens von der Maschine gelöst, und diese fährt eifrig puffend davon. (B 444)

Kraftvoll und ragend stehen die großen D-Wagen mit ihren einfachen, angenehmen Formen auf dem Gleis, jeder mit einem Schild versehen, welches das Endziel seiner Fahrt und die wichtigsten Zwischenbahnhöfe mitteilt. Die größte Zahl der Wagen geht nach München und bestimmt damit die Benennung des Zugs. Aber es sind auch andere eingestellt, die viel weiter liegende Ziele zu erreichen haben: Lindau am Bodensee, Chur, das Einfalltor für das Engadin, Innsbruck, die Schwelle für so manche Italienfahrt, Salzburg in den Tiroler Alpen. Fest und schwer gebaut wie Häuser, scheinen die Wagen jetzt unverrückbar auf dem Gleis verwurzelt. Wer noch niemals eine Eisenbahn gesehen hat, vermöchte nicht ohne weiteres zu glauben, daß diese großen Gebäude zur Fortbewegung bestimmt sind. Am wenigsten könnte er sich wohl vorstellen, daß sie kurze Zeit später mit atembeklemmender Geschwindigkeit weit, weit über die Lande dahinfliegen werden. Düster ragen die vom Rauch geschwärzten Wände der Wagen über den Bahnsteigrand empor, kalt und hart blicken die leeren Fensteröffnungen, schweigend und einsam liegen die Gänge und Abteile da.
Doch nun wird die Sperre geöffnet. Der Bahnsteigschaffner durchschneidet mit einer Zange endgültig die Scheidewand, welche die Reiselustigen noch von der lockenden Ferne abtrennt. Die freudig erregte Menge ergießt sich strudelnd wie ein Wildbach in die Wagen. Im Augenblick ist deren Aussehen verwandelt.
Leichte Röcke rauschen durch die Gänge, schmucke Ledertaschen und derbe, vollge-

442 *stopfte Rucksäcke füllen die Gepäcknetze, lachende Kinderköpfe blicken überall aus den Fenstern. Zwischen den auf dem Bahnsteig Gebliebenen und den Insassen der Wagen werden lebhafte, schnelle Gespräche geführt. Hier und da sieht man auch einmal ein betrübtes Gesicht, das Abschiedschmerz um einen für lange Zeit Scheidenden ausdrückt. Meistens aber geht ein fröhliches Geplauder herüber und hinüber, das angenehme Gefühl des Eisenbahnfiebers vor einer Vergnügungsreise hat alle ergriffen. Wer vermöchte sich noch vorzustellen, daß diese reich und heiter bevölkerten Räume derselben Wagenburg angehören, die eben kalt und einsam am Rand des Bahnsteigs stand! Die düsteren Wände scheinen verschwunden, alles Scharfkantige der Nutzbauten ist verwischt, man sieht nur noch luftige Gehäuse zur Aufnahme fröhlicher Menschenkinder.* (B 445)

443 *Zwischen den hell Gekleideten hindurch drängt sich ein rußiger Gesell. In der rechten Hand hält er einen langgestielten Hammer, die linke trieft von Öl. Er mischt in die leichte Heiterkeit um den Zug den Ernst des technischen Betriebs und schafft einen Gegensatz, der für den nachdenklich Beobachtenden stets etwas Ergreifendes hat.*

Den leichtsinnigen, jauchzenden Seelen dient still und mit lastendem Verantwortungsgefühl eine andere Menschengruppe, die erst durch ihren Ernst und ihre Arbeit jene vertrauensvolle Heiterkeit möglich macht. Der Mann mit dem Hammer ist der Wärter, dem die Aufgabe obliegt, jedes Rad unter den Wagen noch einmal daraufhin zu prüfen, ob es zuverlässig und in Ordnung ist. Tönt der Hammerschlag hell auf dem Reifen, so ist man sicher, daß er keinen Sprung hat und nach aller menschlichen Voraussicht imstande sein wird, das gewaltige Gewicht des Wagens trotz der furchtbaren Stöße auf den Schienen bis zum Endpunkt der Fahrt zu tragen. Zugleich hebt der Wärter an jeder Achse den Verschlußdeckel des Ölbehälters empor, um zu sehen, ob genügend Schmierstoff eingefüllt ist, so daß keine der Achsen Gefahr läuft, sich unterwegs allzusehr zu erhitzen.

Kurz hinter ihm schreitet der kräftige, schnurrbärtige Zugführer, mit der roten Tasche um den stramm aufgerichteten Leib, den Zug entlang und verzeichnet in einem Dienstbuch die Nummern der Wagen, die seiner Obhut anvertraut sind.
Der Schatten der Bahnhofshalle schneidet mit Messerschärfe in der Mitte des vorletzten Wagens ab. Der Vorderteil des langen Zugs steht schon außerhalb der Wölbung in der brennenden Sonne. Noch aber fehlt dem Ganzen der Kopf. Die Lokomotive ist noch nicht vorgefahren.
Da kommt sie langsam und majestätisch mit dem Tender voran herbeigerollt. Der Kuppler springt zwischen die Puffer des ersten Wagens, der Heizer, der sich weit aus dem Fahrstand der Maschine herausgelehnt hat, gibt dem Lokomotivführer einige Winke, bis dieser durch wiederholtes ge-

schicktes Öffnen und Schließen des großen Reglerhebels die Lokomotive gerade so weit an den Zug herangerückt hat, daß die Puffer des ersten Wagens ein wenig eingepreßt werden. Die Insassen des Zugs haben von diesem wichtigen Vorgang, der ihnen erst die Möglichkeit des raschen Davonfliegens erschließt, gar nichts bemerkt. Rasch wirft der Kuppler die schwere stählerne Öse über den Haken am Tender, zieht die Kupplungsschraube an, hakt noch einmal zwei Kettenteile ineinander und schließt endlich den Bremsschlauch der Lokomotive mit der unter dem ganzen Zug dahinlaufenden Rohrleitung zusammen. (B 446)
Prächtig ist der Anblick der nun vor dem Zug liegenden Maschine. Sie ist der schönste Ausdruck des Zwecks, dem sie dient. Die breite Brust mit ihrer kühnen Wölbung bedeutet Kraft. Alle die niedrigen, aus ih-

B 441 Rasensprenger vor dem Anhalter Bahnhof. Aufnahme Thormann 1928
B 442 Taxenvorfahrt vor dem Anhalter Bahnhof, im Hintergrund die Bögen des (Siemens-)Varta-Hauses. Aufnahme Herbert Hoffmann um 1925
B 443 Wartende Gepäckträger vor dem Anhalter Bahnhof. Repro Kunstamt Kreuzberg o.J.

444

44

44

rem Leib herausragenden Teile, wie Schornstein, Dampfdom und Sandkasten, scheinen anzuzeigen, daß sie sich zusammengeduckt hat, um möglichst wenig im Vorwärtsstürmen gehindert zu sein, daß sie alle ihre Fähigkeiten zusammenfaßt auf das Vorwärtseilen, das alsbald seinen deutlichsten Ausdruck finden soll durch das verwirrend eilige Umlaufen der blanken Stangen unten am Triebwerk. Eine Persönlichkeit ist die Lokomotive, wie sie jetzt mit klopfenden Pulsen, mit dampfenden Flanken dem Augenblick entgegenharrt, in dem man ihr die Freiheit lassen wird, dahinzustürmen auf der Bahn, die von ihr allein beherrscht wird. (B 447)

Nun gibt es in den meisten Wagen einen kleinen Schreck: denn plötzlich faucht und zischt es am ganzen Zug. Der Lokomotivführer hat das Bremsventil betätigt, um die Bremsprobe vorzunehmen. Nachdem festgestellt ist, daß überall die Bremsklötze richtig angezogen haben, ist der Zug fahrbereit.
Eines von den vielen Signalen, die kurz vor der Lokomotive auf einer hohen Brücke stehen, hat seinen Arm schräg aufwärts erhoben. Es erschallt der Ruf 'Bitte, Platz nehmen!', das bekannte Geräusch der zu-

49

446

448

fliegenden Türen wird hörbar, die Unterhaltung schwillt zu einem brausenden Meer der Stimmen an, die Kinder packen ihre Hüte fest, die Taschentücher werden gelüpft, und mit ernstem Gesicht blickt der Aufsichtbeamte mit der roten Mütze noch einmal den ganzen Zug entlang. Dann hebt er mit einer kurzen Bewegung den Befehlstab.

Der Lokomotivführer hat das Zeichen wahrgenommen, große Dampfwolken entströmen der Maschine, langsam setzt der Zug sich in Bewegung. Noch eine halbe Minute lebhaften Winkens, dann ist er um die nächste Krümmung verschwunden… (B 448 und B 449)

B 444 Die Verschiebelok brachte die Schnellzugwagen zum Bahnsteig A Gleis 1. Aufnahme Pragher 1938
B 445 Buntes Treiben auf Bahnsteig A; ein Herr mit Turban erregt Verwunderung. Aufnahme Pragher 1931
B 446 Der Kuppler zwischen Tender und erstem Wagen. Aufnahme Pragher 1938
B 447 Die Schnellzuglok 03155 auf Gleis 1 vor der Abfahrt. Aufnahme Eschen 1935
B 448 … noch eine halbe Minute lebhaften Winkens… Kurswagen über Frankfurt/Main - Basel - Genf. Aufnahme Pragher 1931
B 449 Die Maschine zieht an. Aufnahme Eschen 1935

450

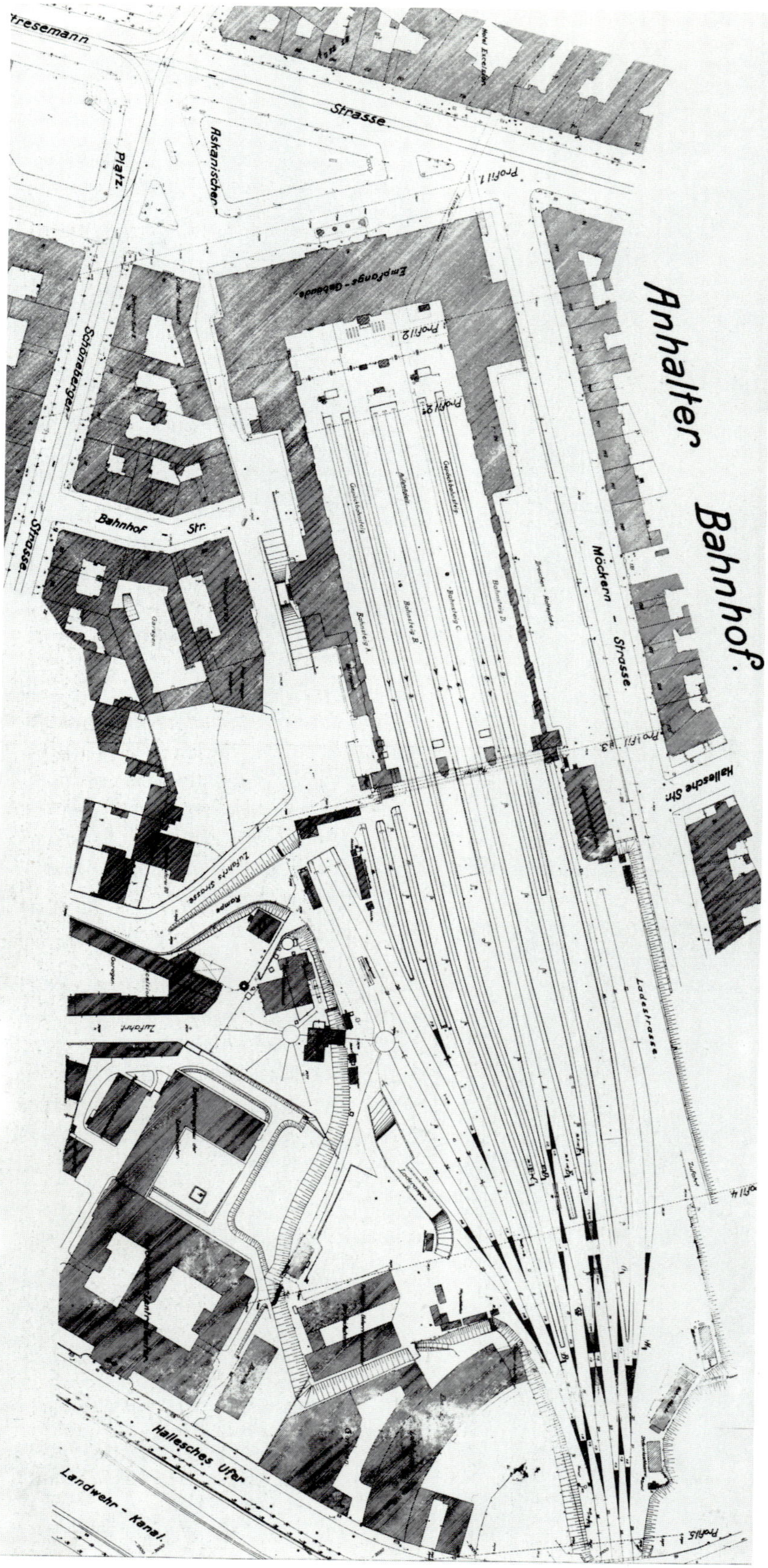
Anhalter Bahnhof.
Strasse
Askanischen
Platz
Empfangs-Gebäude
Schöneberger
Strasse
Bahnhof Str.
Möckern - Strasse.
Hallesche Str.
Ladestrasse
Hallesches Ufer
Landwehr - Kanal

EISEWAGEN
MITROPA
Rhenser Brunn
1928

453

Indes hat der Zug schon eine gesteigerte Geschwindigkeit erreicht. Die Lokomotive jauchzt ob des freigelassenen Zügels, ihre gewaltigen Räder prasseln über die Schienen, wie spielend zieht sie die ungeheure Last der Wagen hinter sich her, während über ihrem Haupt triumphierend die Rauchfahne hoch in die Lüfte flattert…
Das Prasseln der Räder verstärkt sich, denn der Zug rollt durch einen größeren Bahnhof — Luckenwalde liest man im Vorbeifliegen —, in dem das glatte Gleis sich in zahlreiche Schienenstränge auflöst. An der Zungenspitze einer jeden Weiche gibt es einen verstärkten Schlag, aber dieser erschreckt den Führer nicht, denn das für ihn geltende gezogene Signal sagt ihm, daß alle Weichen richtig gestellt sind und die Zungen mit zuverlässiger Festigkeit anliegen.

Weiter gehts bis Jüterbog. Hier zweigt von der Strecke nach Halle die große Schnellzugslinie nach Dresden ab. Zwei Signale stehen an der Trennungsstelle. Mit leichtem Blick erkennt der Lokomotivführer, daß das für die Richtung Halle geltende auf Fahrt Frei gestellt ist und wiederum weiß er hierdurch genau, daß sein Zug in das richtige Gleis hineinfahren und nicht etwa eine Ablenkung auf den für ihn falschen Dresdner Strang erfahren wird…

Weiter geht's in glatter Fahrt über die Lande. Auch das tief eingeschnittene Elbtal bei Wittenberg ist kein Hindernis für die Hundertkilometergeschwindigkeit des Zugs. Auf langer, eiserner Brücke wird der Fluß überflogen, als läge gewachsener Boden unter den Rädern.

Beim raschen Durchfahren des Bahnhofs Bitterfeld grüßt die Dampflokomotive eine neu heraufkommende Zeit, denn dieser Bahnhof ist überzogen von eisernen Jochen, an denen schwere Porzellanklötze und Kupferdrähte hängen. Hier geht die elektrische Vollbahnstrecke Magdeburg - Dessau - Bitterfeld - Leipzig - Halle vorüber.

Weiter drehen sich die Räder der Lokomotive in tollem Wirbel um und um. Die Triebstangen fahren wild hin und her, der Dampf zischt aus dem Blasrohr durch den Schornstein, der Kohlenvorrat des Tenders mindert sich mehr und mehr, da die gefräßige Feuerung einen Zentner nach dem anderen aufzehrt. Nachdem kaum mehr als zwei Stunden vergangen sind, nähert sich der Zug seiner ersten Haltestelle, dem Bahnhof Halle. Schon lange vorher schließt der Lokomotivführer das Reglerventil und sperrt damit die Dampfzufuhr zu den Zylindern ab. Zur rechten Zeit setzt er die Bremse in Tätigkeit, langsam sinkt die Geschwindigkeit des Zugs, und, nachdem er mehr als 160 Kilometer frei durchfahren hat, kommt er fast auf das Zentimeter genau an der vorgezeichneten Stelle leise und stoßlos zum Halten. Während nun die Wagentüren sich wieder öffnen, Fahrgäste aus- und einsteigen, löst sich die Lokomotive vom Zug und fährt in den Schuppen. Sie hat ihre Pflicht mit wundervoller Tatkraft und Ausdauer erfüllt, nun wird ihr einige Zeit zum Ausruhen und zur Erholung gegeben. Eine neue, noch mächtigere Maschine wird angekuppelt. Sie wird den Zug oh-

B 450 Lageplan des Anhalter Bahnhofs 1933
B 451 Blick vom Südportal auf die Gleisgruppe bis zur Brücke über den Landwehrkanal. Drei abfahrbereite Schnellzüge auf Gleis 2, 4 und 17 (ganz rechts), der auf Gleis 6 angekommene Schnellzug wird gerade zum Außenbahnhof zurückgezogen. Im Hintergrund die Hochbahnbrücke, rechts die Trebbiner Straße, in der Mitte das Güter-Verwaltungsgebäude, links die Möckern-Straße. Vor der Hochbahnbrücke der alte B.A.E.-Lokschuppen auf dem Niveau von 1841. Aufnahme ADN (Scherl) 1932

B 452 Nach Ankunft der Speisewagen wird das Leergut auf dem Gepäckbahnsteig entladen. Aufnahme Eschen 1935
B 453 Mitropa-Leergut wird im Aufzug ins Erdgeschoß gebracht. Aufnahme Eschen 1935

454

ne Aufenthalt durch das halbe Deutschland hindurch in 3 Stunden bis nach Nürnberg führen. –
Das ist ein kleines Bild aus der Gegenwart des Eisenbahnbetriebs. Eine Fortsetzung wird sich anschließen.
In den Zügen selbst wird den Reisenden immer mehr Bequemlichkeit geboten werden müssen…

Da auch die Mitführung von Sekretärinnen in Frage kommt, wäre für diese in der Mitte des Wagens ein Abteil zu schaffen, in dem sie sich aufhalten und Stenogramme auf der Schreibmaschine übertragen könnten…
Gewiß wird es nicht lange dauern, bis auch die Barbierstube und das Badezimmer in den Schnellzügen zu finden sein werden.
Die Vervollkommnung des drahtlosen Verkehrs wird in absehbarer Zeit gestatten, im fahrenden Eisenbahnzug Telegramme aufzugeben und zu empfangen…
Die Züge, welche derartige Einrichtungen besitzen, werden elektrische Förderung haben. Damit wird der schmutzende Ruß von den Strecken verschwunden sein. Die Fahrzeuge werden mit freundlichen, hellen Farben angestrichen werden, da kein Rauch mehr vorhanden sein wird, dessen Säuren den Lack rasch unansehnlich machen…

Wird die Welt auf Schienen auch einst in Trümmer gehen wie alle anderen Welten, so strahlt sie doch heute in hellstem Glanz. Und die nächste Zukunft wird ihr sogar noch weitere machtvolle Entfaltung bringen…« (A 234)

Unablässig treffen neue Züge ein und werden neue zur Abfahrt bereitgestellt (B 450 und B 451). Nach dem Sommerfahrplan 1934 waren es im Normalverkehr 54 abgehende und 55 ankommende Personen-, Eil-, D- und FD-Züge. Die Speisewagen der MITROPA werden direkt in der Halle ver- und entsorgt (B 452 und B 453), ihre Reinigung erfolgt auf dem Außenbahnhof genauso wie die der Schlafwagen, was durch den Bericht eines MITROPA-Schlossers erläutert wird:
»*Der Außenbahnhof.*
Kaum haben die letzten Reisenden den Bahnsteig verlassen, ertönt ein kurzes Signal und der schwere Zug setzt sich langsam in Bewegung, um auf dem Außenbahnhof von rührigen Händen in Empfang genommen zu werden. Nachdem der Zug abge-

455

stellt ist, prüfen die Wagenmeister der Reichsbahn den Unterbau eines jeden Fahrzeuges, um etwaige Mängel und Reparaturen dem Betriebswagenwerk zu melden. Die Mitropa-Schlaf- und Speisewagen heben sich durch ihre leuchtende Farbe von den übrigen Fahrzeugen ab. Eine Waschkolonne ist täglich bemüht, dem Wagen stets wieder ein frisches und sauberes Aussehen zu geben, was auch gründliche Kenntnis über Pflege und Erhaltung des Lackes voraussetzt. Es sind viele Menschen, die sich an den Fahrzeugen zu schaffen machen, z.B. für Schlafwagen: der Schlafwagenschaffner übergibt den Wagen dem Wagenputzer. Da muß die Wäsche von den Betten abgezogen und gezählt werden. Der Bestand der Ware und Utensilien wird nachgeprüft, um dann in Eisschränke verschlossen zu werden. Dem Wagenputzer fällt die Aufgabe zu, den Wagen wieder in einen sauberen Zustand zu bringen, was keine leichte körperliche Arbeit ist. Die schweren Betten müssen als Sofas umgebaut werden. Der ganze Wagen wird gefegt, gescheuert, die Betten, Kissen, Läufer werden durch Preßluftstaubsauger vom Staub befreit, sämtliche Messingteile auf Hochglanz geputzt. Gläser, Wasserkaraffen und Kannen werden gesäubert und mit frischem Wasser versehen. Die Waschtoiletten müssen gereinigt, die Spiegel und Fenster geputzt werden. Eine ganz besondere Aufgabe fällt den Handwerkern zu. Die schweren Werkzeugtaschen über die Schultern gehängt, kontrollieren sie jedes Fahrzeug auf etwa notwendige Reparaturen, die, soweit während der Fahrt erkenntlich, bereits vom Fahrpersonal in das sogenannte Reparaturbuch eingetragen werden. Schlosser, Tischler, Elektriker, Sattler, Klempner, Maler, Polierer, die alle Hand in Hand arbeiten müssen, führen immer beschleunigt alle nur möglichen Reparaturen pflichtbewußt aus, damit die vom In- und Ausland bewunderten Wagen in ordnungsgemäßem Zustand wieder pünktlich in Dienst gestellt werden können...« (A 235)

Diese Arbeiten (B 454 und B 455) bereiten die nächsten Abfahrten vor, die bereits am späten Nachmittag beginnen (B 456 bis B 458).

B 454 Mitropa-Speisewagen werden auf dem Anhalter Außenbahnhof gereinigt. Aufnahme Eschen 1935

B 455 Wartung der Akkumulatoren eines Mitropa-Schlafwagens (Anhalter Bahnhof - Lugano) auf dem Anhalter Außenbahnhof. Aufnahme Eschen 1935

A 234 Artur Fürst: »Die Hundertjährige Eisenbahn« München 1925

A 235 E. Köhling, in »Der Betriebsbeobachter« September 1933

456

Zug	Abfahrt	Verbindung
L 68	16..	Zossen—Baruth—Uckro—Dobril.-K.—Elsterwerda—Dresd. H. 17,09 17 25 17.47 18,08 18.25 19.22
FD 4 ★	17.10	★ Bis 30. IX. Halle—Erfurt—Frankfurt—Mannheim—Basel 18,44 20,03 23,23 1,00 ⊙ 4,58 ⊙ Bis 30. VI. und ab 11. IX. 5.30 ↳ Genf 11,53
D 8	17.18	Jüterbog—Wittenberg—Halle—Erfurt—Eisenach—Bebra—Kassel 18,05 18,29 19,23 21,23 22,26 23,07 23,53 20.11 Roßlau ↵
P 848	17.25	Lichterf. O. 17,37 — Wittenberg 18,56 ↱ Dessau 20,20 Bitterf.—Leipzig—Zeitz—Gera—Bamb.—Nürnb.—Augsb.—München 19 30 20,03 21,26 22,01 2,38 3,56 6,40 7,56 ↳ Dessau 20,56 ↳ Grimma 21,03 15.35 Meran ↵
P 818	17.32	Lichterf.O.—Jüterbog—Wittenb.—Bitterfeld—Halle—Erfurt 17,42 18.54 19,37 20,29 21,15 1,30 22,08 Roßlau ↵ 21.12 Leipz. ↵ ↳ Stumsdorf 21,11 ↳ Dessau 22,24 ↳ Dessau 21,58
D 60	19.18	Chemnitz 22,25 ↰ ↱ Zittau 1,18 Luckenw.—Jüterb.—Falkenb.—Röderau—Dresd. N.—Dresd. H. 19,52 20,03 20,36 20,59 21,11 21,49
D 156	19.38	Leipzig—Plauen—Hof—Regensburg—Passau—Linz—Wien Westbhf. 21,32 23,27 0,15 2,50 4,35 6,18 9,15
P 292	19.43	↱ Wittenberg S 21,50 Lichterf .O.—Luckenwalde—Jüterbog—Falkenberg 19,53 20,55 21,11 22.38
P 316	20.00	Zossen—Baruth—Uckro—Dobril.-K.—Elsterw.—Dresden-N.—Dresd.H 20,32 20.55 21.24 22,03 22,50 23,55 0 06 22,42 Falkenberg ↵ ↳ Bautzen 1.52
D 14	20.12	↱ Saarbrücken 10,42 Halle—Erfurt—Würzburg—Stuttgart—Zürich—Mailand—Rom 22,01 23.56 3,50 7,35 13,00 19,18 7,00 ↳ Leipzig 22,57 ↳ Bebra 2.39 —Kassel 3,01—Köln 8,39
E 56 ★	20.28	Zossen—Elsterwerda—Dresden H. 20,58 22,10 23,15 ★ Nur S bis 26. VIII., am 20. V. nicht
D 226 ★	20.55	★ Nur vom 15./16. VI. bis 15./16. IX. ↱ Bad Reichenhall 9,03—Berchtesgad. 9,56 Leipzig—Hof—Regensburg—Landshut—Salzburg—Badgast—[illegible] 22,45 2,06 5,05 6,10 9,02 12,07 21,23
D 50	21.16	★ nur vom 15. VI. bis 10. IX., sonst 11,52 Halle—Saalfeld—Bamberg—Nürnberg—Augsb.—München 23,05 1,18 3,20 4,15 6,16 7,10 ↳ Lindau 11,44 ★
D 26	21.32	⊙ Vom 15. VI. bis 10. IX. 11,44 ↱ Bayreuth 4,36 — Nürnberg 5,55 Rom 0,10—Mailand 18,55 Wittenb.—Leipzig—Plauen—Hof—Regensburg—München 22,38 23,37 2,00 2,54 6,06 8,05 ↳ Wurzen 0.20 Lindau 11,56 ★ ↵ ⊙ Lindau 11,52 ↵ ★ Vom 15. VI. bis 10. IX., sonst 12,05
D 238	22.08	↱ Friedrichshafen 11,09 Leipzig—Zeitz—Probstzella—Bamberg—Nürnberg—Stuttgart 0,05 1,01 3,16 5,01 6,00 9,32
D 2	22.16	Bitterf.—Halle—Erfurt—Eisenach—Frankf.—Heidelb.—Basel 23,45 0,09 1,44 2,41 5,40 7,11 10,53
D ⊙ 70	22.40	Halle—Nürnberg—München 0.26 5,03 8,07 Nur Schlafwagen I. u. II. Kl. ★ 11,52 Lindau ↵ ↳ Mailand 18,55 ★ Vom 15. VI. bis 10. IX. 11,44 ⊙ Bis 30. IX./1. X.
D 92 ★	22.48	★ Vom 14./15. VI. bis 9./10. IX. Zürich 15,20 ↰ Halle—Saalfeld—Bamb.—Nürnb.—Augsburg—Lindau 0,40 2,29 4,55 5,54 8,04 11,44 10.30 Garmisch—Partenkirchen ↵ ↳ Oberstd. 11,57 Chur 15,00 ★
P 870	23.02	★ 7,56 Schweinf.—6,37 Meiningen ↰ ↱ Kassel 8,18 Lichterf.—Luckenw.—Jüterb.—Bitterf.—Halle—Erf.—Bebra—Frankf. 23,15 23,55 0,08 1,14 1,41 4,06 6,24 9,44 1,55 Leipzig ↵ ★ Bis 2. X.
D 52	23.07	Elsterwerda—Dresden N.—Dresden H.—Tetschen—Prag—Wien FJ 0,29 1,14 1,23 3,12 6,00 12,40 ↳ Bautzen 2,38

Zur Beschleunigung der Verbindung mit der Zentralgewalt Berlins schuf die Reichsbahn 1935 Schnelltriebwagenkurse nach Hamburg, Köln und — vom Anhalter Bahnhof aus — nach Frankfurt am Main (B 459).

»Jetzt auch 'Fliegender Frankfurter'
Die dritte Schnelltriebwagen-Verbindung der Reichsbahn.
Nach dem 'Fliegenden Hamburger' und dem 'Fliegenden Kölner' hat am 15. August auch der Schnellbetriebwagen Frankfurt a.M. - Berlin seine planmäßigen Fahrten aufgenommen. Der 'Fliegende Frankfurter', der die amtliche Bezeichnung FDt 571/572 führt, legt die 540 km lange Strecke in rund fünf Stunden zurück: Ab Frankfurt a.M. 6.40, an Berlin Anh. Bf. 11.46, zurück ab Berlin 18.24, an Frankfurt a.M. 23.29 Uhr.
Da der Schnelltriebwagen, der dem Tarif nach als FD-Zug gilt, der Schaffung günstiger Verbindung über weite Strecken dient, ist seine Benutzung für Kurzstrecken ausgeschlossen: auf der Fahrt von Frankfurt nach Berlin, auf den Strecken Erfurt - Weimar, Erfurt - Leipzig und Leipzig - Berlin. Sind Plätze frei, werden jedoch Reisende von Leipzig nach Berlin zugelassen. In der Gegenrichtung sind die Strecken Berlin - Leipzig, Berlin - Weißenfels, Leipzig - Weißenfels, Leipzig - Weimar, Leipzig - Erfurt, Weißenfels - Weimar, Weißenfels - Erfurt und Weimar - Erfurt ausgeschlossen. Sind jedoch Plätze für Reisende vorgemerkt, die erst in Leipzig oder Weißenfels zusteigen, so werden diese Plätze auch an

Reisende nach Leipzig und Weißenfels vergeben. Zunächst darf der Wagen mit Fahrausweisen zu ermäßigten Preisen nicht benutzt werden, ausgenommen die Fahrausweise mit der allgemeinen Ermäßigung für Kinderreiche, die Netz- und Bezirkskarten und die Fahrscheinhefte mit der Ermäßigung für Ausländer. Da die Platzzahl beschränkt ist, empfiehlt sich die Vorausbestellung von Plätzen, die außer von Berlin aus auch ab Leipzig, Weißenfels und Erfurt zu den üblichen Gebühren im voraus belegt werden können. Das Gewicht des aufzugebenden Gepäcks ist auf 40 kg je Person beschränkt; dies Gepäck kann — nur soweit Raum vorhanden — mit dem Schnelltriebwagen befördert werden. Fahrräder und Krafträder, Sportgeräte, Expreß- und beschleunigtes Eilgut werden mit dem Schnelltriebwagen nicht befördert.« (A 236)

Im Jahre 1936 kam dann noch eine weitere Schnellverbindung dazu: der Henschel-Wegmann-Zug vom Anhalter Bahnhof nach Dresden Hauptbahnhof (B 460). Zu diesem fast legendären Zug-Experiment noch einige Einzelheiten:

»Mit dem 1935 in Dienst gestellten Zug wurde nach einigen Probefahrten eine 'Renommierfahrt' unternommen. Der Zug bestand aus der Stromlinien-Tenderlokomotive 61001 von Henschel und den 4 untereinander kurzgekuppelten Stromlinien-Schnellzugwagen Nr. 10401 bis 10404 von Wegmann. Der einheitliche Anstrich (wie die SVT: violett/elfenbein) hob auch äußerlich das Zusammengehören von Lokomotive und Wagen hervor.

Die 61001 war eine reguläre Dampflokomotive, bestehend aus Rahmen, Langkessel mit Stehkessel, Führerhaus, Vorratsbehälter, Trieb- und Laufwerk usw., ähnlich der Baureihe 62. Darüber war aber eine Stromlinienschale gesetzt…

Um für beide Fahrtrichtungen gleich gute Laufeigenschaften zu erzielen, wurde die problemlose Achsfolge 2'C 2' gewählt…

Die 4 Wagen waren windschnittig verkleidete Drehgestellfahrzeuge, und zwar 1 End-

B 456 Ausschnitt aus dem Sommer-Fahrplan 1934
B 457 Schlafwagen-Schaffner am Südportal des Anhalter Bahnhofs. Aufnahme Eschen 1935
B 458 Ein Erinnerungsfoto? Vor dem Schlafwagen Berlin - Basel - Gotthard - Lugano. Aufnahme Pragher 1936

A 236 »Der Betriebsbeobachter« 1.9.1935

459

wagen mit Postabteil, Gepäckraum, Küche mit Anrichte und Speiseraum, 2 Mittelwagen und 1 weiterer Endwagen. Besondere Dämpfungspuffer zwischen den Wagen erzielten einen ruhigen Wagenlauf bei hoher Geschwindigkeit. Zwei nur 460 mm lange Faltenbälge ein äußerer und ein innerer, verbanden die Wagen. Die seitlichen Einstiegstüren und die Fenster waren möglichst weit nach außen gesetzt. Die verbleibenden Außenkanten bildeten dort einen Winkel von 45 Grad. Die Endwagen erhielten abgerundete Kopfformen, und auch die normalen Ringpuffer wurden eingekleidet. Die in geschweißter Bauweise hergestellten Wagenuntergestelle und -kästen bildeten mit den unten völlig geschlossenen Schürzen einen tragenden Verband. Die Seitenwagenverkleidungen waren durch Profileisen verstärkt. Das Dach bestand aus dem aus U-Profil gebildeten Dachrahmen und den muldenförmig gebogenen Wutenblechen. Die aus Stahlprofilgerippen gefertigten Abteilzwischenwände dienten gleichzeitig zur Querversteifung der Seitenwände. Die Einstiege, mit Schiebetüren versehen, besaßen je eine obere feste und eine untere klappbare Trittstufe. Die letzteren wurden von der Lokomotive aus bei Bedarf betätigt. Die Inneneinrichtung der Wagen war der der damals neuesten Schnellzug-Wagen angepaßt. Die 3 Sitzwagen hatten Seitengänge und abgeschlossene Abteile 2. und 3. Klasse mit Polstersitzen. Die Fensterbreite betrug 1400 mm und 1200 mm. Der Sitzendwagen besaß zugschlußseitig einen Aussichtsraum mit erhöhtem Fußboden, großen Fenstern und 4 Stühlen. Frisch- und Warmluftanlagen sorgten für Behaglichkeit. Die elektrische Energie für Beleuchtung und Klappstufensteuerung lieferte ein auf der Lokomotive installierter Turbogenerator, während die Batterien im Gepäckwagen untergebracht waren. Die Drehgestelle der Bauart 'Görlitz III leicht' verkleideten seitliche Schürzen. Die Radsätze mit hohlgebohrten Achswellen liefen in Rollenlagern. Neben der erstmalig bei der DR angewandten Scheibenbremse war noch eine Magnetschienenbremse vorhanden. Ursprünglich war vorgesehen, diesen Zug in Plänen der Schnelltriebwagen einzusetzen. Das ließ sich aber nicht ausführen, da die Betriebsvorräte der Lokomotive den Einsatzbereich einschränkten und das Lauf- und Triebwerk einer derartigen Lokomotive öfters kontrolliert und nachgeschmiert

460

werden mußte als das bei einem SVT der Fall war. So bot sich letztlich die 176 km lange Strecke Dresden Hbf - Berlin Anhalter Bahnhof für den Einsatz des Henschel-Wegmann-Zuges an. Ab Sommerfahrplan 1936 verkehrte er zweimal täglich als D 53/54 und D 57/58.

Wieviel Widerspruch alles trotz Prahlerei hatte, zeigte sich schon darin, daß die Lokomotive für 175 km/h und der Wagenzug für 160 km/h ausgelegt, auf der Strecke jedoch nur 135 km/h zugelassen waren. Bei einer mittleren Fahrgeschwindigkeit von etwa 106 km/h ergab sich eine Fahrzeit von 100 Minuten. Der Zug erfreute sich bei den Reisenden großer Beliebtheit. Über die Nöte der Lokomotivführer wurde der Mantel des Schweigens gehüllt. Häufiger Dampfmangel, ungenügende Laufruhe bei höheren Geschwindigkeiten und die begrenzten Vorräte, dadurch häufig Wassermangel, das machte den Dienst auf der 61 001 nicht erstrebenswert. Bereits 1936 gab die DR bei Henschel eine zweite Stromlinien-Tenderlokomotive als 61 002 in Auftrag. Diese wurde 1939 geliefert, trat jedoch durch den beginnenden 2. Weltkrieg kaum noch in Erscheinung. Gegenüber der 61 001 wies sie nachstehende Änderungen auf: stählerne Feuerbüchse, Drei-Zylinder-Triebwerk, verkleinerten Kolbenhub, höhere Abbremsung (200% für Kuppel- und 180% für die Laufachsen) und größere Vorräte. Das bedingte die Anwendung eines dreiachsigen hinteren Drehgestells, also die Achsfolge 2'C 3'. Mit dieser Lokomotive wäre der Schnellverkehr Dresden - Berlin abgesichert gewesen. Lauftechnisch war die 61 002 besser als die 61 001, aber geblieben waren die Kesselmängel.« (A 237)

B 459 Der »Fliegende Frankfurter« am Anhalter Bahnhof: überraschende Harmonie zwischen den Linien von Fahrzeug und Gebäude. Aufnahme Labi 1935

B 460 Henschel-Wegmann-Zug abfahrbereit nach Dresden; die stromlinienförmig verkleidete 61 001 ist eine 2'C2'-Dampflokomotive. Aufnahme Pragher 1936

A 237 G. Fiebig: »Über die Berlin-Anhaltische Eisenbahn« in »Der Modelleisenbahner« 5/1976

11. Großer Bahnhof 1940

„Spalier an der Bahnstrecke"

»Die Reichshauptstadt ist riesengroß, und bis in ihre südlichsten Ausläufer steht diesmal die Bevölkerung Spalier, um den Führer zu empfangen, nämlich an der Bahnstrecke, durch die der Zug fahren muß. Bis hinter Lichterfelde ist die Anhalter Strecke umsäumt von bunten Menschenreihen. Auf die Bahndämme sind sie hinaufgeklettert, oben auf den leeren Güterwagen stehen sie, von den Brüstungen der Bahnanlagen lassen sie die Beine herunterbaumeln, die Brücken sind besetzt, die Fenster der anliegenden Häuser, Kopf an Kopf drängen sich die Gefolgschaften an den herabgelassenen großen Scheiben der Fabriken an der Eisenbahn. Auch die Dächer sind besonders begehrt, nicht weniger die Baumkronen in den Gärten und Laubenkolonien.

Sie stehen, sitzen, lagern sich im Grünen, Männer, Frauen, Kinder, Fähnchen in den Händen. Dann Soldaten natürlich, ganze Abteilungen, auch die Bauarbeiter nicht zu vergessen, die ihre Tätigkeit um 12 Uhr unterbrochen haben, und die nun hier gleich an ihrer Arbeitsstätte den Zug des Führers erwarten. Die Stationen sind zu Tribünen geworden, Lankwitz, Südende, Priesterweg, Papestraße... Man hat eine Bahnsteigkarte gelöst, denn hier muß ja der Zug vorüberkommen! Wenn nur nicht gerade ein S-Bahn-Zug die Sicht versperren wird! Kurz vor drei hat die Spannung ihren Höhepunkt erreicht. Nun kann es nicht mehr lange dauern! Noch eine knappe Viertelstunde, da recken sich die Arme, da winken die flatternden Fähnchen, da empfängt das Spalier an der Eisenbahnstrecke den Zug des Führers, der dem Anhalter Bahnhof entgegenfährt, mit brausenden Heilrufen... (B 461)

Festschmuck, wie ihn Berlin noch nicht sah

Schon in der Nacht zum Sonnabend hatten in der Berliner Innenstadt und vor allem in den eigentlichen Feststraßen, den Fahrstraßen des Führers, die Vorbereitungen für diesen großen festlichen Tag Berlins und damit des gesamten deutschen Volkes begonnen, und viele tausende fleißiger Hände waren in dieser Nacht dabei, die Straßen und Häuser festlich zu schmücken und ihnen das Gepräge zu geben, das der Bedeutung dieses Tages würdig war.

Von allen Dächern und aus allen Fenstern wehten im gleißenden Licht der Sonnenstrahlen die Banner und Fahnen, um den Führer nach seiner Ankunft auf dem Anhalter Bahnhof zu grüßen, und die gleichen Fahnen und Banner wehten auch von den hohen, weißen und mit Tannengirlanden umkränzten Masten, die über Nacht in den Feststraßen errichtet worden waren. Vom Anhalter Bahnhof über die Möckern- und Saarlandstraße, durch die Hedemann- und Wilhelmstraße bis zum Wilhelmplatz und zur Reichskanzlei flatterten diese Fahnen und Banner im Wind, und darüber hinaus waren über die einzelnen Straßen Tannengirlanden, mit goldenen Bändern durchwirkt, gespannt worden, Tannengirlanden, die sich in den Anfahrtsstraßen des Führers auch von Haus zu Haus wanden...

Um 12 Uhr begann Berlins Feiertag

Um 12 Uhr mittags begann die Reichshauptstadt, ihr Alltagskleid abzustreifen, denn zu dieser Stunde schlossen alle Betriebe der Industrie, des Handels und des Handwerks, zu dieser Stunde begann der große Feiertag nicht nur Berlins, sondern der ganzen deutschen Nation. Wenige Minuten später, nachdem die Geschäfte und Betriebe geschlossen hatten, strömten neue Hunderttausende durch die Straßen und marschierten singend und mit fröhlichen Gesichtern zu den Plätzen und Straßen, die der Führer auf seiner Fahrt zur Reichskanzlei passieren mußte.

Alle diese Hunderttausende in den Feststraßen und die Millionen in den Nebenstraßen und auf den Plätzen bildeten gestern das Ehrenspalier für Adolf Hitler, den Sieger und Feldherrn der großen Schlachten auf dem westlichen Kriegsschauplatz...

Vor dem Anhalter Bahnhof

Inzwischen hatten sich in unmittelbarer Nähe des Anhalter Bahnhofs 5000 Angehörige der Hitler-Jugend versammelt, die dann nachher mit ihren Fanfaren und ihren Fahnen die Hallesche Straße und vor allem den Anhalter Bahnhof selbst füllten, inzwischen hatte in der Saarlandstraße unter dem Kommando von Oberstleutnant von Boguslawski das Ehren-Bataillon, bestehend aus je einer Kompanie des Wachbataillons Berlin, der Kriegsmarine und des Wachbataillons Berlin der Luftwaffe, Aufstellung genommen, und inzwischen hatte auch die Anfahrt der zahlreichen Ehrengäste begonnen...

Immer wieder durchbrauste lang anhaltender Jubel die Feststraßen und die Bahnhofshalle, wenn eine der führenden Persönlichkeiten des neuen Deutschland eintraf. In langer Kolonne fuhren die Reichsminister und Reichsleiter, Staatssekretäre und Gauleiter, die Reichsstatthalter und die vielen anderen führenden Männer des Staates, der Partei und der Wehrmacht vor, und immer wieder wurden sie von den Massen stürmisch begrüßt.

Der Sonderzug fährt ein

Wenige Minuten vor 3 Uhr hatten sich sämtliche Ehrengäste auf dem Ankunftssteig des Anhalter Bahnhofs versammelt, und eine ungeheure Spannung lag über all diesen Menschen. Minute um Minute rückte der Zeiger der Uhr vor, viel zu langsam für die Ehrengäste in der Bahnhofshalle, viel zu langsam auch für die Hunderttausende und Millionen auf den Straßen. Dann aber war der große Augenblick da: langsam fuhr der Sonderzug des Führers in die Halle ein (B 462) *Es war genau 15 Uhr! Fanfaren der Hitler-Jugend erklangen und mischten sich in die Takte des Badenweiler Marsches, und mit diesen Klängen wiederum vereinte sich der Jubel der Jungen und Mädel, mischte sich auch das Läuten der Glocken. Nun steht der Zug. Die Tür zum Führerwagen öffnet sich. Auf dem Bahnsteig steht jetzt der Führer!* (B 463)

B 461 6. Juli 1940, 14.59 Uhr: Hitlers Sonderzug hat die Bahnsteige des Anhalter Bahnhofs erreicht

B 462 Der Sonderzug, von zwei stromlinienverkleideten 01-Schnellzuglokomotiven gezogen, bei der Einfahrt in die Halle

B 463 Begrüßung auf dem Bahnsteig. Zwischen den Lokomotiven und den Sonderzugwagen fällt der niedrige Flakwagen auf

B 464 Die »führenden Männer des Staates, der Partei und der Wehrmacht« wurden begrüßt

61

462

63

464

465

4

467

46

Göring begrüßt den Führer

Für einen Augenblick herrscht Schweigen. Dann aber bricht von neuem der Jubel los, und unter diesem Jubel tritt Generalfeldmarschall Göring an den Führer heran, der seinem treuesten Paladin beide Hände schüttelt. Ein kurzes Gespräch von Mann zu Mann. Das Gesicht des Generalfeldmarschalls spiegelt das Glück wider, das uns alle diesen historischen Augenblick erfüllt. Nun treten Großadmiral Dr. h.c. Raeder und Generaloberst von Brauchitsch an den siegreichen Feldherrn heran. Auch sie und die Reichsminister Heß und Dr. Goebbels begrüßt der Führer mit Handschlag. Nach ihnen werden nun alle anderen führenden Männer des Staates, der Partei und der Wehrmacht, die sich hier zu diesem festlichen Empfang vereint haben, vom Führer begrüßt. (B 464)
Hell klingen die Fanfaren der Hitler-Jugend (B 465). *Sie verkünden den Massen vor dem Bahnhof, daß Adolf Hitler nunmehr den Bahnhof verläßt* (B 466 und B 467) *Von neuem brandet ihm der Jubel des Dankes und der Freude entgegen. Das Ehrenbataillon präsentiert. Sein Kommandeur tritt an den Führer heran und erstattet Meldung. Das Musikkorps des Wachbataillons Berlin hat im gleichen Augenblick den Präsentiermarsch, der dann in die Nationalhymne übergeht, intoniert, und unter ihren Klängen und unter dem Jubel der Massen und dem Läuten der Glocken schreitet der Führer und Oberste Befehlshaber der Wehrmacht die Front ab, wobei er die Fahnen des Heeres, der Kriegsmarine und der Luftwaffe grüßt.*

Auf der Fahrt zur Reichskanzlei

Ein Jubelruf pflanzt sich wie eine Lawine über den ganzen Bahnhofsvorplatz und die anliegenden Straßen fort. Mit einemmal fliegen die Arme hoch und entfalten sich Hunderttausende von Fähnchen (B 468).

Der Führer in seiner feldgrauen Uniform dankt lächelnd nach allen Seiten, steigt nun in seinen Wagen und tritt dann seine Fahrt zur Reichskanzlei an, eine Fahrt, die ein einziger triumphaler Einzug ist.«
(aus der »*Berliner Morgenpost*« vom 7. Juli 1940)

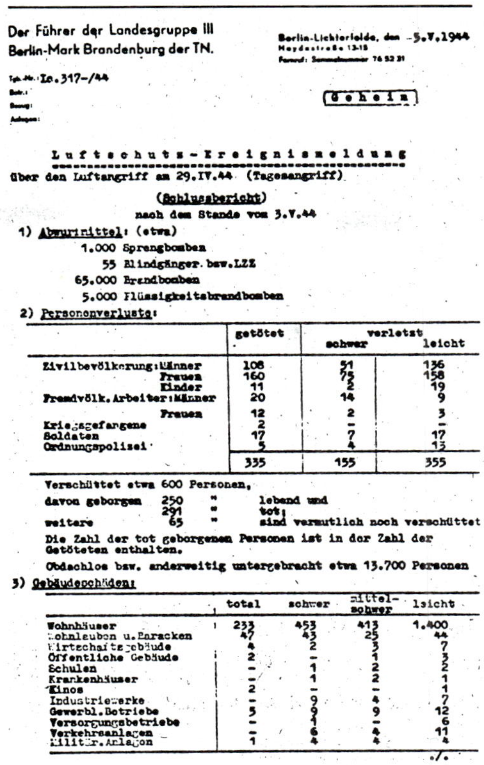

Der Führer der Landesgruppe III
Berlin-Mark Brandenburg der TN.

Berlin-Lichterfelde, den 5.V.1944
Meydestraße 13-15
Fernruf: Sammelnummer 76 52 31

Tgb.-Nr.: Ia.317-/44
Betr.:
Bezug:
Anlagen:

Geheim

Luftschutz-Ereignismeldung
über den Luftangriff am 29.IV.44 (Tagesangriff)

(Schlussbericht)
nach dem Stande vom 3.V.44

1) Abwurfmittel: (etwa)
1.000 Sprengbomben
55 Blindgänger bzw. LZZ
65.000 Brandbomben
5.000 Flüssigkeitsbrandbomben

2) Personenverluste:

	getötet	verletzt schwer	verletzt leicht
Zivilbevölkerung: Männer	108	51	136
Frauen	160	75	158
Kinder	11	2	19
Fremdvölk. Arbeiter: Männer	20	14	9
Frauen	12	2	3
Kriegsgefangene	2	-	-
Soldaten	17	7	17
Ordnungspolizei	5	4	13
	335	155	355

Verschüttet etwa 600 Personen,
davon geborgen 250 " lebend und
291 " tot;
weitere 65 " sind vermutlich noch verschüttet
Die Zahl der tot geborgenen Personen ist in der Zahl der Getöteten enthalten.
Obdachlos bzw. anderweitig untergebracht etwa 13.700 Personen

3) Gebäudeschäden:

	total	schwer	mittelschwer	leicht
Wohnhäuser	233	453	413	1.400
Wohnlauben u. Baracken	47	43	25	44
Wirtschaftsgebäude	4	2	3	7
Öffentliche Gebäude	2	-	1	3
Schulen	-	1	2	2
Krankenhäuser	-	1	2	1
Kinos	2	-	-	1
Industriewerke	-	9	4	7
Gewerbl. Betriebe	5	9	9	12
Versorgungsbetriebe	-	1	-	6
Verkehrsanlagen	-	6	4	11
Militär. Anlagen	1	4	4	4

./.

12. Kriegs- und Nachkriegszeit

469

Im Siegestaumel des vorigen Abschnitts hatten die wenigsten geahnt, daß die größenwahnsinnigen Raubzüge durch Europa erst richtig beginnen sollten — und in die Katastrophe führen mußten.
Der Krieg kehrt »heim ins Reich«, dorthin, von wo aus er geplant wurde, in die Reichshauptstadt. 1943 beginnt die Luftschlacht um Berlin. Am 23. November 1943 waren die Berliner Bahnanlagen so schwer getroffen, daß für mehrere Tage der Fernverkehr nur noch vom Schlesischen Bahnhof, von Potsdam und von Bernau aus abgewickelt werden konnte (A 239). Am 30. Januar 1944 wurde das Gebiet um den Anhalter Bahnhof stark in Mitleidenschaft gezogen (A 240); der Güterbahnhof weist »mittlere«, das Empfangsgebäude noch keine nennenswerten Schäden auf. Auch bei dem einstündigen Tagesangriff am 29. April 1944, an dem über 600 Flugzeuge beteiligt waren und der die unmittelbare Umgebung des Anhalter Bahnhofs (Saarland-, Möckern-, Hallesche-, Hedemann-, Wilhelm-Straße) in Brand setzte (B 469 und B 470), scheint nur das Südportal des Empfangsgebäudes »gestreift« worden zu sein. Die großen Schäden am Hallendach und an den Decken und Dächern der Vorbauten und Seitenflügel entstanden erst bei den Großangriffen Anfang Februar 1945: In

B 465 Spitze und Tross wenden sich am Ende des Bahnsteigs rechts um ins Ausgangs-Vestibül an der Möckern-Straße. Hinter dem Postament des Eisernen Kreuzes der Excelsior-Aufzug
B 466 Eine seltene Aufnahme der Mitteltür des Ausgangs-Vestibüls zur Möckern-Straße — hier endet der rote Teppich
B 467 Hitler und Gefolge beim Verlassen des Bahnhofes
B 468 Fähnchen-Schwenken in der Möckern-Straße
B 461 bis
B 468 aus Deutsche Wochenschau, Bundesarchiv Koblenz
B 469 Geheime Luftschutz-Ereignismeldung über den Luftangriff am 29.4.1944

A 239 Vgl. Werner Girbig: »...im Anflug auf die Reichshauptstadt« Stuttgart 1971, S. 111
A 240 W. Girbig, a.a.O., S. 258: Totalschaden: Straßenbahnhof Kreuzbergstraße, Brunnenvertrieb Katzbachstraße, Patentamt, RAW Tempelhof; schwere Schäden: Orenstein & Koppel Tempelhofer Ufer, Sauerstoffwerke Trebbiner Straße

der Nacht vom 1. zum 2. Februar zwei Luftangriffe, am Abend des 2. wieder ein Nachtangriff und am 3. Februar von 10.39 Uhr bis 12.17 Uhr einer der schwersten Tagesangriffe mit 900 Maschinen der US Air Force, die 2267 Tonnen Sprengbomben und unzählige Stabbrandbomben abwarfen — auf die Verkehrsanlagen des Potsdamer und Anhalter Bahnhofs, sogar bis zur Ringbahn hinaus (A 241). Die Dachkonstruktion war zwischen der nördlichen Hallenstirn und Pfeilerachse 2 sowie zwischen Achse 5 und 10 völlig zerstört, auf dem Rest waren das Wellblech und die Verglasung durchlöchert oder heruntergefallen (B 471). Während die Holzbalkendecken der seitlichen Anbauten durchgebrannt waren, wiesen die beiden nach Fertigstellung der S-Bahn wiedererrichteten Bauteile des Wartesaals und des ehemaligen K.K. Abfahrts-Salons — vielleicht wegen der Betondecken — geringere Substanz-Schäden auf.

47

47

Als sich am 21. April 1945 der Belagerungsring der Roten Armee um Berlin geschlossen hatte, wurde der Betrieb auf der Nord-Süd-S-Bahn eingestellt. In den Tunneln suchten Zivilisten und Verwundete Schutz. SS-Verbände richteten sich im S-Bahnhof Anhalter Bahnhof auf die »*Verteidigung Berlins bis zum letzten Mann*« ein. Die Gegend um den Anhalter Bahnhof geriet vom 23. April an unter den Beschuß der vorrückenden Artillerie, am 26./27. April sprengten SS-Truppen die Möckern-, Großbeeren- und Hallesche-Tor-Brücke. Am 30. überquerten sowjetische Stoßtrupps den Landwehrkanal und erreichten den Anhalter Bahnhof und das Postamt SW 11. »*Die SS wollte den Russen nur Trümmer hinterlassen und goß Benzin durch die Kellerfenster (kanisterweise) und zündete es an. Es entstand ein großer Brand... die gefüllten Postbeutel waren meterhoch im Tiefkeller des Postamts gestapelt...*« (A 242). Die SS-Verbände mußten das Gebiet aufgeben und sprengten am 2. Mai kurz vor 8 Uhr die S-Bahn-Tunneldecke unter dem Landwehrkanal, um zu verhindern, daß die sowjetischen Truppen durch den Tunnel die Reichskanzlei erreichten (B 472 und B 473). Die Wassermassen überfluteten sogleich den gesamten

'2

473

74

475

Tunnel der Nord-Süd-S-Bahn bis zum Stettiner Bahnhof (B 474), drangen nach Erreichen der Sohlenhöhe des Verbindungsgangs vom unterirdischen S-Bahnhof Friedrichstraße zum dortigen U-Bahnhof auch in jenes Tunnelsystem ein und gelangten schließlich auch über den Posttunnel vom Anhalter Bahnhof unter der Möckern-Straße in die Keller des Postamts SW 11: überall Tod, Schlamm und Seuchengefahr verbreitend (A 243).

Nach weiteren sechs Tagen militärisch sinnlosen Widerstandes kapitulierte der deutsche Faschismus, unermeßliches Leid und Zerstörungen auch im eigenen Land hinterlassend. Die neue Verwaltung hatte neben den vielen anderen dringlichen Aufgaben auch möglichst rasch den Seuchenherd im Tunnelsystem zu beseitigen. Schon am 25. Mai konnte die Firma Siemens Bau-Union mit den Aufräumungsarbeiten am Landwehrkanal beginnen und den Schadensumfang feststellen: die Tunneldecke war nicht nur unter dem Kanal, sondern auch unter dem Tempelhofer Ufer zerstört. Die Ein-

B 470 Eine Boeing B 17, die sog. »Fliegende Festung« beim Tagesangriff am 29.4.1944 über Kreuzberg: oben der Anhalter Bahnhof (angeschnitten), Aufnahme U.S. Air Force

B 471 Anhalter Bahnhof 1945 (nach Wiederaufnahme des Zugverkehrs im August) Aufnahme Hansa-Luftbild

B 472 Die gesprengte Tunneldecke im (noch nicht ganz dicht) abgespundeten Landwehrkanal; das Abpumpen aus dem Tunnel hat begonnen. Blick nach Osten auf die B.A.E.-Brücke, Aufnahme Siemens Bau-Union

B 473 Die Tunneldecke unter dem Tempelhofer Ufer, rechts Trebbiner Straße mit Hochbahnstütze, links die B.A.E.-Brücke mit Güter-Verwaltungsgebäude, Aufnahme Krajewsky, 4.10.1945

B 474 Eingang zum S-Bahnhof Potsdamer Platz voll Wasser, Blick auf die Reste von Schinkels Torhäusern, Columbushaus, Bellevue-Straße, Aufnahme Weinrother, 12.7.1945

B 475 Fahrkartenschalter im Zwischengeschoß des S-Bahnhofes Anhalter Bahnhof nach Abpumpen des Wassers, Aufnahme 16.10.1945

A 241 W. Girbig, a.a.O., S. 192

A 242 Bericht des Luftschutzwartes Stephan Krause vom Postamt SW 11 (Amtschronik)

A 243 Die Angaben über die in den Tunneln Umgekommenen schwanken zwischen mehreren Hundert und Tausenden

476 sturzstelle wurde im Kanal mit Spundwänden abgeschottet und ein Umlaufkanal zur Umleitung des Kanalwassers am Halleschen Ufer gebaut.
Erst danach konnte das Auspumpen des Tunnelsystems beginnen, was bis zum Februar 1946 dauerte (B 475). Bis zum Sommer jenes Jahres waren die Trümmer in der Baugrube beseitigt und die wiederverwendbaren Stahlträger aus den Betonplatten herausgestemmt. Nach Einschalung der Decke konnte auf den beiden äußeren Gleisen der S-Bahnbetrieb am 27. Juli 1946 bis zum S-Bahnhof Friedrichstraße wieder aufgenommen werden (die Spreeunterfahrung war allerdings noch nicht abgedichtet). Am 21. Juni 1947 konnte der Landwehrkanal probeweise geflutet werden (A 244).

Die Wiederaufnahme des Zugverkehrs vom Anhalter Bahnhof aus konnte erst nach Wiederherstellung der Brücken über den Teltowkanal erfolgen. Ab Mitte August 1945 verkehrten vier dampfbetriebene S-Bahnzüge nach Zossen und ein Personenzug nach Elsterwerda; ab Ende jenes Monats zwei Personenzüge nach Wittenberg und einer nach Halle/S. sowie ein D-Zug nach Erfurt.

In der ersten Zeit gab es einen so großen Ansturm auf die Züge, daß viele, die in den Wagen keinen Platz mehr gefunden hatten, auf den Dächern oder außen auf den Trittbrettern der alten Abteilwagen mitfuhren, selbst Lokomotive und Tender boten begehrte Sitz- und Stehplätze (B 476 und B 477). Alle, die es diesmal nicht geschafft hatten, hofften auf den nächsten Zug am kommenden Tag und richteten sich entsprechend ein: wo noch vor wenigen Monaten die Speisewagen abfuhren, baute eine Frau einen Herd, während ihre Kinder Brennholz sammelten... (A 245).

B 476 Begehrte Sitz- und Stehplätze auf der Lokomotive, Aufnahme Bourke-White 1945

A 244 Ausführlicher in »Der Verkehr« 1947 Heft 2 und 1948 Heft 5
A 245 Vgl. M. Bourke-White: »Deutschland April 1945« München 1979

478

477

479

480

Mit zunehmendem Zugverkehr normalisierten sich auch wieder die Reise-Sitten (B 478 und B 479): Nach dem Sommer-Fahrplan 1949 verkehrten täglich drei Schnellzug- und acht Personenzugpaare; seit Sommer 1951 bereits sieben Schnellzug- und zwölf Personenzugpaare (A 246). Vom alten Reise-Fluidum schien noch einmal etwas auf den Anhalter Bahnhof zurückzukehren… (B 480).

B 477 Einer der ersten Personenzüge Berlin-Halle/S., Aufnahme Bourke-White 1945
B 478 Zugverkehr im Anhalter Bahnhof, Aufnahme Weinrother um 1947
B 479 Wartende auf dem Anhalter Bahnhof, Aufnahme Ries um 1947
B 480 Vom alten Fluidum kehrt etwas zurück, Aufnahme Ries 1947

A 246 Alle Fahrplan-Angaben nach »Berliner Verkehrsblätter« 10/1966

481 Nachdem die Hallenbinder von Achse 2-5 (A 247) noch drei Jahre stehengeblieben waren, wurden sie — aus Sicherheitsbedenken oder zur Schrottbeschaffung — heruntergenommen: am 15. März 1948 wurde die Konstruktion von amerikanischen Pionieren gesprengt und fiel auf eine vorbereitete Abdeckung der Bahnsteige aus Schienen und Schwellen. *»Die Stahlgerüste … wiegen 300 Tonnen. Mehr als hundert Arbeiter sind damit beschäftigt, sie zu beseitigen. Die Eisenstangen werden mit sechzehn Schneidbrennern zerlegt. Zwanzig Güterwagen stehen für den Abtransport des Schrottes bereit. Die Personenzüge werden jedoch vorläufig noch außerhalb der Halle abfahren müssen.«* (A 248 und B 481)

Mit der Entfernung der Reste der Dachkonstruktion wird dem Gebäude die »Beschädigung« genommen (B 482); aus der ehemaligen Bahnsteig-Halle ist nunmehr wieder der — großartig gerahmte — Bahn-Hof geworden!

482 *»Doch die Verhältnisse, sie sind nicht so…«* Nach der vertragswidrigen Einführung der damaligen Westmark auch in den Westsektoren von Berlin (A 249) konnte die DDR-Regierung langfristig nicht hinnehmen, daß die Fernzüge aus Erfurt, Dresden oder Rostock in einem fremden Währungsgebiet Berlins einliefen. Der südliche Güteraußenring wurde derart umgebaut, daß die Fernzüge der Anhalter, Dresdner und Görlitzer Strecke in Richtung Berlin-Ostbahnhof (ehemals Schlesischer Bahnhof) geleitet werden konnten. Diese

B 481 Die am 15. März 1948 gesprengte Dachkonstruktion auf den Bahnsteigen liegend, Aufnahme Ullstein
B 482 Aus der Bahnsteighalle ist wieder ein Bahn-Hof geworden, Aufnahme Labi
B 483 Der stillgelegte Anhalter Bahnhof — einige Weichen werden aber eisfrei gehalten, Aufnahme Labi

A 247 Die Binder von Achse 10 und 11 wurden schon im Herbst 1945 abgebaut
A 248 »Tagesspiegel« 16.3.1948
A 249 *»Während der Besatzungszeit ist Deutschland als eine wirtschaftliche Einheit zu betrachten. Mit diesem Ziel sind gemeinsame Richtlinien aufzustellen hinsichtlich … e) der Währung…«* Wirtschaftliche Grundsätze des »Potsdamer Abkommens« v. 2.8.1945

483

Arbeiten dauerten bis 1952. Zum Fahrplanwechsel am 18. Mai 1952 erschien die kaum noch Überraschung, aber viel Unbequemlichkeiten auslösende Bekanntmachung: »*Neue Endbahnhöfe — Wichtig für alle Reisende. Die Reichsbahndirektion Berlin teilt mit: Ab Fahrplanwechsel beginnen und enden die bisher von und ab Berlin-Nordbahnhof fahrenden Züge in Berlin-Ostbahnhof, Lichtenberg, Wilhelmsruh, Bernau und Oranienburg. Die bisher von und ab Berlin-Anhalter Bahnhof fahrenden Züge beginnen und enden jetzt in Berlin-Ostbahnhof, Baumschulenweg und Teltow. Die bisher in Wannsee beginnenden, endenden und haltenden Züge verkehren von und ab Baumschulenweg, Drewitz und Wildpark. Die bisher zum Ostbahnhof fahrenden Personenzüge Berlin-Magdeburg und Magdeburg-Berlin beginnen und enden in Potsdam.*« (A 250)

Am 17. Mai 1952 endete also der Personenverkehr auf dem Anhalter Fernbahnhof (B 483) — der Güterverkehr zum Anhalter Güterbahnhof sollte die folgenden 30 Jahre weitergehen, genauso wie der Verkehr zum Postbahnhof in der Luckenwalder Straße.

A 250 »Der Morgen« v. 18.5.1952

VII. Der Abriß

1. Planungen ab 1952

Nach der Stillegung des Fernbahnbetriebs am 17. Mai 1952 war es aber weder am noch um den Anhalter Bahnhof still geworden. Die S-Bahn fuhr (A 251) und wurde nach und nach zwischen Anhalter Bahnhof und Bahnhof Friedrichstraße auf fünf Minuten verdichtet. Reger Publikumsverkehr in der Stresemann-Straße: Auf der östlichen Seite die einstöckigen Verkaufsbuden der HO, auf der westlichen Seite die einstöckigen Buden der privaten Händler (B 484 und B 485). Die Räume der ehemaligen Gepäck-und Expreßgut-Annahme (in der Nordwestecke) des Empfangsgebäudes blieben vermietet, und zwar an ein Reisebüro mit Hotelnachweis, einen Fahrradhändler, einen Lebensmittel-Großhändler, eine Toto-Annahmestelle und einen Reiseartikel- und Kosmetikladen. Über diesem kläglich-hoffnungsvoll belebten Sockel erhebt sich die intakte Fensterarkade der ehemaligen Wartesäle (allerdings ohne Dach) und die lediglich an zwei Stellen getroffene nördliche Hallenstirn — wie einst (B 486).

In der Ausstellung »*Hauptstadt Berlin im Aufbau*«, 1952 am Funkturm vom Senator für Bau- und Wohnungswesen veranstaltet (A 252) wird ein Modell der geplanten Neuordnung des Anhalter Bahnhofs und seiner Umgebung gezeigt: Sie basiert auf dem Abriß des alten Empfangsgebäudes und einer Neuformulierung des Askanischen Platzes entlang der Stresemann- bis zur Hedemann-Straße, in dessen Schwerpunkt der Kopfteil eines neuen flachen Empfangsgebäudes liegt. Das Modell zeigt noch heute interessante Elemente wie u.a. Betonung von Straßen- und Platz-Raum, Beibehaltung der üblichen Bebauungshöhe (keine Hochhaus-Willkür), Führung der Schöneberger und Kanalufer-Straße, Erweiterung des zentralen Postamts SW 11 (B 487). Doch selbst bei einer Erweiterung der Bahnsteighalle auf zehn Gleise mußte dieses Konzept eines Kopfbahnhofs nördlich des Landwehrkanals betrieblich unbefriedigend bleiben, wenn man an die früheren Konzeptionen eines (Durchgangs-)Südbahnhofs zurückdenkt, wie die weitere, noch darzustellende Diskussion beweisen wird. Leider konnten weder Entwurfsverfasser noch die eisenbahntechnischen Berater ermittelt werden.

Die nächsten stadtplanerischen Schritte gegen den Bestand des Anhalter Bahnhofs von Schwechten liefen ebenfalls unter der großspurigen Parole »*Hauptstadt Berlin*«: Das nämlich war der Titel des am 26. Oktober 1955 vom Bundestag in Bonn beschlossenen internationalen Ideenwettbewerbs. »*Der Ausbau Berlins als Hauptstadt Deutschlands ist eine der wichtigsten Aufgaben unserer Gegenwart ... Der Wettbewerb 'Hauptstadt Berlin' soll durch seinen Beitrag zur Gestaltung aus diesem Geist und Willen heraus helfen, die Wiedervereinigung Deutschlands zu erreichen.*« So steckte Otto Suhr die Ziele im Vorwort der Planungsgrundlagen ab. Zum Eisenbahnverkehr heißt es dann im einzelnen: »*Um ein vereinfachtes System für den Personenverkehr zu erhalten, werden von den fünf Kopfbahnhöfen des Berliner Eisenbahnnetzes drei, und zwar der Potsdamer, der Lehrter und der Görlitzer Bahnhof, die bereits heute stillgelegt sind, nicht mehr in Betrieb genommen. Es bleiben lediglich der Stettiner Bahnhof im Norden, der dem Verkehr nach dem Norden und Nordosten dient, und der Anhalter Bahnhof für den Verkehr nach dem Süden erhalten. Der letztere wird noch erweitert werden, um auch den Verkehr der Potsdamer Strecke aufnehmen zu können.*« Daß dies jedoch keine Erweiterung der bestehenden Anlage im Sinne der Entwürfe von 1910 oder 1936 sein kann, geht aus der beigegebenen Karte hervor (B 488), auf welcher nur das Pumpwerk am Halleschen Ufer als zwingend zu erhaltender Festpunkt eingetragen ist (aber natürlich nicht aus baugeschichtlichem Respekt, sondern aus entwässerungstechnischen Erwägungen). Der vorgesehene Bahnhofs-Vorplatz schneidet die gesamte nördliche Hallenstirnwand weg. Soweit erkennbar, hat keiner der Teilnehmer die historische Substanz des Anhalter Bahnhofs erhalten wollen — wie auch sonst sehr rücksichtslos mit dem alten Berlin umgegangen wurde (A 253).

Im Zusammenhang mit diesem »*Hauptstadt*«-Wettbewerb wurde als Nachweis für die Durchführbarkeit am alten Platz ein ei-

484 senbahntechnischer und architektonischer Entwurf angefertigt (B 489), dessen Autoren beim Senator für Bau- und Wohnungswesen und der Berliner Dienststelle der Deutschen Bundesbahn zu vermuten sein dürften.

B 484 Stresemannstraße 1959: links ein HO-Laden, in der Mitte Völkerkundemuseum (Teilwiederaufbau), rechts Europahaus, Aufnahme v. Verf.
B 485 Stresemannstraße 1957, Blickrichtung Möckern-Straße, Aufnahme Waidmann (Auf dem Grundstück rechts neben Café Friedrich werden noch 25 Jahre später Hühner und Enten gehalten!)
B 486 Die nördliche Front mit der Ladenzone, Aufnahme Säuberlich 1952
B 487 Modell Anhalter Bahnhof mit Umgebung in der Ausstellung »Hauptstadt Berlin im Aufbau« 1952, Aufnahme Labi

A 251 Vgl. F.K. Kaul: »Polizeikrieg am Anhalter Bahnhof« in »Ankläger auf der Anklagebank« Berlin 1952
A 252 Im Katalog des Bausenators Dr. Karl Mahler: *»Wir müssen in Berlin städtebauliche Lösungen finden, die sich nur von dem Gedanken leiten lassen, als ob ein freies Hinterland vorhanden, als ob keine Spaltung da wäre, als ob Berlin in naher Zukunft wieder Hauptstadt Deutschlands und Weltstadt wäre.«*
A 253 Wettbewerbsergebnisse in »Bauwelt«, 21.6.1958. In der Jury saß pikanterweise auch ein
486 Mitarbeiter Speers, der Senatsbaudirektor H. Stephan.

485

487

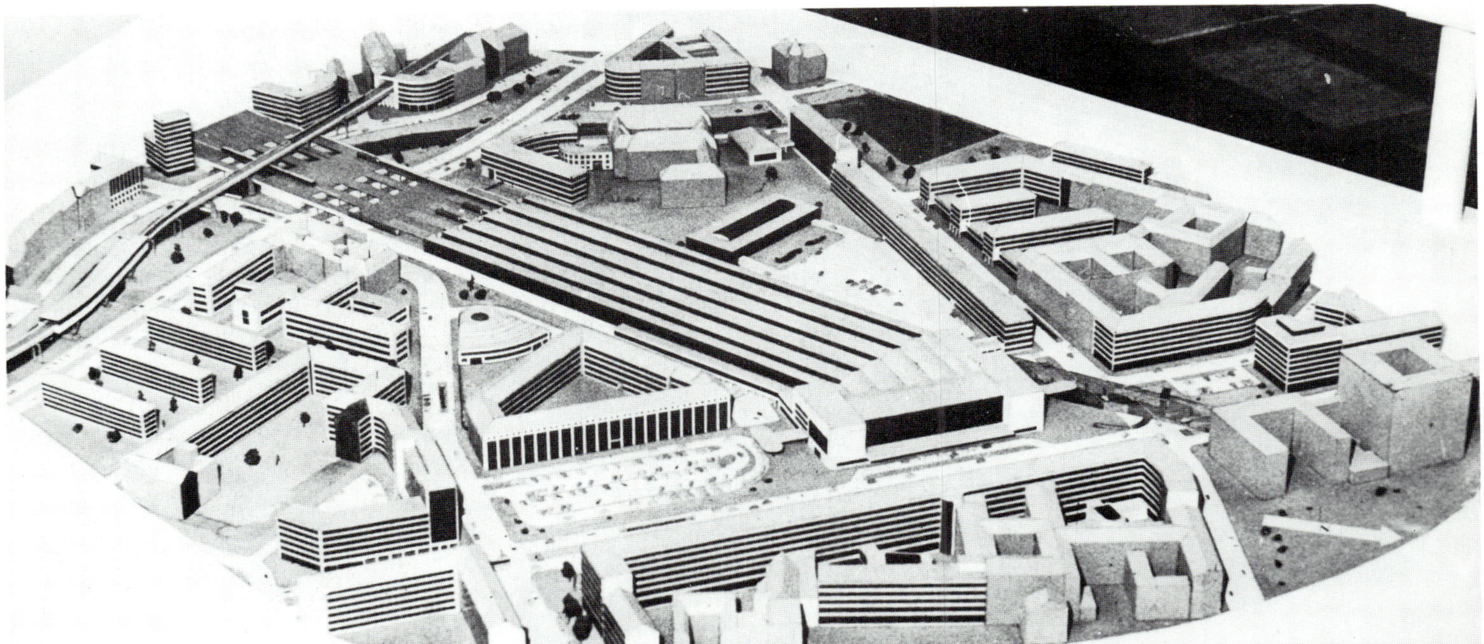

489

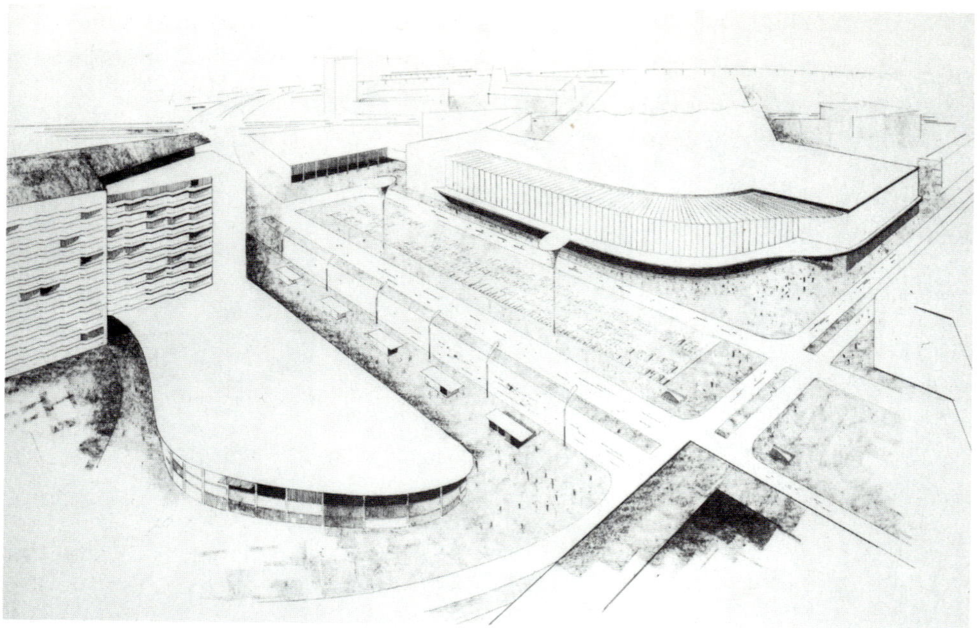

488

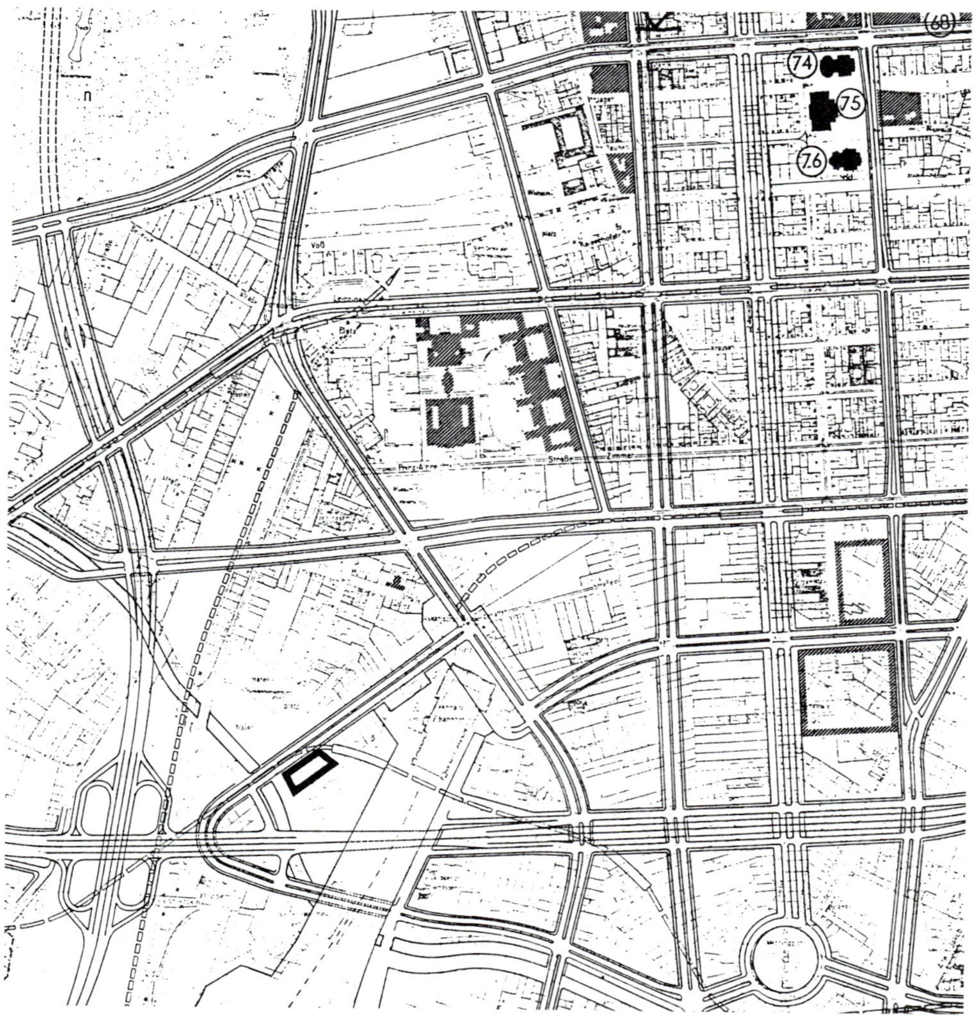

2. Die Abriß-Vorbereitungen

Im März 1958, also noch vor Abschluß des »*Hauptstadt*«-Wettbewerbs, trat die »Verwaltung des ehem. Reichsbahnvermögens« (A 254) an den abrißfreudigen Bürgermeister des Bezirks Kreuzberg, Kressmann, heran und bat ihn, von der Deutschen Reichsbahn die Zustimmung zum Abriß des Empfangsgebäudes einschließlich der Nebengebäude nördlich des Kanals zu erwirken. Diese Verhandlungen selbst zu führen, schien dieser Verwaltung zu heikel und wegen der bestrittenen Legitimation wohl aussichtslos; außerdem war ja nach dem Selbstverständnis des Senats von Berlin (West) eine »*Korrespondenz zwischen den beiderseitigen Verwaltungsspitzen... nach wie vor undiskutabel*« (A 255). Der unkonventionelle Kressmann schrieb daraufhin im August an die Reichsbahn-Direktion und machte ihr den Abriß damit schmackhaft, daß die Ruine nicht mehr wiederaufbaufähig sei, eine Gefahrenquelle darstelle und der Abbruch für die Reichsbahn kostenlos durchgeführt würde. Mit oder ohne Wissen der höheren »Instanzen« in Westberlin fuhr er dann auch im Januar 1959 zur Direktion der Deutschen Reichsbahn in die Wilhelm-Pieck-Straße, um die Angelegenheit weiter voranzubringen. Er hatte aber auch noch ein weiteres ähnliches Anliegen: nämlich die Abräumung des Görlitzer Bahnhofs, da von ihm die Schaffung einer »*Grünen Lunge*« und die Errichtung eines Bades auf dem gesamten Bahnhofsgelände geplant sei. Die Reichsbahn-Direktion nannte als Bedingung für die erbetene »*Überlassung*« der Ruine des Anhalter Fernbahnhofs, daß das gesamte Gelände im Anlagevermögen der Deutschen Reichsbahn verbleiben müsse, damit auch in Zukunft eine betriebliche Nutzung möglich sei.

Vom Amt für Baulenkung des Bezirks Kreuzberg wurden dann im Laufe des Sommers 1959 die Ausschreibungsunterlagen für den Abbruch zusammengestellt, wozu das gesamte aufgehende Mauerwerk von einem Vermessungsbüro aufgemessen werden mußte. Eine Kostenschätzung vom Juli 1959 ergibt die Summe von 1,7 Millio-

91

90

nen DM, nach heutigem Index ungefähr 7 Millionen DM, also ein hoher Betrag, der in die Erhaltung des Bauwerks hätte investiert werden können. Damit ist auch die Zweckbehauptung widerlegt, daß kein Geld für solche Maßnahmen vorhanden gewesen sei.

Dem anderen Argument, Einsturzgefahr oder nicht mehr gewährleistete Standsicherheit, ist zunächst der Augenschein entgegenzuhalten: Die hier wiedergegebenen Aufnahmen sprechen eine deutliche Sprache. Eine detaillierte Untersuchung hat erst gar nicht stattgefunden. Sie hätte zudem die Erkenntnis gebracht, daß die Stirn- und Längswände von der Statik her jeweils auch einzeln standsicher sein mußten und es ja auch während der Jahre ohne Hallendach geblieben waren (B 490). Selbstverständlich mag es Einzelbereiche gegeben haben, welche »kritisch« waren. Eine solche Stelle ist die Ecke der nördlichen Vorbauten an der Möckern-Straße, die bereits bei dem Brand im Dezember 1940 offenbar stärker als bekannt beeinträchtigt worden war, und deren Fensterarkade bis zur Höhe der Zwischendecke im Sommer 1956 abgetragen wurde (B 491).

B 488 Lageplan-Ausschnitt aus den »Hauptstadt«-Wettbewerbs-Unterlagen 1957
B 489 Perspektive des neuen Anhalter Bahnhofs, Aufnahme Waidmann 1957
B 490 Der stillgelegte Anhalter Bahnhof, Aufnahme Waidmann 1955
B 491 Teilabbruch 1956, Aufnahme Labi

A 254 Entstehung und Aufgabe dieser Verwaltung nach westlicher Lesart: Die Reichsbahn »*verlegte ... Anfang Juli 1949 ihren Dienstsitz in die frühere Elsässer Straße nach Ostberlin ... Damit befand sie sich, von Westberlin aus gesehen, außerhalb des Währungsgebietes. Sie hätte nach den Währungsbestimmungen nunmehr alle Einnahmen aus Westberliner Pacht- und Mietgrundstücken der Eisenbahn auf ein Sperrkonto zahlen müssen. Da dies nicht geschah, beschlagnahmte der Senat diese Objekte und richtete eine eigene treuhänderische Verwaltung für die Betreuung dieses ehemaligen Reichsbahnvermögens ein. Das Recht zur Betriebsführung innerhalb Westberlins und zwischen Westdeutschland und Westberlin wurde der Reichsbahn nicht bestritten.*« Dr. Ing. Hans Bock »Entstehung und Schicksal der Eisenbahn in Berlin (1838-1961)« in »Jahrbuch für Eisenbahngeschichte« 11/1979, S. 34
A 255 Stadtbaudirektor Karl Bonatz in »Neue Bauwelt« 1950, S. 23

493

4

49

Die Abbruch-Vorbereitungen im Jahre 1959 konnten natürlich in der Öffentlichkeit nicht ohne Echo bleiben: Leserbriefe an die Zeitungen, Protestbriefe an den Senat, aber auch Zustimmung etwa des Inhalts: »*Weg damit, der Anhalter erinnert uns an Bombennächte und Hamsterfahrten...*« Einige der Schreiben waren aber für den Herrn Senator etwas irritierend:

»*Mit Bestürzung habe ich gelesen, daß der Abbruch der Ruine des Anhalter Bahnhofs geplant ist. Man kann alle Werke der zweiten Hälfte des 19. Jahrhunderts in Bausch und Bogen ablehnen. Ein solcher Standpunkt aber disqualifiziert sich von selbst, weil er intolerant, pietätlos und ahistorisch ist. Will man sich aber nicht auf diesen Standpunkt stellen, also auch die achtziger Jahre mit verständnisvoller Kritik betrachten, so muß man den Anhalter Bahnhof zu den besten Werken dieser Zeit rechnen. Der Aufbau ist klar und durch die Funktion bestimmt, die Fassade — in strengem Rastermaß gegliedert — folgt der Tradition von Schinkels Bauakademie an der Spree und Schinkels Entwurf für ein Warenhaus am Leipziger Platz. In diesen Fassaden ist nichts Schwülstiges, Überflüssiges, in ihrem logischen Aufbau und der einfachen Gliederung drücken sie den Geist des technischen Zeitalters so gut aus wie die letzten besten Bauten des 20. Jahrhunderts. Die Raumwirkung der Halle des Anhalter Bahnhofs ist großartig. Warum will man das zerstören und andernorts neue Markthallen (an der Beusselstraße) und neue Ausstellungshallen (am Funkturm) bauen?*

Ist Berlin so reich, daß es sich das leisten kann? Ist es darüber hinaus in der jetzigen Situation Berlins angemessen, die hervorragendsten Denkmale der Zeit, in der Berlin seine Weltgeltung gewonnen hat, systematisch eines nach dem anderen zu beseitigen? Dipl.-Ing. W. Ritschl, Hamburg« (A 256).

Der Senator für Bau- und Wohnungswesen forderte daher — auch in Anbetracht der von ihm zu verantwortenden hohen Abbruchkosten — bei dem ihm unterstehenden Amt für Denkmalpflege ein »*Gutachten*« an, welches (wunschgemäß?) wie folgt ausfiel:

»*II D (971) 464*

Vfg.

An II C

Betr.: Abbruch des Anhalter Bahnhofs

Absprachegemäß überreichen wir die Stellungnahmen von II D zu den Schreiben der Herren Dipl.-Ing. Ritschl und Fr. Gackstatter zur weiteren Verwendung:

Die Erhaltung und der Wiederaufbau ist eine Frage der zukünftigen Zweckbestimmung und der finanziellen Mittel. Wenn die gegenüber dem vorigen Jahrhundert völlig veränderten Verkehrsbedingungen die Verwendung des Anhalter Bahnhofs überflüssig machen, dann wäre es widersinnig, einen Aufbau der Bahnhofsgebäude zu finanzieren. Abgesehen von den sehr erheblichen Kosten wäre es zudem unmöglich, die vielen Beschädigungen an den Verblendfassaden und dem Terrakottaschmuck auszubessern, weil uns heute keine Fabriken für diese speziellen Arbeiten zur Verfügung stehen.

Der seit dem Jahre 1840 bestehende Anhalter Bahnhof hat im Laufe der nachfolgenden Jahrzehnte manche Veränderungen erfahren, da dem immer mehr ansteigenden Platzbedürfnis Rechnung getragen werden mußte. Im Jahre 1872 wurde die großzügige Neuplanung verwirklicht, wobei für die Hochbauten der Baurat Schwechten verantwortlich zeichnete. Die aus Klinkern und Formsteinen errichteten Fassaden sind mit figürlichen und ornamentalen Terrakotten (fabrikmäßig hergestellt) versehen.

Das Gebäude steht nicht unter Denkmalschutz. Die von Schinkel in überzeugendem Maßstab gestalteten Klinkerbauten (Feilnerhaus, Bauakademie) sind hier beim Anhalter Bahnhof zu monumentalen Massen gehäuft und in den akademischen Detailformen nüchtern durchgebildet. Der Anhalter Bahnhof kann nicht als ein überzeugender künstlerisch wertvoller oder neue Wege weisender Bahnhofsbau des vorigen Jahrhunderts angesprochen werden. Deshalb ist auch die Erhaltung, etwa der Hauptfassade, aus musealen Gründen nicht zu verantworten. Das Amt für Denkmalpflege wird jedoch beim Abriß einige der typischen Architekturformen bergen und magazinieren.

Die Vorgänge fügen wir wieder bei.

Z.d.A.

Berlin-Charlottenburg, am 30.9.1959

Konwiarz«

Dieser ignorant-forsche Text hätte eigentlich auch damals folgende Fragen auslösen müssen: Ist die Zweckbestimmung so eng, so funktionalistisch zu sehen? Hatte jemand eine perfekte (damals unbezahlbare) Restaurierung verlangt? Kann man das 19. Jahrhundert nur an Schinkel messen? War die Denkmalsliste aus der Vorkriegszeit nicht mehr gültig (überhaupt zur Hand)?

Während sich die Verwaltung also einen Freibrief ausstellte, ging in der Fachpresse die Auseinandersetzung weiter:

»*Zur Zeit verliert Berlin eines seiner großartigsten Bauwerke, vermutlich ohne daß die Öffentlichkeit weiter Notiz davon nimmt. Der Anhalter Bahnhof ist der späteste und größte aus der Reihe der Kopfbahnhöfe, die sämtlich verschwunden sind*

495

496

B 492 Der Abbruch (von Hand) an den ehem. K.K. Abfahrtssalons beginnt am 27.11.1959, Aufnahme Labi

B 493 Das Bohren der Sprenglöcher am Südportal, Aufnahme Kindermann

B 494 »*Bei den ersten Probesprengungen am Anhalter Bahnhof gingen ein paar Fensterscheiben in der Umgebung entzwei. Das Mauerwerk erweist sich als felsenfest.*« Bildunterschrift und Aufnahme Kindermann, 25.8.1960

B 495 Untersprengter Hallenpfeiler, Blick vom Bahnsteig durch das abgehobene Gewölbe über dem Gang im Erdgeschoß, Aufnahme Scholz

B 496 Nach der 3. Sprengung stehen meterdicke Mauern »in der Luft«, Aufnahme Scholz

A 256 Vgl. »Bauwelt« 34/1960

497 *oder verschwinden sollen. Er war von allen der künstlerisch reifste, ein glanzvoller Repräsentant des Eisenbahnzeitalters und der größten Epoche Berlins. Leider ist sein Abriß nicht bloß das Privatvergnügen Berlins, das seit 1945 nolens volens historisches Harakiri betreibt. Denn vom Industriebau des vorigen Jahrhunderts stammt die moderne Architektur ab, und im vorigen Jahrhundert konzentrierte sich die Entwicklung der Architektur auf die Großstädte, in Deutschland begreiflicherweise besonders auf Berlin. So verliert also Deutschland wieder eine seiner wenigen großen Architekturen.*
Währenddes veröffentlichen die Engländer stolz ihre viktorianischen Bahnhöfe. Wenn sich die Welt demnächst fragen wird, welche Völker die Industriezivilisation geschaffen haben, wird sie vermutlich an England und Frankreich denken; Deutschland wird man nichts mehr davon ansehen. Nebenbei: Bundesbahn und Reichsbahn sind sich über die Neuplanung nicht einig. Der Abriß muß ungeheuer dringend sein.
Liebe Redaktion: Mit einer Schar kluger Archäologen grabe ich hier ein provinzielles griechisches Heiligtum aus, und zu
499 *Hause werden erstrangige Dinge abgerissen, einfach irre.*
Goerd Peschken, Theben (Griechenland)«
(A 257)

Jetzt fühlten sich die Initiatoren in der »Verwaltung des ehem. Reichsbahnvermögens« herausgefordert:
»Ihr Eintreten für den Anhalter Bahnhof, der 70 Jahre lang einer der großen Repräsentanten und nach der Zugzahl (nicht nach der Zahl der Reisenden und des beförderten Gepäcks) der bedeutendste der Berliner Kopfbahnhöfe war, ehrt Sie. Zweifellos hat diese gewaltige Halle mit ihren 34 m Höhe und ihrer architektonisch reizvollen Gestaltung jahrzehntelang dem Gesicht der Reichshauptstadt ihren Stempel aufgedrückt. Wie mancher 'Große Bahnhof', von Wilhelm II. angefangen, rollte dort ab und hat diesem Gebäude geschichtliche Weihe gegeben. Aber — und nun kommt das Entscheidende:
Nach der historischen Entwicklung sind im Süden Berlins zwei Kopfbahnhöfe nebeneinander entstanden: Der Potsdamer und

498

00

der Anhalter Fernbahnhof, die aus eisenbahnbetrieblichen und städtebaulichen Gründen getrennt nicht wieder in Betrieb genommen werden, sondern vereinigt werden sollen. Die Reichsbahn hat dementsprechend auch den Potsdamer Bahnhof bereits völlig abgetragen. Der Anhalter Bahnhof als der größere und in seiner ganzen Anlage besser geeignete Bahnhof vermag die ihm zusätzlich zufallenden Zugzahlen nicht aufzunehmen. Er muß um vier Bahnsteiggleise erweitert werden. Dazu kommt die modernen Ansprüchen keinesfalls mehr genügende Länge und Breite der Bahnsteige (jetzt rund 300 m, künftig rund 420 m). Die vorhandenen Dienst- und Nebenräume sind ebenfalls völlig unzureichend. Das gesamte Gebäude ist schwer kriegsbeschädigt. Seit mehr als 15 Jahren tropft das Regenwasser in die Kellerräume und hat das Zerstörungswerk des Krieges fortgesetzt. Eine Instandsetzung würde Millionen verschlingen, und man erhielte doch nur eine unzweckmäßige Anlage (siehe Kaufhaus Schocken in Stuttgart). Der Askanische Platz ist in seiner jetzigen Größe den modernen Verkehrsbedingungen keinesfalls mehr gewachsen. Er muß im Hinblick auf den stark angewachsenen Autoverkehr erheblich erweitert werden. Was soll man also tun? Es bleibt nur ein völliger Neubau, der nach neuesten Erkenntnissen zweckmäßig gestaltet wird und besonders den betrieblich und verkehrlich (auch straßenverkehrlich) zu stellenden Anforderungen auf lange Jahre genügt. Das hat Wien am Westbahnhof und Südbahnhof genauso gemacht. Auch Rom, Neapel, Los Angeles und andere Städte haben sich moder-

B 497 Was Bomben und Artillerie nicht schafften, dem Amt für Abräumung gelang es, doch vieles war für die Ziegelmühle zu groß! Im Vordergrund das Hauptgesims eines Hallenpfeilers: unten die Innen-, oben die Außenseite, deren größere Ausladung mit einer Doppelkonsole gelöst wurde, Aufnahme Scholz
B 498 Sprengung des Südportals am 26.8.1960, Aufnahme Scholz
B 499 Der südliche Teil der Halle liegt »endlich« am Boden, Aufnahme v. Verf. September 1960
B 500 Erst nach einer gewaltigen Sprengung stimmt die Behauptung von der Einsturzgefahr, Aufnahme Scholz, 31.8.1960

A 257 »Bauwelt« 40/1959

501

5

ne Kopfbahnhöfe nach Abbruch der alten Anlagen geschaffen.
Hinzu kommt, daß Westberlin dringend altbrauchbare Steine und Ziegelsplitt benötigt. Außerdem möchte man nach Wiederherstellung normaler Verhältnisse in Berlin sofort mit dem Neubau beginnen können und nicht erst wertvolle Zeit mit dem Abbruch vorhandener Anlagen verlieren oder womöglich noch bestehende Anlagen provisorisch wieder in Betrieb nehmen, was den Umbau an gleicher Stelle erheblich verteuern würde. Aus allen diesen Gründen wurde — schweren Herzens — der Entschluß zum Abbruch gefaßt, damit einst neues Leben aus den Ruinen blühe.
Dr.-Ing. Hans Bock
Bundesbahnoberrat, Berlin« (A 258)

Es ist wohltuend, die Gedankenwelt dieser Planer so unverblümt kennenzulernen: Der »Anhalter« muß zu Ziegelsplitt gemacht werden; nach Wiederherstellung normaler Verhältnisse muß sofort begonnen werden... welche Illusionen!

Da über dem S-Bahn-Tunnel keine Sprengungen möglich waren, wurde Ende 1959 auf der Westseite mit dem Abbruch von Hand begonnen. Diese erst langsam vorangehenden Arbeiten ließen den Protest auch 1960 nicht ruhen:

»Der Anhalter Bahnhof beschäftigt wieder die Zeitungen ('...beim in Kürze beginnenden Abbruch...').
Der Anhalter Bahnhof ist nicht in Gefahr, weil er zusammenfällt, sondern weil die Planer Ziegelsplitt brauchen. Wie fest das Mauerwerk dieser technischen Bauten aus den achtziger Jahren ist, hat man beim Abriß des Packhofs gesehen. Der Anhalter könnte getrost stehenbleiben, bis die Neuplanung der Bahnhöfe interessant wird. Die Neuplanung ist zur Zeit nicht interessant, niemand weiß, wann 'normale Verhältnisse' in Berlin wieder eintreten werden. Daß die Bahnsteiglänge des jetzigen Baues nicht reicht, überzeugt uns nicht, warum sollen in 'normalen' Zeiten nicht wieder kürzere Züge fahren, die jetzige Zuglänge mit der entsprechenden Lauferei werden sich dann die Reisenden vielleicht nicht mehr gefallen lassen. Wie in den 'normalen' Zeiten das Grundstücksrecht sein wird, ob man nicht dann den Bahnhof nach Westen um die geforderten Gleise wird verbreitern können, wer weiß das so genau? Und ob man in den 'normalen' Zeiten nicht vielleicht doch die Nord-Süd-Fernbahn baut, ebenfalls aus bahnbetrieblichen Erwägungen? Und ob man in 'normalen' Zeiten vielleicht ein passendes Gebäude für ein Verkehrsmuseum oder etwas ähnliches suchen wird, groß genug, um auch Flugzeuge auszustellen; und wie man in 'normalen' Zeiten über die architektonische Qualität des Baus denken wird? Dr. Bocks Vergleich mit Kaufhaus Schocken, Stuttgart, ist nicht gut: das dort ist eine für ihre Zeit ganz illustrative Mottenkiste gewesen, das hier ist große Architektur. Nachdem der Lehrter Bahnhof, der Stettiner Bahnhof, der Görlitzer Bahnhof und der Potsdamer Bahnhof bereits zum dringend benötigten Ziegelsplitt gemacht worden sind, sollten Anfang und Ende der Kopfbahnhofsreihe, der kleine Hamburger (Verkehrs- und Baumuseum) und der große Anhalter, stehenbleiben, bis normale Zeiten eintreten. An der Aufzählung sieht man, daß wir den Planungsämtern nicht jede Beschäftigung mit Kopfbahnhofsabbrüchen verübelt haben, aber warum dieser fürchterliche Perfektionsdrang?
Wir sind nicht einverstanden mit der Idee der Denkmalpflege, ein kleines Stückchen vom Anhalter, etwa die Vorhalle, zu konservieren. Es geht nicht darum, wieviel unsere Verwaltung vom Anhalter Bahnhof rettet oder konserviert, es geht darum, daß unsere Verwaltung den Anhalter Bahnhof nicht abreißt. In antiken Ruinenstädten

hört man oft: Dieser Bau wurde in Zeiten der Barbarei als Steinbruch benutzt. Wir haben nichts gegen dieses Verfahren der Geschichte — aber warum müssen wir unbedingt selbst die Barbaren sein? Dipl.-Ing. Goerd Peschken, Berlin« (A 259).

Inzwischen waren offenbar beim Senat Bedenken aufgetaucht, ob die Neuanlage eines so großen Kopfbahnhofes an der alten Stelle nördlich des Landwehrkanals städtebaulich und betrieblich günstig sei: Er ließ nunmehr einen Standort südlich der Yorck-Straße untersuchen, und es kam im November 1960 zu einer Einigung zwischen der Hauptverwaltung der Deutschen Bundesbahn und dem Senat über diese Verschiebung. Dieser neue Standort wurde dann auch in den Flächennutzungsplan (1965) übernommen.

Wenn man sich die Bearbeitungszeit für einen solchen Entwurf vorstellt, so darf mit Gewißheit angenommen werden, daß bereits im Sommer 1960 absehbar war, daß der alte Standort für den neuen Süd-Bahnhof nicht mehr in Frage kam. Doch das durfte nicht in die Öffentlichkeit dringen, denn damit wäre die gesamte Argumentation der Abriß-Befürworter ins Wanken geraten. Wenn es nicht mehr stimmte, daß das Grundstück am Askanischen Platz für einen Neubau eines Kopfbahnhofs benötigt würde, dann wäre ja plötzlich genug Zeit gewesen, um das Argument der Einsturzgefahr einmal fachmännisch zu überprüfen. Während dieser Zeit hätte sich vielleicht auch herausgestellt, daß der Schwechtensche Bau bereits unter Denkmalschutz stand, wenn eine entsprechend geleitete Behörde eine sorgfältige Aktenführung und -prüfung beherrscht. Und das letzte — barbarische — Argument vom benötigten Ziegelsplitt war doch auch nicht stichhaltig, da es doch noch (für zwei Jahrzehnte) genug Ruinen zum Zerkleinern gab; es war einfach nur so bequem…

Diese so klaren Tatsachen fanden in jenem Sommer 1960 doch noch Eingang in einige Köpfe, die sich im Jahr davor so überzeugt für den Abriß ausgesprochen hatten. Am 3. August 1960 fand vor dem Anhalter Bahnhof eine Besprechung statt, in welcher der Leiter der Denkmalpflege, Dr. Seelicke, im Beisein seines Mitarbeiters Konwiarz, dessen »Gutachten« ja der denkmalpflegerische Segen für die Abrißplanung war, äußerte, er habe bisher nur mit Bedauern davon Kenntnis genommen, daß das gesamte Bahnhofsgebäude, das architektonisch von hohem Wert sei, völlig beseitigt werden solle. Er hielt es weiterhin für richtig, nicht nur den offenen Vorbau der Eingangshalle, sondern die gesamte Front des Haupteingangs mit seinem Rundbogen zu erhalten. Unterstützt wurde er nun auch von Dr. Bock, Bundesbahnoberrat in der Verwaltung des ehem. Reichsbahnvermögens, dessen Leserbrief in der Bauwelt uns noch in den Ohren klingt und der sich nun für den Erhalt der Unterfahrt einsetzte. Die anwesenden Vertreter des Bezirksamts, welche sich mit den Vorarbeiten für die Sprengungen beschäftigten, waren von solchen Ideen wenig angetan und verwiesen auf die bereits erteilten Aufträge.

Obwohl noch im gleichen Monat tatsächlich mit den Sprengungen begonnen wurde, waren die Abrißbefürworter im Bezirk

B 501 Die nördlichen Hallenlängswände sind gesprengt (Ende 1960), Aufnahme Labi
B 502 Sprengung der inneren Schale der nördlichen Hallenstirn am 27.1.1961, Aufnahme Labi
B 503 Einblick in die (ehemals zweischalige) nördliche Hallenstirn, die Korridorwand erhält direktes Licht! Die äußere Schale ist auch alleine standfest! Aufnahme Labi
B 504 Sprengung der äußeren Schale der nördlichen Hallenstirn am 3.2.1961, Aufnahme Labi

A 258 »Bauwelt« 47/1959
A 259 »Bauwelt« 34/1960

507

durch die neuen Überlegungen (Standort-Verschiebung und Erhaltung relevanter Teile des Empfangsgebäudes) stark verunsichert. Wieder engagierte sich der Bezirksbürgermeister Kressmann mit einem Brief — diesmal an den Senator Schwedler, zuständig für das Bau- und Wohnungswesen einschließlich dem Abrißunwesen und der Denkmalpflege. Die Standort-Verschiebung eröffne ihm unverhoffte Perspektiven: die Neuordnung der *»freiwerdenden Kerngebiete«* dürfe nicht durch ein stark beschädigtes Eingangsportal gestört werden. Er bat um rasche Entscheidung im Sinne einer vollständigen Beseitigung des Bahnhofs (25. Oktober 1960).

Selten wird ein Brief des Bezirksamts Kreuzberg an den Senator für Bau- und Wohnungswesen schneller beantwortet worden sein: Schon am nächsten Tag kam Schwedlers Bescheid, daß auch er wie Kressmann den Standpunkt vertrete, der Portikus könne auf Dauer nicht stehen bleiben; sein (neuer) Senatsbaudirektor Düttmann werde deshalb mit Dr. Bock und Dr. Seelicke eine Regelung dahingehend treffen, daß der Portikus mit der dazugehörigen Rückwand von der Sprengung verschont, im nächsten Jahr abgetragen und eingelagert werde.

Als nun im folgenden Jahr 1961 — in welchem die Sprengungen munter weitergingen — die Frage zur Entscheidung stand, welche Verwaltung das nötige Geld für Schwedlers — fast salomonische — Entscheidung habe, den Portikus sorgsam abtragen zu lassen, stellte sich heraus, daß niemand über die Mittel verfügte, und alle Beteiligten einigten sich auf einen gewöhnlichen Abriß, zwar unter vorheriger Bergung besonderer Terrakotta-Teile.

Daß es nicht zu diesem Abriß gekommen ist, verdanken wir in erster Linie dem Einsatz des Herrn Dr. Bock, der schließlich auch den Senatsbaudirektor Düttmann überzeugen konnte, daß der Erhalt des *»kleinen Rests«* keine Behinderung der städtebaulichen Entwicklung darstellen könne. In diesem Sinne nahmen die beiden in den Jahren 1962 und 1963 Einfluß auf das Bezirksamt Kreuzberg, welches sich mit diesem Resultat abzufinden begann, nachdem die Verwaltung des ehem. Reichsbahnvermögens erklärt hatte, daß sie die Kosten für die Sicherung und Instandsetzung des Restbauwerks übernehmen werde.

3. Die Abriß-Arbeiten

Die Niederlegung des Gebäudes konnte wegen des Umfangs nur in mehreren Abschnitten erfolgen und sollte auch durch mehrere Firmen durchgeführt werden (Arbeitsbeschaffung). Das 1. Los betraf die Anbauten an der westlichen Hallenlängswand von Achse 5 bis zum Eckturm des Südportals. Dies waren in erster Linie die ehemaligen K.K. Salons, deren bahnsteignaher Teil stark zerstört war, während die beim S-Bahnbau sorgfältig abgebrochene und 1939 wiedererrichtete Front an der Rampe fast unbeschädigt geblieben war. Da dieser Bauteil auf dem S-Bahn-Tunnel stand, mußte auf Sprengungen verzichtet und der Abbruch mit Preßlufthämmern durchgeführt werden. Diese Arbeiten waren der Firma Karl Bartel übertragen und begannen am 27. November 1959 (B 492); sie dauerten bis April 1960. Erfreulicherweise hatte sich die Verwaltung des ehem. Reichsbahnvermögens die Formstücke des Eingangsportals gesichert und seither bei sich eingelagert.

Das 2. Los umfaßte die Hallenwände ab Achse 7 einschließlich des Südportals. Die Submission hatte die Firma Eduard Bleck gewonnen, die mit den vorbereitenden Arbeiten am 8. August 1960 begannen. Die gewaltigen Mauermassen sollten durch Sprengungen derart umgelegt werden, daß sie ins Halleninnere auf den Erdkern (und nicht etwa auf den Tunnel oder die Möckern-Straße) fielen. Für das Bohren der Sprenglöcher (B 493) benötigte man zwei Wochen, so daß die Probesprengungen am 25. August 1960 an der östlichen Längswand beginnen konnten (B 494 und A 260). Zwischen der Straße und dem ehemaligen Droschkenhalteplatz wurde eine 1,50 m hohe Barriere aus Strohballen gegen Steinschlag aufgebaut, und die Beamten des Postamts SW 11 mußten ihre Arbeitsplätze in der Möckern-Straße räumen. Die Sprengversuche zeigten, daß man die Stabilität falsch berechnet hatte: das in Gehwegshöhe ca. 3,70 m starke Sockelmauerwerk der Hallenpfeiler wurde zwar teilweise total untersprengt (B 495), aber die Wand blieb stehen (B 496). Freilich war jetzt jener Zustand erreicht, den die Abriß-

05

506

befürworter immer beschworen hatten: Einsturzgefahr! Aber zuerst mußte der erfahrene Sprengmeister — er hatte unter vielen anderen Bauten Hertie am Alex und das Haus des Fremdenverkehrs am Runden Platz »bezwungen« — in die restlichen Löcher stärkere Dynamitpatronen einführen: dann war es geschafft... (B 497)
Tags darauf, am 26. August (A 261), wurde dann das Südportal mit den Ecktürmen gesprengt (B 498 und B 499) und anschließend die westliche Hallenlängswand ab Achse 7. Nach dem Zeitplan der Sprengfirma Heinrich Manier war die letzte Sprengung für den 30. August vorgesehen.
Die Hoffnungen auf Ziegelsteine und Splitt wurden dadurch gedämpft, daß das Mauerwerk auch nach der Sprengung noch eine unerwartete Qualität zeigte (B 500): teilweise blieben Stücke von über 50 m^3 Inhalt zurück, die in Handarbeit mit Preßlufthammer zerkleinert werden mußten. Diese »Brocken« waren auch dann noch für die Ziegelmühlen zu groß und mußten auf den langsam anwachsenden Teufelsberg gekippt werden (A 262). Der gesamte Abtransport (ca. 27.500 m^3) dauerte daher bis Mai 1961.
Das 3. Los umfaßte den nördlichen Teil der Bahnsteighalle: die Längswände wurden gegen Ende des Jahres 1960 — analog zum südlichen Teil — umgelegt (B 501). Von der nördlichen Hallenstirn wurde die innere Schale am 27. Januar 1961 gesprengt (B 502 und B 503), nachdem zuvor die beiden Terrakotta-Kandelaber aus den Nischen neben dem ehemaligen großen Mittelfenster (jetzt prangte dort der Rest eines III.-Reichs-Adlers) geborgen waren. Die äußere Schale wurde am 3. Februar gesprengt (B 504), wobei entgegen den Absichten ein Teil der Querwand des Vestibüls nach vorne fiel und dessen nordöstliche Ecke zerstörte (B 505). Auf diese Weise ging Geyers kreisrundes Figuren-Relief, die »*Architektur*« mit dem Grundriß des Anhalter Bahnhofs (B 360) verloren.

Die Beseitigung der riesigen übriggebliebenen Brocken und Schuttmassen, insgesamt über 33.000 m^3, dauerte auch in diesem Abschnitt noch mehr als ein Jahr; die Arbeiten waren der Firma G. Böttcher übertragen und im April 1962 schließlich beendet.
Nun blieb als 4. und letztes Los noch die Abräumung der Anbauten auf der Westseite (B 506 und B 507), also hauptsächlich der Wartesaalkomplex, der erst vor etwas über zwanzig Jahren auf dem S-Bahn-Tunnel wiedererrichtet worden war. Diese Arbeiten, von der Firma Bonne übernommen, mußten ebenfalls wieder ohne Sprengungen ausgeführt werden und dauerten wegen ihres Umfangs von knapp 25.000 m^3 bis Januar 1965. — Aus dem Abnahmeprotokoll geht hervor, daß der sogenannte Führerbunker am südwestlichen Ende der Halle, der über dem S-Bahn-Tunnel lag und somit eine unterirdische Verbindung zum Bunker an der Schöneberger Straße bot, erst Ende 1965 oder Anfang 1966 abgerissen werden sollte. Unterlagen über diesen Trakt konnten nicht gefunden werden. —

Das letzte Blatt der Bauakte trägt nach dem Vermerk »*Gelände ist planiert*« (B 508) den für eine Verwaltung so beglückenden Stempelaufdruck: »*Es ist nichts mehr zu veranlassen*«.

Wirklich nicht?

B 505 Nicht beabsichtigte Sprengwirkung an der Ecke des Vestibüls, Aufnahme Scholz, 8.2.1961
B 506 Die Ecke eines stattlichen Palais... Aufnahme Scholz 2.5.1962
B 507 Der erst 1939 auf dem S-Bahntunnel wiederaufgebaute Wartesaalflügel (vorne rechts Anbauten aus der Kriegszeit), Aufnahme Scholz 2.5.1961
B 508 Brachland seit 1965 (dann und wann auch Weideland), Aufnahme Peters 1983

A 260 Vgl. »Tagesspiegel« 25.8.1960
A 261 Vgl. »Tagesspiegel« 26.8.1960
A 262 Er entstand durch Zuschüttung der Wehrtechnischen Fakultät der TH Charlottenburg, einem unvollendeten Neubaukomplex des III. Reiches

Schlußbemerkung

1. Während der intensiven Beschäftigung mit der Berlin-Anhaltischen Eisenbahn-Gesellschaft und ihren Bauten wuchs immer mehr die Bewunderung für den Bauherrn; dieser Begriff umfaßt hier die Gesamtheit von Direktoren, Verwaltungsräten und Aktionären. Erstere haben vom Architekten immer größere Projekte verlangt — und selbstverständlich auch erhalten — und wurden so zu immer höheren Bausummen gereizt; letztere wurden und waren überzeugt, daß diese alles übertreffenden Pläne ihren finanziellen Interessen — wenn nicht unmittelbar, so doch langfristig — dienlich seien. Wir sahen, wie die Krise ab 1874/75 diese Erwartungen dämpfte und Abstriche am Projekt verlangte, außerdem drückte die Konkurrenz von neuen Privat- und Staatsbahnen auf die Erträge, und Bismarcks Verstaatlichungs-Initiativen sorgten auch bei der B.A.E. für eine gewisse Irritation. Gerade in dieser Situation erkannten die leitenden Herren sehr richtig, daß sie den Neubau des gesamten Berliner Bahnhofes, der sich vom Askanischen Platz bis nach Tempelhof erstreckte (B 509), nicht in halbfertigem Zustand aufgeben konnten, wollten sie ihre eigenen persönlichen Ansprüche auf Alterssicherung, Abfindungen, Versetzung etc. befriedigend regeln. Auf dem Fundament einer bisher gutsituierten Aktiengesellschaft ließ sich die momentane gesamtwirtschaftliche Schwäche durchstehen und das Bauvorhaben (gegebenenfalls zeitlich gestreckt und im Umfang reduziert) zu Ende führen. Diesem Wagnis war der — vor Augen geführte — Erfolg beschieden, und so begreifen wir das Empfangsgebäude zuerst und vor allem als Ausdruck der Größe einer Privatbahn; im weiteren Sinn als Symbol der ökonomischen Potenz der Bourgeoisie, als Signal für die ihr zukommende Stellung im preußischen Staat.

2. Dieser bauherrliche Wille stand mit der Könnerschaft aller Planenden in einem dialektischen, sich wechselseitig befruchtenden Verhältnis. Nur in solcher Situation konnte die gestaltende Kraft des Architekten zu Höchstleistungen gefordert und gefördert werden. Schwechten war in einem gebildeten Milieu in Köln herangewachsen und hatte mit Bravour seine Studien in Berlin in der geistigen Atmosphäre der Schinkel-Nachfolger absolviert. Dazu hatte die Aneignung der baukünstlerischen und -technischen Traditionen sowohl der »Berliner Schule« als auch des »Berliner Rundbogenstils« gehört, vermittelt in der materiellen Gemeinsamkeit von Backstein und Terrakotta.

Die wesenhafte Identität von moderner Bau-Aufgabe und Bau-Herrschaft — neuzeitliches Massenverkehrsmittel in der Hand einer auf ökonomischen und gesellschaftlichen »Gewinn« orientierten Klasse — trieb Schwechten zur schöpferischen Anwendung und Umsetzung des traditionellen formalen und technischen Repertoires, befähigte ihn zur Bewältigung von bisher nicht gekannten Baumassen und zur Schaffung neuer Formen: Diese Wechselwirkung wird besonders deutlich, wenn wir uns in seinen späteren Gestaltungen die Aufgabenstellung und ihre Auftraggeber vor Augen führen.

Aus dem gezeigten Kontext der damaligen Berliner Bahnhofsarchitektur — gekennzeichnet durch die Motive Doppel-Turm, Stadt-Tor, Loggia — konnten die Vorentwürfe und Entwürfe der Hauptfassade überzeugend hergeleitet werden. Die Kenntnis des zeitgenössischen europäischen Bahnhof-Baus darf bei der B.A.E. und ihren Architekten vorausgesetzt werden, eine direkte Vorbildwirkung scheint jedoch von keinem Bau oder Projekt ausgegangen zu sein. Schwechten formulierte sogleich in den ersten Vorentwürfen moderne, kühne Ideen; Vorbilder dienten ihm allenfalls als Bestätigung und nicht als Auslöser. — Schwechtens Arbeiten in dem von uns betrachteten Zeitabschnitt zeigen, wie er in der Tradition stehend durch die Aufgabe an ihre Grenzen stieß und sie überwindend und Neues hinzufügend weiterentwickelte. Darin sieht der Verfasser die Modernität Schwechtens in jener Epoche und zugleich seine Aktualität.

3. Nach den zahlreichen kompetenten Urteilen, die im Verlauf dieser Arbeit aufgefunden und wiedergegeben wurden, fällt es nicht leicht, die eigene Wertschätzung des Werks in neue Worte zu fassen. Sie wurde bei der Einzelbeschreibung der Entwurfsphasen und späteren Realisation im wesentlichen bereits zum Ausdruck gebracht,

509 so daß es erlaubt erscheint, hier nur noch einmal das folgende zu resümieren:

— Dem Entwurf liegt ein äußerst komplexes Gefüge von Bedingungen verschiedenartiger Qualität zugrunde: dazu gehören die ganz materiell-nüchternen Bedingungen wie die Erfordernisse des Eisenbahn-Betriebes, die Grundstückssituation, die Topographie, die städtebauliche Einordnung sowie die bautechnischen und finanziellen Möglichkeiten, bis hin zu den eher immateriell einfließenden kulturellen Rahmenbedingungen wie die künstlerische Tradition, die Bewußtseinswelt der Agierenden, die Form-Vorstellungen der Entwerfenden. Wir konnten den langwierigen Prozeß der Ordnung dieser Bedingungen verfolgen, wie Prioritäten entstanden und wie endlich für diese Faktoren die bauliche Gestalt gefunden war, die dem Inhalt gemäß und ihn zu verkünden imstande war.

Dieser Inhalt ist ja nicht nur funktionaler Art in dem engen Sinne, daß in einer großen Halle Züge ein- und ausfahren können, sondern daß hier ein Ort zu gestalten war, wo sich Nah und Fern berühren, die Hauptstadt und das Reich, Berlin und die Welt. Diese Berührung — die erste für die Ankommenden und umgekehrt für den Abreisenden — ist das eigentliche Wesen der Bauaufgabe. Wir erlebten die Raum- und Höhen-Folge von Unterfahrt - Vestibül - Korridor - Halle - Südportal und dürfen behaupten, daß dieses Raum-Erlebnis, diese Einstimmung auf die weite Ferne kein anderer Bahnhof in Berlin gewährte; und dies heißt auch, von keinem anderen Architekten so schwungvoll und meisterhaft gestaltet wurde und zwar nicht mit dem subtilen Luxus einer Hof-Station, sondern in den Dimensionen des neuen Zeitalters des Massenverkehrs. Aus dieser Sphäre stammen auch die liebkosenden Assoziationen der Berliner, welche durch den »Mythos des Namens« verstärkt werden; der Verfasser hält diesen »Popularitätsaspekt« bei der (»Gebrauchswert«)-Analyse einer architektonischen Gestalt für höchst bedeutsam.

— Das nächste wichtige Thema »Stein und Eisen« hat Schwechten — so scheint es uns Heutigen — weniger glücklich behandelt. Beim Raumtyp »Langhaus mit Tonnen-
308 dach« liegt der architektonische Konflikt in der Höhe des Auflagers der Dachkonstruktion: je tiefer es liegt, desto überflüssiger wird die massive Längswand; je höher es liegt, desto umfangreicher und kostspieliger werden die Mauermassen und desto weniger wird der Übergang von stützenden Steinpfeilern und überdeckenden Eisen-Konstruktionen sichtbar oder vielmehr »erlebbar«. Schwechten ließ die Auflager des größten Daches des Kontinents buchstäblich im Dunkeln auf der Mauerkrone verschwinden. Gleichfalls kritikwürdig war der auf eine Unterdecke hin konzipierte Anschluß der Dachkonstruktion an die innere nördliche Stirnwand, welcher nach Fortfall der Decke nicht mehr überarbeitet wurde. An dieser Wand mißfiel auch die Höhenverschiebung der inneren gegenüber der äußeren Arkade mit der Wirkung, daß die beiden kleinsten Arkadenfelder von der Halle aus »blind« waren. Die konstruktiven Bemühungen konzentrierten sich auf eine maximale Spannweite und die Tragfähigkeit bzw. Standsicherheit der hohen Längswände — der »Anhalter« stellt insoweit den Endpunkt einer Entwicklungsreihe dieses Raum- und Konstruktionstypus dar und blieb in der Zukunft — vor allem wegen des hohen baulichen Aufwandes — ohne Nachfolger. Bei den Perronhallen der folgenden Jahre wird versucht, die Kräfte der Dachkonstruktion möglichst ohne tragende Wände direkt in die Fundamente oder massiven Substruktionen abzutragen; beispielhaft sei noch einmal an die Tonnen der Berliner Stadtbahnhöfe Friedrichstraße und Alexanderplatz erinnert sowie an die Projekte für den Hauptbahnhof Frankfurt/Main, wo auch Schwechtens Arbeit eine Aneinanderreihung von Tonnenhallen zeigt.

— Das dritte große architektonische Thema war »Backstein und Terrakotta«: es verdiente noch mehr Ausführlichkeit angesichts unseres desolaten heutigen Beton-Bauens. Vielleicht darf der Verfasser hoffen, manchen Leser und Betrachter durch die dargebotenen Beispiele allein *eines* Bauwerks zum Nachdenken — und zum Fortsetzen — angeregt zu haben. Wenn Schinkels Bauakademie den Höhepunkt der Berliner Backstein- und Terrakotta-Kunst in der ersten Hälfte des letzten Jahrhunderts dar-

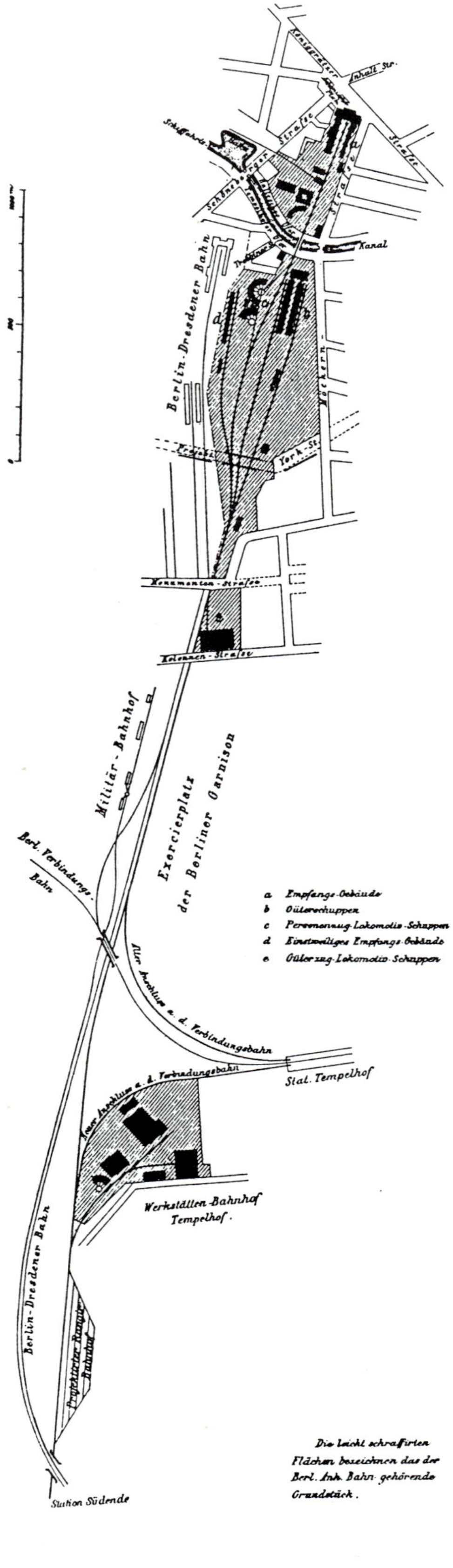

stellt, so war es der Anhalter Bahnhof in der zweiten Hälfte!

4. Einen überraschenden Einblick in den Entwicklungsstand des Bauwesens im damaligen Berlin erhielten wir mit der Verfolgung der Herstellung »unseres« Bauwerks; die folgende Aufstellung faßt noch einmal einige der wichtigsten Lieferorte zusammen:

Verblender und Terrakotten aus Greppin/Bitterfeld
Zement aus Stettin
Dachkonstruktion aus Oberhausen
Gußeisen und Stahl aus Lauchhammer und Bornum/Harz
Fliesen aus Sinzig/Rhein und Mettlach/Saar
Terrazzo aus Dresden
Luft-Heizung aus Würzburg
Aufzüge aus Oberhausen
Elektrische Uhren aus Neuchatel

Bei der Vergabe der Aufträge in diese Gegenden sind zwei grundverschiedene Ursachen auseinanderzuhalten: zunächst sind bei einigen die natürlichen Ressourcen ausschlaggebend wie z.B. bei den Greppiner Werken oder den Fliesenfabriken von Sinzig oder Mettlach. Doch schon bei Eisen und Stahl und erst recht bei den angeführten Ausbau-Gewerken zeigt sich, daß die in Berlin ansässige Bau-Industrie damals entweder preislich und qualitativ nicht konkurrenzfähig war oder die gewünschten Leistungen noch nicht anbieten konnte. Dem Verfasser scheint dies ein Aspekt baugeschichtlicher Forschung zu sein, der noch weiter vertieft werden sollte, da er einen wichtigen Einfluß auf die architektonische und bautechnische Entwicklung in Berlin ausübte — und naturgemäß weiter ausüben wird.

5. Nach all dem Glanz, den der »Anhalter« miterlebte, war es von dialektischer Konsequenz, daß er auch in das kriegerische Inferno mit hineingerissen wurde. Purer Größenwahn ließ deutsche Heere durch Europa ziehen, überall Menschen und Kultur mißachtend und vernichtend; geschlagen und wieder zu Hause wandte sich die nach innen gekehrte Zerstörungswut — Ursache und Wirkung verwechselnd — gegen die übrig gebliebenen Spuren der unheilvollen Geschichte. Ganz ohne Auswahl und Ideologie wurde jedoch bei den Abrißanstrengungen nicht vorgegangen; dies beweist einerseits die Erhaltung der Reste von Schwechtens Kaiser-Wilhelm-Gedächtniskirche, andererseits die Liste neuer Opfer unter Feuerwachen und Pumphäusern, Lokschuppen und Bahnhöfen (A 263), Fabriken und Mietshäusern, die durch Flächennutzungspläne, Verrottung und Ignoranz bedroht sind.

Wie im menschlichen Leben Werden und Vergehen nahe beieinander liegen, so gilt dies auch für die Existenz aller Bauwerke; jedoch mit dem fundamentalen Unterschied, daß sich Bauwerke wieder zum Leben erwecken lassen: die Wiederherstellung des dem Anhalter Bahnhof gegenüber liegenden Kunstgewerbe-Museums belegt dies eindrucksvoll. Die vom Verfasser angefertigten Rekonstruktionszeichnungen (B 510 und 511) zeigen den Zustand des Empfangsgebäudes bei der Eröffnung im Jahre 1880 und sollen ein erster Beitrag sein zum Wiederaufbau als Teil des Museums für Technik und Verkehr, das auf dem Anhalter Güterbahnhofsgelände im Werden ist.

B 509 Lageplan des Bahnhofs Berlin der Berlin-Anhaltischen Eisenbahn-Gesellschaft, aus Zs. AIV Hannover 1884

A 263 Das älteste erhaltene Empfangsgebäude in Berlin, der aus dem Jahre 1845 stammende Hamburger Bahnhof wird im Flächennutzungsplan des Senats von Berlin (West) von einer neuen Trasse des Schifffahrtskanals durchquert!

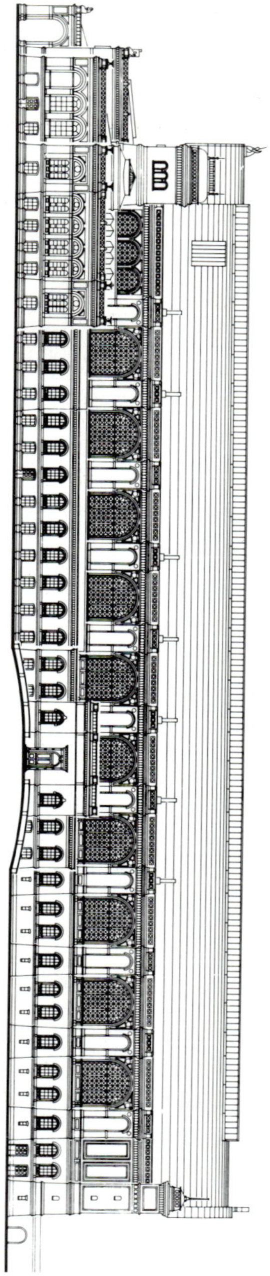

Berlin Anhalter Bahnhof Ansicht von Westen

Zustand 1880

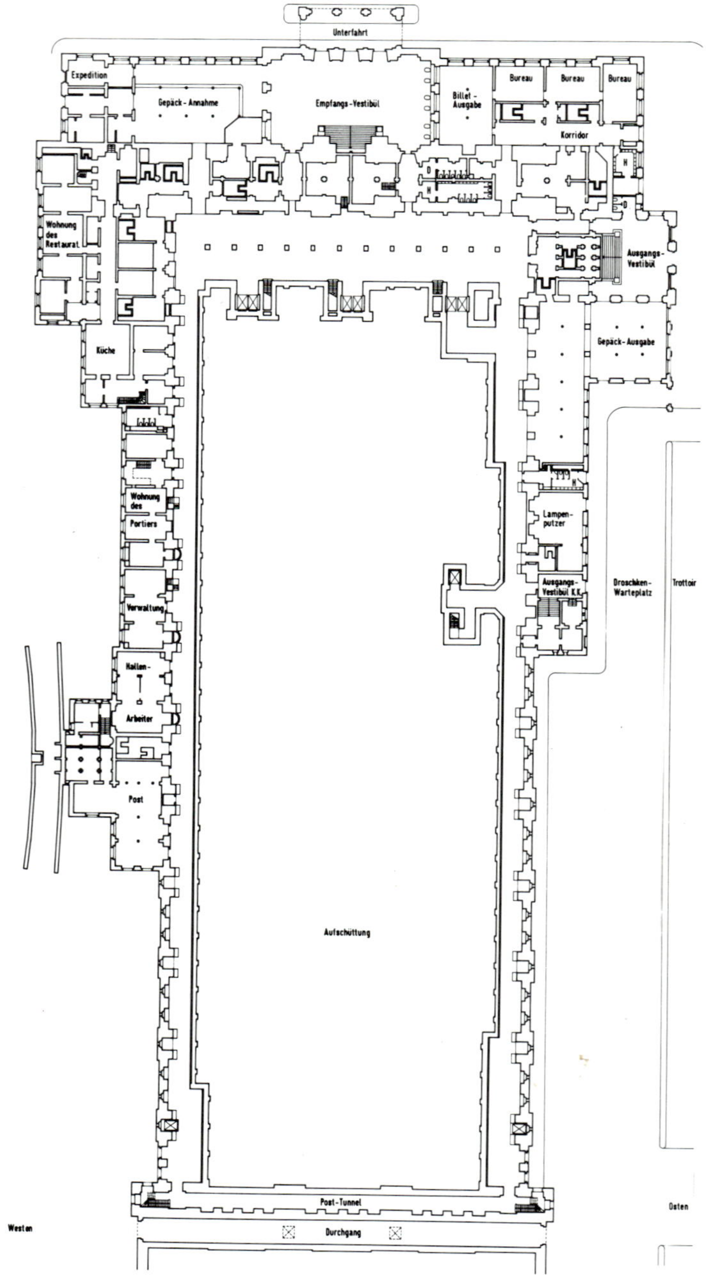

Berlin Anhalter Bahnhof Grundriß des Erdgeschosses

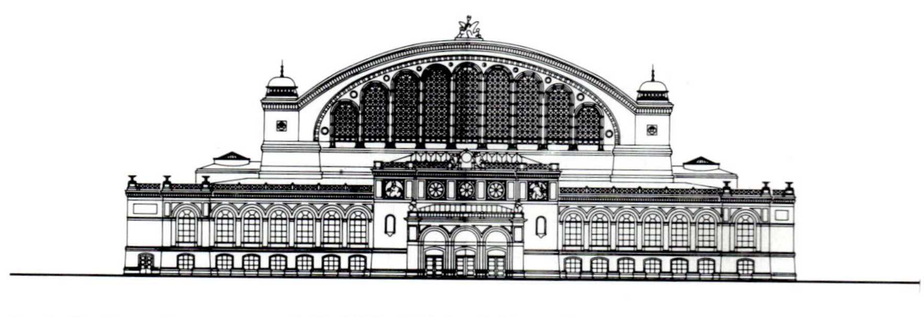

Berlin Anhalter Bahnhof Ansicht von Norden

Zustand 1880 rekonstruiert 1980 von H. Maier

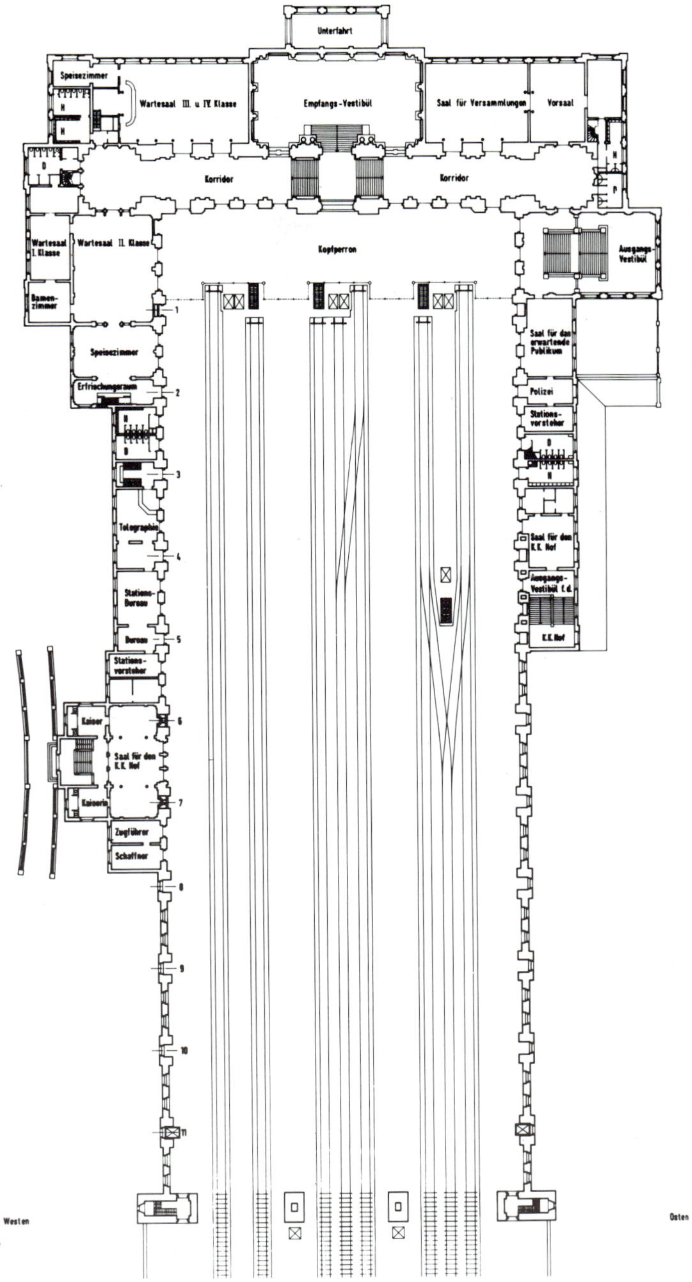

Berlin Anhalter Bahnhof Grundriß des Hauptgeschosses

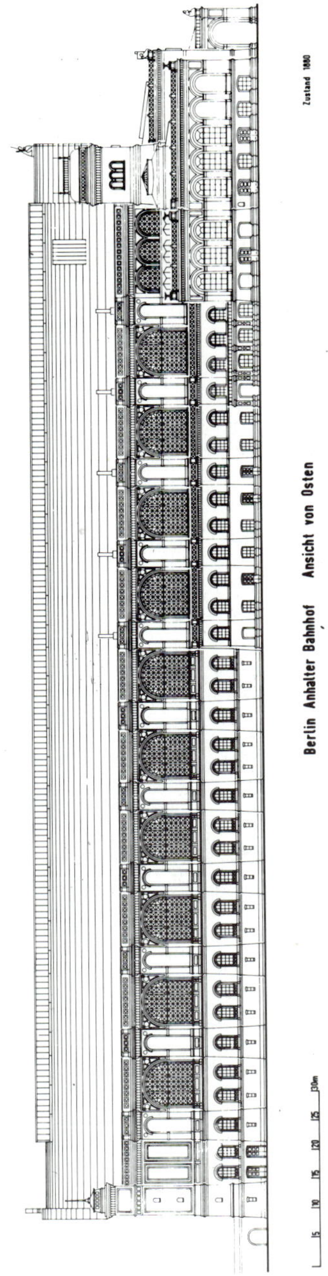

Zustand 1880

Berlin Anhalter Bahnhof Ansicht von Osten

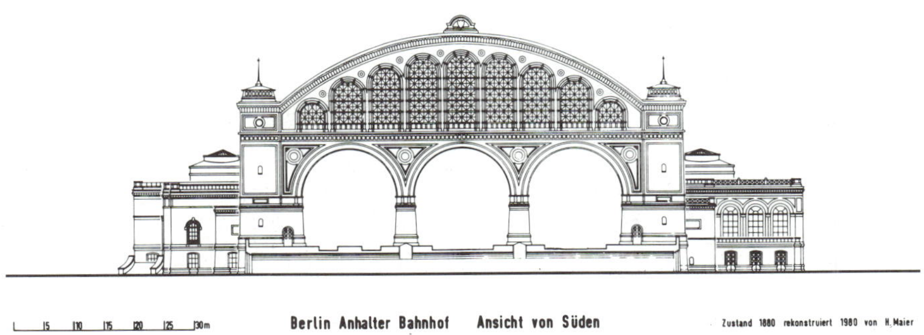

Berlin Anhalter Bahnhof Ansicht von Süden

Zustand 1880 rekonstruiert 1980 von H. Maier

Anhang

1. Forschungslage

Das Eisenbahnwesen und der Bahnhofsbau haben von Anbeginn ihren Niederschlag in einer umfangreichen Fachliteratur gefunden; mit der weiteren technischen Entwicklung in den sich immer mehr differenzierenden Fachzeitschriften — als Beispiele vom Anfang der 1840er Jahre seien genannt die »*Eisenbahn-Zeitung*« und das »*Organ für die Fortschritte des Eisenbahnwesens*«, aus der Zeit der zunehmenden Spezialisierung als Beispiele das »*Journal für Gasbeleuchtung...*«, die »*Zeitschrift für Angewandte Elektricitätslehre...*«, die »*Thonindustrie-Zeitung*« oder die »*Beiträge zur Statistik der Submissionen, insbesondere auf ... Eisenbahn-Material*«.

Als frühe monographische Dokumentation einzelner Bahnhöfe wäre zu nennen »*Der Eisenbahn-Hochbau. In einer Sammlung ausgeführter Bahnhöfe...*« von E. Hacault, Berlin 1858–60 eine kritische Zusammenschau der Bahnhöfe einer ganzen Linie (der Rheinischen Eisenbahn) leistet 1882 Eb. Wulff mit »*Das Eisenbahn-Empfangs-Gebäude nach seinen praktischen Anforderungen und seiner künstlerischen Bedeutung*«.

Die Bahnhofsbauten Berlins wurden selbstverständlich in den zeitgenössischen Bauzeitschriften behandelt, von den in Berlin erschienenen wie der »*Deutschen Bauzeitung*« oder »*Romberg's Zeitschrift für Praktische Baukunst*« etwas häufiger und ausführlicher als von auswärtigen, obwohl wir gerade in der »*Zeitschrift des Architekten- und Ingenieur-Vereins zu Hannover*« von 1884 die informativste Darstellung des gesamten Bahnhofsumbaus der Berlin-Anhaltischen Eisenbahn (von Berlin über Schöneberg bis nach Tempelhof, von Pinkenburg) finden. Außer in diesen Fachzeitschriften wird dem Anhalter Bahnhof in den damaligen Tages- und Wochenzeitungen umso mehr Beachtung zuteil, je weiter er seiner Vollendung entgegengeht; als Beispiel sei hier besonders die Leipziger »*Illustrirte Zeitung*« erwähnt.

Auch in den zahlreichen technischen und wissenschaftlichen Vereinen der Hauptstadt wurden spezielle Aspekte des Eisenbahnwesens behandelt; hervorzuheben sind hier der »Architekten-Verein«, der »Verein Deutscher Ingenieure«, der »Verein für Eisenbahnkunde« und der »Verein zur Beförderung des Gewerbfleißes«, deren Vereinsschriften wichtige Einzelberichte — auch über den Anhalter Bahnhof — enthalten.

Gegen Ende des Jahrhunderts wird den Berliner Eisenbahnen in »*Berlin und seine Bauten*« ein eigenes Kapitel gewidmet und ein selbständiges Werk »*Berlin und seine Eisenbahnen*« (beide 1896). Allen diesen heute wertvollen, zeitgenössischen Darstellungen fehlt aber die Leitidee dieser Arbeit: die Praxis-Orientierung. Man kann sagen, daß sie begreiflicherweise fehlen muß, denn für die Schilderung der Baupraxis, die jedermann in der schnell wachsenden Hauptstadt des Reiches vor Augen hatte, hatte damals wohl niemand besonderes Interesse oder Verständnis.

Die sich im 20. Jahrhundert verstärkende Kritik an den künstlerischen Leistungen des Deutschen Kaiserreiches steigert sich bis hin in die 1950/60er Jahre, wo als deren massivste Form die Abräumung des 19. Jahrhunderts betrieben wird (A 264). Die Berechtigung der Kritik steht außer Fage, aber daß sie unfähig war zu differenzieren, erfordert unseren Widerspruch (A 265). Heute scheint es, als habe erst die Beseitigung so vieler steinerner Zeugen des vorigen Jahrhunderts das Interesse an jener Epoche im allgemeinen gesteigert und auf dem Gebiet der Baukunst zu vielerlei Forschungsarbeit angeregt. Bei den folgenden Publikationen kann es sich nur um eine Auswahl handeln; weitere Literaturangaben finden sich im Anhang.

Zu denken ist vorab an die von der Thyssen-Stiftung geförderte Studienreihe zur Kunst des 19. Jahrhunderts, in welcher sowohl Architekten- und Künstlerpersönlichkeiten als auch spezifische Bauaufgaben — bisher jedoch keine Bahnhöfe — behandelt werden.

Zur »*Berliner Baukunst nach Schinkel 1840-1870*« liegt seit 1977 die hervorragende, umfangreiche und Überblick schaffende Arbeit von Eva Börsch-Supan vor; für den anschließenden Zeitraum Poseners »*Berlin auf dem Wege zu einer neuen Architektur. Das Zeitalter Wilhelms II.*« von

1980. In diesen Arbeiten wird den hiesigen Bahnhöfen große Aufmerksamkeit geschenkt — die vorliegende Arbeit versteht sich als praxisorientierte Ergänzung, dargestellt an einem Einzelbeispiel am Berührungspunkt der beiden Epochen. Mit der Zeit nach Schinkel beschäftigen sich auch Klinkotts »*Martin Gropius und die Berliner Schule*« (Diss. 1971) und Scharabis »*Einfluss der Pariser Ecole des Beaux Arts auf die Berliner Architektur in der 2. Hälfte des 19. Jahrhunderts*« (Diss. 1968), denen der Verfasser ebenfalls wichtige Einblicke in das architektonische Milieu Berlins verdankt. Zu erwähnen sind ferner die unter der Leitung von Peter Bloch entstandenen Forschungsarbeiten, die der bildenden Kunst des 19. Jahrhunderts im Berliner Raum gewidmet sind, darunter diejenige von Frowein-Ziroff über Schwechtens Kaiser-Wilhelm-Gedächtniskirche (1982). Eine Dissertation über Schwechtens Hohenzollern-Schloß in Posen soll demnächst abgeschlossen werden.

Neben der unübersehbar werdenden Eisenbahn-Literatur, zumeist nostalgisch motiviert, entstand zum Thema Bahnhofsbau eine Reihe von Monographien, die vom Standardwerk C.L.V. Meek's angeführt wird: »*The Railroad Station. An Architectural History*« (1956). Er gibt darin einen profunden Überblick über die europäischen und amerikanischen Bahnhöfe des 19. und 20. Jahrhunderts. Das gleiche leistet J. Simmons — begrenzt auf — »*The railways of Britain*« (1968). Für Deutschland versucht H. Müller 1963 mit »*Bahnhofsarchitektur — zur baukünstlerischen Entwicklung vom Empfangsgebäude in Deutschland*« die stilgeschichtliche und die politische Entwicklung in Relation zu setzen: ein erstrebenswertes Ziel kunstgeschichtlicher Forschung, das schwer zu erreichen ist, wie (auch) Müllers Arbeit zeigt. Ferner sind einzelnen Architekten, die die Entwicklung des Bahnhofsbaus entweder durch besondere Projekte oder durch Typenbildung für bestimmte Linien beeinflußten, Untersuchungen oder auch Ausstellungen gewidmet worden, die ihre Spezialgebiete besonders hervorheben; so unter anderem Hittorf, Orth, Stein, Eisenlohr, v. Neureuther. Die bedeutendste Arbeit auf unserem Gebiet legte U. Krings 1981 mit seiner minutiös recherchierten Abhandlung über fünfzehn »*Deutsche Großstadt-Bahnhöfe des Historismus*« — darunter selbstverständlich auch der Anhalter Bahnhof — vor. Neben der stilgeschichtlichen Einordnung der einzelnen Objekte wird der Entwurfsprozeß bis zur Herstellung meist ausführlich beschrieben; die Interpretation der jeweiligen baukünstlerischen Intentionen dürfte das Verständnis für das Phänomen »Historismus« erheblich erweitern, wie auch aus der Behandlung des »delikaten« Lehrter Bahnhofs hervorgeht. — Der Verfasser der vorliegenden Arbeit glaubt sich durch Krings darin bestätigt, daß nur die genaueste Erforschung aller Entwurfsbedingungen und der auf den Herstellungsprozeß einwirkenden Faktoren zu einer befriedigenden Kenntnis der Objekte führt – und zum Genuß dieser Werke. Dazu möchte diese Arbeit einen Beitrag leisten.

A 264 Vgl. »Gutachten« des Amts für Denkmalpflege für den Abriß des Anhalter Bahnhofs v. 30.9.1959

A 265 Ein spätes Beispiel dieser Haltung scheint folgende Einschätzung zu sein: »*Es ist wohl nicht unberechtigt, solche Bauten wie Schwechtens Anhalter Bahnhof (1880) und Wallots Reichstagsgebäude (1882) wilhelminisch zu nennen.*« J. Posener: »Berlin auf dem Wege zu einer neuen Architektur. Das Zeitalter Wilhelms II.« München 1980, S. 23

2. Quellensituation

Im Hinblick auf das angestrebte Ziel, den Entwurfs- und Realisierungsprozeß präzise zu dokumentieren, ist die Quellenlage als spärlich zu bezeichnen und war äußerst schwierig und meist nur lückenhaft zu erschließen. Von den zu vermutenden Gründen seien hier einige benannt:

— Was zunächst die Akten der Privatbahn betrifft, also Geschäftsberichte, Buchhaltung, Bureaustruktur, Baurechnungen u.ä., so sind sicher bereits bei der Verstaatlichung der B.A.E. im Jahre 1882 und der damit verbundenen Überführung der Akten in die preußische Verwaltung Unterlagen verloren gegangen (die Strecke samt Bahnhof Berlin gehörte z.B. eine Zeitlang zum Direktionsbezirk Erfurt). Die Gründung eines zentralen Reichs-Verkehrs-Ministeriums in den 1920er Jahren und die Zusammenfassung der Länderbahnen in der Reichsbahn-Gesellschaft dürften auch zur ungeklärten Abgabe von Akten geführt haben.

— Ein verheerendes Ausmaß in der Vernichtung von historischen Quellen verursachte der Zweite Weltkrieg. Besonders erschwert wurden die Recherchen auch durch die nach 1945 einsetzende Abwanderung vieler Berliner Familien und Firmen in den Westen. Die Teilung der Stadt schließlich bewirkte auch eine Teilung vieler wertvoller Dokumente, die deshalb nur äußerst mühsam zu erschließen sind.

— Für die Odyssee von Akten sei das Beispiel vom »Nachlaß« Schwechtens aufgeführt: Nach Kriegsende wurde er im Keller der Kaiser-Wilhelm-Gedächtniskirche gefunden: niemand weiß, woher er kam. In den sechziger Jahren wurde er im Geheimen Staatsarchiv in Dahlem deponiert; die Kirchengemeinde will Eigentümer sein und bleiben.

— Des weiteren hat sich bei der Quellensuche erschwerend ausgewirkt, daß das 19. Jahrhundert zu lange »verachtet« wurde. Das macht sich besonders bemerkbar bei den vernachlässigten Sammelgebieten öffentlicher Bibliotheken und Archive: technische Zeitschriften, Firmenschriften zu Jubiläen, Publikationen von Branchenverbänden und -vereinen etc. sind offenbar

Stiefkinder dieser aufs »Geistige« orientierten Institutionen (A 266).
Definitorisch werden hier nur diejenigen gezeichneten und schriftlichen Unterlagen als Quellen aufgeführt, die von der Berlin-Anhaltischen Eisenbahn bzw. von deren Mitarbeitern selbst stammen oder, im Falle von offiziellen Verhandlungen, mit diesen verfaßt wurden.
Photographische Aufnahmen werden den Primär-Quellen zugerechnet.
Mitteilungen der am Bau beteiligten Firmen bzw. von deren Mitarbeitern (z.B. Siemens & Halske) werden ebenfalls wie Primär-Quellen gewertet.
Berichte über den Anhalter Bahnhof — gleichgültig, ob zeitgenössische oder spätere, ob aus der Fachliteratur oder aus Heimatgeschichten — sind unverzichtbare, aber nicht immer verläßliche Ergänzungen, die wegen ihrer Subjektivität oder anderweitiger Ungenauigkeit nur als Sekundär-Quellen verwendet werden (als eklatantes Beispiel: die widersprüchlichen Berichte und Zeichnungen für die Montagegerüste der Hallenbinder).

Zur Quellenlage im einzelnen:
1. Vom *Bahnhof der 1. Generation*, eröffnet 1841, ist nur der (nicht ausgeführte) Entwurf vorhanden; die Bauantrags-Pläne sind aus der Bauakte verschwunden. Von diesem Bau sind bis jetzt auch keine photographischen Aufnahmen gefunden.

2. Vom *Bahnhof der 2. Generation* (1871 bis 1880 geplant und erbaut) sind Original-Zeichnungen des Entwurfs im sogenannten Nachlaß Schwechtens vorhanden; bei diesen Blättern handelt es sich jedoch nicht um den von der Eisenbahn-Gesellschaft archivierten Entwurfsprozeß, sondern nur um diejenigen Entwürfe, welche der Architekt privat aufbewahrt hatte.
Die Bauantrags-Pläne sind — unvollständig — in der Bauakte erhalten geblieben; eine Übersicht darüber befindet sich in dem Abschnitt, wo sie besprochen werden.
Von den Ausführungsplänen, die in größerer Zahl benötigt wurden und daher lithographiert sind, besitzt das Landesarchiv von Berlin (West) die Gesamtgrundrisse, die Hauptfassade mit einem Schnitt und einem Ausschnitt der Längsfassade; darüber hinaus sind in der Bauakte noch mehrere Schnitte mit (Innen-)Ansichten der Publikumsräume (Vestibüle, Wartesäle etc.) erhalten; in den jeweiligen Abschnitten sind die Pläne aufgeführt.
Bedauerlicherweise konnten (bis jetzt) keine photographischen Aufnahmen entdeckt werden von interessanten Bereichen wie dem Baubetrieb (Baustellen-Einrichtungen, Gerüste und Aufzüge, Binder-Montage und -Verschub), der technischen Erstausstattung des Gebäudes (elektrische Beleuchtung, elektrische Uhrenanlage, hydraulische Aufzüge etc.) sowie der Ausführung der Innenräume.

3. Erhalten gebliebene *Veröffentlichungen der B.A.E.* betreffen hauptsächlich die Gründungsphase (um 1838), den erwähnten Entwurf zum Berliner Bahnhof (1838) sowie das Gesellschafts-Statut von 1839.
Die Geschäftsberichte heben meist nur auf die wirtschaftliche Entwicklung des Unternehmens ab; auch während der Bauzeit (1875 bis 1880) gehen aus den veröffentlichten Geschäftsberichten nur wenige die Bautätigkeit betreffende Einzelheiten hervor; interne Berichte liegen nicht vor.
Die Submissions-Annoncen der B.A.E. für den Neubau (ab 1875) konzentrieren sich auf zwei Bauzeitschriften und bilden trotz nicht behebbarer Lücken das Datengerüst für den Bauablauf.
Hierher gehört auch der Hinweis auf die leider nur verstümmelt erhaltene Urkunde von der Grundsteinlegung (Datum unleserlich), auf deren korrekte Bergung beim Abriß nicht geachtet wurde.

4. Die *Verhandlungen zwischen B.A.E. und Staat* betreffen in der Gründungsphase die Konzessionierung und Streckenführung, worüber die Preußischen Ministerien des Inneren und des Handels (später der öffentlichen Arbeiten) zu entscheiden hatten.
Für die Bauprojekte, die größtenteils außerhalb der alten Stadtmauer lagen, also schon in der Provinz Brandenburg (Bahnhofs- und Straßenanlagen, Brücken über den Landwehrkanal, Erweiterungen südlich davon auf den Gemarkungen Schöneberg und Tempelhof etc.), war die Provinzial-Regierung in Potsdam zuständig. Die Akten dieser Ministerien gewähren einen lehrreichen Einblick in die damalige Behördenstruktur und den Genehmigungsweg solcher Projekte.
Schließlich ist an die Verstaatlichung der B.A.E. im Jahre 1882 zu denken: die Auseinandersetzungen gehen aus den Akten des Reichs-Eisenbahn-Amts hervor.

5. Von einzelnen *Mitarbeitern der B.A.E.* stammen die folgenden Nachrichten, Veröffentlichungen bzw. Nachlässe:
Franz Schwechtens Lebensläufe für die Kgl. Akademie der Künste samt Werk-Verzeichnis von 1885 und 1917; der bereits erwähnte sogenannte Nachlaß, der aber außer Zeichnungen und Zeitungsberichten nichts Privates enthält; eine Sammlung von photographischen Aufnahmen der Terrakotten für den Anhalter Bahnhof, die dem Architekten-Verein gewidmet ist.
Heinrich Seidels autobiographische Erzählungen (»*Leberecht Hühnchen*«, »*Bureauleben*« etc.) sind der fünfbändigen Cotta-Ausgabe von 1925 entnommen; im Nachlaß konnten mehrere Briefe, die zur genaueren Datierung des Bauablaufs beitragen, aber leider kein Tagebuch gefunden werden.
Zur aktiven Rolle, die Friedrich Philipp Fournier, von 1848 bis 1882 Vorsitzender der Direktion, bei der Formulierung des Programms und bei der Realisierung des Projekts gespielt haben muß, konnten leider nur ganz wenige Einzelheiten in Erfahrung gebracht werden, zur Person selbst immerhin eine Portraitaufnahme.

A 266 Dazu zwei Beispiele: 1. Die renommierte »Deutsche Bauzeitung« hatte in dem hier zu behandelnden Zeitraum einen höchst aussagefähigen Annoncenteil, dessen Umfang den des redaktionellen Teils häufig übertraf: von einigen Jahrgängen existieren diese Annoncenteile nur noch in jeweils einem einzigen Exemplar — in unterschiedlichen Bibliotheken der Bundesrepublik Deutschland. 2. Zwischen 1870 und 1880 gab es für das Wirtschaftsleben mindestens drei wichtige Submissions-Zeitungen: »Deutscher Submissions-Anzeiger«, »Cyclop« und das »Centralblatt für Submissionen«. Nach erfolglosen Bemühungen, diese Periodika über die Fernleihe in der Bundesrepublik Deutschland oder DDR nachgewiesen zu bekommen, hat der Verfasser über 90 Fach- bzw. Firmenbibliotheken zwischen Danzig, Wien, Zürich und Metz angeschrieben, leider ebenfalls ohne das gewünschte Resultat.

3. Nachweis der benutzten Quellen

Original-Pläne der B.A.E. (vormals: B.S.E.) für den Anhalter Bahnhof der 1. Generation: nur der nicht ausgeführte Entwurf vorhanden in:
- Plankammer Schloß Charlottenburg

Original-Pläne der B.A.E. für den Anhalter Bahnhof der 2. Generation:
- Baupolizei-Akten im Bezirksamt Kreuzberg von Berlin
- Geheimes Staatsarchiv Berlin-Dahlem: Depositum Schwechten Nr. 397/1-398/8
- Landesarchiv Berlin (West): Acc. 1135

Veröffentlichungen der B.A.E. (vorm. B.S.E.)
»Rundschreiben an die Herren Actien-Zeichner zum Bau der Berlin-Sächsischen Eisenbahn.« 14. Juni 1838. (Berlin)
»Bericht an das Comité der Berlin-Sächsischen Eisenbahn-Gesellschaft über die Vorzüge der Allerhöchst genehmigten, direkt von Berlin ausgehenden Berlin-Sächsischen Eisenbahn . . . Gefertigt durch Petersen und Rosenbaum.« Im Juli 1838. (Berlin)
»Projekt zu dem Bahnhofe der Berlin-Sächsischen Eisenbahn-Anlage in Berlin.« 1838. (Berlin)
Statut der Gesellschaft vom 3. April 1839, in: Gesetz-Sammlung für die Königlichen Preußischen Staaten. No. 16/1839
Geschäftsberichte der B.A.E. (unvollständig) in: ZVE
Submissions-Anzeigen der B.A.E. (unvollständig) in: DBZ, BGZ
Urkunde zur Grundsteinlegung, in: Kunstamt Kreuzberg von Berlin

Verhandlungen zwischen B.A.E. und Ministerien betreffend Konzessionierung, Linienführung, Bahnhofs- und Straßen-Anlagen in und bei Berlin, Bebauungsplan, Landwehrkanal, Höhenlage, Verstaatlichung:
Preußisches Ministerium des Innern: Rep. 77 CCLVIII, und
Preußisches Ministerium der öffentlichen Arbeiten: Eisenbahnangelegenheiten. Rep. 93 B und 93 E,
beide in:
- Zentrales Staatsarchiv Merseburg

Regierung Potsdam: Pr. Br. Rep. 2 A I Verkehr, in:
- Staatsarchiv Potsdam

Reichs-Eisenbahn-Amt, in:
- Zentrales Staatsarchiv Potsdam

Veröffentlichungen und Nachlässe von Mitarbeitern der B.A.E.
Franz Schwechten
Lebensläufe mit Werkverzeichnis von 1885 und 1917 für das Archiv der Königlichen Akademie der Künste
»Bauornamente für den Anhalter Bahnhof.« Eine Sammlung von photographischen Aufnahmen, dem Architekten-Verein zu Berlin, 1880
»Nachlaß« als Depositum im Geheimen Staatsarchiv Berlin-Dahlem
Brief vom 30. 6. 1869 an den Minister für Handel betr. »Schinkel-Reise«, in: Slg. Darmstaedter, Staatsbibliothek (1a) Berlin (West)
Heinrich Seidel
Gesammelte Werke. J. G. Cotta'sche Buchhandlung Nachf. Stuttgart und Hermann Klemm AG Berlin-Grunewald
Nachlaß im Deutschen Literaturarchiv/Schiller-Nationalmuseum Marbach a. N.
Fr. Ph. Fournier
»Persönliches« in Privatbesitz
Pinkenburg
»Umbau des Anhalter Bahnhofes zu Berlin in den Jahren 1872–1880.« Sonderdruck der Zeitschrift des Architekten- und Ingenieur-Vereins zu Hannover 1884

4. Literatur-Nachweis

Adler, Friedrich, Die Baugeschichte von Berlin, Berlin 1861
Adler, Friedrich, Die Bauschule zu Berlin von C. F. Schinkel. Festrede gehalten bei der Schinkel-Feier am 13. März 1869, Berlin 1869

Bahnpostdienst und Bahnhofs-Aufsichtsdienst, Berlin o. J.
Barkhausen, Blum, v. Borries, (Hrsg.), Der Eisenbahnbau der Gegenwart. Dritter Abschnitt. Bahnhofs-Anlagen, Wiesbaden 1899
Deutsches Bauhandbuch. Eine systematische Zusammenstellung der Resultate der Bauwissenschaften mit allen Hülfswissenschaften in ihrer Anwendung auf das Entwerfen und die Ausführung der Bauten. Veranstaltet von den Herausgebern der Deutschen Bauzeitung und des Deutschen Baukalenders.
Band II: Baukunde des Architekten, Berlin 1880
Band III: Baukunde des Ingenieurs, Berlin 1879
Beenken, Hermann, Schöpferische Bauideen der deutschen Romantik, Mainz 1952
Beil, Johann Adam, Stand und Ergebnisse der Deutschen, Amerikanischen, Englischen, Französischen, Belgischen, Holländischen, Italienischen und Russischen Eisenbahnen am Schluße des Jahres 1843. Frankfurt/Main 1844
Benjamin, Walter, Gesammelte Schriften IV, Hrsg. v. T. Rexroth, Frankfurt/M. 1972
Berger, Louis Konstanz, Der alte Harkort. Ein westfälisches Lebens- und Zeitbild, Leipzig 1890
Bericht über die Gemeinde-Verwaltung der Stadt Berlin in den Jahren 1861 bis 1876, Berlin 1880
Berlins Aufstieg zur Weltstadt. Ein Gedenkbuch hrsg. vom Verein Berliner Kaufleute und Industrieller, Berlin 1929
Berlin und seine Bauten. Hrsg. vom Architekten-Verein zu Berlin. Berlin 1877 und 1896
Berlin und seine Eisenbahnen 1846–1896. Hrsg. im Auftrage des Königlich

Preußischen Ministers der öffentlichen Arbeiten, Berlin 1896
Bethke, H., Dekorativer Ziegelbau ohne Putz, Stuttgart 1877
Beyer, Peter, Leipzig und die Anfänge des deutschen Eisenbahnbaus. Die Strecke nach Magdeburg als zweitälteste deutsche Fernverbindung und das Ringen der Kaufleute um ihr Entstehen 1829–1840, Weimar 1978
Beyer, Peter, Vom Werden der Glötzschtal- und der Elstertalbrücke, 2. Aufl., Mylau 1976
Bloch, Peter und *Grzimek,* Waldemar. Das klassische Berlin, Berlin, Frankfurt/Main, Wien 1978
Börsch-Supan, Eva, Berliner Baukunst nach Schinkel 1840–1870, München 1977
Borstell, Gustav, Der Innere Ausbau von Wohngebäuden. Eine Sammlung ausgeführter Arbeiten der Maurer, Tischler, Schlosser, Töpfer etc. Berlin 1855
Brandt, Walther, Schlaf- und Speisewagen der Eisenbahn. Ihre Entwicklung und Geschichte, Stuttgart 1968
Bruch, Ernst, Berlin's bauliche Zukunft und der Bebauungsplan. In: Deutsche Bauzeitung, Berlin 1870
Burckhardt, Jacob, Kunst und Kultur der Renaissance in Italien, Köln 1953

Catalog der Fachausstellung des 6. Deutschen Malertags zu Berlin 13.–15. November 1879
Cauer, Wilhelm, Personenbahnhöfe. Grundsätze für die Gestaltung großer Anlagen, Berlin 1913

Denkschrift. Ist es mit den Interessen von Groß-Berlin vereinbar, die Güterbahnhöfe aus der Innenstadt in die Außenbezirke zu verlegen? Aufgestellt vom Architekten-Ausschuß Groß-Berlin, Berlin 1913
Das geistige Deutschland am Ende des XIX. Jahrhunderts. Enzyklopädie des deutschen Geisteslebens in biographischen Skizzen. Leipzig, Berlin 1898

Eckhart, A. (Hrsg.), Die Technik des Verblendsteins, Halle/S. 1884
Eichholtz, Dietrich, Junker und Bourgeoisie vor 1848 in der preußischen Eisenbahngeschichte, Berlin 1962
Ernst, Ad., Die Hebezeuge. Theorie und Kritik ausgeführter Konstruktionen. Ein Handbuch für Ingenieure und Architekten sowie zum Selbstunterricht für Studirende, Berlin 1883

Ferber, Christian (Pseudonym), Die Seidels. Geschichte einer bürgerlichen Familie, Stuttgart 1979
Festschrift zur Eröffnung des Kunstgewerbe-Museums zu Berlin, Berlin 1881
Festschrift: 125 Jahre C. Hempelmann Hildesheim, Darmstadt 1963
Festschrift zur Jahrhundertfeier der Berlin-Potsdamer Eisenbahn. Leipzig 1938
Festschrift über die Thätigkeit des Vereins Deutscher Eisenbahn-Verwaltungen in den ersten 50 Jahren seines Bestehens 1846–1896, Berlin 1896
Fiebelkorn, Max, Die künstlichen Baustoffe Berlins (Tonziegel-, Kalksandsteine, Zementmauersteine), ihre Geschichte und ihre Herstellung. In: Brandenburgia. Monatsblatt der Gesellschaft für Heimatkunde der Provinz Brandenburg zu Berlin. 1906
Fleischinger, A. F., und *Becker,* W. A., Systematische Darstellung der Bau-Constructionen. Berlin 1863
Friedl, Guido, Der Architekt Wilhelm von Flattich (1826–1900), Wien 1979
Fröhlich, Martin, Gottfried Semper – Zeichnerischer Nachlass der ETH Zürich. Kritischer Katalog. Basel, Stuttgart 1974
Frowein-Ziroff, Vera, Die Kaiser-Wilhelm-Gedächtniskirche, Berlin 1982
Fürst, Artur, Die Hundertjährige Eisenbahn. Wie Meisterhände sie schufen, München 1925
Fürst, Artur, Das Reich der Kraft, Berlin 1912

Gisevius, Hans-Friedrich, Zur Vorgeschichte des Preußisch-Sächsischen Eisenbahnkrieges, Berlin 1971
Gönnenwein, Otto, Württemberg und die Vereinheitlichung des deutschen Eisenbahnwesens. (Diss.), Heidelberg 1918
Gottgetreu, Rudolph, Physische und chemische Beschaffenheit der Baumaterialien. Deren Wahl, Verhalten und zweckmässige Verwendung. Ein Handbuch für den Unterricht und das Selbststudium. 1. Bd., Berlin 1874
Gröninck, Ernst, Berlin und seine zukünftigen Central-Bahnhofs- und Central-Hafen-Anlagen, Berlin 1901
Ausgeführte Heizungs- und Lüftungs-Anlagen der Firma David Grove, Berlin 1895
Grüttefien, E., Vergleichender Überblick über die neueren Umgestaltungen der größeren preußischen Bahnhöfe. Sonderdruck des Centralblatt der Bauverwaltung. Berlin 1888
Gurlitt, Cornelius, Die deutsche Kunst seit 1800. Ihre Ziele und Taten. Berlin 1924

Hacault, Edmund, Der Eisenbahn-Hochbau. Sammlung ausgeführter Bahnhöfe und anderer Baulichkeiten. Berlin 1858–1860
Hahn, Günther, Entwürfe eines Architekten aus der zweiten Hälfte des neunzehnten Jahrhunderts – August Orth, (Diss.) Berlin 1954
Häseler, E., Die eisernen Brücken. Ein Handbuch zum Gebrauche beim Entwerfen eiserner Brücken sowie beim Unterrichte an Technischen Lehranstalten. Braunschweig 1888
Handbuch der Bezugsquellen und Preise aller Baumaterialien, Hrsg. von Johannes Corvin, Berlin, Leipzig 1878
Handbuch der Ingenieurwissenschaften. 4. Band: Die Baumaschinen. Hrsg. von F. Lincke. Leipzig 1885
Hegemann, Werner, Das steinerne Berlin. Geschichte der größten Mietskasernenstadt der Welt, Berlin 1930
Heinrich, Ernst, mit *Juckel,* Hannelore, Der »Hobrechtplan«. In: Jahrbuch für brandenburgische Landesgeschichte, Berlin 1962
Heinzerling, F., Hochbauten mit eisernen Pult- und Satteldächern, Berlin 1876
Heinzerling, F., Hochbauten mit eisernen Tonnendächern, Berlin 1878
Heinzerling, F., Die angreifenden und widerstehenden Kräfte der Brücken- und Hochbau-Constructionen, Berlin 1867
Herrmann, Wolfgang, Deutsche Bau-

kunst des 19. und 20. Jahrhunderts. Basel, Stuttgart 1977
Herzberg, Alexander und *Meyer,* Dietrich, Ingenieurwerke in und bei Berlin, Berlin 1906
Heusinger von Waldegg, Edmund, (Hrsg.), Handbuch für specielle Eisenbahn-Technik. Erster Band. Der Eisenbahnbau, Leipzig 1870
Heusinger von Waldegg, Edmund, (Hrsg.), Sammlung bewährter Bahnhofsgrundrisse von den Bahnen des Vereins Deutscher Eisenbahn-Verwaltungen. 4. Supplementband des Organs für die Fortschritte des Eisenbahnwesens, Wiesbaden 1870
Hildebrand, Josephine, Das Leben und Werk des Berliner Bildhauers Otto Geyer (1843–1914) dargestellt unter besonderer Berücksichtigung seiner historischen Figurenfriese, (Diss.) Berlin 1975
Hinz, Gerhard, Peter Josef Lenné und seine bedeutendsten Schöpfungen in Berlin und Potsdam, Berlin 1937
Hobrecht, James, Entwicklung der Verkehrs-Verhältnisse in Berlin. Vortrag gehalten am Schinkelfest 13. März 1893, Berlin 1893
Hoffmann-Axthelm, Dieter, Das abreißbare Klassenbewußtsein, Gießen 1975
Holz, F. W., Sammlung Architectonischer Entwürfe von Städtischen Gebäudeansichten mit Details der Architectur und erläuterndem Text, Berlin 1843
Holz, F. W., Ziegelstein-Architectur. Auswahl practischer Beispiele, Berlin 1860

Jansa, Friedrich, (Hrsg.), Deutsche bildende Künstler in Wort und Bild, Leipzig 1912

Katalog der Gewerbe- und Industrie-Ausstellung 1881 zu Halle a. S., Berlin 1881
Kerl, Bruno, Handbuch der gesammten Thonwaarenindustrie, Braunschweig 1879
Klette, R., Die Farbe in der Architektur. Vorbilder für die farbige Ausstaltung und Darstellung architektonischer Entwürfe im Haustein- und Ziegelrohbau. Halle a. S. 1888
Klinkott, Manfred, Die Berliner Backstein- und Terrakotta-Architektur in der zweiten Hälfte des 19. Jahrhunderts. In: Architectura. Zeitschrift für Geschichte der Baukunst, 1975
Klinkott, Manfred, Martin Gropius und die Berliner Schule, (Diss.) Berlin 1971
Kocka, Jürgen, Unternehmensverwaltung und Angestelltenschaft am Beispiel Siemens 1847–1914, in: Industrielle Welt Bd. 11, Stuttgart o. J.
Köln und seine Bauten. Festschrift zur VIII. Wanderversammlung des Verbandes deutscher Architekten- und Ingenieur-Vereine in Köln vom 12. bis 16. August 1888. Hrsg. vom Architekten- und Ingenieur-Verein für Niederrhein und Westfalen. Köln 1888
Koenig, G., Über Zinkblecharbeiten, Halle/S. 1887
Krings, Ulrich, Deutsche Großstadt-Bahnhöfe des Historimus, (Diss.) Köln 1981
Kubinsky, Milhály, Bahnhöfe Europas, Stuttgart 1969
Kuczynski, Jürgen, Vier Revolutionen der Produktivkräfte. Theorie und Vergleiche. Mit kritischen Bemerkungen und Ergänzungen von Wolfgang Jonas, Berlin 1975
Kuhnow, A., Verwitterungen an Berliner Roh-Bauten. Beitrag zur Untersuchung des Ziegelmaterials, Berlin 1884

Allgemeines Lexikon der bildenden Künstler von der Antike bis zur Gegenwart. Begründet von U. Thieme und F. Becker. Hrsg. von Hans Vollmer, Leipzig 1936
Allgemeines Künstler-Lexicon. Leben und Werke der berühmtesten bildenden Künstler. Hrsg. von Hans Wolfgang Singer, Frankfurt/M. 1901
Meyers Großes Konversations-Lexikon, Leipzig, Wien 1909

Matschoss, Conrad, (Hrsg. im VDI), Technik Geschichte. Bd. 24 der Beiträge zur Geschichte der Technik und Industrie, (BGTI), Berlin 1935
Meeks, Carroll L. V., The railroad station. An archtictural history. New Haven 1956
Meißner, Georg, Die Hydraulik und die hydraulischen Motoren. Ein Handbuch für Ingenieure, Fabrikanten und Constructeure, Jena 1878
Menzel, C. A., (Hrsg.), Jahrbuch der Baukunst und Bauwissenschaft in Deutschland, Eisleben 1844
Merlo, Johann Jacob, Kölnische Künstler in alter und neuer Zeit, Düsseldorf 1895
Messerschmitt, A. (Hrsg.), Die Calculation der Eisenconstructionen, insbesondere der Brücken, Dampf- und Locomotivkessel, wie der Gerüstbauten und der Ingenieur in seinem Betriebe nebst Bestimmung aller einschlägigen Accordgedinge, erläutert durch vielfache Beispiele und Zeichnungen von Gerüstbauten, Essen 1884
Meyer, Alfred Gotthold – *v. Tettau,* Wilhelm, Eisenbauten. Ihre Geschichte und Aesthetik, Esslingen 1907
Meyer, Herrmann, 50 Jahre bei Siemens, Berlin 1927
Michaelis, Julius (Hrsg.), Deutschlands Eisenbahnen. Ein Handbuch für Geschäftsleute, Privatpersonen, Kapitalisten und Speculanten enthaltend Geschichte und Beschreibung der Eisenbahnen, deren Verfassung, Anlagecapital, Frequenz, Einnahme, Rentabilität und Reservefonds nebst tabellarischer Uebersicht der Actiencurse, Leipzig 1854
Mothes, Oscar (Hrsg.), Illustrirtes Bau-Lexikon. Praktisches Hülfs- und Nachschlagebuch im Gebiete des Hoch- und Flachbaues, Land- und Wasserbaues, Mühlen- und Bergbaues, der Schiffs- und Kriegsbaukunst, sowie der mit dem Bauwesen in Verbindung stehenden Gewerbe, Künste und Wissenschaften. Leipzig, Berlin 1874
Mottek, Hans, Die Ursachen der preußischen Eisenbahnverstaatlichung des Jahres 1879 und die Vorbedingungen ihres Erfolges, (Diss.) Berlin 1950
Müller, Hans, Bahnhofsarchitektur – zur baukünstlerischen Entwicklung von Empfangsgebäuden in Deutschland. (Diss.) Berlin 1963

Nalli-Rutenberg, Agathe, Das alte Berlin, Berlin 1912

Neumann, R., Über den Backstein. In: Zeitschrift für Bauwesen, Berlin 1876–1878
Gottfried von Neureuther. Architekt der Neorenaissance in Bayern 1811–1887 Aus den Beständen der Architektursammlung der Technischen Universität München, München 1978
Nordmann, Hans, Die ältere preußische Eisenbahngeschichte, Berlin 1950

Obst, Erich und *Freymark,* Hermann, Die Grundlagen der Verkehrsentwicklung Schlesiens und die Entstehung des schlesischen Eisenbahnnetzes. Breslau 1942
Oder, M., und *Blum,* O., Abstellbahnhöfe (Betriebsbahnhöfe für den Personenverkehr), Berlin 1904
Orth, August, Zur Baulichen Reorganisation der Stadt Berlin. Zwei Denkschriften und eine am Schinkelfeste 1875 gehaltene Festrede, Berlin 1875

Pevsner, Nikolaus, Europäische Architektur von den Anfängen bis zur Gegenwart, München 1957
Pevsner, Sir Nikolaus, *Fleming,* John und *Honour,* Hugh (Hrsg.), Lexikon der Weltarchitektur, München 1971
Posener, Julius, Berlin auf dem Wege zu einer neuen Architektur. Das Zeitalter Wilhelms II., München 1980
Puls, Eduard, und *Pertzel,* Anton, Ornamentik für Schlosser und Architekten. Darstellung von Kunst- und Schmiede-Arbeiten alter und neuer Zeit. Gera und Leipzig 1881

v. Reden, Frhr. Friedrich Wilhelm, Die Eisenbahnen Deutschlands. Statistisch-geschichtliche Darstellung ihrer Entstehung, ihres Verhältnisses zu der Staatsgewalt, sowie ihrer Verwaltungs- und Betriebs-Einrichtungen, Berlin, Posen und Bromberg 1843–1847
Reuleaux, F. (Hrsg.), Der Weltverkehr und seine Mittel. I. Rundschau über Schiffahrt, Landfahrt und Welthandel, Leipzig, Berlin 1887
Riedler, A., Personen- und Lastenaufzüge und Fördermaschinen. In: Bericht über die Weltausstellung in Philadelphia 1876. Hrsg. von der Österreichischen Commission für die Weltausstellung in Philadelphia 1876, Wien 1877
Röll, Victor (Hrsg.), Encyclopädie des gesamten Eisenbahnwesens in alphabetischer Anordnung, Wien 1891
Röttcher, Hugo, Empfangsgebäude der Personenbahnhöfe, Berlin 1933
Rosenberg, Adolf, Berliner Architektur 1875–1890. In: Zeitschrift für bildende Kunst, Leipzig 1890

Schadendorf, Wulf, Das Jahrhundert der Eisenbahn, München 1965
Scharabi, Mohamed, Einfluss der Pariser École des Beaux-Arts auf die Berliner Architektur in der 2. Hälfte des 19. Jahrhunderts, (Diss.), Berlin 1968
Schild, Erich, Der Nachlaß des Architekten Hittorff, (Diss.) Aachen 1956
Schild, Ingeborg, Theodor August Stein, das Lebenswerk eines Ingenieur-Architekten im 19. Jahrhundert, (Habil.) Aachen 1970
Schivelbusch, Wolfgang, Geschichte der Eisenbahnreise. Zur Industrialisierung von Raum und Zeit im 19. Jahrhundert, Frankfurt/Main, Berlin, Wien 1979
Schinkel, Karl Friedrich, Sammlung Architektonischer Entwürfe, Berlin
Schmidt, Otto, Neuere Bauformen des Ziegel-, Quader- und Holzbaues, Berlin 1881
Schmitt, Eduard, Vorträge über Bahnhöfe und Hochbauten auf Locomotiv-Eisenbahnen. Erster Theil. Die Anlage der Bahnhöfe, Leipzig 1873
Zweiter Theil. Hochbauten für die Zugförderung und Bahnbewachung, Leipzig 1882
Schmitz, J. W., Berlins Bewässerung und Verbindung der Eisenbahnen durch wasserführende Viaducs, Köln 1844
Schumacher, Wilhelm, Die keramischen Thonfabrikate. I. Allgemeine Keramik, II. Die Thonfabrikate mit einfachem Scherben, Weimar 1884
Schwatlo, C. (Hrsg.), Handbuch zur Beurteilung und Anfertigung von Bauanschlägen, Halle/S. 1874
Semper, Gottfried, Der Stil in den technischen und tektonischen Künsten oder praktische Aesthetik. München 1878
Simmons, Jack, The railways of Britain. An historical introduction, London, Melbourne, Toronto, New York 1968
Simmons, Jack, The railway in England and Wales, Leicester 1978
Slotta, Rainer, Technische Denkmäler in der Bundesrepublik Deutschland, Bochum 1975
Speer, Albert, Architektur. Arbeiten 1933–1942, Frankfurt/M, Berlin, Wien 1978
Spemann, Wilhelm, Kunstlexikon. Ein Handbuch für Künstler und Kunstfreunde, Berlin, Stuttgart 1905
Spemanns goldenes Buch vom Eignen Heim. Eine Hauskunde für Jedermann. Berlin, Stuttgart 1905
Stegemann, Rudolf, (Hrsg.), Das große Baustoff-Lexikon. Handwörterbuch der gesamten Baustoffkunde, Stuttgart, Berlin 1941
Stiehl, Otto, Der Backsteinbau romanischer Zeit besonders in Oberitalien und Norddeutschland, Leipzig 1898
Stiehl, Otto, Der Backsteinbau und seine Wirkung in der Landschaft. In: Dürer-Bund, 112. Flugschrift zur Ausdruckskultur. München 1913
Oertliche Straßenbau-Polizei (mit Ausschluß der Entwässerung) und Verkehrswesen. In: Berliner Gemeinderecht, Berlin 1902
Strauch, F.A.W., Die Arbeiten des Bau-Tischlers. Zum Unterricht und praktischen Gebrauch für Architekten und Handwerker, Berlin 1861
Streckfuß, Adolph, Berlin im neunzehnten Jahrhundert, Berlin 1868

Technische Vereinbarungen des Vereins Deutscher Eisenbahn-Verwaltungen über den Bau und die Betriebs-Einrichtungen der Eisenbahnen. Redigirt von der technischen Commission des Vereins nach den Beschlüssen der in Hamburg vom 26.–29. Juni 1871 abgehaltenen V. Techniker-Versammlung des Vereins. Hrsg. von der geschäftsführenden Direktion des Vereins Deutscher Eisenbahn-Verwaltungen, Wiesbaden 1871
Verwaltungs-Bericht des Königlichen Polizei-Präsidiums von Berlin für die Jahre 1871–1880, Berlin 1882

Viollet-le-Duc, M., Dictionnaire Raisonné de l'Architecture Française du XIe au XVIe Siècle. Paris (Réimpression) 1967

Wagenblaß, Horst, Der Eisenbahnbau und das Wachstum der deutschen Eisen- und Maschinenbauindustrie 1835 bis 1860, in: Forschungen z. Sozial- u. Wirtschaftsgeschichte Bd. 18, Stuttgart 1973

Wagner, Martin, Studie für eine Zusammenlegung der Berliner Bahnhöfe und ihre Verbindung untereinander, Berlin 1930

v. Weber, Max Maria, Schule des Eisenbahnwesens, Leipzig 1885

Weichold, Arthur, Johann Andreas Schubert. Lebensbild eines bedeutenden Hochschullehrers und Ingenieurs aus der Zeit der industriellen Revolution. Dresden 1968

Wiedenfeld, Kurt, Deutsche Eisenbahn-Gestalter aus Staatsverwaltung und Wirtschaftsleben im 19. Jahrhundert (1815–1914), Berlin 1940

Wieselmann, Heinz-Ulrich, Unsterbliches Berlin, Berlin, Bielefeld 1948

Wolters, Rudolf, Vom Grundriß der Empfangsgebäude großer Fernbahnhöfe, (Diss.), Berlin 1930

Wolters, Rudolf, Stadtmitte Berlin. Stadtbauliche Entwicklungsphasen von den Anfängen bis zur Gegenwart, Tübingen 1978

Woltmann, Alfred, Die Baukunst in Berlin seit dem Tode Schinkels. In: Zeitschrift für Praktische Baukunst, Berlin 1871

Wulff, Eb., Das Eisenbahn-Empfangs-Gebäude nach seinen praktischen Anforderungen und seiner künstlerischen Bedeutung. An den Bauausführungen der Rheinischen Eisenbahn erläutert, Leipzig 1882

H. L. W. (anonym), Die Kriegführung unter Benutzung der Eisenbahnen, Leipzig 1882

Periodika

In der Regel sind diejenigen Jahrgänge herangezogen, die im Zeitraum der Erbauung des Bahnhofs der 1. Generation (ab 1838) bzw. bis zur Verstaatlichung der B.A.E. (1882) erschienen sind.

Architektonisches Album. Redigirt vom Architekten-Verein zu Berlin durch Stüler, Knoblauch, Salzenberg, Strack, Runge, Grahn, Potsdam

Amtsblatt der Regierung zu Potsdam und für die Stadt Berlin. Potsdam

Glaser's Annalen für Gewerbe und Bauwesen, Berlin 1877/78–1921

Annalen der Physik und Chemie. Hrsg. von J. C. Poggendorff zu Berlin, Leipzig 1824–1877

The American Architect and Building News, Boston

Archiv für Eisenbahnwesen. Hrsg. im Königlich Preussischen Ministerium der öffentlichen Arbeiten, Berlin 1878–1889

Der Bär. Illustrirte Berliner Wochenschrift, eine Chronik für's Haus, Berlin 1875–1901

Bau-Kalender. Hrsg. A. Salomon, Berlin

Bau- und Kunstgewerbe-Zeitung für das deutsche Reich, München

Deutsches Baugewerks-Blatt. Neue Folge von Romberg's Zeitschrift für praktische Baukunst, Berlin 1881–1899

Baugewerks-Zeitung. Organ des Verbandes Deutscher Baugewerksmeister, Berlin 1869–1932

Bauten und Entwürfe. Hrsg. vom Dresdner Architekten-Verein, Dresden

Allgemeine Bauzeitung. Hrsg. von C. L. Förster, Wien 1836–1918

Deutsche Bauzeitung. Organ des Verbandes deutscher Architekten- und Ingenieur-Vereine, Berlin 1867–1942

Blätter für Architektur und Kunsthandwerk, Berlin 1888/89–1915

Das Neue Blatt. Ein illustrirtes Familien-Journal, Leipzig 1870 ff.

Berliner Börsen-Zeitung, Berlin 1885–1888

Saling's Börsen-Jahrbuch, Berlin 1880–1889

Communal-Blatt der Haupt- und Residenz-Stadt Berlin. Organ für die gesamte Gemeinde-Verwaltung und communale Interessen, Berlin

Der Dekorations-Maler, München 1886–1893

Eisen-Zeitung. Fachblatt für Eisen-, Stahl-, Metall-, Kurzwaaren-, Maschinen- und Werkzeug-Handel und -Industrie sowie für alle verwandte und Hilfsgeschäfte, Berlin 1879–1917

Eisenbahn-Verordnungs-Blatt. Hrsg. im Königlich Preussischen Ministerium für Handel, Gewerbe und öffentliche Arbeiten, Berlin 1878–1918

Eisenbahn-Zeitung, Braunschweig (später Stuttgart) 1842 ff.

Eisenbahnbaukalender. Hrsg. J. Paradies, Berlin

Der Eisenbahner, Berlin 1897–1907

Neueste Erfindungen und Erfahrungen auf den Gebieten der praktischen Technik, der Gewerbe, Industrie, Chemie, der Land- und Hauswirthschaft, Regensburg, Mainz 1874 – (1902)

Die Gartenlaube. Illustrirtes Familienblatt. Leipzig 1853–1932

Le Génie Civil. Revue générale des industries françaises & étrangères, Paris

Gesundheits-Ingenieur. Neue Folge des Rohrleger. Organ des Vereins für Gesundheits-Technik, Berlin 1878 ff.

Berliner Gewerbe-, Industrie- und Handelsblatt. Hrsg. von A. F. Neukrantz und F. A. Metzke, Berlin 1841–1850

Handbuch über den Königlich Preußischen Hof und Staat für das Jahr . . . Berlin

Deutsches Handelsblatt. Wochenblatt für Handelspolitik und Volkswirthschaft. Zugleich Organ für die Amtlichen Mittheilungen des Deutschen Handelstages, Berlin 1862

Deutsche Industrie-Zeitung. Organ der Handels- und Gewerbekammern zu Chemnitz, Dresden, Plauen und Zittau. Chemnitz 1862–1889

Jahrbuch der Baupreise Berlins. Hrsg. vom Bunde der Bau-, Maurer und Zimmermeister zu Berlin, Berlin 1875 ff.
Jahrbuch über die Leistungen und Fortschritte der Thonwaaren-, Kalk- und Cement-Industrie und verwandter Gebiete für technische Chemiker und Fabrikanten, Bau- und Maschinen-Ingenieure; Industrielle und Landwirthe. Hrsg. von H. Zwick, Berlin 1878
Statistisches Jahrbuch der Stadt Berlin, Berlin 1878–1909
Journal für Gasbeleuchtung und verwandte Beleuchtungsarten sowie für Wasserversorgung. Organ des Vereins von Gas- und Wasserfachmännern Deutschlands mit seinen Zweigvereinen, München 1858 ff.
Allgemeines Journal der Uhrmacherkunst. Illustrirte Fachzeitschrift für Uhrmacher, Leipzig 1876–1914

Kalender für Eisenbahn-Techniker. Hrsg. von E. Heusinger von Waldegg, Wiesbaden
Kladderadatsch. Organ für den Bummler. Humoristisch-satyrisches Wochenblatt, Berlin 1848–1944
Kreuz-Zeitung, Berlin

Über Land und Meer. Allgemeine Illustirte Zeitung, Stuttgart
Berliner Lokal-Anzeiger, Berlin

Deutsches Maler-Journal, Stuttgart 1876–1895
Die Mappe. Illustrirte Fachzeitschrift für dekorative Gewerbe, Leipzig (München) 1881–(1902)
Der practische Maschinen-Constructeur. Zeitschrift für Maschinen- und Mühlenbauer, Ingenieure und Fabrikanten, Leipzig 1887–(1902)
Der Maschinenbauer. Illustrirte Zeitschrift für mechanische Technik. Organ für Fabrikanten, Gewerbetreibende und Techniker, Leipzig 1866–1876
Ministerial-Blatt für die gesamte innere Verwaltung in den Königlich Preußischen Staaten. Hrsg. im Bureau des Ministeriums des Innern, Berlin 1840–1935
Mitteilungen des Vereins für Eisenbahnkunde, Berlin
Statistische Nachrichten von den Eisenbahnen des Vereins Deutscher Eisenbahn-Verwaltungen. Hrsg. von der geschäftsführenden Direktion des Vereins, Berlin 1880 ff.
National-Zeitung, Berlin
Notiz-Blatt des Architekten-Vereins zu Berlin, Berlin 1833–1850
Notiz-Blatt des Architekten- und Ingenieur-Vereins für das Königreich Hannover, Hannover 1851–1854

Organ für die Fortschritte des Eisenbahnwesens in technischer Beziehung. Organ des Vereins Deutscher Eisenbahnverwaltungen, Wiesbaden 1846–1943

Illustrirtes Patentblatt, Berlin 1878–1881

Revue Générale des Chemins de Fer, Paris
Der Rohrleger. Zeitschrift für die Versorgung der Gebäude mit Licht und Wärme, Wasser und Luft, Berlin 1878

Sammlung sämmtlicher Drucksachen des Herrenhauses, Berlin
Sammlung von Zeichnungen für die Hütte. Hrsg. vom Akademischen Verein Hütte e. V., Kgl. Techn. Hochschule Charlottenburg, Berlin
Architektonisches Skizzen-Buch. Eine Sammlung von Landhäusern, Villen . . . und anderen kleinen Baulichkeiten, welche . . . in Berlin, Potsdam und an anderen Orten ausgeführt sind. Mit Details, Berlin
Stahl und Eisen. Zeitschrift des Vereins deutscher Eisenhüttenleute, Düsseldorf 1881 ff.
Statistik der im Betriebe befindlichen Eisenbahnen Deutschlands. Bearbeitet im Reichs-Eisenbahn-Amt, Berlin

Thonindustrie-Zeitung. Wochenschrift für die Interessen der Ziegel-, Terracotten-, Töpferwaaren-, Steingut-, Porcellan-, Cement- und Kalkindustrie, Berlin
Deutsche Töpfer- und Ziegler-Zeitung, Berlin 1870–1918
Deutsche Uhrmacher-Zeitung. Organ des Central-Verbandes der Deutschen Uhrmacher, Berlin 1877–1943

Verhandlungen des Vereins zur Beförderung des Gewerbfleißes, Berlin 1822–1930
Verkehrstechnik. Organ: Reichsverkehrsgruppe Schienenbahnen, Verband Deutscher Kraftverkehrsgesellschaften, Mitteilungsblatt des Internationalen Vereins für öffentliches Verkehrswesen, Berlin 1919 ff., vorm. Zeitschrift für Transportwesen und Straßenbau. Berlin 1884–1916
Volks-Zeitung. Organ für Jedermann aus dem Volke, Berlin

Wochenblatt für Architekten und Ingenieure, Berlin 1879–1884
Wochenschrift des Architekten-Vereins zu Berlin, Berlin
Wochenschrift des Vereines deutscher Ingenieure. Berlin

Zeitschrift des Architekten- und Ingenieur-Vereins zu Hannover, Hannover
F.L. Haarmann's Zeitschrift für Bauhandwerker, Braunschweig
Zeitschrift für Baukunde. Organ der Architekten- und Ingenieur-Vereine von Bayern, Württemberg, Baden, Elsaß-Lothringen, Frankfurt a. M., Mittelrhein, Niederrhein-Westphalen, Oldenburg, München 1878–1884
Romberg's Zeitschrift für Praktische Baukunst. Leipzig 1841–1881
Zeitschrift für Bauwesen. Hrsg. unter Mitwirkung der Königl. Technischen Bau-Deputation und des Architekten-Vereins zu Berlin, Berlin 1851–1931
Zeitschrift des Königlich Preussischen Statistischen Bureaus. Berlin 1860–1876. V. Ergänzungsheft: Beiträge zur Statistik der Submissionen, insbesondere auf Eisen- und Stahlhütten-Producte und auf Eisenbahn-Material in den Jahren 1873–1880, Berlin 1887
Zeitschrift für Angewandte Elektricitätslehre mit besonderer Berücksichtigung der Telegraphie, des elektrischen Beleuchtungswesens, der Galvanoplastik

und verwandter Zweige, München und Leipzig 1879–1862
Zeitschrift für bildende Kunst. Beiblatt: Kunst-Chronik. Leipzig 1866–1932
Zeitschrift des Verbandes der Dampfkessel-Ueberwachungs-Vereine. Mittheilungen aus der Praxis des Dampfkessels- und Dampfmaschinen-Betriebes, Breslau 1878–1880
Zeitschrift des Vereins Deutscher Ingenieure, Berlin 1857 ff.
Zeitung des Vereins Deutscher Eisenbahn-Verwaltungen. Organ des Vereins. Leipzig
Berlinische Zeitung von Staats- und gelehrten Sachen. (Vossische Ztg.), Berlin
Leipziger Illustrirte Zeitung. (Illustrirte Zeitung), Leipzig 1843–1942
Norddeutsche Allgemeine Zeitung, Berlin

Adreßbücher
Berliner Adreß-Buch, Berlin
Adressbuch christlicher Firmen Berlins, Berlin
Kaufmännisches Adreßbuch von Berlin, Berlin
Adressbuch der Ziegeleien, Chamottefabriken u. Thongruben sowie der Fabriken und Handlungen von Maschinen, Geräthen und Bedarfsartikeln für die Thonindustrie, Leipzig
Adress-Kalender für die Königlichen Haupt- und Residenzstädte Berlin und Potsdam sowie für Charlottenburg, Berlin
Berliner Bau-Industrie-Adressbuch, Berlin
Die Geschäfts- und Revier-Eintheilung der Polizei-Verwaltung von Berlin mit Adressen-Nachweis, Berlin
Berliner Industrie- und Handels-Adressbuch mit näherer Angabe der Specialitäten und Berücksichtigung der neuesten Veränderungen, Berlin
Verzeichniss sämmtlicher Mitglieder der Corporation der Kaufmannschaft von Berlin und der bei der Corporation verlautbarten Handels-Firmen, desgleichen Verzeichniss der bei der Corporation angestellten Beamten, vereideten Makler, Waaren-Taxatoren und Güter-Bestätiger sowie der vereideten Sachverständigen, Berlin

5. Abkürzungen

Periodika:

BGZ:	Baugewerks-Zeitung
BIA:	Berliner Bau-Industrie-Adressbuch
DBZ:	Deutsche Bauzeitung
LIZ:	Leipziger Illustrirte Zeitung
RZPB:	Romberg's Zeitschrift für Praktische Baukunst
TIZ:	Thonindustrie-Zeitung
TZZ:	Deutsche Töpfer- und Ziegler-Zeitung
WAI:	Wochenblatt für Architekten und Ingenieure
WAVB:	Wochenblatt des Architekten-Vereins zu Berlin
ZAIV Hann.:	Zeitschrift des Architekten- und Ingenieur-Vereins Hannover
ZfB:	Zeitschrift für Bauwesen
ZVdI:	Zeitschrift des Vereines deutscher Ingenieure
ZVE:	Zeitung des Vereins Deutscher Eisenbahn-Verwaltungen

Sonstige

ACO	Allerhöchste Cabinets-Ordre
B.A.E.	Berlin-Anhaltische Eisenbahn-Gesellschaft
B.P.M.	Berlin-Potsdam-Magdeburger Eisenbahn-Gesellschaft
B.S.E.	Berlin-Sächsische Eisenbahn-Gesellschaft
Labi	Landesbildstelle Berlin (West)
StA	Staatsarchiv
ZStA	Zentrales Staatsarchiv

6. Maße

1 Fuß preuß. = 0,314 m
12 Fuß preuß. = 1 Ruthe = 3,766 m

7. Währungen

Reichsmarkrechnung
Für den Umlauf sind folgende Reichsmünzen ausgeprägt: aus Gold 20=Markstücke und 10=Markstücke; aus Silber 5=Markstücke, 2=Markstücke, 1=Markstücke, 1/2=Markstücke, 1/5=Markstücke; aus Nickel 1/10=Markstücke und 1/20=Markstücke; aus Kupfer 1/50=Markstücke und 1/100=Markstücke.

Maßgebend ist die Reichsmarkrechnung (1 Mark = 10 Sgr.). Sie tritt vom 1. Januar 1875 ab überall in Deutschland in Kraft. Der umgerechnete Werth der Reichsgoldwährung nach der bisherigen Thalerwährung ist aus folgender Tabelle zu ersehen:

1 Mark	=		*10 Sgr.*
2 Mark	=		*20 Sgr.*
3 Mark	=	*1 Thlr.*	*– Sgr.*
10 Mark	=	*3 Thlr.*	*10 Sgr.*
100 Mark	=	*33 Thlr.*	*10 Sgr.*
1 000 Mark	=	*333 Thlr.*	*10 Sgr.*
10 000 Mark	=	*3333 Thlr.*	*10 Sgr.*

Aus: »*Kalender für den Preußischen Volks-Vertreter*« 1874

8. Liste der am Bau beteiligten Firmen

Baustoff-Lieferanten
Verblender und Terrakotta

Greppiner Werke	Greppin bei Bitterfeld

Mauersteine

Bauermeister	Bitterfeld
Birkenwerder AG f. Baumaterial	Birkenwerder
Cramer	Heegermühle/ Eberswalde
Muldensteiner Werke	Muldenstein/ Bitterfeld
Stautien & Becker	Dobien/Wittenberg

Bruchsteine

Rüdersdorfer Werke	Rüdersdorf

Kalk

Pomplitz & Hoffmann	Schraplau
Gogoliner und Gorasdzer Kalk- und Produkten-Comtoir Prerauer & Co.	Berlin SO

Zement

Stettiner Portland-Cement-Fabrik Lossius	Stettin
Portland-Cement-Fabrik »Stern«	Stettin
Möwes Cement	(?)

Fertig-Mörtel

Gogoliner und Groasdzer Kalk- und Produkten-Comtoir Prerauer & Co.	Berlin SO

unspezifiziert

Rühl	(?)
Söllinger	Bitterfeld
Scheer & Petzold	Berlin N
Bieler & Schierz	(?)
Rochowsky	(?)

Baumaschinen

Möller & Blum	Berlin SW
Schlickeysen	Berlin SO

Brunnenarbeiten

Berger	Berlin SW

Maurerarbeiten

Borstell, Gustav	Berlin SW
Lauenburg	Berlin
Konsbrück	Berlin
Krebs, Richard	Berlin

Natursteinarbeiten

Kämpfer, A.	Berlin W
Kessel & Röhl	Berlin SO
Körner, C.F.C.	Velpke
Schilling, Theodor	Rochlitz/Sachsen
Schleicher, M.L.	Berlin W

Zimmerarbeiten

Hesse, Fr. Wilh.	Berlin
Koscky, Ph.	Berlin
Actien-Gesellschaft für Bauausführungen (vorm. Strauch)	Berlin W

Staakerarbeiten

Anders	(?)

Stahlbau
Dachkonstruktion

Gutehoffnungshütte AG für Bergbau & Hüttenbetrieb	Oberhausen II. a. d. Ruhr, Rheinprovinz

unspezifiziert

Eisenwerk Lauchhammer	Lauchhammer/ Prov. Sachsen
Vertreter in Berlin 1877: Paul Hyan	

Dachdeckungsarbeiten
Wellblech

Hilgers, Jacob Eisenconstructionen Verzinkerei	Rheinbrohl a. Rhein

Asphalt-Arbeiten

Neuchâtel-Asphalte Company (limited)	Val de Travers, Canton Neuchâtel, Schweiz
Jeserich, Johannes	Berlin SO

Klempnerarbeiten

Geister, Herrmann	Berlin
Mertins, Bernhard	Berlin
Mulack, C. & L.	Berlin
Rigau	(?)
Schöllner	(?)

Stuckarbeiten

Dankberg, Gebr.	Berlin SW
Lessing, Otto	Berlin

Fliesenarbeiten

Sinziger Mosaik-platten- und Thon-waaren-Fabrik	Sinzig a. Rhein
Vertreter in Berlin: N. Rosenfeld & Cie.	
Villeroy & Boch	Mettlach/Saar

Terrazzo

Mascha & Comp.	Dresden-Prag
Vertreter in Berlin 1880: J. Simon	

Parkett

Badmeyer, A.C.	Berlin SW

Tischlerarbeiten

Actien-Gesellschaft für Bauausführungen (vorm. Strauch)	Berlin W
Breslauer AG für Möbel, Parquet- und Holz-Bau-Arbeit (vorm. Gebr. Bauer/ vorm. F. Rehorst)	Berlin
Gast & Bruck	Berlin SW
Kurz	(?)
Max Schulz & Co.	Berlin

Eisenguß

Hütten-Verwaltung Wilhelmshütte	Bornum bei Seesen
Eisenwerk Lauchhammer	Lauchhammer/ Prov. Sachsen

Schlosser

Heinrich, Gustav H.	Berlin
Mittelstädt	(?)
Puls, Eduard	Berlin SW
Rohr, Heinrich	Berlin
Rosenbaum	Berlin N

Bronce und Zinkguß

Mertins, Bernhard	Berlin
Möbes, W.	Berlin SW
Paul & Hoffmann	Berlin
Schaefer & Hauschner	Berlin SW
Speck, G.H.	Berlin S

Verglasungsarbeiten

Brandenburg, C.	Berlin W
J.C. Spinn & Co.	Berlin

Anstricharbeiten

Bodenstein, M.J.	Berlin
Klausenberg, Gebr.	Berlin
Richter, F.	Berlin
Sobotta, L.	Berlin SW

Kartonarbeiten

Böttcher	(?)
Röhlich, Carl	Berlin SW

Kunstmarmor

Detoma, A.	Berlin

Bildhauer

Brunow, Ludwig in Zusammenarbeit mit	Berlin
Fa. L. A. Riedinger	Augsburg
Eberlein, Gustav	Berlin
Geyer, Otto	Berlin
Hundrieser, Emil in Zusammenarbeit mit	Berlin
Fa. Friedrich Peters	Berlin
Litke, Theodor	Berlin
Moser, Julius	Berlin

Heißwasserheizung

Grove, David	Berlin SW

Luftheizung

Reinhardt, J. H.	Würzburg
Vertreter in Berlin 1878: Dobrzynski	

Sanitärarbeiten

Grove, David	Berlin SW
Scheldt	(?)

Gas Installationsarbeiten

Grove, David	Berlin SW

Beleuchtungskörper

Actien-Gesellschaft für Fabrikation von Bronze-Waaren & Zinkguss (vorm. J.C. Spinn & Sohn)	Berlin
Elster, S.	Berlin NO
Kramme, C.	Berlin S
Kreuzberger & Sievers	Berlin SW
Schaefer & Hauschner	Berlin SW
Schäffer & Walcker	Berlin

Elektrische Beleuchtung

Siemens & Halske	Berlin

Uhren

Fabrique de Télégraphes et Appareils Electriques Dr. M. Hipp	Neuchâtel, Schweiz

Küchenarbeiten

Adler, Marcus	Berlin NW

Aufzugsanlagen

Gutehoffnungshütte	Oberhausen II. a. d. Ruhr, Rheinprovinz

Blitzschutz

Kirchhoff, Xaver	Berlin

Mobiliar

Prächtel, C.	Berlin SW
Max Schulz & Co.	Berlin
Wieske, Robert	Berlin SW

Zusammengestellt aus *»Deutsche Bauzeitung«* und *»Baugewerks-Zeitung«*

Die **Verzinkerei** von

Jacob Hilgers in Rheinbrohl,

seit langen Jahren weitaus das grösste Etablissement dieser Art Deutschlands, empfiehlt:

Dächer

aus verzinktem Eisen in allen Formen, sowohl mit als auch ohne Dachconstruction, für solche Fälle besonders geeignet, wo **aufsteigende Dünste** sonst in kurzer Zeit **hölzerne** Dachverbindungen **zerstören.**

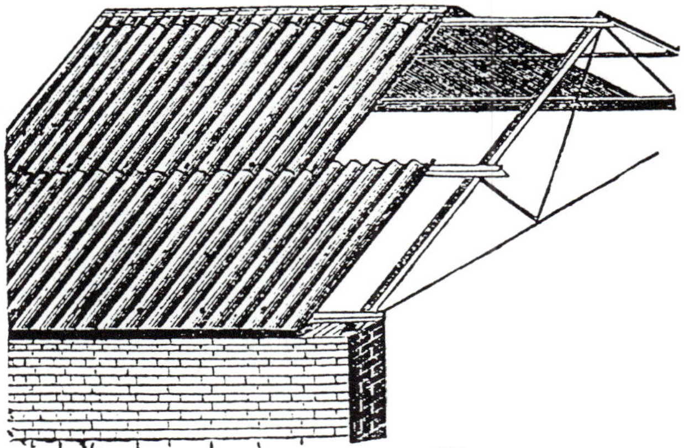

Verzinkung

schützt diese Dächer sowohl wie auch ihre Constructionstheile **bleibend vor Rost**, wodurch jeder Anstrich erspart und grosse Reinlichkeit, wie auch Dauerhaftigkeit erzielt wird. Bei diesen grossen Vorzügen, in Verbindung mit ihrer **Sicherheit vor Feuersgefahr**, sind diese Dächer äusserst billig.

Trägerwellbleche

in allen vorkommenden Dimensionen und Stärken, für **freitragende Dächer, feuerfeste Decken, Treppenhäuser** und **Brückenbeläge.**

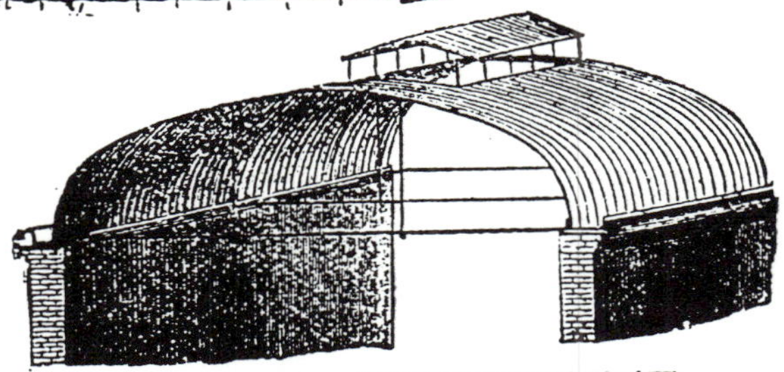

Ferner empfehle ich:

verzinkte flache Bleche nebst **gepressten Böden, gewellte Blech-, Reservoir-, Dampf- und Wasserheizungsröhren, sowie complette Ausführungen, Wetterlutten, Dampfwaschkessel** (Patent Hilgers), **Luftkessel** auf 3 Atm. probirt, Eimer etc., sowie **Blechconstructionen aller Art.**

Lohnverzinkung

von Schmiede- und Gusseisen billigst.

Hilgers'sche Patentpfannen,

die **vorzüglichste** und **schönste Deckung für Wohnhäuser** und **überall dort zu empfehlen,** wo auf Bretterunterlage gedeckt wird.

Referenzen

über ausgeführte Arbeiten von hohen Behörden und Privaten aus allen Gegenden Deutschlands stehen zahlreich zu Diensten.

Von den vielen Hunderten von Dachausführungen hebe ich folgende hervor:

Arsenalbauten in Dresden	**22 000**	**□-Meter**	**Bahnhofsbauten zu Hannover**	**23 000**	**□-Meter**
Casernenbauten zu Saarburg	**14 000**	„	**Perronhallen zu Magdeburg**	**10 000**	„
„ „ **St. Avold**	**10 000**	„	**Anhalter Bahnhof zu Berlin**	**12 000**	„
Spinnerei St. Blasien zu St. Blasien	**12 000**	„	**Zuckerraffinerie zu Java**	**14 000**	„

Justizgebäude Stuttgart, Justizgebäude Dresden, Markthalle Frankfurt am Main, Schlachthaus Köln, Bahnhof Metz, Zwirnerei Göggingen u. s. w.

Entwürfe, Gewichts-Kostenberechnungen werden auf Wunsch gratis angefertigt. 669